铜火法冶金炉渣化学及其应用

Chemistry and Its Application of Copper Pyrometallurgical Slag

郭先健　著

科学出版社

北　京

内 容 简 介

　　本书从铜火法冶金物理化学着手，结合铜火法冶炼工艺，介绍了炉渣结构及性质，工业应用渣型，炉渣相图，炉渣、冰铜和铜平衡体系，微量元素在炉渣中的溶解及分配，冶金过程速率，炉渣中铜损失，一步直接炼铜和二次铜资源冶炼渣型，铜火法精炼渣，炉渣贫化及炉渣对耐火材料的影响等。

　　本书对于从事铜冶金的技术人员，包括从事工厂运行、新工艺开发、工艺设计及基础理论研究等方面的同行具有参考价值。

图书在版编目（CIP）数据

　　铜火法冶金炉渣化学及其应用=Chemistry and Its Application of Copper Pyrometallurgical Slag / 郭先健著. —北京：科学出版社，2023.6
　　ISBN 978-7-03-075419-6

　　Ⅰ. ①铜… Ⅱ. ①郭… Ⅲ. ①炼铜-冶金渣-资源化-分离-研究 Ⅳ. ①TF111.17 ②X757

　　中国国家版本馆 CIP 数据核字（2023）第 069392 号

责任编辑：吴凡洁　罗　娟／责任校对：王萌萌
责任印制：吴兆东／封面设计：无极书装

科学出版社 出版
北京东黄城根北街 16 号
邮政编码：100717
http://www.sciencep.com
北京中科印刷有限公司 印刷
科学出版社发行　各地新华书店经销
*
2023年6月第 一 版　开本：787×1092　1/16
2023年6月第一次印刷　印张：31 1/2
字数：744 000
定价：298.00 元
（如有印装质量问题，我社负责调换）

前言

过去几十年，随着铜冶炼技术的进步，在铜冶金炉渣化学方面做了大量的研究，并应用于新工艺开发及工厂运行优化。但是，目前国内外仍没有比较全面介绍铜冶金炉渣化学的著作，本书基于作者从事铜冶金基础研究、工艺开发、工程设计及工厂运营等几十年的经验，包括收集的文献资料、学习体会、工作总结及构想等，全面系统地总结了铜冶金炉渣化学(高温物理化学)几十年来的研究成果，并结合铜冶炼工艺，阐述了炉渣化学在工艺开发和工厂运行中的应用。

铜火法冶炼工艺的理论基础是高温物理化学，包括热力学和动力学。然而，简单地说，从精矿熔炼到粗铜火法精炼，冶炼工艺由两个基本步骤完成，即化学反应和相分离，物料中化合物(及元素)在高温下进行化学反应并熔化形成不相溶的熔融相，以此实现有效的相分离。炉渣是其中熔融相之一，在工艺中起着关键作用。炉渣不仅是原料中铁和脉石等非有价成分的组合，同时也是冶炼过程中去除各种杂质元素的载体，铜火法冶炼过程实际上是造渣过程。

冶炼厂的运营指标主要取决于地理位置、原料组成、工艺技术和运行管理。冶炼厂地理位置的影响在于原料和产品市场、运输成本、劳动力、能源和材料供应等，在大多数情况下其地理位置无法改变。其他三个因素均因其变化而影响冶炼厂的运营。铜冶炼同行总是试图在这些相互关联的因素上寻求工厂最佳运营，包括工厂平稳运行、工艺操作优化和新工艺开发应用，而这些均与炉渣有关。造好渣是实现冶炼厂平稳运行的前提；工艺优化往往从调整炉渣成分着手；渣型选择则是新工艺开发的主要内容。造渣过程的基本目的是尽可能除去原料中没有价值的组分及杂质元素；最大限度地回收铜及贵金属等有价元素；降低能耗、材料消耗及对环境的影响，实现运行成本最低化。

本书共21章，前面两章就热力学定律及有关参数、铜火法冶金物理化学及工业应用渣型做了简单介绍；第3~5章分别系统介绍了炉渣结构、性质和相图；第6~10章分析了炉渣、冰铜和铜体系热力学平衡；第11~14章总结了微量元素，包括贵金属元素、杂质元素和稀散稀有(稀土)元素在渣中的溶解及分配；第15章介绍了铜冶炼过程的速率现象；第16~21章重点阐述了炉渣化学在工艺开发及操作运行中的应用，包括炉渣中铜损失、一步直接炼铜和二次铜资源冶炼渣型、铜火法精炼渣、炉渣贫化及炉渣对耐火材料的影响。读者可以根据各自需要或兴趣选择性阅读。

　　本书出版得到紫金矿业集团股份有限公司和低品位难处理黄金资源综合利用国家重点实验室的赞助和支持，在此表示感谢。

　　由于作者的水平所限，书中难免存在不足之处，欢迎读者批评指正，一道商酌。

郭先健

2023 年 2 月 1 日于厦门

目录

第1章
热力学定律及有关热力学性质

本章简单介绍有关热力学定律及基本函数和熔体热力学性质，其内容在许多物理化学教科书及热力学专著中有详细介绍。工业实践表明，高温冶金过程实际操作接近或达到热力学平衡状态，热力学是高温冶金基础理论最重要的部分。

1.1　理想气体定理

理想气体定律是描述系统的温度、压力和组成之间关系的状态方程。气体状态方程的科学实验观测可以追溯到 15 世纪。Boyle 定律（1662 年）：在恒定温度下对于给定气体质量，气体压力与其体积成反比。Charles 定律（1787 年）：在恒定体积下，对于给定气体质量，压力是温度的线性函数。Gay-Lussac 定律（1802 年）：在恒定压力下，对于给定气体质量，体积是温度的线性函数。Avogadro 定律（1811 年）：在恒定温度和压力下，所有气体的同等体积都含有相同数量的分子。1mol 理想气体含有 6.025×10^{23} 分子，在 1atm[①]和 0℃下，体积为 22.414L。

基于上述定律，理想气体状态方程表示为

$$PV=nRT \tag{1.1}$$

式中，n 是摩尔数；R 是摩尔气体常数。在 273.16K 和 1atm 下的 1mol 理想气体，R 值为 $0.082051 \mathrm{L \cdot atm/(mol \cdot K)}$。以压力单位 $\mathrm{Pa}(= \mathrm{J/m^3})$ 和体积单位 $\mathrm{m^3}$ 表示，R 值为 $8.314 \mathrm{J/(mol \cdot K)}$。

1.2　热力学的第一定律

热力学的第一定律是基于能量守恒的概念。当系统之间相互作用时，其中一个系统的能量增加等于另一个系统的损耗。例如，将化合物分解成其元素所需的热量等于该化合物由其元素形成时产生的热量。

_____

① 1atm=101325Pa，表示一个标准大气压。

1.2.1 能量

1851 年，Kelvin 将"能量"一词定义为：物质系统的能量是系统以任何方式从它所处的状态至某任意固定的初始状态，系统外部产生的所有影响的总和，以机械功单位表示。也就是说，没有绝对能量，只有相对能量；即根据标准状态测量随着状态而变化的能量。

1.2.2 热焓(热含量)

系统的内部能量包括动能以外所有形式的能量。由于状态的变化，系统与周围环境之间的任何能量交换，都表现为热量和功。当系统在恒定的外部压力 P 下膨胀时，体积 ΔV 增加，系统做的功 (W) 为

$$W = P\,\Delta V = P(V_B - V_A) \tag{1.2}$$

由于这项功由系统针对环境进行，基于能量平衡，系统从外部吸收一定热量 q，系统从 A 状态变化到 B 状态的能量 (E) 变化为

$$\Delta E = E_B - E_A = q - P(V_B - V_A) \tag{1.3}$$

$$q = (E_B + PV_B) - (E_A + PV_A) \tag{1.4}$$

$E + PV$ 由符号 H 表示，函数 H 称为热焓或热含量：

$$\Delta H = q = (E_B + PV_B) - (E_A + PV_A) \tag{1.5}$$

1.2.3 热容

物质的热容定义为将温度升高一单位温度所需的热量。1mol 的热容称为摩尔热容。对于理想气体，恒定压力摩尔热容 (C_p) 和恒定体积摩尔热容 (C_v) 之间的差值等于摩尔气体常数 (R)。

$$C_p - C_v = R \tag{1.6}$$

出于实验方便，热容在恒定压力(通常是 1atm 下)的条件下确定。在恒压系统中，根据热容定义，热容随温度的变化可以表示为

$$C_p = \left(\frac{\partial H}{\partial T}\right)_P \tag{1.7}$$

温度在 298K 以上时，C_p 的温度关系式为

$$C_p = a + bT - cT^{-2} \tag{1.8}$$

式中，系数 a、b 和 c 的值，可以在不同温度下通过 C_p 量热计测量获得。在恒压下热焓随温度变化的积分式如下：

$$\Delta H = \int_{298}^{T} (a + bT - cT^{-2}) \, \mathrm{d}T \tag{1.9}$$

1.2.4　标准状态下热焓

热焓是系统的一个外延属性，只有随着状态变化，热焓的变化才能被测量。每个元素可选择标准参考状态，以便元素热焓的任何变化可参考其标准状态，在标准状态下热焓变化表示为 ΔH^0。元素在 25℃ 和 1atm 下的自然状态通常作为参考状态。元素在标准状态热焓为零。化合物形成热是 1mol 化合物由组成元素在化合过程中于其标准状态下吸收或放出的热量，以 ΔH_{298}^0 表示。

1.2.5　反应热焓

伴随反应的热焓变化是产品与反应物之间的热焓差值。按照惯例，ΔH 为正 (+) 表示吸热反应，即热吸收；ΔH 为负 (−) 表示放热反应，即热产出。反应的热含量(焓)变化计算公式如下：

$$\Delta H^0 = \Delta H_{298}^0 + \int_{298}^{T} \left(\Delta C_p \right) \mathrm{d}T \tag{1.10}$$

Hess 定律：1840 年，Hess 将化学反应热求和定义为"化学反应中的热变化无论发生在一个或几个阶段(或步骤)，热变化量是相同的"。Hess 定律实际上是能量守恒定律在化学反应中的直接应用。

绝热反应：当反应发生在热绝缘系统时，即系统与周围环境之间没有热交换，系统温度会根据反应热而变化。

反应热术语：

生成热，如 $Fe + 1/2 \, O_2 \longrightarrow FeO$。

燃烧热，如 $C + O_2 \longrightarrow CO_2$。

分解热，如 $2CO \longrightarrow C + CO_2$。

煅烧热，如 $CaCO_3 \longrightarrow CaO + CO_2$。

熔化热，如 固体 → 液体。

升华热，如 固体 → 蒸汽。

蒸发热，如 液体 → 蒸汽。

溶解热，如 Si(液) → [Si] (Si 溶解于 Fe)。

1.2.6　气体摩尔热容和热焓

在 300～1900K 温度范围，一些简单气体的摩尔热容如图 1.1 所示。除 SO_2 和 CO_2 外，其他气体 C_p 几乎随温度升高而线性增加。对于单原子气体，C_p 实质上独立于温度。图 1.2 为 300～1900K 温度范围简单气体的摩尔热焓。气体的热焓随着温度升高而增加，在相同温度下，气体的热焓随着组成分子的原子数增加而增加。图中数据覆盖了高温冶金工艺的操作温度范围，为冶金工艺热平衡计算提供了方便。

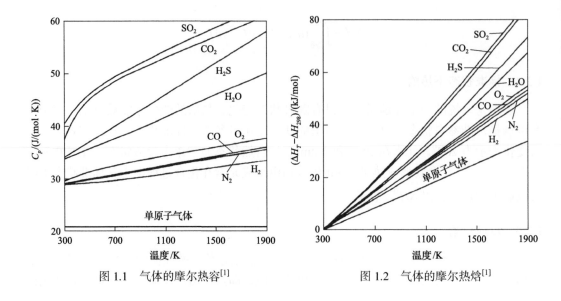

图 1.1 气体的摩尔热容[1]　　　　　图 1.2 气体的摩尔热焓[1]

1.2.7 固体元素和简单化合物的热容

人们一直在尝试寻找物质热化学性质与组分的关系。一个典型的例子是 Dulong 和 Petit 指出[1]，对于大多数固体元素，在室温和正常大气压下原子热容基本恒定在 (25.5 ± 1.7) J/(atom·K) 范围，非常接近 $3R=24.94$ J/(atom·K)。有几个例外：元素铍、硼、碳和硅具有较低的原子热容，元素铈、钆、钾和铷具有较高的原子热容。Dulong 和 Petit 的规则随后被各种研究者扩展到简单的化合物，最终产生知名的 Kopp 规则（1865 年）：固体化合物的摩尔热容(C_p)大约等于其组成元素的原子热容($C_{p\text{-atom}}$)之和。这两个规则的组合以摩尔气体常数 R 的近似值表示为

$$C_{p\text{-atom}}= C_p / n = 3R \tag{1.11}$$

式中，n 为原子数。这种近似仅适用于简单的化合物，如氧化物、硫化物、亚硝酸盐、碳化物、卤化物和金属间化合物，化合物分子含有少于 5 个原子。

1.2.8 聚合性化合物的热容

基于对复杂聚合性化合物（网络结构）的热容数据的详细研究，确实存在热容与组分合理关系[2]。测量几种铝硅酸盐的热容[3]，发现每个原子的热容是温度的单一函数，如图 1.3 所示。在 300~400K 的温度下，C_p 值远低于 $3R$，表明 Kopp 规则对复杂化合物不适用。在无任何附加特殊条件时，在 950~1050K 的温度范围，C_p 近似等于 $3R$。图 1.3 中的曲线可能由方程(1.12)表示。

$$C_{p\text{-atom}} = 49.75 - 0.0127T + 180\times10^3 T^{-2} - 555T^{-1/2} + 5\times10^{-6}T^2 \tag{1.12}$$

图 1.4 表明了温度 1000K 时聚合物的摩尔热容与摩尔分子原子数的关系。可以看出，1000K 时聚合物（包括钼酸盐、钛酸盐、钨酸盐等）的摩尔热容与化合物分子式的原子数成正比，图 1.3 所示的数据中预料的直线斜率为 $3R$。

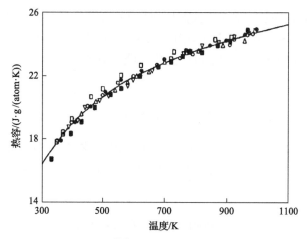

图 1.3 利用实验数据[2,3]总结的晶体矿物和铝硅酸盐的热容

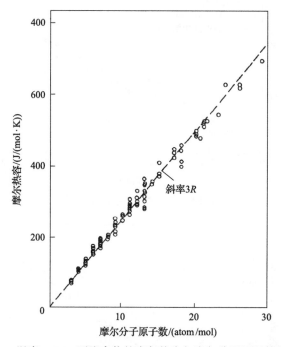

图 1.4 温度 1000K 下聚合物的摩尔热容与摩尔分子原子数关系[2]

虚线的斜率为 3R

1.2.9 熔点热焓和熔化热

当没有同素异形的相变时,积分方程 (1.12) 给出相对于 298K 的熔点热焓表达式 (1.13):

$$H_T^0 - H_{298}^0(\text{J}\cdot\text{g/atom}) = 5460 + 49.75T - 6.35\times10^{-3}T^2 - 180\times10^3T^{-1} - 1110T^{1/2} + 1.67\times10^{-6}T^3$$

$$(1.13)$$

应用热化学数据[4,5],以摩尔原子的 $H_T^0 - H_{298}^0$ 值,减去相变的热焓,由其计算的固

体聚合物熔点的热焓如图 1.5 所示。根据方程(1.13)计算的具有网络型结构的各种晶体物质，分子的原子数在 3～26，熔点在 600～2200K，其热焓数据总体一致。图 1.5 中的数据表明，温度高于 1100K，其关系可以简化为线性方程(1.14)，方程中包括固态相变每摩尔原子热焓 ΔH_t。

$$H_T^0 - H_{298}^0 (\text{J}\cdot\text{g/atom}) = 0.03T - 15.6 + \Delta H_t \tag{1.14}$$

熔化热(ΔH_{m})是物质熔化所需要的潜热。熔化热对聚合物熔点的热焓 $H_T^0 - H_{298}^0$ 作图如图 1.6 所示。除了二氧化硅的数据($\Delta H_{\mathrm{m}} = 3.19\text{kJ}\cdot\text{g/atom}$)之外，存在相关性，可以由式(1.15)近似表示。

$$\Delta H_{\mathrm{m}}(\text{kJ}\cdot\text{g/atom}) = 0.35\left(H_{Tm}^0 - H_{298}^0\right) - 2.5 \tag{1.15}$$

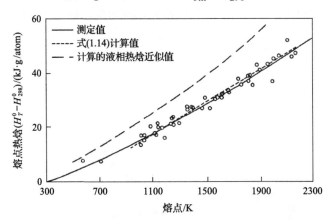

图 1.5　聚合物在熔点的热焓[2]

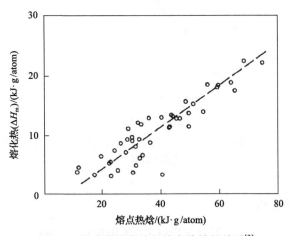

图 1.6　聚合物熔化热与熔点热焓的关系[2]

1.2.10　玻璃体和晶体渣热容(C_p)及热焓(ΔH)

固体渣可以晶体或玻璃体存在，或者是玻璃和晶体相的混合物。如图 1.7 所示，当玻璃体渣加热时，在玻璃化转变温度(T_g)下，热容(C_p)急剧增加，表明玻璃体向超冷液体(super-cooled liquid，显示为固体的液体 scl)转变。在玻璃体(T_g)转变成超冷液体温度和炉渣熔化温度(T_liq)之间，玻璃体和晶体渣存在两组不同的热容(C_p)和热焓(H_T-H_{298})，无论是实验室样品，还是工业炉渣，其实际值都在这两组值之间。

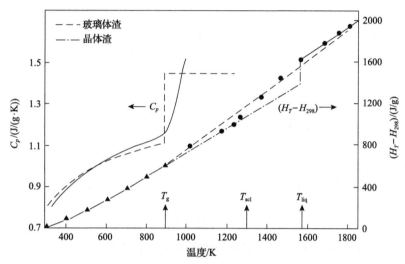

图 1.7　玻璃体和晶体渣相的热容(C_p)和热焓(H_T-H_{298})[6]

T_g-玻璃化转变温度；T_scl-深冷液体温度；T_liq-熔化温度

1.3　热力学第二定律

能量耗散定律指出，所有没有外部干扰的自然过程都是自发的(不可逆的过程)，如从系统高温端到低温端的热传导。如果没有外部干扰导致系统发生变化，自发过程将无法逆转。自发不可逆过程的能量降低程度取决于温度 T 下产生的热量。数值 q/T 是过程不可逆性的量度，数值 q/T 越大，过程的不可逆性越高。数值 q/T 称为熵的增加。在所有可逆过程的循环中，q/T 的总和为零，即熵增为零。热力学熵(S)的定义是在恒定压力条件下，在某一温度发生的任何可逆过程，熵 S 的变化可由式(1.16)表示：

$$\mathrm{d}S = \mathrm{d}H/T = (C_p\,\mathrm{d}T)/T = C_p\,\mathrm{d}(\ln T) \tag{1.16}$$

1.4　热力学第三定律

Nernst 提出的热法则构成了热力学的第三定律[1]："任何处于内部完全平衡状态的均匀有序晶体物质的熵，在绝对零度下为零"。因此，方程(1.16)在温度 T 下的熵为

$$S_T = \int_0^T C_p \mathrm{d}(\ln T) \tag{1.17}$$

反应的熵是

$$\Delta S = \Sigma S(产物) - \Sigma S(反应物) \tag{1.18}$$

在熔点 T_m 熔化的熵为

$$\Delta S_\mathrm{m} = \Delta H_\mathrm{m}/T_\mathrm{m} \tag{1.19}$$

1.5 吉布斯(Gibbs)自由能

Gibbs 组合了热力学第一定律和第二定律的表示式，推导出了恒压和恒温条件下可逆过程的自由能量方程，Gibbs 自由能 G 也称为化学势，表示式如下：

$$G = H - TS \tag{1.20}$$

当系统在恒温恒压下从状态 A 变化为状态 B 时，自由能的变化是

$$G_\mathrm{B} - G_\mathrm{A} = \Delta G = \Delta H - T\Delta S \tag{1.21}$$

在恒温和恒压条件下自发进行的任何过程中，系统的自由能降低。也就是说，当 $\Delta G < 0$ 时，反应在热力学上是可能发生的。然而，如果克服反应阻力所需的活化量太高，反应可能会以察觉不到的速度进行。如果 $\Delta G > 0$，反应不会自发发生。与热熔一样，自由能是相对于标准状态的热力学属性，标准状态的自由能变化用 ΔG^0 表示。标准自由能与温度变化的关系式为

$$\Delta G_T^0 = \Delta H_{298}^0 + \int_{298}^T (\Delta C_p)\mathrm{d}T - T\Delta S_{298}^0 - T\int_{298}^T \left(\Delta C_p\right)\mathrm{d}(\ln T) \tag{1.22}$$

1.5.1 化合物生成标准自由能

对于许多反应，ΔH^0 和 ΔS^0 与温度关系类似，并且倾向于相互抵消，因此 ΔG^0 随温度的非线性变化可以简化，使用 ΔH^0 和 ΔS^0 的平均值，将标准自由能方程简化为

$$\Delta G^0 = \Delta H^0 - \Delta S^0 T \tag{1.23}$$

从热力学数据库中可以检索到化合物生成标准自由能，从而计算冶金工艺中反应的标准自由能。

1.5.2 反应过程体积变化对自由能的影响

(1)当反应伴有体积膨胀时，即产生气体，在恒压和恒温下熵变化为正，因此 ΔG 随温度升高而减小，如

$$C + CO_2 \longrightarrow 2CO \tag{1.24}$$

$$\Delta G^0 = 166560 - 171.0T \text{(J)} \tag{1.25}$$

（2）当出现体积收缩时，即反应中消耗气体，在恒压和恒温下熵变化为负，因此 ΔG 随着温度的增加而增大，如

$$H_2 + 1/2S_2 \longrightarrow H_2S \tag{1.26}$$

$$\Delta G^0 = -91600 + 50.6T \text{(J)} \tag{1.27}$$

（3）当体积变化很小或没有变化时，熵变化接近零，因此温度对 ΔG 的影响很小，如

$$C + O_2 \longrightarrow CO_2 \tag{1.28}$$

$$\Delta G^0 = -395300 - 0.5T \text{(J)} \tag{1.29}$$

1.6 热力学活度

1.6.1 热力学活度及活度系数

根据热力学第一定律和第二定律，系统仅针对压力做功的热力学关系为

$$dG = VdP - SdT \tag{1.30}$$

在恒定温度下 $\Delta G = VdP$，1mol 的理想气体 $V = RT/P$，将这些代入方程 (1.30)，得到

$$dG = RT\, dP/P = RT\, d\,(\ln P) \tag{1.31}$$

同样，对于气体混合物，有

$$dG_i = RT\, d\,(\ln P_i) \tag{1.32}$$

式中，P_i 为气体混合物中组分 i 的分压；G_i 为组分 i 的部分摩尔自由能。在均质液体或固体溶液中，溶解组分的热力学活度定义为

$$a_i = (P_i/P)_T \tag{1.33}$$

对于溶液中溶质活度，组分 i 的摩尔自由能量微分式为

$$dG_i = RT\, d\,(\ln a_i) \tag{1.34}$$

积分式为

$$G_i = RT \ln a_i \tag{1.35}$$

根据 $G_i = H_i - S_i T$ 关系式，温度对活度的影响可以由式 (1.36) 表示：

$$\ln a_i = H_i / (RT) - S_i / R \tag{1.36}$$

$$\lg a_i = H_i / (2.303 \, RT) - S_i / (2.303R) \tag{1.37}$$

活度系数代表组分在溶液中组分与理想溶液偏离程度，组分 i 的活度系数 γ_i 定义如式(1.38)所示，即为组分 i 活度与摩尔分数 x_i 之比。

$$\gamma_i = a_i / x_i \tag{1.38}$$

测定炉渣组分的活度有气体平衡法、电位法、蒸气压法、分配定律法等。目前，主要采用气体平衡法进行活度的测定，而固体电解质电位法则限于在合金和固体氧化物方面。

气体平衡法测定炉渣活度的基本原理是利用气体与炉渣组分发生氧化-还原反应，待反应达到平衡时，测出气体组成；然后通过气体组分换算为氧活度或氧分压，再利用吉布斯-杜安方程计算出炉渣组成的活度。

1.6.2　吉布斯-杜安(Gibbs-Duhem)方程

在足够宽的成分范围已知一个组分活度系数，其他组分的活度系数可以通过 Gibbs-Duhem 方程计算，方程式表示为

$$x_1 \mathrm{d}(\ln \gamma_1) + x_2 \mathrm{d}(\ln \gamma_2) + x_3 \mathrm{d}(\ln \gamma_3) = 0 \tag{1.39}$$

对于二元系，有

$$\ln \gamma_2 = \ln \gamma_2' - \int_{\gamma_1'}^{\gamma_1} (x_1 / x_2) \mathrm{d}(\ln \gamma_1) \tag{1.40}$$

式中，γ' 是组分终点成分的活度系数，如纯氧化物或饱和状态的氧化物的活度系数。

对于三元系，可以通过下式计算

$$\left[\ln \gamma_2 = \ln \gamma_2' - \int_{\gamma_1'}^{\gamma_1} (x_1 / x_2) \mathrm{d}(\ln \gamma_1) \right]_{x_2/x_3} \tag{1.41}$$

即在 x_2/x_3 比一定的情况下，通过 x_1/x_2 可以图解求得 $\ln \gamma_2$，图解法可以扩展 Gibbs-Duhem 方程，计算三元系以上的体系活度。

1.7　反应平衡常数

对于恒温和恒压反应：

$$m\mathrm{M} + n\mathrm{N} =\!=\!= u\mathrm{U} + v\mathrm{V} \tag{1.42}$$

系统自由能的变化为

$$\Delta G = [u(G_\mathrm{U}^0 + RT\ln a_\mathrm{U}) + v(G_\mathrm{V}^0 + RT\ln a_\mathrm{V})] - [m(G_\mathrm{M}^0 + RT\ln a_\mathrm{M}) + n(G_\mathrm{N}^0 + RT\ln a_\mathrm{N})] \tag{1.43}$$

在平衡时 $\Delta G = 0$，因此，就反应和产品的活度而言，伴随反应的标准自由能变化为

$$\Delta G^0 = u G_U^0 + v G_V^0 - m G_M^0 - n G_N^0 = -RT\ln[\,(a_U^u\, a_V^v\,)\,/\,(a_M^m\, a_N^n\,)\,] \tag{1.44}$$

式中，a 表示化合物(或元素)的活度，下标表示化合物(或元素)。

反应平衡常数为

$$K = (a_U^u\, a_V^v\,)\,/\,(a_M^m\, a_N^n\,) \tag{1.45}$$

标准自由能变化则为

$$\Delta G^0 = -RT\ln K \tag{1.46}$$

因为 ΔG^0 只是温度的函数，所以反应平衡常数也是温度的函数。

1.8　热力学平衡体系的氧势和硫势

热力学平衡体系的氧势和硫势是体系达到热力学平衡状态时的氧分压和硫分压，对于简单的金属氧化反应体系，反应可用下式表示：

$$2M + O_2 \rlap{=\!=\!=} 2MO \tag{1.47}$$

反应平衡常数是

$$K = 1/P_{O_2} \tag{1.48}$$

式中，P_{O_2} 是 1atm 标准状态下的平衡氧分压。标准自由能变化是

$$\Delta G^0 = -RT\ln K = RT\ln P_{O_2} \tag{1.49}$$

P_{O_2} 称为金属氧化反应的氧势(位)，同样可以类推 P_{S_2} 称为硫势(位)。

1.9　溶　　液

溶液是一种均匀的气体、液体或固体混合物，其任何部分都具有相同的状态特性。气体溶液的成分通常以给定条件下组分的平衡分压表示。对于液体溶液，如液态金属和熔渣，溶液成分通常以摩尔浓度来表示。溶液中组分 i 的原子或摩尔分数由下式给定：

$$x_i = n_i\,/\sum n \tag{1.50}$$

式中，n_i 是给定质量溶液中组分 i 的摩尔原子或摩尔数；$\sum n$ 是给定质量溶液的摩尔总数。基于液态金属和渣成分以质量分数 $w(i)$ 表示，每 100g 溶液的 n_i 为

$$n_i = w(i)/M_i \tag{1.51}$$

式中，M_i 是组分 i 的原子量或分子量。

1.9.1 溶液混合自由能、混合焓和混合熵

摩尔混合(溶液)自由能 G^M、混合焓 H^M 和混合熵 S^M，通过以下求和给出：

$$G^M = x_1G_1 + x_2G_2 + x_3G_3 + \cdots \tag{1.52}$$

$$H^M = x_1H_1 + x_2H_2 + x_3H_3 + \cdots \tag{1.53}$$

$$S^M = x_1S_1 + x_2S_2 + x_3S_3 + \cdots \tag{1.54}$$

即为各组分的摩尔分数与其自由能、混合焓和混合熵的积之和。对于二元系统，可以使用图解法简易计算溶液的摩尔分数。如图 1.8 所示，即根据组分 1 摩尔分数为 0 和 1 时的自由能(G_1，G_2)，在自由能与摩尔分数的关系曲线上作切线，切线在关系曲线上的交点 A，即为组分 1 的摩尔分数 x_1。组分 2 的摩尔分数为 $x_2 = 1 - x_1$。

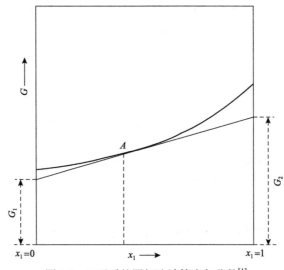

图 1.8　二元系的图解法计算摩尔分数[1]

1.9.2 理想溶液和拉乌尔定律

如果溶液中组分的活度等于其摩尔分数或原子分数，即 $a_i = x_i$，则溶液称为理想溶液。拉乌尔(Raoult)定律的热力学定义是理想溶液的混合焓 H^M 为零。在自由能量方程中替换 $a_i = x_i$ 和 $H^M = 0$，理想溶液的形成熵为

$$S^M = -R(x_1\ln x_1 + x_2\ln x_2 + x_3\ln x_3 + \cdots) \tag{1.55}$$

相对于纯组分 i，其活度遵循拉乌尔定律，$x_i \to 1$，活度系数 $\gamma_i \to 1$。

1.9.3 非理想溶液

几乎所有的金属溶液和熔渣都表现出非理想行为。根据构成溶液的元素的化学性质、活度与组成关系在不同程度上偏离了拉乌尔定律，如图 1.9 所示的 1600℃的液体 Fe-Si 系和 Fe-Cu 系。在 Fe-Si 系中，Si 和 Fe 与拉乌尔定律呈现负偏差，而对于 Fe-Cu 系，Cu 和 Fe 表现出正偏差。

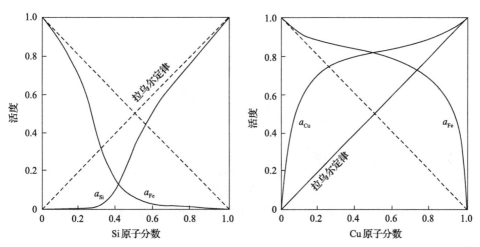

图 1.9 在 1600℃下液体 Fe-Si 和 Fe-Cu 合金的活度分别与拉乌尔定律形成负偏差和正偏差[1]

1.9.4 稀溶液和亨利定律

在无限稀释溶液中，活度与浓度成正比：

$$a_i = \gamma_i^0 x_i \tag{1.56}$$

式中，γ_i^0 代表无限稀溶液的活度关系。

图 1.10 表示稀释溶液中亨利(Henry)定律的应用情况，即在 1000℃下奥氏体中的碳(相对于石墨)活度与亨利定律的偏差。含有 1.65%C($x_C = 0.072$)的奥氏体在 1000℃时与石墨饱和，其碳活度相对于石墨等于 1。亨利定律仅在无限稀释溶液时有效应用，因此 γ_i / γ_i^0 比率被用作稀释溶液中溶质偏离亨利定律的度量。亨利系数定义为

$$f_i = \gamma_i / \gamma_i^0 \tag{1.57}$$

对于质量分数，$w(i) \to 0$ 时，$f_i \to 1$。基于多个溶质的质量分数 $w(i)$，二元系中溶质 i 的亨利系数 f_i 表示为

$$\lg f_i = e_i^i w(i) \tag{1.58}$$

式中，e_i^i 为二元系溶质 i 的亨利系数与质量分数 $w(i)$ 的关系系数。对于多组分溶液，用下式求和：

$$\lg f_i = e_i^i w(i) + \sum e_i^j w(j) \tag{1.59}$$

式中，e^j_i 是溶质 j 对溶质 i 活度系数的作用系数。

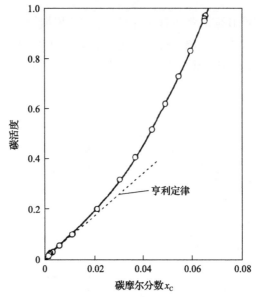

图 1.10　在 1000℃下，奥氏体中碳（相对于石墨）的活度与亨利定律的偏差[1]

1.9.5　规则溶液

规则溶液的混合熵与理想溶液的混合熵相同，混合焓则随成分变化。对于多组分体系，规则溶液模型关系式为

$$RT\ln\gamma_i = \sum_i\left(\alpha_{ij}x_j^2\right) + \sum_j\sum_k(\alpha_{ij} + \alpha_{ik} - \alpha_{jk})x_jx_k \tag{1.60}$$

式中，α 为二元系 $i\text{-}j$、$i\text{-}k$ 和 $j\text{-}k$ 之间的作用系数，可以从活度数据获得。对于二元系，式（1.60）简化为

$$RT\ln\gamma_i = \alpha(1-x_i)^2 \tag{1.61}$$

1.9.6　聚合性熔体组分的活度

聚合性熔体具有离子特性，但是其热力学性质仅能以体系中组元的元素或者化合物来描述。原因是正负离子不能分开成离子化溶液。离子对系统自由能个体的贡献难以确定，即活度及活度系数难以确定。实验只能对非电荷和电中性体系热力学定量测定，仅能够测量至少两个离子组成的中性组分的活度。聚合性熔体中氧化物活度是相称的两个离子的积，$a_{MO}\propto a_{M^{2+}}a_{O^{2-}}$，其活度是相对于纯氧化物和液态氧化物的测量值。由于聚合性熔体具有复杂的离子结构性质，熔体的活度计算模型多数基于近似推导，两类活度计算基本模型为组分模型和结构模型。组分模型如理想溶液模型、规则溶液模型等；对结构模型研究较多，但多数限于二元系的计算。

1.10　相　　律

对于系统仅受温度、压力和组分影响的平衡状态，从热力学考虑，吉布斯得出以下关系，称为相律：

$$f = c - p + 2 \qquad (1.62)$$

式中，f 是自由度(即定义系统的变量数)；c 是组分数；p 是相数。

对于单组分系统，如水系统，$c=1(H_2O)$，单液相水，$p=1$，因此 $f=2$；也就是说，温度和压力都可以任意改变，状态不会变。对于水-水蒸气或水-冰平衡，$p=2$，$f=1$；两相平衡中，温度或压力都可以是状态的独立变量，即改变其一，状态将变化。当三个相(冰、水和水蒸气)处于平衡状态时，$f=0$，这是一个在特定温度和压力下的固定状态。

对于恒压系统，相律可简化为

$$f = c - p + 1 \qquad (1.63)$$

1.11　平衡相图

1.11.1　二元系

当二元系的组分 A 和 B 在液态和固态中相互溶解时，相平衡图有最简单的形式，如图 1.11 所示。在此系统中，成分 x 熔体的凝固发生在 $T_1 \sim T_2$ 的温度范围内，液体和固体

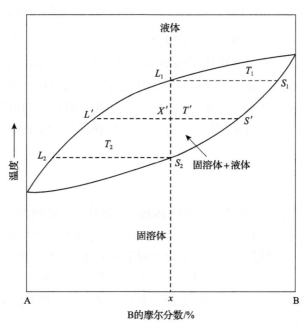

图 1.11　具有完整的液体和固体的溶液的简单二元相图[1]

溶液的成分分别沿 L_1L_2 液相线和 S_1S_2 固相线变化。在中间温度 T' 下，$L'X'/X'S'$ 的比为成分 S' 固体溶液相对于成分 L' 液体的量。

当固相溶液与理想溶液比液相溶液有更大的正偏离时，具有部分固体溶液的共晶和包晶的相图如图 1.12 和图 1.13 所示。在成分范围 A' 和 B' 内的二元共晶系统中（图 1.12），在凝固的后阶段形成 α 相和 β 相，三相共存时自由度为零，因此共晶成分和温度恒定，A' 和 B' 之间的固相线与成分横坐标平行。图 1.13 所示的系统中，成分 C 的固体溶液 α 和 P 成分的液体之间发生包晶反应，形成成分 D 的固体溶液 β，在 $CDC'D'$ 区内有两个固体相 α 和 β，其组成随温度沿溶解曲线 CC' 和 DD' 分别变化。

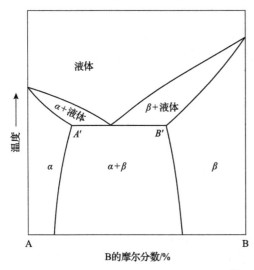 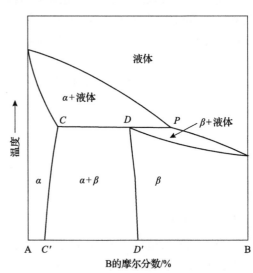

图 1.12　具有部分固体溶液的共晶二元系[1]　　图 1.13　具有部分固体溶液的包晶二元系[1]

当液相溶液与理想溶液有大的正偏差时，如图 1.14 所示，在某些成分和温度范围内，出现不互溶区。水平线描述了偏共晶不变固体 β、液体(1)和液体(2)之间的三相平衡。随着温度升高，富 A 液体(1)和富 B 液体(2)的相互溶解度增加并高于特定临界温度，两种液体变得完全互溶。具有不互溶间隙区的系统的活度与成分关系如图 1.15 所示。由于液体 L_1 和 L_2 处于平衡状态，A 在两相的活度相同，如水平线 l_1l_2 所示。

1.11.2　三元系

在三元系中，对于两个固体或一个固体和一个液体共存的两相区有两个自由度。可选任意变化是：①两个组分的浓度；②其中一个组分浓度和温度。也就是说，在三元系中，如图 1.16 所示，三维温度-组成图中用曲面描绘了两相区域。这是一个简单的三元共晶系，由有三个二元 A-B、A-C 和 B-C 共晶构成。组分 A、B 和 C 的液体表面分别为 $DFGE$、$DHJE$ 和 $JKGE$。这三个液体表面合并在共晶点 E；固体表面是曲面 $A'B'C'$，与基本组分三角形 ABC 平行。

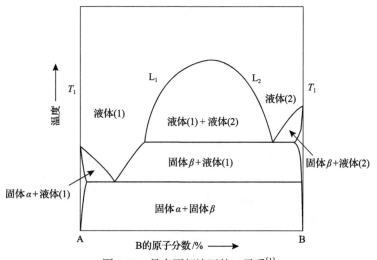

图 1.14 具有不相溶区的二元系[1]

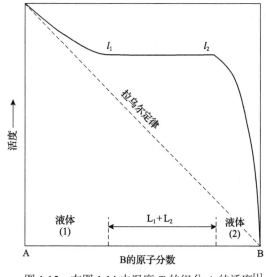

图 1.15 在图 1.14 中温度 T_1 的组分 A 的活度[1]
标准状态为纯液体

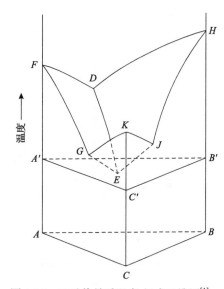

图 1.16 三元共晶系温度-组成三维图[1]

三元相图的液面,通过将液相等温线投影到组分三角形上以二维图表示。图 1.17 为 1500℃的 Fe_3O_4-SiO_2-Al_2O_3 三元系等温图,两相区域的虚线为与固相平衡的液相成分。在三角形区域存在三相:两个固体相与固定成分的液相平衡。

几十年来对相平衡的实验研究已更加明确了许多氧化物体系的熔体特性,这为了解熔渣行为提供了非常有价值的信息。但是大多数信息仍然局限于二元系和三元系,多元系的信息较少。两个组分的系统中,相平衡与温度和压力的关系相对简单明了,随着组分数量的增加,情况变得越来越复杂。使用组成平面三角可以方便地表示三元系相图。对于四元系,可通过以固定比例的组分(图 1.18(a))、固定某组分的成分(图 1.18(b))和组成伪三元子系统(图 1.18(c))将其简化为三元系。对于含有可变氧化状态的过渡金属氧

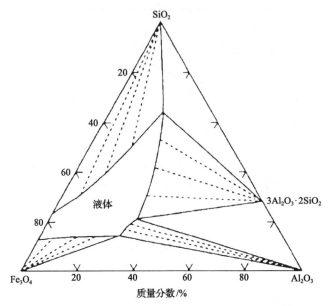

图 1.17　1500℃下 Fe₃O₄-SiO₂-Al₂O₃ 三元系相图[7]

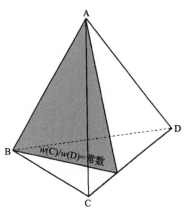

(a) 四元系两个组元之比为常数的三元系截面

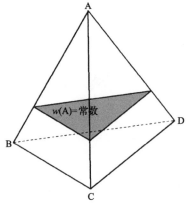

(b) 四元系A组元为常数的三元系截面

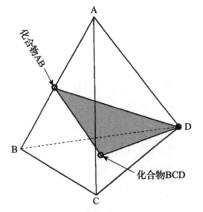

(c) 组元之间形成化合物的三元系

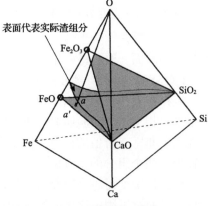

(d) 不同组分三元系

图 1.18　四元系构成空间的投影[8]

化物系，可以通过将每种氧化状态视为单独的化学成分来描述相平衡，如图 1.18(d) 中的 FeO-CaO-SiO_2 和 Fe_2O_3-CaO-SiO_2，这是通过从氧顶点投影到组成空间平面的组成。在图 1.18(d) 中，成分 a 的熔渣在 FeO-CaO-SiO_2 上可以表示为 a'。

1.12　表面张力

表面或界面是两相分离面，对于给定的恒温和恒压系统，表面中单位面积自由能增加定义为表面张力(表面能量)或界面张力 Y：

$$Y = (\partial G/\partial A)_{T,P,n_i} \qquad (1.64)$$

式中，G 是自由能；A 是表面积；n_i 为组分 i 的摩尔数。

1.12.1　接触角

图 1.19 中显示了固体-液体和液体-液体系统的接触角示例。接触角 θ 为液相中的角度。当 $\theta > 90°$ 时，系统不润湿；当 $\theta < 90°$ 时，液体对固体进行润湿；当 $\theta = 0°$ 时，实现完全润湿。A 为平衡点，在平衡条件下，表面张力 Y_{sg} 由方向相反的张力 Y_{ls} 和 Y_{lg} 的水平分力平衡。因此，对于固-液界面，有

$$Y_{sg} = Y_{sl} + Y_{lg}\cos\theta \qquad (1.65)$$

对于液-液界面，有

$$Y_{l_2g}\cos\phi = Y_{l_1g}\cos\alpha + Y_{l_1l_2}\cos\beta \qquad (1.66)$$

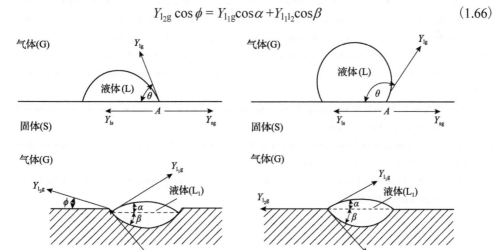

图 1.19　固体-液体和液体-液体界面的接触角[1]

1.12.2　凝聚功、黏附功和分散系数

将一列液体分成两个液-液或液-固表面的单位面积所需的功称为凝聚功 W_c：

$$W_c = 2Y_{lg} \tag{1.67}$$

考虑一种液体 l_1 与另一种液体 l_2 或固体 s 界面，在此界面分离时，将创建两个单元面积的新表面（l_1g 和 l_2g 或 sg），并且单元区域的一个界面丢失（l_1l_2 或 l_1s）。伴随的界面能变化称为黏附功 W_a：

$$W_a = Y_{l_1g} + Y_{l_2g} - Y_{l_1l_2} \tag{1.68}$$

液体 l_1 在液体 l_2 或固体上分散系数 S_p 由黏附功和凝聚功之间的差值给出：

$$S_p = W_a - W_c = Y_{l_2g} - Y_{l_1g} - Y_{l_1l_2} = Y_{sg} - Y_{l_1g} - Y_{l_1s} \tag{1.69}$$

当 S_p 为正时，将发生分散或润湿。也就是说，当

$$Y_{l_1l_2} < Y_{l_2g} - Y_{l_1g} \tag{1.70}$$

或者

$$Y_{l_1s} < Y_{sg} - Y_{l_1g} \tag{1.71}$$

时，液体 l_1 在液体 l_2 颗粒或固体颗粒上分散。

参 考 文 献

[1] Turkdogan E T. Fundamentals of steelmaking. London: The Institute of Materials, 1996: 82,83.

[2] Turkdogan E T. Physicochemical properties of molten slags and glasses. London: The Metals Society, 1983: 133-137.

[3] Krupka K M, Robie R A, Hemingway B S. High-temperature heat capacities of corundum, periclase, anorthite, CaAl$_2$Si$_2$O$_8$ glass, muscovite, pyrophyllite, KAlSi$_3$O$_8$ glass, grossular, and NaAlSi$_3$O$_8$ glass. American Mineralogist, 1979, 64: 86-101.

[4] Barin I Knacke O. Thermochemical Properties of Inorganic Substances. Berlin: Springer-Verlag, 1973.

[5] Barin I, Knacke O, Kubaschewski O. Thermochemical Properties of Inorganic Substances-Supplement. Berlin: Springer-Verlag, 1977.

[6] Mills K C, Yuan L, Jones R T. Estimating the physical properties of slags. The Journal of the Southern African Institute of Mining and Metallurgy, 2011, 111: 649-658.

[7] Muan A. Phase equilibria at liquidus temperatures in the system iron oxide-Al$_2$O$_3$-SiO$_3$ in air atmosphere. Journal of the American Ceramic Society, 1957, 40: 121-133.

[8] Jak E, Hayes P C. Phase equilibria determination in complex slag systems//VII International Conference on Molten Slags Fluxes and Salts, Cape Town, 2004: 85-103.

第 2 章

铜火法冶金物理化学和工业应用渣型

火法冶金物理化学内容广泛，本章主要介绍铜火法冶金中熔融相分离和化学反应及氧势，以及工业应用渣型。

2.1 概　　述

铜通常在地壳中以硫化铜矿物存在，如黄铜矿（$CuFeS_2$）和辉铜矿（Cu_2S）等。这些矿物在矿石中的含量很低，典型的铜含量从约 0.5%Cu（露天矿）到约 2%Cu（地下矿）。少量以氧化铜矿物存在，包括铜的氧化物、碳酸盐、硅酸盐和硫酸盐等。硫化铜矿主要通过浮选—火法冶炼—电解精炼提取回收其中的铜。氧化铜矿则主要采用湿法冶金"浸出—熔剂萃取—电积"工艺处理。另外，废铜及含铜废料已成为重要的铜二次资源，火法冶炼成为处理这类资源的主工艺。

世界上矿产铜约 80%来自黄铜矿（$CuFeS_2$）为主的硫化矿。尽管从实验室到工业应用，对采用湿法冶金工艺处理硫化铜矿做了大量的研究工作[1]，但除辉铜矿类的硫化铜矿生物堆浸工艺有少量的工业规模应用之外，其他工艺还没有实质上的工业应用。主要原因是对于硫化铜矿处理，湿法冶金工艺与浮选—火法冶炼—电解精炼工艺相比，经济上没有优势。因此，在硫化铜矿处理中，火法冶金工艺占主导地位。火法冶炼的操作步骤包括：浮选铜精矿熔炼生产冰铜；冰铜吹炼生产粗铜；粗铜火法精炼生产阳极铜及炉渣贫化回收铜等有价金属。阳极铜则经电解精炼生产精铜（俗称电铜）。

从浮选铜精矿到粗铜的冶炼过程，是一个高温氧化脱硫造渣除铁去脉石过程。理论上可以一步实现，直接氧化生成粗铜。但是直接氧化至粗铜时，部分铜被氧化至渣中，需要从渣中回收，铜的直收率低，经济上没有优势。对从浮选铜精矿一步直接生产粗铜做过大量的开发研究和工业试验，但工业应用仅限于辉铜矿类铜精矿的处理，并且只有闪速炉一步炼铜工艺的工业应用。为了保证铜冶炼的直收率，以处理黄铜矿为主的火法冶炼操作中，粗铜生产分成熔炼和吹炼两步来完成。

熔炼过程主要是利用富氧空气将精矿中硫化铁部分氧化生成氧化铁及二氧化硫，生成的氧化铁与精矿及熔剂中的氧化硅造铁硅渣，熔炼过程中精矿及熔剂中脉石成分和小部分金属元素进入熔渣中。铜精矿氧化及造渣反应为放热反应，熔炼过程可以自热进行。现代闪速炉熔炼及熔池熔炼工艺与传统反射炉和鼓风炉工艺的区别，就是提高反应的氧浓度（富氧）及增加反应界面来强化反应过程，充分利用反应热，实现自热熔炼，以降低能耗。同时提高了过程中的二氧化硫气体浓度，增加硫的捕收利用率，实现对环境影响的最小化。

冰铜吹炼通常分为造渣期和造铜期，造渣期是完成冰铜中铁和硫的氧化，氧化生成的氧化铁与熔剂中二氧化硅造铁硅渣，硫则生成二氧化硫，造渣期的终点是冰铜中的铁完全氧化造渣去除，冰铜只剩下铜和硫，即硫化铜(俗称白冰铜)。吹炼造铜期是将硫化铜氧化生产金属铜和二氧化硫，其终点金属铜(俗称粗铜)中硫含量达到控制值。吹炼可以在一个炉内分造渣期和造铜期两期来完成，如 P-S 转炉，造渣期直至冰铜中的铁均进入渣中；造铜期则将白冰铜完全转化为粗铜。吹炼也可以在一个炉内不分造渣期和造铜期连续操作进行，如闪速吹炼、熔池底吹、熔池顶吹及熔池侧吹等吹炼工艺。为了实现操作稳定，三菱吹炼和闪速吹炼等连续吹炼工艺采用铁钙渣，即加石灰或石灰石作为熔剂。

粗铜火法精炼主要是脱除粗铜中的硫及杂质，调整粗铜中氧成分，以满足电解精炼对阳极铜的质量要求。杂质在精炼过程中主要进入精炼渣中。精炼一般不加熔剂造渣，但是针对某些杂质，如 As、Sb、Pb 等，一些冶炼厂则加熔剂造渣。

炉渣贫化主要是回收熔炼及吹炼炉渣中的铜和有价金属，主要工艺可分为火法贫化和选矿两类。火法贫化通常在电炉中完成。尽管对火法贫化炉型及工艺操作做过大量的研究开发工作，但是应用于工业的新炉型及新工艺极少，电炉仍是火法贫化的主要炉型。选矿工艺包括炉渣缓冷—破磨—浮选，目前多数冶炼厂炉渣贫化采用选矿工艺。

在铜火法冶金中，无论熔炼、吹炼还是火法精炼，包括一步直接炼铜，炉渣都起着重要作用。炉渣不仅是去除原料中铁和脉石等成分的组合，同时为冶炼过程中去除各种杂质元素提供了载体。铜火法冶炼过程实际上是一个造渣过程，过程中尽可能除去诸如Pb、Zn、As、Sb、Bi 等杂质元素，最大限度地回收铜及贵金属等有价元素。冶炼厂运行指标，如炉子寿命和金属回收率，受炉渣成分及性质的直接影响，造好渣是铜冶炼炉平稳运转的基本要求，在许多情况下冶炼炉运行故障和事故起因于造渣不良。

2.2 铜火法冶金物理化学

铜火法冶炼工艺的理论基础是高温物理化学，内容比较广泛，包括：热力学，如化学平衡、氧势和硫势、活度及活度系数、元素及化合物的溶解、元素分配、熔点和沸点等；动力学，如反应速率、扩散、传热、流体流动；物理化学性质，如密度、黏度、电导率、表面能及界面能等。简单来说，铜火法冶炼工艺过程从熔炼到火法精炼，由两个基本步骤组成：化学反应和相分离。工艺中元素及化合物在高温下进行化学反应和熔化形成不相溶的熔融相，进行有效的相分离，这是铜火法冶炼工艺的物理化学基础，因而是选择铜冶炼渣的前提条件。

2.2.1 高温熔体不相溶性

熔体中各组分相互间存在较强的排斥倾向时，就会出现两相不互溶的分离现象。相反，当熔体中组分具有很强的吸引力时，它们之间互溶且出现中间化合物。二元系的互溶或不互溶容易从二元相图中识别出来，可以利用合适的热力学模型总结和描述。规则溶液模型可以单参数描述互溶性。对于二元系，α 函数与活度系数和摩尔分数相关，如

下列方程所示[2]:

$$\alpha_i = \ln \gamma_i / (1 - x_i)^2 = 常数 \tag{2.1}$$

$$a_i = \gamma_i x_i = \gamma_i \left[w(i) / (M_i n_T) \right] \tag{2.2}$$

α值可以基于实验数据或热力学推测，通过式(2.1)和式(2.2)计算。α 值表示二元系两个组分之间的交互(或缺少交互)性。较大的负值(如–15)表示形成化合物的趋势，而大于 2 的值表示不互溶，熔融相之间呈分离趋势。图 2.1 为不同α值的二元系活度图，α 取决于组分与理想溶液偏差，呈正偏差时为正，反之为负，其值高或低则与正(负)偏差的强弱有关。

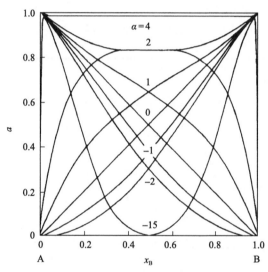

图 2.1　二元系活度曲线的变化与 α 值的关系[3]

规则溶液模型能够很好地表示二元系熔体，尽管大多数冶金过程很难仅用二元系数据来分析讨论，但原则上可以简化为三元系进行评价。多数二元系统具有现成的热力学数据，利用二元系热力学数据[2]，通过三元系规则溶液模型，可以计算得出三元系平衡。图 2.2 中的三元系由三个二元系(AO-MO、AO-BO 和 BO-MO)形成，AO 是一种强酸性氧化物(SiO_2)，BO 是一种强碱性氧化物(CaO)，MO 为中性金属氧化物(FeO)。对于二元 AO-BO、BO-MO 和 AO-MO 系，α 值分别假定为–9、–1 和 0。AO-BO 系的活度与理想溶液呈强负偏差，表明 AO-BO 具有形成中间化合物较强的趋势。BO-MO 系统的 α 值稍有负偏差，表示 BO 和 MO 之间的弱交互。AO-MO 二元系被认为是理想溶液。三元系中性金属氧化物(MO)的活度和活度系数分别由实线和虚线表示。

图 2.3 表示代表铜冶金过程中六个三元系的组合图。应用二元系的 α 值计算的不互溶区表示于三元系图中。图 2.3 中(a)和(b)分别对应铜或铜硫化物-氧化铁-CaO(碱性氧化物)三元系和铜或铜硫化物-氧化铁-SiO_2(酸性氧化物)三元系,在 α 为正值的情况下(两个二元体系中存在较大的不互溶区)，热力学分析表明，在三元系(a)和(b)中金属或金属硫化物与炉渣几乎完全分离。

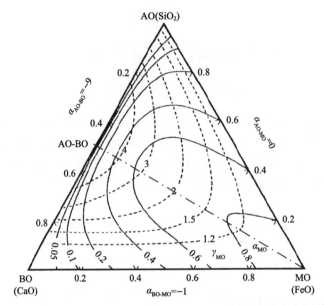

图 2.2　AO-BO-MO 三元系中性氧化物 MO 的活度和活度系数线[3]

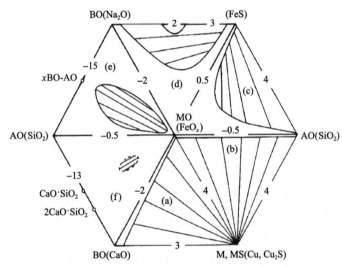

图 2.3　铜冶炼工艺有关的三元系不混溶性(每个二元相都给出了对应 α 值)[4-6]

　　FeS-FeO$_x$-SiO$_2$ 系统简化为规则溶液，如图 2.3 中(c)所示。与冰铜-渣平衡相对应的三元相分离是由于 FeS-SiO$_2$ 二元系存在不互溶区。FeS 和 FeO$_x$ 可互溶形成均匀液相，添加 SiO$_2$ 才形成不互溶区。

　　酸性氧化物被碱性氧化物所取代的三元系，如图 2.3(d)所示，相当于 FeS 与碱性铁氧体渣的平衡。由于 FeS-BO 二元系比 FeS-AO 系更具有互溶趋势，三元系不互溶区比(c)要窄。这意味着冰铜和钠铁氧体渣之间的相互溶解要比硅酸盐渣大，冰铜与钠铁氧体渣之间分离效果较硅酸盐渣差。从三个二元系的 α 为负值来判断，图 2.3(e)是完全互溶的三元系。然而，用−0.5、−2 和−15 的 α 值进行的热力学计算表明，在图 2.3(e)所示三元系中，MO 和 xBO-AO 之间存在很大的三元不互溶区。这种岛形不互溶区的形成，是由于二元化合物的活度表现出极负的偏差,形成了中间化合物 xBO-AO。当 AO-BO 二元系的 α 值从 -15 变为 -13 时,三元不互溶区几乎消失,如图 2.3(f)所示。图 2.3 对应的三元系相分离组成列于表 2.1。

表 2.1 图 2.3 中对应的三元系相分离的组成[3]

体系	熔融相	
	上层(渣)	下层
(a) M/MS-FeO$_x$-BO	铁氧体	金属,Cu$_2$S
(b) M/MS-FeO$_x$-AO	硅酸铁	金属,Cu$_2$S
(c) FeS-FeO$_x$-AO	硅酸铁	低品位冰铜
(d) FeS-FeO$_x$-BO	铁氧体	低品位冰铜
(e) FeO$_x$ - SiO$_2$-Na$_2$O($\alpha=-15$)	AO-BO(强碱硅酸盐)	MO(FeO$_x$)
(f) FeO$_x$-SiO$_2$-CaO($\alpha=-13$)	AO-BO(硅酸盐)	MO(FeO$_x$)

2.2.2 铜冶炼工艺中的相分离

铜火法冶炼工艺中,基本元素为 Cu、Fe、S、O、Si 和 Ca,以及铜精矿和熔剂中少量 Al、Mg 和微量元素如 Zn、Pb、Ni 等。这些元素在高温下发生化学反应形成不同相,包括熔融冰铜或者金属铜、熔渣和气相,并且在液态温度和常压下可实现这些相的有效分离,是火法冶炼工艺提取铜等有价金属的必要条件。当工艺过程处于平衡状态时,相分离可以根据热力学数据进行分析评估。冶炼过程产生的气相与凝聚态液相基本上能自然分离。热力学的研究主要集中在凝聚态液相分离。

图 2.4 表示 Fe-S-O 系 1300℃相图的一部分。可以看出,Fe-S-O 系不存在熔体不互溶区,只存在单一的氧硫熔体区以及不同 Fe 含量的固相 Fe$_3$O$_4$、"FeO"(伪 FeO)和 γ-Fe。说明氧化铁与硫化铁混熔后,在不添加其他熔剂时,不能形成不互溶熔融相,实现在熔融状态下的分离。体系中硫化铁的氧化导致更多固相氧化铁(Fe$_3$O$_4$、"FeO")或者 γ-Fe 析出。图 2.5 为 FeO-FeS-SiO$_2$ 系中,当 FeO、FeS 和 SiO$_2$ 的混合物被加热到 1200℃时的相图。图中显示由 SiO$_2$ 引起的两液相(渣-冰铜)不混溶区和氧硫熔体液相区。图 2.5 的左缘表示仅由 FeS 和 FeO 组成的溶体,在不加 SiO$_2$ 时,FeS 质量分数高于约 31%[①],沿左缘形成单一的氧硫熔体。然而,当添加 SiO$_2$ 时,出现液相不互溶分离区。随着 SiO$_2$ 的添加,分离区会越来越大。线 a、b、c 和 d 表示两种液体的平衡组成。富硫化物的熔体称为冰铜,富氧化物的熔体称为熔渣。A 点和 B 点为 SiO$_2$ 饱和的熔体组成。SiO$_2$ 在氧硫熔体中的溶解度与熔体的氧含量,即 FeO 含量有关,氧含量与熔体的硫含量及硫分压成反比。熔体硫含量及硫分压增加,熔体中氧及 SiO$_2$ 含量降低,原因是高硫情况下 FeO 转变成 FeS。

---

① 为表示简便,书中未特别指明的百分数均表示质量分数。

熔体中添加铜, 由于铜代替熔体中的铁形成 FeS 与互溶 Cu_2S, FeS 的活度降低, 渣中 FeO 更趋于转变成 FeS, 所以渣中氧和 SiO_2 含量均降低。

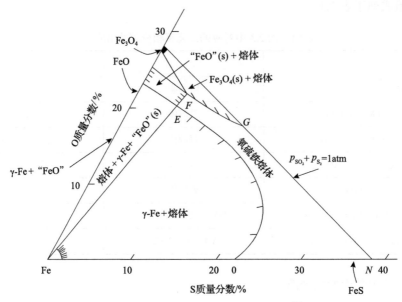

图 2.4　1300℃下 Fe-S-O 系部分相图[7]

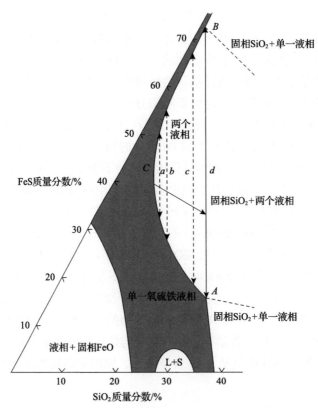

图 2.5　1200℃下, FeO-FeS-SiO_2 系的部分相图[5]

图 2.6 表示在 1300℃下 Cu_2S-FeS-FeO-SiO_2 系中冰铜和渣之间的共轭关系，图中关系可以说明冰铜和渣之间的不互溶性。图中 Q 和 Q'点对应图 2.5 中 B 点和 A 点。线 QR 表示与 SiO_2 饱和渣线 $Q'R'$平衡的冰铜成分，R 点冰铜品位为 55%～60%。R-Cu_2S 的高品位冰铜与渣 $R'E$ 处于平衡状态。线 KS 处于 FeS-Cu_2S-FeO 互溶区。

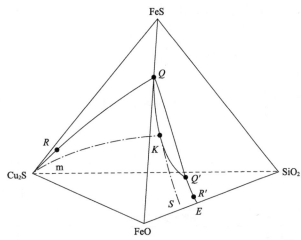

图 2.6 Cu_2S-FeS-FeO-SiO_2 系冰铜和渣之间共轭关系[8]

图 2.7 是 FeO-SiO_2 二元系相图，这是一个伪二元系，因为 FeO 不是一个固定组成，熔体中包含铁等高价氧化物，相图中折算成 FeO。从图中可知，FeO-2FeO·SiO_2（铁橄榄石）共晶温度为 1175℃，2FeO·SiO_2-SiO_2（鳞石英）的共晶温度为 1180℃，2FeO·SiO_2 的熔点为 1208℃。在 SiO_2 的质量分数为 25%～35%和高于 2FeO·SiO_2 的熔点的条件下，体系形成单一的液相区（图 2.5）。

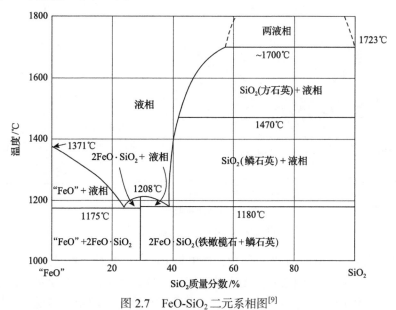

图 2.7 FeO-SiO_2 二元系相图[9]

图 2.8 表示 Cu-S 相图，在温度高于 1105℃时，存在金属铜熔体与 Cu_2S 熔体两个不

相混溶的液相,说明高温熔融状态下 Cu₂S 氧化脱硫生成金属铜可以形成不同熔融相实现分离,图中 a、b、c 和 d 点代表吹炼造铜期途径,假设吹炼从 a 点开始,到达 b 点,生成熔融泡铜相,与白冰铜相共存,铜中硫质量分数约 1.2%,继续吹炼到 c 点,白冰铜相消失,然后控制铜中预期的硫含量吹炼到 d 点。Cu-Fe-S 三元系相图如图 2.9 所示,表明了不同熔炼工艺冰铜品位的位置,以及吹炼过程的途径。图中 A、B、C、D 分别代表反射炉、Inco 闪速炉、奥托昆普闪速炉,以及三菱熔炼炉和诺兰达炉的冰铜品位的位置。吹炼造渣期是从这些点到点 E,造铜期则是从点 E 到点 F。

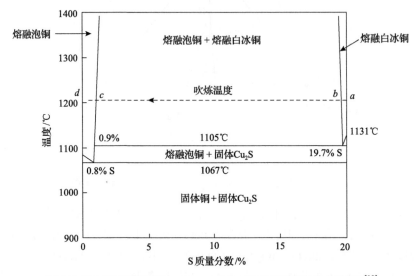

图 2.8 Cu-S 平衡相图(a、b、c、d 为 1200℃铜吹炼反应路径)[10]

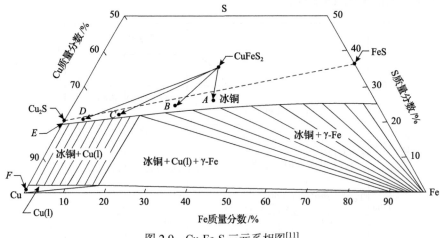

图 2.9 Cu-Fe-S 三元系相图[11]

以上分析表明,铜冶炼工艺过程中,FeS 与 Cu₂S 互溶形成冰铜,FeO 与 SiO₂ 形成硅酸盐熔渣,除吹炼造铜期之外,无论是熔炼、吹炼造渣期还是连续吹炼,以及一步直接炼铜,均需要添加石英等熔剂造渣,才能形成不互溶的熔融相,实现熔渣与冰铜或金属铜熔体的分离。吹炼造铜期或者连续吹炼熔融铜与白冰铜不互溶,实现熔融铜与白冰铜及渣的分离，这也是一步直接炼铜的基础。高冰镍吹炼不能获得金属镍，主要原因是熔融镍与高冰镍互溶，不能实现镍与高冰镍的分离。

在铜吹炼过程中，体系中若存在 Cu_2S，则 Cu_2O 不稳定，会与 Cu_2S 发生交互反应产出铜，从动力学来说，氧化铜起着传输氧的作用。交互反应式为

$$\{Cu_2S\} + \{2Cu_2O\} =\!\!=\!\!= [6Cu] + SO_2(g) \tag{2.3}$$

式中，{ }代表冰铜中；[ ]代表熔融铜中。

火法精炼主要是脱硫和调整粗铜中的氧，添加熔剂造渣主要是为了脱除杂质，除考虑杂质元素在渣中溶解外，精炼渣与熔融铜的相分离是选择熔剂及渣型时考虑的主要因素。图 2.10 为 Cu-O 系相图，由图可知，铜液相的 Cu_2O 饱和浓度随着温度的升高而增加，高于1220℃存在熔融 Cu 相和 Cu_2O 液相不互溶区，熔融 Cu 相的氧质量分数为2.55%。温度高于约1340℃时，不相溶区消失，两个液相互溶。图 2.10 中还标明了体系的等氧势线，在精炼温度（1200℃）下，铜液相平衡氧势在 $10^{-6} \sim 10^{-5}$ atm。

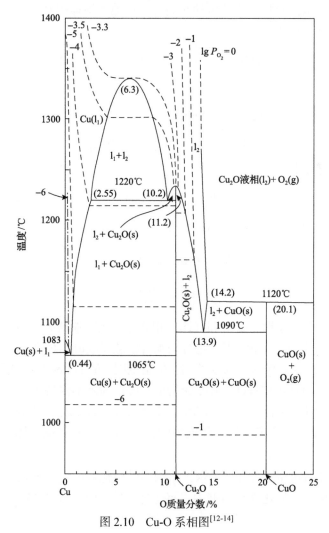

图 2.10　Cu-O 系相图[12-14]

2.2.3 铜火法冶炼工艺中的化学反应、氧势及硫势

铜火法冶炼工艺通常包括铜熔炼、吹炼造渣、吹炼造铜和火法精炼，以及炉渣火法贫化。一步直接炼铜是将熔炼至吹炼造铜合并成一步连续完成，连续吹炼则是造渣与造铜不分期同时连续完成。二次铜资源原料性质不同，处理工艺各异，铜含量高的废杂铜通常单独熔炼，称为黑铜冶炼。

熔炼过程中，铜硫化物精矿中铁和硫部分被鼓入或喷入富氧空气，氧化生成氧化铁及二氧化硫，氧化铁与精矿及熔剂中的氧化硅反应产生铁硅渣。反应过程中精矿、熔剂中脉石成分及小部分金属元素进入熔渣中，铜及未完全氧化的铁和硫则形成铜铁硫混合熔体，俗称冰铜(或锍)，反应可由式(2.4)表示：

$$2CuFeS_2(s) +5/2O_2(g) +1/2SiO_2(s) === \{Cu_2S + FeS\} + (1/2Fe_2SiO_4) + 2SO_2(g) \qquad (2.4)$$

式中，( )代表渣中的。

式(2.4)反应为放热反应。现代闪速炉熔炼及熔池熔炼操作基本上可以自热进行。式(2.4)反应可以分解成以下反应：

$$2CuFeS_2(s) === \{Cu_2S\} + \{2FeS\} + \{S\} \qquad (2.5)$$

$$\{FeS\}+3/2 O_2(g) === (FeO) + SO_2(g) \qquad (2.6)$$

$$(2FeO) + SiO_2(s) === (Fe_2SiO_4) \qquad (2.7)$$

$$SO_2(g) === O_2(g) + 1/2S_2(g) \qquad (2.8)$$

上述反应的平衡常数为

$$K_{(2.5)}= a_{Cu_2S}\, a_{FeS}^2\, a_S \qquad (2.9)$$

$$K_{(2.6)}= (a_{FeS}\, P_{SO_2})/(a_{FeS}\, P_{O_2}^{3/2}) \qquad (2.10)$$

$$K_{(2.7)}= (a_{Fe_2SiO_4})/(a_{FeO}) \qquad (2.11)$$

$$K_{(2.8)} = (P_{O_2}\, P_{S_2}^{1/2})/P_{SO_2} \qquad (2.12)$$

冰铜熔炼体系中，冰铜、熔渣和气体三相共存，忽略铜精矿和熔剂中少量脉石组分如 Al_2O_3、MgO 及微量元素，系统五个组分为铜、铁、硫、氧和硅。根据相律规则，$p+f=c+2$，系统有 4 个自由度，工艺操作中温度控制在恒定范围，渣的 Fe/SiO_2(质量比，下同)控制在一定值时，渣中的氧化铁(FeO)活度变化小，可认为基本保持不变，因此熔炼体系剩下两个自由度，如果定义体系中的氧和硫的平衡分压，即氧势和硫势，就可以确定渣和冰铜等相的组成。因此，氧势(P_{O_2})和硫势(P_{S_2})是定义及标量铜冶炼过程状态热力学的主要尺度。

吹炼造渣期反应可由式(2.13)表示，冰铜中的硫化铁由空气或富氧空气继续被氧化成氧化铁和二氧化硫，氧化铁与熔剂中二氧化硅造铁硅渣，式(2.13)反应是式(2.6)和式(2.7)反应的结合。

$$\{FeS\}+3/2O_2\,(g)+1/2SiO_2\,(s) = (1/2Fe_2SiO_4) + SO_2\,(g) \tag{2.13}$$

吹炼造渣期与熔炼相同，体系中冰铜、熔渣和气体三相共存，五个组分为铜、铁、硫、氧和硅，根据相律规则，三相共存体系中有 4 个自由度。操作过程中恒定温度控制范围，渣中的氧化铁(FeO)活度可认为基本保持不变，如同熔炼体系剩下两个自由度，即定义氧势(P_{O_2})和硫势(P_{S_2})，就可以确定渣和冰铜等各相成分。

吹炼造铜期反应可用式(2.14)表示，即硫化铜氧化生成铜和二氧化硫。

$$\{Cu_2S\} + O_2\,(g) = [2Cu]+ SO_2\,(g) \tag{2.14}$$

反应平衡常数为

$$K_{(2.14)}=(a_{Cu}{}^2 P_{SO_2})/(a_{Cu_2S} P_{O_2}) \tag{2.15}$$

吹炼造铜期白冰铜、铜熔体和气体三相共存，三个组分为铜、硫和氧。根据相律规则，体系的自由度为 2。在温度控制基本恒定时，自由度为 1，熔融铜中铜的活度可以认为是常数，则自由度为 0，即吹炼造铜期，白冰铜、铜熔体和气体各相的成分不能变化，吹炼过程的变化只是白冰铜的量减少和熔融铜的量增加。直至白冰铜相消失，仅存在熔融铜和气相，体系的自由度成为 1，即熔融铜成分及气相组成由系统的氧势(P_{O_2})确定。

粗铜火法精炼主要是粗铜脱硫及杂质，以及还原降低粗铜氧含量，工艺操作包括氧化和还原两个步骤。在不添加熔剂的情况下，粗铜氧化脱硫基于 Cu-O-S 系，粗铜还原除氧基于 Cu-C-H-O 系。精炼操作添加熔剂脱杂质，体系则比较复杂，取决于熔剂的类型及成分，若选择 Na₂O/CaO 熔剂，则系统包括 Cu-O-S-Na-Ca。

氧化脱硫的主要反应为

$$[S]+ O_2\,(g) = SO_2\,(g) \tag{2.16}$$

式(2.16)反应平衡常数为

$$K_{(2.16)}= P_{SO_2}/(w(S)\,P_{O_2}) \tag{2.17}$$

氧化脱硫在不添加熔剂的情况下，渣相可以忽略，体系存在铜熔体和气相，三个组分为铜、硫和氧。在温度恒定及熔体中铜的活度为常数时，体系自由度为 1，铜熔体及气相组成由氧势(P_{O_2})确定。

还原除氧通常鼓入天然气或液态碳氢化合物来完成，主要反应包括

$$H_2C\,(s,l,g) + [2O] = H_2O\,(g) + CO\,(g) \tag{2.18}$$

$$CO\,(g)+[O] = CO_2\,(g) \tag{2.19}$$

$$H_2\,(g) + [O] = H_2O\,(g) \tag{2.20}$$

体系中存在熔融铜和气相两相，四个组分铜、碳、氢和氧，在温度恒定及熔体中铜

的活度为常数时，自由度为 2，由熔融铜及气相组成，除氧势（P_{O_2}）之外，还需要定义一个变量（P_{H_2} 或者 P_{CO}）才能确定。

粗铜火法精炼添加熔剂造渣，体系中存在精炼渣、熔融铜和气相。选择 Na_2O 和 CaO 熔剂，不考虑体系中的杂质元素，体系五个组分为铜、氧、硫、钠和钙。按照相律规则，体系自由度为 4。操作温度恒定和熔体中铜活度被认为是常数时，自由度为 2。定义氧势（P_{O_2}）和硫势（P_{S_2}）可以确定熔渣和熔融铜等各相组成。但是实际操作中，由于杂质元素在体系中不能忽视，熔渣和熔融铜的控制比较复杂，除热力学影响因素如氧势和硫势外，还需考虑其他参数变量，如熔渣的组分活度等。

熔池一步直接炼铜及冰铜熔池连续吹炼，体系中存在熔渣、白冰铜、熔融铜和气体四相，五个组分包括铜、铁、硫、氧和硅。体系中熔融铜的铜活度基本为常数，体系自由度为 3，在恒温操作时，定义氧势（P_{O_2}）可以确定体系各相的组成。闪速一步直接炼铜及冰铜闪速吹炼，系统中没有白冰铜相，只存在熔渣相、熔融铜和气体三相，五个组分，体系自由度为 4，熔融铜中活度基本不变，恒温时体系各相的组成可以由氧势（P_{O_2}）和硫势（P_{S_2}）确定。

铜火法冶金工艺的氧势-硫势（$\lg P_{O_2}$-$\lg P_{S_2}$）图如图 2.11 所示。图中实线为氧和硫的总压力（如图中 p-t 线，$P_{总}=1atm$，AD 线 $P_{总}=0.3atm$）接近系统的 P_{SO_2} 线。虚线为不同品位冰铜与鳞石英的平衡（如图中 q-p 线为 40%品位的冰铜，$B'B$ 线为 60%品位的冰铜）。图中给出 Yazawa 报道的 50%和 70%冰铜品位（Cu 质量分数，下同）的相应线条进行比较[15]。与生产步骤相关的气体、白冰铜和泡铜之间的平衡对应的相边界为 r-t，点划虚线为 Cu-O-S 系泡铜中硫含量（质量分数）等值线。图中 A-B-B'-B-C-D-E 表示主要铜生

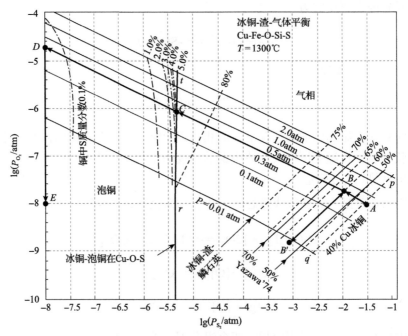

图 2.11 Fe-S-O-SiO$_2$ 系氧势-硫势图[16]

产路径，设定 $P_\text{总} = 0.3$atm，该路径大约对应于 50% 的富氧浓度。根据图中数据，铜生产途径的氧势和硫势大致为熔炼氧势 10^{-8}atm，硫势 10^{-2}atm；吹炼氧势 10^{-6}atm，硫势 10^{-6}atm；精炼氧势 $10^{-4.8}$atm，硫势 10^{-8}atm。

图 2.12 表示铜火法冶炼工艺中氧势和硫势的变化趋势。铜熔炼体系的氧势随着冰铜品位的升高而升高，硫势则降低。在冰铜品位 50%～80% 范围，氧势（P_{O_2}）从约 $10^{-8.5}$atm 升高至 $10^{-6.5}$atm，硫势（P_{S_2}）从 $10^{-2.0}$atm 降低到 $10^{-6.0}$atm，当冰铜品位高于 70% 时，氧势和硫势分别显著升高和降低。在冰铜品位 80% 左右，氧势和硫势出现转折点，说明吹炼进入造铜期，氧势和硫势继续升高和降低，但是变化曲线较为平坦，体系中白冰铜与高硫粗铜熔体共存，粗铜含硫约 1.2%；吹炼造铜期终点的氧势（P_{O_2}）和硫势（P_{S_2}）分别在 $10^{-5.5}$atm 和 $10^{-8.0}$atm 左右。火法精炼的氧势随着粗铜硫含量的降低而升高，硫势则降低，精炼的氧势（P_{O_2}）和硫势（P_{S_2}）分别高于 10^{-5}atm 和低于 10^{-8}atm。一步直接炼铜及冰铜连续吹炼，氧势（P_{O_2}）需要达到 $10^{-6.0}$atm。熔池一步直接炼铜及冰铜熔池连续吹炼，炉内白冰铜始终与熔融铜共存，只能生成含硫高的粗铜，氧势在 $10^{-6.5}$atm 左右。炉渣火法贫化在还原状态进行，氧势（P_{O_2}）一般低于 10^{-10}atm。冶炼工艺中氧势是铜火法冶炼选择渣型及熔剂需满足的热力学条件。

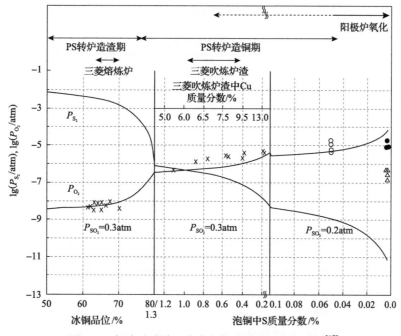

图 2.12　铜火法冶炼工艺中氧势和硫势的变化趋势[17]

×-三菱工艺数据；○-PS 转炉造铜期数据；●-阳极炉氧化阶段数据；△-阳极炉还原阶段数据

图 2.13 为冰铜熔炼渣平衡的氧势，图中表明了氧势与不同品位的冰铜氧含量的关系，以及不同 Fe^{3+}/Fe^{2+} 的氧势与渣 Fe/SiO_2 的关系。从图 2.13 可以看出，在同一冰铜品位下，氧势随着冰铜中氧含量的增加而升高，氧势增加趋势线的斜率随着冰铜品位而升高，高品位冰铜中氧含量微量增加可以导致体系氧势的急速上升。渣中 Fe^{3+}/Fe^{2+} 是平衡状态下

氧势的量度，渣的 Fe^{3+}/Fe^{2+} 越高，平衡状态下氧势越高，在同一 Fe^{3+}/Fe^{2+} 下，氧势随着渣 Fe/SiO_2 的增加而降低。铜火法冶炼各工艺的体系组成、共存相及氧势归纳于表 2.2。

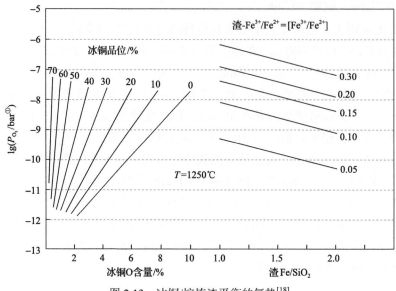

图 2.13 冰铜/熔炼渣平衡的氧势[18]

表 2.2 铜冶炼工艺分类[15]

工艺	体系的组成	共存相	体系氧势 (P_{O_2})/atm
熔炼，吹炼造渣期	Cu-Fe-S-O-SiO_2	气-渣-冰铜	10^{-8}
吹炼造铜期	Cu-S-O	气-冰铜-铜	10^{-6}
连续吹炼	Cu-Fe-S-O-CaO	气-渣-(白冰铜)-铜	10^{-6}
直接炼铜	Cu-Fe-S-O-SiO_2 (CaO)	气-渣-(白冰铜)-铜	10^{-6}
炉渣火法贫化	Cu-Fe-S-O-SiO_2	气-渣-冰铜	10^{-11}
火法精炼	Cu-S-O-(Na_2O,CaO)	气-渣-铜	$10^{-6} \sim 10^{-4.5}$
废杂铜熔炼	Cu-FeO-SiO_2	气-渣-铜	$10^{-9} \sim 10^{-6}$

图 2.14 表示有关熔炼及连续吹炼工艺的熔渣流动性与氧势的关系。由图可知，不同的工艺操作存在不同的氧势。吹炼炉操作，包括三菱工艺吹炼炉、诺兰达一步炼铜及连续吹炼和 PS 转炉的造铜期，其氧势高于 10^{-7} atm，没有冰铜层共存吹炼的氧势高于 10^{-6} atm，贫化炉操作的氧势则低于 10^{-9} atm，熔炼及吹炼造渣期在 10^{-8} atm 左右。铁橄榄石渣适应氧势低于 10^{-7} atm 操作，而钙铁氧体渣则没有这个限制，可以在铜冶炼工艺所有氧势条件下操作。

---

① 1bar=10^5Pa。

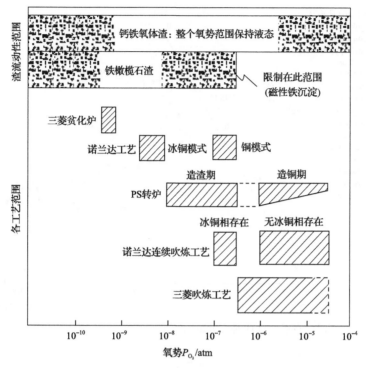

图 2.14　有关熔炼及连续吹炼工艺的熔渣流动性与氧势的关系[19,20]

2.3　铜火法冶炼工业应用渣型

　　铜火法冶炼渣型的选择，如前所述，需要满足工艺过程的熔融相分离和反应体系氧势等条件，在工艺操作中为了保持冶炼厂平稳高效运行，铜冶炼渣应具有以下主要特性。

　　(1)熔点低，在冶炼温度下完全熔化。

　　(2)密度低，与冰铜或熔融铜实现有效分离。

　　(3)黏度低，即流动性良好，容易放渣等操作。

　　(4)铜及贵金属等有价金属溶解度低。

　　(5)腐蚀性低，有利于延长炉寿命。

　　(6)杂质元素溶解性好，可最大限度地去除杂质元素。

　　(7)适应性强，熔剂及炉料成分的某些变化，不会造成操作困难。

　　选择渣型还需要考虑熔剂成本等经济因素。

　　铜矿中脉石成分主要是 SiO_2、CaO、Al_2O_3 和 MgO，并且以 SiO_2 为主，浮选铜精矿的脉石成分主要是 SiO_2。在铜冶炼过程中，即使不添加熔剂，也会形成铁硅渣。图 2.15 为 $CaO\text{-}SiO_2\text{-}(FeO+MgO)$ 系相图，图中列出红铜时代石遗址(141 种样分析)矿渣的化学成分[21,22]。由图可知，渣的主要成分是 SiO_2 和 FeO，多数渣的 CaO 含量低于 20%。渣中可见两个常见的硅酸盐液相区：$CaO\text{-}SiO_2\text{-}MgO$ 系中透辉石区和 $CaO\text{-}SiO_2\text{-}FeO$ 系中的橄榄石区。收集的赞比亚铜带铜冶炼厂的综合渣和渣中玻璃体化学分析如图 2.16 所示[23,24]。

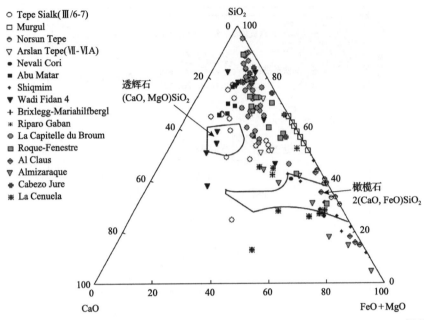

图 2.15 红铜时代石遗址(141 种样分析)矿渣的化学成分(质量分数,单位：%)[21,22]

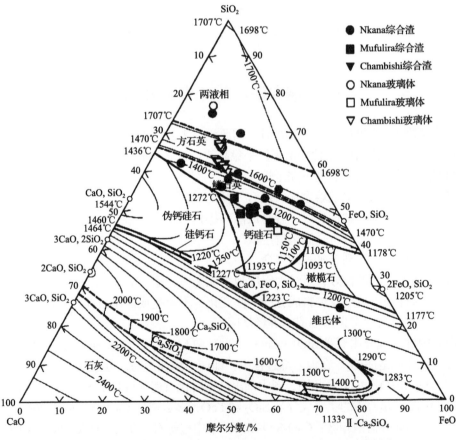

图 2.16 赞比亚铜带铜冶炼厂点综合渣和渣玻璃相化学分析[23,24]

从图 2.16 可知，渣是以 SiO_2 和 FeO 成分为主的橄榄石，大致成分为 30%～50% SiO_2、20%～40% FeO 及约 20% CaO。对考古在塞浦路斯发现的数千年前的铜冶炼渣样品进行分析，成分大约为 25%SiO_2、38% Fe、2% CaO、2%Al_2O_3、2% Cu[25]，在沙特阿拉伯发现的渣典型成分为 45%SiO_2、22%Fe、1%Cu[25]。实践中硅酸盐渣自然成为铜冶炼渣。

现代铜冶炼炉渣典型成分如图 2.17 所示。由图可看出，铜冶炼渣成分包括铁硅渣（铁橄榄石渣，"FeO"-SiO_2）、钙铁氧体渣（CaO-"Fe_2O_3"）以及两者之间组成的三元或多元系渣。铜精矿熔炼渣及 PS 转炉冰铜吹炼，包括闪速一步炼铜，绝大多数冶炼厂采用铁橄榄石渣，CaO 含量低于 8%，Fe/SiO_2（质量比）为 0.8～2.0，CaO/SiO_2（质量比）低于 0.1。三菱吹炼及闪速吹炼采用钙铁氧体渣。少数反射炉、鼓风炉和多膛炉，包括处理氧化矿冶炼操作，采用铁钙硅（FCS）三元系渣，CaO/SiO_2（质量比）低于 0.2～0.8 的范围。

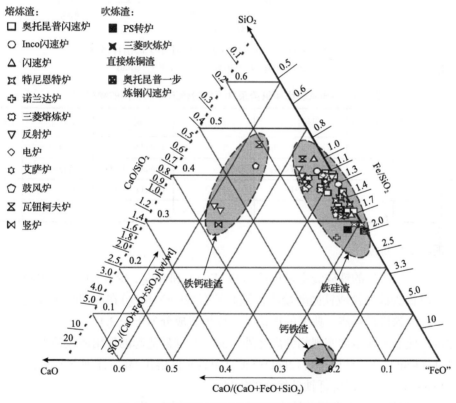

图 2.17　不同铜冶炼工艺典型的渣成分[26,27]

图 2.18 表示在 1300℃下 FeO_x-SiO_2-CaO 系中的液相区。图中 A 点为铁橄榄石二元渣；D 点为铁钙氧体二元渣；B 点和 C 点为三元渣，CaO/SiO_2（摩尔比）分别为 0.5 和 1.0。CaO-SiO_2 二元中最稳定的化合物为 2CaO·SiO_2，而 CaO/SiO_2=2 的渣在操作温度和几乎所有 Fe/SiO_2 条件下未处于熔融状态。

表 2.3 列出了不同氧硫比和氧势条件下铜冶炼渣中铁和铜的物相，氧硫比等于 1，铁主要以硅酸铁存在，随着氧硫比的增大，磁性铁成为主要物相，氧硫比高于 3 和 4 时，出现铜铁氧体($CuFeO_2$)和 Cu_2O。相对于氧硫比，体系氧势对于渣中铁和铜的物相作用较小。

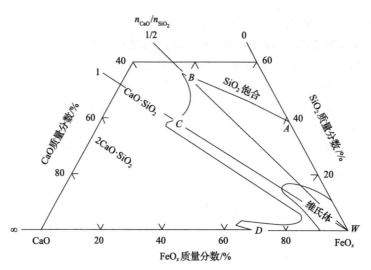

图 2.18 在 1300℃下，FeO_x-SiO_2-CaO 体系中的液体区域[3]

A-铁橄榄石二元渣；D-铁钙氧体二元渣；B, C-三元渣

表 2.3 不同氧硫比和氧势条件下铜冶炼渣中铁和铜的物相[28]

$-\lg P_{O_2}$	氧硫比=0	氧硫比=1	氧硫比=2	氧硫比=2.5	氧硫比=3	氧硫比=4	氧硫比=∞
3	Cu-Fe-S	Fe_2SiO_4	$Fe_2SiO_4+Fe_3O_4$	Fe_3O_4	$CuFeO_2+Fe_3O_4$	$CuFeO_2+Cu_2O$	Cu_2O
4			$Fe_2SiO_4+Fe_3O_4$		$CuFeO_2+Fe_3O_4$	$CuFeO_2+Cu_2O$	
7			$Fe_2SiO_4+Fe_3O_4$	Fe_3O_4	$CuFeO_2+Fe_3O_4$	$CuFeO_2+Cu_2O$	
10				$Fe_2SiO_4+Fe_3O_4$			

2.3.1 铜精矿熔炼渣

铜精矿熔炼产生的铁硅渣主要包括 FeO、Fe_2O_3 和 SiO_2，少量 Al_2O_3、CaO 和 MgO。铁硅渣有时称为硅酸铁或铁硅酸盐渣，铁橄榄石（$2FeO·SiO_2$）在冷却时从这些熔渣中沉淀，通常称为铁橄榄石渣。典型的铜精矿熔炼炉渣成分列于表 2.4。

除可以使氧硫铁熔体实现相分离之外，SiO_2 在铁硅渣起的作用还包括以下方面。

（1）FeO-SiO_2 系在铁橄榄石（$2FeO·SiO_2$）中具有低熔化温度（详细参考图 2.7）。

（2）SiO_2 的添加可以降低铁硅熔渣的密度。

（3）SiO_2 可以降低铜在铁硅渣中 Cu_2S 和 Cu_2O 的溶解度。

石英（SiO_2）是地球上最丰富的矿物，分布于世界各地，以石英做熔剂成本低。因此，石英是铜冶炼的首选熔剂。

铁硅渣的不足之处在于强氧化条件下，即高氧势下，磁性铁（Fe_3O_4）容易饱和析出，如表 2.4 中熔炼渣中 Fe_3O_4 高达 20%。在铜冶炼正常操作温度，炉渣的操作窗口小。此外，SiO_2 熔体呈强网状结构，高硅渣黏度高，影响操作。为了满足强氧化铜冶炼工艺需要，渣组成的优化及选择一直是铜冶炼技术人员的课题。在熔炼冰铜品位低于 70%，即氧势（P_{O_2}）低于约 $10^{-8.0}$ atm 时，铁硅渣基本能够满足铜精矿熔炼平稳操作的要求。

表 2.4　铜精矿熔炼典型炉渣成分 (质量分数)[25]　　　　(单位：%)

工艺	Fe	Fe$_3$O$_4$	SiO$_2$	CaO	Al$_2$O$_3$	MgO
反射炉	32.6	7.0	37.7	1.5	7.6	1.7
闪速炉	38.	11.8	29.7	1.2		
诺兰达炉	38.2	20.0	23.1	5.0	1.5	1.5
艾萨法*	37.6	5.6	32.5	7.4	4.3	1.9
三菱法工艺熔炼炉	37.1	8.0	32.3	7.8	2.2	

*数据来自 Copper 91, IV, pp359-373。

2.3.2　冰铜吹炼及一步直接炼铜渣

PS 转炉吹炼造渣期通常使用铁硅渣，但渣的磁性铁和铜含量比熔炼渣高。冰铜连续吹炼及一步直接炼铜，如前面所分析的氧势 (P_{O_2}) 高达 $10^{-6.0}$atm。在高氧势下，应用铁硅渣导致渣中磁性铁和铜的含量高，给操作带来困难。因此，在冰铜闪速吹炼和三菱法吹炼炉操作中，采用铁钙渣。冰铜熔池连续吹炼，入炉的冰铜品位高，一般达 70%或更高，吹炼渣量少，一些冶炼厂仍然采用铁硅渣。冰铜吹炼渣成分如表 2.5 所示。

表 2.5　冰铜吹炼典型炉渣成分 (质量分数)[25]　　　　(单位：%)

工艺	Fe	Fe$_3$O$_4$	SiO$_2$	CaO	Al$_2$O$_3$	MgO
PS 转炉 (造渣期)	41.3	14.2	28.4	1.0	4.0	4.0
三菱法工艺吹炼	45.0		9.6	14.8		
奥斯麦特吹炼	40.0	10~15	29.0			
闪速吹炼	35~42	24~36	1.5~2.5	16~18		

工业应用的闪速一步炼铜工艺，主要是处理以辉铜矿为主的低铁铜精矿，采用铁硅渣，渣的铜含量明显增加。炉渣成分列于表 2.6。从表中可知，一步直接炼铜的炉渣中铜的质量分数高达 12%~28%。

表 2.6　一步直接炼铜的熔渣组成 (质量分数)[27]　　　　(单位：%)

冶炼厂	Cu	Fe	SiO$_2$	CaO	MgO	Al$_2$O$_3$
澳洲 Olympic Dam	13~28	33	18	0	0	3.5
波兰 Glogow	12~15	6	31	14	6	9
赞比亚 Chingola	17~20	17~29	28~32	5	3~7	5~7

图 2.19 表示 1300℃下 FeO-Fe$_2$O$_3$-SiO$_2$ 系和 FeO-Fe$_2$O$_3$-CaO 系的液相区及氧势。由图可以看出，FeO-Fe$_2$O$_3$-CaO 系的液相区比 FeO-Fe$_2$O$_3$-SiO$_2$ 系宽。FeO-Fe$_2$O$_3$-CaO 系液相区的氧势 (P_{O_2}) 为 10^{-11}~10^{-2}atm，能够满足强化熔炼、连续吹炼至一步直接炼铜的氧势要求。FeO-Fe$_2$O$_3$-SiO$_2$ 系液相区的氧势 (P_{O_2}) 为 10^{-11}~10^{-7}atm，应用于连续吹炼及一

步直接炼铜氧势（$P_{O_2} > 10^{-6.5}$atm）受到限制，磁性铁难免析出。铁钙渣在热力学上比铁硅渣具有明显优化，未能在铜冶炼工业推广应用的主要原因是与冰铜吹炼相比，精矿熔炼和直接炼铜的精矿中含 SiO_2，实际操作中难以制造较纯的铁钙渣；其他因素包括铁钙渣对炉衬的腐蚀性比铁硅渣高，导致炉寿命低；通常情况下石灰熔剂比石英熔剂成本高。此外，渣的硫化铜的溶解度高，也是铁钙渣没有应用于冰铜熔炼或一步直接炼铜的原因。

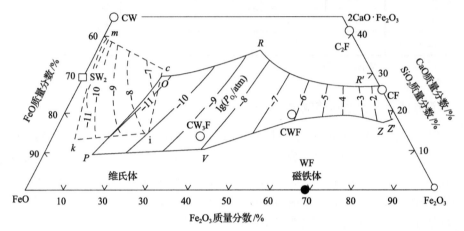

图 2.19　1300℃下，$FeO\text{-}Fe_2O_3\text{-}SiO_2$（虚线）和 $FeO\text{-}Fe_2O_3\text{-}CaO$（实线）的液相区及氧势[29,30]

图中化合物：$C\text{-}CaO$、$S\text{-}SiO_2$、$W\text{-}FeO$、$F\text{-}Fe_2O_3$

2.3.3　铁钙硅三元系渣

几乎所有的工业炉渣均含不同量的杂质氧化物，包括 CaO、Al_2O_3 和 MgO 等。杂质氧化物主要来自铜精矿、熔剂及耐火砖的溶解。渣中的杂质氧化物在某些条件下有助于改进熔渣的性质，如铁硅渣中的 CaO 有利于降低熔渣的黏度和抑制磁性铁的生成，铁钙渣中适量的 SiO_2 有助于降低渣的腐蚀性。

关于铁钙硅三元系在铜冶炼中的应用做过不少研究工作，与二元系渣比具有一些优势。在强化熔炼工艺中，熔渣中铜以氧化物形式存在时，这种渣有吸引力，可视为铁橄榄石和铁氧体钙渣之后的第三个铜冶炼渣型，因为这种渣中的氧化铜损失最小，同时有利于去除有害元素。但是未在工业上大规模应用，主要原因是造渣成本增加及实际操作上不便，还有就是渣中硫化铜溶解度高。一些冶炼厂的炉渣钙含量高，并非有目的地添加含钙熔剂造渣，而是由于入炉原料含钙高。例如，三菱法熔炼渣含钙高是因为吹炼工艺的铁钙渣返回熔炼炉。一些铜冶炼厂在铁硅渣添加氧化钙熔剂，多数是为了提高杂质元素在熔渣中的溶解度，帮助去除杂质。

2.3.4　粗铜火法精炼渣

粗铜火法精炼渣的选择，可根据需要去除的杂质而定。表 2.7 总结了精炼渣选择的基本情况。操作中要去除形成酸性氧化物的杂质，需添加碱性熔剂，如 Na_2O、$Na_2(CO_3)$ 和 CaO，造碱性渣；而去除形成碱性氧化物的杂质，则采用酸性渣。

表 2.7　铜火法精炼渣[25]

杂质元素/氧化物类型	精炼渣及熔剂选择
As、Sb、Bi、Sn/酸性氧化物	碱性渣，熔剂选择 Na、K、Ca、Mg 氧化物或者它们的混合物，渣中的 Si、B、P 等杂质含量尽可能低
Pb、Zn、Fe、Ni、Cd /碱性氧化物	酸性渣，熔剂选择 SiO_2、P_2O_3、B_2O_3、Fe_2O_3 或者它们的混合物

参 考 文 献

[1] Peacey J, Guo X J, Eduardo R. Copper hydrometallurgy-Current status, preliminary economics, future direction and positioning versus smelting//Copper 2003, Santiago, 2003.

[2] Darken L S, Gurry R W. Physical Chemistry of Metals. New York: McGraw-Hill, 1953: 264.

[3] Yazawa A, Hino M. Thermodynamics of phase separation between molten metal and slag, flux and their process implications. ISIJ International, 1993, 33(1): 79-87.

[4] Yazawa A, Takeda Y. Phase separation among oxides and sulphides and their Metallurgical implications//3rd International Conference on Molten Slags and Fluxes, Glasgow, 1988: 219-222.

[5] Espeleta A K, Yazawa A. Phase separation in FeS-FeO-B_2O_3 and FeS-FeO-P_2O_5 system and immiscibilities of metallurgical melts. Metallurgical Review of MMIJ, 1988: 51-61.

[6] Yazawa A. Kameda A. Copper smelting I, Partial liquidus diagram for FeS-FeO-SiO_2 system. Technology Reports of the Tohoku University, 1953, 18(1): 40-58.

[7] Elliott J F. Phase relationships in the pyrometallurgy of copper. Metallurgical Transactions, 1976, 7B: 17-33.

[8] Yazawa A. Thermodynamic considerations of copper smelting. Canadian Metallurgical Quarterly, 1974, 13(3): 443-453.

[9] Bowen N L, Schairer J F. Melting and transformation temperatures of mineral and allied substances. The American Journal of Science 5th Series, 1932, 24(141): 177-213.

[10] Sharma R C, Chang Y A. A thermodynamic analysis of the copper sulfur system. Metallurgical Transactions, 1980, 11B: 575-583.

[11] Themlis N J, Kellogg H H. Principles of sulfide smelting, advances in sulfide smelting//San Francisco: TMS, 1983: 1-29.

[12] Hultgren R, Desai P D, Hawkins D T, et al. Selected values of the thermodynamic properties of binary alloys. Metals Park: American Society for Metals, 1973.

[13] Hansen M, Anderko K, Elliott R B, et al. Constitution of Binary Alloys. 2nd ed. First Suppl., Sec. Suppl. New York: McGraw-Hill, 1958, 1965, 1969.

[14] Kuxmann U, Kurre K. The miscibility gap in the copper-oxygen system and its modification by CaO, SiO_2, Al_2O_3, MgO and ZrO_2. Ertzmetall, 1968, 21: 99-209.

[15] Yazawa A. Distribution of various elements between copper, matte and slag. Erzmetall, 1980, 33(718): 377-381.

[16] Jak E. Integrated experimental and thermodynamic modelling research methodology for metallurgical slags with examples in the copper production field//Ninth International Conference on Molten Slags, Fluxes and Salts(MOLTEN12), Beijing, 2012.

[17] Goto M. Mitsubishi Continuous Process. 2nd ed. Tokyo: Mitsubishi Materials Cooperation, 2002.

[18] Matousek J. Thermodynamics of iron oxidation in metallurgical slags. Journal of Metal, 2012, 10: 1314-1320.

[19] Noranda Mine Limited. Noranda, Quebec, Unpublished Report. 1975.

[20] Mackey P J, Harris C, Levac C. Continuous converting of matte in the Noranda converter: Part I. Overview and metallurgical background//Proceedings of Copper 95, Vol. IV, Montreal, 1995: 337-349.

[21] Muan A, Osborn E F. Phase Equilibria among Oxides in Steelmaking. Reading: Addison-Wesley, 1965.

[22] Bourgarit D. Chalcolithic copper smelting. [2023-01-30]. www.academia.edu/8164398/.

[23] Vitkova M, Ettler V, Johan Z, et al. Primary and secondary phases in copper-cobalt smelting slags from the Copper Belt

Province, Zambia. Mineralogical Magazine, 2010, 74 (4): 581-600.

[24] Osborn E F, Muan A. Phase equilibrium diagrams in oxide systems. Columbus: American Ceramic Society and E. Orton, Jr, Ceramic Foundation, 1960.

[25] Mackey P J. The physical chemistry of copper smelting slags—A review. Canadian Metallurgical Quarterly, 1982, 21 (3): 221-260.

[26] Hidayat T, Shishin D, Decterov S A, et al. High-temperature experimental and thermodynamic modelling research on the pyrometallurgical processing of copper//Proceedings of the 1st International Process Metallurgy Conference (IPMC 2016), West Java, 2016: 1805.

[27] Schlesinger M E, King M J, Sole K C, et al. Extractive Metallurgy of Copper. 5th Ed. Oxford: Elsevier, 2011: 182.

[28] Burger E. La première métallurgie extractive du cuivre en France: Caractérisation analytique de produits dereduction expérimentaux. Physico-Chimie Analytique, Université de Paris VI, Paris, 2005.

[29] Yazawa A, Takeda Y, Waseda Y. Thermodynamic properties and structure of ferrite slag and their process implications. Canadian Metallurgical Quarterly, 1981, 20: 129-134.

[30] Yazawa A. Slag-metal and slag-matte equilibrium and their process implications//Second International Symposium on Metallurgical Slags and Fluxes, AIME, Lake Tahoe, 1984: 701-720.

第3章

炉 渣 结 构

20 世纪 30 年代以来，关于多组分炉渣熔体结构的研究已做过大量工作，包括不同测试手段的实验研究及理论推导。从热力学上来说，尽管提出基于分子或离子各种熔体模型，但是对于熔体结构推论并不是很成功。

3.1 炉渣结构理论

炉渣结构有两种基本理论，即分子结构理论和离子结构理论。由于分子结构理论与熔渣性能之间缺乏联系，故不能解释说明熔渣的电导、黏度等性能。

熔渣分子结构理论基本内容包括以下方面：

(1)熔渣结构与固体渣相似，熔体中存在各种简单和复杂的化合物。这些简单和复杂化合物在熔体中生成-离解，实现热力学平衡。一般来说，随着温度升高，复杂化合物离解度和简单化合物的浓度增加。

(2)熔渣中只有游离的简单化合物才能参与反应，复杂化合物只有在离解或者被置换出游离化合物后才能参与反应。

(3)熔渣被视为理想溶液，因而熔渣中化合物活度可以用摩尔分数表示。

尽管熔渣分子理论缺乏对一些熔渣性能的解释，但是用来分析有熔渣参与反应的热力学和进行一些热力学计算，结果符合经验规则。因此，熔渣的热力学分析本质上是基于分子理论。需要提起的是多数熔体不符合理想溶液规则，应用时须用活度代替摩尔分数，再就是熔渣中游离化合物的浓度难以测定，只能根据经验或者实验测量的熔渣性质进行近似的推导。

熔渣的离子结构理论是应用熔体结构实验分析和热力学理论推导，在对熔渣的物理化学性能进行深入研究的基础上建立起来的。熔渣电导测量数据的事实证明熔渣由离子构成。离子结构理论的要点如下：

(1)熔渣由阳离子和阴离子组成，阳离子带的电荷与阴离子带的电荷相等，故熔渣呈电中性。

(2)与晶体相同，熔渣中每个离子的周围是异性离子。

(3)电荷相同的离子和邻近离子相互作用力相等，与离子种类无关。

熔渣的结构非常复杂。多组分熔渣系统的聚合结构仍需不同的无损技术测试进一步阐明。例如，使用更严格的分析技术(如光谱方法)对熔渣结构进行更广泛的测试分析，以便深入了解结构。有许多研究试图确定淬火样品的熔渣结构，使用不同的光谱方法，如傅里叶转换红外光谱学(Fourier transform infrared spectroscopy，FTIR)、拉曼光谱学、X射线光电子光谱(X-ray photoelectron spectroscopy，XPS)和核磁共振(nuclear magnetic resonance，NMR)光谱等。

3.2　氧化物结构、熔化及离解

3.2.1　氧化物结构

冶金炉渣是硅、铝、钙和铁等的氧化物组成的熔体。二氧化硅(SiO_2)一直是熔渣的关联成分之一，熔渣其他成分主要包括氧化铁、碱性氧化物(Na_2O)、碱土性氧化物(CaO和MgO)、铝氧化物(Al_2O_3)等。渣中氧化物SiO_2、FeO、CaO、Al_2O_3和MgO等固态结构比较简单，其结构主要取决于离子半径。根据炉渣的离子结构理论，炉渣由带正电荷的阳离子和带负电荷的阴离子组成，阳离子周围形成一个阴离子多面体，阳离子和阴离子的距离取决于离子半径之和。而配位数则取决于阳离子与阴离子的半径比(r_c/r_a)。碱性(及碱土)氧化物的离子半径比为$0.414\sim0.732$，配位数为6，即一个阳离子周围有6个阴离子，形成八面体结构。SiO_2的离子半径比为0.318，配位数为4，形成四面体结构。表3.1列出了冶炼渣中主要氧化物的结构特征。

表 3.1　主要氧化物的结构特征[1]

离子半径比(r_c/r_a)	配位数	结构	氧化物
$1\sim0.732$	8	立方体	Na_2O
$0.732\sim0.414$	6	八面体	CaO, MgO, MnO, FeO
$0.414\sim0.225$	4	四面体	SiO_2, Al_2O_3, Fe_2O_3, P_2O_3

3.2.2　氧化物熔化及离解

氧化物熔化及离解与氧化物的阳离子和阴离子之间的静电引力有关，静电引力与阳离子和阴离子电荷数的积成正比，与离子半径之和成反比。

$$F=(z^+ez^-e)/(r_c+r_a)^2 \tag{3.1}$$

式中，e为电荷；z为离子价态。对于阴氧离子O^{2-}，$z^-=2$，离子半径$r=1.32$Å，将静电引力作为氧离子对阳离子的引力：

$$F(r_c+1.32)^2=2z^+e^2 \tag{3.2}$$

表 3.2 列出氧离子引力值。表中离子键分数是离子键在链接中占的比例，因氧化物链接既有离子键也存在共价键。

表 3.2 氧离子引力值和离子键分数[1]

参数	Na₂O	CaO	MnO	FeO	MgO	Fe₂O₃	Al₂O₃	SiO₂	P₂O₃
氧离子引力 $F(r_c +1.32)^2$	0.18	0.35	0.42	0.44	0.69	0.75	0.83	1.22	1.66
离子键分数	0.65	0.61	0.54	0.47	0.44	0.41	0.38	0.36	0.28

从表 3.2 数据可知，氧化物可以分为三类。

（1）氧离子引力小，离子键分数大，如 Na_2O、CaO、MgO、MnO、FeO 等氧化物，这些氧化物熔化离解成金属阳离子和氧阴离子，称为碱性氧化物。

（2）氧离子引力大，离子键分数小，如 SiO_2、P_2O_3 等氧化物，在熔化后不容易直接离解成阳离子和阴离子，而是在熔化后随着温度升高，逐步离解为阳离子和带负电荷的聚合体。这一类氧化物称为酸性氧化物。

（3）介于两者之间的，如 Al_2O_3、Fe_2O_3 等氧化物，在不同体系及条件下，熔化离解成阳离子、阴离子或带负电荷的聚合体。这一类氧化物称为两性氧化物。

3.3 硅酸盐炉渣结构及分析

3.3.1 硅酸盐炉渣结构

固体二氧化硅和熔融硅酸盐的基本结构单元是硅酸盐四面体 SiO_4^{4-}。每个硅原子四周被四个氧原子包围，每个氧原子被结合在两个硅原子上。硅是+4 价，氧为–2 价，因此硅酸盐四面体有 4 个负电荷。在熔融二氧化硅中，硅氧四面体分组不规则，如图 3.1 所示。

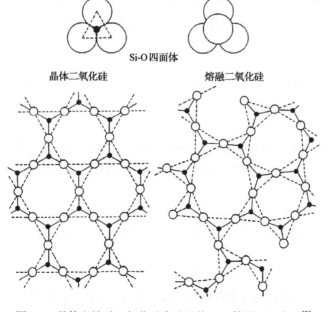

Si-O 四面体

晶体二氧化硅   熔融二氧化硅

图 3.1 晶体和熔融二氧化硅中硅网络四面体排列示意图[2]

熔融二氧化硅添加金属氧化物,如 FeO、CaO、MgO 等,导致硅酸盐结构网络解离,一般表现为以下反应:

$$\rightarrow Si\!\!-\!\!O\!\!-\!\!Si \leftarrow + MO \longrightarrow 2(\rightarrow Si\!\!-\!\!O)^- + M^{2+} \tag{3.3}$$

阳离子分散在解离的硅酸盐网络中。在 MO-SiO_2 熔体中,O/Si(原子比)>2,因此部分氧原子结合两个硅原子,部分结合到一个硅原子。图 3.2 表示添加金属氧化物 MO 时硅酸盐网络部分解离。

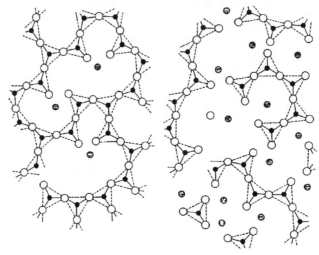

图 3.2　硅酸盐熔体中金属氧化物的溶解时硅酸盐网络解离示意图[2]

在具有 MO/SiO_2(摩尔比)>2 的高碱性炉渣中,硅酸盐网络完全分解为单个 SiO_4^{4-} 四面体及阳离子 M^{2+} 和一些氧离子 O^{2-} 的混合体。Al_2O_3 在低浓度下类似于网络改性氧化物,形成 Al^{3+};在高浓度时,则进入四面体结构与硅类质同象。这个过程其反应可表示为

$$\rightarrow Si\!\!-\!\!O\!\!-\!\!Si \leftarrow + MAlO_2 \longrightarrow \rightarrow Si\!\!-\!\!O\!\!-\!\!\overset{\displaystyle |}{\underset{\displaystyle O}{Al}}\!\!-\!\!O\!\!-\!\!Si \leftarrow + M^{2+} \tag{3.4}$$

阳离子 M^+ 靠近 $Al\!\!-\!\!O$ 键,以保持电荷平衡。如 Fe^{3+} 等阳离子在低浓度下起解离网络作用,但在较高浓度中,则以类似于 Al^{3+} 的方式融入链中。图 3.3 是硅酸盐熔体键链三维示意图,从图可知:

(1)每个 Si^{4+} 包围 4 个 O 四面体排列。

(2)每个 O^{2-} 连接到两个 O^{2-},以此形成三维阵列,在此位置上 O 为 O^0,称为链连接氧。

(3)断裂链端的 O 为 O^-,称为非链连接氧。

(4)当熔体中存在碱性氧化物阳离子 Ca^{2+}、Mg^{2+} 等时,它们会分解 $Si\!\!-\!\!O$ 键,形成自由氧 O^{2-}。

(5)高价氧化物的阳离子，如 Al^{3+}、P^{5+}进入 Si 聚合体链，需保持电荷平衡，例如，如果将 Al^{3+}并入 Si^{4+}链，它必须有一个 Na^+(或 Ca^{2+}的一半)位于 Al^{3+}附近，以保持局部电荷平衡。

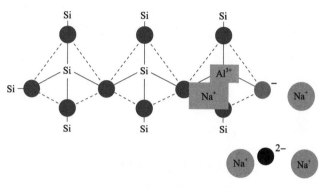

图 3.3　硅酸盐键链示意图[3,4]

深灰色：链连接氧(O^0)，浅灰色：非链连接氧(O^-)，黑色：自由 O^{2-}；Al^{3+}并入硅酸盐(Si^{4+})链中，需要阳离子(此处显示为 Na^+)以保持电荷平衡

熔渣虽然具有离子化结构，炉渣成分可以氧化物组成表示，如 CaO、FeO、SiO_2 等，熔渣中离子热力学活度无法确定，而溶解在熔融熔渣中形成 M^{2+} 和 O^{2-} 的氧化物活度可以实验测定。活度等式如式(3.5)和式(3.6)所示。式中上标 0 通常表示纯固体或液体氧化物的标准状态。

$$MO \longrightarrow M^{2+} + O^{2-} \tag{3.5}$$

$$a_{MO}/(a_{MO})^0 = (a_{M^{2+}} a_{O^{2-}})/(a_{M^{2+}} a_{O^{2-}})^0 \tag{3.6}$$

3.3.2　参数 NBO/T 和 Q

熔体中存在的链连接氧 O^0、非链连接氧 O^- 和自由氧 O^{2-} 的数量可以用于表达硅酸盐的结构[5]。三种类型的氧处于化学平衡状态：

$$2O^- \Longrightarrow O^0 + O^{2-} \tag{3.7}$$

平衡常数 K 为

$$K = (O^0)(O^{2-})/(O^-) \tag{3.8}$$

式中，(O^0)、(O^-)和(O^{2-})是每摩尔硅酸盐熔体中链连接氧、非链连接氧和自由氧的平衡摩尔数；K 为在给定温度下的平衡常数。在任何二元或三元硅酸盐熔体中，当阳离子的特性一定时，三种氧的摩尔数可以用以下方程计算[5,6]：

$$(O^-)^2(4K-1)+(O^-)(2+2n_{SiO_2})+8n_{SiO_2}(n_{SiO_2}-1)=0 \tag{3.9}$$

$$(O^0) = (4n_{SiO_2}-(O^-))/2 \tag{3.10}$$

$$(O^{2-}) = (1-n_{SiO_2})-(O^-)/2 \tag{3.11}$$

式中，n_{SiO_2} 是 SiO_2 的摩尔数；K 值可以根据实验数据和热力学数据计算。

每个四面体中非链连接氧代表硅酸盐熔体的非聚合程度。如果 Al^{3+} 进入链中，则需要让 Na^+ 等阳离子位于 Al^{3+} 附近以提供电荷平衡(图 3.3)。在这种情况下，像 Na^+ 或 Ca^{2+} 这样的阳离子，为了达到电荷平衡，不能起网络解离作用。因此，以修正 $(NBO/T)_{corr}$ 表示熔渣聚合解离的度量。$(NBO/T)_{corr}$ 可以按以下方式计算[7]，其中 f 为熔体中作为聚合解离组分 Fe^{3+} 的摩尔分数：

$$YNB = 2[x_{CaO} + x_{MgO} + x_{FeO} + x_{MnO} + x_{CaO} + 2x_{TiO_2} + x_{Na_2O} + x_{K_2O} + 3fx_{Fe_2O_3} - 2x_{Al_2O_3} - 2(1-f)x_{Fe_2O_3}] \tag{3.12}$$

$$x_T = x_{SiO_2} + 2x_{Al_2O_3} + 2fx_{Fe_2O_3} \tag{3.13}$$

$$(NBO/T)_{corr} = YNB/x_T \tag{3.14}$$

Q 用于表示熔渣聚合的量度，Q 为每个四面体单元链连接氧的数量，范围为 $0 \sim 4$。

$$Q = 4 - (NBO/T) \tag{3.15}$$

3.3.3 光学碱性

NBO/T 和 Q 遇到的问题是不能区分不同阳离子对硅酸盐结构的影响。光学碱性(Λ)可用于熔体结构的度量，主要是因为它能够区分不同阳离子的影响。光学碱性高表示熔体的聚合度低；反之，则表示熔体聚合度高。光学碱性可以按以下方式计算：

$$\Lambda = \Sigma(x_1 n_1 \Lambda_1 + x_2 n_2 \Lambda_2 + x_3 n_3 \Lambda_3 + \cdots) / \Sigma(x_1 n_1 + x_2 n_2 + x_3 n_3 + \cdots) \tag{3.16}$$

式中，x 表示相应组分的摩尔分数；n 为氧化物中的氧原子数，例如，SiO_2 的 $n=2$，Al_2O_3 的 $n=3$。修正 Λ_{corr} 的计算方法是在链中扣除 Al^{3+} 电荷平衡所需的阳离子的摩尔分数，这通常从当前最大半径的阳离子中扣除，如 Ba^{2+}，修正摩尔分数

$$X_{BaO}^{corr} = x_{BaO} - x_{Al_2O_3}$$

表 3.3 列出氧化物的光学碱性，它基于光吸收的物理测量，以确定氧原子所承受的平均负电荷(电荷因电负性差异和电子位移效应而变化)。

表 3.3　氧化物的光学碱性(Λ)[6]

光学碱性	Na_2O	CaO	MnO	FeO	MgO	Fe_2O_3	Al_2O_3	SiO_2	P_2O_5
光学碱性 (Pauling 负性)	1.15	1.00	0.59	0.51	0.78	0.48	0.605	0.48	0.4
光学碱性 (电子密度)	1.1	1.0	0.95	0.93	0.92	0.69	0.68	0.47	0.38

3.3.4 金属氧化物对硅酸盐熔体结构的影响

硅酸盐熔体的组成可根据性质分为酸性或碱性。当碱性或碱土金属氧化物(如 Na_2O、

CaO、MgO)被添加到含有二氧化硅的熔渣中时,此类氧化物可以在硅酸盐熔体中提供自由氧离子(O^{2-}),这些自由氧离子与链连接氧(O^0)发生反应,然后产生非链连接氧(O^-)。因此,非链连接氧(O^-)降低了渣网络结构的聚合度。然而,酸性氧化物(如 P_2O_5)不能提供自由氧离子(O^{2-}),而增加链连接氧(O^0),通过增强聚合度使熔渣结构更复杂。酸碱两性的氧化物(如 Al_2O_3)的行为实际上取决于熔渣中氧化物组成。它们可以像酸性氧化物那样产生链连接氧(O^0)来增强熔渣聚合度,也可以如碱性氧化物通过在硅酸盐熔体中产生更多自由氧离子(O^{2-})来使聚合结构解离。以下是金属氧化物影响硅酸盐熔体结构的一些特征[8-11]:

(1)硅酸盐熔体含有阴离子单元,如$[SiO_2]$、$[Si_2O_5]^{2-}$、$[Si_2O_6]^{4-}$、$[Si_2O_7]^{6-}$和$[SiO_4]^{4-}$。阴离子单元包含3~6个原子,这些原子可以自行以不同的形式排列,即链、环和面。阴离子单元的性质不受网络解离离子(即 Ca^{2+}、Mg^{2+})添加的影响,但影响阴离子单元的数量,降低熔体聚合率。

(2)硅酸盐熔体中,半径较小(r)和较高价态(z)的阳离子,如 Ca^{2+}($r_{Ca^{2+}}$= 0.1nm)比 Na^+(r_{Na^+}= 0.102nm)有利于形成更多用于聚合的解离单元(如 SiO_4^{4-})。

(3)有一些阳离子,可以进入三维硅酸盐单元,有助于熔体的整体聚合,如 Al^{3+}、Fe^{3+}、Ti^{4+} 和 P^{5+}。某些四面体离子(如$[AlO_4]^{5-}$)的电荷与硅四边形离子的电荷不同,因此需要电荷平衡。

(4)Fe^{3+}同时充当网络形成和解离角色,并可根据浓度采取两种配位(即四配位和六配位)。起到网络修正和解离作用的 Fe^{3+}/Fe^{2+} 的范围分别是大于 0.5 和小于 0.3[10]。在炼钢渣中,Fe^{3+}充当网络解离角色。

(5)当 P_2O_5 存在于硅酸盐渣中时,$[PO_4]^{3-}$四面体形成,与硅酸盐熔体形成复杂的P—O—Si 链,提高聚合率。然而,P_2O_5 也比硅四面体对阳离子更具有亲和力,例如,与 Al^{3+}、Na^+形成复杂的磷酸盐。

表 3.4 列出 CaO-SiO$_2$ 系熔渣不同组元的 NBO/T 和 Q。根据不同体系熔体的 NBO/T 可以计算不同离子结构单元的丰度,确定不同结构单元的相对丰度与熔体中二氧化硅摩尔分数的函数,计算及测量的 Na$_2$O-SiO$_2$ 系的结果如图 3.4 所示,图中数据表示理想化酸性渣中网络随成分的变化。图 3.5 表示硅酸盐玻璃熔体中不同硅酸盐四面体单元的结构及 Q 值。

表 3.4 CaO-SiO$_2$ 系熔渣不同组元的 NBO/T 和 Q[9]

硅酸盐单元结构	组成	NBO/T	Q
SiO_4^{4-}	$2CaO \cdot SiO_2$	4	0
$Si_2O_7^{6-}$	$3CaO \cdot 2SiO_2$	3	1
$Si_2O_6^{4-}$	$CaO \cdot SiO_2$	2	2
$Si_2O_5^{2-}$	$CaO \cdot 2SiO_2$	1	3
SiO_2	SiO_2	0	4

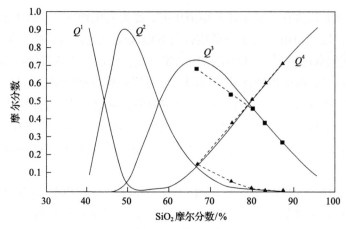

图 3.4　Na$_2$O-SiO$_2$熔体中，不同结构单元的丰度与 SiO$_2$ 的摩尔分数的关系[10]

实线是通过拟合相平衡获得的熔体的热力学特性，虚线是实验测量值

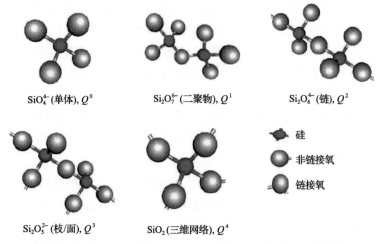

SiO$_4^{4-}$(单体), Q^0　　Si$_2$O$_7^{6-}$(二聚物), Q^1　　Si$_2$O$_6^{4-}$(链), Q^2

硅
非链接氧
链接氧

Si$_2$O$_5^{2-}$(枝/面), Q^3　　SiO$_2$(三维网络), Q^4

图 3.5　硅酸盐玻璃熔体中不同硅酸盐四面体单元的结构[7]

3.3.5　熔渣成分对渣结构的影响

图 3.6 和图 3.7 分别表示在 P_{O_2} =10^{-8}atm 和 T=1300℃条件下，测定 FeO$_x$-CaO-SiO$_2$-MgO-Cu$_2$O-(GeO$_2$/PdO) 系渣中自由氧和链连接氧与渣中 SiO$_2$ 和 CaO 的关系。图 3.6 中数据表明，渣中自由氧离子随着渣中 SiO$_2$ 含量的增加而降低，而链连接氧随着 SiO$_2$ 含量的增加而增加。当 SiO$_2$ 含量超过一定值时，渣中自由氧离子消失，表明当 SiO$_2$ 达到临界浓度时，它通过将[SiO$_4$]$^{4+}$四面体单元连接在一起，形成大型硅酸盐的阴离子网络结构。从图 3.7 中可以看出，自由氧离子的摩尔分数随着 CaO 含量的增加而增加，链连接氧则减少，表明更多 Ca^{2+} 的引入打破了大型硅酸盐阴离子网络结构。

图 3.8 为 FeO$_x$-CaO-SiO$_2$-MgO (FCSM) 系熔渣 Q^3/Q^2 与 Fe/SiO$_2$(质量比)的关系。Q^3/Q^2 作为表示渣网络结构聚合度参数，随着 Fe/SiO$_2$(质量比)增加而降低。渣中 Fe 包括 Fe^{2+} 和 Fe^{3+}，图中显示了相应的 FeO 浓度和 Fe^{3+}/(Fe^{2+} + Fe^{3+})，Fe^{2+}随着 Fe/SiO$_2$(质量比)的

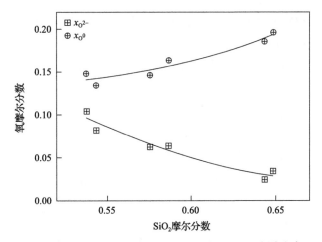

图 3.6 在 FeO_x-CaO-SiO_2-MgO-Cu_2O-(GeO_2/PdO)系渣中,
自由氧和链连接氧的摩尔分数与 SiO_2 的摩尔分数的关系[7,12-16]
P_{O_2}=10^{-8}atm, T=1300℃

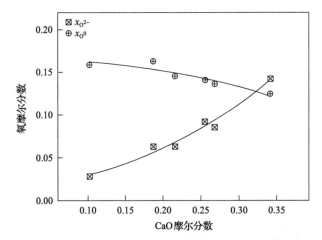

图 3.7 在 FeO_x-CaO-SiO_2-MgO-Cu_2O-(GeO_2/PdO)系渣中,
自由氧和链连接氧的摩尔分数与 CaO 的摩尔分数的关系[7,12-16]
P_{O_2}=10^{-8}atm, T=1300℃

增加而增加;Fe^{3+}/(Fe^{2+} + Fe^{3+})也随之增加,说明熔体中 Fe^{3+}增加。Fe^{2+}和 Fe^{3+}可以通过将自身整合到硅酸盐网络单元中的四边形位置来修改结构[17,18]。Fe^{3+}(z/r^2=9.9)的离子氧键强度几乎是 Fe^{2+}(z/r^2 = 5.4)的两倍。因此 Fe^{3+}配位数可以是 4 和 6。配位数为 4 的阳离子起网络构造作用,而配位数为 6 的离子则起网络解离作用。Fe^{3+}的作用取决于渣中 Fe^{3+}/(Fe^{2+}+Fe^{3+})比[11,19,20],当该比率大于 0.5 时,Fe^{3+}起网络构造作用,当比率小于 0.3 时起网络解离作用。图 3.8 中 Fe^{3+}/(Fe^{2+}+Fe^{3+})值小于 0.3,表明 Fe^{3+}和 Fe^{2+}在渣中均起网络解离作用。上述阐明了增加 Fe/SiO_2 会导致 FeO_x-CaO-SiO_2-MgO 系熔渣结构更容易解离,聚合度(Q^3/Q^2)降低。

图 3.9 FeO_x-CaO-SiO_2-MgO(FCSM)系渣 Q^3/Q^2 与(CaO+MgO)/SiO_2(质量比)的关系。

Q^3/Q^2 随着 (CaO+MgO)/SiO$_2$(质量比)增加而减小，这表明 Ca^{2+} 和 Mg^{2+} 阳离子在渣中都起网络解离作用。参数 Q^3/Q^2 与碱性直接相关，与 (CaO + MgO)/SiO$_2$(质量比)表示碱性相比，Q^3/Q^2 可能更适合表示渣的"碱性"，因为它直接表示渣的结构，也可以直接测量。

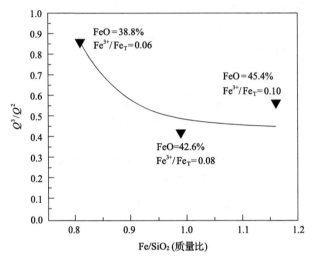

图 3.8　FeO$_x$-CaO-SiO$_2$-MgO（FCSM）系渣 Q^3/Q^2 比与 Fe/SiO$_2$（质量比）的关系[21]
$P_{O_2} = 10^{-8}$atm，T=1300℃

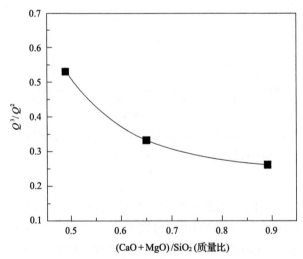

图 3.9　FeO$_x$-CaO-SiO$_2$-MgO（FCSM）系渣 Q^3/Q^2 与碱性（CaO+MgO）/SiO$_2$（质量比）的关系[21]
$P_{O_2} = 10^{-8}$atm，T=1300℃

3.4　炉渣酸碱度

在炉渣化学文献中，虽然"碱性"的概念被大量提及，但所提出的定义往往是定性的，难以直接关联到热力学计算。一些定量定义只能通过经验关系式连接到热力学。

1884 年，Arrhenius 首次对酸性和碱性溶液进行了严格定义。在他的定义中，向水中添加酸性化合物会增加水中 H^+ 的浓度，而碱性化合物会增加溶液中 OH^- 的浓度。

氧化物从水化学中的酸性和碱性概念分类，酸性氧化物的行为类似于 Arrhenius 酸（在水中溶解产生 H^+），碱性氧化物形成氢氧化合物（例如，氧化钠与水发生反应，形成氢氧化钠）。酸性氧化物由非金属与氧反应形成，碱性氧化物由金属氧化形成，其中碱性金属和碱土金属形成的氧化物的碱性最强。某些元素（如铝）形成氧化物，在溶液中的行为类似酸性或碱性，这种行为化学上被称为"酸碱两性"[22]。这种酸性和碱性固体氧化物的概念扩展至渣化学中使用。酸碱关系的固态版本是指固体和周围水之间的反应，而熔融氧化物的酸碱概念与熔融状态的键和结构变化有关。

1947 年，Flood 和 Forland 将酸性和碱性氧化物的概念与渣行为关联起来[23]。他们的工作建立在 Lux 早期工作的基础上，根据交换 O^{2-} 定义碱性和酸性氧化物[24]，将主要反应表示为

$$碱 \Longleftrightarrow 酸 + O^{2-} \tag{3.17}$$

例如

$$SiO_4{}^{4-} \Longleftrightarrow SiO_2{}^{3-} + O^{2-} \tag{3.18}$$

$$SiO_2{}^{3-} \Longleftrightarrow SiO_2 + O^{2-} \tag{3.19}$$

这种碱性的概念与熔渣的离子模型有关，模型中"O^{2-}"应具有活度，但是熔融氧化物中不存在这种实体。较小的二氧化硅网络结构也不认为是"碱"。大约在同一时期，有人提出将酸性氧化物视为"网络形成者"和碱氧化物视为"网络解离者"的理论，包括以下内容[25]。

(1) 渣中的酸性氧化物作为网络形成物，氧化物以共价键结合为主（即与氧结合的元素具有高 Pauling 电负性）。

(2) 渣中的碱性氧化物作为网络解离物，氧化物结合离子键连接占主导地位（即与氧结合的元素具有低 Pauling 电负性）。

(3) 因此，酸性氧化物往往形成高黏性氧化物熔体，而碱性氧化物的加入往往通过网络结构的解离降低酸熔体的黏度。

这种理论成功地将化学行为与分子水平键连接，并和物理特性联系起来。该理论基本原则是酸性氧化物以共价键结合为主，碱性氧化物以离子键连接为主，与观测的数据大致相同。

(1) 在酸性渣中添加碱性成分会降低黏度。

(2) 碱性氧化物很容易溶解于酸性氧化物，反之亦然。

尽管该理论在渣化学分析中通用，但在定量分析方面仍然存在不足，主要问题如下。

(1) 使用这些概念的正确碱性定量度量是什么？一个选择是摩尔比，但这需要增补反映酸性和碱性成分的"强度"。另一个选择是以熔体结构网络化来衡量，但问题是如何衡

量，以及应该使用什么度量标准？

(2)熔渣的聚合程度是温度和组分的函数。温度和组分对熔渣结构网络的影响是否与碱性有定量关系？

(3)理论中碱性的定义与化学热力学如何相关？熔渣的碱性是否与热力学量(如吉布斯自由能和活度)在数学上相关？

(4)理论能否定量地描述一些两性氧化物？如氧化铝。理论中没有定量方法来预测这类氧化物化学行为的变化。

解决这些问题的研究很多，并取得了一些进展，但尚未有根据"网络形成者/网络解离者"理论方法的定量测量。在工业中，渣中碱性组分与酸性组分的质量比被广泛表示为碱性，许多关于炉渣性质(如黏度、活度、元素在金属和炉渣之间平衡的分配等)的文献中应用组分质量比表示碱性。炉渣碱性已尝试考虑氧化物组分不同"强度"的因素[2]，例如，为炼钢炉渣提供了五种不同的碱性定义，所有定义均基于质量比。这些定义都不能解释上述问题，本质上是碱性的经验定义，可为实践操作提供一些指导。

将碱性与氧化物的其他特性联系起来，做了许多努力。表 3.2 和表 3.3 中的特性与特定氧化物的网络结构相关。表 3.2、表 3.3 提供了其中一些值进行比较。

(1)离子键分数，根据两个离子的 Pauling 负电性计算，测量阳离子和氧离子之间的键(表 3.2)。

(2)氧离子引力，一种数值计算，将静电键强度与其碱性联系起来(表 3.2)。

(3)光学碱性，确定氧原子承受的平均负电荷，基于光吸收的物理测量(表 3.3)。

这些方法比质量比更复杂，已取得比较广泛的应用。在光学碱性方面，已将光学碱性(通常根据电负性值计算)与炉渣特性和化学行为联系起来。然而，虽然光学碱性可以提供有用的经验相关性，但这些值尚未成功地与热力学或熔融状态的测量关联起来[26]。

3.5 熔渣结构与其性质的关系

硅酸盐系的物理特性与结构(NBO/T)之间的关系研究表明[9]，熔体中引入各种起网络解离作用的氧化物，导致硅酸盐结构解离，形成更小的结构单元。在金属氧化物摩尔分数一定的条件下，聚合的总体程度可能保持不变；但是，各单元的比例可能有所不同。这表明用不同单体结构摩尔(或质量)分数 Q^n 而不是 NBO/T 来描述硅酸盐的结构，对于了解炉渣的特性和热力学可能更有意义。地质学家将熔体和矿物中不同元素的区分与 NBO/T 测量[27]相联系。研究人员试图将熔渣和金属之间的 Ge 和 Pd 的平衡分配系数与光学碱性联系起来[27,28]。利用线性回归分析，开发了半经验方程，建立工艺参数(温度和氧分压)和元素平衡分配比与炉渣结构的关系，即聚合度(Q^3/Q^2)的关系。

在经验方程中，成功地建立了硅酸盐渣起泡指数与 NBO/T 的关系，以及黏度与不同硅酸盐炉渣系的 NBO/T 关系的结构模型[29]，还研究了硅酸盐渣中 SiO₂ 和 CaO/(NBO/T) 与其扩散性关系[30]。

3.5.1 黏度(η)

黏度涉及一层液体在另一层液体上传输，因此链条长度(或聚合)越长，传输就变得越困难。在熔点温度下测定氧化硅及硅酸盐熔体黏度与 NBO/T 的关系如图 3.10 所示。从图 3.10 中可以看出，黏度在 NBO/T=0 和 1 之间显著降低，然后继续降低，但降低速度减慢。如果通过性质来表示结构，黏度是表示玻璃结构的最佳性质。

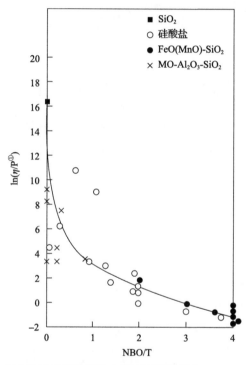

图 3.10　氧化硅及硅酸盐熔体在熔点下的黏度与 NBO/T 的关系[11]

黏度与不同硅酸盐炉渣系的 NBO/T 关系的模型能够将 NBO/T 与含有酸碱两性的硅酸盐熔体黏度联系起来。例如，在 CaO-SiO₂ 熔渣中添加 Al₂O₃(高达 10%)，会增加熔体黏度[31]，但进一步添加可降低黏度。图 3.11 总结了 NBO/T 对不同冶金渣系黏度的影响，由于图中的数据比较分散，难以分辨出渣组成对黏度的影响，但是总体熔渣黏度随着 NBO/T 的增加而降低，当 NBO/T<1 时，渣黏度随 NBO/T 增加迅速降低。Q^3/Q^2 与 FeOₓ-CaO-SiO₂-MgO 系渣黏度的关系如图 3.12 所示。图 3.12 表明 FeOₓ-CaO-SiO₂-MgO 熔渣的黏度随着聚合程度的降低而降低。随着能够降低熔渣聚合度的碱或碱土金属氧化物(如 Na₂O、CaO、MgO)添加到含 SiO₂ 的渣中，熔渣的黏度降低。

---

① 1P=0.1Pa·s。

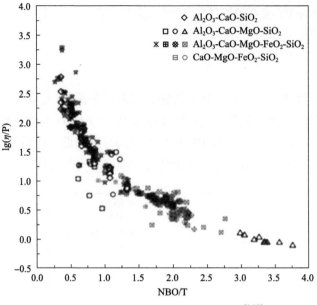

图 3.11　NBO/T 对冶金渣黏度的影响[9,32]

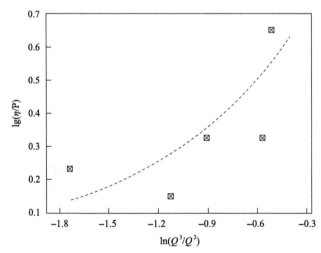

图 3.12　Q^3/Q^2 与 FeO_x-CaO-SiO_2-MgO 系渣黏度的关系[7]

$P_{O_2} = 10^{-8}$atm，$T = 1300℃$

3.5.2　热导率(λ)和电导率(κ)

熔渣的导热性随着 SiO_2 含量的增加而增加；图 3.13 为熔渣在熔点温度下热导率与 NBO/T 的关系。由图可知，热导率(λ)随 NBO/T 增加(或不同结构单元的摩尔分数 Q 降低)而降低。对于链中的共价键 Si^{4+} 和 Al^{3+}，热导率很高，但非链连接氧(O^-)和阳离子的导热性要低得多。可以认为沿链连接的热传导容易(即导热性要大得多)，而链之间依靠声子的热传输要困难得多。

电导率(κ)涉及电场中阳离子通过硅酸盐网络的运动，完整的网络将阻碍阳离子的运动。图 3.14 为熔渣在熔点下导电性与 NBO/T 的关系。可以看到，当 NBO/T 增加（或 Q 减少）时和当 Mg^{2+}、Ca^{2+}、Sr^{2+} 和 Ba^{2+}（图中组 II）被 Li^+、Na^+ 或 K^+（图中组 I）取代时，电导率会急剧增加。因此，影响电导率的因素有两个：①聚合度，电阻（$1/\kappa$）随聚合度增加而增加；②阳离子的大小和浓度，因为对高浓度和较小的阳离子来说，通过网络中"孔"的离子数量会更多。

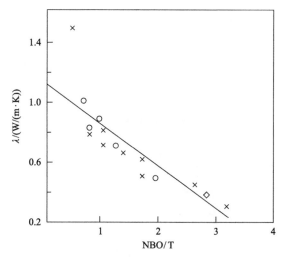

图 3.13　熔渣在熔点温度下热导率与 NBO/T 的关系[11]

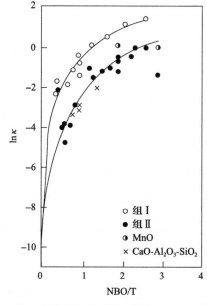

图 3.14　熔渣在熔点温度下导电性与 NBO/T 的关系[11]

3.5.3　热膨胀系数（α）和密度（ρ）

SiO_2 具有非常低的热膨胀系数。二元硅酸盐熔渣的热膨胀与 NBO/T 关系如图 3.15

所示。聚合度(Q)对熔渣密度影响小,热膨胀系数($\alpha \equiv d\rho/dT$)比密度(ρ)本身对聚合度更敏感。从图3.15中可以看出,热膨胀系数随NBO/T增加(或Q减少)而增加,M_2O的热膨胀系数比 MO 大,并且随着阳离子尺寸的增加而增大(K>Na>Li 和 Ba>Ca>Mg)。

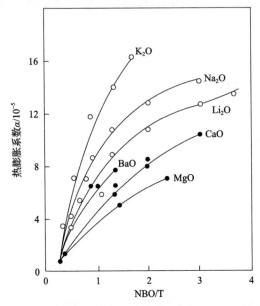

图 3.15　二元硅酸盐熔渣的热膨胀系数与 NBO/T 关系[11]

3.5.4　表面张力(γ)

表面张力(γ)主要取决于表面而不是体积。在混合物中,表面张力最低的组分(称为"表面活性剂")将倾向于占据表面层(例如,钢中 S 和渣中表面活性剂,如 B_2O_3)。表面浓度将取决于表面张力和组分的活度(如熔渣中的 B_2O_3)。当熔渣中存在两个或更多表面活性组分(如 CaF_2 和 B_2O_3)时,将竞争占据表面点。表 3.5 中列出了某些氧化物的表面张力。由于 SiO_2 的表面张力小于其他多数氧化物,表面张力随着 SiO_2 和 Q 的增加而降低。

表 3.5　1500℃时纯渣组元的表面张力[7]　（单位：mN/m）

化合物	SiO_2	CaO	BaO	SrO	MgO	Al_2O_3	FeO	NiO	MnO	CrO	Na_2O	K_2O	TiO_2	ZrO_2	Cr_2O_3	E_2O_3	CaF_2	B_2O_3
γ	260	625	560	600	635	655	645	645	645	360	295	160	360	400	800	300	290	110

3.5.5　金属在渣-铜之间的分配系数

图 3.16 和图 3.17 分别表示在 1300℃和 $P_{O_2}=10^{-8}$atm 条件下,FeO_x-CaO-SiO_2-MgO 系渣光学碱性对 GeO_2 和 PdO 在渣-铜中的分配系数($L_M^{s/c}$)和活度系数的影响。由图可知,Ge 的分配系数($L_{Ge}^{s/c}$)随着渣的光学碱性增加而增加,而 GeO_2 活度系数随着光学碱性的增加而降低,说明 GeO_2 在渣中呈酸性。Pd 的分配系数($L_{Pd}^{s/c}$)随着光学碱性的增加线性下降,而 PdO 的活度系数则增加,PdO 在 FeO_x-CaO-SiO_2-MgO 渣中呈轻度碱性。

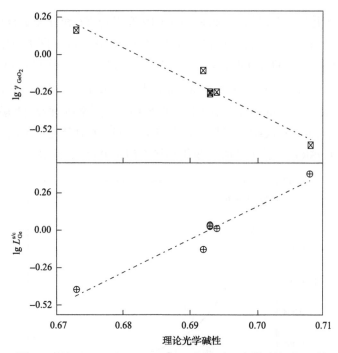

图 3.16　在 1300℃和 $P_{O_2}=10^{-8}$atm 条件下，光学碱性对 Ge 的
分配系数（$L_{Ge}^{s/c}$）和 GeO₂ 活度系数的影响[7,33]

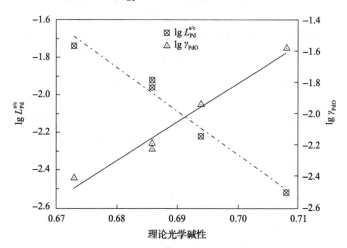

图 3.17　在 1300℃和 $P_{O_2}=10^{-8}$atm 条件下，光学碱性对 PdO 的
分配系数（$L_{Pd}^{s/c}$）和活度系数的影响[7,33]

图 3.18 和图 3.19 分别表示不同氧势和温度条件下钯在 FeO$_x$-CaO-SiO₂-MgO-Cu₂O-（PdO）系渣与铜平衡状态下（$L_M^{s/c}$）分配系数与 Q^3/Q^2 的关系。图 3.18 中数据表明，氧势（P_{O_2}）从 10^{-10}atm 提高到 10^{-9}atm，分配系数没有显著增加，但氧势增加伴随着 Q^3/Q^2 的降低。当氧势（P_{O_2}）进一步增加至 10^{-8}atm，分配系数显著增加。说明达到这个氧势，气相有足够的氧气将氧原子并入硅酸盐网络单元，形成新的链。因此，对于低酸性渣或碱

性渣，在低氧势下更多的 Pd 进入金属相。图 3.19 说明 Q^3/Q^2 和分配系数均随着温度降低而增加，高温促进结构改变、硅酸盐网络单元的解离，在较高温度下渣中 PdO 具有的较高活度[33]，低 Q^3/Q^2 渣有助于 Pd 富集于金属中。图 3.20 表示不同 Fe/SiO$_2$(质量比)条件下 Pd 在 FeO$_x$-CaO-SiO$_2$-MgO-Cu$_2$O-(PdO) 系渣与铜平衡状态下分配系数($L_{Pd}^{s/c}$)与 Q^3/Q^2 的关系。由图可知，在 Fe/SiO$_2$(质量比)低于 0.99 时。分配系数对 Q^3/Q^2 敏感，随着 Q^3/Q^2 的增加而急速增加，而 Fe/SiO$_2$(质量比)高于 0.99 时，Q^3/Q^2 对分配系数的影响明显降低。同时 Q^3/Q^2 随着 Fe/SiO$_2$ 降低而增加，变化趋势类似于 Pd 的分配系数。

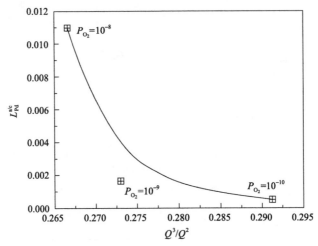

图 3.18　不同氧势条件下 Pd 在 FeO$_x$-CaO-SiO$_2$-MgO-Cu$_2$O-(PdO) 系渣与铜平衡状态下
分配系数($L_{Pd}^{s/c}$)与 Q^3/Q^2 的关系(T = 1300℃)[21]

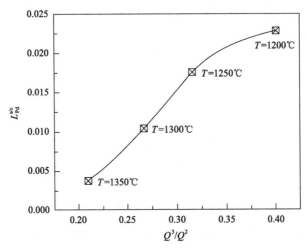

图 3.19　不同温度条件下 Pd 在 FeO$_x$-CaO-SiO$_2$-MgO-Cu$_2$O-(PdO) 系渣与铜平衡状态下
分配系数($L_{Pd}^{s/c}$)与 Q^3/Q^2 的关系(P_{O_2} = 10^{-8}atm)[21]

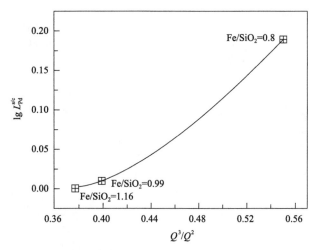

图 3.20　不同 Fe/SiO₂(质量比)条件下 Pd 在 FeOₓ-CaO-SiO₂-MgO-Cu₂O-(PdO) 系渣与铜
平衡状态下分配系数($L_{Pd}^{s/c}$)与 Q^3/Q^2 的关系[21]

$T = 1300℃$，$P_{O_2} = 10^{-8} atm$

3.6　石英及硅酸盐矿物的溶解

近似来说，硅酸盐系熔体不相溶间隙的大小，与阳离子的价态和半径之比(z/r，离子势)有关，离子势越高，不相溶间隙范围越宽。当 z/r 小于 1.7 时，硅酸盐系液相完全互溶。然而，如 Cu^{2+}，z/r 等于 1.04，类似于 Na^+，但是 Cu_2O-SiO_2 系存在较大的液相不相溶区，这是一个例外。硅酸盐存在不相溶区，原因是熔体中非链连接氧(O^-)趋于与周围阳离子协同，导致阳离子在当地偏析，而非阳离子均匀分布在熔体中。

3.6.1　阳离子对石英溶解的影响

聚合熔体物理化学性质的变化，一般与离子场强度有关，离子场强度可以表示为 $z/(r_c+r_0)^2$，其中 z 是阳离子价态，r_c 是阳离子半径，r_0 是氧离子半径。离子场强度是阳离子对聚合熔体解离作用的量度，离子场强度越低，解离作用越高。

阳离子的电负性，可以近似作为总离子势，以此衡量阳离子对聚合熔体的解离作用更具有代表性。例如，当 K_2O 添加到液态 SiO_2 中时，与低电负性 K^+ 阳离子关联的氧，朝电负性高的 Si^{4+} 极化，形成强度更高的 K—O—Si 链，使熔体中产生更多的非链连接氧，解离度增加。图 3.21 表明，1500℃时方石英在二元硅酸盐系(MO/M_2O-SiO_2)的溶解随着总阳离子势增加而降低，即石英的活度系数随着离子势增加而增加。图中数据表明了阳离子对聚合解离能力的降低级数，除 Sn、Pb 和 Zn 之外，所有元素周期表不同族的二价元素，变化趋势相同，图中熔体网络解离组元的一价和二价阳离子的数据不适用于多价阳离子，因为多价阳离子与 Si^{4+} 共聚合。

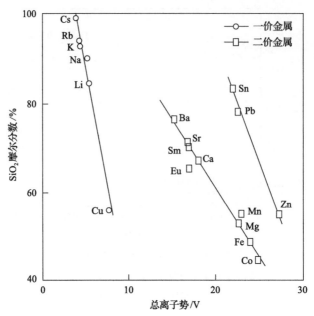

图 3.21   在 1500℃时方石英在二元硅酸盐系熔体溶解度与
一价金属和二价金属元素总离子势的关系[34]

3.6.2   氧化物对硅酸盐矿物溶解的影响

图 3.22 表示 M_xO_y-MgO-SiO$_2$ 系镁橄榄石/辉石和辉石/石英的液相边界随各种氧化物添加而变化的规则。由图可知,添加碱性氧化物,液相边界向 $n(SiO_2)/[n(MgO)+n(SiO_2)]$ 增加方向移动,而添加酸性氧化物则相反。在 M_xO_y-CaO-SiO$_2$ 系和 M_xO_y-MgO-SiO$_2$ 系可以观察到类似的变化趋势,如图 3.23 所示。图 3.24 表示硅灰石和石英饱和的 M_xO_y-CaO-SiO$_2$ 系和镁橄榄石及辉石饱和的 M_xO_y-FeO-SiO$_2$ 系,每 100g 加入 0.1mol M_xO_y,液相边界

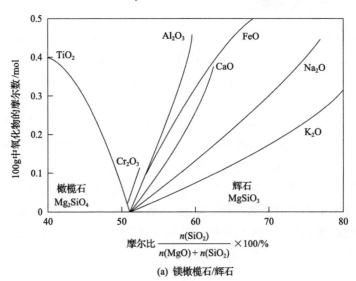

(a) 镁橄榄石/辉石

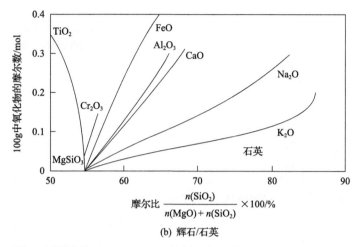

(b) 辉石/石英

图 3.22　添加不同氧化物的 MgO-SiO$_2$ 系熔体，镁橄榄石/辉石和辉石/石英的液相边界随添加不同氧化物而变化的规则[35]

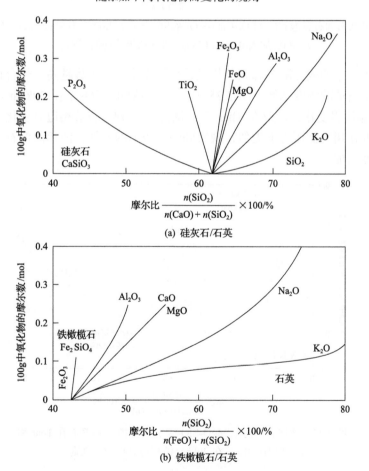

(a) 硅灰石/石英

(b) 铁橄榄石/石英

图 3.23　添加不同氧化物的 CaO-SiO$_2$ 系和 FeO-SiO$_2$ 系熔体，硅灰石/石英和铁橄榄石/石英的液相边界随添加不同氧化物而变化的规则[35]

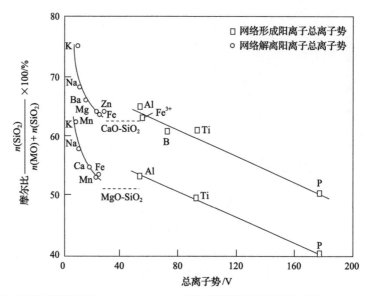

图 3.24　硅灰石和石英饱和的 M_xO_y-CaO-SiO$_2$ 系和镁橄榄石和辉石饱和的 M_xO_y-MgO-SiO$_2$ 系
每 100g 加入 0.1mol M_xO_y，液相边界移动的规则[35]

移动，两个熔渣系的成分随着总离子势呈系统性变化，离子势越高，聚合程度越大，从而饱和熔体中石英的浓度越低。图 3.25 表示 M_xO_y-MgO-SiO$_2$ 系在 20kbar 压力下镁橄榄石/顽辉石液相边界变化，以及在 1bar 时镁橄榄石/原顽辉石液相边界变化。在高压力下添加氧化物的作用与低压力下类似，观察到随着压力的增加，液相向低石英成分方向移动，即聚合度增加。

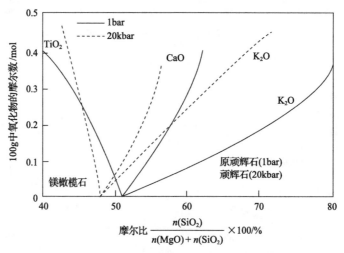

图 3.25　添加氧化物至 MgO-SiO$_2$ 系，镁橄榄石/顽辉石在 1bar 和
镁橄榄石/顽辉石在 20kbar 液相边界移动的规则[35]

参 考 文 献

[1] Gilchrist J D. Extraction Metallurgy. 3rd ed. London: Pergamon Press, 1989: 198-200.

[2] Turkdogan E. Fundamentals of steelmaking. London: Institute of Materials, 1996: 138-179.

[3] Mills K C. The Estimation of slag properties. Short Course Presented as Part of Southern African, Pyrometallurgy, 2011.

[4] Mysen B O. Structure and Properties of Silicate Melts. Amsterdam: Elsevier, 1988.

[5] Fincham C J B, Richardsson F D. The behaviour of sulphur in silicate and aluminate melts//Proceedings of the Royal Society, London, 1954:40-62.

[6] Toop G W, Samis C S. Activities of ions in silicate melt. Transactions of the Metallurgical Society of AIME, 1962, 224: 878-887.

[7] Shuva M A H. Analysis of thermodynamic behaviour of valuable elements and slag structure during E-waste processing through copper smelting. Melbourne: Swinburne University of Technology, 2017.

[8] Mysen B O, Richet P. Silicate Glasses and Melts: Properties and Structure. Amsterdam: Elsevier, 2005.

[9] Mills K C, Yuan L, Jones R T. Estimating the physical properties of slags. The Journal of The Southern African Institute of Mining and Metallurgy, 2011, 111: 647-658.

[10] Halter W E, Mysen B O. Melt speciation in the system Na_2O-SiO_2. Chemical Geology, 2004, 213 (1-3): 115-123.

[11] Mills K C. The influence of structure on the physico-chemical properties of slags. ISIJ International, 1993, 33: 148-155.

[12] Park J H. Structure-property correlations of CaO-SiO_2-MnO slag derived from Raman spectroscopy. ISIJ International, 2012, 52: 1627-1636.

[13] Park J H. Effect of silicate structure on thermodynamic properties of calcium silicate melts: Quantitative analysis of Raman spectra. Metals and Materials International, 2013, 19 (3): 577-584.

[14] Park J H. Structure-property relationship of CaO-MgO-SiO_2 slag: Quantitative analysis of Raman spectra. Metallurgical and Material Transactions, 2013, 44B: 938-947.

[15] Park J H, Min D J, Song H S. FT-IR spectroscopic study on structure of CaO-SiO_2 and CaO-SiO_2-CaF_2 slags. ISIJ International, 2002, 42: 344-351.

[16] Sommerville I, Sosinsky D. Solubility, capacity and stability of species in metallurgical slags and glasses. Pyrometallurgy Complex Materials Wastes, 1994: 73-91.

[17] Avarmaa K, O'Brien H, Johto H, et al. Equilibrium distribution of precious metals between slag and copper matte at 1250-1350℃. The Journal of Sustainable Metallurgy, 2015, 1: 216-228.

[18] Mysen B O, Virgo D. Solubility mechanisms of carbon dioxide in silicate melts: A Raman spectroscopic study. American Mineralogist, 1980, 65: 885-899.

[19] Hasan M M, Rhamdhani M A, Shuva M, et al. Structure-thermodynamics interrelation for the GeO_2 and PdO containing MgO-saturated ferrous calcium silicate (FCS) slag relevant to E-waste processing//11th International Symposium on High-Temperature Metallurgical Processing, San Diego, 2020: 23-27.

[20] Mysen B O, Richet P. Silicate Glasses and Melts. Amsterdam: Elsevier, 2018.

[21] Hasan M M, Rhamdhani A, Shuva M H, et al. Study of the structure of FeO_x-CaO-SiO_2-MgO and FeO_x-CaO-SiO_2-$MgOCu_2O$-PdO slags relevant to urban ores processing through Cu smelting. Metals, 2020, 10 (1): 78.

[22] Kurushkin M, Kurushkin D. Acid-base behavior of 100 element oxides: Visual and mathematical representations. Journal of Chemical Education, 2018, 95 (4): 678-681.

[23] Flood H, Förland T. The acidic and basic properties of oxides. Acta Chemica Scandinavica, 1947, 1: 592-604.

[24] Lux H. Acids and bases in a fused salt bath: The determination of oxygen-ion concentration. Journal of the Electrochemical Society, 1939, 45: 303-310.

[25] Richardson F. Slags and refining processes, the constitution and thermodynamics of liquid slags. Discussions of the Faraday Society, 1948, 4: 244-257.

[26] Brooks G A, Hasan M M, Rhamdhani M A. Slag basicity: What does it mean//10th International Symposium on High-Temperature Metallurgical Processing, TMS，San Antonio, 2019: 297-308.

[27] Shuva M H, Rhamdhani M A, Brooks G A, et al. Thermodynamics of palladium (Pd) and tantalum (Ta) relevant to secondary copper smelting. Metallurgical and Materials Transactions, 2017, 48B: 317-327.

[28] Shuva M H, Rhamdhani M A, Brooks G A, et al. Thermodynamics behavior of germanium during equilibrium reactions between FeO_x-CaO-SiO_2-MgO slag and molten copper. Metallurgical and Materials Transactions, 2016, 47B: 2889-2903.

[29] Min D J, Tsukihashi F. Recent advances in understanding physical properties of metallurgical slags. Metals and Materials International, 2017, 23(1): 1-19.

[30] Maroufi S. Diffusion coefficients and structural parameters of molten slags, advances in molten slags, fluxes, and salts// Proceedings of the 10th International Conference on Molten Slags, Fluxes and Salts, TMS, Nashville, 2016: 493-500.

[31] Park J H, Min D J, Song H S. Amphoteric behavior of alumina in viscous flow and structure of CaO-SiO_2 (-MgO)-Al_2O_3 slags. Metallurgical and Materials Transactions, 2004, 35B: 269-275.

[32] Zhang G H, Yan B J, Chou K C, et al. Relation between viscosity and electrical conductivity of silicate melts. Metallurgical and Materials Transactions, 2011, 42B: 261-264.

[33] Shuva M, Rhamdhani M A, Brooks G A, et al. Thermodynamics data of valuable elements relevant to e-waste processing through primary and secondary copper production: A review. The Journal of Cleaner Production, 2016, 131: 795-809.

[34] Turkdogan E T. Physico-chemistry properties of molten slags and glass. London: The Metal Society, 1983.

[35] Kushiro I. Carbonate-silicate reactions at high pressure and possible presence of dolomite and magnesite in the upper mantle. Earth and Planetary Science Letters, 1975, 28: 116-120.

第4章

炉渣性质

熔渣物理化学及传输性质是工艺设计和实践操作的重要参数，包括密度、黏度、电导率、热导率、质量扩散系数、表面和界面张力等。实际应用的数据主要来自实验测量，同时开发了各类模型进行预测。

4.1 密 度

密度测量方法主要包括称重法、浮力法(如阿基米德法)、膨胀测量法、加压法(包括压力计测量和最大气泡压力法)、液滴法和悬浮法等。比较通用的方法为最大气泡压力法和阿基米德法。

熔体摩尔体积可从密度和液体的平均分子量获得：

$$V= (\Sigma x_i M_i)/\rho \tag{4.1}$$

式中，x_i 为摩尔分数；V 为摩尔体积(cm^3/mol)，以各组分摩尔体积表示：

$$V =\Sigma x_i V_i' \tag{4.2}$$

熔体的混合摩尔体积为

$$\Delta V =\Sigma x_i V_i' -\Sigma x_i V_i \tag{4.3}$$

$$V =\Sigma x_i V_i + \Delta V \tag{4.4}$$

式中，V_i' 和 V_i 分别为熔体组分 i 的摩尔体积和纯组分 i 的摩尔体积。

多数熔体的ΔV随熔体成分平滑变化(常为负值)。尽管提出过一些ΔV与组分关系式，但没有普遍适用的简单关系式。

通过热力学模型，混合摩尔体积可以应用式(4.5)直接推导：

$$\Delta V = k(\Sigma x_i V_i) \Delta G^{m}/(RT) \tag{4.5}$$

式中，ΔG^{m} 表示自由能，可以由热力学模型计算获得；k 为常数，不同的系统具有不同值，其值从实验数据评估获得[1,2]。

氧化物熔体的密度常与温度呈直线关系，等压膨胀可以由式(4.6)定义：

$$\alpha = (1/V) (\partial V/\partial T)_P = - (1/\rho) (\partial \rho/\partial T)_P \tag{4.6}$$

等温压缩可用压力与密度及摩尔体积关系推导，关系式为

$$\beta = (1/\rho)\,(\partial\rho/\partial P)_T = -(1/V)\,(\partial V/\partial P)_T \tag{4.7}$$

α 和 β 均受熔体结构影响。

氧化物和聚合熔体，测定的密度数据比较分散，通常测定中温下的密度，外推得到高温下密度与组分的关系。

4.1.1 氧化物密度

1. 氧化铁的密度

在 1410℃下固态铁饱和的氧化铁 $(Fe_{0.97}O)$ 的密度是 $4.56g/cm^3$，密度随着熔体中 $Fe^{3+}/(Fe^{3+}+Fe^{2+})$ 的增加而降低。基于 1450～1525℃ 数据，总结得到的 1500℃ 下 $Fe^{3+}/(Fe^{3+}+Fe^{2+})$ 与密度关系数据列于表 4.1。$Fe^{3+}/(Fe^{3+}+Fe^{2+})$ 为 0.093 时，热膨胀系数为 5.2×10^{-4}，其比率增加到 0.358 时，热膨胀系数降低到 2.9×10^{-4}[3]。

表 4.1 不同比的 $Fe^{3+}/(Fe^{3+}+Fe^{2+})$ 氧化铁熔体的密度[3]

$Fe^{3+}/(Fe^{3+}+Fe^{2+})$	0.1	0.2	0.3
$\rho/(g/cm^3)$	4.22	3.91	3.78

2. 氧化硅的密度

在 1935～2165℃温度范围，SiO_2 熔体的密度随着温度的升高线性降低，式 (4.8) 为密度与温度的关系式[4]：

$$\rho(g/cm^3) = 2.508 - 2.13\times10^{-4}T\,(℃) \tag{4.8}$$

3. Al_2O_3 的密度

在 2100～2350℃温度下测定的 Al_2O_3 熔体的密度，其密度与温度的关系可由式 (4.9) 表示[5]，熔点 2054℃的密度为 $3.01g/cm^3$。

$$\rho(g/cm^3) = 5.37 - 11.46\times10^{-4}T(℃) \tag{4.9}$$

4.1.2 FeO-SiO₂ 系和 Cu$_x$O-SiO₂ 系密度

在 1410℃下，不同 SiO_2 浓度的 FeO-SiO$_2$ 系熔体的密度列于表 4.2，熔体密度随着 SiO_2 浓度的增加而降低。图 4.1 为铁橄榄石 $(2FeO\cdot SiO_2)$ 熔体密度与温度的关系。在铜冶炼温度范围，熔融铁硅渣密度在 $3.65～3.80g/cm^3$ 范围。

表 4.2 1410℃下不同 SiO_2 浓度的 FeO-SiO$_2$ 系熔体的密度[6]

SiO_2 质量分数/%	0	10	20	30
$\rho/(g/cm^3)$	4.56	4.21	3.91	3.69

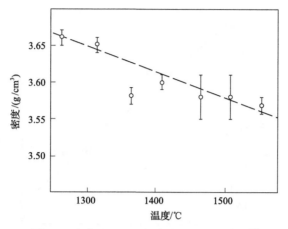

图 4.1　液态 $2FeO \cdot SiO_2$ 密度与温度的关系[7]

含 FeO 体系的密度测量很复杂，实验测量的密度数据存在较大的差异。在 $FeO\text{-}SiO_2$ 系中显而易见也存在差异。$FeO\text{-}SiO_2$ 系中计算和测量的摩尔体积值与硅含量的关系如图 4.2 所示。由图可看出，实验测量的摩尔体积较为分散，差异较大，但是总体上摩尔体积随着硅含量的增加而增加。

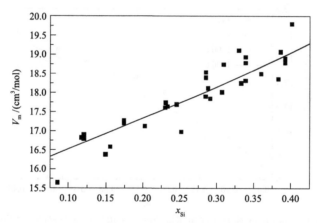

图 4.2　1400℃下，$FeO\text{-}SiO_2$ 系中计算和测量的摩尔体积值与硅含量的关系[2,8-15]

x_{Si} 表示渣中阳离子摩尔分数

图 4.3 表示 1300℃空气气氛下 $Cu_xO\text{-}SiO_2$ 系密度。图中数据表明，熔体密度随着 SiO_2 含量增加而降低，纯 Cu_xO 熔体密度约为 $5.5 \times 10^3 kg/m^3$，SiO_2 含量增加到 25%（摩尔分数），密度降低到 $4.6 \times 10^3 kg/m^3$。

4.1.3　$CaO\text{-}FeO\text{-}Fe_2O_3$ 系密度

由于熔点太高（2612℃），纯 CaO 熔体的密度没有数据。$CaO\text{-}FeO\text{-}Fe_2O_3$ 系被认为是理想溶液，应用三个组元纯状态的摩尔体积线性求和，获得该体系在 1400℃的摩尔体积如式（4.10）所示[2]：

$$V(cm^3/mol) = 15.9x_{FeO} + 18.5x_{FeO_{1.5}} + 21.08x_{CaO} \tag{4.10}$$

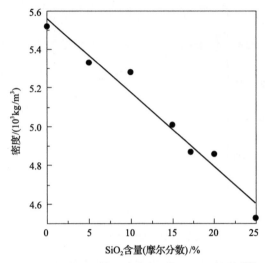

图 4.3　1300℃空气气氛下 Cu_xO-SiO_2 系密度[16]

CaO-FeO 二元系计算和测量摩尔体积值与钙含量的关系如图 4.4 所示，实验数据与模型预测基本一致。在钙含量较高的情况下，摩尔体积的模型预测值略偏离实验数据。

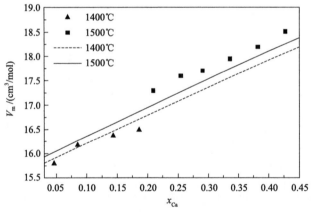

图 4.4　CaO-FeO 系中计算和测量的摩尔体积值与钙含量的关系[2,17,18]

x_{Ca} 表示渣中阳离子摩尔分数

图 4.5 表示不同组分的钙铁氧体渣的密度与 CaO 含量的关系。渣中 CaO 含量增加导致密度降低。图中的数据还显示，含有氧化铜的钙铁氧体渣的密度稍高，而 SiO_2 的存在降低了熔渣的密度。温度升高，熔渣密度降低。图 4.6 为 1400℃下 FeO-Fe_2O_3-CaO 系等密度线。由图可知，熔体的密度随着 CaO 含量的升高而降低。液相区 CaO 质量分数从 0%增加 40%，密度从 $4.59×10^3kg/m^3$ 降低至 $3.6×10^3kg/m^3$ 左右。图 4.7 表示氧势对钙铁氧体渣密度的影响。结果表明，氧势低于 $10^{-6}atm$，对熔渣密度的影响不明显，氧势高于 $10^{-6}atm$ 时，由于渣中溶解的氧化铜增加，熔渣密度增加。

4.1.4　FeO-CaO-SiO₂ 系密度

图 4.8 表示由不同研究人员测定的 FeO-CaO-SiO_2 系熔体的密度。实线表示温度范围

为 1250～1410℃，其余标记点表示温度约为 1410℃。从图 4.8 中的数据可知，熔体的密度随着 SiO_2 的成分增加而降低，CaO 和 FeO 的增加使熔体密度升高。阴影区域熔体组成近似于铜冶炼渣组成，密度在 3.5～3.9g/cm³ 区间。铜熔炼渣的密度取决于 Fe/SiO_2（质量比）及其他炉渣组分，其密度在 SiO_2 的质量分数＞33%时为（3.5±0.3）g/cm³，SiO_2 的质量分数＜33%时则为（3.8±0.3）g/cm³，吹炼渣密度约 3.8g/cm³[17]。

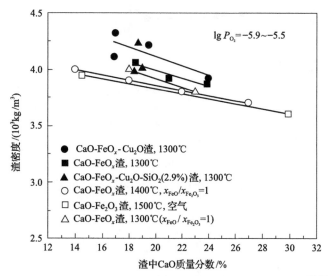

图 4.5　不同组分的钙铁氧体渣密度与 CaO 质量分数的关系[18-21]

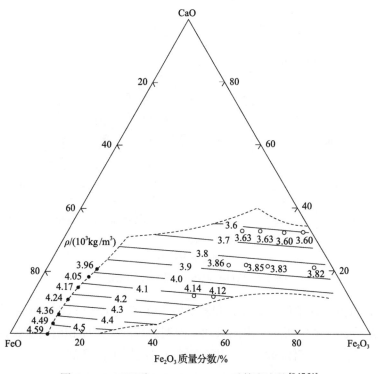

图 4.6　1400℃下 FeO-Fe_2O_3-CaO 系等密度线[9,17,21]

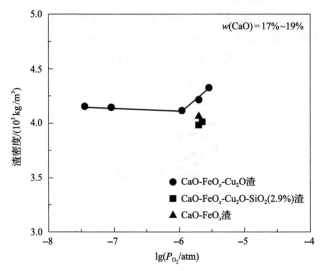

图 4.7　1300℃下氧势对钙铁氧体渣密度的影响[20]

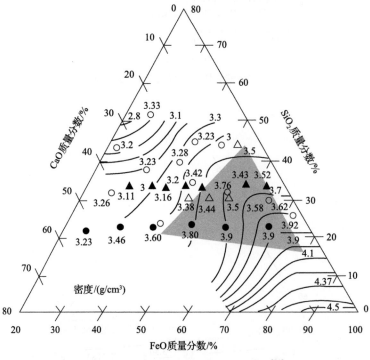

图 4.8　FeO-CaO-SiO₂ 系熔体的密度[21]

在 SiO₂ 含量恒定的条件下，计算和测量的 1400℃的 CaO-FeO-SiO₂ 系熔体摩尔体积与钙含量的关系如图 4.9 所示。由图可知，模型计算的摩尔体积值与实验数据吻合得比较好，略高于实验值。熔体的摩尔体积随着钙含量的增加而增加。

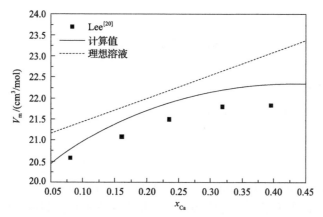

图 4.9　1400℃下计算和测量的 CaO-FeO-SiO₂ 系的摩尔体积值与钙含量的关系[2,20]

SiO₂ 含量恒定为 44%（摩尔分数），x_{Ca} 表示渣中阳离子摩尔分数

4.1.5　冰铜熔体和液态铜密度

冰铜主要组成为 Cu₂S 和 FeS，在 1000～1300℃温度范围，Cu₂S 和 FeS 的密度与温度的关系由式（4.11）和式（4.12）表示[22,23]：

$$\rho_{Cu_2S}(g/cm^3)=6.075-5.4\times10^{-4}\,T(°F) \tag{4.11}$$

$$\rho_{FeS}(g/cm^3)=5.435-1.1\times10^{-4}\,T(°F) \tag{4.12}$$

图 4.10 为不同研究人员测定的 1200℃下 Cu₂S-FeS 系熔体密度，根据图中数据回归得到关系式（4.13）：

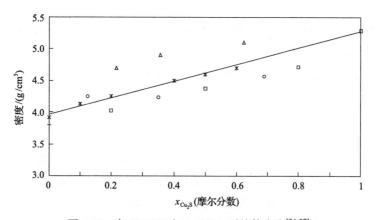

图 4.10　在 1200℃下 Cu₂S-FeS 系熔体密度[24-27]

$$\rho_{Cu_2S-FeS}(g/cm^3)=3.9732+1.1012\,x_{Cu_2S} \tag{4.13}$$

铜的熔点为 1083℃，熔点时的密度为 8.000g/cm³[28]。密度与温度关系如式（4.14）所示：

$$\rho_{Cu}(g/cm^3)=8.033-7.953\times10^{-4}(T-T_m)(°F) \tag{4.14}$$

式中，T_m 为铜的熔点。

4.2 黏 度

4.2.1 黏度的测量及校正

动力黏度（η）单位 Pa·s，常用单位还有 P（Poise），1Pa·s=10P；运动黏度（ν）单位为 m^2/s。动力黏度与运动黏度关系为

$$\nu = \eta/\rho \tag{4.15}$$

炉渣黏度变化范围大，从 5mPa·s 到几千帕秒。没有哪种测量方法可以测量这样大范围的黏度。因此，黏度的测量方法很多。测量方法根据所测量的黏度范围选择。通常采用较多的方法是同轴圆筒法，测量范围从约 100mPa·s 至 200Pa·s。低黏度的测量可以采用摆动容器法，测量在 0.5~100mPa·s 这个级别。特别高的黏度测量可以采用蠕动平行板法，测量范围为 $10~10^{12}$Pa·s，但适用的中间范围在 $10^4~10^7$Pa·s。影响黏度测量精度的主要因素是熔体容器的材质和测量过程中熔体的成分变化。过去十多年，更多关注黏度计测量的校正，以比较不同测量数据。对于高温炉渣，Li_2O-Al_2O_3-SiO_2 系被应用作为冶金炉渣黏度（1~10Pa·s）的校正参考标准。

20 世纪 50 年代，众多研究者认为硅酸盐熔体是牛顿流体，即黏度与剪切力无关。但后来一些研究者认为是非牛顿流体。研究表明，在通常遇到的剪切力范围，含氟化物或不含氟化物的 CaO-SiO_2-Al_2O_3-CaF 系熔体是牛顿流体[29]。

由于黏度对熔体离子或分子结构敏感，黏度测量体系应达到温度平衡。对于给定温度，在连续冷却期间测定的聚合熔体的黏度，总是低于在测量温度下保温一段时间后平衡时测得的黏度。这个黏度差是由于熔体结构响应温度的缓慢变化引起的。例如，硅酸铝熔体平衡时黏度在 1~10Pa·s，而熔体以 15K/min 冷却时，黏度为 0.5~1.0Pa·s，低于平衡时的黏度。熔体黏度越高，其聚合性越高，冷却速度越快，其值与平衡时黏度的差越大。

黏度随着温度升高而降低，对于液态金属和简单离子熔体，黏度与温度为指数关系：

$$\eta = \eta_0 \exp\left(\frac{E_\eta}{RT}\right) \tag{4.16}$$

这是 Arrhenius 类型的关系式，E_η 为黏度变化活化能；η_0 为参考温度 T_0 下的黏度。熔点下液态铜的黏度（η_m）为 4.10mPa·s，η_0 为 0.3009mPa·s，E_η 为 30.5kJ/mol[30,31]。这个关系式对于聚合熔体通常不适用。因为随着温度升高，聚合体解离，导致黏性流体活化能随温度升高而降低。在这种情况下，对于某些熔体，熔体随温度的变化，可以用方程式（4.17）表示[30,32]：

$$\eta = \eta_0 \exp\left(\frac{E_\eta}{R(T-T_0)}\right) \tag{4.17}$$

对于一定组成的熔体，T_0 是常数。

熔体中悬浮物的存在严重影响黏度的测量。固-液乳状体的有效黏度 η_c 可以用以下公

式估算[33-35]:

$$\eta_c = \eta(1-1.35V_{solid})^{-5/2} \tag{4.18}$$

式中,η是乳状体中液体的黏度;V_{solid}是乳状体中固体颗粒的体积分数。

类似于固体的影响,气泡通常影响黏度的测量。有效黏度随着卷入气泡的体积分数的增加而增加,然而,当释放气泡要求的能量少于引起无气泡熔体黏性流动的能量时,气泡对熔体有效黏度的作用则相反。

4.2.2 纯氧化物的黏度

纯液态氧化物黏度列于表 4.3。SiO_2 的黏度明显高于其他氧化物。FeO 在 1400℃的黏度为 0.1Pa·s,在 2100℃下测量的 Al_2O_3 黏度为 0.5Pa·s,MgO 熔点高,近熔点等黏度小于 0.5Pa·s。图 4.11 表示了 FeO_x 的黏度与温度的关系,黏度随着温度的升高而降低,温度从 1660K 升高到 1760K,黏度从 0.5dPa·s①降低到 0.25dPa·s。SiO_2 黏度与温度关系如图 4.12 所示。由图可知,不同实验室测量数据基本一致,温度从 1950K 升高到 2700K,黏度从 $10^{7.5}$dPa·s 降低到 $10^{3.5}$dPa·s。

表 4.3 纯液态氧化物黏度[7]

氧化物	测量温度/℃	熔点/℃	黏度/(Pa·s)
SiO_2	2000	1726	5×10^7
Al_2O_3	2100	2050	0.5
MgO	近熔点	2614	<0.5
FeO	1400	1371	0.1

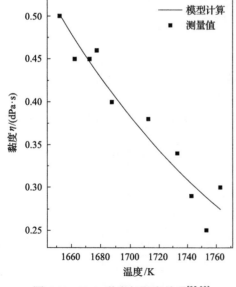

图 4.11 FeO_x 黏度与温度关系[32,33]

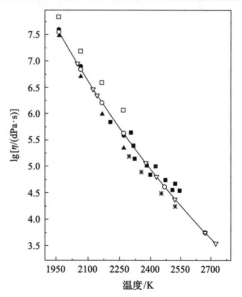

图 4.12 SiO_2 黏度与温度关系[4,34-39]

---

① 10dPa·s=1Pa·s。

4.2.3 FeO-Fe₂O₃-SiO₂ 系黏度

图 4.13 为铁饱和 SiO₂-FeO 系黏度与 SiO₂ 含量的关系。由图可知，黏度随着 SiO₂ 含量的增加而增加，尤其是当 SiO₂ 含量高于 35%时，黏度急剧增加，SiO₂ 含量在 20%～33%，黏度曲线出现拱形。提高温度可以降低黏度，不同温度下黏度随着 SiO₂ 含量增加而升高的趋势相同。图 4.14 和图 4.15 分别为氧势 10^{-8}atm 和 10^{-6}atm，不同温度下 FeO-Fe₂O₃-SiO₂

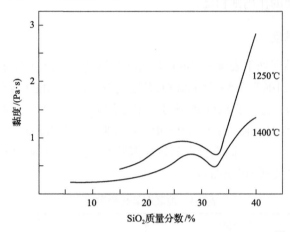

图 4.13 铁饱和 SiO₂-FeO 系黏度与 SiO₂ 含量的关系[7]

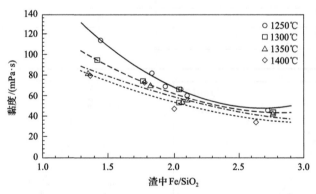

图 4.14 铁硅渣黏度与渣中 Fe/SiO₂（质量比）的关系（$P_{O_2}=10^{-8}$atm）[40-43]

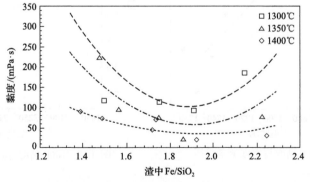

图 4.15 铁硅渣黏度与渣中 Fe/SiO₂（质量比）的关系（$P_{O_2}=10^{-6}$atm）[40-43]

系熔渣黏度与 Fe/SiO$_2$(质量比)的关系。图中曲线表明，在氧势为 10^{-8}atm 时，黏度总体随着 Fe/SiO$_2$ 的升高而降低，温度低于 1300℃，Fe/SiO$_2$ 高于 2.5 时，黏度基本保持常数，其值约为 50mPa·s。在氧势为 10^{-6}atm 下，黏度在 Fe/SiO$_2$ 约为 1.9 时出现最低值，Fe/SiO$_2$ 低于 1.9，黏度随着 Fe/SiO$_2$ 的升高而降低，Fe/SiO$_2$ 高于 1.9 则随着 Fe/SiO$_2$ 的升高而升高。不同温度的黏度最低值在 40～100mPa·s。

在 10^{-11}～10^{-7}atm 的氧势条件下，FeO-Fe$_2$O$_3$-SiO$_2$ 系熔体的黏度列于表 4.4。表中数据说明，相同的氧势和温度下，黏度随着 Fe/SiO$_2$ 升高而降低。温度升高黏度降低，氧势对黏度的作用不明显。熔体中存在 Fe$_2$O$_3$ 往往会降低橄榄石渣的黏度。图 4.16 为 Fe/SiO$_2$(质量比)=1.5，不同温度下 FeO$_x$-SiO$_2$-Al$_2$O$_3$ 熔渣黏度与 Al$_2$O$_3$ 含量的关系。在 6%～10%Al$_2$O$_3$ 范围，熔渣黏度随着熔渣中 Al$_2$O$_3$ 浓度的升高而增加。1300℃和相同 Fe/SiO$_2$ 情况下，含 6%Al$_2$O$_3$ 的熔体黏度与纯 FeO$_x$-SiO$_2$ 系熔体的黏度近似，其值在 100mPa·s 左右。

表 4.4 铁硅酸盐熔体黏度[41] (单位：cP)

Fe/SiO$_2$ (质量比)	$-\lg P_{O_2}=7$		$-\lg P_{O_2}=9$		$-\lg P_{O_2}=10$		$-\lg P_{O_2}=11$	
	1250℃	1300℃	1250℃	1300℃	1250℃	1300℃	1250℃	1300℃
1.29		104		109			139	114
1.44	104	96		97	128	101		103
1.62	76	60	70	60	69	61	71	63
1.71		52	58		58	51	60	52
1.81		49			67	53	92	70
1.93		47	52	49	49	46	51	50
2.05	43	41	48	42	49	43	50	44
2.34		36	55	44	46	39	48	44
2.68		30					37	32

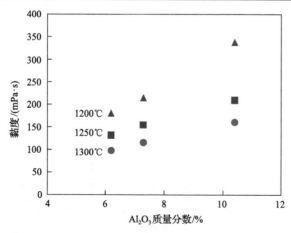

图 4.16 Fe/SiO$_2$(质量比)= 1.5，不同温度下 FeO$_x$-SiO$_2$-Al$_2$O$_3$ 系黏度与 Al$_2$O$_3$ 含量的关系[44]

4.2.4　CaO-FeO$_n$-SiO$_2$（Cu$_2$O, MgO）系黏度

图 4.17 为 1300℃下 CaO-Fe$_n$O-SiO$_2$ 系熔体等黏度图。从图中可以看出，熔体中黏度随着 SiO$_2$ 增加而升高，Fe$_n$O 的增加有利于降低熔体黏度。对于高 SiO$_2$ 熔体，随着 CaO 增加熔体黏度有所降低；低 SiO$_2$ 熔体，CaO 增加会升高熔体的黏度。图 4.18 表示不同温度 FeO-SiO$_2$-CaO-Fe$_3$O$_4$ 系黏度与熔体 CaO 含量的关系。由图可知，一开始，黏度随 CaO 含量的增加而降低，直到出现固相沉淀时，黏度随之迅速增加。在 1150～1200℃温

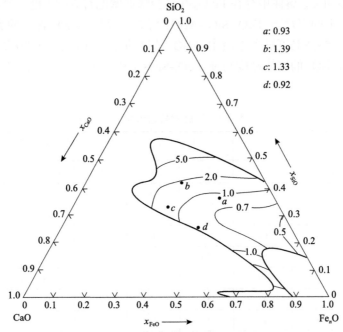

图 4.17　1300℃时 CaO-Fe$_n$O-SiO$_2$ 系等黏度图[32]

图中数字为黏度，单位为 dPa·s

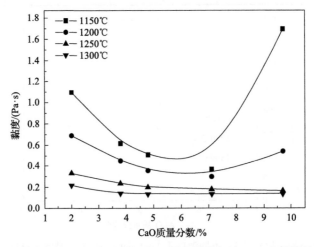

图 4.18　不同温度 FeO-SiO$_2$-CaO-Fe$_3$O$_4$ 熔渣黏度与渣 CaO 含量的关系[45,46]

度下，熔体黏度在 6%CaO 出现最低值，CaO 含量低于和高于 7%，黏度随着 CaO 增加分别降低和增加。在 1150℃时，图 4.18 中的数据分散，靠近熔渣熔点时黏度对于 CaO 含量非常敏感，从而引起黏度变化大。CaO 对黏度的影响在含有较多 Fe_3O_4 的渣中更为明显，温度高于 1250℃，CaO 含量对熔渣黏度的影响减小。

黏度受 Fe_3O_4 和 Cu_2O 影响比较复杂，因为高 Fe_3O_4 或 Cu_2O 含量的熔体中发生相变化。图 4.19 为不同温度下 $FeO_t\text{-}SiO_2\text{-}CaO\text{-}Cu_2O$ 系熔体黏度与 Fe_3O_4 含量的关系。如图 4.19 所示，总体上熔体黏度随着 Fe_3O_4 的含量增加而升高，当温度低于 1250℃时，黏度在 9%～10%Fe_3O_4 出现峰值，温度高于 1300℃，黏度几乎随着 Fe_3O_4 含量的增加而线性升高。图 4.20 表示不同温度和 Fe/SiO_2 的硅酸盐熔渣黏度与渣中氧化铜含量的关系，熔渣黏度随氧化铜含量的增加而降低，这表明铁硅酸盐渣中磁性铁的形成导致的熔渣黏度升高，可以部分被熔渣中氧化铜含量的作用所抵消。实际操作中，渣中含一定比例的氧化铜，有助于降低熔渣黏度。$FeO_t\text{-}SiO_2\text{-}CaO$ 系渣中 Al_2O_3 对炉渣黏度的影响如图 4.21 所示。添加 Al_2O_3，熔渣黏度增加。

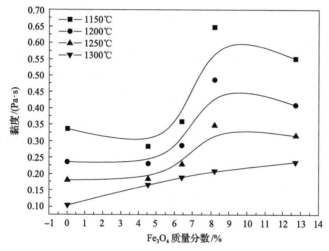

图 4.19　不同温度下 $FeO_t\text{-}SiO_2\text{-}CaO\text{-}Cu_2O$ 系渣黏度与渣中 Fe_3O_4 含量的关系[45,46]

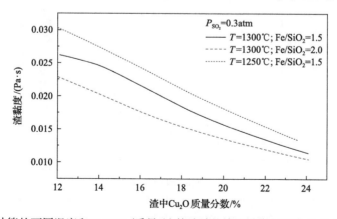

图 4.20　计算的不同温度和 Fe/SiO_2（质量比）的硅酸盐熔渣黏度与渣中 CuO 含量关系[47]

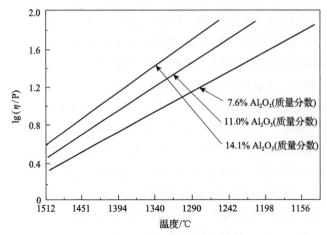

图 4.21　Al₂O₃ 对炉渣黏度的影响[7]

炉渣成分(质量分数)：41.8% SiO₂, 25.3% FeO, 25.3% CaO

铁橄榄石和钙铁氧体渣的黏度测量结果表明[48-53]，在硅酸铁渣中，黏度随着 SiO_2 含量的增加和温度的降低而增加。对于 25%SiO_2 的熔体，温度从 1400℃降至 1300℃时，黏度从 0.034Pa·s 增加到 0.042Pa·s。对于含 25%CaO 的钙铁氧体渣，随着温度从 1400℃降至 1300℃，黏度由 0.02Pa·s 升高到 0.03Pa·s。这些低黏度值不应导致熔池中渣流动及放渣问题。然而，大多数铜吹炼操作在接近 1200℃的温度下进行，无论硅酸铁盐还是钙铁氧体渣，在这个温度下都可能形成固体氧化物。图 4.22 为在 1230℃下不同搅拌速度(与剪切速率成正比)测量的钙铁渣的黏度与添加固体相的体积分数的关系，实验渣中 $MgO/MgFe_2O_4$ 达到饱和，添加磁性铁晶体之前含有 5%Cu_2O 和 19%CaO。随着固体颗粒体积分数从 2%~3%开始，黏度随着固体颗粒体积分数的增加而增加。相同温度下，含

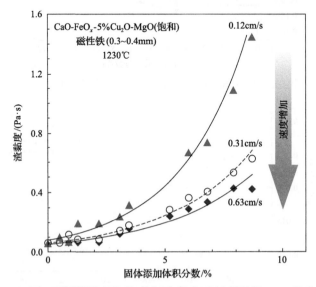

图 4.22　在 1230℃下，不同搅拌速度(与剪切速率成正比)测量的 MgO 饱和钙铁氧体渣的黏度与添加固体相的体积分数的关系[48-50]

固体磁性铁晶体的尺寸为 0.3~0.4mm

有 10%(体积分数)固体的渣比无固体渣测量到的黏度高一个数量级以上。这种效应比含有类似 $MgAl_2O_4$ 尖晶石颗粒体积分数的钙铝硅渣的观测结果要大得多[54]。结果还显示黏度依赖对渣的搅拌速度,随着固体体积分数的增加,含有固体颗粒的钙铁渣偏离了牛顿流体的行为。

4.2.5 工业炉渣黏度

表 4.5 为通常铜冶炼液态渣黏度。熔炼渣的黏度在 2～10P 范围,吹炼渣在 1～3P 范围,精炼渣的黏度小于 1P。赞比亚铜带典型铁硅酸盐渣成分对炉渣黏度的主要影响包括[53,54]:①Al_2O_3 增加导致黏度增加;②添加 CaO 或 MgO 会使黏度降低,然而在温度较高时,添加少量的 MgO 会引起黏度急剧增加;③MgO 部分代替 CaO 可使黏度降低,但当 MgO 质量分数达到 6%以上时,黏度则增加;④添加 FeO、Fe_3O_4 或 Fe_2O_3 可使黏度降低。澳大利亚 Kalgoorlie 冶炼厂闪速炉熔炼渣镁含量高。实验表明,原始炉渣中添加一定量的 CaO(质量分数为 10%)会降低黏度,但添加 SiO_2 使黏度升高。闪速炉熔炼渣添加 CaO 和 SiO_2 的黏度如图 4.23 所示。图 4.24 介绍了诺兰达一步炼铜工艺渣的黏度数据,温度低于 1150℃时,黏度随温度升高急剧降低。

表 4.5　通常铜冶炼液态渣黏度(1200～1250℃)[51]

渣	熔炼($w(SiO_2)>33\%$)	熔炼($w(SiO_2)<33\%$)	转炉吹炼渣	阳极炉渣
黏度/P	3～10	2～5	1～3	<1

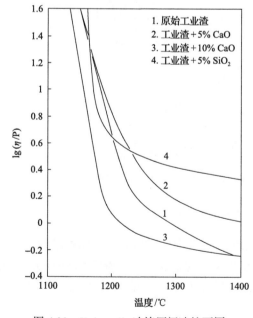

图 4.23　Kalgoorlie 冶炼厂闪速炉不同
成分熔渣的黏度[52]

原始炉渣成分分析(质量分数):35% Fe, 34.7% SiO_2,
4%～7% CaO, 6.7% MgO, 2% Al_2O_3

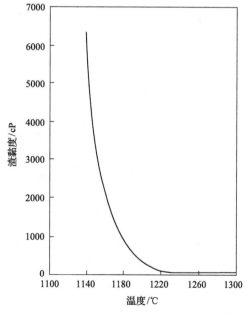

图 4.24　诺兰达一步炼铜工艺渣的黏度[51]

炉渣成分(质量分数):14.6% Cu, 31.3% Fe, 22.5% SiO_2,
29.9% Fe_3O_4, 约 3% CaO, 约 4% Al_2O_3, 约 1% MgO

图 4.25 为含 CaO 及 Cu 的闪速炉一步直接炼铜炉渣的黏度与温度的关系。图中高黏度对应低的 CaO 含量，低黏度对应高 CaO 含量。低温下黏度随温度降低比高温快，温度每升高 20℃，黏度降低 5～10P，在 1290℃，黏度约为 10P。图 4.26 为铜含量不同的闪速炉一步直接炼铜炉渣黏度与温度的关系。由图可知，炉渣黏度随着渣铜含量升高迅速降低，在 1200℃，含铜 14.7%的渣黏度约为 10P，而铜含量 0.6%的炉渣，黏度在 45P 左右，随着温度的升高，渣中铜含量对黏度的作用降低。在 1300℃，含铜 14.7%和 0.6% 的渣，黏度相差 10P 左右。

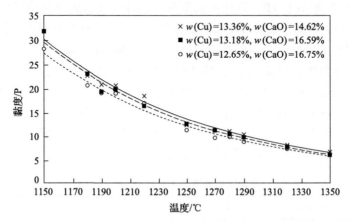

图 4.25　含 CaO 及 Cu 的闪速炉一步直接炼铜渣黏度与温度的关系[55]

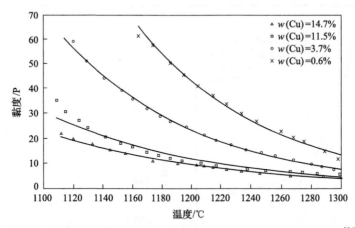

图 4.26　铜含量不同的闪速炉一步直接炼铜炉渣黏度与温度的关系[56]

FeO_x-CaO-SiO_2 系熔渣的黏度为 200cP 时相应温度如图 4.27 所示，渣含 15%Cu。结果表明，当熔渣的 CaO 含量降低时，维持 200cP 黏度的温度升高。渣的 CaO/SiO_2（质量比）大于 1.5 及钙含量高于 20%的条件下，渣铜含量高于 8%，渣的流动性较好[57,58]。

4.2.6　黏度经验公式

研究人员对熔渣的黏度进行了许多测量，并且开发了各种黏度计算模型，多数模型将黏度作为温度和成分的函数进行计算预测[59]。以下模型基于酸碱度（VR）进行计算。

VR 是 A(酸性氧化物渣中的等效质量分数)与 B(碱性氧化物的等效质量分数)之比:

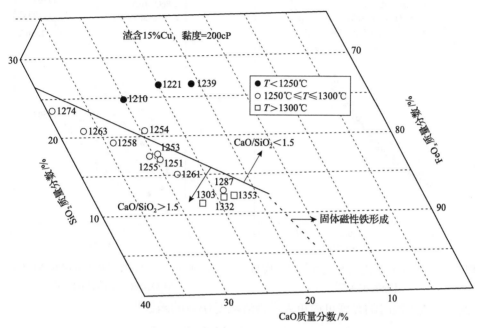

图 4.27 FeO_x-CaO-SiO_2 系不同成分渣在黏度为 200cP 时的相应温度[57]

$$VR = A/B$$

$$A=w(SiO_2)+1.5w(Cr_2O_3)+1.2w(ZrO_2)+1.8w(Al_2O_3) \tag{4.19}$$

$$B=1.2w(FeO)+0.5w(Fe_2O_3)+w(PbO)+0.8w(MgO)+0.7w(CaO)+2.3w(Na_2O)$$
$$+w(K_2O)+0.7w(Cu_2O)+1.6w(CaF_2) \tag{4.20}$$

通过对现有数据库进行回归分析,将 VR 与黏度关联,可获得

$$\lg\eta(kg/(m\cdot s)) = -0.49-5.1VR^{1/2}+(-3660+12080VR^{1/2})/T(K) \tag{4.21}$$

研究人员提出过几个试图简化炉渣组分与黏度关系的公式[60],表示 CaO-Al_2O_3-SiO_2 三元系熔体组分与黏度的关系,对于任意给定温度和黏度,等当量的 Al_2O_3 摩尔分数 $x_{Al_2O_3}=x_a$。

$$x_{Al_2O_3} \equiv x_a = x_{SiO_2(二元系)} - x_{SiO_2(三元系)} \tag{4.22}$$

x_a 值可以从 CaO-SiO_2 二元系和 CaO-Al_2O_3-SiO_2 三元系等黏度图,应用 Al_2O_3 摩尔分数和 Al_2O_3/CaO(质量比)计算得到。图 4.28 表明 CaO-SiO_2 系、CaO-Al_2O_3-SiO_2 系和 CaO-MgO-Al_2O_3-SiO_2 系熔体黏度是 $x_{SiO_2}+x_a$ 的简单函数,黏度随着 $x_{SiO_2}+x_a$ 增加而升高,即熔体的酸性增加,黏度升高[60-64]。这个关系可以应用于含 16%FeO 的 CaO-MgO-FeO-Al_2O_3-SiO_2 系熔体,结果如图 4.29 所示[64]。图中曲线从 CaO-MgO-Al_2O_3-SiO_2 系熔体等黏度线和应用式(4.22)获得的图 4.28 的数据计算得出。由图可知,温度升高,黏度降低,在一定温度下,黏度随着 $x_{SiO_2}+x_a$ 增加而升高。

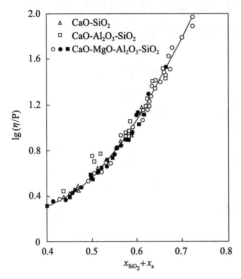

图 4.28　CaO-MgO-Al$_2$O$_3$-SiO$_2$ 系熔体黏度与
组分的关系[60-63]

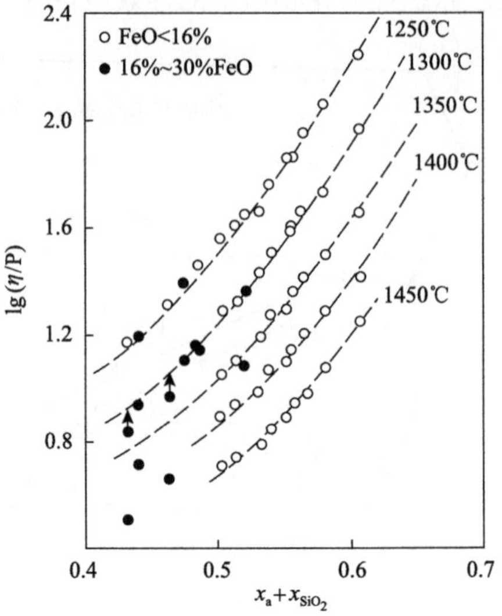

图 4.29　不同温度下的 CaO-MgO-FeO-
Al$_2$O$_3$-SiO$_2$ 系熔体的黏度[64]

铜熔炼渣等温时的黏度可简单表示为渣碱度(Bv)的函数[65]

$$Bv = \frac{w(CaO+FeO+MgO+Fe_3O_4)}{w(SiO_2+Al_2O_3)} \tag{4.23}$$

当 Bv>1.5 时，η 与 Bv 具有较好的相关性；而对于工业应用炉渣，Bv<1.5，相关性较差。

基于高压下晶体硅酸盐和氧化物阴离子协同变化，硅酸盐及铝硅酸盐的黏度随着压力升高大幅度降低，实验结果验证聚合熔体的黏度随着压力升高而降低[66]。

4.2.7　黏度与扩散和电导的关系

黏度与自扩散的关系由 Stokes-Einstein 关系式表示：

$$D_i^* = \frac{\kappa_B T}{6\pi r_i \eta} \tag{4.24}$$

式中，r_i 为扩散颗粒球形半径；κ_B 为玻尔兹曼常数。对于非理想溶液，有

$$D_i \eta = \frac{\kappa_B T}{6\pi r_i} \frac{\partial \ln a_i}{\partial \ln c_i} \tag{4.25}$$

式中，D_i 为扩散系数；a_i 和 c_i(mol/m^3)分别为组分 i 的活度和摩尔浓度。需说明，Stokes-Einstein 关系式是基于扩散组分浓度高并且介质连续的假设。尽管受到理论的限制，但是关系式适用于纯液态金属和熔盐，不适用于离子聚合熔体。

如果离子传导和包含离子运动机制的黏性流，则黏度

$$\eta_\kappa = \frac{F^2}{6\pi N} \cdot \frac{z^2 c_i}{r_i} \tag{4.26}$$

式中，κ 为电导率；N 为 Avogadro 数；F 为 Faraday 常数；z 为离子价态。

对 $MO\text{-}SiO_2$ ($M = Mg$、Ca、Sr、Ba) 和 $M_2O\text{-}SiO_2$ ($M = Li$、Na、K) 熔体的黏度和电导率之间的关系进行推断，发现黏度对数是电导率对数的线性函数[67]，关系式如下：

$MO\text{-}SiO_2$ 系：

$$\ln\eta = 0.15 - 1.10\ln\kappa \tag{4.27}$$

或

$$\eta\kappa^{1.10} = 1.16 \tag{4.28}$$

$M_2O\text{-}SiO_2$ 系：

$$\ln\eta = 4.02 - 2.87\ln\kappa \tag{4.29}$$

或

$$\eta\kappa^{2.87} = 5.70 \tag{4.30}$$

$FeO\text{-}SiO_2$ 二元系在 FeO 含量低时，呈线性关系[67-69]，FeO 含量高时 $FeO\text{-}SiO_2$ 系熔体为电子导体。不同熔体的黏度与电导率关系如图 4.30 所示，$\ln\eta$ 作为 $\ln\kappa$ 函数，尽管存在一些散点，但是可以认为呈线性关系。图 4.31 表示 $FeO_t\text{-}SiO_2\text{-}CaO\text{-}Cu_2O$ 系黏度与电

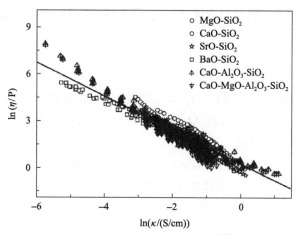

图 4.30 黏度与电导率的关系[67]

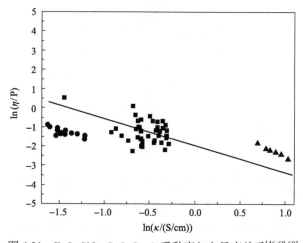

图 4.31 $FeO_t\text{-}SiO_2\text{-}CaO\text{-}Cu_2O$ 系黏度与电导率关系[46,68,69]

导率关系。由图可知，不同研究人员的数据有差距，但是都落在直线周围。

4.3 电 导 率

4.3.1 纯氧化物电导率

以双键为主的氧化物如 B_2O_3、GeO_2 和 SiO_2，熔点的特殊电导率$<10^{-5}$S/cm，低电导率与它们的高黏度一致。金属氧化物，通常为熔体网络结构的修正体，在熔点温度下，具有低的黏度（<0.5Pa·s）和高的特殊电导率（>1S/cm）[70]。多数熔融金属氧化物比熔盐具有更高的电导率。特别是金属离子有价态变化时，如液态下的 Fe^{3+}/Fe^{2+}。以电子传导为主的氧化物特殊电导率几乎没有变化，液态 FeO、CoO、NiO 和 Cu_2O 是电子传导体，熔点的电导率在 150～200S/cm 范围[70]，液态下以电子传导为主的氧化物还包括 MnO、CuO、Bi_2O_3、V_2O_5 和 TiO_2。液态 PbO、MgO 和 CaO 则以离子传导为主，熔点的特殊电导率急剧增加。添加熔体网络形成体氧化物（如 SiO_2）到液态金属氧化物中，熔体的特殊电导率降低。

4.3.2 硅酸盐系电导率

在 1300℃下 58%～83%FeO-SiO_2（摩尔分数）系的电导率在 1.3～18.3S/cm 范围，随着 FeO 含量增加而升高[71,72]。添加 MgO、FeO 或者 Fe_2O_3 至硅酸盐，电导率升高，而添加 Al_2O_3 则相反，电导率降低。

CaO-SiO_2-Fe_2O_3 系和 CaO-SiO_2-FeO 系的电导率分别如图 4.32 和图 4.33 所示。由图可知，Fe_2O_3 和 FeO 含量增加，熔体的电导率增加，而 SiO_2 的含量增加，电导率则降低，CaO 对于电导率的影响不明显。图 4.33 中电导率随着 FeO 的增加从 0.25S/cm 增加到 4.0S/cm。

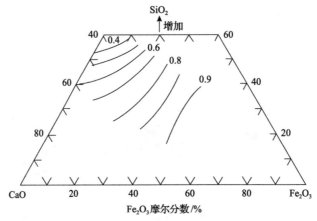

图 4.32 1550℃时 CaO-SiO_2-Fe_2O_3 系电导率（单位：S/cm）[73]

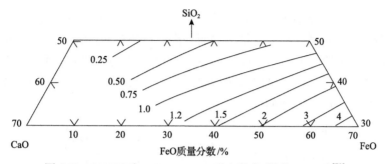

图 4.33　1500℃时 CaO-FeO-SiO₂ 系电导率(单位：S/cm)[72]

图 4.34 表示 CaO 含量对 FeO-SiO₂-CaO-Fe₃O₄ 系熔渣电导率的影响。图中数据表明在温度高于 1200℃时，添加 CaO 对熔渣的电导率作用不明显，随着 CaO 含量的增加稍有升高，其值在 0.5～0.55S/cm 的范围，但在 1150℃，当熔渣中 CaO 质量分数达到 6%时，电导率快速降低。Fe₃O₄ 含量对 Fe$_t$O-SiO₂-CaO-Cu₂O 系熔渣电导率的影响如图 4.35 所示。

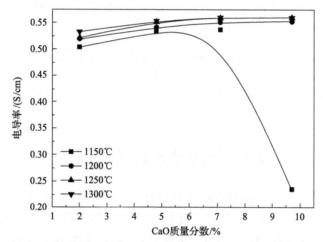

图 4.34　CaO 含量对 FeO-SiO₂-CaO-Fe₃O₄ 系熔渣的电导率的影响[46]

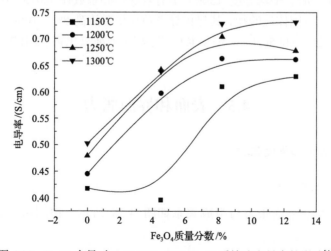

图 4.35　Fe₃O₄ 含量对 Fe$_t$O-SiO₂-CaO-Cu₂O 系熔渣电导率的影响[46]

由图可知，熔渣电导率随着 Fe_3O_4 的含量增加而升高，但 Fe_3O_4 含量高于 8%时，其作用不明显，电导率不再随着 Fe_3O_4 含量增加而升高，1300℃下其值约 0.73S/cm。图 4.36 表明了不同 Cu_2O 含量情况下 $FeO-SiO_2-CaO$ 系熔渣电导率与温度的关系，熔渣电导率随着温度的升高而升高，Cu_2O 含量增加，熔渣的电导率随之升高。Cu_2O 质量分数从 1%增加到 10.8%，电导率升高约 0.3S/cm。

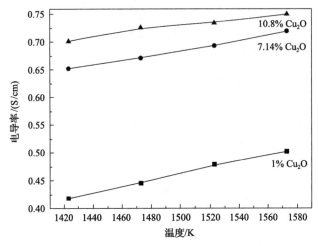

图 4.36　不同 Cu_2O 含量情况下 $FeO-SiO_2-CaO$ 系熔电导率与温度的关系[46]

4.4　热传导系数(热导率)

对于绝缘材料，存在两种独立的传热机理：①由晶格波(声子)传播的热能传导；②电磁能(光子)的吸收和辐射的传导。在低中温下，以声子的热传输为主，而高温下，则以光子的辐射传输为主。对于 33%～58%FeO，24%～40%SiO_2，0%～9%CaO 和 0%～17%Al_2O_3 的熔融炉渣，平均温度 1300℃下有效热传导系数在 0.013～0.021J/(cm·s·K)范围，对于 1050℃下固体硅酸盐，其热传导系数比熔融渣高 8%～10%[74,75]。铜熔炼和吹炼渣的热传导系数约 0.005cal[①]/(cm·s·K)。图 4.37 为纯氧化物(零孔隙)的热传导系数。

4.5　表面和界面张力

4.5.1　硅酸盐渣表面和界面张力

1. 硅酸盐渣表面张力

二元熔融硅酸盐表面张力与组成关系如图 4.38 所示。由图可知，强碱性硅酸盐

---

① 1cal=4.19J。

（Na₂O-SiO₂, K₂O-SiO₂, PbO-SiO₂）的表面张力随着 SiO₂ 含量增加而增加，其他硅酸盐系表面张力随着 SiO₂ 含量的增加而降低。Cu_2O-SiO_2、FeO-SiO_2、MnO-SiO_2、CaO-SiO_2 和 MgO-SiO_2 系的表面张力随 SiO₂ 含量降低的关系直线的斜率近似。在 SiO₂ 含量一定的情况下，Cu_2O-SiO_2 系表面张力低于 FeO-SiO_2 系，而 FeO-SiO_2 和 MgO-SiO_2 系熔体的表面张力低于其他 MnO-SiO_2 和 CaO-SiO_2 两个系熔体。当 SiO₂ 含量等于 20% 时，Cu_2O-SiO_2 系和 FeO-SiO_2 系表面张力分别为 0.38N/m 和 0.5N/m。

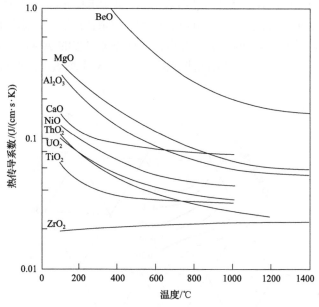

图 4.37 纯氧化物的热传导系数（零孔隙）[74,75]

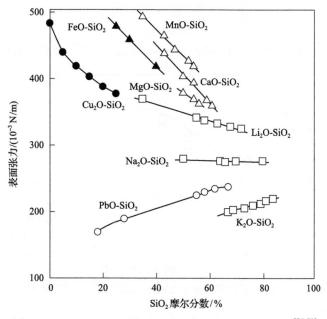

图 4.38 1300℃下二元熔融硅酸盐表面张力与组成关系[76-78]

在1200℃下的FeO-Fe$_2$O$_3$-SiO$_2$系表面张力曲线见图4.39,表面张力随着FeO/SiO$_2$(质量比)和Fe^{3+}/Fe^{2+}(质量比)的增加而降低。图4.39中在FeO/SiO$_2$(质量比)=1.5和10%Fe$_2$O$_3$点,表面张力约为0.3N/m。在硅酸铁渣中,表面张力或表面能量随着铁含量的增加而降低,并且随着Fe$_2$O$_3$含量的增加而趋于降低。少量杂质的存在会降低表面能量,表面活性氧化物如Cr$_2$O$_3$、Na$_2$O、K$_2$O、CaF$_2$和TiO$_2$等,可降低表面能。另外,硅酸盐渣的表面能对温度不是很敏感。SiO$_2$-CaO-FeO系在恒定SiO$_2$条件下,CaO部分替换FeO会增加表面能量。图4.40为1200℃时Al$_2$O$_3$对于铁硅酸盐渣表面张力的影响,尽管不同氧势条件下的实验数据比较分散,但是变化趋势说明在一定的FeO/SiO$_2$(质量比)条件下,添加低于5%的Al$_2$O$_3$,渣的表面张力随着添加Al$_2$O$_3$的增加而升高,继续添加更多的Al$_2$O$_3$,作用不明显,表面张力保持在0.4N/m。铁橄榄石渣的表面能数据列于表4.6,平均表面能在416~465erg[①]/cm^2。

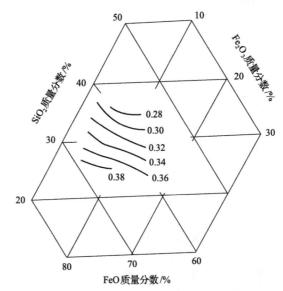

图4.39 1200℃的FeO-Fe$_2$O$_3$-SiO$_2$系表面张力线[77](单位:N/m)

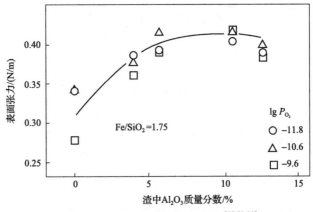

图4.40 1200℃时,Al$_2$O$_3$对铁硅酸盐渣表面张力的影响[77,79,80](Fe/SiO$_2$=1.75(质量比))

---

① 1erg=10^{-7}J。

表 4.6　铁橄榄石渣的表面能[78]

质量分数/%				温度/℃	平均表面能/(erg/cm²)
SiO₂	FeO	Fe₂O₃	CaO		
21.6	69.5	9.5		1340	434
26.7	66.3	7.0		1250	416
30	70			1250	435
33	67			1250	445
33	61		7	1250	465
43	44		14	1250	440

图 4.41 表示 1400℃下 CaO-FeO-SiO₂ 系的表面张力。由图可知，不同研究的结果数据有差异，但是总体趋势是表面张力随着 SiO₂ 的增加而降低，CaO 的增加使表面张力增加；在 FeO/SiO₂(质量比)=1.5 和 w(CaO)<20%的区间，表面张力在 0.41~0.49N/m 范围。图 4.42

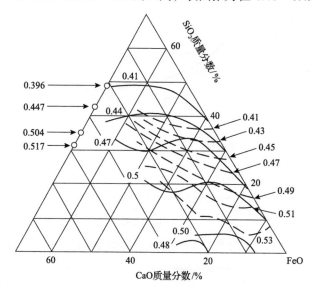

图 4.41　1400℃ CaO-FeO-SiO₂ 系的表面张力[81-83]（单位：N/m）

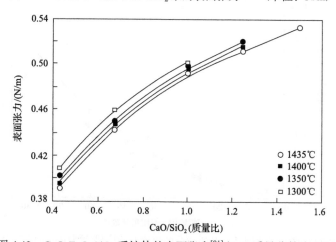

图 4.42　CaO-FeO-SiO₂ 系熔体的表面张力[81]（FeO 质量分数为 30%）

表示不同温度下 CaO-FeO-SiO$_2$ 系熔体的表面张力与 CaO/SiO$_2$（质量比）的关系（含 30%FeO），图中数据表明，熔体的表面张力随着 CaO/SiO$_2$ 的增加而升高，温度升高表面张力降低。CaO/SiO$_2$ 从 0.4 增加到 1.2，表面张力从 0.4N/m 升高到 0.55N/m 左右。

2. 硅酸盐渣与铜和冰铜界面张力

熔融铜与铁橄榄石渣界面张力与氧势的关系如图 4.43 所示。图中数据分散，但变化趋势是界面张力随着氧势的增加而降低，氧势高于 10^{-11}atm，多数实验数据点的界面张力值在 0.75N/m 左右。冰铜-铁橄榄石渣界面张力与冰铜品位的关系如图 4.44 所示。数据表明，冰铜-渣界面张力随着冰铜品位非线性增加，品位高于 60%时增加更加明显。图中包括不同研究的数据，尽管实验条件不同，测量的界面张力数据基本一致，冰铜品位在

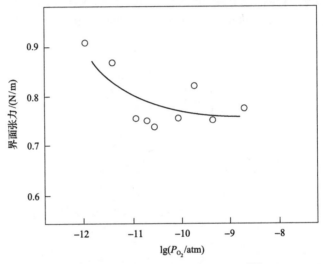

图 4.43　1200℃熔融铜与铁橄榄石渣界面张力与氧势的关系[77]（Fe/SiO$_2$（质量比）=1.60）

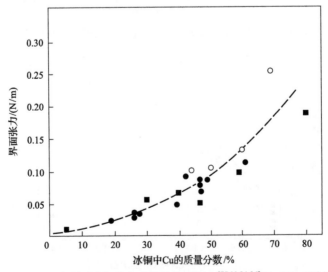

图 4.44　1200℃时不同冰铜品位及渣成分的界面张力[77,80,84-86]（Fe/SiO$_2$（质量比）=1.34）

40%～60%范围，实验数据的界面张力为0.05～0.15N/m。冰铜-渣的界面张力明显低于熔融铜-渣的界面张力，意味着冰铜与渣机械分离比熔融铜与渣分离更加困难。

图4.45表明1200℃下铁橄榄石渣的表面张力和冰铜-渣界面张力与Fe/SiO₂(质量比)的关系，Fe/SiO₂对表面张力和界面张力的影响不明显，基于图中文献[80]的数据，在Fe/SiO₂低于2.0时，表面张力随着Fe/SiO₂增加呈增加趋势，而界面张力呈降低趋势。表面张力是界面张力的3～4倍。

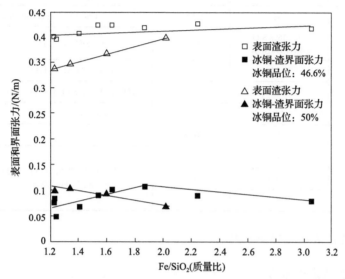

图4.45 1200℃下铁橄榄石渣的表面张力和冰铜-渣界面张力与Fe/SiO₂(质量比)的关系[79,80,85]

表4.7总结了铜闪速熔炼不同成分渣贫化工艺中的界面能。表中数据说明，金属-气相的界面能高于氧化物-气相及渣-气相的界面能。铜-渣及铜-冰铜的界面能高于冰铜-渣的界面能。铁与渣及气体的界面能高于铜与渣及气体的界面能。石墨与气体的界面能低于金属与气体的界面能，而石墨与渣的界面能介于铜-渣和铁-渣的界面能之间。

表4.7 铜闪速熔炼不同成分渣贫化工艺中界面能

界面	界面能/(J/m²)	T/℃	渣成分(括号中为质量分数/%)	参考文献
冰铜(夹带)-渣	0.15(70% Cu)	1200	含铜铁橄榄石渣	[85]、[87]
	0.1(60% Cu)	1200		
铜-渣	0.741	1200	铁橄榄石渣 Fe/SiO₂(质量比)=1.44	[85]
铜-冰铜	0.28	1200		[85]
铜-气体	1.25	1200		[88]
	1.224	1600		
铁-气体	1.8～1.9	1200～1300		[88]
伽马铁-气体	1.95	1300		[89]
氧化铁-气体	0.57	1600		[88]
氧化铜-气体	0.134	1200		[88]

界面	界面能/(J/m²)	T/℃	渣成分(括号中为质量分数/%)	参考文献
渣-气体	0.25($P_{O_2}=10^{-11}$atm)	1200	铁橄榄石渣	[90]
	0.35~0.42	1200	Fe/SiO₂(质量比)=1.44	[85]
渣-气体	0.380	1440	CaO-MgO(12)-SiO₂-FeO(3~20),CaO/SiO₂(质量比)=1.2	[91]
渣-气体	0.335	>1210	SiO₂(29.6)-CaO(24.4)-FeO(40.76)	[91]
渣-气体	0.415(35% SiO₂) 0.48(15% SiO₂)	>1127	FeOₓ-SiO₂(12~35)	[89]
铁-渣	1.34		SiO₂-CaO-Al₂O₃-FeO	[88]
(Fe-C)-渣	1.2	1440	CaO-MgO(12)-SiO₂-FeO(3~20)	[92]
铁-渣	1.2	1300	FeOₓ-SiO₂(12~35)	[89]
石墨-气体	0.931	1600		[93]
焦炭-渣	0.945		SiO₂(24.2)-CaO(39.8)-Al₂O₃(18.5)-MgO(8.22)-FeO(9.26)	[92]
石墨-渣	0.906	1600		[93]
石墨-渣	0.817	1600		[93]

4.5.2 钙铁氧体渣表面和界面张力

1. 钙铁氧体渣表面张力

钙铁氧体渣表面张力与 CaO 含量的关系如图 4.46 所示,其表面张力随 CaO 的增加而降低,比较 CaO-FeOₓ 和 CaO-FeOₓ-Cu₂O 系的数据可以看出,熔渣中铜氧化物的存在

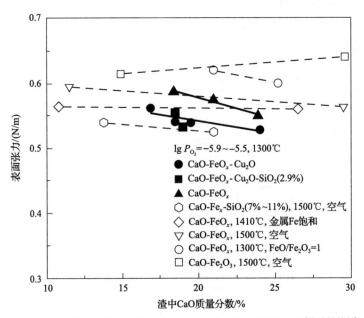

图 4.46　钙铁氧体渣表面张力与渣中 CaO 质量分数的关系[18,19,20,93,94]

降低了表面张力，在 CaO-FeO$_x$-Cu$_2$O 系添加 SiO$_2$，其作用不明显。图 4.46 中包括不同研究人员的数据，数据表明温度升高有利于增加表面张力，CaO-Fe$_x$O-SiO$_2$ 系的表面张力低于相同温度下 CaO-FeO$_x$ 系的表面张力。

图 4.47 为 1300℃下钙铁氧体渣表面张力与氧势的关系，图中的数据说明氧势对熔渣的表面张力影响较小，熔渣表面张力在 lgP_{O_2} = −6.6 附近达到最大值，低于此值时，表面张力随着氧势增加，可归因于熔渣中 FeO 含量的降低，即 Fe^{3+}/Fe^{2+} 增加；高于此值，由于 Cu$_2$O 在熔渣的溶解量增加，故表面张力随着氧势的增加而降低。

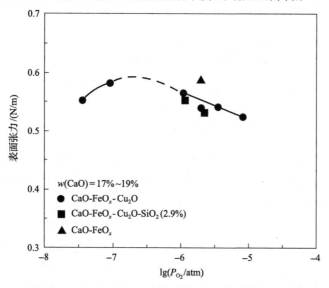

图 4.47　1300℃钙铁氧体渣表面张力与氧势的关系[18]

2. 铜及冰铜与钙铁氧体渣界面张力

图 4.48 表示 1300℃下铜-钙铁氧体渣界面张力与渣中 CaO 质量分数的关系。由图可

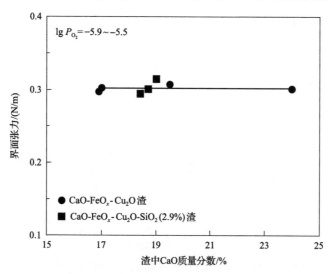

图 4.48　1300℃铜-钙铁氧体渣界面张力与渣中 CaO 质量分数的关系[18]

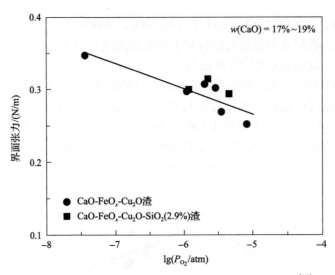

图 4.49 1300℃下氧势对铜-钙铁氧渣界面张力的影响[18]

知, 渣中 CaO 含量对界面张力的作用不明显, 渣中添加 2.9% SiO$_2$, 其作用也不明显。氧势对铜-钙铁氧体渣界面张力的影响如图 4.49 所示, 界面张力随着氧势的增加线性降低, 其原因是随着氧势的增加, 溶解于渣中的铜增加。

图 4.50 就硅酸铁和钙铁氧体渣与冰铜界面张力进行了比较, 可见冰铜和钙铁氧体渣之间的界面张力远低于硅酸铁渣相应的值, 在 60%的冰铜品位, 硅酸铁渣与冰铜的界面张力比钙铁氧体渣高一个数量级。因此, 与硅酸铁渣相比, 钙铁氧体渣对冰铜的乳化程度较高。从图 4.50 中推测, 在冰铜品位低于 60%时, 钙铁氧体渣损失的铜可能主要是悬浮冰铜液滴。

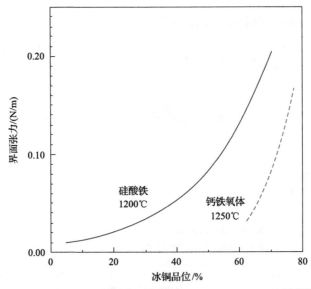

图 4.50 硅酸铁渣和钙铁氧体渣与冰铜界面张力的比较[18,19,87]

4.5.3 熔融铜表面张力

在 1200℃和 1300℃下，熔融铜的表面张力(含约 0.01% S)测量结果如图 4.51 所示，图中包括不同研究人员的结果，数据存在差别，原因是不同研究使用的铜中硫含量可能有差异。图中数据表明，铜的表面张力随着氧势迅速降低。当氧势达到 $10^{-4.5}$atm 时，温度 1300℃和 1200℃下的表面张力分别低至约 0.66N/m 和 0.64N/m。图 4.52 表示在 1200℃和 1300℃下熔融铜表面张力与铜中氧含量的关系。由图可知，熔融铜表面张力随着铜中氧含量而非线性降低，当氧含量达到 0.4%，表面张力则几乎不变化，保持在约 0.7N/m；提高温度，表面张力升高。

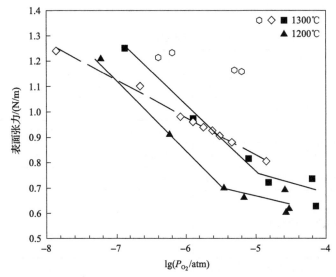

图 4.51　在 1200℃和 1300℃下，熔融铜的表面张力与氧势的关系[18,95,96]

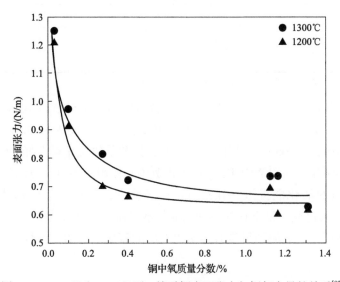

图 4.52　1200℃和 1300℃下，熔融铜表面张力与铜氧含量的关系[97]

4.6 熔渣中 Cu、Fe 和 O 扩散系数

现有熔渣扩散系数许多是炼钢中使用的碱性熔渣数据[98-101]。一般来说，液态渣中的扩散系数比液态金属低一个数量级，在液态渣边界上扩散可能是熔渣-金属反应的速率控制步骤。铜冶炼渣特别是铜精炼渣，缺少扩散系数数据。表 4.8 总结了 Cu 和 Fe 在硅酸盐渣和冰铜中的扩散系数。对于非网络结构的简单离子熔体，如熔融金属和合金，扩散系数在 $10^{-5}\sim10^{-4}\mathrm{cm}^2/\mathrm{s}$ 的数量级，活化能为 1～10kcal/mol，与水溶液和有机溶液的扩散在相同数量级。含有大结构团的熔体，如硅酸盐熔体，多数情况下在 $10^{-6}\sim10^{-5}\mathrm{cm}^2/\mathrm{s}$ 的数量级，活化能为 10～100kcal/mol。

表 4.8 Cu 和 Fe 在硅酸盐渣和冰铜中的扩散系数

扩散元素	体系	温度/℃	扩散系数/(cm²/s)	活化能 E_a/(kcal/mol)	备注
Cu[102-104]	石英饱和铁硅渣*	1150	7.61×10^{-6}	39 ± 12	$P_{O_2}=10^{-10}\mathrm{atm}$
		1230	1.64×10^{-5}	39 ± 12	
		1320	7.06×10^{-5}	39 ± 12	
	Cu-S 系	1160	7.49×10^{-5}	12.8	19.8%S
	40%Cu-32%Fe-28%S	1160	5.53×10^{-5}	19.7	
Fe[105]	39%SiO₂-61%FeO	1250	7.9×10^{-5}	40	
		1275	9.6×10^{-6}	40	
		1304	1.2×10^{-4}	40	
	40%Cu-32%Fe-28%S	1168	2.94×10^{-5}	13.7	
	48.1%Cu-20.5%Fe-29.1%S	1160	7.57×10^{-5}	21.5	
	Fe-S	1152	5.22×10^{-5}	13.0	33.5%S
		1180	6.39×10^{-5}	17.0	31.0%S
		1150	11.91×10^{-5}	27.7	29.0%S

*Cu 扩散系数在 $P_{O_2}=10^{-12}\sim10^{-8}\mathrm{atm}$ 范围和一定温度下与氧势无关。

图 4.53 为测量的氧扩散系数与温度和渣成分的关系，对于含 20%CaO 的钙铁氧体渣，扩散系数 D 在 $2\times10^{-3}\sim8\times10^{-3}\mathrm{cm}^2/\mathrm{s}$ 变化。其他富铁渣，包括 $\mathrm{FeO}_x\text{-}\mathrm{SiO}_2$，扩散系数具有类似的值，然而，当 FeO_x 含量降低到 7%时，扩散系数值显著下降，$\mathrm{CaO}/\mathrm{SiO}_2$ 对于扩散系数的影响不明显，表明渣中 FeO_x 在氧扩散中起作用。图 4.53 还显示氧的扩散依赖于温度，低铁渣的活化能接近 91kcal/mol；富铁渣，如钙铁氧体熔体，活化能接近 16kcal/mol。在低氧化铁含量下存在不同的氧扩散机制，扩散系数值类似于铁溶解时铁的扩散系数值。高氧化铁渣的结果没有显示出对渣的氧化状态的依赖性。

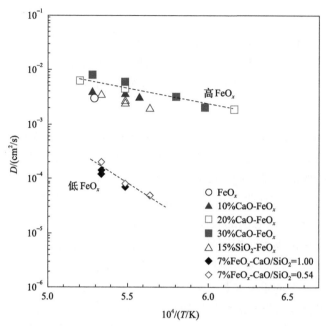

图 4.53　测量的氧扩散系数与温度和渣成分的关系[50,106]

4.7　泡沫渣形成

　　闪速熔炼氧化学反应主要发生在熔池上方反应塔，而熔池熔炼工艺中氧化反应主要在炉内熔体中进行，操作中从侧面、底部或顶部鼓入熔炼需要的富氧空气，并引起熔池搅拌，从而促进加速反应。工艺过程中，反应产生的气体可能在渣层中受到约束，可能导致液体渣的膨胀，这是由于形成气体液体的混合乳液，甚至泡沫。形成少量的渣泡沫是可取的，因为它延长了鼓入反应气体和熔体的接触时间，增大了表面积，提高了工艺的效率。但是形成大量的渣泡沫，将会妨碍熔炼操作。此外，渣起泡在实践中很难预测，可能有意外发生。在极端情况下，突然形成大量的渣泡沫可以填满整个炉子，甚至导致液态渣从放渣口甚至加料口溢出。

　　关于泡沫渣的形成做过大量研究，特别是在钢铁行业[107-109]。在碱性氧气炉（BOF）和电弧炉（EAF）的钢吹炼过程中，可控制的泡沫形成被视为一种优势，因为它可隔热保温熔池，并增加液体和气体之间的反应表面。此外，渣泡沫保护耐火墙免受电弧的高温影响[110]。尽管有这些优点，但泡沫渣的产生必须控制，因为过多的泡沫形成也会导致操作事故。

　　不同类型液体的起泡行为通常以起泡指数代表泡沫稳定性。在动态平衡时液体上部的平均泡沫体积与上升气体的体积流量成正比[111]：

$$V = \Sigma Q \tag{4.31}$$

式中，V 是液体上部的泡沫体积（m^3）；Q 是上升气体的体积流动（m^3/s）；常数 Σ 称为起泡指数。

　　熔渣的泡沫稳定性可以通过其物理参数来预测[112,113]，如黏度、密度和表面张力。起泡指数与炉渣的物理特性紧密相连，可以估计渣在火法冶金过程中起泡的难易。使用无维度分析起泡指数和渣物理参数之间的关系，最常见的表达式是[114]

$$\sum \sim \eta/(\gamma\rho)^{1/2} \tag{4.32}$$

式中，η是渣的动态黏度（Pa·s）；γ 是表面张力（N/m）；ρ是密度（kg/m³）。从该表达式可知，黏度对起泡指数的影响最大，黏度升高可以提高泡沫的稳定性，因为气泡在液体中移动时，泡沫附带的液体排出速度随着黏度的增加而减慢。多数研究发现黏度和起泡指数之间有线性关系[115]。表面张力和密度对泡沫稳定性都有负作用。但是它们对泡沫稳定性产生的破坏相对较弱。液态渣的表面张力和密度在一定类型渣的工艺操作中变化不大。而液态渣的黏度变化范围大，特别是硅酸盐渣黏度，达到数量级差异，而密度和表面张力变化通常不会超过 25%[116]。因此，黏度在铜冶炼工艺中主导了液态渣的泡沫稳定性。另一个决定泡沫稳定性的重要参数，是构成泡沫的气泡直径。较小的气泡始终形成更稳定的泡沫。有的实验表明起泡指数与气泡直径成反比[117]，有的实验表明起泡指数与气泡直径的立方成反比[108,109]。鼓入气体的表面张力、黏度和速度等参数会影响气泡直径，从而间接影响起泡指数。

　　在1300℃和1400℃下测量的不同CaO/SiO₂（质量比）的起泡指数与表面张力的关系如图 4.54 所示。起泡指数随着表面张力的降低而升高，表面张力从 0.5N/m 降低到0.4N/m，在 1300℃引起起泡指数 1.5 倍的增加，1400℃起泡指数增加 2.8 倍。起泡指数和表面张力均随着温度的升高而降低。正是因为起泡指数和表面张力同时随着温度的升高而降低，表面张力对泡沫渣作用部分被温度对表面张力作用抵消。起泡指数随着 CaO/SiO₂的升高而降低。图 4.55 表示在 1300℃和 1400℃下测量的不同 CaO/SiO₂的起泡指数与黏度

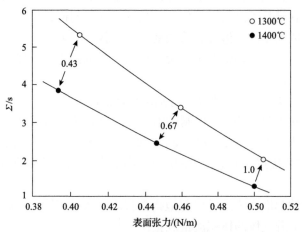

图 4.54　1300℃和1400℃下测量的不同 CaO/SiO₂（质量比）的起泡指数与表面张力的关系[107-109]

图中显示的数字为 CaO/SiO₂（质量比）

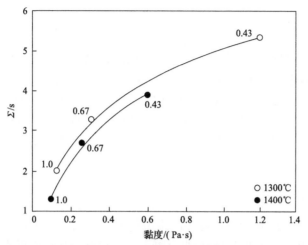

图 4.55 1300℃ 和 1400℃ 下测量的不同 CaO/SiO$_2$(质量比) 的起泡指数与黏度的关系[107-109,118]

图中显示的数字为 CaO/SiO$_2$(质量比)

的关系。图中数据表明起泡指数和黏度均随着黏度的升高而增大。以此说明黏度在泡沫渣形成过程中起主要作用。然而，其作用随熔体的 CaO/SiO$_2$ 而变化，在 CaO/SiO$_2$=0.43，温度从 1300℃ 提高到 1400℃ 时，黏度从 1.2Pa·s 降低到 0.6Pa·s，起泡指数从 5 降低到 3.7 左右。这说明黏度对起泡指数的影响随成分而变化。图 4.56 表明了起泡指数与 CaO/SiO$_2$ 的关系，计算和测量的数据表明起泡指数随着 CaO/SiO$_2$ 的增加而降低，提高温度使起泡指数降低。CaO/SiO$_2$ 对起泡指数的作用可能是因为渣的黏度受 CaO/SiO$_2$ 的影响。

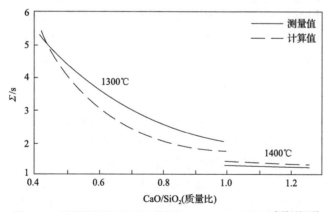

图 4.56 计算和测量的起泡指数与 CaO/SiO$_2$ 的关系[107,108,118]

4.8 渣性质计算模型

几种用于计算渣性质的模型分为数字拟合、神经网络模型、部分摩尔模型、基于结构参数的模型、热力学模型(其中考虑了结构)和分子动力学(molecular dynamics，MD)模型。以下是主要模型介绍。

1. 数字拟合模型

数字拟合模型的基础是先建立一个实验数据库，涵盖渣的组成和建模的性质，如液相温度(T_{liq})，然后进行数值分析，以获得"最佳拟合"，其中 T_{liq} 表示为 $C_1w_1+C_2w_2+C_3w_3+\cdots$，其中 $C_i(i=1,2,\cdots)$ 是常量，$w_i(i=1,2,\cdots)$ 为组分 i 的质量分数，如 SiO_2 等。这种方法的一个问题是，对于低浓度的组分，缺少实际可靠的常数，通常将低浓度的组分添加合并到具有类似行为的组分，例如，组分 K_2O 添加合并到组分 Na_2O 中。渣相的组成复杂广泛，这种方法更适用于组成范围有限的渣。

2. 神经网络模型

人脑在由多个(3 个)层组成的神经网络中包含大于 10^{10} 个细胞("神经元")。当单元插入"输入层"中时，它们被传输到"中间层"，当强度超过临界值时，它们被传输到"输出层"。信号传输由软件中 S 形函数表示。在输出层中，输出值与样本值，即以前输入的实验值进行比较，并且计算误差。然后，这些误差将传输回层之间的节点，以重新计算权重。这些过程称为"学习"，学习被重复，直到达到的目标或错误在可接受的限度内。在应用神经网络模型计算黏度时，"测量黏度"为样本值，输入值为熔渣的温度和成分。除计算黏度之外，神经网络模型也可用于确定炉渣表面张力和硫化物容量。

3. 基于结构参数的模型

大多数报道的模型都考虑到了结构。早期的模型倾向于使用碱性(如 CaO/SiO_2)表示结构。广泛使用的 Riboud 模型将氧化物分为五组 CaO、SiO_2、Al_2O_3、Na_2O、CaF_2，它们是网络解离体或网络形成体。最近的模型倾向于使用以下参数之一表示结构，包括 NBO/T 或 Q、光学碱性，或链接氧或非链接氧和自由氧的数量(O^O、O^- 和 O^{2-})。

4. 热力学模型

主要商用热力学模型包括 Factsage、MTDATA 和 Thermocalc。这些模型基于各种二元系的相平衡和热力学数据数据库，如 $CaO\text{-}SiO_2$、$FeO\text{-}SiO_2$ 等。二元系的数据可用于预测三元、四元和更多元系的平衡相图和化学活度、自由能量、热熔、热容和液相温度等。

热力学模型包括一个广泛的相平衡数据和热力学特性数据库，为各种二元系、三元系等提供参考数据；数据通过多态方程，计算三元和更高元系的数据。

特定模型之间的主要区别在于液态表示方式的不同，例如，MTDATA 使用液态的关联组元模型。在各种模型中，对物理特性(如黏度)进行建模的方法也存在差异。虽然热力学模型可以提供可靠的热力学值，但黏度预测的精度取决于所选的热力学函数表示的熔体结构对黏度的影响。

5. 分子动力学模型

分子动力学是一种计算机模拟，其中分子允许在一段时间内相互作用，并使用粒子运动的物理特性，近似于模型的模拟。分子动力学模型基于统计力学，利用电能函数计算分子的键特性和运动，从中可以确定 O、Ca、Si、F 的黏度和自扩散系数。分子动力学模型计算的准确性受到许多硅酸盐系统电能函数精度的限制。

参 考 文 献

[1] Persson M, Matsushita T, Zhang J, et al. Estimation of molar volumes of some binary slags from enthalpies of mixing. Steel Research International, 2007, 78: 102-108.

[2] Persson M. Densities and viscosities of slags-modeling and experimental investigations. Stockholm : Royal Institute of Technology, 2006.

[3] Mori K, Suzuki K. Density of iron oxide melt in equilibrium with CO_2-CO gas mixture. Transactions of the Iron and Steel Institute of Japan，1968, 8: 382-385.

[4] Bacon J F, Hasapis A A, Wolley J W. Viscosity and density of molten silica and high silica content glasses. Physics and Chemistry of Glasses, 1960, 1: 90-98.

[5] Kirshanbaum A D, Chill J A. The density of liquid aluminium oxide. Journal of Inorganic and Nuclear Chemistry，1960, 14: 283-287.

[6] Gaskell D R, Ward R G. Density of iron oxide-silica melts. Transactions of the Metallurgical Society of AIME, 1967, 239: 249-252.

[7] Yazawa A, Kameda A. Copper smelting I, Partial liquidus diagram for FeS-FeO-SiO_2 system. Sendai: Tohoku University, 1953: 40-58.

[8] Frohberg M G, Brandi H H. The miscibility gap in the system FeO-CaO-P_2O_5 and special reference to the density of the separated phases. Eisenhüttenw, 1963, 34: 591-598.

[9] Ogino K, Hirano M, Adachi A. Density of iron silicate slags. Osaka: Osaka University, 1974: 49-55.

[10] Shiraishi Y, Ikeda K, Tamura A, et al. On the viscosity and density of the molten FeO-SiO_2 system. Transactions of the Japan Institute of Metals, 1978, 19: 264-274.

[11] Sokolov V I, Popel S I, Esin O A. Density and molar volume of slags. Izvestiya Vysshikh Uchebnykh Zavedenii, Chernaya Metallurgiya, 1970, 13: 10-15.

[12] Adachi A, Ogino K, Kawasaki S. Measurement of the density of molten FeO-SiO_2 slags by the archimedean method. Osaka: Osaka University, 1963: 411-415.

[13] Adachi A, Ogino K. The density of molten slags containing ferrous oxide. Osaka: Osaka University, 1962: 147-152.

[14] Hara S, Irie K, Gaskell D R, et al. Densities of melts in the iron(II)oxide-iron(III)oxide-calcium oxide and iron(II)oxide-iron(III)oxide-dicalcium silicate ($2CaO \cdot SiO_2$) systems. Transactions of the Japan Institute of Metals, 1988, 29: 977-989.

[15] Segers L, Fontana A, Winard R. Poids specifiques et volumes molaires de melanges d'oxydes fondus du systeme CaO-SiO_2-MnO. Electrochimica Acta, 1978, 23: 1275.

[16] Nakamura T, Takasu T, Itou H. Density and surface tension of Cu_xO slag//Molten Slags, Fluxes and Salts '97 ,Conference, Sydney:157-161.

[17] Noranda Research Centre. Pointe Claire, Quebec, unpublished research, 1974.

[18] Sakai T, Ip S W, Toguri J M. Interfacial phenomena in the liquid copper-calcium ferrite slag system. Metallurgical and Materials Transactions, 1997: 1997: 401-407.

[19] Sumita S, Morinaga K, Yanagase T. Density and surface tension of binary ferrite melts. Journal of the Japan Institute of Metals, 1983, 47: 127-131.

[20] Okamoto T, Ito H, Noguchi F, et al. Densities add surface tensions in a calcium ferrite slag//1st International Conference on Processing Materials for Properties, Hawaii,1993: 361-364.

[21] Gaskell D R, Lee Y E. Densities and structures of melts in the system calcium oxide-iron(II, III)oxide-silicon dioxide. Metallurgical Transactions, 1974, 5B: 853-860.

[22] Sundström A W, Eksteen J J, Georgalli G A. A review of the physical properties of base metal mattes. The Journal of The Southern African Institute of Mining and Metallurgy, 2008, 108: 431-448.

[23] Hyrn J N, Toguri J M, Choo C, et al. Densities of molten copper-nickel mattes between 1100 and 1300℃. Canadian Metallurgical Quarterly, 1996, 35 (2): 123-132.

[24] Kucharski M, Ip S W, Toguri J M. The surface tension and density of Cu_2S, FeS, Ni_3S_2 and their mixtures. Canadian Metallurgical Quarterly, 1994, 33 (3): 197-203.

[25] Kaiura G H, Toguri J M. Densities of the molten ferrous sulfide, ferrous sulfide-cuprous sulfide and iron-sulfur-oxygen systems—Utilizing a bottom-balance archimedean technique. Canadian Metallurgical Quarterly, 1979, 18 (2): 155-164.

[26] Byerley J J, Takebe N. Densities of molten nickel mattes. Metallurgical Transactions, 1971, 2 (4): 1107-1111.

[27] Tokumoto S, Kasama A, Fujioka Y. Measurements of density and surface tension of copper mattes. Osaka: Osaka University, 1972: 1053-1089.

[28] Valencia J J, Quested P N. Thermophysical Properties, ASM Handbook, Vol 15: Casting. Metals Park: ASM Handbook Committee, 2008:468-481.

[29] Michel J R, Mitchell A, A study of the rheological behaviour of some slags in the system $CaO-SiO_2-Al_2O_3-CaF_2$. Canadian Metallurgical Quarterly, 1975, 14: 153-159.

[30] Fulscher G S. Analysis of recent measurements of the viscosity of glasses. Journal of the American Ceramic Society, 1925, 8: 339-343.

[31] Roscoe R. The viscosity of suspensions of rigid spheres. British Journal of Applied Physics, 1952, 3: 267-271.

[32] Ji F Z, Sichen D, Seetharaman S. Experimental studies of the viscosities in the $CaO-FenO-SiO_2$ slags. Metallurgical and Materials Transaction, 1997, 28B: 827-834.

[33] Schenck H, Frohberg M G, Rohde W. Viskosität reinen flüssigen eisenoxyduls im temperaturbereich zwischen 1380 und 1490℃. Archiv für das Eisenhüttenwesen, 1961, 32: 521-523.

[34] Brückner R. Physikalische eigenschaften der oxydischen hauptglasbildner und ihre beziehung zur struktur der gläser: I.Schmelz.-und Viskositatsverhalten der Hauptglasbildner. Glass Science and Technology: International Jonrnal of the German Society of Glass Technology, 1964, 37 (9): 413-425.

[35] Leko V K, Meshcheryakova E V, Gusakova N K, et al. Investigation of the viscosity of domestic industrial quartz glasses.Optiko-Mekhanicheskaya Promyshlennost, 1974, 12: 42-49.

[36] Loryan S G, Kostanyan K A, Saringyulyan R S, et al. Viscosity of silica glasses in the softening range. Elektron Tekh, Ser.6, Materials, 1976, 2: 53-59.

[37] Hofmaier G, Urbain G. The viscosity of pure silica. The Journal of Ceramic Science, 1968, 4: 25-32.

[38] Urbain G, Boiret M. Viscosities of liquid silicate. Ironmaking and Steelmaking, 1990, 17: 255-260.

[39] Bowen D W, Taylor R W. Silica viscosity from 2300 to 2600K. Ceramic Bulletin, 1978, 5: 818-819.

[40] Vartiainen A. Viscosity of iron silicate slags at copper smelting conditions//Sulfide Smelting 98, TMS, San Francisco, 1998: 363-371.

[41] Kaiura G H, Toguri J M, Marchant G. Viscosity of fayalite based slags. The Metallurgical Society of CIM Annual Volume, 1977: 156 -160.

[42] Takebe H, Kuzumaki S. Temperature and composition dependences of viscosity for FeO_x-SiO_2 slag melts under magnetite formation control//6th International Slag Valorisation Symposium, Mechelen, 2019: 149-152.

[43] Shiraishi Y, Ikeda K, Tamura A, et al. On the viscosity and density of the molten $FeO-SiO_2$ system. Transactions of the Japan Institute of Metals, 1978, 19:264-274.

[44] Urbain G, Bottinga Y, Richet P. Viscosity of liquid silica, silicates and alumino-silicates. Geochimica et Cosmochimica Acta, 1982, 46: 1061-1072.

[45] Sumita S, Mimori T, Morinaga K, et al. Viscosity of slag melts containing Fe_2O_3. Journal of the Japan Institute of Metals, 1980, 44: 94-99.

[46] Zhang H W, Sun F, Shi X Y, et al. The viscous and conductivity behavior of melts containing iron oxide in the FeO_t-SiO_2-CaO-CuO system for copper smelting slags. Metallurgical and Materials Transactions, 2012, 43B: 1046-1053.

[47] Chen C L, Zhang L, Jahanshahi S. Application of MPE model to direct-to-blister flash smelting and deportment of minor elements//Proceeding of Copper 2013, Santiago, 2013.

[48] Wright S, Zhang L, Sun S, et al. Viscosities of calcium ferrite slags and calcium alumino-silicate slags containing spinel particles. Journal of Non-Crystalline Solids, 2001, 282: 5-23.

[49] Wright S, Zhang L, Sun S, et al. Viscosity of a CaO-MgO-Al_2O_3-SiO_2 melt containing spinel particles at 1646K. Metallurgical and Materials Transactions, 2000, 31B: 97-104.

[50] Jahanshahi S, Sun S. Some aspects of calcium ferrite slags//Yazawa International Symposium: Principles and Technologies, TMS, San Diego, 2003: 227-244.

[51] Mackey P J. The physical chemistry of copper smelting slags—A review. Canadian Metallurgical Quarterly, 1982, 21(3):221-260.

[52] Davey T R A, Segnit E R. Kalgoorlie nickel smelter slags//Extractive Metallurgy Symposium, VI.7.1, Melbourne, 1975.

[53] Roberts D A. The measurement of the viscosity-temperature characteristics of copper smelting slags. Cardiff: University of Wales, 1959.

[54] Higgins R, Jones B. Viscosity characteristics of Rhodesian copper smelting slags. Transactions of the Institution of Mining and Metallurgy, 1963, 82: 285-298.

[55] Pluciriski S, Warmuz M, Smieszek Z, et al. Utilisation of the waste product of desulphurization in FSF blister production of KGHM smelter Glogow 2//The Tenth International Flash Smelting Congress, Espoo, 2002.

[56] Pluciriski S, Czemecki J, Smieszek Z, et al. The process flash slag cleaning in Electric furnace at the Glogow II copper smelter//The Tenth International Flash smelting Congress, Espoo, 2002.

[57] Vartiainenl A, Kojo I V, Rojas C. Ferrous calcium silicate slags in direct-to-blister flash smelting//Yazawa International Symposium, Principles and Technologies, San Diego, 2003: 277-290.

[58] Vadasz P, Tomasek K, Havlik M. Physical properties of FeO-Fe_2O_3-SiO_2-CaO melt systems. Archives of Metallurgy, 2001, 46: 279-291.

[59] Utigard T A, Warczok A. Density and viscosity of copper/nickel sulfide smelting and converting slags//Copper 95-Cobre 95, Vol. IV, Santiago,1995: 423-437.

[60] Turkdogan E T, Bills P M. A critical review of viscosity of CaO-MgO-Al_2O_3-SiO_2 melts. Bulletin of the American Ceramic Society, 1960, 39: 682-687.

[61] Bockris J O M, Lowe D C. Viscosity and the structure of molten silicates. Proceedings of the Royal Society, 1954, 226A: 423-427.

[62] Kozakevitch P. Viscosité et éléments structuraux des alumino-silicates fondus: Laitiers CaO-Al_2O_3-SiO_2 entre 1600 et 2000℃. Revue de Métallurgie, 1960, 57: 149-155.

[63] Machin J S, Yee T B. Viscosity studies of system CaO-MgO-Al_2O_3-SiO_2: II, CaO-Al_2O_3-SiO_2. The Journal of the American Ceramic Society, 1948, 31:200-204.

[64] Bills P M. Viscosities in silicate slag systems. The Journal of the Iron and Steel Institute, 1963, 201: 133-140.

[65] Toguri J M, Themelis N J, Jennigs P H. A Review of recent studies on copper smelting. Canadian Metallurgical Quarterly, 1964, 3: 199-205.

[66] Waff H S. Pressure-induced coordination changes in magmatic liquids. Geophysical Research Letters, 1975, 2: 193-196.

[67] Zhang G, Yan B, Chou K, et al. Relation between viscosity and electrical conductivity of silicate melts. Metallurgical and Materials Transactions, 2011, 42B: 261-264.

[68] Zhang G, Chou K. Simple method for estimating the electrical conductivity of oxide melts with optical basicity. Metallurgical and Materials Transactions, 2010, 41B: 131-136.

[69] Eric R H. Slag properties and design issues pertinent to matte smelting electric furnaces. Journal of the Southern African

Institute of Mining and Metallurgy, 2004, 104 (9) : 499-510.

[70] Turkdogan E T. Physicochemical properties of molten slags and glasses. London: The Metals Society, 1983: 133-137.

[71] Inouye H. Tomlinson J W, Chipman J. The electrical conductivity of wüstite melts. Transactions of the Faraday Society, 1953, 49: 796.

[72] Martin A E, Derge G. The electrical conductivity of molten blast-furnace slags. Transactions of the Metallurgical Society of AIME, 1943, 154: 104.

[73] Morinaga K, Suginohara Y, Yangase T. The electrical conductivity of CaO-SiO$_2$-Fe$_2$O$_3$ and Na$_2$O-SiO$_2$-Fe$_2$O$_3$ melts. Journal of the Japan Institute of Metals and Materials, 1975, 12: 1312.

[74] Kingery W D, Francl J, Coble R L, et al. Thermal conductivity: X, data for several pure oxide materials corrected to zero porosity. The Journal of the American Ceramic Society, 1954, 37: 107-119.

[75] Nauman J, Foo G, Elliott J E. Extractive metallurgy of copper. New York: AIME, 1976: 237-239.

[76] Boni R E, Derge G. Surface tensions of silicates. Transactions of the Metallurgical Society of AIME, 1956, 206: 53-59.

[77] Nakamura T, Toguri J M. Interfacial phenomena in copper smelting process//Proceedings of the Copper 91, Ottawa, 1991.

[78] Liukkonen M. Measuring interfacial energy between liquid iron and slag in equilibrium and reaction conditions. Espoo: Helsinki University of Technology, 1998: 102.

[79] Nakamura T, Noguchi F, Ueda Y, et al. Densities and surface tension of Cu-Matte and Cu-slag-study on interfacial phenomena in phase separation of copper smelting. Journal of the Japan Institute of Metals and Materials, 1988, 104: 463-468.

[80] Elloitt J F, Mounier M. Surface and interfacial tension of copper, matte and slag system 1200℃. Canadian Metallurgical Quarterly, 1982, 21:415-428.

[81] Skupien D, Gaskell D R. The surface tensions and foaming behavior of melts in the system CaO-FeO-SiO$_2$. Metallurgical and Materials transaction, 2000, 31B: 921-925.

[82] Kawai Y, Mori K, Shiraishi H, et al. Surface tension and density of FeO-CaO-SiO$_2$ melts. Tetsu to Hagane, 1976, 62: 53-61.

[83] Kozakevitc P, Konoenko A. Tension superficielle et viscosité des scories synthétiques. Journal of Physical Chemistry , 1940, 14: 1118.

[84] Nakamura T, Noguchi F, Ueda Y, et al. Foaming behavior of molten copper and matte in copper slag. Journal of Mining and Metallurgy Institute of Japan, 1988, 16: 531-536.

[85] Ip S W, Toguri J M. Entrainment behaviour of copper and copper matte in copper smelting operations. Metallurgical and Materials Transactions, 1992, 23B: 303-311.

[86] Ip S W, Toguri J M. Surface and interfacial tension of copper, matte and slag system. Copper 87, Vol.4, Santiago, 1987: 277-292.

[87] Goñi C, Sanchez M. Modeling of copper content variation during El Teniente slag cleaning process//Molten 2009, Santiago, 2009: 1203-1210.

[88] Utigard T. Surface and interfacial tensions of iron based systems. ISIJ International, 1994, 34: 951-959.

[89] Timothy V J. The kinetics of reduction of iron from silicate melts by carbon-monoxide–carbon dioxide gas mixtures at 1300℃. Boston: Massachusetts Institute of Technology, 1987: 207.

[90] Hiroyuki F, Jeffrey R D, James M T. Wetting behavior between fayalite-type slags and solid magnesia. The Journal of the American Ceramic Society, 1997, 80: 2229-2236.

[91] Hara S, Yamamoto H, Tateishi S, et al. Surface tension of melts in the FeO-Fe$_2$O$_3$-CaO and FeO-Fe$_2$O$_3$-2CaO・SiO$_2$ systems under air and CO$_2$ atmosphere. Materials Transactions , 1991, 32 (9) : 829-836.

[92] Haiping S. Reaction rates and swelling phenomenon of Fe-C droplets in FeO bearing slags. ISIJ International, 2006, 46(11): 1560-1569.

[93] Siddiqi N, Bhoi B, Paramguru R K, et al. Slag-graphite wettability and reaction kinetics. Part 2. Wettability influenced by reduction kinetics. Ironmaking & Steelmaking, 2000, 27 (6) . 437-441.

[94] Kidd M, Gaskell D R. Measurement of the surface tensions of Fe-saturated iron silicate and Fe-saturated calcium ferrite melts

by Padday's cone technique. Metallurgical and Materials Transactions B, 1986, 17B: 771-776.

[95] Monma K, Suto H. Effects of dissolved sulphur, oxygen, selenium and tellurium on the surface tension of liquid copper. Transactions of the Japan Institute of Metals, 1961, 2: 148-153.

[96] Morita Z, Kasama A. Effect of a slight amount of dissolved oxygen on the surface tension of liquid copper. Transactions of the Japan Institute of Metals, 1980, 21: 522-530.

[97] Carlos D. Thermodynamic properties of copper-slag systems. INCRA Monograph, on Metallurgy of Copper, Vol. III, International Copper Research Association, New York, 1974.

[98] Elliott J F, Gleiser M, Ramakrishna V. Thermochemistry of Steelmaking, Vol. II, Section 10. Boston: Addison-Wesley, 1963.

[99] Richardson F D. The Physical Chemistry of Melts in Metallurgy, Vol. I and II. Cambridge: Academic Press: 1974.

[100] Johnson R F. Diffusion in Liquid Slags, Paper VA.1//Extractive Metallurgy Symposium, Melbourne, 1975.

[101] Ajersch F, Toguri J M. Diffusion of copper in liquid fayalite slags. Canadian Metallurgical Quarterly, 1970, 9: 507-511.

[102] Yang L, Chien C Y, Derge G. Self-diffusion of iron in iron silicate melt. The Journal of Chemical Physics, 1959, 30: 1627.

[103] Agarwal D P, Gaskell G R. The self diffusion of iron in Fe_2SiO_4 and $CaFeSiO_4$ melt. Metallurgical Transactions, 1975, 6B: 263-267.

[104] Nagamori M, Mackey P J. Thermodynamics of copper matte converting: Part II. Distribution of Au, Ag, Pb, Zn, Ni, Se, Te, Bi, Sb and As between copper, matte and slag in the noranda process. Metallurgical Transactions, 1978, 9B: 567-579.

[105] Sayad-Yaghoubi Y, Sun S, Jahanshahi S. The effect of iron oxide on the chemical diffusivity of oxygen in slags//5th International Conference on Molten Slags, Fluxes and Salts 97, Sydney, 1997: 839-844.

[106] Xie D, Belton G R. The rate of reaction of solid iron with oxidized "FeO"-CaO-SiO_2-Al_2O_3 slags at 1360℃—The chemical diffusivity of iron oxide. Metallurgical and Materials Transactions, 1999: 30B: 465-472.

[107] Ito K, Fruehan R J. Study on the foaming of CaO-SiO_2-FeO slags: Part I. Foaming parameters and experimental results. Metallurgical Transactions B, 1989, 20B(4): 509-514.

[108] Ito K, Fruehan R J. Study on the foaming of CaO-SiO_2-FeO slags: Part II. Dimensional analysis and foaming in iron and steelmaking processes. Metallurgical Transactions, 1989, 20B(4): 515-521.

[109] Matsuura H, Fruehan R J. Slag Foaming in an electric arc furnace. ISIJ International, 2009, 49(10): 1530-1535.

[110] Bikerman J J. The unit of foaminess. Transactions of the Faraday Society, 1938, 34: 634-638.

[111] Ghag S S, Hayes P C, Lee H G. Model development of slag foaming. ISIJ International, 1998, 38(11): 1208-1215.

[112] Ghag S S, Hayes P C, Lee H G. The prediction of gas residence times in foaming CaO-SiO_2-FeO slags. ISIJ International, 1998, 38(11): 1216-1224.

[113] Jiang R, Freuhan R J. Slag foaming in bath smelting. Metallurgical Transactions, 1991, 22B: 481-489.

[114] Lotun D, Pilon L. Physical modeling of slag foaming for various operating conditions and slag compositions. ISIJ International, 2005, 45(6): 835-840.

[115] Mills K. The estimation of slag properties//Southern African Pyrometallurgy International Conference, Johannesburg, 2011.

[116] Zhang Y, Fruehan R J. Effect of the bubble size and chemical reactions on slag foaming. Metallurgical and Materials Transactions, 1995, 26B: 803-812.

[117] Rontgen P, Erz Z. Physical chemistry of magmas. Metallhuttenwes, 1960, 13: 363-373.

[118] Kozakevitch P. Foams and emulsions in steelmaking. The Journal of The Minerals, Metals & Materials Society, 1969, 22(7): 57-68.

第5章

铜冶炼炉渣相图及组元活度

铜冶炼渣是氧化物熔体,渣中常见的氧化物包括氧化亚铁(FeO)、三价氧化铁(Fe_2O_3)、二氧化硅(SiO_2)、氧化铝(Al_2O_3)、氧化钙(CaO)和氧化镁(MgO)。工业上采用的铜熔炼和吹炼炉渣主要包括铁硅渣(铁橄榄石渣)和铁钙渣(钙铁氧体渣)。铜精矿等铜冶炼原料中的脉石成分包括 SiO_2、CaO、Al_2O_3 和 MgO 等,因此工业操作铜冶炼炉渣很少有纯的铁硅渣或铁钙渣。只有冰铜吹炼的铁硅渣或铁钙渣相对较纯,熔炼炉渣实际上更接近铁钙硅三元系渣,但有目的地造铁钙硅三元系渣的实际操作较少。精炼渣包括碱性渣及酸性渣,碱性渣主要熔剂为氧化钠及碳酸钠或氧化钙等化合物,酸性渣主要熔剂是二氧化硅等。

5.1 铁硅渣相图及其组元活度

铁硅渣的主要物相是硅酸铁及其他硅酸盐,故称为铁硅酸盐渣或硅酸铁渣,俗称铁橄榄石渣。

5.1.1 FeO-Fe_2O_3-SiO_2 系

1. 液相等温线和等氧势线

FeO-Fe_2O_3-SiO_2 系是铜熔炼渣的基础,图 5.1 为 FeO-Fe_2O_3-SiO_2 系相图,表明了等温液相线和等氧势线。等温线由实验测定,氧势是液相温度下的计算值。图中 6 个区域面包括金属铁、维氏体、磁性铁、铁橄榄石、鳞石英和方石英。随着温度升高,液相区主要向磁性铁和维氏体区扩展而增大,氧势朝磁性铁和维氏体方向增加。$ABCD$ 区为 1300℃的液相区,主要成分为铁橄榄石。AB 线及与该线平行的等温线是 SiO_2(鳞石英)饱和线,AD 线及平行的等温线是 Fe_3O_4(磁性铁)饱和线。铜熔炼和吹炼温度为 1200~1300℃,熔炼和吹炼过程的氧势分别为 $10^{-9.0}$~$10^{-8.0}$atm 和 $10^{-8.0}$~$10^{-6.5}$atm。从图 5.1 可知,炉渣主要组分为铁橄榄石,高硅渣靠近鳞石英边界,高铁渣靠近磁性铁边界。图中 PS 线为 PS 转炉吹炼造渣期炉渣组成。通常吹炼造渣期开始于 F 点,G 是终点,H 点为吹炼筛炉渣组成。实际操作过程中,取决于操作温度和氧势(即冰铜品位),磁性铁或鳞石英可能析出沉淀。图 5.2 是根据更新的热力学数据计算的 FeO-Fe_2O_3-SiO_2 系相图,图中的等温液相线和等氧势线与图 5.1 中数据基本相同。在纯 SiO_2 和 Fe_2O_3 的顶点附近为石英和赤铁矿区域。

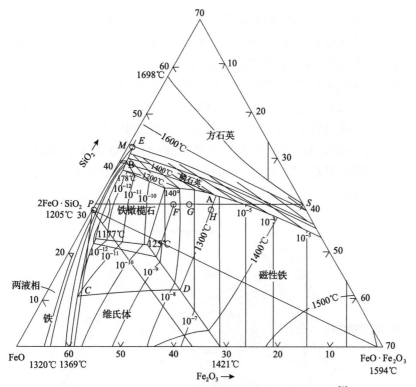

图 5.1 FeO-Fe$_2$O$_3$-SiO$_2$ 系相图(质量分数,单位:%)[1]

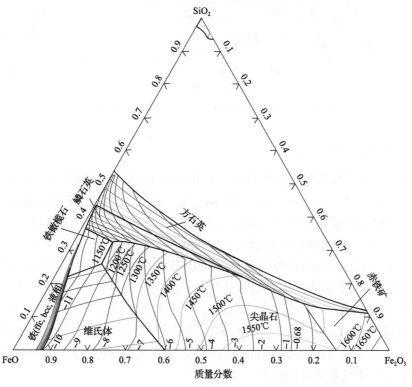

图 5.2 热力学更新数据计算的 FeO-Fe$_2$O$_3$-SiO$_2$ 系相图[2]

图 5.3 是计算的 $FeO\text{-}Fe_2O_3\text{-}SiO_2$ 系铁橄榄石区域图，图中包括等温线和 1250℃ 的等氧势线。液态渣(铁橄榄石区)周围由 $\gamma\text{-}Fe$、SiO_2、Fe_3O_4(磁性铁)和 FeO(维氏体)组成。由图可知，SiO_2 饱和线和 Fe_3O_4 饱和线的氧势范围分别为 $10^{-11}\sim10^{-7}$atm 和 $10^{-8}\sim10^{-7}$atm。与图 5.1 比较，等温线走向基本相同，氧势线的走向在 Fe_3O_4(磁性铁)和 FeO(维氏体)初相区存在区别。在 1250℃ 液相区，SiO_2 和 Fe_3O_4 饱和线上的氧势与图 5.1 的数据基本相同。图 5.3 表明，在高氧势下，金属铁不可能存在于炉渣中，炉渣中的铁存在形式为 Fe^{2+} 和 Fe^{3+}。炉渣的氧势与 Fe^{3+}/Fe^{2+} 有关，氧势随 Fe_2O_3/FeO 增加而升高，氧势从低值(1250℃下与金属铁的平衡)$P_{O_2}<10^{-11}$atm 增加到相对高的值(在 1250℃下与固体磁铁矿的平衡)$P_{O_2}=10^{-7}$atm。

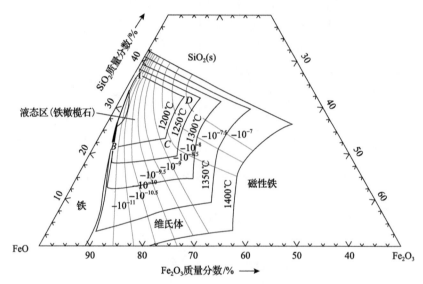

图 5.3 计算的 $FeO\text{-}Fe_2O_3\text{-}SiO_2$ 系铁橄榄石区域图[3]

2. FeO 和 Fe_3O_4 的活度

图 5.4 是根据实验数据计算的 1300℃下 $FeO\text{-}Fe_2O_3\text{-}SiO_2$ 系液相区的 FeO 和 Fe_3O_4 的活度。图中 ABCD 表示液相区，AD 线为 SiO_2 饱和边界，CD 线为磁性铁饱和边界。FeO 的活度(a_{FeO})很大程度取决于渣中 SiO_2 含量，SiO_2 含量越高，FeO 活度越低。在铜熔炼过程中，炉渣成分靠近 SiO_2 饱和边界 AD，在这样的条件下，可以认为 FeO 活度基本为常数，在 0.4 左右，与熔炼过程中冰铜品位及氧势(炉渣中 Fe^{3+}/Fe^{2+})关联度低。但是，在转炉吹炼造渣期，炉渣中 SiO_2 含量低，因此 FeO 的活度在 0.5 以上。磁性铁的活度($a_{Fe_3O_4}$)主要取决于炉渣中 Fe^{3+}/Fe^{2+}(氧势)，随着 Fe^{3+}/Fe^{2+} 增加而增加，在 Fe^{3+}/Fe^{2+} 约等于 1/3.5 时，磁性铁接近饱和($a_{Fe_3O_4}=1$)，炉渣的 SiO_2 含量对磁性铁活度的影响小。根据图 5.4 的数据推断，在低品位冰铜熔炼操作中，磁性铁的析出可以避免，但是在高冰铜熔炼及转炉吹炼过程中，难免有磁性铁析出。

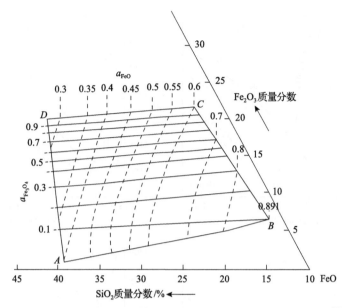

图 5.4　1300℃下 FeO-Fe$_2$O$_3$-SiO$_2$ 系液相区 FeO 和 Fe$_3$O$_4$ 的活度[4]

3. CaO、Al$_2$O$_3$、MgO 和 ZnO 的含量对渣液相温度的影响

冶炼厂实际操作中铜熔炼渣成分除氧化铁(FeO 和 Fe$_3$O$_4$)和 SiO$_2$ 之外,还含有少量的 CaO、Al$_2$O$_3$、MgO 和 ZnO 等,这些低含量氧化物成分对炉渣液相温度有一定的影响。图 5.5 说明当冰铜的铁含量和 P_{SO_2} 保持不变时,根据热力学平衡计算的熔炼炉渣 Fe/SiO$_2$ 和低含量氧化物对熔渣液相温度的影响。在尖晶石(Fe$_3$O$_4$)饱和时,渣中所有 CaO、Al$_2$O$_3$、MgO 和 ZnO 的含量增加均提升渣的液相温度。氧化物 CaO 和 Al$_2$O$_3$ 每增加 1%,分别使渣液相温度升高约 12℃和 10℃,氧化物 MgO 和 ZnO 同样影响液相温度,但影响程度较小。在鳞石英饱和时,液相温度则随着 CaO、Al$_2$O$_3$、MgO 和 ZnO 的含量增加而降低。MgO 含量大于 5%时,出现橄榄石相。从鳞石英饱和转化为尖晶石饱和的 Fe/SiO$_2$ 随着 CaO、Al$_2$O$_3$、MgO 和 ZnO 的含量增加而降低。说明这些氧化物在造渣过程中代替了部分 FeO 的作用。铜熔炼过程中炉渣成分靠近鳞石英饱和,渣中含有这些氧化物有利于降低炉渣温度,而转炉吹炼造渣期及产高品位冰铜(>70% Cu)的熔炼,炉渣成分靠近尖晶石(Fe$_3$O$_4$)饱和,这些氧化物存在于渣中不利于降低炉渣温度。

计算条件: P_{SO_2}=0.25atm,w(Fe) =4%,w(Cu) =75%。液相+鳞石英-液相+鳞石英饱和;液相+橄榄石-液相+橄榄石饱和。

(1) Al$_2$O$_3$ 的影响,w(ZnO)=2.1%,w(MgO)=0.8%,w(CaO)=0.8%。

(2) CaO 的影响,w(Al$_2$O$_3$)=4.0%,w(ZnO)=2.1%,w(MgO)=0.8%。

(3) MgO 的影响,w(Al$_2$O$_3$)=4.0%,w(ZnO)=2.1%,w(CaO)=0.8%。

(4) ZnO 的影响,w(Al$_2$O$_3$)=4.0%,w(MgO)=0.8%,w(CaO)=0.8%。

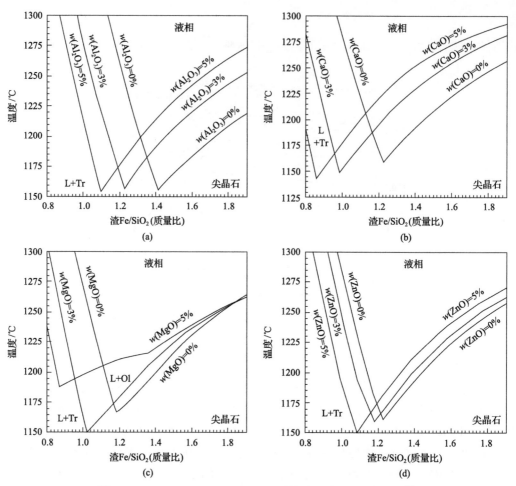

图 5.5　CaO、Al$_2$O$_3$、MgO 和 ZnO 对铁硅渣液相温度的影响[5]

Ol-橄榄石相；Tr-鳞石英相

图 5.6 为在 P_{O_2} =10^{-8}atm 下，FeO-Fe$_2$O$_3$-SiO$_2$-MgO-3.3%CaO-3.3%Al$_2$O$_3$ 系中添加 2.2%、6.0% 和 9.0%MgO 的鳞石英和尖晶石初相区的液相线。图中包括接近 3.3%CaO 和 3.3%Al$_2$O$_3$ 目标成分的实验测量数据。在低于 1250℃ 的温度和 MgO 浓度在 6% 以上的实验出现橄榄石和斜辉石沉淀。图中还绘制了橄榄石和尖晶石预估液相线。由图可知，随着 Fe/SiO$_2$（质量比）的增加，鳞石英初相区液相温度迅速下降，鳞石英-尖晶石共熔点随着添加 MgO 向低 Fe/SiO$_2$ 移动，当 MgO 从 0% 增加到 2.2% 时，鳞石英-尖晶石共熔点从 Fe/SiO$_2$ 为 0.8～0.9 移至 0.6～0.65。鳞石英初相区液相温度随着 MgO 添加有所降低，而尖晶石初相区液相温度则随之明显升高。在给定 Fe/SiO$_2$ 时，MgO 从 0% 增加到 6%，尖晶石液相温度增加约 20K。在 P_{O_2} =10^{-8}atm 下，FeO-Fe$_2$O$_3$-SiO$_2$-CaO-2.2%MgO- 3.3%Al$_2$O$_3$ 系添加 CaO 对鳞石英初相区和尖晶石初相区液相温度的影响如图 5.7 所示。图中包括接近尖晶石和鳞石英初相区目标成分的实验测量数据。类似于图 5.6，CaO 从 0% 提高到 6%，鳞石英初相区液相温度降低。不含 CaO 时，鳞石英-尖晶石共熔点的 Fe/SiO$_2$ 为 0.9～0.95，当 CaO 质量分数为 6% 时，Fe/SiO$_2$ 为 0.67～0.70。尖晶石初相区液相温度随着

CaO 的增加而升高，给定的 Fe/SiO₂，随着熔体中的 CaO 增加到 6%，尖晶石液相温度增加约 10K。

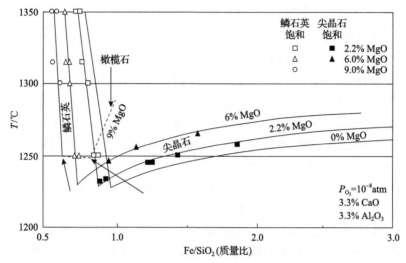

图 5.6　在 P_{O_2} = 10⁻⁸atm 下，FeO-Fe₂O₃-SiO₂-CaO-2.2%MgO-3.3%Al₂O₃ 系添加 MgO 对鳞石英和尖晶石液相温度的影响[6]

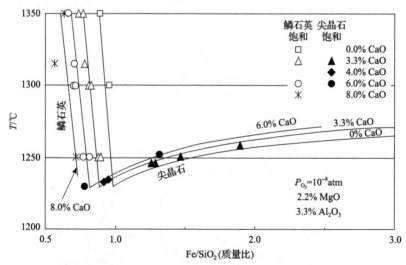

图 5.7　在 P_{O_2} = 10⁻⁸atm 下，FeO-Fe₂O₃-SiO₂-CaO-2.2%MgO-3.3%Al₂O₃ 系添加 CaO 对鳞石英和尖晶石液相温度的影响[6]

在工业实际操作中，给定温度下如果存在鳞石英沉淀导致排渣困难，可以通过调整熔体中的 MgO 和/或 CaO 浓度来控制鳞石英的沉淀。降低 Fe/SiO₂(质量比)有利于尖晶石溶解，如果尖晶石用于保护耐火材料，降低 Fe/SiO₂ 则会降低尖晶石的保护作用，增加损害炉壁的风险。尖晶石的过度溶解可由 MgO 控制，在较小程度上可由 CaO 控制。MgO 超过 6%，熔体存在橄榄石沉淀。

5.1.2 Cu₂O-Fe₂O₃(FeO)-SiO₂ 系

1. 液相等温线和等氧势线

冰铜连续吹炼渣中的铜含量高，采用铁硅渣操作实际上为 $Cu_2O\text{-}Fe_2O_3(FeO)\text{-}SiO_2$ 系渣，计算的金属铜饱和的 $Cu_2O\text{-}FeO\text{-}SiO_2$ 系相图如图 5.8 所示。图中包括面心立方金属铁、维氏体、磁性铁、铜铁氧体、氧化铜、铁橄榄石、鳞石英和方石英区。从图 5.8 中可以看出，低熔点液相区从高 Cu_2O 浓度（Cu_2O 端点）向 $FeO\text{-}SiO_2$ 边延伸，随着温度的升高，液相区逐步扩大，温度达到 1250℃时，出现两个液相区，即高 Cu_2O 区和低 Cu_2O 区。当温度为 1300℃时，如图 5.9 所示，两个液相区扩展形成一个从 Cu_2O 端点到 $FeO\text{-}SiO_2$ 边缘的完整液相区。氧势随着 Cu_2O 的增加而升高。

图 5.10 表示与金属铜铁合金平衡的"Cu_2O"$\text{-}Fe_2O_3\text{-}SiO_2$ 系液相等温线和等氧势线。从图 5.10 可看到，鳞石英初相区的液相线几乎平行于 $Cu_2O\text{-}Fe_2O_3$ 连接边。赤铜矿、铜铁氧体（$CuFeO_2$）和鳞石英之间的三元共晶点估计为 1040℃±10℃，组成约为 70%Cu_2O、20%Fe_2O_3 和 10%SiO_2。在 1100℃和 1300℃之间存在鳞石英、赤铜矿、尖晶石和铜铁氧体区。1100℃下有一个狭窄的液相区，周围是鳞石英、赤铜矿和铜铁氧体区域。高于 1150℃铜铁氧体区消失，液相区周围是鳞石英、赤铜矿和尖晶石区。在 1250℃下存在两个液相区，铜氧化物浓度高于 25%Cu_2O 区和低 Cu_2O 区。分离的两个液相区在高于

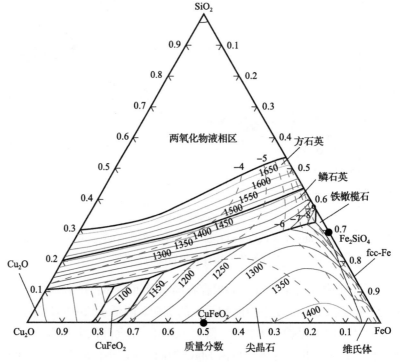

图 5.8 计算的金属铜饱和度的 $Cu_2O\text{-}FeO\text{-}SiO_2$ 系相图[7]

实线为等温线（℃），虚线为等氧势线[$lg(P_{O_2}/atm)$]

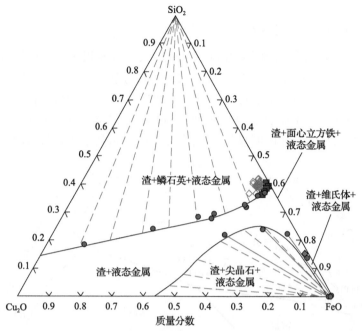

图 5.9　1300℃计算的金属铜饱和的 Cu_2O-FeO-SiO_2 系相图[7-16]

包括不同研究人员的实验数据

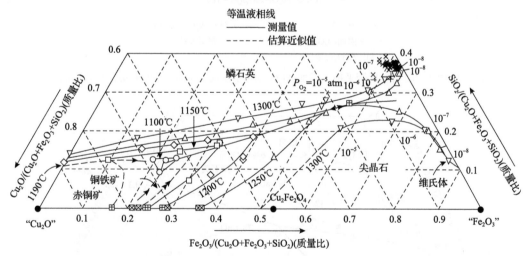

图 5.10　与金属铜铁合金平衡的 "Cu_2O"-Fe_2O_3-SiO_2 系液相等温线[8,9,11,12,17]

1250℃的温度下形成一个液相区。在 1300℃下连续液相区从 "Cu_2O" 端延伸到 "Fe_2O_3"-SiO_2 二元系。当熔渣的组成从 "Cu_2O" 端至接近 "Fe_2O_3"-SiO_2 二元系时，体系的氧势降低。例如，在 1300℃下，液相中的 "Cu_2O" 浓度从 21.6%降低至 2.8%，氧势从 10^{-5}atm降低至 10^{-7}atm。实践中温度高于 1300℃时，可以在相对窄的 Fe/SiO_2(质量比)（<0.65）范围和任何 Cu_2O 浓度下进行操作。

2. 添加 Al₂O₃ 和 CaO 对液相温度的影响

在 Cu₂O-Fe₂O₃-SiO₂ 系中添加 Al₂O₃ 和 CaO，会导致液相线向鳞石英初相区移动，液相区扩大。图 5.11 和图 5.12 分别表示在 1200℃时与金属铜平衡的条件下，添加 Al₂O₃ 和 CaO 对 Cu₂O-Fe₂O₃-SiO₂ 系鳞石英液相边界的影响，图 5.11 为利用 1200℃下获得的实验数据进行回归计算，添加 2%、4% 和 6% Al₂O₃ 的液相线。如图 5.11 所示，Al₂O₃ 的添加导致鳞石英初始相的液相区明显扩展。图 5.12 中包括基于实验数据回归计算添加 3%

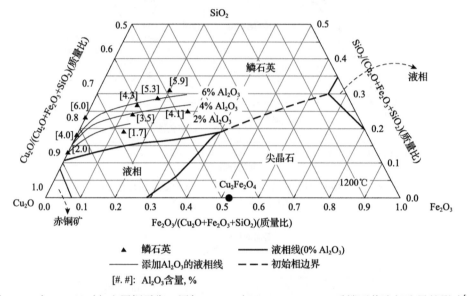

图 5.11　在 1200℃时与金属铜平衡，添加 Al₂O₃ 对 Cu₂O-Fe₂O₃-SiO₂ 系鳞石英液相边界的影响[18]

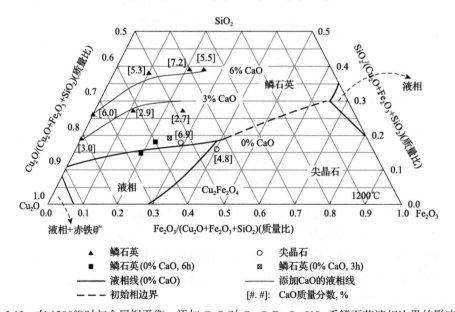

图 5.12　在 1200℃时与金属铜平衡，添加 CaO 对 Cu₂O-Fe₂O₃-SiO₂ 系鳞石英液相边界的影响[18]

和 6%CaO 的液相线。由图可知，与添加 Al₂O₃ 相比，CaO 的添加使鳞石英初始相的液相区显著增加。

在 1275℃下，添加 0.4% MgO、1.9% CaO 和 3.6% Al₂O₃ 的 Cu-Fe-O-Si 系与金属铜平衡的液相线和等势线如图 5.13 所示。由图可以看出，在 Cu-Fe-O-Si 系中添加 MgO、CaO 和 Al₂O₃ 使液相区向更高的 SiO₂ 方向移动，即向 Fe/SiO₂ 降低的方向移动，尖晶石/维氏体初相区随之扩大。这意味着，在实际操作中需要根据炉渣的组成，适当调整熔渣中的 Fe/SiO₂，以避免固体形成和沉积。例如，在冰铜连续吹炼操作中，氧势为 $10^{-6}\sim10^{-5}$ atm，在渣中 10%～30% Cu₂O 范围，为了避免鳞石英(SiO₂)和尖晶石(Fe₃O₄)沉淀，无杂质和含杂质的渣的Fe/SiO₂ 分别控制在 1.6 和 1.1。图 5.13 还表明无杂质(浅色区)和含杂质(深色区)的体系氧势的差异，渣中含 0.4% MgO、1.9% CaO 和 3.6% Al₂O₃，氧势线向高 Cu₂O 浓度区稍有移动。

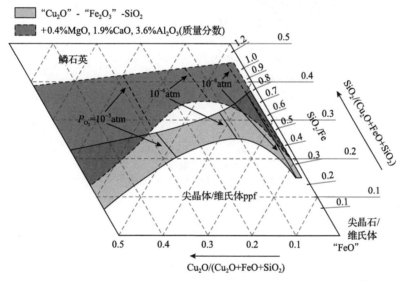

图 5.13　1275℃，杂质对 Cu-Fe-O-Si 系渣与金属铜平衡的影响[19]

5.1.3　FeO-SiO₂-Al₂O₃ 系和 FeO-SiO₂-MgO 系

铜冶炼炉渣与 FeO-SiO₂-Al₂O₃ 系和 FeO-SiO₂-MgO 系的联系比较少，但是在工业实践中，铁橄榄石型(FeO-SiO₂)铜冶炼渣通常含有 2%～5% Al₂O₃、1%～4% CaO 和 1%～2% MgO。这些杂质成分的浓度可能更高，这取决于原料的来源和复杂程度。图 5.14 是 FeO-SiO₂-Al₂O₃ 系相图。可以看出，在鳞石英饱和区，Al₂O₃ 增加，液相温度降低；在磁性铁饱和区，液相温度随着 Al₂O₃ 增加而升高。图中三角表示低熔点区。在 1250℃ 和 $P_{O_2}=10^{-7.8}$ atm 条件下，计算的 Al₂O₃-FeO-SiO₂ 系相图如图 5.15 所示，图中标明了与 60%Cu 品位的冰铜平衡时渣的液相区。由图 5.15 可知，铁橄榄石渣液相区受到低 Fe/SiO₂(质量比)的鳞石英(SiO₂)或高 Fe/SiO₂ 的尖晶石的析出限制。渣中 Al₂O₃ 的最大溶解度受莫来石的形成限制，液态渣中的 Al₂O₃ 含量限制在低于 20%。与冰铜共存时熔渣液相区边界和无铜/硫存在的液相边界几乎相同,因为熔渣中的 Cu 和 S 的浓度相对较低,对渣的液相边界的影响小。

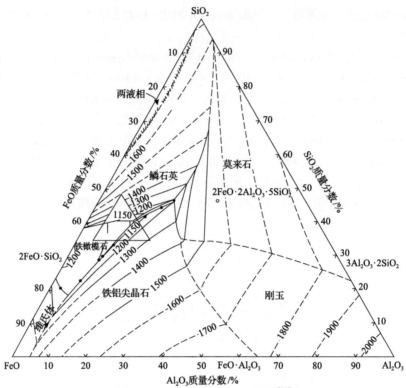

图 5.14　FeO-SiO$_2$-Al$_2$O$_3$ 系相图[20]

图中数字为温度，单位为℃

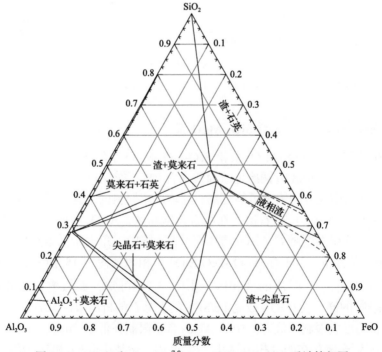

图 5.15　1250℃和 P_{O_2} =10$^{-7.8}$atm，Al$_2$O$_3$-FeO-SiO$_2$ 系计算相图

虚线表示 Al-Cu-Fe-O-S-Si 系中在 1250℃和 P_{SO_2} =0.5atm 下，与 60% Cu 冰铜平衡时的液相线[21]

图 5.16 表示在 1200℃和 P_{O_2} =10^{-10}atm 条件下，FeO-SiO$_2$-Al$_2$O$_3$ 三元系中 FeO、SiO$_2$
和 Al$_2$O$_3$ 的等活度线。由图可知，Al$_2$O$_3$ 在莫来石饱和线的活度约为 0.6。维氏体饱和线
的 SiO$_2$ 活度为 0.3～0.4，接近莫来石和石英饱和的 FeO 活度为 0.3。

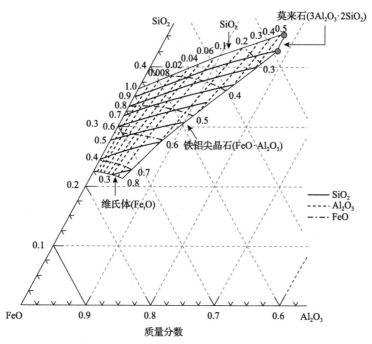

图 5.16 在 1200℃和 P_{O_2} =10^{-10}atm 条件下，FeO-SiO$_2$-Al$_2$O$_3$ 三元系中 FeO、SiO$_2$ 和 Al$_2$O$_3$ 的等活度线[22,23]

图 5.17 为 FeO-SiO$_2$-MgO 系相图，低温区在 FeO-SiO$_2$ 缘的铁橄榄石周围，添加
MgO 导致熔体液相温度增加。1250℃和 P_{O_2} =10$^{-7.8}$atm 条件下，计算 MgO-FeO-SiO$_2$ 系
相图如图 5.18 所示。液相渣相区 MgO 的最大浓度是与橄榄石(Mg$_2$SiO$_4$-Fe$_2$SiO$_4$)的平
衡浓度，限制在低于 5%。图中，60%Cu 冰铜平衡的液相区与没有冰铜存在的液相区几
乎相同。

Al$_2$O$_3$ 和 MgO 在铜冶炼炉渣中溶解受限制，在 1250℃时铁橄榄石渣中的氧化镁和氧
化铝的最大溶解度分别是 4%和 14%[23]。

5.1.4　FeO-Fe$_3$O$_4$-SiO$_2$-Ca$_2$B$_8$O$_{11}$

图 5.19 是由热力学模型计算的添加 6%硼酸钙(Ca$_2$B$_6$O$_{11}$)与未添加硼酸钙 FeO-
Fe$_2$O$_3$-SiO$_2$ 系的相图比较，图中表明了等氧势线。由图可看出，添加硼酸钙，液相区明
显地朝 SiO$_2$、磁性铁和 FeO 初相区扩展。另外，即使在较高的氧势(P_{O_2})条件下，仍
存在稳定的液相区。在 1250℃，氧势为 10^{-7}atm、10^{-9}atm 和 10^{-11}atm 下进行了添加硼
酸钙的合成渣实验，其结果与计算相图中变化趋势类似，随着硼酸钙的加入，炉渣液
相区扩大。

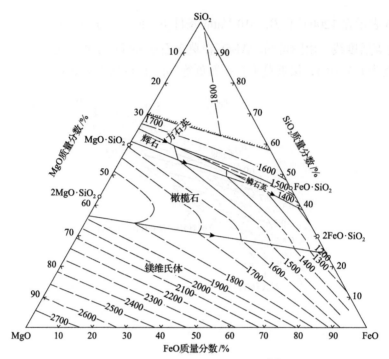

图 5.17　FeO-SiO₂-MgO 系相图[20]

图中数字为温度，单位为℃

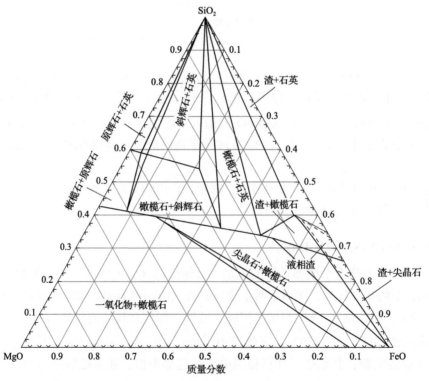

图 5.18　1250℃和 P_{O_2} =10⁻⁷·⁸atm，MgO-FeO-SiO₂ 系计算相图[21]

虚线表示 Cu-Fe-Mg-O-S-Si 系中在 1250℃和 P_{SO_2} =0.5atm 下，60%Cu 冰铜平衡时的液相线

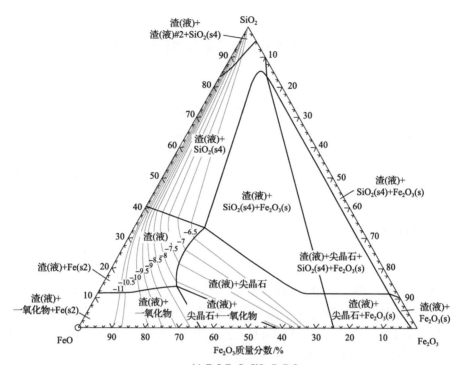

(a) FeO-Fe$_2$O$_3$-SiO$_2$-Ca$_2$B$_6$O$_{11}$
Ca$_2$B$_6$O$_{11}$/(FeO+Fe$_2$O$_3$+SiO$_2$+Ca$_2$B$_6$O$_{11}$)(质量比)=0.06,
1250℃, 1atm, lg P_{O_2}(g)等氧势线(P_{O_2}单位为atm)

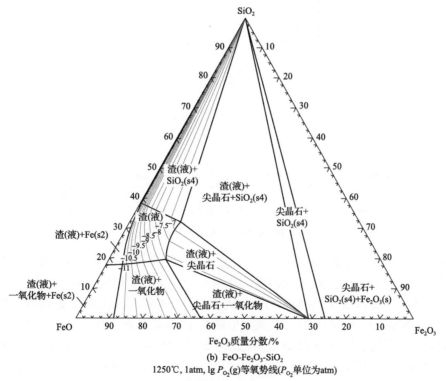

(b) FeO-Fe$_2$O$_3$-SiO$_2$
1250℃, 1atm, lg P_{O_2}(g)等氧势线(P_{O_2}单位为atm)

图 5.19 在 1250℃, 计算添加 6%硼酸钙和纯 FeO-Fe$_2$O$_3$-SiO$_2$ 系液相区及等氧势图[3]

5.2 钙铁渣相图及其组元活度

从 FeO-Fe$_2$O$_3$-SiO$_2$ 系相图分析可知，在高氧势下磁性铁饱和析出。如 1300℃，氧势 P_{O_2} 高于 10^{-7}atm 时，磁性铁达到饱和。因此，在强氧化条件下采用铁硅渣受到限制，如冰铜连续吹炼及一步炼铜工艺操作，氧势高于 10^{-6}atm。钙铁渣是强氧化工艺的选择，因为钙铁渣可以在高氧势下操作，避免了磁性铁的饱和析出。钙铁渣应用于冰铜闪速吹炼、三菱工艺吹炼及熔池顶吹吹炼等工艺。钙铁渣的主要组分是 CaO、FeO 和 Fe$_2$O$_3$，故称为钙铁氧体渣或铁酸钙渣。

5.2.1 CaO-FeO-Fe$_2$O$_3$ 系

1. 液相等温线

钙铁氧体渣的基础是 CaO-FeO-Fe$_2$O$_3$ 系。图 5.20 是 CaO-Fe$_2$O$_3$ 二元相图。由图可看出，CaO·Fe$_2$O$_3$ 和 CaO·2Fe$_2$O$_3$ 共晶点最低熔化温度为 1205℃，组成为 20%CaO 和 80%Fe$_2$O$_3$。2CaO·Fe$_2$O$_3$ 与 CaO·Fe$_2$O$_3$ 包晶点温度为 1216℃。1300℃温度下，CaO 组分在 15%～30%范围存在单一液相。

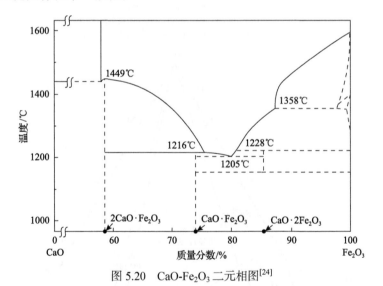

图 5.20 CaO-Fe$_2$O$_3$ 二元相图[24]

CaO-FeO-Fe$_2$O$_3$ 系相图如图 5.21 所示，图中包括金属铁、石灰、维氏体、磁性铁、赤铁矿和钙铁氧体区。液相线表明最低熔化温度为 1150℃，组成为 20%CaO、40%FeO 和 35%Fe$_2$O$_3$。在磁性铁与 CaO·FeO·Fe$_2$O$_3$ 平衡区，CaO 含量增加，磁性铁的饱和温度降低。在 2CaO·Fe$_2$O$_3$ 初相区，液相温度随着 CaO 增加而增加。维氏体初相区的温度随 CaO 的增加而降低。图 5.22 显示了 CaO-FeO-Fe$_2$O$_3$ 系 1200℃和 1300℃的液相线，液相区的 CaO 组分大致为 20%～30%。温度增加，液相区向 CaO·Fe$_2$O$_3$ 缘和 FeO-Fe$_2$O$_3$ 方向扩展。

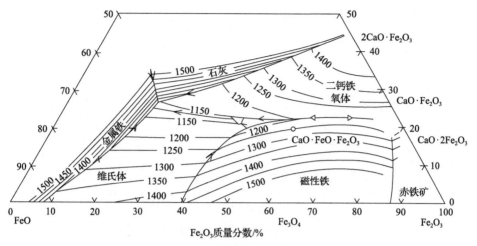

图 5.21 CaO-FeO-Fe₂O₃ 系相图[25]

图中数字为温度，单位为℃

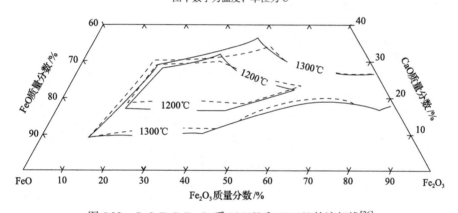

图 5.22 CaO-FeO-Fe₂O₃ 系 1200℃和 1300℃的液相线[26]

2. 等氧势线

图 5.23 显示了 CaO-FeO-Fe₂O₃ 系 1300℃时等氧势线。由图可知，在液相区，氧势范围为 $\lg P_{O_2} = -11 \sim -1.7$。氧势的变化主要取决于体系中 Fe₂O₃ 的成分（即 Fe^{3+}/Fe^{2+}），随着 Fe₂O₃ 增加而增加。CaO 对氧势影响较小，总体上 CaO 增加，氧势降低。

3. 各组元的活度

图 5.24 为 1300℃下 CaO-FeO-Fe₂O₃ 系各组元的活度，图中 RO 是石灰饱和线，PO 是金属铁饱和线。由图可见，FeO 和 CaO 的活度随着各自组分的增加而增加，磁性铁的活度主要取决于熔体中 CaO 含量，随着 CaO 含量增加而降低。FeO 对磁性铁活度影响较小，当 Fe₂O₃ 质量分数低于 65%时，磁性铁活度大致随体系中 FeO 增加而降低；而 Fe₂O₃ 质量分数高于 65%时，则磁性铁活度随 FeO 增加而增加，液相区磁性铁的活度在 0.02～0.5。

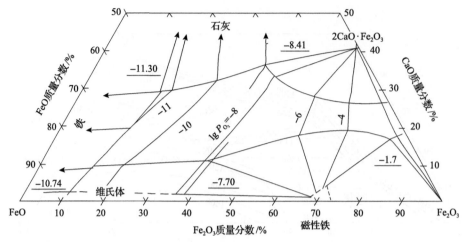

图 5.23　CaO-FeO-Fe₂O₃ 系 1300℃时等氧势线[26]

中心区相边界线为 1300℃液相线

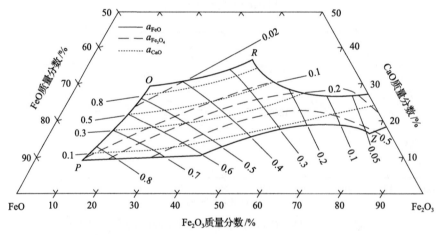

图 5.24　1300℃下 CaO-FeO-Fe₂O₃ 系各组元的活度[26]

5.2.2　Cu₂O-CaO-FeOₙ 系

钙铁氧体渣中 Cu_2O 的溶解有利于降低熔渣温度。图 5.25 为与金属铜平衡的 Cu_2O-"Fe_2O_3"-CaO 系液相等温线和等氧势线。由图可知，在 1100℃和 1300℃之间存在石灰、赤铜矿、尖晶石、铜铁氧体和钙铁氧体区。温度高于 1200℃，液相区从"Cu_2O"端延伸到"Fe_2O_3"-CaO 二元系。氧势随着 Cu_2O 的增加而升高。从 Cu_2O 端点至 CaO-Fe_2O_3 系边，氧势从 Cu_2O 端 10^{-4}atm，降低到接近 CaO-Fe_2O_3 边缘的约 $10^{-6.5}$atm。图 5.26[12,13,19,28] 为计算的 1250℃下"Cu_2O"-CaO-"Fe_2O_3"系统与金属铜的平衡液相区，图中包括不同实验室的实验数据，图中数据表明实验值与模型计算结果基本相符。

闪速吹炼及三菱吹炼实践中，冰铜夹带炉渣导致吹炼渣的 SiO_2 含量高[29]。SiO_2 含量增加使吹炼渣的液相温度升高，在一定的操作温度下，渣中固体尖晶石增加，并在炉内

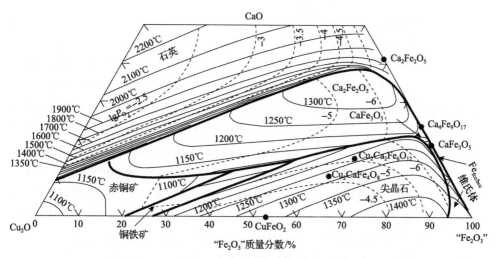

图 5.25　与金属铜平衡的 Cu₂O-"Fe₂O₃"-CaO 系液相等温线和等氧势线[27]

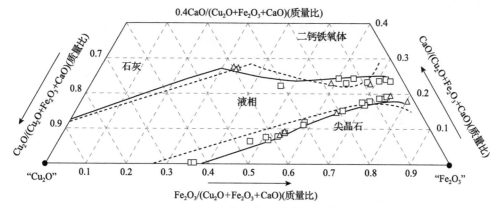

图 5.26　计算的 1250℃下 "Cu₂O"-CaO-"Fe₂O₃" 系统与金属铜的平衡状态图[12,13,19,28]
图中包括实验数据

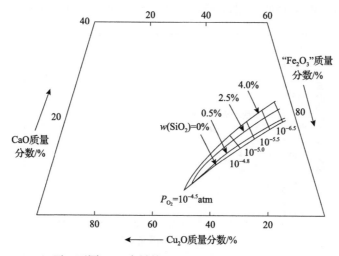

图 5.27　1250℃下，不同 SiO₂ 含量的 CaO-Cu₂O-"Fe₂O₃" 系尖晶石区液相线[30]

聚集。图 5.27 表示在试验获得的 1250℃下，不同 SiO₂ 含量的 CaO-Cu₂O-"Fe₂O₃" 系尖晶石初相区液相线，图中 SiO₂ 含量为 0%、0.5%、2.5% 和 4.0%。由图可见，1250℃等温线随着熔体中的 SiO₂ 含量增加向 CaO 方向移动，表明随着 SiO₂ 含量的增加，尖晶石初相区液相温度增加，其固相区向 CaO 方向扩展，添加 SiO₂ 对氧势的影响不明显。

图 5.28 表示在含 20% Cu₂O 和不同 SiO₂ 含量的钙铁渣中尖晶石液相温度与熔体中的 CaO/Fe(质量比)的关系。可以看出，在给定液相 Cu₂O 和 SiO₂ 含量下，尖晶石液相温度随着 CaO/Fe 的增加而显著降低。给定 CaO/Fe(质量比)，尖晶石液相温度随着熔体 SiO₂ 含量的增加而增加。图 5.29 表示 1250℃温度下，尖晶石为初相的液相中 CaO/Fe(质量比)与 SiO₂ 含量的关系。由图可知，CaO/Fe(质量比)与 SiO₂ 含量之间存在线性关系。如果增加液相中的 SiO₂ 含量，为了保持相同的液相温度，应增加渣中的 CaO/Fe，即添加 CaO 熔剂。但是，在高 CaO/Fe 条件下，形成如 Ca₂Fe₂O₅ 或 Ca₂SiO₄ 含 CaO 高的相，在高 CaO 含量初始相区，液相温度随着 CaO/Fe 的增加而增加，与尖晶石初始相区不同，增加 CaO/Fe 将产生相反的效果。

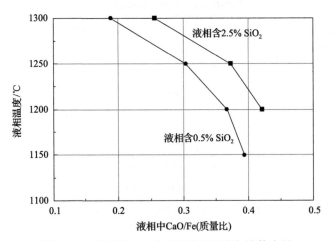

图 5.28　含 20% Cu₂O 和不同 SiO₂ 含量钙铁渣中尖晶石液相温度与熔体中的 CaO/Fe(质量比)的关系[29]

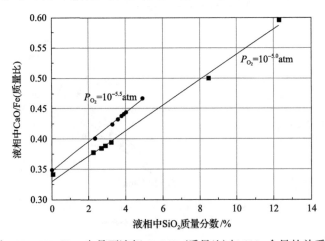

图 5.29　1250℃，尖晶石液相 CaO/Fe(质量比)与 SiO₂ 含量的关系[30]

图 5.30 表示在 1200℃和 1300℃下，含 7.5%SiO₂ 的 Cu₂O-FeO-CaO-SiO₂ 系液相区。由图可知，液相区随着温度降低而缩小，其单一液相区很有限，特别是在 1200℃时。温度对二钙硅酸盐初相区液相线的影响相对较小，该区相对稳定。在高 Cu₂O 区域，存在氧化物和硅酸盐之间的不互溶区，但此不互溶区不在铜冶炼渣组成范围，对渣成分选择没有影响，在 SiO₂ 含量一定的情况下，渣成分选择需考虑的主要因素是 Fe/CaO 和 Cu₂O 的含量。

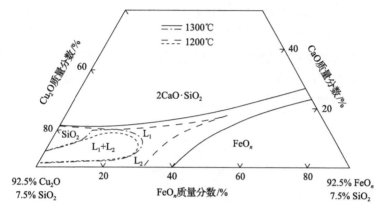

图 5.30　1200℃和 1300℃，空气条件下 CaO-FeOₙ-Cu₂O-7.5%SiO₂ 系的相关系[31]

图 5.31 为 Cu₂O-CaO-Fe₂O₃ 系 Cu₂O 的活度，总体与理想溶液（拉乌尔定律）的偏差不大。阴影区为三菱工艺吹炼炉渣的成分，Cu₂O 的活度为 0.1～0.2。

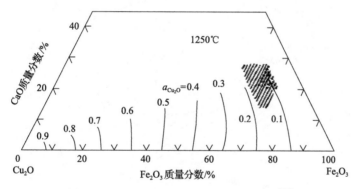

图 5.31　Cu₂O-CaO-Fe₂O₃ 系 Cu₂O 的活度[32]

5.3　铁钙硅（FeO-CaO-SiO₂）三元系渣

铜精矿等原料及石英熔剂中含有一定的 CaO 等脉石成分，因此熔炼及吹炼造渣期的实际操作炉渣，更接近铁钙硅三元系渣。FeO-CaO-SiO₂ 系不仅对新型铜熔炼渣应用有重要意义，对于实际操作优化铁硅渣也具有指导作用。

1. 液相等温线

图 5.32 显示了 FeO-CaO-SiO$_2$ 系相图的液相等温线，图中包括鳞石英、方石英、硅钙石、橄榄石，维氏体和石灰等初始相区。可以看出，添加 CaO 到 FeO-SiO$_2$ 系，可以降低铁橄榄石 (2FeO·SiO$_2$) 的熔化温度。ABC 三角为低温区，代表熔炼渣组成，CaO 质量分数为 10%~20%。在 1250℃ 和 $P_{O_2} = 10^{-7.8}$atm 条件下，CaO-FeO-SiO$_2$ 系状态图如图 5.33 所示，表明在 1250℃ 下控制一定的 Fe/SiO$_2$，液相渣的 CaO 质量分数可以达到 30%。图中虚线表示与 60%Cu 冰铜平衡的液相线，液相区向尖晶石的方向扩展。图 5.34 为 $P_{O_2} = 10^{-6}$atm 时"FeO"-CaO-SiO$_2$ 系液相线，表明液相区随着温度的升高而扩展，液相区的变化主要取决于初始相，CaSiO$_3$ 和尖晶石与液相区界线随着温度的升高而显著变化。对于鳞石英，液相的组成只是随着温度的升高而略有变化。

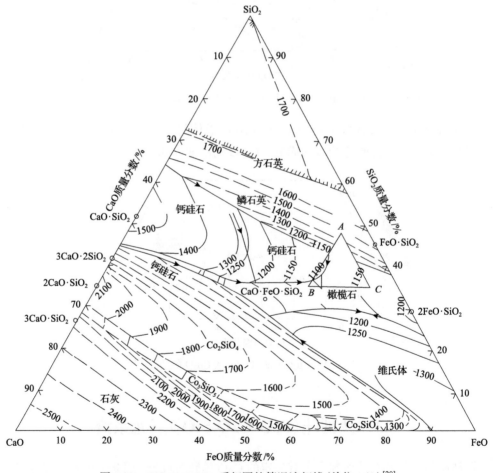

图 5.32 FeO-CaO-SiO$_2$ 系相图的等温液相线 (单位：℃)[20]

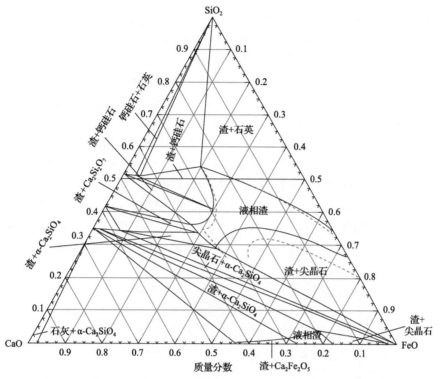

图 5.33　在 1250℃和 $P_{O_2} = 10^{-7.8}$atm 条件下，CaO-FeO-SiO₂ 系相图[21]

虚线表示在 1250℃和 $P_{SO_2} = 0.5$atm 下，与 60% Cu 冰铜平衡的液相线

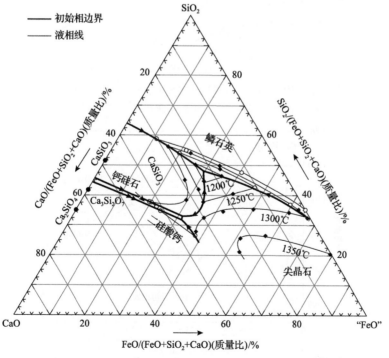

图 5.34　$P_{O_2} = 10^{-6}$atm 时，"FeO"-CaO-SiO₂ 系液相线[33,34]

    图 5.35 为 $P_{O_2}=10^{-8}$atm 时 "FeO"-CaO-SiO$_2$ 系液相线随 Fe/SiO$_2$(质量比)和 CaO 含量的变化。图中未出现铁橄榄石(或橄榄石)区。在 Fe/SiO$_2$ 高于约 1.5 的条件下，液相温度随 CaO 含量的增加而升高，磁性铁饱和区增大。只有在高 CaO 含量，接近 Ca$_2$SiO$_4$ 初相区，液相温度才随 CaO 含量的增加而降低。对于 SiO$_2$ 未饱和的炉渣，Fe/SiO$_2$ 一定时 CaO 含量增加不会降低磁性铁析出风险，反而会增加风险，这是因为渣的液相温度增加。在低 Fe/SiO$_2$ 时，接近 SiO$_2$ 饱和区，增加 CaO 含量可以降低液相温度。工业上很少 SiO$_2$ 饱和渣，原料中的氧化物如 CaO 等，使炉渣通常处于非 SiO$_2$ 饱和区。由图 5.35 还可知，在尖晶石初相区，CaO 含量一定时，Fe/SiO$_2$ 增加使液相温度增加。在 Fe/SiO$_2$ 一定时，钙硅石初相区液相温度随着 CaO 含量增加而增加；当 CaO 含量达到一定时，则钙硅石初相区液相温度随着 CaO 含量增加而降低。氧势 10^{-8}atm 下不同 SiO$_2$/Fe 的 FeO-CaO-SiO$_2$ 系渣液相温度与 CaO/SiO$_2$(质量比)的关系如图 5.36 所示，该图表明，提高 CaO/SiO$_2$ 可显著降低鳞石英初相区渣的液相温度，但会增加方石英和硅钙石初相区的

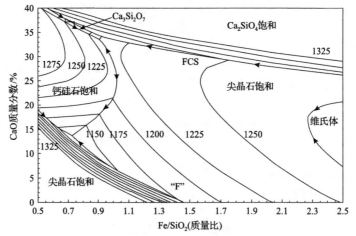

图 5.35　$P_{O_2}=10^{-8}$atm 时，"FeO"-CaO-SiO$_2$ 系的液相线(单位：℃)[35]
"F"表示铁橄榄石渣的成分，FCS 表示铁钙硅三元系炉渣的成分

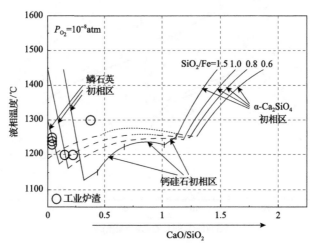

图 5.36　在氧势 10^{-8}atm 下，不同 SiO$_2$/Fe 的 FeO-CaO-SiO$_2$ 系渣液相线与 CaO/SiO$_2$(质量比)的关系[36]

液相温度。当 CaO/SiO$_2$ 大于 1 时，CaO 添加使 α-Ca$_2$SiO$_4$ 初相区的液相温度急剧增加。CaO/SiO$_2$ 增加使达到 SiO$_2$ 饱和的 SiO$_2$/Fe 增加，但 α-Ca$_2$SiO$_4$ 饱和的 SiO$_2$/Fe 则随着 CaO/SiO$_2$ 增加而降低。

2. 等氧势线

图 5.37 为 1250℃下 CaO-FeO$_x$-SiO$_2$ 系的液相区随氧势的变化。图中包括鳞石英、方石英、钙硅石、α-Ca$_2$SiO$_4$、维氏体和尖晶石等相区。由图可以看出，液相区随着氧势的增加而缩小，当氧势 10^{-10}atm 增加 10^{-6}atm 时，在鳞石英、方石英和 α-Ca$_2$SiO$_4$ 初相区随氧势没有显著变化。然而，富铁渣的液体对氧势力非常敏感。在低氧势下，如 P_{O_2}=10^{-10}atm，富铁熔渣的初始相是维氏体。在较高的氧势下，尖晶石(磁铁矿)相稳定，成为初始相。尖晶石区的范围随着氧势的增加而增大。氧势为 10^{-6}atm，液相区周围仅存在鳞石英、方石英和尖晶石。图 5.38 表示 1300℃下 "FeO"-CaO-SiO$_2$ 系氧势对液相区的影响。由图可了解到，在氧势 10^{-8}～10^{-5}atm 范围，渣中固体氧化铁的晶体结构极其稳定性，在 P_{O_2}=10^{-8}atm，维氏体稳定；随着氧势的升高，尖晶石逐渐变得稳定，液相区显著减少。氧势对鳞石英和硅灰石稳定性的影响不太明显。在石灰与石英之比大于 1 时，钙硅石相的液相线开始轻微变化。

图 5.39 为 1300℃时不同 Fe/SiO$_2$(质量比)和 CaO 含量的液相线随氧势的变化，随着氧势的增加，磁尖晶石区扩展向低 Fe/SiO$_2$ 方向扩展，液相区变小。氧势等于 10^{-5}atm 和 10^{-7}atm 的液相区随 CaO 含量和 Fe/SiO$_2$ 的变化趋势相同。连续吹炼及一步炼铜的氧势在 10^{-6}atm 左右，对于不含 CaO 的铁橄榄石渣 Fe/SiO$_2$ 需控制在 1.3～1.7，随着 CaO 的添加，液相区向低 Fe/SiO$_2$ 移动，当 CaO 达到约 15%时，Fe/SiO$_2$ 为 0.5。但 CaO 高于 26%时，液相区向高 Fe/SiO$_2$ 移动。由图 5.39 可以推断，选择合适的渣组成，钙铁硅三元系渣具有较大的操作窗口，而铁硅的操作窗口则较小。

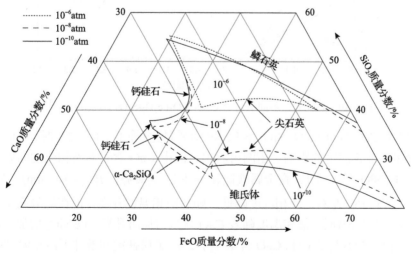

图 5.37 1250℃下 CaO-FeO$_x$-SiO$_2$ 系的液相区和氧势变化[37]

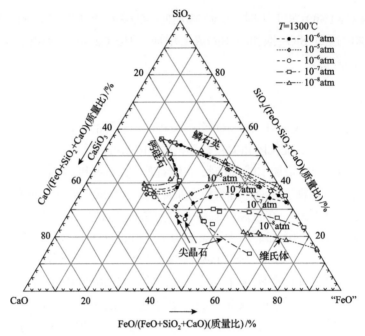

图 5.38　1300℃时 "FeO"-CaO-SiO$_2$ 系的氧势对液相区的影响[33]

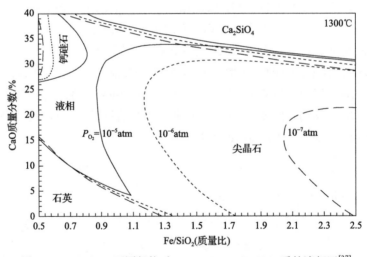

图 5.39　1300℃，不同氧势时 CaO-FeO-Fe$_2$O$_3$-SiO$_2$ 系的液相区[37]

　　图 5.40 为 CaO-FeO-Fe$_2$O$_3$-SiO$_2$ 系 Fe/SiO$_2$（质量比）等于 1.1 和 2.3 时，不同氧势条件下 CaO 含量对液相温度的影响。由图可看出，渣中 CaO 含量对液相温度的影响与氧势高低有关。Fe/SiO$_2$ 等于 1.1，在金属铁饱和条件下（低氧势，P_{O_2} <10^{-9}atm），随着 CaO含量增加，直至 16%左右，液相温度降低，随后液相温度升高，但在氧势高于 10^{-8}atm，CaO 质量分数大于 5%时，液相温度随着 CaO 含量增加而升高。Fe/SiO$_2$ 增加，液相温度整体升高。当 Fe/SiO$_2$ 为 2.3 时，CaO 含量小于 2%，金属铁饱和条件下液相温度随着 CaO增加而降低；CaO 含量大于 2%，液相温度则随着 CaO 的增加而升高，高 Fe/SiO$_2$（Fe/SiO$_2$=

2.3)下和高氧势(10⁻⁶atm)下，CaO 含量增加对液相温度的影响不明显。铁饱和条件下的初始相为石英、橄榄石、维氏体及 Ca_2SiO_4，氧势高于 10^{-8} atm，则初始相为石英、尖晶石及 Ca_2SiO_4。

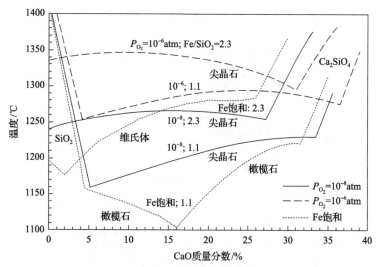

图 5.40 不同氧势下 $CaO\text{-}FeO\text{-}Fe_2O_3\text{-}SiO_2$ 系 CaO 含量对液相温度的影响[37]

图 5.41 表示不同 CaO/SiO_2 (质量比)和氧势条件下 "FeO"-CaO-SiO_2 系渣的液相温度与 SiO_2/Fe (质量比)的关系。图中数据表明，氧势从 $P_{O_2} = 10^{-4}$ atm 降低到铁饱和，渣的液相温度整体降低，且低温区向低 SiO_2/Fe 方向移动，低温区的范围也随着氧势的降低而增加。高氧势下，初始相主要是鳞石英和尖晶石，低氧势下初始相主要是鳞石英、铁橄榄石和维氏体。当氧势等于 10^{-10} atm 时，尖晶石相消失。对应不同 CaO/SiO_2，存在不同的最低液相温度的 SiO_2/Fe。最低温度整体随着 CaO/SiO_2 的增加而降低。最低温度点表示液相区从尖晶石和橄榄石初相区向鳞石英初相区转折，在鳞石英初相区液相温度随 SiO_2/Fe 的增加而升高；在尖晶石，橄榄石及维氏体初相区液相温度随 SiO_2/Fe 的增加而降低。

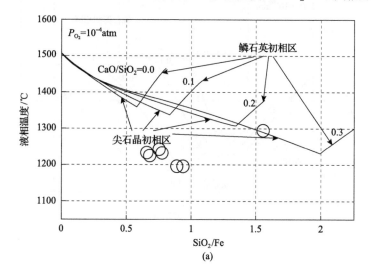

(a)

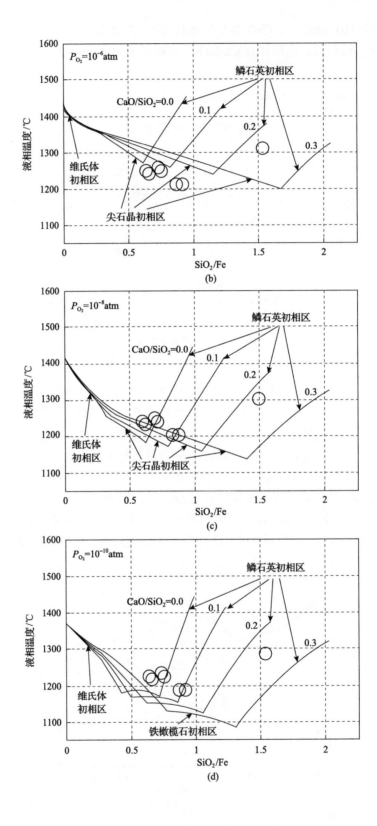

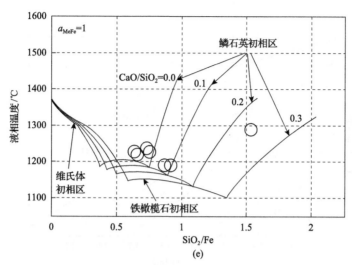

图 5.41　不同 CaO/SiO 比（质量比）和氧势条件下渣液相温度与 SiO$_2$/Fe（质量比）的关系[36]

(a) P_{O_2}=10^{-4}atm；(b) P_{O_2}=10^{-6}atm；(c) P_{O_2}=10^{-8}atm；(d) P_{O_2}=10^{-10}atm；(e) 与金属铁平衡

图 5.41 中的氧势、渣组成和温度覆盖从冰铜吹炼、精矿熔炼到炉渣贫化或氧化矿还原熔炼的铜冶炼工艺，图中圆点是精矿熔炼的工业操作数据，SiO$_2$/Fe 为 0.7～0.9，温度在 1200～1270℃范围，CaO/SiO$_2$（质量比）为 0～0.1，图 5.41 (c) 氧势 10^{-8}atm 下预测数据与实际操作数据基本吻合。为了维持炉渣适当低的操作温度，CaO/SiO$_2$ 和 Fe/SiO$_2$ 协同调节具有重要意义，例如，冰铜吹炼过程的氧势在约 10^{-6}atm，参考图 5.41 (b) 可知，CaO/SiO$_2$=0，即纯铁硅渣，低温点（1280℃）在 SiO$_2$/Fe=0.6 左右（Fe/SiO$_2$=1.6），若 CaO/SiO$_2$=0.1，低温点移至（1250℃）SiO$_2$/Fe=0.8 左右（Fe/SiO$_2$=1.25）。炉渣贫化工艺的氧势低于 10^{-10}atm，如图 5.41 (d)、(e) 所示，低温区的范围比较宽，CaO/SiO$_2$ 和 SiO$_2$/Fe 可以在比较宽的范围调节，渣成分选择考虑的主要因素是铜在渣中的溶解损失。而在高氧势下的操作，如冰铜吹炼，为了避免磁性铁的析出，操作温度是渣成分选择的主要因素。

3. Al$_2$O$_3$ 和 MgO 含量对液相温度的影响

在 1250℃和 P_{O_2}=10^{-8}atm 条件下 Al$_2$O$_3$ 含量对 CaO-FeO-Fe$_2$O$_3$-SiO$_2$ 系液相区的影响如图 5.42 所示。Al$_2$O$_3$ 含量增加，液相区向 Fe/SiO$_2$（质量比）降低方向移动，尖晶石初相磁区随着 Al$_2$O$_3$ 含量增加而增大，石英初相区缩小。这可以解释工业操作渣中 Al$_2$O$_3$ 含量增加导致更多的磁性铁析出，但可以防止石英的饱和析出。图 5.43 表示 CaO-FeO-Fe$_2$O$_3$-SiO$_2$ 系在 Fe/SiO$_2$ 等于 1.1 和 2.3，氧势等于 10^{-8}atm 和铁饱和条件下 Al$_2$O$_3$ 含量对液相温度的影响。由图可看出，Fe/SiO$_2$=1.1 时，在低氧势金属铁饱和条件下，CaO 含量低于 16%，液相温度随着 Al$_2$O$_3$ 含量增加而降低，但是在氧势等于 10^{-8}atm，CaO 含量低于和高于鳞石英与尖晶石转换点（0%～5%CaO）时，液相温度随着 Al$_2$O$_3$ 含量增加分别降低和升高。Fe/SiO$_2$=2.3 时，CaO 含量低于尖晶石与 Ca$_2$SiO$_4$ 转换点（26%～33%CaO），液相温度随着 Al$_2$O$_3$ 含量增加而升高，高于转换点则降低。

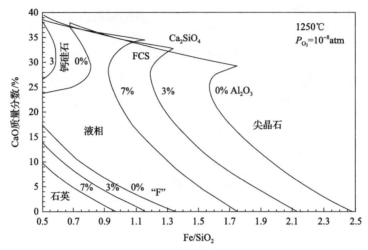

图 5.42　1250℃和 P_{O_2} =10⁻⁸atm 时，Al₂O₃ 含量对 CaO-FeO-Fe₂O₃-SiO₂ 系液相温度的影响[37]

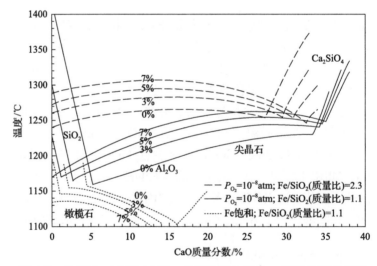

图 5.43　Fe/SiO₂=1.1 和 2.3 时，在氧势等于 10⁻⁸atm 和铁饱和条件下
CaO-FeO-Fe₂O₃-SiO₂ 系 Al₂O₃ 含量对液相温度的影响[37]

图 5.44 提供了 "FeO" -CaO-SiO-Al₂O₃ 系在 1300℃和 P_{O_2} =10⁻⁸atm 条件下的相平衡数据。从图可以看出液相中的 Al₂O₃ 含量对液相线和固相稳定性的影响。随着液相中的 Al₂O₃ 含量的增加，固体鳞石英和硅钙石的稳定性降低。相反，固体氧化铁的稳定性随着液相中 Al₂O₃ 含量的增加而增加。

在 1250℃和 P_{O_2} =10⁻⁸atm 条件下 CaO-FeO-Fe₂O₃-SiO₂ 系 MgO 含量对液相区的影响显示于图 5.45。与 Al₂O₃ 的影响类似，尖晶石初相区随着 MgO 含量增加而增大，液相区向低 Fe/SiO₂(质量比)方向扩展，说明在一定的 Fe/SiO₂ 时，渣中 MgO 含量增加导致更多的磁性铁析出。图 5.46 表示 CaO-FeO-Fe₂O₃-SiO₂ 系在氧势等于 10⁻⁸atm 和铁饱和条件下 MgO 含量对液相温度的影响，图中 Fe/SiO₂=1.1。由图可看出，在低氧势金属铁饱和条件下，CaO 含量低于和高于鳞石英与橄榄石转换点，液相温度随着 MgO 含量增加分别降低和升高。在氧势等于 10^{-8}atm，CaO 含量低于和高于鳞石英与尖晶石转换点时，液相温度随着 MgO 含量增加分别降低和升高。

图 5.47 显示了 1300℃和 P_{O_2} =10^{-8}atm 的 "FeO" -CaO-SiO$_2$-MgO 系相平衡。图中数据表明，少量添加 MgO 对 "FeO" -CaO-SiO$_2$ 系渣的液相温度具有明显影响，固体鳞石英和钙硅石的稳定性降低，维氏体的稳定性增加，其行为与 Al$_2$O$_3$ 类似。

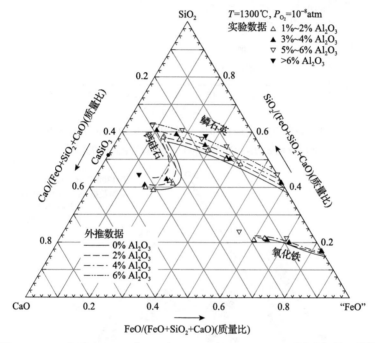

图 5.44　1300℃和 P_{O_2} =10^{-8}atm 时，"FeO" -CaO-SiO$_2$-Al$_2$O$_3$ 系液相等温线[33]

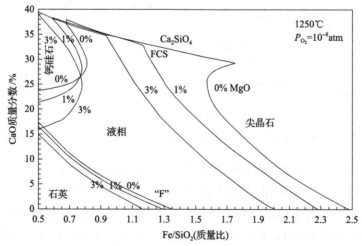

图 5.45　P_{O_2} =10^{-8}atm，MgO 含量对 CaO-FeO-Fe$_2$O$_3$-SiO$_2$ 系液相温度的影响[37]

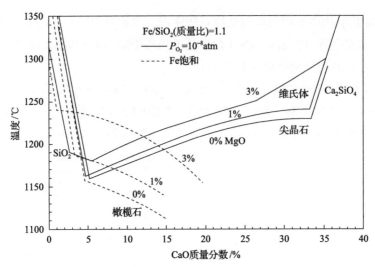

图 5.46 Fe/SiO$_2$(质量比)=1.1 时，在氧势等于 10^{-8}atm 和铁饱和条件下 CaO-FeO-Fe$_2$O$_3$-SiO$_2$ 系 MgO 含量对液相温度的影响[37]

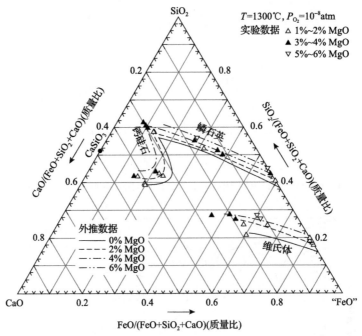

图 5.47 1300℃和 P_{O_2}=10^{-8}atm 时，"FeO"-CaO-SiO$_2$-MgO 系液相等温线[33]

精矿、熔剂、燃料煤和耐火材料将 Al$_2$O$_3$、CaO 和 MgO 带入铜冶炼渣中。实验数据分析表明，它们对尖晶石初相区的液相温度有类似的影响。图 5.48 表示在 1300℃和 P_{O_2}=10^{-7}atm 条件下，随着 Al$_2$O$_3$、CaO、MgO 含量的增加，尖晶石初相区液相的变化。起始 "FeO"-SiO$_2$ 渣的 Fe/SiO$_2$ 为 2.33。随着液相中 Al$_2$O$_3$、CaO、MgO 含量的增加，尖晶石初相区液相向低 Fe/SiO$_2$ 方向移动。换句话说，液相中 Al$_2$O$_3$、CaO、MgO 含量的增加，导致尖晶石初相区的液相温度升高。对液相温度的影响顺序为 CaO＞MgO＞Al$_2$O$_3$。为了保持相同的液相温度，需要降低熔体中的 Fe/SiO₂（质量比），以平衡 Al₂O₃、CaO、MgO 含量的增量。例如，在 1300℃ 和 P_{O_2} =10⁻⁷atm 时，没有 Al₂O₃、CaO 和 MgO 的渣的 Fe/SiO₂ 为 2.33。如果此熔渣中的 CaO 浓度增加到 10%，则 Fe/SiO₂ 须降至 1.71，以保持相同的液相温度。这意味着必须增加更多的石英熔剂。

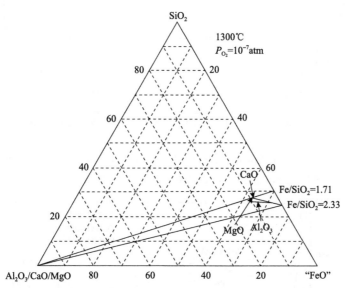

图 5.48　在 1300℃ 和 P_{O_2} =10⁻⁷atm 下，Al₂O₃/CaO/MgO 对等温 "FeO"-SiO₂-CaO 系尖晶石区液相的影响[38]

4. Cu₂O 对液相温度的影响

在 1300℃ 和 P_{O_2} =10⁻⁶atm 条件下，Cu₂O 含量对 CaO-FeO-Fe₂O₃-SiO₂ 系液相区的影响表示于图 5.49。由图可知，不含 Cu₂O 的 FeOₓ-SiO₂-CaO 渣的液相区比较窄，渣与液态铜共存时液相区扩大。磁性铁初相区随着 Cu₂O 增加而减少，液相区增大。除 Ca₂SiO₄ 方向的液相区随着 Cu₂O 增加稍有减少之外，其他方向均有扩展。在恒定的 Fe/SiO₂ 下，Cu₂O 增加破坏尖晶石（磁性铁）相的稳定，增加 1% Cu₂O 将尖晶石初相区的液相温度降低 3～5℃。说明炉渣中 Cu₂O 含量增加，有利于抑制磁性铁的形成，有助于降低熔炼和吹炼过程中磁铁矿沉淀的风险。Cu₂O 在一定程度上抑制了二氧化硅和方石英饱和，并稍微稳定了固体 Ca₂SiO₄ 区域。

在 P_{O_2} =10⁻⁶atm 和不同 Fe/SiO₂ 条件下，Cu₂O 对液相温度的影响如图 5.50 所示。Cu₂O 在较低的氧势下很容易被还原成金属，因此 Cu₂O 最大溶解的液相温度以 Cu 饱和度标明。如图所示，低 CaO 含量 "铁橄榄石" 渣，增加 1%Cu₂O，液相温度降低约 3℃，在高 CaO 含量的铁钙硅渣的液相温度降低约 5℃。在高氧势下，铁硅酸盐渣受到固体磁性铁沉淀干扰，然而当硅酸盐渣溶解诸如 Cu₂O 等氧化物时，磁性铁（尖晶石）沉淀的风险会大大降低。

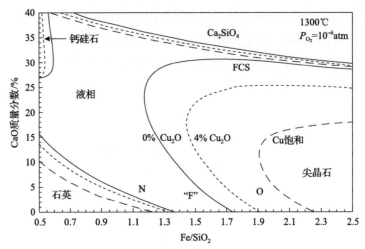

图 5.49 1300℃和 P_{O_2} =10^{-6}atm 时，Cu$_2$O 含量对 CaO-FeO-Fe$_2$O$_3$-SiO$_2$ 系液相温度的影响[37]

图中 N 表示诺兰达工艺的吹炼炉渣成分，O 表示奥林匹克坝吹炼渣成分

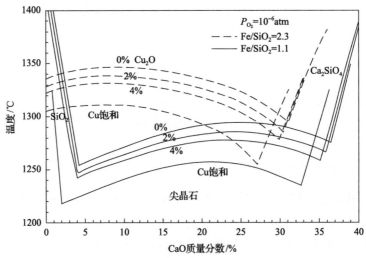

图 5.50 P_{O_2} =10^{-6}atm 和不同 Fe/SiO$_2$ 比的 Cu$_2$O 对液相温度的影响[37]

5. FeO 的活度

图 5.51 表示 1250℃下 CaO-FeO$_x$-SiO$_2$ 系 FeO 的活度 a$_{FeO}$。由图可知，大致以 CaO/SiO$_2$（质量比）=1.2 为界，SiO$_2$ 和 CaO 对 FeO 活度有不同的影响。在 CaO/SiO$_2$ 低于 1.2 时，FeO 的活度随着 SiO$_2$ 的增加而降低；CaO/SiO$_2$ 高于 1.2 时，则 FeO 的活度随着 SiO$_2$ 的增加而升高。CaO/SiO$_2$ 低于 1.2，CaO 对 FeO 的活度影响不明显；CaO/SiO$_2$ 高于 1.2 时，随着 CaO 的增加 FeO 的活度降低。在 1300℃和 P_{O_2} =10^{-8}atm 条件下，FeO-Fe$_2$O$_3$-CaO- SiO$_2$ 系熔体 FeO 活度和活度系数如图 5.52 所示，图中的等活度线与图 5.51 中等活度线近似，活度系数线值随着渣中 CaO 含量的增加而增加，FeO+Fe$_2$O$_3$ 和 SiO$_2$ 对活度系数的影响较小。

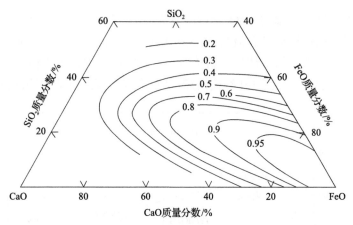

图 5.51　1250℃下的 CaO-FeO$_x$-SiO$_2$ 的 FeO (l) 等活度图[39]

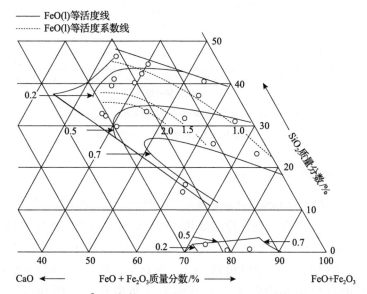

图 5.52　在 1300℃和 P_{O_2} =10^{-8}atm 条件下，FeO-Fe$_2$O$_3$-CaO-SiO$_2$ 系熔渣 FeO 活度和活度系数[40,41]

6. 铁钙硅三元系渣的应用

铁钙硅三元系(硅酸铁钙)渣被认为对硫化铜的溶解率高，从而降低了在铜精矿熔炼的应用。然而，当熔渣中的铜仅以氧化铜存在时，如在吹炼过程中，这种熔渣溶解铜的损失最小。该类型渣还具有高的 As 和 Sb 去除能力，可与钙铁氧体渣相媲美，但比铁钙氧体渣具有较好的 Pb 去除能力。这种熔渣的黏度将略低于铁橄榄石渣，但不低于钙铁氧体渣，钙铁氧体渣由于其流动性而容易使耐火材料受损。

图 5.53 表示 P_{O_2} =10^{-6}atm 条件下 CaO 对熔渣液相温度的影响。与连续吹炼和一步炼铜时氧势相对应。图中给出了 Fe/SiO$_2$ 为 1.1 和 2.3 的 FeO$_x$-SiO$_2$-CaO-Cu$_2$O 熔渣与液体 Cu 共存的液相温度，以及 P_{O_2} =10^{-6}atm 时钙铁氧体渣的液相温度。从熔渣温度来看，钙

铁氧体渣低,但是维持低温的 CaO 含量调节范围小。铁钙硅渣低温区的 CaO 含量范围很宽,CaO 含量可以从铁橄榄石渣(2%CaO)到近 30%CaO 范围调节。此外,在冶炼操作中,仅吹炼作业可以造钙铁氧体渣,熔炼及一步炼铜操作中,由于精矿带入的 SiO_2,渣基本上含 SiO_2,铁钙硅三元系(硅酸铁钙)渣是解决现有铜冶炼渣缺陷的方案。

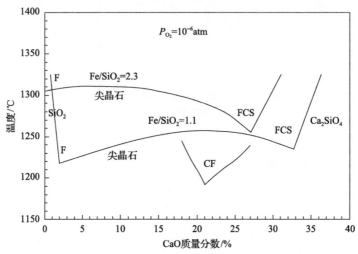

图 5.53 在 $P_{O_2} = 10^{-6}$atm 条件下铁氧体渣液相温度比较[37]

F-铁橄榄石;FCS-铁钙硅渣;CF-钙铁渣

7. FeO-Fe_2O_3-SiO_2-CaO 系冶金渣

图 5.54 表示 FeO-Fe_2O_3-SiO_2-CaO 四元系中四个三元系的液相线[37]。图(a)是 FeO-SiO_2-CaO 系与金属 Fe 共存,在还原冶炼和炼铁方面非常重要。在这个图的中间,从铁橄榄石(Fe_2SiO_4)相开始,在 1300℃时观察到一个宽均质液相区。在铁橄榄石区,液相温度随 CaO 的添加而降低,并达到 1100℃以下。在这个区域,主要由 FeO_x 和 SiO_2 组成的液相是最常见的有色金属冶炼渣,通常称为铁橄榄石渣。图(b)显示了空气下的 Fe_2O_3-SiO_2-CaO 系,其中橄榄石和维氏体的液相区被尖晶石(Fe_3O_4)和赤铁矿(Fe_2O_3)所取代。液相温度总体高于图(a),1300℃的液相区仅限于硅酸盐熔体的中间区域和钙铁氧体熔体(CF)的左上角区域。从上到下看图(a)和图(b),可以看到图中间有两个低温谷。低温谷的右侧,包括铁橄榄石渣,受二氧化硅饱和度的限制,低温谷的左侧,包括铁钙硅(FCS)渣,受 Ca_2SiO_4 饱和度的限制。应当指出,图(a)和图(b)分别对应极低和极高氧势。图(c)和图(d)分别表示没有 CaO 的 FeO-Fe_2O_3-SiO_2 系的数据,以及不带 SiO_2 的 FeO-Fe_2O_3-CaO 系的数据。图(c)是众所周知的铁橄榄石渣的基础,包括液相的氧势。应当注意的是,1300℃时,铁橄榄石液相区,在 10^{-6}atm 出现固体磁性矿沉淀。图(d)是1300℃的液态钙铁氧体渣延伸至高 Fe_2O_3 区,无磁铁矿沉淀,钙铁氧体渣在连续吹炼中的应用得到认可。

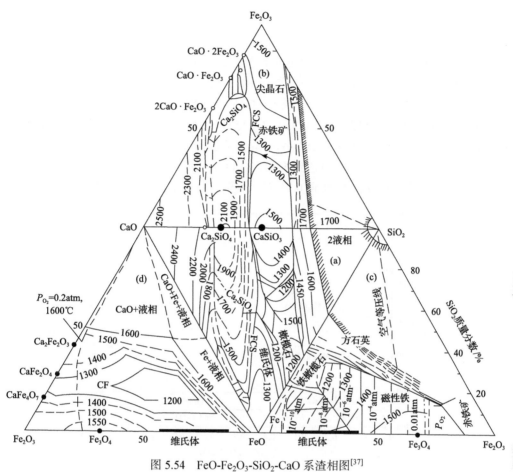

图 5.54　FeO-Fe₂O₃-SiO₂-CaO 系渣相图[37]

(a) 与金属铁共存的 FeO-SiO₂-CaO 系, (b) 空气下的 Fe₂O₃-SiO₂-CaO 系, (c) FeO-Fe₂O₃-SiO₂ 系,
(d) FeO-Fe₂O₃-CaO 系。图中温度单位为℃

5.4　火法精炼渣

5.4.1　Cu₂O-Na₂O 系、Cu₂O-CaO 系和 Cu₂O-SiO₂ 系

1. Cu₂O-Na₂O 系

图 5.55[42] 是 Cu₂O-Na₂O-(Cu) 系与铜的平衡相图, Cu₂O-Na₂O 系的特点是存在 NaCuO[43], 然而, 这种化合物在高温下不稳定, 500℃时分解, 不能与氧化物熔体平衡[31]。共晶体点的位置对应于 Cu₂O 的质量分数为 0.71 和温度为 805℃。图 5.56 为计算熔体中氧化铜和氧化钠在温度为 1250℃时的活度。由图可知, 实验数据及模型计算均表明氧化铜和氧化钠的活度与拉乌尔定律呈负偏差。在 1200℃下 Cu₂O-Na₂O 熔渣与铜平衡的氧势和熔渣中 Na₂O 含量的关系如图 5.57 所示, 氧势随着 Na₂O 含量增加而降低, 熔体中添加 30%Na₂O, 氧势从 $10^{-4.15}$atm 降低到 $10^{-6.5}$atm。

2. Cu₂O-CaO 系

图 5.58 是 Cu₂O-CaO-(Cu)系与 Cu 平衡相图,共晶点温度为 1140℃,CaO 的质量分数为 0.091。1300℃下,在 CaO 质量分数在 0%~12.5%区间,存在比较广泛的液相区。1235℃时固体 CaO 中的氧化铜(CuO 或 Cu₂O)质量分数为 1.5%。在 780℃的固体 Cu₂O 中,CaO 质量分数低于 0.1%[44]。在 1235℃下,与 Cu 平衡的 CuO₀.₅-CaO 渣中的 CuO₀.₅(液体标准状态)活度如图 5.59 所示,CuO₀.₅($a_{CuO_{0.5}}$)活度与理想溶液存在轻微的负偏差,CaO 在 CuO₀.₅ 的摩尔分数等于 0.86 时达到饱和,CaO 饱和条件下 CuO₀.₅ 的活度恒定在 0.82。当 CuO₀.₅ 的摩尔分数从 0.86 增加到 0.95 时,其活度从 0.82 升高到 0.95。

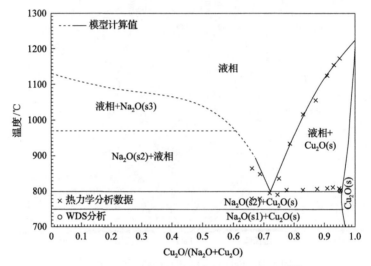

图 5.55 Cu₂O-Na₂O-(Cu)系与铜平衡相图[42]

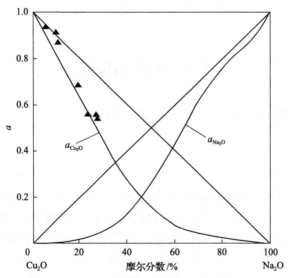

图 5.56 Cu₂O-Na₂O 系在 1250℃的活度[44]

三角形显示实验结果[45]

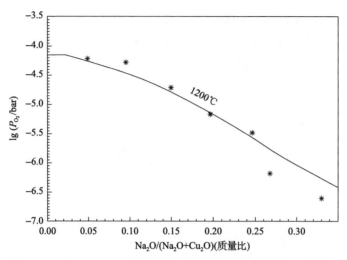

图 5.57 在 1200℃下 Cu_2O-Na_2O 熔渣与铜平衡的氧势与熔渣中 Na_2O 含量的关系[42]

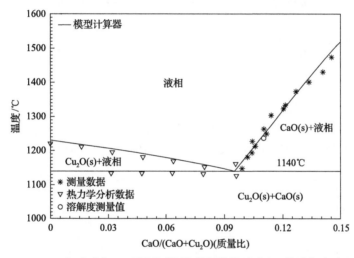

图 5.58 Cu_2O-CaO-(Cu) 系与 Cu 平衡相图 (终端固体溶液中 Cu 的溶解度为 0.1%)[19,46]

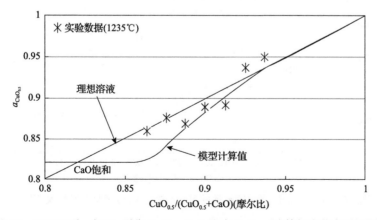

图 5.59 1235℃下, 与 Cu 平衡 $CuO_{0.5}$-CaO 渣中 $CuO_{0.5}$ (液体标准状态) 的活度[42]

　　图 5.60 表示在 1300℃和大气压下，Cu-O-CaO 系 $CuO_{0.5}$ 和 CaO 的活度，$CuO_{0.5}$ 与理想溶液呈现负偏差，而 CaO 则呈现正偏差。CaO 在摩尔分数为 0.3 时达到饱和，$CuO_{0.5}$ 的活度维持在 0.7，CaO 的活度恒定在 0.4。图 5.61 为 Cu_2O-CaO 渣与铜平衡的氧势与渣中 CaO 质量分数的关系。由图可知，氧势随着 CaO 含量增加而降低，随温度升高而增加。在 CaO 固体和液态渣的两相区域，氧势与组成无关。

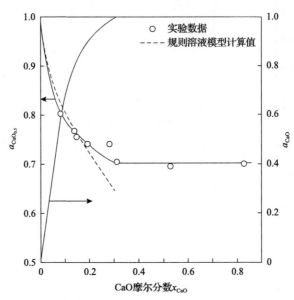

图 5.60　在 1300℃和大气压下，Cu-O-CaO 系 $CuO_{0.5}$ 和 CaO 活度[47]

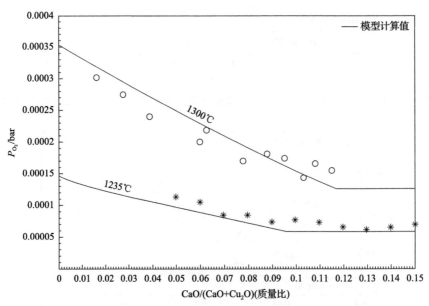

图 5.61　Cu_2O-CaO 渣与铜平衡的氧势与渣中 CaO 质量分数的关系[19,48]

3. Cu₂O-SiO₂ 系

图 5.62 是"Cu₂O"-SiO₂ 系与金属铜的平衡相图，Cu₂O 与 SiO₂ 共晶点温度为 1190℃，Cu₂O 的质量分数约 0.11。温度高于 1250℃，液相区的 SiO₂ 质量分数在 0～0.12 区间。图中表明 SiO₂ 在氧化铜熔体中溶解度限制在质量分数 0.13，在氧势一定的条件下，添加 SiO₂ 至氧化铜熔体，引起 Cu/O 降低，即 Cu^{+2}/Cu^{+} 增加，提高硅酸铜熔体的温度导致熔体中氧浓度降低，即 Cu^{+2}/Cu^{+} 降低。图 5.63 为 1300℃和大气压下的 Cu-O-SiO₂ 系等温

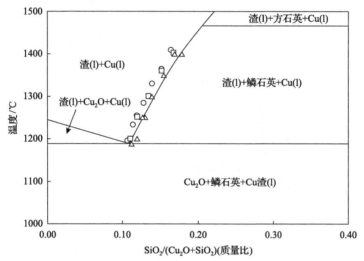

图 5.62　"Cu₂O"-SiO₂ 系与金属铜平衡的相图[19,28,46,49,50]

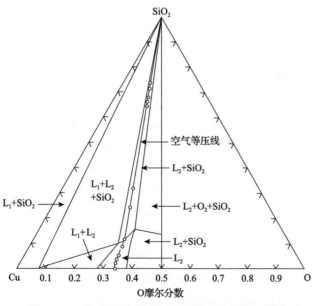

图 5.63　1300℃和大气压下 Cu-O-SiO₂ 系等温线[47]

L₁-液态铜；L₂-液态氧化铜

线。由图可知，液相限制在低于 0.15 的 SiO_2 的摩尔分数区域，铜和氧化铜两液相共存区随着 SiO_2 的增加而变窄。

图 5.64 表示在 1300℃和大气压下，$Cu-O-SiO_2$ 系 $CuO_{0.5}$ 和 SiO_2 活度，$CuO_{0.5}$ 的活度与理想溶液呈现负偏差，而 SiO_2 则呈现正偏差。SiO_2 在摩尔分数为 0.12 时达到饱和，$CuO_{0.5}$ 的活度维持在约 0.63。SiO_2 在摩尔分数低于 0.12 时，$CuO_{0.5}$ 的活度随着 SiO_2 的增加而降低。

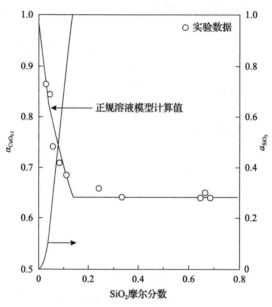

图 5.64　1300℃、$Cu-O-SiO_2$ 系大气压下 $CuO_{0.5}$ 和 SiO_2 活度[47]

5.4.2　$Cu_2O-CaO-Na_2O$ 系和 $Cu_2O-SiO_2-Na_2X(X=CO_3，O)$ 系

1. $Cu_2O-CaO-Na_2O$ 系

图 5.65 表示计算 Cu_2O-Na_2O-CaO 系与 Cu 平衡状态下的等温线。由图可知，液相温度随着 Na_2O 含量的增加而降低，Cu_2O 与 Na_2O 共晶点为 800℃。Cu_2O 与 CaO 共晶点在 1140℃，液相温度随着 CaO 含量增加而降低。图 5.66 为铜与渣的平衡液态铜氧含量与渣成分的关系，液态铜的氧含量主要取决于渣中 Cu_2O 成分，其值随着渣中 Cu_2O 和 CaO 的含量降低而降低，但是随着 Na_2O 含量降低而增加。

工业上，在苏打渣层（Na_2CO_3-CaO）下从泡铜中氧化去除杂质的有效性高度依赖于氧势。虽然氧势可以通过熔融铜鼓入空气/氧气来控制，但是必须考虑过程中过剩 Cu_2O 的形成。例如，在 1250℃时，当氧势 P_{O_2} 低于 10^{-6}bar 时，Na_2CO_3 中铜的溶解度非常低，但在 $P_{O_2}=10^{-5}$bar 之上，可形成一个富 Cu_2O 的渣。添加 Na_2O 熔剂降低了 Cu_2O 的熔点，在 800℃和大约 28%Na_2O 下形成共晶[51]。根据工艺要求，使用 $Cu_2O-CaO-Na_2O$ 系来限制或促进不互溶层的存在，将富 Cu_2O 熔体与含有 AsO_x 和 SbO_x 的熔渣层共存。

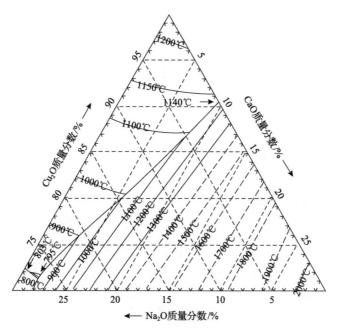

图 5.65　计算 Cu_2O-Na_2O-CaO 系统 Cu 平衡下的等温线[42]

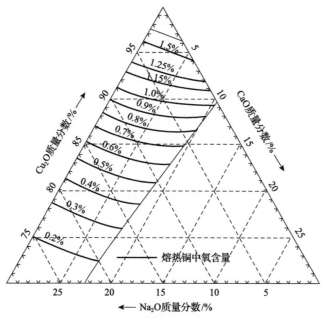

图 5.66　铜与渣的平衡液态铜氧含量与渣成分关系[42]

2. Cu_2O-SiO_2-Na_2X (X=CO_3, O)

1250℃下液态 Cu_2O-SiO_2-Na_2X (X=CO_3, O) 与熔融铜平衡的 $CuO_{0.5}$ 活度如图 5.67 所示。该熔渣体系的突出特征是存在两个不互溶区，一个在 Cu_2O 和硅酸钠之间（$Na_2O \cdot SiO_2$），另一个在 Cu_2O 与碳酸盐之间，硅酸钠和碳酸盐均可认为是由强酸和碱组成的稳定中间化合物。渣中这类平衡关系对于粗铜精炼是重要的，特别是通过使用碳酸钠熔剂去除砷和锑。

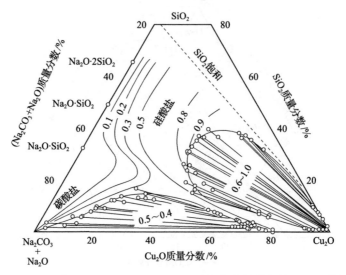

图 5.67　1250℃下 Cu_2O-SiO_2-Na_2CO_3-Na_2O 系与液态铜共存的 $CuO_{0.5}$ 的活度[52]

在 Cu_2O-Na_2X 系中，含 1%Cu_2O 的 Na_2CO_3 液相与含 20%Na_2X 的 Cu_2O 液相平衡。在 1250℃，Na_2CO_3 本身稳定地保持碳酸盐状态，但随着添加 SiO_2 使 Na_2CO_3 发生分解，不互溶区变窄，当 SiO_2 达到 15%左右时，不互溶区消失。存在不互溶区是自然现象，因为碳酸盐熔体与氧化物熔体的性质不同。另一个不互溶区是不含硅酸盐的 Cu_2O 与含 35%～40% Cu_2O 的 $NaO \cdot SiO_2$ 熔体平衡。

图中的 $CuO_{0.5}$ 的活度几乎与 Cu_2O 的含量平行。在 Cu_2O 与硅酸钠不互相溶区，$CuO_{0.5}$ 的活度为 0.6～1.0，在 Na_2CO_3 与含苏打氧化亚铜的不互溶区，$CuO_{0.5}$ 的活度为 0.4～0.5。

参 考 文 献

[1] Levin E M, Robbins C R, McMurdie H F. Phase diagrams for ceramists. Columbus: The American Ceramic Society, 1964: 60.

[2] Hidayat T, Shishin D, Decterov S A, et al. Experimental study and thermodynamic re-optimization of the FeO-Fe$_2$O$_3$-SiO$_2$ system. Journal of Phase Equilibria and Diffusion, 2017, 38: 477-492.

[3] Rusen A, Derin B, Geveci A, et al. Investigation of copper losses to synthetic slag at different oxygen partial pressures in the presence of colemanite. Journal of The Metals, 2016, 68 (9): 2316-2322.

[4] Korakas N. Magnetite formation during copper matte converting. Transactions of the Institution of Mining and Metallurgy, 1962-1963: 72, 35-53.

[5] Cardona N, Coursol P, Mackey P J, et al. Physical chemistry of copper smelting slags and copper losses at the Paipote smelter Part 1, Thermodynamic modeling. Canadian Metallurgical Quarterly, 2011, 50 (4): 318-329.

[6] Henao H M, Nexhip C, George-Kennedy D P, et al. Investigation of liquidus temperatures and phase equilibria of copper smelting slags in the FeO-Fe$_2$O$_3$-SiO$_2$-CaO-MgO-Al$_2$O$_3$ system at P_{O_2} 10^{-8} atm. Metallurgical and Materials Transactions, 2010, 41B: 767-779.

[7] Jak E, Hidayat T, Shishin D, et al. Modelling of liquid phases and metal distributions in copper converters: Transferring process fundamentals to plant practice. Mineral Processing and Extractive Metallurgy IMM Transactions, Section C, 2018, 128(2): 1-34.

[8] Ruddle R W, Taylor B, Bates A P. The solubility of copper in iron silicate slag. Transactions of the Institution of Mining and Metallurgy, Section C, 1966, 75: C1-C12.

[9] Oishi T, Kamuo M, Ono K, et al. Thermodynamic study of silica-saturated iron silicate slags in equilibrium with liquid copper. Metallurgical Transactions, 1983, 14B: 101-104.

[10] Kim H G, Sohn H Y. CaO, Al₂O₃ and MgO additions on the copper solubility, ferric/ferrous ratio, and minor element behavior of iron-silicate slags. Metallurgical and Materials Transactions, 1998, 29B: 583-590.

[11] Ilyushechkin A, Hayes P C, Jak E. Liquidus temperatures in calcium ferrite slags in equilibrium with molten copper. Metallurgical and Materials Transactions, 2004, 35B: 203-215.

[12] Nikolic S, Hayes P C, Jak E. Experimental techniques for investigating calcium ferrite slags at metallic copper saturation and application to the systems "Cu2O" - "Fe₂O₃" and "Cu₂O"-CaO at metallic copper saturation. Metallurgical and Materials Transactions, 2009, 40B: 892-899.

[13] Henao H M, Hayes P C, Jak E. Phase equilibria of "Cu₂O" - "FeO" -SiO₂-CaO slags at P_{O_2} at 10^{-8} atm in equilibrium with metallic copper//Ninth International Conference. on Molten Slags, Fluxes and Salts(MOLTEN12). Beijing: The Chinese Society for Metals Beijing, 2012.

[14] Hidayat T, Fallah M A, Hayes P, et al. Experimental study of slag/matte/spinel equilibria and minor elements partitioning in the Cu-Fe-O-S-Si system//10th International Conference on Molten Slags, Fluxes and Salts(Molten 2016), Seattle, 2016.

[15] Hidayat T, Hayes P C, Jak E. Experimental study of ferrous calcium silicate slags: Phase equilibria at between 10^{-5} atm and 10^{-7} atm. Metallurgical and Materials Transactions, 2012, 43B: 14-26.

[16] Hidayat T, Hayes P C, Jak E. Experimental study of ferrous calcium silicate slags: phase equilibria at between 10^{-8} atm and 10^{-9} atm. Metallurgical and Materials Transactions, 2012, 43B: 27-38.

[17] Hidayat T, Henao H M, Hayes P C, et al. Phase equilibria studies of the Cu-Fe-O-Si system in equilibrium with air and with metallic copper. Metallurgical and Materials Transactions, 2012, 43B: 1034-1045.

[18] Henao H, Kohnenkamp E, Rojas L, et al. Experimental determination of the effect of CaO and Al₂O₃ in slag systems related to he conversion process of high copper matte grade. Minerals, 2019, 9: 716.

[19] Tanaka F, Iida O, Takeda Y. Thermodynamic fundamentals of calcium ferrite slags and their application to Mitsubishi continuous copper converter//Yazawa International Symposium: Proceedings of the International Symposium, San Diego, 2003, 2: 495-508.

[20] Yazawa A, Kameda M. Copper smelting I, Partial liquidus diagram for FeS-FeO-SiO₂ system. Sendai: Tohoku University, 1953, 18(1): 40-58.

[21] Shishin D, Hidayat T. Fallah-Mehrjardi A, et al. Integrated experimental and thermodynamic modeling study of the effects of Al₂O₃, CaO, and MgO on slag-matte equilibria in the Cu-Fe-O-S-Si-(Al, Ca, Mg)system. Journal of Phase Equilibria and Diffusion, 2019, 40:445-461.

[22] Turkdogan E T. Physical Chemistry of High Temperature Technology. New York: Academic Press, 1980: 1-24.

[23] Heo J H, Park S S, Park J H. Effect of slag composition on the distribution behavior of Pb between Fe₁O-SiO₂ (-CaO, Al₂O₃) slag and molten copper. Metallurgical and Material Transactions, 2012, 43B: 1098-1105.

[24] Phillips B, Muan A. Phase equilibrate of system CaO-iron oxide in air and at 1 atm P_{O_2}. Journal of the American Ceramic Society, 1958, 41:445-454.

[25] Yazawa A, Takeda A, Waseda Y. Thermodynamic properties and structure of ferrite slags and their process implications. Canadia Metalluyical Quarterly, 1981, 20: 129-134.

[26] Takeda A, Nakazawa S, Yazawa A. Thermodynamics of calcium ferrite slags at 1200, 1300℃. Canadia metalluyical Quarterly, 1980, 19: 297-305.

[27] Hidayat T. Equilibria study of complex silicate-based slag in the copper production. Brisbane: The University of Queensland, 2013.

[28] Hidayat T, Jak E. A thermodynamic optimization of "Cu$_2$O"-containing slags systems (Technical report). Brisbane: The University of Queensland, 2013.

[29] Walton R, Foster R, George-Kennedy D. Converter and fire refining practices//Proceedings of a Symposium Held at the TMS Annual Meeting, San Francisco, 2005: 283-294.

[30] Zhao B, Hayes P, Jak E. Effects of SiO$_2$, Al$_2$O$_3$, MgO and Na$_2$O on spinel liquidus in calcium ferrite slags with Cu and fixed P_{O_2}//Copper 2010, Hamburg, 2010: 1297-1312.

[31] Lazarev V B, Zakharov A A, Shaplygin I S. Synthesis and crystal-chemistry of double oxides with general formula abo. Zhurnal Neorganicheskoi Khimii (Journal of Inorganic Chemistry), 1979, 24(5): 1151-1156.

[32] Yazawa A. Equilibrium studies of copper slag used in continuous converting//Extractive Metallurgy of Copper. New York: AIME, 1976:3-20.

[33] Phil M, Hidayat T, Henao H M, et al. Experimental study of phase equilibria of silicate slag systems//Copper 2010, Hamburg, 2010: 761-778.

[34] Nikolic S, Hayes P C, Jak E. Phase equilibria in ferrous calcium silicate slags: Part I. Intermediate oxygen partial pressures in the temperature range 1200℃ to 1350℃. Metallurgical and Materials Transactions, 2008, 39B: 179-188.

[35] Kongoli F, Yazawa A. Liquidus surface of FeO-Fe$_2$O$_3$-SiO$_2$-CaO slag containing Al$_2$O$_3$, MgO and Cu$_2$O at intermediate oxygen partial pressure. Metallurgical and Materials Transaction, 2001, 32B: 583-591.

[36] Jak E, Zhao B, Hayes P. Phase equilibria in the system FeO-Fe$_2$O$_3$-Al$_2$O$_3$-CaO-SiO$_2$ with applications to non-ferrous smelting slags//6th International Conference Slags, Fluxes, Molten Salts, Stockholm, 2000: 20.

[37] Kongoli F, McBow I, Yazawa A. Phase relations of ferrous calcium silicate slag and its possible application in the industrial practice. High Temperature Materials and Processes, 2011, 30: 491-504.

[38] Zhao B, Hayes P, Jak E. Effects of CaO, Al$_2$O$_3$ and MgO on liquidus temperatures of copper smelting and converting slags under controlled oxygen partial pressures. Journal of Mining and Metallurgy Section B: Metallurgy, 2013, 49(2): 153-159.

[39] Takeda Y, Kanesaka S, Hino M, et al. Dissolution of metals in iron oxide slags equilibrating with Cu-Ni-Fe alloy. Proceeding on Pyrometallurgy`95, Point Clear, 1995: 285-294.

[40] Hector M, Henao H M, Itagaki K. Activity and activity coefficient of iron oxides in the liquid FeO-Fe$_2$O$_3$-CaO-SiO$_2$ slag systems at intermediate oxygen partial pressur. Metallurgical and Materials Transactions, 2007, 38B: 769-780.

[41] Henao H, Kongoli F, Itagaki K. High temperature phase relations in FeO$_x$ (x=1 and 1.33)-CaO-SiO$_2$ systems under various oxygen partial pressure. Materials Transactions, 2005, 46: 812-819.

[42] Coursol P, Pelton A D, Zamallo M. Phase equilibria and thermodynamic properties of the Cu$_2$O-CaO-Na$_2$O system in equilibrium with copper. Metallurgical and Materials Transactions, 2003, 34B: 631-638.

[43] Hoppe R, Hestermann K, Schenk F. Neue oxocuprate (I) naCuO und RbCuO. Zeitschrift für Anorganische und Allgemeine Chemie, 1969, 367: 275-280.

[44] Samoilovaa O V, Makrovetsa L A, Trofimova E A. Thermodynamic simulation of the phase diagram of the Cu$_2$O-Na$_2$O-K$_2$O system. Moscow University Chemistry Bulletin, 2018, 73(3): 105-110.

[45] Takeda Y, Riveros G, Park Y J, et al. Equilibria between liquid copper and soda slag. Transactions of the Japan Institute of Metals, 1986, 27(8): 608-615.

[46] Kuxmann U, Kurre K. Miscibility gap in the system copper-oxygen and its alteration by the oxides CaO, SiO$_2$, Al$_2$O$_3$, MgO and ZrO$_2$. Erzmetall, 1968, 21(5): 199-209.

[47] Feddara S R, Gaskell D R. The activity of CuO$_{0.5}$ along the air Isobars in the systems Cu-O-SiO$_2$ and Cu-O-CaO at 1300℃. Metallurgical Transaction, 1993, 24B: 59-62.

[48] Oishi T, Kondo Y, Ono K. A thermodynamic study of Cu$_2$O-CaO melts in equilibrium with liquid copper. Transactions of the Japan Institute of Metals,1986, 27(12): 976-980.

[49] Hidayat T, Henao H M, Hayes P C, et al. Phase equilibria studies of Cu-O-Si systems in equilibrium with air and with metallic copper, and Cu-Me-O-Si systems (Me = Ca, Mg, Al, and Fe) in equilibrium with metallic copper. Metallurgical and Materials Transactions, 2012, 43B: 1290-1299.

[50] Landolt C. Equilibrium studies in the system copper-silicon-oxygen. Altoona: Pennsylvania State University, 1969.

[51] Riveros G, Park Y J, Takeda Y, et al. Phase equilibrium and thermodynamic properties of SiO_2-CaO-FeO_x slags for copper smelting. Journal of the Mining and Metallurgical Institute of Japan,1986, 102: 415-422.

[52] Yazawa A, Hino M. Thermodynamics of phase separation between molten metal and slag, flux and their process implications. ISIJ International, 1993, 33 (1): 79-87.

第 6 章

铜-渣平衡

在铜冶炼工艺中，铜连续吹炼及一步炼铜、废杂铜熔炼、铜氧化矿冶炼，以及火法精炼等操作均存在铜-渣共存体系，铜-渣平衡的研究主要集中在氧势、渣组成及温度等因素对渣中铜溶解的影响，而各因素的综合作用似乎体现于渣中氧化铜活度与铜溶解度的关系。

6.1 渣中 Cu_2O 活度

铜氧化溶解反应为

$$Cu + 1/4O_2 === CuO_{0.5} \tag{6.1}$$

平衡常数：

$$K_1 = a_{CuO_{0.5}}/(a_{Cu}P_{O_2}^{1/4}) \tag{6.2}$$

$$a_{CuO_{0.5}} = K_1(a_{Cu}P_{O_2}^{1/4}) \tag{6.3}$$

$$\gamma_{CuO_{0.5}} = K_1(a_{Cu}P_{O_2}^{1/4})/x_{CuO_{0.5}} \tag{6.4}$$

式 (6.3) 和式 (6.4) 分别为熔渣中相对于纯液相的 $CuO_{0.5}$ 的活度和活度系数。作为一级近似，可以得到渣铜含量与铜活度及氧势和氧化铜活度的关系式 (6.5)，式中 k、k' 为系数。

$$(Cu) = k(a_{Cu}P_{O_2}^{1/4}) = k' a_{CuO_{0.5}} \tag{6.5}$$

在 1300℃不同研究条件下得到的 Cu-Fe-O-Si 渣中液体 $CuO_{0.5}$（纯液态 $CuO_{0.5}$ 标准状态）的活度和活度系数与渣中 $CuO_{0.5}$ 摩尔分数的关系如图 6.1 所示。图中数据尽管较分散，但是在相同条件下数据基本一致。与理想溶液比较，熔体中 $CuO_{0.5}$ 呈现正偏差。$CuO_{0.5}$ 活度随着熔体中 $CuO_{0.5}$ 含量增加而增加，尖晶石饱和的活度高于鳞石英饱和的活度。活度系数值集中在 $2\sim4$，并且随着熔体中 $CuO_{0.5}$ 含量增加稍有降低。图 6.2 表示 1300℃与金属铜或铜合金平衡状态下渣中 $CuO_{0.5}$ 的活度系数与氧势的关系。由图可以看出，$CuO_{0.5}$ 的活度系数随着氧势的增加呈降低趋势。尖晶石饱和渣降低趋势明显，当 $\lg P_{O_2}$ 从 -8.5 增加到 -5.0 时，尖晶石饱和渣的 $CuO_{0.5}$ 的活度系数从 6 降低到 2。在相同的氧势下，尖

晶石饱和渣的 $CuO_{0.5}$ 活度系数高于鳞石英饱和渣的活度系数，但当氧势升高到 $10^{-5.5}$atm 时，两者的值趋于一致。这种趋势表明，给定氧势和冶炼温度，在渣尖晶石饱和条件下操作，渣中的铜溶解度将降低。

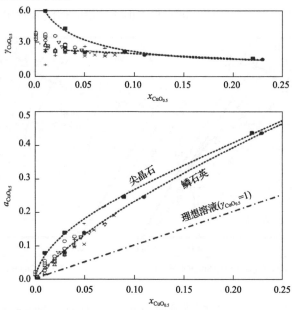

图 6.1　在 1300℃，不同研究条件下的 Cu-Fe-O-Si 系液相中 $CuO_{0.5}$
（纯液态 $CuO_{0.5}$ 标准状态）的活度和活度系数与渣中 $CuO_{0.5}$ 的摩尔分数的关系[1-7]

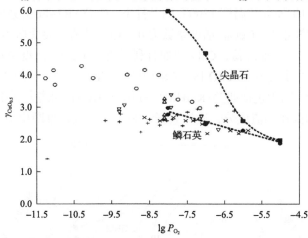

图 6.2　1300℃与金属铜或铜合金平衡状态下 Cu-Fe-O-Si 系渣中液相 $CuO_{0.5}$ 的
活度系数与氧势的关系[1-7]

图 6.3 表示 1300℃下"Cu_2O"-"Fe_2O_3"-SiO_2 系熔渣与金属铜平衡时液相等氧势线和等 $CuO_{0.5}$ 活度系数线。从图 6.3（a）可知，氧势线几乎与"Fe_2O_3"-SiO_2 连接边平行，即氧势变化几乎与渣中组分"Fe_2O_3"和 SiO_2 无关。氧势随着渣中 Cu_2O 含量的增加而升高，Cu_2O 含量从"Fe_2O_3"-SiO_2 边增加到约 10% 和 23%，氧势从 10^{-8}atm 升高到 10^{-6}atm 和 10^{-5}atm。图 6.3（b）中的 $CuO_{0.5}$ 活度系数随着渣中 Cu_2O 含量的增加而降低。相同的

Cu_2O 质量分数, 铁氧化物(磁性铁和维氏体)饱和渣活度系数高于鳞石英饱和渣的活度系数。靠近 "Fe_2O_3"-SiO_2 边的活度系数为 4～6, Cu_2O 质量分数为 0.2 的活度系数在 2.0 左右。渣中的 "Fe_2O_3" 和 SiO_2 对 Cu_2O 的活度影响相对较小, 在靠近 "Fe_2O_3"-SiO_2 边缘, $CuO_{0.5}$ 活度系数达到一个定值, 即在低 Cu_2O 含量时熔渣表现出亨利定律行为。

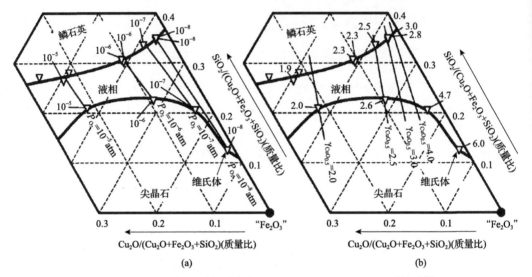

图 6.3　1300℃与金属铜平衡的 "Cu_2O"-"Fe_2O_3"-SiO_2 系熔渣[1]
(a) 等氧势图(P_{O_2}, atm)；(b) $CuO_{0.5}$ 的等活度系数线图(液态纯 $CuO_{0.5}$ 标准状态)

在氧势 10^{-8}～10^{-6}atm 和温度 1300℃的条件下, CaO-SiO_2-FeO_x 系中 $CuO_{0.5}$ 活度系数如图 6.4 所示。由图可知, $CuO_{0.5}$ 活度系数为 4～13。其值主要受熔体中 FeO_x 和 CaO 的影响, 随着 FeO_x 的升高而降低, CaO 增加有利于提高 $CuO_{0.5}$ 活度系数, SiO_2 对 $CuO_{0.5}$ 活度系数作用小, 尤其是在低 CaO 区。$CaO/(CaO+SiO_2)$ 介于 0.45～0.55 的 $CuO_{0.5}$ 活度系数在 10～13 范围。图中包括波兰(KGHM)、赞比亚(KCM)和澳大利亚奥林匹克坝(OD)三家一步直接炼铜操作的渣成分, 通过数据绘制了一条线, 推断出渣更高的 CaO 成分。

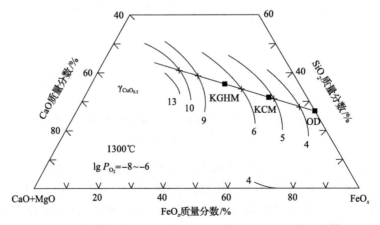

图 6.4　1300℃ $CuO_{0.5}$ 在 CaO-SiO_2-FeO_x 系中的活度系数[8]

在 $P_{O_2}=10^{-8}$ atm，1250℃下，与金属铜平衡的 "Cu₂O" - "FeO"-SiO₂-CaO 系渣计算的 $CuO_{0.5}$ 等活度系数线如图 6.5 所示，采用的计算公式如下[9]：

$$\gamma_{CuO_{0.5}} = [0.808+1.511\,(Fe/SiO_2)+2.734\,(CaO/SiO_2)+6.14\,(CaO/SiO_2)^2]^{1523/T} \quad (6.6)$$

应用条件范围：①仅适用于全液相渣；②温度在 1423K（1150℃）＜T＜1623K（1350℃）；③0.2＜Fe/SiO₂（质量比）＜7，0＜CaO/SiO₂（质量比）＜1.0。图 6.5 中包括实验数据，计算值与实验测量值存在差别，但趋势基本一致。液相区 $CuO_{0.5}$ 活度系数在 3～10 范围，上限为尖晶石饱和值，下限为鳞石英饱和值。比较图 6.4 和图 6.5 中数据，两者存在差别，只有 SiO₂ 质量分数在 30%～45% 的趋势相同。主要原因是图 6.4 中的数据测量未与尖晶石相平衡。图 6.5 中实验数据和模型预测考虑了与尖晶石平衡，高 FeO 含量区的趋势是实验数据的外推插值。

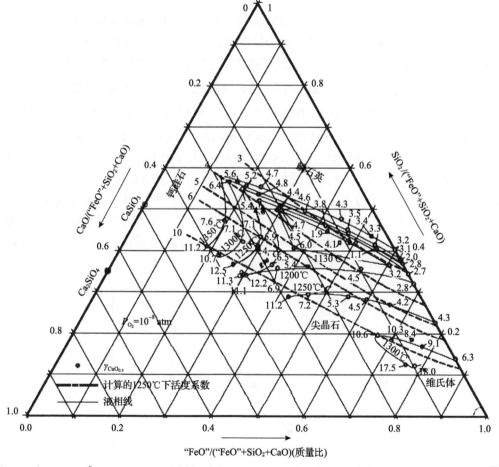

图 6.5　在 $P_{O_2}=10^{-8}$ atm，1250℃下金属铜平衡 "Cu₂O"-"FeO"-SiO₂-CaO 计算的 $CuO_{0.5}$ 等活度系数线[9,10]

图 6.6 为 CaO-SiO-Cu₂O-Fe₂O₃ 系 $CuO_{0.5}$ 的活度系数与渣铜含量的关系，活度系数与铜含量对数作图，表现出直线关系，关系式可以表示为

$$\gamma_{CuO_{0.5(1)}} = 77.66\,w(Cu)^{-0.980}$$

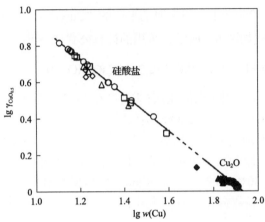

图 6.6　CaO-SiO$_2$-Cu$_2$O-Fe$_2$O$_3$ 系 CuO$_{0.5}$ 的活度系数与渣铜含量的关系[11]

　　氧化铁饱和钙铁氧体渣实验测量结果表明，在 $10^{-10} \sim 10^{-7}$atm 氧势范围，CuO$_{0.5}$ 摩尔分数与 $a_{CuO_{0.5}}$ 呈线性关系[12]，以纯液铜为标准状态，$\gamma_{CuO_{0.5}}$ 的平均值为 4.17±0.60。钙铁氧体渣氧势（P_{O_2}）高至约 10^{-6}atm，$\gamma_{CuO_{0.5}}$ 随氧势近似于直线缓慢降低，但在更高氧势下迅速降低[13,14]，在氧势等于 10^{-5}atm 时为 2.64。线性部分的平均 CuO$_{0.5}$ 活度系数（P_{O_2} 从 10^{-10}atm 到 10^{-7}atm）为 3.52±0.2。在低氧势下（$P_{O_2} = 10^{-11}$atm）活度系数增加到 8.9。

　　图 6.7 表示在 1300℃下 Cu$_2$O-FeO$_x$-CaO-MgO-SiO$_2$-Al$_2$O$_3$ 系渣 CaO/Al$_2$O$_3$ 对渣中 Cu$_2$O 活度系数的影响。在 MgO 含量、FeO$_x$/SiO$_2$（质量比）和氧势基本不变的情况下，Cu$_2$O 活度系数随着 CaO/Al$_2$O$_3$ 的提高而增加。当初始渣中的 Al$_2$O$_3$ 质量分数达到 13%，CaO/Al$_2$O$_3$（质量比）低于 1 时，Cu$_2$O 活度约为 3，而渣中 Al$_2$O$_3$ 质量分数等于 5% 和 CaO/Al$_2$O$_3$ 大于 3 时，Cu$_2$O 活度系数升高到 8。这意味着，随着渣中的 Al$_2$O$_3$ 含量降低和 CaO 含量增加，可以降低渣中的铜溶解度。不同渣组成的 CuO$_{0.5}$ 活度系数与 (CaO+MgO)/SiO$_2$（质量比）的关系如图 6.8 所示。

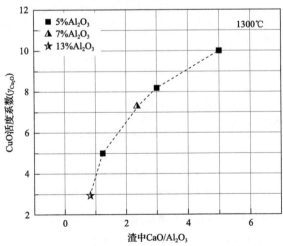

图 6.7　Cu$_2$O-FeO$_x$-CaO-MgO-SiO$_2$-Al$_2$O$_3$ 系渣 CaO/Al$_2$O$_3$（质量比）对渣中 Cu$_2$O 活度系数的影响[12]

1300℃，9%～10% MgO，FeO$_x$/SiO$_2$ =2～2.3，P_{O_2} =10^{-8}atm

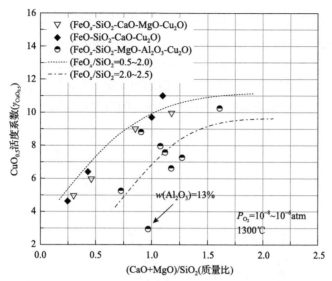

图 6.8 不同渣组成的 $CuO_{0.5}$ 活度系数与 $(CaO+MgO)/SiO_2$(质量比) 的关系[10,12,13]

$CuO_{0.5}$ 活度系数随着 $(CaO+MgO)/SiO_2$ 增加而升高，其比率达到约 1.5，然后几乎保持不变，其值为 9~11。含 Al_2O_3 渣的活度系数值低于不含 Al_2O_3 的值，渣中含 Al_2O_3 低于 5%，其作用不明显，当 Al_2O_3 质量分数达到 13% 时，渣中氧化铜的活度系数明显降低。

6.2 渣中铜溶解度与 Cu_2O 活度的关系

对炉渣与铜或铜合金平衡的实验研究做过大量的工作，在控制氧势条件下测定了铜在无硫熔渣中的溶解度，并计算出了 $CuO_{0.5}$ 活度。铁硅酸盐渣的实验结果表明，由于温度和炉渣性质不同，实验数据分散，很难对不同的数据进行直接比较。图 6.9 总结了不同实验测定的渣与 Cu-Au 合金或纯铜平衡状态下渣中铜的溶解度。由图可以看出，因为温度、铜或铜合金熔体的铜活度及氧势等实验条件不同，实验数据可比性差。但是以 $CuO_{0.5}$ 的活度和渣中铜质量分数为坐标作图，数据均落在相同曲线上。分散的数据中，难以找到温度、铜活度和氧势等规律性的影响。所有这些因素的影响体现在熔渣中 $CuO_{0.5}$ 的活度对铜溶解度的作用，$CuO_{0.5}$ 的活度决定渣中铜的溶解度。图 6.10 表示渣与 Cu-Au 合金平衡时添加 CaO 对渣中铜的溶解度的影响，图中曲线变化趋势与图 6.7 相同，添加 CaO 使渣中铜溶解度降低。

图 6.11 表明铁硅酸盐渣和钙铁氧体渣中 $CuO_{0.5}$ 活度计算值与实验测量值和渣中铜浓度的关系。由图 6.11 可知，$CuO_{0.5}$ 活度计算值与实验数据吻合较好，无论是铁硅酸盐渣还是钙铁氧体渣，当以 $CuO_{0.5}$ 的活度与渣中 Cu 含量作图时，它们几乎都落在通过模型计算得到的曲线上。在渣中 Cu 含量相同的情况下，钙铁氧体渣中 $CuO_{0.5}$ 的活度高于铁硅酸盐渣中的活度。渣中铜溶解度等于 8%，钙铁氧体渣和铁硅酸盐渣中 $CuO_{0.5}$ 的活度分别约为 0.3 和 0.2。

    图 6.12 表示熔渣中铜质量分数与铜或铜合金熔体中铜活度(a_{Cu})之比以及氧势(P_{O_2})的关系。由图可知，在 $10^{-10}\sim10^{-7}$atm 氧势范围，渣中铜浓度与铜合金中铜活度之比随着氧势线性增加，其值为 0.7~2。氧势高至约 10^{-6}atm 时，其作用更明显，在氧势为 10^{-5}atm，渣中铜浓度与铜合金中铜活度之比大于 10。假如铜或铜合金熔体中铜活度(a_{Cu})等于 1，图中的比值即为铜在熔渣中的溶解度。图中不同研究的数据有差别，但变化趋势一致。

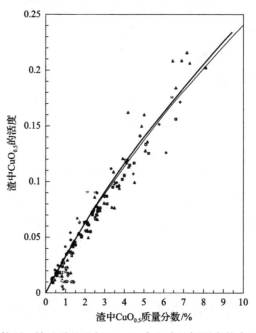

图 6.9　不同条件下，铁硅酸盐渣与 Cu-Au 合金或纯铜平衡状态下渣中 $CuO_{0.5}$ 的活度与铜溶解度的关系[3-6,15-17]

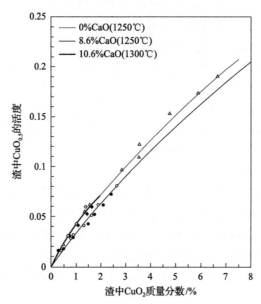

图 6.10　铁硅酸盐渣与 Cu-Au 合金平衡状态下添加 CaO 对铜在渣中溶解度的影响[6,15,18]

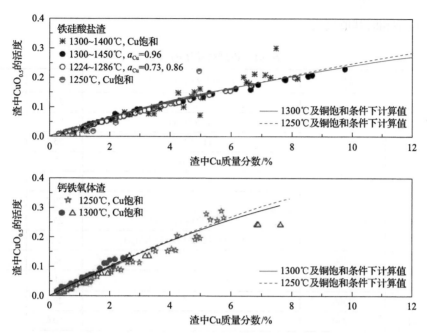

图 6.11 铁硅酸盐渣和钙铁氧体渣中 $CuO_{0.5}$ 活度计算值与实验测量值与渣中 Cu 质量分数的关系(标准状态纯液态 $CuO_{0.5}$)[4,5,7,14,19-22]

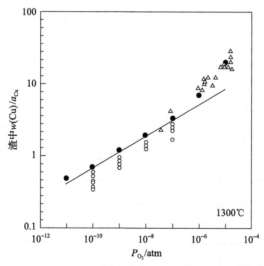

图 6.12 钙铁氧体渣中铜浓度($w(Cu)$)与铜或铜合金熔体中 Cu 活度之比与氧势的关系[14,20,21,23]

渣中 Cu_2O 认为是一价铜阳离子嵌入在硅酸盐和氧阴离子网络中。对于一定的渣型,如果渣中阴离子浓度不变,则预期渣 Cu_2O 的活度与铜质量分数的平方成正比。一些实验数据在铁硅酸盐渣中观察到这种关系。氧化铜在渣中溶解,可以近似认为与 $a_{CuO_{0.5}}$ 成正比。

$$w(Cu)_{氧化铜} = A\, a_{CuO_{0.5}} \tag{6.7}$$

式中,A 为比例系数。表 6.1 总结了不同条件下的 A 值。表中的 A 值在 17～40 变化,不同的研究数据存在差异,难以比较。但是总趋势是添加 CaO、MgO 和 Al_2O_3 有利于降低

A 值，CaO 饱和时其值最低。

表 6.1　铁硅酸盐渣的 A 值

渣	温度/℃	添加组分(质量分数)	A 值	参考文献
SiO$_2$ 饱和	1250		37.2	[19]
		4.45%CaO	27.1	
		11.9%CaO	25.5	
		4.4%Al$_2$O$_3$	32	
		8.2%Al$_2$O$_3$	27.5	
		4.45%MgO	29.2	
		4.1%CaO+4.1%Al$_2$O$_3$	26.9	
		3.9%CaO+3.9%Al$_2$O$_3$+3.9%MgO	25.8	
	1300		32.5	[4]
	1224~1252		40	[5]
	1300		29.4	
	1350		30.6	
	1300	6% Al$_2$O$_3$	26.3	[24]
	1300		34.4	[6]
		8.1% Al$_2$O$_3$	34.1	
		4%CaO	34.4	
		3.7%MgO	33.7	
		7.5%CaO	29.3	
		10.5%CaO	25.7	
	1233~1252	8%~9%CaO	37.5	[18]
	1242	7%~8% Al$_2$O$_3$	29	
	1300	5%CaO+3% Al$_2$O$_3$	37	
	1300	11%~14% Al$_2$O$_3$	30	[25]
Al$_2$O$_3$ 饱和			28.1	[26]
CaO 饱和	1250		20.1	[27]
	1300		17.6	
Fe/SiO$_2$=1.5	1200~1300	6%~10% Al$_2$O$_3$	27~35	[28]

图 6.13 表明添加不同成分熔剂对石英饱和铁硅酸盐渣中铜溶解度的影响,在石英饱和熔体中,CaO 代替氧化铁,降低氧化铜的溶解度。添加 MgO 和 Al$_2$O$_3$ 也能够降低铜的溶解度,但是作用低于 CaO。图 6.13 中 $w(\text{Cu})/a_{\text{CuO}_{0.5}}$($A$ 值)列于表 6.1。铁硅酸盐渣与铜平衡状态下添加 CaO 对 CuO$_{0.5}$ 活度与渣含铜关系的影响如图 6.14 所示,CuO$_{0.5}$ 活度随渣中铜质量分数线性增加,其直线斜率随着 CaO 添加量而增加,表 6.1 列出图中部分直线的 A 值。

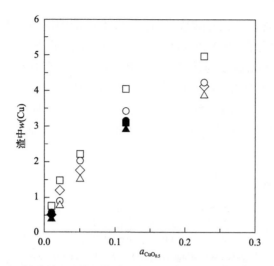

图 6.13　1250℃添加不同成分对石英饱和铁硅酸盐渣铜溶解度的影响[19]

□-无添加；△-4.4%CaO；○-4.4%Al₂O₃；◇-4.4%MgO；▲-11.9%CaO；●-8.2%Al₂O₃；

■-4.4%CaO+4.4%Al₂O₃；◆-3.9%CaO+3.9%Al₂O₃+2.0%MgO

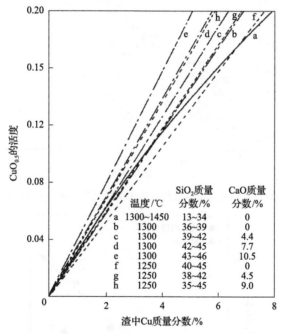

图 6.14　1300℃温度下与铜平衡的铁硅酸盐渣添加 CaO 对 $CuO_{0.5}$ 活度与渣含铜的关系的影响[5,6,7,29]

6.3　氧势和渣组成对渣中铜溶解的影响

氧势和渣组成是影响渣中铜溶解度的主要因素。在 1300℃温度下氧势对铜在不同成分的铁硅酸盐渣中溶解度的影响如图 6.15 所示。铜在渣中的溶解度随着氧势的升高而增加。图中线 A 表示不含镁的铁硅酸盐渣和含 6%MgO 渣中铜溶解度，数据表明两者没有区别。线 B 和 C 表示含有 CaO 和 SiO_2 的渣，含 FeO_n 高的渣(线 C)具有低的铜溶解度。线 D 为铁钙镁渣，铜的溶解度与铁硅酸盐渣(线 A)相近。在高氧势和 $a_{CuO_{0.5}}$ 等于 1 的条件下，Cu_2O 与碱性渣不互溶。图 6.16 表示在 1200℃温度下，与金属铜平衡时 SiO_2 饱和橄榄石渣中铜溶解度与氧势的关系。图中数据表明，渣中添加 CaO 可以降低渣中铜的溶解度。铜溶解度随着氧势($P_{O_2}^{1/4}$)直线增加，渣中添加 CaO 的直线斜率低于纯橄榄石渣。

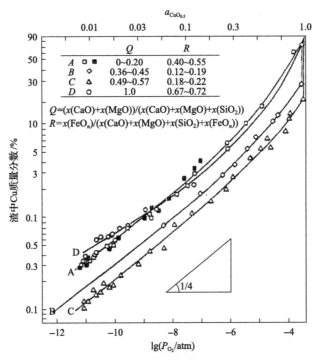

图 6.15　1300℃氧势对铜在铁硅酸盐渣中溶解度的影响(Q 和 R 为摩尔比)[30]

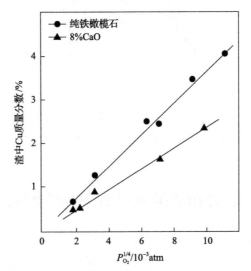

图 6.16　在 1200℃温度下，与金属铜平衡时 SiO_2 饱和橄榄石渣中铜溶解度与氧势的关系[8]

图 6.17 为镁饱和钙铁渣(约 22%CaO)中铜含量与氧势的关系，氧势低于 10^{-7}atm 的趋势线斜率表明渣中铜以氧化亚铜($CuO_{0.5}$)的形式存在，在更高的氧势时，测量值偏离趋势线，说明渣中 CuO 含量水平上升[2,10,13]。图 6.17 还包括对两个不同硫势的实验结果，渣的铜含量在较高的硫势下有小幅增加。在 10^{-6}atm 硫势下渣中硫化铜的溶解度很小，在硫势较高时,渣的铜含量才进一步增加[9]。1250℃下氧势小于 10^{-7}atm 和硫势为 10^{-6}atm，推断渣中 $CuS_{0.5}$ 和 $CuO_{0.5}$ 的活度系数分别为 111 和 3.31，渣中 $CuS_{0.5}$ 具有相对高的活度值，说明大多数溶解的铜都以氧化的形式存在。

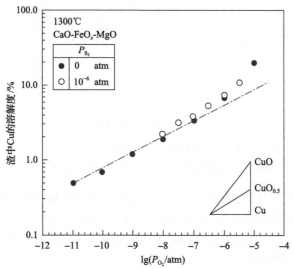

图 6.17 1300℃下镁饱和钙铁渣中铜溶解度的与氧势的关系[31]

图 6.18 和图 6.19 分别为 "Cu_2O" - "FeO" -CaO-SiO_2 系渣与铜平衡时，渣的 Fe/SiO_2(质

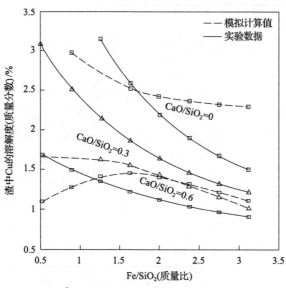

图 6.18 在 1250℃和 P_{O_2} =10^{-8}atm 条件下，与金属 Cu 平衡 "Cu_2O" - "FeO" -CaO-SiO_2 系熔渣中 Cu 溶解度与 Fe/SiO_2(质量比)关系[9,10,32]

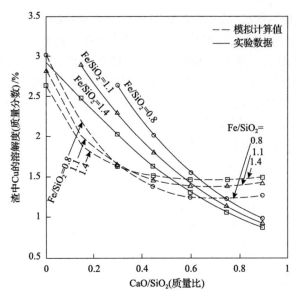

图 6.19　在 1250℃和 P_{O_2} =10^{-8}atm 条件下，与金属 Cu 平衡 "Cu$_2$O" - "FeO" -CaO-SiO$_2$ 系
熔渣中 Cu 溶解度与 CaO/SiO$_2$(质量比)关系[9,10,32]

量比)和 CaO/SiO$_2$(质量比)对渣中铜溶解度的影响，图中包括模型预测和实验数据。对于
与金属铜平衡的不含硫的熔渣，渣的 Fe/SiO$_2$ 和 CaO/SiO$_2$ 的增加均使熔渣中铜的溶解度降
低。图中的热力学模拟计算结果与实验结果存在差别，主要在低 Fe/SiO$_2$ 和高 CaO/SiO$_2$ 的
情况下，变化趋势差别较大。

图 6.20 表示在 1250℃和 P_{O_2} =10^{-8}atm 条件下与金属铜平衡的 "Cu$_2$O" -CaO- "FeO" -SiO$_2$

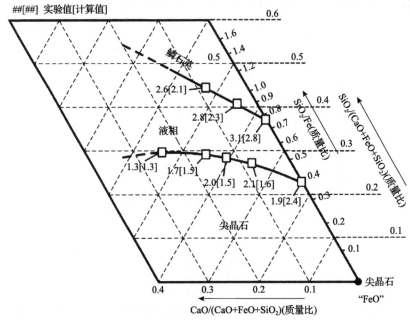

图 6.20　在 P_{O_2} =10^{-8}atm 和 1250℃下与金属铜平衡 "Cu$_2$O" -CaO- "FeO" -SiO$_2$ 系渣中的 Cu 溶解度[9,10]

系初始相为尖晶石和鳞石英的渣中 Cu 溶解度，包括实验和热力学模拟计算结果。实验数据和计算结果呈同一趋势。随着 CaO 浓度的增加，尖晶石和鳞石英饱和渣中的铜溶解度下降，尖晶石饱和渣铜溶解度降低更明显。鳞石英饱和渣的 Cu 溶解度高于尖晶石饱和的 Cu 溶解度。

在 1150～1350℃和 P_{O_2} =10^{-8}atm 条件下，金属铜饱和 "Cu$_2$O" - "FeO"-SiO$_2$-CaO 系熔渣中铜溶解度如图 6.21 所示。图中包括渣/鳞石英/铜、渣/尖晶石（或维氏体）/铜和渣/硅灰石/铜平衡状态下的 Cu 溶解度。一般趋势是，在给定温度下，随着 CaO/SiO$_2$（质量比）和 Fe/SiO$_2$（质量比）的增加，液渣中的铜浓度降低。在 CaO/SiO$_2$ 和 Fe/SiO$_2$ 一定时，渣中铜含量随着温度的降低而增加。渣/鳞石英/铜平衡的铜溶解度与其他初始相平衡的溶解度相比较高。

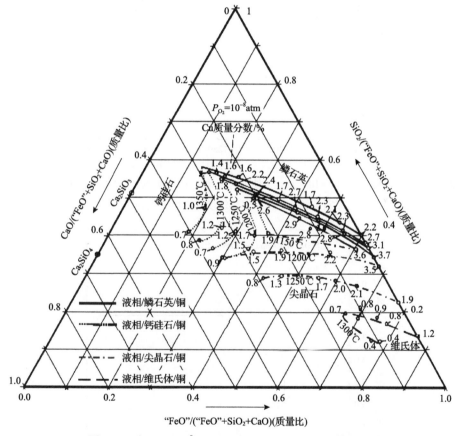

图 6.21　在 P_{O_2} =10^{-8}atm，1150～1350℃下，金属铜饱和
"Cu$_2$O" - "FeO"-SiO$_2$-CaO 系熔渣中铜溶解度[10,32]

图 6.22 和图 6.23 分别表示在 1250℃和 P_{O_2} =10$^{-8.5}$atm 下与金属铜平衡的 "Cu$_2$O" -CaO- "FeO"-SiO$_2$ 系鳞石英和尖晶石为初始相的渣中 Cu 溶解度与温度的关系，鳞石英初始相渣成分为 1.9%CaO、0.4%MgO 和 3.6%Al$_2$O$_3$。由图可知，Cu 溶解度随着温度升高而降低，尖晶石初相渣的铜溶解度随温度降低得更快。温度较低（1200℃），两者的 Cu

溶解度几乎相同，但随着温度升高 Cu 溶解度的差值增加，在 1250℃，鳞石英和尖晶石初相渣中铜溶解度分别约为 2.2%和 1.2%。图 6.22 和图 6.23 中，鳞石英初相渣中 SiO₂/Fe 随着温度升高，而尖晶石初相渣中 SiO₂/Fe 则降低。实际操作中，渣成分靠近尖晶石饱和，提高温度是降低 Cu 在炉渣溶解度的有效方法。

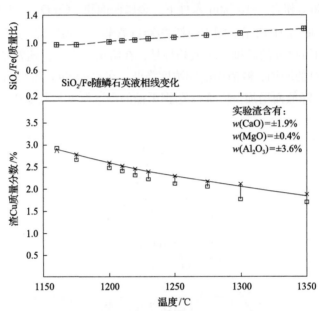

图 6.22　在 1250℃和 P_{O_2} =10⁻⁸·⁵atm 条件下与金属铜平衡的 "Cu₂O"-CaO-"FeO"-SiO₂ 系鳞石英初始相渣中铜溶解度与温度的关系[9,33]

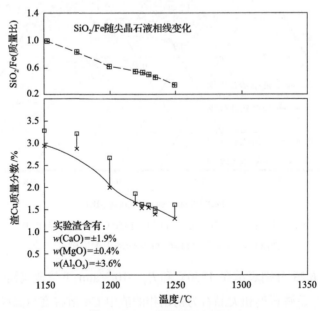

图 6.23　在 1250℃和 P_{O_2} =10⁻⁸·⁵atm 条件下与金属铜平衡的 "Cu₂O"-CaO-"FeO"-SiO₂ 系尖晶石初始相渣中铜溶解度与温度的关系[9,33]

6.4　渣中硫含量对渣中铜溶解的影响

硫可以随铜、镍、钴等金属进入熔渣，这些元素在一定条件下，可能在渣中形成稳定的硫化物。渣和气相之间的硫交换可以表示为

$$1/2S_2 + (O^{2-})_{slag} \Longrightarrow 1/2O_2 + (S^{2-})_{slag} \tag{6.8}$$

渣中硫存在(即与冰铜接触)时 Cu 溶解趋势与熔渣成分和冰铜品位的关系是几十年来许多研究人员重点关注的问题之一。硅酸盐渣中氧化铜和硫化铜溶解的总和存在正弦状趋势，即 Cu 溶解度作为冰铜品位的函数，低冰铜品位的 Cu 溶解度低，溶解度在品位为 30%～40%出现最大值，品位为 60%～65%时溶解度再进入低区，然后品位>70%时急速增加，这一观点得到不少研究人员的支持[34-41]。然而，有研究人员没有将 Cu 溶解度的最大值作为冰铜品位[42-46]的函数。X 射线及光谱分析研究[47]鉴定硅酸盐渣中确认存在氧化铜，但硫化铜的存在没有确凿的证据，应用描述实验硫化物容量以及氧化和硫化熔体的其他热力学特性模型[47-51]，预测渣中铜溶解度作为冰铜品位的函数没有显示最大值[15]。所有先前的实验研究都有不确定性，包括平衡实验坩埚中使用相对量大的样品，冰铜和渣的物理分离，以及每个相组成分析误差等。采用平衡/淬火/EPMA 技术的研究[10]解决了先前技术的不确定性，这些实验数据与热力学建模工具相结合，现在可用于更准确地定量评估硫的存在对熔渣中 Cu 溶解的影响。

图 6.24 表明渣中存在 S 时铜溶解度和无硫渣中的 Cu 溶解度的比率与渣中 SiO_2 摩尔分数的关系。此比率表明系统中硫的存在对熔渣相的 Cu 溶解度的影响。图中数据显示，在渣中 SiO_2 摩尔分数小于 0.4 时，其比率大于 1。说明体系中存在硫的渣中 Cu 溶解度高于与纯液态 Cu 平衡无硫渣中相应的 Cu 溶解度，即熔渣中硫的存在增加了 Cu 的溶解度。而 SiO_2 摩尔分数大于 0.4 时，比率约等于 1，意味着熔渣中硫的存在对 Cu 的溶解没有影

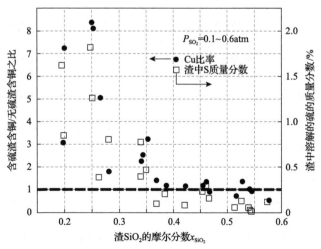

图 6.24　在 1250℃和 P_{O_2} =10^{-8}atm 条件下，a_{Cu} = 1 时，体系中有 S 存在(与冰铜平衡[46])熔渣中溶解的 Cu,相对于没有 S 存在的熔渣中的 Cu 溶解度(与 Cu 金属平衡[10])的比率与熔渣中的 SiO_2 含量的关系[44,46]

响。渣中硫的溶解度随着 SiO_2 摩尔分数增加而降低，变化趋势与 Cu 溶解度比值的变化趋势相同。图中数据不能说明溶解机制，难以对铜溶解形式得出结论，但上述结果清楚地表明，在低硅渣中，硫对炉渣中的铜溶解度有明显影响。

参 考 文 献

[1] Hidayat T, Henao H M, Hayes P C, et al. Phase equilibria studies of the Cu-Fe-O-Si system in equilibrium with air and with metallic copper. Metallurgical and Materials Transactions, 2012, 43B: 1034-1045.

[2] Hidayat T, Henao H M, Hayes P C, et al. Phase equilibria studies of "Cu$_2$O" - "Fe$_2$O$_3$" -SiO$_2$ systems in equilibrium with air and metallic copper. Metallurgical and Materials Transactions, 2012, 43B: 1290-1299.

[3] Oishi T, Kamuo M, Ono K, et al. A thermodynamic study of silica-saturated iron silicate slags in equilibrium with liquid copper. Metallurgical Transactions, 1982, 14B: 101-104.

[4] Ruddle R W, Taylor B, Bates A P. Solubility of copper in iron silicate slags. Transactions of the Institution of Mining and Metallurgy (Section C), 1966, 75: C1-C12.

[5] Altman R, Kellogg H H. Solubility of copper in silica-saturated iron silicate slag. Transactions of the Institution of Mining and Metallurgy (Section C), 1972, 18: C163-C175.

[6] Elliot B J, See J B, Rankin W J. Effect of slag composition on copper losses to silica-saturated iron silicate slags. Transactions of the Institution of Mining and Metallurgy (Section C), 1978, 87: C204-C211.

[7] Taylor J R, Jeffes J H E. Activity of cuprous oxide in iron silicate slags of various compositions. Transactions of the Institution of Mining and Metallurgy (Section C), 1975, 84: C18-C24.

[8] Takeda Y. The effects of basicity on oxidic dissolution of copper in slag. Metallurgical processes for the early twenty-first century//Proceedings of the Second International Symposium on Metallurgical Processes for the Year 2000 and Beyond, San Diego, 1994: 453-466.

[9] Hidayat T, Jak E. Thermodynamic optimization of "Cu$_2$O"-containing slags systems (Technical report). Brisbane: The University of Queensland, 2013.

[10] Henao H M, Hayes P C, Jak E. Phase equilibria of "Cu$_2$O"-"FeO"-SiO$_2$-CaO slags at P_{O_2} at 10^{-8} atm in equilibrium with metallic copper//The 9th International Conference on Molten Slags, Fluxes and Salts (MOLTEN 12), Beijing, 2012.

[11] Takeda Y. Misicibility gap in the CaO-SiO$_2$-Cu$_2$O-Fe$_3$O$_4$ system under copper saturation and distribution of impurities. Materials Transactions, JIM, 1993, 34 (10): 937-945.

[12] Shin S H, Kim S J. Influence of slag composition on the distribution behavior of Cu between liquid sulfide and Cu containing multicomponent slag via thermodynamic and kinetic assessment. Metals, 2021, 150: 1-14.

[13] Takeda Y, Ishiwata S, Yazawa A. Distribution equilibria of minor elements between liquid copper and calcium ferrite slag. Transactions of the Japan Institute of Metals, 1983, 24: 518-528.

[14] Yazawa A, Takeda Y. Equilibrium relations between liquid copper and calcium ferrite slag. Transactions of the Japan Institute of Metals, 1982, 23: 328-333.

[15] Degterov S A, Pelton A D. A thermodynamic database for copper smelting and converting. Metallurgical and Materials Transactions, 1999, 30B: 661-669.

[16] Shimpo R, Goto S, Ogawa O, et al. A study on the equilibrium between copper matte and slag. Canadian Metallurgical Quarterly, 1986, 25:113-121.

[17] Jalkanen H. Copper and sulphur solubilities in silica saturated iron silicate slags from copper mattes. Scandinavian Journal of Metallurgy, 1981, 10: 177-184.

[18] Altman R. Influence of Al$_2$O$_3$, and CaO on solubility of copper in silica-saturated iron silicate slag. Transactions of the Institution of Mining and Metallurgy (Section C), 1978, 87: C23-C28.

[19] Kim H, Sohn H. Effects of CaO, Al$_2$O$_3$ and MgO additions on the copper solubility, ferric/ferrous ratio, and minor element

behavior of iron-silicate slags. Metallurgical and Materials Transactions, 1998, 29B: 583-590.

[20] Palacios J, Gaskell D R. The solubility of copper in lime saturated and calcium ferrite saturated liquid iron oxide. Metallurgical Transactions, 1993, 24B: 265-269.

[21] Eerola H, Jylha K, Taskinen P. Thermodynamics of impurities in calcium ferrite slags in copper fire-refining conditions. Transactions of the Institution of Mining and Metallurgy (Section C), 1984, 93: C193-C199.

[22] Chen C, Zhang L, Jahanshahi S. Application of MPE model to direct-to-blister flash smelting and deportment of minor elements//Proceeding of Copper 2013, Santiago, 2013.

[23] Somerville M, Sun S, Jahanshahi S. Copper solubility and redox equilibria in magnesia saturated CaO-CuO$_x$-FeO$_x$ slags. Metallurgical and Materials transactions, 2014, 45B: 2072-2079.

[24] Toguri J M, Santander N H. The solubility of copper in fayalite slags at 1300℃. Canadian Metallurgical Quarterly, 1969, 8: 167-171.

[25] See J B, Rankin W J. Report No. 2099. Randburgm: National Institute for Metallurgy, 1981.

[26] Reddy R G, Oden L L. Recovery of copper from industrial copper reverberatory slags, advance in sulphide smelting. San Francisco: TMS, 1983: 329-356.

[27] Yazawa A, Hino J. Dissolution of copper oxide in slag//Proceedings of the Copper 95-Cobre 95 International Conference, VI, Santiago, 1995: 489-497.

[28] Nagamori M, Mackey P, Tarassoff P. Copper solubility in FeO-Fe$_2$O$_3$-SiO$_2$ -Al$_2$O$_3$ slag and distribution equilibria of Pb, Bi, Sb and as between slag and metallic copper. Metallurgical Transactions B, 1975, 6(2): 295-301.

[29] Peddada S R, Gaskell D R. The activity of CuO$_{0.5}$ along the air Isobars in the systems Cu-O-SiO$_2$ and Cu-O-CaO at 1300℃. Metallurgical Transaction, 1993, 24B: 59-62.

[30] Takeda Y, Yazawa A. Dissolution loss of copper, tin and lead in FeO$_n$-SiO$_2$-CaO slag. Productivity and Technology in Metallurgical Industries. Las Vigos: TMS, 1989: 227-246.

[31] Jahanshahi S, Sun S. Some aspects of calcium ferrite slags//Yazawa International Symposium, San Diego, 2003.

[32] Jak E. Integrated experimental and thermodynamic modelling research methodology for metallurgical slags with examples in the copper production field//Ninth International Conference on Molten Slags, Fluxes and Salts (MOLTEN12), Beijing, 2012.

[33] Henao H, Pizarro C, Font C, et al. Phase equilibria of "Cu$_2$O" - "FeO" -CaO-MgO-Al$_2$O$_3$ slags at P_{O_2} of 10$^{-8.5}$ atm in equilibrium with metallic copper for a copper slag cleaning production. Metallurgical and Materials Transactions, 2010, 41B: 1186-1193.

[34] Pelton A D, Chartrand P. The modified quasichemical model II-multicomponent solutions. Metallurgical and Materials Transactions, 2001, 32A: 1355-1360.

[35] Sehnalek F, Imris I. Advances in extractive metallurgy and refining. London: Institute of Mining and Metallurgy, 1972: 39-62.

[36] Yazawa A, Kameda M. Fundamental studies on copper smelting (II). Solubilities of constituents of matte in slag. Sendai: Tohoku University, 1954.

[37] Yazawa A, Nakazawa S. Dissolution of metals in slag with special reference to phase separation thermodynamics//Proceedings of the Fifth International Symposium on Molten Slags and Fluxes, and Salts, Sydney, 1997: 799-808.

[38] Nagamori M. Metal loss to slag: Part I. Sulfidic and oxidic dissolution of copper in fayalite slag from low grade matte; Part II: Oxidic dissolution of nickel in fayalite slag and thermodynamics of continuous converting of nickel-copper matte. Metallurgical Transactions B, 1974, 5: 531-548.

[39] Nagamori M. The behaviour of sulphur in industrial pyrometallurgical slags. Journal of Metals, 1994, 46(8): 65-71.

[40] Takeda Y. Oxidic and sulfidic dissolution of copper in matte smelting slag//Proceedings of the 4th International Conference on Molten Slags and Fluxes, Sendai, 1992: 584-589.

[41] Takeda Y. Thermodynamic evaluation of copper loss in slag equilibrated with matte//Metallurgical and Materials Processing: Principles and Technologies (Yazawa International Symposium) Vol. I. San Diego: TMS, 2003: 341-357.

[42] Shridhar R, Toguri J M, Simeonov S. Copper losses and thermodynamic considerations in copper smelting. Metallurgical

Transactions, 1997, 28B: 191-200.

[43] Shridhar R, Toguri J M, Simeonov S. Thermodynamic considerations in copper pyrometallurgy. Journal. of Metals, 1997, 49(4): 48-52.

[44] Simeonov S, Shridhar R, Toguri J M. Relationship between slag sulphur content and slag metal losses in nonferrous pyrometallurgy. Canadian Metallurgical Quarterly, 1996, 35: 463-467.

[45] Roghani G, Takeda Y, Itagaki K. Phase equilibrium and minor element distribution between FeO$_x$-SiO$_2$-MgO-based slag and Cu$_2$S-FeS matte at 1573K under high partial pressures of SO$_2$. Metallurgical Transactions, 2000, 31B: 705-712.

[46] Henao H M, Yamaguchi K, Ueda S. Distribution of precious metals(Au, Pt, Pd, Rh, and Ru)between copper matte and iron-silicate slag at 1573K//Sohn International Symposium, Advanced Processing of Metals and Materials, San Diego, 2006: 723-729.

[47] Reddy R G, Blander M. Modelling of sulphide capacities of silicate melts. Metallurgical Transactions, 1987, 18B: 591-596.

[48] Fukuyama H, Tchavdarov A P, Nagata K. Nature of copper dissolved in silica-saturated inron silicate slag studies by X ray photoelectron spectroscopy. Shigen-to-Sozai, 2001, 117: 293-297.

[49] Reddy R G, Blander M. Sulphide capacities of MnO-SiO$_2$ slags. Metallurgical Transactions, 1989, 20B: 137-140.

[50] Pelton A D, Erikson G, Romero-Serrano A. Calculation of sulphide capacities of multicomponent slags. Metallurgical Transactions, 1993, 24B: 817-825.

[51] Kang Y B, Pelton A D. Thermodynamic model and database for sulfides dissolved in molten oxide slags. Metallurgical and Materials Transactions, 2009, 40B: 979-994.

第7章

冰铜-渣平衡

　　冰铜-渣共存是铜熔炼工艺基础体系，冰铜-渣平衡的研究是几十年来的重要实践和理论课题。冰铜与渣平衡研究的文献报道很多，由于研究多相体系的实验中，存在取样、急冷和成分分析等问题，数据显示出较大的分散性。炉渣中夹带冰铜也是一个难避免的问题，影响实验测定铜溶解的准确性。近年来采用平衡/淬火/电子探针显微分析(EPMA)技术对冰铜-渣平衡体系进行研究，直接对冰铜平衡的液态熔渣相(淬火时转换为玻璃相)中的 Cu 进行 EPMA 测定，解决了以前对熔渣、冰铜相中化合物进行批量分析的不确定性问题，实验数据更为准确。

　　冰铜与渣平衡过程中可能存在的传输及化学反应主要包括：①元素以原子或离子及其化合物的形式在单相(气、熔渣和冰铜)中传输；②气体-熔渣、气体-冰铜、熔渣-冰铜、熔渣-熔剂、冰铜-熔剂和气体-熔剂两相之间的化学反应；③气体-熔渣-冰铜三相之间的化学反应。平衡实验中需要克服到达平衡过程中动力学因素的影响，使体系在尽可能短的时间达到热力学平衡状态。影响冰铜-渣平衡状态的主要因素是氧势、温度、冰铜和渣组成等。

7.1　冰铜品位与氧势的关系

　　冰铜-渣平衡体系的氧势主要取决于冰铜品位。冰铜-渣平衡状态下氧势与冰铜品位关系如图 7.1[1-11]所示。图中包括尖晶石和鳞石英饱和渣与冰铜平衡的数据。由图可知，不同研究的实验结果基本一致，但是热力学软件模拟计算的氧势值高于实验值。尖晶石饱和的氧势高于鳞石英饱和的氧势，冰铜品位接近白冰铜时，两者趋于相同。冰铜品位低于65%Cu 时，氧势随冰铜品位缓慢增加，冰铜品位从 45%Cu 增加到 65%Cu，尖晶石和鳞石英饱和条件下的氧势($\lg P_{O_2}$)分别由–8.1 升高至–7.9 及–8.3 升高至–8.1。当冰铜品位高于65%Cu 时，氧势随着冰铜品位快速升高。白冰铜的氧势($\lg P_{O_2}$)高于–7.3。图 7.2 为尖晶石饱和渣在不同温度下与冰铜平衡时氧势与冰铜品位的关系。由图可知，氧势随着温度升高而升高。相同的冰铜品位，温度从 1200℃升高到 1250℃，P_{O_2} 增加 0.5 对数值左右。

　　图 7.3 表示了不同成分的铁硅酸盐渣-冰铜平衡状态下冰铜品位与氧势的关系，图中包括不同 P_{SO_2} 测量的数据，类似于其他研究结果[10-18]，冰铜品位随着氧势的升高而增加。需要提起的是在给定冰铜品位下，氧势(P_{O_2})随着 P_{SO_2} 的升高而升高，正如硫氧优势图所示[19]；在相同的氧势下，高的 P_{SO_2} 具有更低的冰铜品位。在 SiO_2 饱和及给定的氧势下，硅酸铁渣中添加的 Al_2O_3 和 CaO 致使平衡状态下冰铜品位升高。从图 7.3 中数

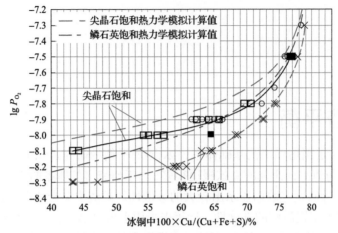

图 7.1　1250℃，冰铜-渣平衡状态下氧势与冰铜品位关系[1-11]

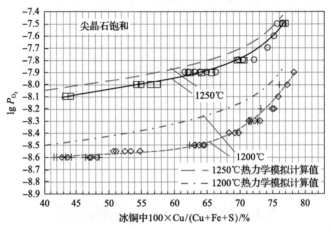

图 7.2　不同温度下冰铜-渣平衡时氧势与冰铜品位的关系(尖晶石饱和)[1,2,10,11]

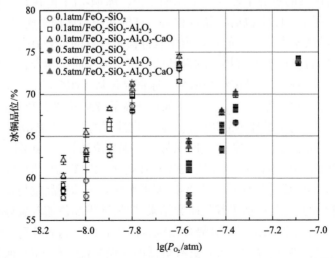

图 7.3　1300℃，不同成分渣-冰铜平衡状态下冰铜品位与氧势的关系[2,8,12,13,15-18,20]

据可知，在 P_{SO_2}=0.5atm 及 P_{O_2}=10$^{-7.36}$atm 的条件下，熔渣未添加 Al$_2$O$_3$ 和 CaO 时冰铜品位约为 66%，添加 Al$_2$O$_3$ 和 Al$_2$O$_3$+CaO，冰铜品位分别升高到约 68%和 70%。或者在给定的冰铜品位，氧势（P_{O_2}）随着 Al$_2$O$_3$ 和 CaO 添加而降低。随着冰铜品位升高，渣成分对冰铜品位或氧势的影响程度降低。原因是 Al$_2$O$_3$ 和 CaO 的添加减少了 SiO$_2$ 饱和渣中的 FeO 活度，更多的铁被氧化进入渣中，导致冰铜中的铜浓度增加。P_{SO_2} 从 0.1atm 至 1.0atm，在 FeO$_x$-SiO$_2$-MgO 渣与铜冰铜平衡的状态下，观察到不同 P_{SO_2} 条件下的氧势和冰铜品位的关系与图 7.3 中数据非常相似[14]。在 1300℃的冰铜品位为 78%～81%中，在一定的 P_{SO_2} 条件下，金属铜相变得稳定并与不互溶的硫化物相共存[19]。

7.2 冰铜的硫及氧含量

尖晶石和鳞石英饱和渣与冰铜平衡状态下，冰铜中硫和氧含量与冰铜品位关系分别如图 7.4 和图 7.5 所示。由图可知，不同研究的实验数据分散，但趋势大致相同，冰铜中

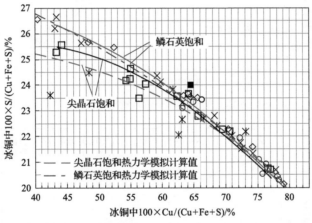

图 7.4　1250℃，尖晶石和鳞石英饱和渣与冰铜平衡时冰铜中硫含量与冰铜品位的关系[1-11]

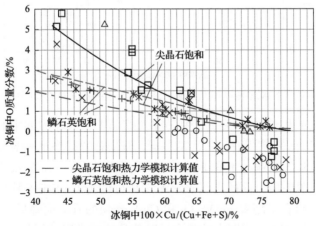

图 7.5　1250℃，尖晶石和鳞石英饱和渣与冰铜平衡时冰铜中氧含量与冰铜品位的关系[1-11]

硫和氧含量随着冰铜品位增加而降低，图中热力学模拟计算值基本上代表了变化趋势。图 7.4 中数据表明，冰铜品位低于 65%，与尖晶石饱和渣平衡的冰铜硫含量低于与鳞石英饱和渣平衡的冰铜硫含量，当冰铜品位高于 65% 时，两者趋于一致。白冰铜的硫含量接近 20%。从图 7.5 中数据可以看出，与冰铜含硫相反，尖晶石饱和渣平衡的冰铜氧含量高于鳞石英饱和渣的冰铜氧含量。接近白冰铜时，冰铜氧含量趋于零。

图 7.6 和图 7.7 分别表示不同温度下，与尖晶石饱和渣平衡的冰铜中硫和氧含量与冰铜品位的关系。由图可知，冰铜中的硫含量随着温度升高而降低，而氧含量随着温度升高而增加。但是在高品位冰铜区域，温度的影响降低。

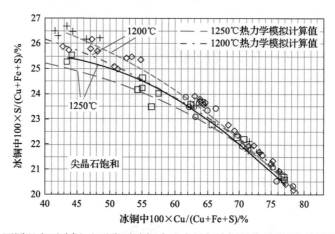

图 7.6　不同温度下冰铜-渣平衡时冰铜中硫含量与冰铜品位关系(尖晶石饱和)[1-11]

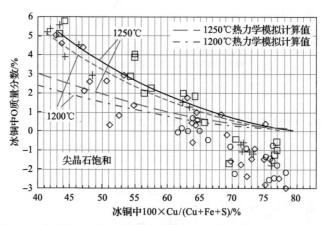

图 7.7　不同温度下冰铜-渣平衡时冰铜中氧含量与冰铜品位的关系(尖晶石饱和)[1-11]

冰铜与 Fe、Cu 和 SiO_2 饱和硅酸盐渣平衡状态下，氧在冰铜中的溶解度研究结果如图 7.8 所示。尽管研究结果有比较大的差异，但是总的趋势是氧溶解度随着冰铜品位升高而降低。图 7.9 为冰铜与不同 FeO/SiO_2(质量比)的 FeO-SiO_2 系渣平衡时硫含量和冰铜品位的关系，图中最上面的直线表示不含 FeO 的纯 Cu_2S-FeS 中的硫含量。由图可知，总体上冰铜中硫含量随着 FeO/SiO_2 和 Cu_2S 含量的升高而降低。而 FeO/SiO_2 大于 3，冰铜品位低于 50% 时，冰铜中的硫含量随着品位的升高而增加。与 FeO-SiO_2 渣平衡时冰铜中氧含量和冰铜品位的关系如图 7.10 所示，图中 BN 线对应于 SiO₂ 饱和。图中数据表明，冰铜中氧含量随着 FeO/SiO₂ 降低和冰铜品位的增加而降低。

在渣-冰铜反应中，冰铜品位升高引起氧从冰铜向渣传输，为了保持电中性，硫和氧在渣和冰铜之间交换，硫从渣向冰铜传输，同时须有当量摩尔铁和铜的传输。总反应为

$$\{2CuS_{0.5}\}+[FeO]\Longrightarrow(FeS)+(2CuO_{0.5}) \tag{7.1}$$

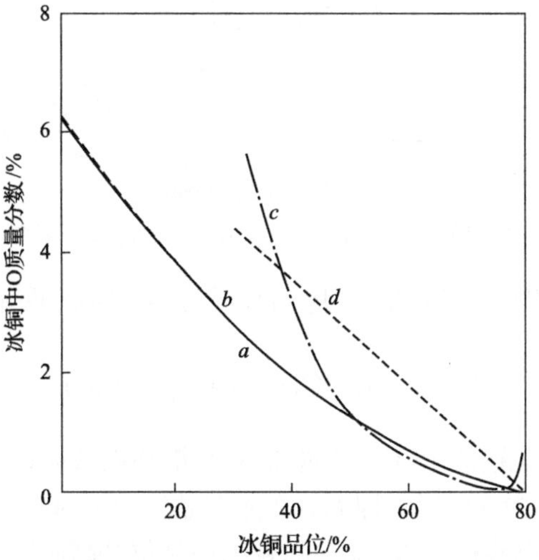

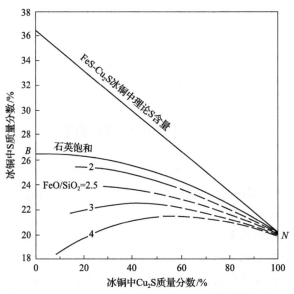

图 7.8　冰铜与铁橄榄石渣平衡共存时，氧在冰铜中的溶解度[21]

a-1200℃，Fe 和 SiO₂ 或耐火黏土饱和[22]；b-1200℃，Fe 和 SiO₂ 饱和[23]；c-1250℃，Fe 和 Cu 饱和，冰铜品位低于 51%，以及 Cu 和 SiO₂ 饱和，冰铜品位高于 51%[24]；d-1200~1300℃，SiO₂ 饱和[25]

图 7.9　冰铜与不同 FeO/SiO₂（质量比）的 FeO-SiO₂ 系渣平衡时硫含量和冰铜中 Cu₂S 含量的关系[26-28]

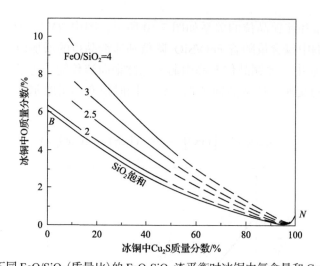

图 7.10　冰铜与不同 FeO/SiO$_2$（质量比）的 FeO-SiO$_2$ 渣平衡时冰铜中氧含量和 Cu$_2$S 含量的关系[26,27]

尽管渣中存在硫化铜，但是 CuS$_{0.5}$ 比 FeS 低得多，因此平衡关系可以近似表示为

$$k_{S/O} = ((S) / \{O\}) / ((Cu_{OX}) / \{Cu\})^2 \tag{7.2}$$

式中，(Cu$_{OX}$) 是渣中氧化铜的浓度。金属和 SiO$_2$ 饱和铁橄榄石渣，((Cu$_{OX}$)/{Cu}) 大约为 0.01，((S)/{O}) 大约为 0.81[21]，即 $k_{S/O}$ 在冰铜品位低于 50% 时，几乎不随冰铜品位而变化。对于与高品位冰铜共存的渣，$k_{S/O}$ 随着冰铜品位升高而增加。

基于热力学模拟及工厂数据，冰铜中铁、硫和氧与冰铜品位的关系式为[27]

$$w(Fe) = 62.0 - 0.775w(Cu) \tag{7.3}$$

$$w(S) = 28.0 - 0.00125w(Cu) \tag{7.4}$$

$$w(O) = 10.0 - 0.225w(Cu) + 0.00125w^2(Cu) \tag{7.5}$$

7.3　渣中铜的溶解度

在熔炼和吹炼的条件下，Cu 以一价态阳离子溶解于渣中，与氧结合生成 Cu$_2$O 或者与硫结合生成 Cu$_2$S。铜在渣中总溶解量是氧化铜和硫化铜的总和，此外渣中存在物理夹带的冰铜或者铜。

铁硅酸盐渣是铜熔炼普遍采用的渣型。铁硅酸盐（铁橄榄石）渣与冰铜共存是铜熔炼及吹炼造渣期的工艺基础。图 7.11 表示了在 1250℃ 和 P_{SO_2}=0.25atm 条件下，气体/渣/冰铜/尖晶石（Fe$_3$O$_4$）及鳞石英（SiO$_2$）平衡状态下，Cu-Fe-O-S-Si 系渣中铜溶解度与冰铜品位的关系。图中鳞石英饱和渣的实验数据比较分散，有的数据没有显示渣中铜溶解度与冰铜品位的系统性关系。热力学模拟计算曲线基本上代表了变化趋势。在一定冰铜品位时，尖晶石饱和渣中铜溶解度高于鳞石英饱和渣中铜溶解度。在冰铜品位低于 75%时，尖晶石饱和渣中铜溶解度随着冰铜品位的升高而降低，鳞石英饱和渣中铜溶解度变化不明显。当冰铜品位高于 75%时，渣中铜溶解度随着冰铜品位升高而增加，两者的铜溶解度基本相同。在冰铜品位为 79.9%，即达到白冰铜时，渣中铜溶解度达到最高值。

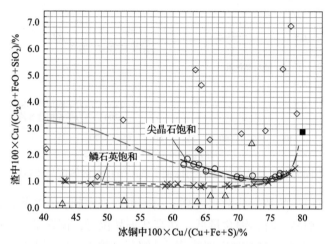

图 7.11 在 1250℃和 P_{SO_2}=0.25atm 条件下，气体/渣/冰铜/尖晶石及鳞石英平衡时，Cu-Fe-O-S-Si 系渣中铜溶解度与冰铜品位的关系[1-11]

　　图 7.12 和图 7.13 分别表示不同温度下尖晶石和鳞石英饱和渣-冰铜平衡时渣中铜溶解度与冰铜品位的关系。由图可知，渣的铜溶解度随温度升高而增加。在冰铜品位低于 75%左右时，尖晶石饱和渣中铜溶解度随着冰铜品位升高而降低，鳞石英饱和渣中铜含量变化不明显。但是在品位高于 75%的冰铜区域，两种情况下渣中铜溶解度均迅速增加。

　　图 7.14 为来自不同实验室的渣中铜溶解度的数据。图中数据表明，不同实验室甚至

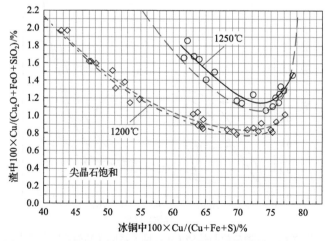

图 7.12 不同温度下尖晶石饱和渣与冰铜平衡时渣中铜溶解度与冰铜品位的关系[1,2,10,11]

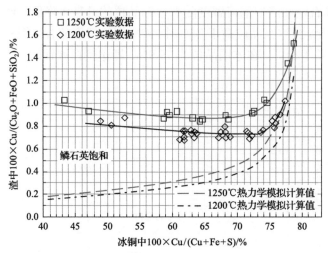

图 7.13　不同温度下鳞石英饱和渣与冰铜平衡时渣中铜溶解度与冰铜品位关系[8,9]

相同实验室，研究得出的数据分散程度高。由图可以观察到，在冰铜品位低时，渣中铜含量高；在中等冰铜品位时，铜含量低；在高冰铜品位时，铜含量又升高(如 A 线和 B 线)，渣含铜在冰铜品位为 30% 时出现峰值，其解释是炉渣中的铜以硫化铜和氧化铜的形式存在。但是其他实验室数据，如图 7.14 中 C、D、G 和 E 线所示，没有显示图中 A 线和 B 线的变化趋势。在与 γ-Fe 饱和平衡的低氧势下，渣中存在 Cu₂S 溶解，硅酸盐渣中氧化铜和硫化铜溶解的总和与冰铜品位关系呈正弦趋势，得到了一些研究人员的支持。然而，一些研究结果表明 Cu 溶解度与冰铜品位的关系曲线没有呈现最大值。

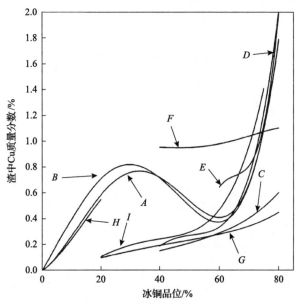

图 7.14　冰铜品位与熔渣 Cu 含量关系的实验研究[22,27,28-34]

硅酸盐和钙铁氧体渣与冰铜平衡时渣中铜和硫含量如图 7.15 所示。由图可知，对于硅酸铁渣，随着渣中 CaO 浓度增加，渣中铜和硫的溶解度降低，铜溶解曲线的包形状消失，说明渣中的硫化铜随着 CaO 添加转变为氧化铜溶解[35]。钙铁氧体渣的铜和硫的溶解度高于硅酸铁渣，冰铜品位高于 70%时，铜的溶解度才低于硅酸铁渣。

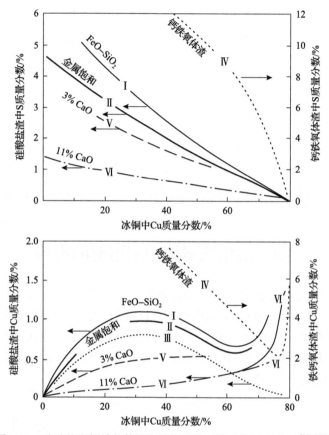

图 7.15　硅酸盐和钙铁氧体渣与冰铜平衡时渣中铜和硫含量[32, 35-37]

硅酸盐为二氧化硅饱和渣，图中各曲线的条件：I-氧化条件下冰铜熔炼 FeO-SiO₂ 渣；II-还原条件下冰铜熔炼 FeO-SiO₂ 渣(金属饱和)；III-理论假定曲线 I 和 II 硫化铜含量；IV-钙铁氧体渣；V-FeO-SiO₂-3%CaO 渣与金属饱和，VI-FeO-SiO₂-11% CaO 渣与金属饱和；VI-曲线 VI 中的铜含量外推

工业统计分析数据没有出现最大值[24]，铜溶解度的实验数据分歧另一解释是冰铜和渣两相之间存在相互夹带悬浮。现代铜熔炼工艺在强氧化条件下进行，冰铜品位一般高于 50%，可以认为铜在渣中主要以 Cu₂O 溶解。

对于不含硫的铁橄榄石渣，用 $CuO_{0.5}$ 的活度来表示铜溶解度(如第 6 章所述)，以及渣中少量添加(5%~10%)Al_2O_3、MgO 和 CaO 能降低氧化铜溶解度，这些研究结果达到普遍认同。但是与冰铜平衡时渣中铜以硫化铜和氧化铜形式溶解，则没有普遍认同。

在 1200℃条件下，铁和石英饱和硅酸铁熔体与不同成分冰铜共存时，铜和硫的溶解度如图 7.16 所示。图中数据是在低氧势(低冰铜品位)下测定的，铜在渣中的溶解主要是 Cu_2S。

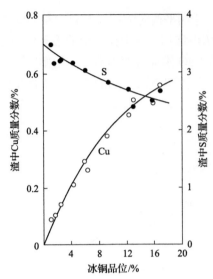

图 7.16   铁和石英饱和硅酸铁熔体与冰铜平衡时，铜和硫在硅酸铁熔体的溶解度[25,36]

7.4   渣组成对渣中铜溶解的影响

图 7.17 表示在 1200℃和 P_{SO_2}=0.25atm 条件下，不含和含有 CaO 铁橄榄石渣中铜溶解度与冰铜品位的关系。添加 CaO,渣中铜溶解度降低,渣中 CaO 含量从 0%增加到 4%,铜溶解度从 0.7%降低至约 0.5%。在一定的 CaO 含量下，冰铜品位在 57%～70%范围内，铜在渣中溶解度随冰铜品位的变化不明显；变化趋势与无 CaO 渣的数据相同。热力学模拟计算的铜溶解度低于实验数据。

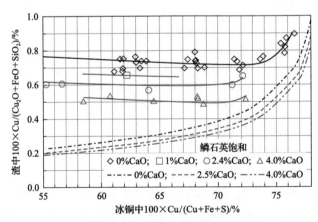

图 7.17   在 1200℃和 P_{SO_2}=0.25atm 条件下，气体-渣-冰铜-鳞石英平衡，CaO 对于 Cu-Fe-O-S-Si-Ca 系
渣中铜溶解度的影响[38]
虚线为热力学模拟计算结果

图 7.18 为在 1200℃和 P_{SO_2}=0.25atm 条件下，Al-Ca-Cu-Fe-Mg-O-S-Si 系平衡时渣中铜溶解度与冰铜品位的关系，图中表明了添加 Al$_2$O$_3$、CaO 和 MgO 对渣中铜溶解度的影

响。由图可知，在给定的冰铜品位下，尖晶石饱和渣中的铜溶解度高于鳞石英饱和渣中的铜溶解度。Al_2O_3、CaO 和 MgO 的添加使铜在熔渣中的溶解度从高于 0.8%降低至 0.4%~0.5%。在冰铜品位 70%附近可观察到尖晶石饱和渣中的铜溶解度的最小值。Al_2O_3、CaO 和 MgO 的存在使最小值消失。冰铜品位低于 70%时，铜溶解度受冰铜品位影响小，冰铜品位高于 70%时，铜溶解度急速增加。图中数据表明渣中添加 Al_2O_3、CaO 和 MgO，有利于降低铜在渣中的溶解度。

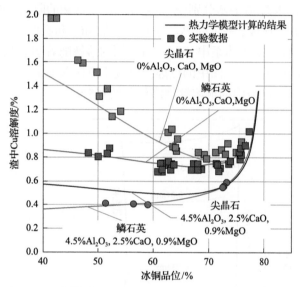

图 7.18　1200℃和 P_{SO_2}=0.25atm 条件下，Al-Ca-Cu-Fe-Mg-O-S-Si 系平衡状态下，添加 Al_2O_3、CaO 和 MgO 对渣中铜溶解度的影响[39]

　　图 7.19 表示在 P_{SO_2} 等于 0.1atm 和 0.5atm 时，铁硅酸盐渣与冰铜平衡时渣中铜溶解度与冰铜品位的关系。图中数据表明，冰铜品位低于 65%时，鳞石英饱和 FeO_x-SiO_2 渣

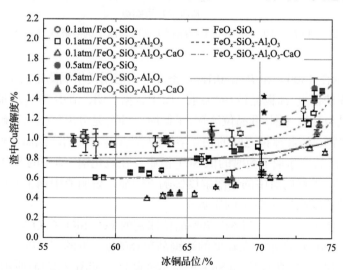

图 7.19　在 1300℃和 P_{SO_2}=0.1atm，0.5 atm 条件下，SiO_2 饱和渣中铜溶解度与冰铜品位的关系[13,16,17,20]

中的铜溶解度几乎不变，冰铜品位高于 65%，渣中铜溶解度随着冰铜品位的提高开始增加。当渣中添加 Al_2O_3 和 CaO 时，渣中的铜溶解度普遍降低，但在冰铜品位较低时降低较快。同时，添加 Al_2O_3 和 CaO 使渣中的铜溶解度减少了约 0.4%。CaO、Al_2O_3 和 MgO 等氧化物的少量添加，由于 Ca^{2+}、Al^{3+} 和 Mg^{2+} 取代了渣中铜离子，使铜化学溶解减少。给定冰铜品位，P_{SO_2} 对渣中铜溶解度的影响不明显。

图 7.20 表示在 1250℃和 $P_{O_2}=10^{-8}$atm 条件下与冰铜平衡时渣中铜溶解度和 Fe/SiO_2 的关系。由图可知，冰铜-渣平衡分别受 SiO_2 和磁性铁饱和的限制，图中包括 SiO_2 和磁性铁饱和之间的 SO_2 等压线，一定的 P_{SO_2} 条件下，在 SiO_2 和磁性铁饱和之间渣中铜溶解度与 Fe/SiO_2 无关，仅取决于体系中 P_{SO_2}。渣中铜的溶解随着 P_{SO_2} 降低而升高，达到铜饱和时渣中铜溶解度接近 3%。图中的点虚线对应于渣含 3%石灰时的渣-冰铜-铜平衡。可以看出，CaO 的存在使渣中的铜溶解度降低了约 0.5%。

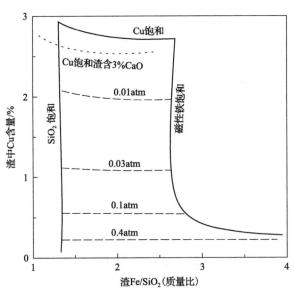

图 7.20　在 1250℃和 $P_{O_2}=10^{-8}$atm 条件下与冰铜平衡时，渣中铜溶解度与 Fe/SiO_2 的关系[34,35]

长虚线为 P_{SO_2} 等压线

图 7.21 表示在 1300℃和 $P_{SO_2}=0.1$atm 条件下，应用镁坩埚测定的 FeO_x-SiO_2 系渣中铜溶解度与冰铜铁含量(冰铜品位)的关系。图中数据表明，渣中 SiO_2 增加可降低渣的铜溶解度，尤其是与高铁冰铜(低品位冰铜)平衡时。SiO_2 是分离氧化铁和硫化物的有效熔剂，对于高铁冰铜，渣和冰铜之间的相互溶解随着 SiO_2 含量的降低而加速，渣中的铜溶解度增加，说明低品位冰铜平衡时的低 SiO_2 渣中存在硫化铜。渣中的 SiO_2 含量对与低铁冰铜(高品位冰铜)平衡的渣中的铜溶解度影响不明显，说明渣中铜主要以氧化铜溶解，而渣中氧化铜的活度系数受 SiO_2 的影响小。

在 $P_{SO_2}=0.01$MPa 下，与 50%和 79%品位冰铜的 FeO-SiO_2-CaO-MgO 系渣中的铜溶解度如图 7.22(a)和(b)所示。在较低的冰铜品位(50%)，铜的溶解度主要取决于熔渣中的 Fe/SiO_2(质量比)，其值随着 Fe/SiO_2 的降低而降低，如图 7.22(a)所示，Fe/SiO_2 从大于 2 降低到 1 左右，渣中铜溶解度从 1%降低到 0.3%。然而，对于 79%的冰铜品位，

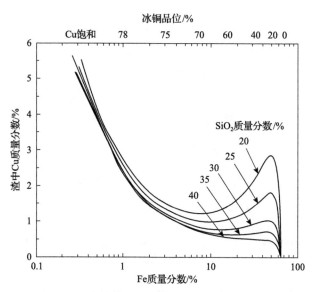

图 7.21 在 1300℃ 和 P_{SO_2}=0.1atm 条件下，测定的 FeO_x-SiO_2 系渣中的铜
溶解度与冰铜铁含量(冰铜品位)的关系[37,40]

铜的溶解度随着渣中 CaO+MgO 含量的降低而增加，Fe/SiO$_2$ 的影响小，铜溶解度在靠近 FeO_x-SiO_2 边的 5%，当 (CaO+MgO)/SiO$_2$(质量比)=1 时，铜溶解度降低到 2% 左右。由于图 7.22 中 MgO 和 CaO 浓度是作为总和给出的，并且测试是在 MgO 坩埚中进行的，因此不可能单独得出这些氧化物的影响。此外，体系在高 P_{SO_2} 和 P_{O_2} 下进行平衡，因此其结果不能直接用于氧势低的还原条件下的熔渣。

在 1300℃ 和氧势 P_{O_2}=10^{-8}～10^{-6}atm 条件下，与冰铜平衡的 SiO$_2$-CaO-MgO-FeO$_x$ 渣中 CuO$_{0.5}$ 的活度系数与渣中 Fe 含量的关系示于图 7.23。图中关系表明，当渣的 Fe 质量分数高于 50% 时，CuO$_{0.5}$ 的活度系数不受渣 Fe 含量的影响，活度系数恒定在 4 左右。Fe 含量低于 50%，取决于渣的 (CaO+MgO)/(SiO$_2$+CaO+MgO)(质量比)，当其比率等于 0.55 和 0.4 时，CuO$_{0.5}$ 的活度系数随着渣的铁含量增加，初始显示升高，随后明显降低，直

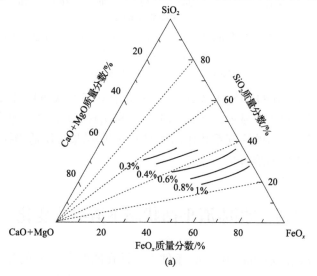

(a)

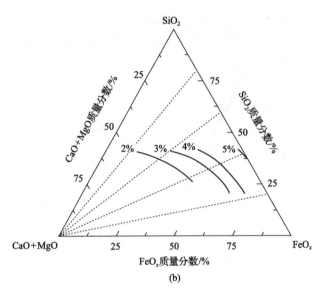

(b)

图7.22 在P_{SO_2}=0.01MPa下,与50%Cu和79%Cu品位冰铜平衡的FeO-SiO$_2$-CaO+MgO系渣中铜溶解度[37,40]

(a) 50%Cu,24.0%Fe;(b) 79%Cu,0.3%Fe;图中数字为铜溶解度

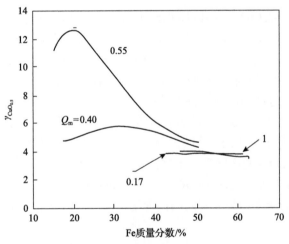

图7.23 在1300℃和P_{O_2}=10^{-8}~10^{-6}atm条件下与冰铜平衡的FeO$_x$-SiO$_2$-CaO-MgO渣中CuO$_{0.5}$的活度系数与Fe含量的关系[37,40]

Q_m=(CaO+MgO)/(SiO$_2$+ CaO+MgO)(质量比)

到其值等于4。(CaO+MgO)/(SiO$_2$+CaO+MgO)等于0.55的CuO$_{0.5}$的活度系数明显高于其比为0.4的值。图7.23中显示,(CaO+MgO)/(SiO$_2$+CaO+MgO)(质量比)等于0.17和1时,渣中铁含量对CuO$_{0.5}$的活度系数作用不明显。图中结果说明适当控制渣中铁及CaO+MgO,可以降低铜渣中的溶解。

7.5 冰铜-渣平衡状态下渣组分变化

在1300℃和P_{SO_2}=0.1atm,0.5atm条件下,铁在冰铜-渣之间的分配系数($L_{Fe}^{m/s}$)与冰

铜品位的关系如图 7.24 所示，图中的铁的分配系数值小于 1，且随着冰铜品位的升高而降低，说明铁被高度分配于渣中，随着冰铜品位增加，更多的铁进入渣中。含 Al_2O_3 和 CaO 的渣具有较高的铁分配系数；在冰铜品位高于 75%时，冰铜与不同渣成分之间的分配系数趋于一致；分配系数受 P_{SO_2} 的影响小。铁作为 Fe^{2+} 和 Fe^{3+} 存在于渣中。由于 EMMA 无法测量铁的价位状态，图 7.25 为 1300℃下 SiO_2 饱和铁硅酸盐渣中计算的铁总含量"FeO"与冰铜品位的关系。纯 FeO_x-SiO_2 渣中的"FeO"浓度随着冰铜品位增加略呈下降趋势。FeO_x-SiO_2-Al_2O_3 和 FeO_x-SiO_2-Al_2O_3-CaO 渣中的"FeO"浓度分别为 46%和 31%。比较 P_{SO_2} 等于 0.1atm 和 0.5atm 获两组数据，可以发现渣中的"FeO"浓度与 P_{SO_2} 无关。与图 7.25 同样条件下测定的渣中 SiO_2 含量与冰铜品位的关系示于图 7.26。图中数据比较分散，但趋势是渣中 SiO_2 含量随 P_{SO_2} 升高而增加，P_{SO_2} 从 0.1atm 升高到 0.5atm，SiO_2 在渣

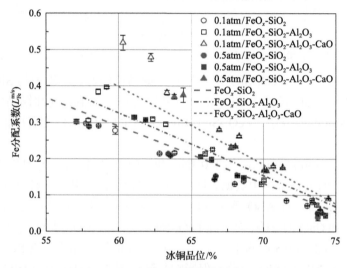

图 7.24　在 1300℃和 P_{SO_2}=0.1atm、0.5atm 条件下，铁在冰铜-SiO_2 饱和渣之间的分配系数（$L_{Fe}^{m/s}$）与冰铜品位的关系[17,20]

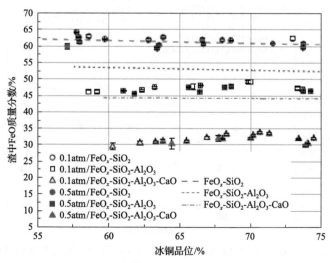

图 7.25　在 1300℃和 P_{SO_2}=0.1atm、0.5atm 条件下，SiO_2 饱和渣中 FeO 的浓度与冰铜品位的关系[8,17,18,20]

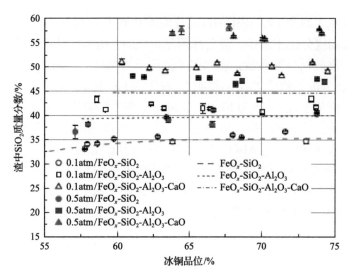

图 7.26　在 1300℃和 P_{SO_2}=0.1atm、0.5atm 条件下，SiO₂饱和渣中 SiO₂的浓度与冰铜品位的关系[17,20]

中浓度增加约 5%。对于 FeOₓ-SiO₂ 渣，随着冰铜品位的升高，渣中的 SiO₂ 含量稍有增加，而含 Al₂O₃ 和 CaO 的渣中 SiO₂ 浓度的几乎为恒定的值，与冰铜品位无关。然而，在 P_{SO_2}=0.1～1atm 的研究中，FeOₓ-SiO₂-MgO 渣中的 SiO₂ 浓度随着冰铜品位的增加而降低[19]。

　　图 7.27 表示在 1300℃和 P_{SO_2} 等于 0.1atm 和 0.5atm 条件下，SiO₂饱和渣中 Fe/SiO₂（质量比）与冰铜品位的关系。图中数据表明，随着冰铜品位的升高，纯 FeOₓ-SiO₂ 渣中的 Fe/SiO₂ 略有下降，而含有 Al₂O₃ 和 CaO 的渣的 Fe/SiO₂ 没有明显变化。渣中 Fe/SiO₂ 主要受添加 Al₂O₃ 和 CaO 的影响，对于纯 FeOₓ-SiO₂ 渣，含 Al₂O₃ 和 Al₂O₃+CaO 渣，Fe/SiO₂ 大致分别在 1.4、0.8 和 0.5 的水平。与 P_{SO_2}=0.1atm 的结果相比，渣 SiO₂ 浓度的增加导致 P_{SO_2}=0.5atm 的渣中 Fe/SiO₂ 下降，但影响甚微。图 7.28 表示在 1250℃尖晶石和鳞石

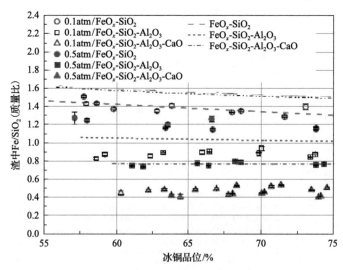

图 7.27　在 1300℃和 P_{SO_2}=0.1atm，0.5atm 条件下，不同成分的 SiO₂ 饱和渣中 Fe/SiO₂（质量比）与冰铜品位的关系[8,17,18,20,38]

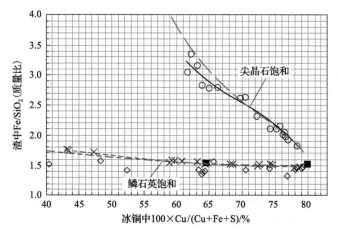

图 7.28 在 1250℃，尖晶石和鳞石英饱和时渣中 Fe/SiO$_2$ 与冰铜品位的关系[2,5,7,8, 20]

英饱和的条件下，Fe/SiO$_2$ 比与冰铜品位的关系。由图可知，鳞石英饱和时，Fe/SiO$_2$ 基本上不随冰铜品位变化，与图 7.27 中数据变化趋势类似。而尖晶石饱和时，Fe/SiO$_2$ 随冰铜品位的升高而降低，直到接近白冰铜时，Fe/SiO$_2$ 才降低到 1.5 左右。

参 考 文 献

[1] Hidayat T, Fallah-Mehrjardi A, Hayes P C, et al. The influence of temperature on the gas/slag/matte/spinel equilibria in the Cu-Fe-O-S-Si system at fixed $P_{(SO_2)}$=0.25atm. Metallurgical and Materials Transactions, 2020, 51B: 963-972.

[2] Shishin D, Jak E, Decterov S A. Thermodynamic assessment of slag-matte-metal equilibria in the Cu-Fe-O-S-Si system. Journal of Phase Equilibria and Diffusion, 2018, 39: 456-475.

[3] Korakas N. Magnetite formation during copper matte converting. Transactions of the Institution of Mining and Metallurgy, 1962, 72: 35-53.

[4] Johannsen F, Knahl H. Solubility of oxygen in copper matte. Z Erzbergbau Metallhuettenwes, 1963, 16: 611-621.

[5] Korakas N. Etude thermodynamique de l'equilibre entre scories ferro-siliceuses et mattes de cuivre. Liège: Universitède Liège, 1964.

[6] Tavera F J, Davenport W G. Equilibrations of copper matte and fayalite slag under controlled partial pressures of SO$_2$. Metallurgical Transactions, 1979, 10B: 237-241.

[7] Henao H M, Hayes P C, Jak E. Australian research council linkage program report: Experimental study of slag-matte equilibria in the Ca-Cu-Fe-O-S-Si system at fixed $P_{(SO_2)}$ and $P_{(O_2)}$. Brisbane: Pyroresearch, The University of Queensland, 2013.

[8] Fallah-Mehrjardi A, Hidayat T, Hayes P C, et al. Experimental investigation of gas/slag/matte/tridymite equilibria in the Cu-Fe-O-S-Si system in controlled gas atmosphere: Experimental results at 1523K (1250℃) and $P_{(SO_2)}$=0.25atm. Metallurgical and Materials Transactions, 2018, 49B: 1732-1739.

[9] Fallah-Mehrjardi A, Hayes P C, Jak E. The Effect of CaO on gas/slag/matte tridymite equilibria in fayalite-based copper smelting slags at 1473K (1200℃) and $P_{(SO_2)}$ = 0.25 atm. Metallurgical and Materials Transactions, 2018, 49B: 602-609.

[10] Hidayat T, Hayes P C, Jak E. Experimental investigation of gas/matte/spinel equilibria in the Cu-Fe-O-S system at 1473K (1200℃) and $P_{(SO_2)}$=0.25atm. Journal of Phase Equilibria and Diffusion, 2018, 39: 138-151.

[11] Hidayat T, Fallah-Mehrjardi A, Hayes P C, et al. Experimental investigation of gas/slag/matte/spinel equilibria in the Cu-Fe-O-S-Si system at 1473 K (1200℃) and $P_{(SO_2)}$=0.25atm. Metallurgical and Materials Transactions, 2018, 49B: 1750-1765.

[12] Sukhomlinov D, Klemettinen L, O'Brien H, et al. Behavior of Ga, In, Sn, and Te in copper matte smelting. Metallurgical and Materials Transactions, 2019, 50B: 2723-2731.

[13] Roghani G, Takeda Y, Itagaki K. Phase equilibrium and minor elements distribution between FeO_x-SiO_2-MgO-based slag and Cu_2S-FeS matte at 1573 K under high partial pressure of SO_2. Metallurgical Transaction, 2000, 31B: 705-712.

[14] Taskinen P. Direct-to-blister smelting of copper concentrates: The slag fluxing chemistry. Mineral Processing and Extractive Metallurgy Review, 2011, 120 (4): 240-246.

[15] Takeda Y. Oxygen potential measurement of iron silicate slag-copper-matte system//Proceedings of 5th International Conference on Molten Slags, Fluxes Salts'97, Sydney, 1997: 735-743.

[16] Avarmaa K, Johto H, Taskinen P. Distribution of precious metals (Ag, Au, Pd, Pt, and Rh) between copper matte and iron silicate slag. Metallurgical and Materials Transactions, 2016, 47B: 244-255.

[17] Sukhomlinov D, Klemettinen L, O'Brien H, et al. Jokilaakso: Behavior of Ga, In, Sn, and Te in copper matte smelting. Metallurgical and Materials Transactions, 2019, 50B:2723-2732

[18] Fallah-Mehrjardi A, Hidayat T, Hayes P C, et al. Experimental investigation of gas/slag/matte/tridymite equilibria in the Cu-Fe-O-S-Si system in controlled gas atmospheres: Experimental results at T=1473K (1200 ℃) and $P_{(SO_2)}$ = 0.25atm. Metallurgical and Materials Transactions, 2017, 48B: 3017-3026.

[19] Sridhar R, Toguri J, Simeonov S. Thermodynamic considerations in copper pyrometallurgy. Journal of Metals, 1997, 49 (4): 48-52.

[20] Chen M, Avarmaa K, Klemettinen L, et al. Equilibrium of copper matte and silica-saturated iron silicate slags at 1300 ℃ and P_{SO_2} of 0.5atm. Metallurgical and Materials Transactions, 2020, 51B: 2107-2118.

[21] Geveci A, Rosenqvist T. Equilibrium relations between liquid Cu, Fe-Cu matte and Fe silicate slag at 1250 ℃. Transactions of the Institution of Mining and Metallurgy (Section C), 1973, 82: C193-C201.

[22] Bor F Y, Tarassoff P. Solubility of oxygen in copper mattes. Canadian Metallurgical Quarterly, 1971, 10 (4): 267-271.

[23] Yazawa A. Effects of slag compositions on solubilities of constituents of matte into slag. Journal of the Mining and Metallurgical Institute of Japan, 1960, 76:559-564.

[24] Sridhar R, Toguri J M, Simeonov S. Copper losses and thermodynamic considerations in copper smelting. Metallurgical and Materials Transactions, 1997, 28B: 191-200.

[25] Nagamori M. Metal loss to slag: Part I. Sulfidic and oxidic dissolution of copper in fayalite slag from low grade matte. Metallurgical Transactions B, 1974, 5: 531-538.

[26] Matousek J W. The oxidation mechanism in copper smelting and converting. Journal of Metals, 1998, (1): 64-65.

[27] Turkdogan E T. Physicochemical properties of molten slags and glasess. London: The Metal Society, 1983: 314-318.

[28] Jalkanen H. Copper and sulphur solubilities in slica saturated iron silicate slags from Mattes. Scandinavian Journal of Metallurgy, 1981, 10: 177-184.

[29] Shimpo R, Goto S, Ogawa O, et al. A study on equilibrium between copper matte and slag. Canadian Metallurgical Quarterly, 1986, 25: 113-121.

[30] Yazawa A, Kameda M. Fundamental study of copper smelting. Sendai: Tohoku University, 1954, 19 (1): 1-22.

[31] Yazawa A, Nakazawa S, Takeda Y. Distribution behaviour of various elements in copper smelting system//Advances in Sulfide Smelting: Proceedings of the 1983 International Sulfide Smelting Symposium, San Francisco, 1983: 99-117.

[32] Sehnalek F, Imris I. Advances in Extractive Metallurgy and Refining//Advances in Extractive Metallurgy: Proceedings of a Symposium Organized by the Institution of Mining and Metallurgy, London, 1972: 39-62.

[33] Sineva, Hidayat T, Shishin D, et al. Experimental and thermodynamic modelling study of the effects of Al_2O_3, CaO and MgO impurities on gas/slag/matte/spinel equilibria in the "Cu_2O"-"FeO"-SiO_2-S-Al_2O_3-CaO-MgO system//Copper 2019, Vancouver, 2019.

[34] Degterov S A, Pelton A D. A thermodynamic database for copper smelting and converting. Metallurgical and Materials Transactions, 1999, 30B: 661-669.

[35] Nagamori M, Mackey P J, Tarassoff P. Copper solubility in FeO-Fe$_2$O$_3$-SiO$_2$-Al$_2$O$_3$ slag and distribution equilibria of Pb, Bi, Sb and As between slag and metallic copper. Metallurgical Transactions, 1975, 6B: 295-301.

[36] Takeda Y. Copper solubility SiO$_2$-CaO-FeO$_x$ slag equilibrated with matte//Proceedings of the 4th International Conference on Molten Slags and Fluxes, Tokyo, 1992: 584-589.

[37] Yamaguchi K, Ueda S, Takeda Y. Phase equilibrium and thermodynamic properties of SiO$_2$-CaO-FeO$_x$ slags for copper smelting. Scandinavian Journal of Metallurgy, 2005, 34: 164-174.

[38] Takeda Y. The effects of basicity on oxidic dissolution of copper in slag. Metallurgical processes for the early twenty-first century//Proceedings of the Second International Symposium on Metallurgical Processes for the Year 2000 and Beyond, Vol.1, San Diego: TMS, 1994: 453-466.

[39] Fallah-Mehrjardi A, Hidayat T, Hayes P C, et al. Experimental investigation of gas/slag/matte/tridymite equilibria in the Cu-Fe-O-S-Si system in controlled gas atmosphere at T=1200℃ and $P_{(SO_2)}$=0.1atm. International Journal of Materials Research, 2019, 110(6): 489-495.

[40] Takeda Y. Copper solubility SiO$_2$-CaO-FeO$_x$ slag equilibrated with matte. Morioka: Iwate University, 1997.

第 8 章

铜-冰铜-渣平衡

冰铜熔池连续吹炼及熔池一步炼铜工艺过程中，存在三个凝聚相，即渣、白冰铜和粗铜相，工艺操作很大程度取决于三凝聚相平衡状态。

8.1 白冰铜和泡铜的 Fe、S 及 O 含量

铜-白冰铜-渣的平衡体系中，存在渣、白冰铜、铜和气相共四相，忽略体系微量元素及化合物，五个主要组分包括 Cu、Fe、S、O 和 Si。根据相律规则，体系自由度为 3，熔融铜中铜活度基本为常数，在恒温操作时，定义一个变量，如氧势或二氧化硫分压等，可以确定体系各相的组成。

白冰铜相主要由 Cu_2S 组成，在铜-冰铜-渣平衡状态下，铜和硫的含量分别在 80% 和 19% 左右，在一定温度下三相共存，白冰铜的 Cu 和 S 含量基本上保持不变。图 8.1[1] 表示 1300℃铜-冰铜-渣平衡状态下二氧化硫分压 (P_{SO_2}) 对白冰铜中铁和氧含量的影响，铁的含量随 P_{SO_2} 的升高而降低，相反，氧含量随 P_{SO_2} 的升高而增加。当 P_{SO_2}=0.01atm 时，白冰铜中 Fe 和 O 的浓度分别为 0.21% 和 0.43%。在冰铜熔炼条件下，冰铜中的氧是以溶解氧化铁[2,3]的形式存在的。然而，在白冰铜相中氧以 Cu_2O 的形式存在为更合理。因此，Cu_2S、Cu_2O 和 FeS 可被视为白冰铜的组成[2,3]。

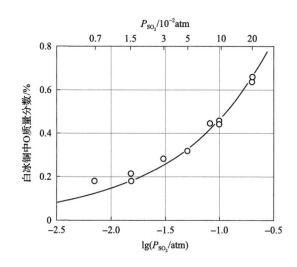

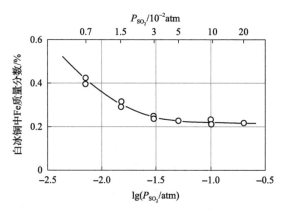

图 8.1　1300℃铜-冰铜-渣平衡状态下 P_{SO_2} 对白冰铜 Fe 和 O 含量的影响[1]

图 8.2 表明 1300℃铜-冰铜-渣平衡状态下 SO_2 分压(P_{SO_2})对泡铜金属相中硫、铁、氧含量的影响。由图可知，泡铜中硫含量约为 1%，但随着 P_{SO_2} 的升高，硫含量略有下降。与白冰铜相类似，P_{SO_2} 的升高导致氧含量增加和铁含量降低，但这些值比白冰铜低一个数量级。P_{SO_2}=0.01atm，泡铜中 Fe 和 O 的质量分数分别为 0.01%和 0.03%。图 8.3 为泡铜相中铁含量及其活度系数(γ_{Fe})与 $P_{SO_2}^{-1/2}$ 的关系，随着 $P_{SO_2}^{-1/2}$ 的升高(SO_2 分压降低)铜相中铁含量和活度系数分别增加和降低，P_{SO_2}=0.01atm 时泡铜中铁的活度系数约为 19。

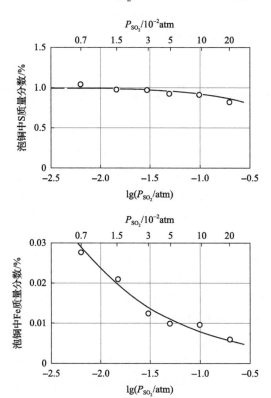

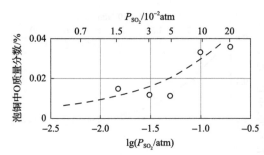

图 8.2　1300℃铜-冰铜-渣平衡状态下 P_{SO_2} 对泡铜 S、O 和 Fe 含量的影响[1]

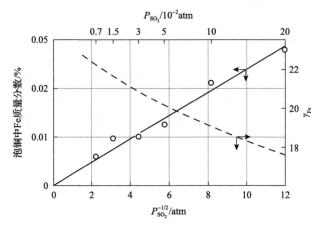

图 8.3　泡铜中铁含量和活度系数(γ_{Fe})与 $P_{SO_2}^{-1/2}$ 的关系[1]

8.2　渣中铜、硫和磁性铁的溶解度及冰铜中铁的溶解度

在 1250℃和 1atm 条件下，铁和石英或者磁性铁饱和的液态铜、冰铜、硅酸铁渣的四相共存平衡的研究结果如图 8.4 所示。体系中有五个元素，在恒温恒压下，四相共存，只有一个自由度。因此，平衡态可以是组分的单一函数，即可以是冰铜中铜含量的函数。由图中数据可知，在铁饱和渣中，最低铜溶解度为 0.5%，渣中铜含量朝维氏体双饱和方向增加，维氏体饱和时，冰铜品位 30%，铜含量达到 3.5%。石英饱和渣中铜含量随着冰铜品位的升高而增加，接近磁性铁饱和时渣中铜含量急剧升高，磁性铁饱和渣中最高铜溶解度为 7.6%。渣中硫含量随着冰铜品位的升高而降低，在铁饱和渣中最高溶解度为 4.4%，在磁性铁饱和渣中最低溶解度为 0.02%。

图 8.5[4,5]总结了冰铜-铜-渣-磁性铁平衡状态下，冰铜中铁含量和渣中的铜含量与温度的关系。三条线在 1300℃左右相交，对应于金属、冰铜、磁性铁和硅饱和硅酸铁渣之间的四相平衡，与 a_{FeO}=0.3 计算的理论温度 1327℃基本一致，四相平衡时冰铜中铁质量分数约为 0.45%。对于冰铜-铜-渣平衡，冰铜的铁质量分数为 0.4%且随着温度升高稍有降低，熔渣的铜质量分数为 6%，随温度降低呈增加的趋势。连续炼铜研究白冰铜铁质量分数在 0.1%～2.2%，泡铜含有约 1.0%的硫和约 0.01%的铁[3]。冰铜-磁性铁-渣平衡时观察到的冰铜中铁含量随着温度升高而增加，说明冰铜中铁含量随着熔渣三价氧化铁的增

加而增加，渣含铜在 1.5%～3.5%（质量分数）范围。冰铜-铜-磁性铁平衡时冰铜中的铁含量随着温度降低而降低。图 8.5 中标明了铜-磁性铁-渣之间在 1300℃下平衡时渣中铜含量为 7%（质量分数）[6]。

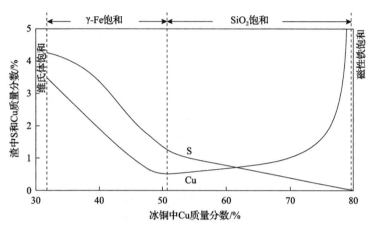

图 8.4　1250℃，硅酸铁熔体与液态铜、冰铜、γ-Fe 或石英共存时硫和铜在硅酸铁熔体的溶解[3,4]

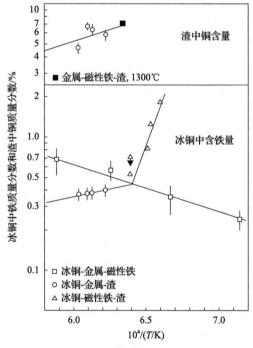

图 8.5　P_{SO_2}=1atm，冰铜-铜-渣-磁性铁平衡状态下，冰铜含铁和渣含铜与温度的关系[4,5]

采用硅酸铁渣从黄铜矿和辉铜矿精矿直接生产泡铜，模拟计算的渣中 Fe_3O_4 和 S，冰铜及铜中氧与冰铜品位的关系如图 8.6 所示。由图可知，渣中铜和磁性铁含量随着冰铜品位升高而增加，渣中硫含量和冰铜氧含量则随着冰铜品位升高而降低。达到白冰铜时，渣中铜和磁性铁含量分别达到 8%和 30%。渣含硫约为 0.2%。冰铜中的氧含量在接近白冰铜时开始升高，白冰铜氧质量分数在 0.4%左右。体系中出现金属铜相后，渣中铜质量分数升高到 15%，Fe_3O_4 质量分数达到 40%左右。泡铜中的氧质量分数在 0.4%左右。从黄铜矿和辉铜矿精矿直接生产泡铜，辉铜矿的渣中磁性铁的含量较黄铜矿低，其他指标没有差别。

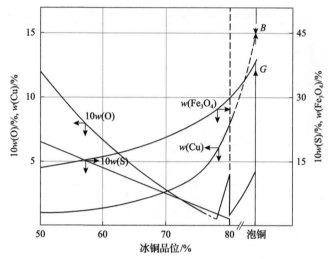

图 8.6　模拟计算从黄铜矿（B）和辉铜矿（G）精矿直接生产泡铜，各项指标与冰铜品位的关系[7]

　　铜-冰铜-渣平衡体系研究中存在的问题，就是如何排除机械夹带因素，测量熔渣中铜含量仅与化学溶解有关。不少研究中采用 Cu-Au 或 Cu-Ag 合金替代纯铜，使 Cu 和 Cu_2S 的活度低于 1。在 1300℃和 P_{SO_2}=0.1atm 条件下，Cu-Ag 合金与冰铜和渣平衡时测定的渣中铜含量与合金中铜活度的关系如图 8.7 所示。图中数据表明，渣中 Cu 含量与合金铜活度成正比，呈直线关系。

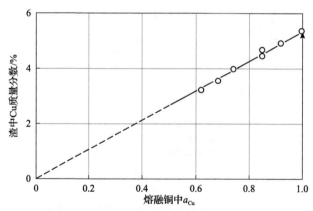

图 8.7　在 1300℃和 P_{SO_2}=0.1atm 下，渣中铜含量与金属中铜活度的关系[1]

8.3　氧势对渣中铜溶解的影响

在 1200℃、1250℃和 1300℃下，铜、白冰铜和硅饱和铁硅渣平衡状态下 P_{SO_2} 对熔渣中铜溶解度的影响如图 8.8 所示。图中数据表明，P_{SO_2} 的增加导致熔渣中铜溶解度增加，在 $\lg P_{SO_2}$ 接近 -0.5 时 $(P_{SO_2}=0.3\text{atm})$ 出现下降，铜溶解度最高值约 7.5%。铜中数据难以分辨温度对铜溶解度的影响，铜溶解度随着铜或铜合金中铜的活度降低而降低。根据图 8.8 中数据转换等量铜溶解度与氧势 (P_{O_2}) 的关系如图 8.9 所示。由图可知，渣中铜溶解度随着氧势的升高而升高，同一氧势下，温度降低，铜溶解度升高。图 8.10 为使用正规溶液模型校正后不同成分的 SiO_2 饱和渣（1250℃，$a_{Cu}=0.73$）的 $CuO_{0.5}$ 的活度（$a_{CuO_{0.5}}$）与 $K\,a_{Cu}\,P_{O_2}^{1/4}$ 的关系。K 为反应平衡常数，熔融铜中铜活度（a_{Cu}）基本为常数。图中数据表明，不同成分渣的 $K\,a_{Cu}\,P_{O_2}^{1/4}$ 与 $a_{CuO_{0.5}}$ 的关系均落在 $1/K$ 的直线上，说明影响溶解度的主要因素是氧势，$a_{CuO_{0.5}}$ 包含渣组成的影响。

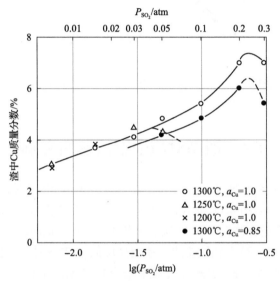

图 8.8　铜、白冰铜和硅饱和铁硅渣平衡状态下，P_{SO_2} 和温度对渣中铜溶解度的影响[1]

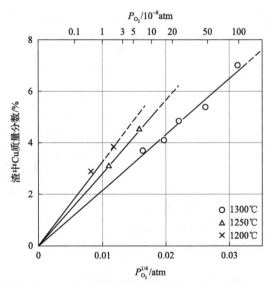

图 8.9　控制 P_{SO_2} 条件下，铜、白冰铜和硅饱和硅铁渣平衡时氧势（P_{O_2}）与渣中铜含量的关系[1]

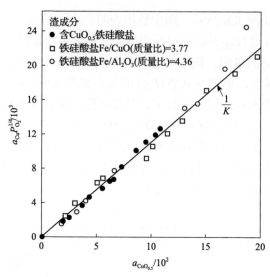

图 8.10　正规溶液模型校正后的二氧化硅饱和硅铁渣（1250℃，a_{Cu}=0.73）的 $a_{CuO_{0.5}}$ 与 $K\,a_{Cu}P_{O_2}^{1/4}$ 的关系[1,8]

8.4　渣型对渣中铜溶解的影响

铜-冰铜-渣平衡或者冰铜-渣平衡体系中，钙铁氧体渣和硅酸盐渣比较，其行为具有较大区别。渣中铜含量如图 8.11 所示。由图可知，在铜-冰铜-渣平衡及冰铜-渣平衡状态下，钙铁氧体渣中铜含量在冰铜品位 78%左右出现最小值，冰铜品位低于和高于 78%时，渣中铜的含量急剧增加。对于硅酸盐渣，冰铜品位低于 70%时，变化小，冰铜品位高于70%时，渣含铜急剧增加。铜-冰铜-渣平衡状态下两类型渣中铜含量的差异可从图 8.12中与氧势、SO_2 分压或冰铜品位的关系更清楚地看出，硅酸盐渣中铜含量随着氧势升高而增加，而钙铁氧体渣中铜含量在氧势为 10^{-8}atm 左右出现最小值。当冰铜品位达到 78%

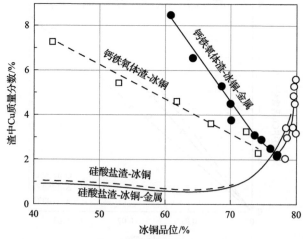

图 8.11　在 1250℃和控制 P_{SO_2} 条件下，铜-冰铜-渣平衡及冰铜-渣平衡时炉渣中铜含量与冰铜品位的关系[7,9]

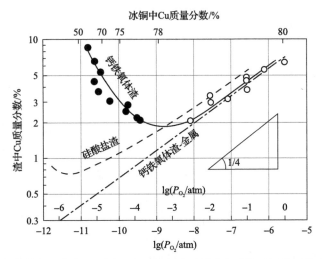

图 8.12　在 1250℃和控制 P_{SO_2} 条件下，铜-冰铜-渣平衡及冰铜-渣平衡时氧势对炉渣中铜含量的影响[7,9]

以上时，铜的溶解度接近金属铜-渣的平衡，且与氧势成正比，说明渣中的铜主要以氧化态存在。另外，随着氧势的减小，钙铁氧体渣中铜溶解度再次增大，与渣中硫含量有关。在低氧势范围内，钙铁氧体渣中溶解的硫化铁量较大，炉渣中的铜主要以硫化物形态存在，冰铜与钙铁氧体渣之间存在互溶。因此，钙铁氧体渣应用于冰铜熔炼，由于冰铜与渣的分离效果差，与硅酸盐渣比没有优势。

在 P_{SO_2}=0.4atm 和 P_{O_2}=10^{-6}atm 下，Fe-Ca-Cu-Si-S-O 系液相渣-尖晶石-白冰铜-气相相平衡实验结果示于图 8.13 和图 8.14，铁钙硅渣中含 15%CaO。图 8.13 表示铁硅渣和铁钙硅渣中 Cu_2O 含量与温度的关系，总体上，两种渣的铜含量随温度升高而降低，但铁钙渣中铜含量明显低于铁硅渣，渣中铜含量比铁硅渣低 3%以上。铁硅渣和铁钙硅渣中 Cu_2O 含量与 Fe/SiO_2 的关系如图 8.14 所示。图中数据表明，两者的渣含铜均随 Fe/SiO_2 的升高而降低，铁钙硅渣中铜含量整体低于铁硅渣，且铁钙硅渣的 Fe/SiO_2 明显低于铁硅渣。铁

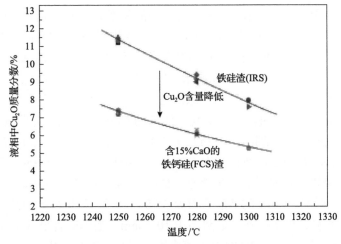

图 8.13　在 P_{SO_2}=0.4atm 和 P_{O_2}=10^{-6}atm 下，Fe-Ca-Cu-Si-S-O 系铁硅渣和
铁钙硅渣中 Cu_2O 含量与温度的关系[10]

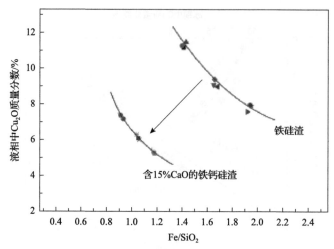

图 8.14　在 P_{SO_2}=0.4atm 和 P_{O_2}=10^{-6}atm 下，Fe-Ca-Cu-Si-S-O 系铁硅渣和
铁钙硅渣中 Cu$_2$O 含量与 Fe/SiO$_2$ 的关系[10]

钙硅渣在 Fe/SiO$_2$ 等于 1.2 时，渣含铜 5%，而铁硅渣 Fe/SiO$_2$ 为 1.4 时，渣的铜质量分数
为 11%。

8.5　三菱工艺吹炼炉渣

钙铁氧体渣已用于连续铜吹炼工艺，如三菱工艺和闪速吹炼。在这些连续吹炼过程
中使用钙铁氧体渣的优点包括：渣液相在铜饱和时可以避免磁性铁矿沉淀，流动性好，
熔渣体积相对小，从而铜损失低。与铁硅酸盐渣相比，从熔融铜中去除杂质效率更高。
铜连续吹炼钙铁氧体渣主要成分为 Cu$_2$O、"Fe$_2$O$_3$" 和 CaO，此外，还存在 SiO$_2$、Al$_2$O$_3$、
MgO 和 Na$_2$O 等组分。

三菱吹炼炉渣中 a_{Cu_2O} 和泡铜中 a_{Cu_2S} 与氧势的关系如图 8.15 所示。图中关系表明渣
中氧化铜活度（a_{Cu_2O}）和泡铜中硫化铜活度（a_{Cu_2S}）分别随着氧势的升高而升高和降低。选
择渣中 Cu$_2$O 的活度系数 1.8，泡铜中 Cu$_2$S 的活度系数为 18.5，估算的炉渣中铜含量和
泡铜中硫含量与氧势的关系如图 8.16 所示。图中包括 Naoshima 冶炼厂三菱吹炼的工厂
数据。估算的渣铜含量低于工厂数据，原因是工厂的渣含铜数据包括渣夹带铜，分析表
明渣含铜约 40% 为夹带金属铜，60% 为化学溶解的 Cu$_2$O。扣除渣夹带铜，以 Cu$_2$O 的活
度系数 1.8 的估算值与工厂数据基本一致。至于泡铜中硫含量，基于 Cu$_2$S 的活度系数 18.5
的计算结果（实线表示）与工厂数据基本一致。在 1200℃ 和 P_{SO_2}=0.3atm 条件下，热力学
模型预测与白冰铜共存时泡铜中硫含量为 2.5%。高于实验值的 1.0%～1.3%。若以泡铜
含 1.3%S 估算，泡铜中 Cu$_2$S 的活度系数为 38.8。为了消除炉内的白冰铜层的存在，实
践中通常选择高氧势条件下操作，氧势高于 $10^{-5.0}$atm，泡铜硫含量低于 0.2%S。

美国 Kennecott 铜冶炼厂（KUCC）闪速吹炼采用与三菱吹炼相同的钙铁渣，渣铜含量
与泡铜硫含量的关系如图 8.17[12-14]所示，图中的关系表明，渣铜含量随着泡铜中的硫含

量增加而降低。吹炼生产低硫含量的泡铜，可以减轻阳极精炼炉脱硫的负担，但渣含铜急剧增加，降低了闪速吹炼的直接回收率。相比之下，如泡铜中高硫含量操作不能显著降低渣含铜，且带来氧化不足，导致炉内存在白冰铜发生泡沫渣风险，实践中通常选择低硫含量操作，其硫含量在 0.2% 左右[13]。

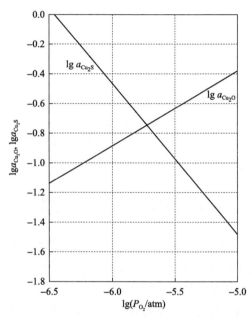

图 8.15　三菱吹炼渣中 a_{Cu_2O}、泡铜中 a_{Cu_2S} 与氧势的关系[11]

1200℃，P_{SO_2}=0.3atm

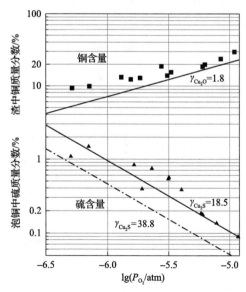

图 8.16　三菱吹炼渣中铜含量，泡铜中硫含量与氧势的关系[1]

1200℃，P_{SO_2}=0.3atm

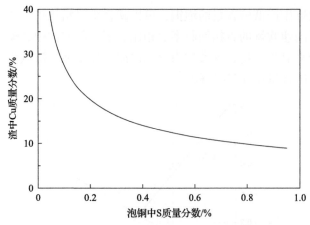

图 8.17　美国 Kennecott 铜冶炼厂(KUCC)闪速吹炼渣含铜与泡铜中硫含量的关系[12-14]

8.6　渣中铁和硅的行为

图 8.18 表示了 1300℃下 P_{SO_2} 或 P_{O_2} 对熔渣中 SiO_2 含量的影响。图中包括二氧化硅饱和含 CuO_{0.5} 和未含 CuO_{0.5} 铁硅酸盐渣[15,16]与金属铜[1,8]平衡的 SiO_2 的溶解度。SiO_2 含量从铁饱和到磁性铁饱和总体随着氧势的升高而降低，但应该注意的是，含氧化亚铜熔渣中的 SiO_2 含量高于不含氧化亚铜熔渣中的含量，这表明，通过添加 CuO_{0.5}，FeO-Fe_2O_3-SiO_2 系的液相区得到扩展。图 8.19 为 1300℃下不同成分铁硅酸盐渣中 Fe^{3+}/Fe^{2+} 与 $P_{O_2}^{1/4}$ 的关系。图中不同成分渣的数据的趋势基本一致，Fe^{3+}/Fe^{2+} 随着氧势的升高线性增加。研究观察到的渣中存在氧化亚铜和少量硫。

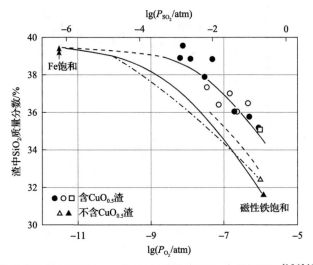

图 8.18　1300℃下 P_{SO_2} 或 P_{O_2} 对熔渣中 SiO_2 含量的影响[1,8,15,16]

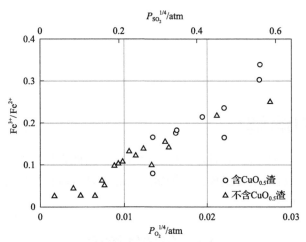

图 8.19 1300℃下不同成分铁硅酸盐渣中 Fe^{3+}/Fe^{2+} 与 $P_{O_2}^{1/4}$ 的关系[1,6,15,16]

参 考 文 献

[1] Eguchi M, Yazawa A. Equilibrium relations between copper, white metal and silica-saturated slag under controlled SO₂ pressure. Transaction of Japan Institute of Metals, 1977, 18: 353-360.

[2] Geveci A, Rosenqvist T. Equilibrium relations between liquid copper, iron-copper matte and iron silicate slag at 1250℃. Transactions of the Institution of Mining and Metallurgy（Section C）, 1973, C82: C193-C201.

[3] Yazawa A, Kameda M. Fundamental study of copper smelting. Sendai: Tohoku University, 1954, 19（1）: 1-22.

[4] Johansen E B, Rosenqvist T, Torgerson P T. On the thermodynamics of continuous copper smelting. Journal of Metals, 1970, 22（9）: 39-47.

[5] Ruddle R W, Taylor B, Bates A P. Solubility of copper in iron silicate slags. Transactions of the Institution of Mining and Metallurgy（Section C）, 1966, 75: C1-C12.

[6] Makinen J K, Jafs G A. Production of matte, white matte and blister copper by flash furnace. Journal of Metals, 1982, 34（6）: 54-59.

[7] Swinbourne D R, West R C, Reed M E, et al. Computational thermodynamic modelling of direct to blister copper smelting. Mineral Processing and Extractive Metallurgy, 2011, 120(1): C1-C9.

[8] Turkdogan E T. Physicochemical Properties of Molten Slags and Glasses. London: The Metal Society, 1983: 313.

[9] Park M G, Takeda Y, Yazawa A. Equilibrium relations between liquid copper, matte and calcium ferrite slag at 1523K. Transactions of the Japan Institute of Metals, 1984, 25（10）: 710-715.

[10] Sun Y, Chen M, Cui Z, et al. Phase equilibria of ferrous-calcium silicate slags in the liquid/spinel/white metal/gas system for the copper converting process. Metallurgical and Materials Transactions, 2020, 51B: 2012-2020.

[11] Goto M. Mitsubishi Continuous Process. Second edition. Tokyo: Mitsubishi Materials Cooperation, 2002.

[12] Swinbourne D R, Kho T S. Computational thermodynamics modeling of minor element distributions during copper flash converting. Metallurgical and Materials Transactions, 2012, 43B: 823-829.

[13] Davenport W G, Jones D M, King M K, et al. Flash Smelting: Analysis, Control and Optimization. Hoboken: Wiley-TMS, 2001: 233.

[14] Kaur R, Nexhip C, Wilson M, et al. Minor element deportment at the Kennecott Utah Copper Smelter//Proceedings of Copper 2010, Hamburg, 2010: 2415-2432.

[15] Altman R, Kellogg H. Thermodynamics of FeO-MnO-TiO melts saturated with iron at 1475℃. Transactions of the Institution of Mining and Metallurgy（Section C）, 1972, 81: C163-C175.

[16] Michal E, Schuhmann R Jr. Thermodynamics of iron-silicate slags: Slags saturated with solid silica. Journal of Metals, 1952, 4: 723-728.

第 9 章

硫在渣中溶解

硫可以随金属进入熔渣，并且形成稳定化合物，因此直接影响渣中金属的溶解。氧硫铁熔体是冰铜及炉渣的主要组成，冰铜熔炼实际上是氧硫铁熔体分离过程，即如何实现氧硫铁熔体最佳分离。

9.1　氧硫铁熔体

氧化铁和硫化铁混合体系的平衡做过不少研究工作[1-6]。体系的平衡反应式为

$$FeO\,(l) + 1/2S_2\,(g) \xlongequal{\quad} FeS\,(l) + 1/2O_2\,(g) \tag{9.1}$$

平衡状态可以表示为

$$K_{S/O} = (x_S/x_O)\,(P_{O_2}/P_{S_2})^{1/2} \tag{9.2}$$

式中，x 为摩尔分数。图 9.1 表示不同温度下 $K_{S/O}$ 与硫势（$P_{S_2}^{1/2}$）的关系，$K_{S/O}$ 值在 $10^{-4}\sim$ 10^{-3} 数量级，随着硫势和温度升高分别降低和增加。研究表明，在 1206℃时，$K_{S/O}$ 随着三价铁离子摩尔分数（$x_{Fe^{3+}}/x_{Fe}$）增加而降低[5]。1200℃时玄武岩类型 Fe-O-S 熔体中硫的溶解度与铁氧化物的关系如图 9.2 所示，硫的溶解度随着熔体中 "FeO" 含量增加而升高。

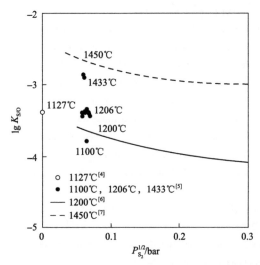

图 9.1　不同温度下式 (9.1) 反应的 $K_{S/O}$ 与硫势（$P_{S_2}^{1/2}$）的关系[1]

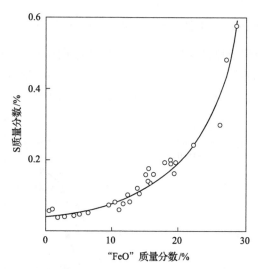

图 9.2　1200℃下，玄武岩类型 Fe-O-S 熔体中硫的溶解度与铁氧化物的关系[1,2]

$P_{O_2}=10^{-12.04}\sim10^{-8.9}$ bar;　$P_{S_2}=10^{-2.64}\sim10^{-0.82}$ bar

9.2　硫-渣平衡反应

硫溶解于熔体的气相-渣反应实验观察到[8]，氧势低于 10^{-5}bar，气体中的硫以硫离子溶解于硅酸盐熔体，代替等量的氧离子。在氧势高于 10^{-3}bar 时，硫以硫酸根溶于熔体。硫混合气体与钙铁熔体平衡实验观察到类似结果[9,10]。

在还原条件下，硫氧在气相-熔渣之间反应，可以用下式表示：

$$1/2\ S_2(g) + O^{2-} \Longrightarrow S^{2-} + 1/2O_2(g) \tag{9.3}$$

定义熔体硫容量为

$$C_{S^{2-}} = w(S^{2-})\ (P_{O_2}/P_{S_2})^{1/2} = (Ka_{O^{2-}})/\gamma_{S^{2-}} \tag{9.4}$$

式中，$C_{S^{2-}}$ 是渣的硫化物容量；$w(S^{2-})$ 是渣中硫离子的质量分数；P_{O_2} 和 P_{S_2} 是平衡的氧势和硫势；K 为平衡常数；$a_{O^{2-}}$ 为渣中 O^{2-} 的活度；$\gamma_{S^{2-}}$ 为渣中 S^{2-} 的活度系数。由于 $a_{O^{2-}}$ 和 $\gamma_{S^{2-}}$ 值不可测量，给定温度下硫化物容量可以根据渣中 $w(S)$ 和气相中硫和氧分压通过下式得出：

$$C_S = (P_{O_2}/P_{S_2})^{1/2}w(S) \tag{9.5}$$

对于低硫浓度熔体（<2%），假设符合 Henry 定理。因此，在恒温和 $(P_{O_2}/P_{S_2})^{1/2}$ 确定的情况下，硫容量仅随熔体中的硫成分变化。图 9.3 表示二元系氧化物熔体的硫容量。硫容量随着聚合性熔体碱性氧化物成分增加而显著增加。以此推断硫在熔体中溶解的聚合反应可以用下式表示：

$$2(>\!\!Si\!\!-\!\!O^-) + 1/2S_2 =\!\!=\!\!= (>\!\!Si\!\!-\!\!O\!\!-\!\!Si\!<) + S^{2-} + 1/2O_2 \qquad (9.6)$$

硫在熔体中溶解对聚合度的影响与硫容量随阴离子团变化一致。基于热力学和熔体结构，从图 9.3 的数据推断，给定碱性氧化物的成分，熔体聚合度越大，熔体中硫容量越低。温度升高致使聚合解离，故硫容量随着温度升高而增加。

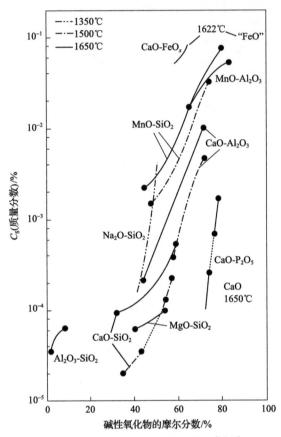

图 9.3 二元系氧化物熔体硫容量[1,8-16]

在高氧势下，硫在气相中主要以 SO_2 存在，硫以硫酸盐或者亚硫酸盐形式的离子溶解于熔渣中：

$$SO_2 + 1/2 O_2 + O^{2-} =\!\!=\!\!= SO_4^{2-} \qquad (9.7)$$

$$2SO_2 + O_2 + O^{2-} =\!\!=\!\!= S_2O_7^{2-} \qquad (9.8)$$

在 1290～1620℃温度范围，$CaO\text{-}Fe_2O_3$ 系熔体中上述反应的平衡关系如图 9.4(a) 和(b)所示。根据熔体硫含量与 $\lg(P_{SO_2}P_{O_2}^{1/2})$ 关系趋势线的斜率推断，图 9.4(a) 中的曲线说明在 1400～1500℃存在硫酸盐至亚硫酸盐的过渡，即存在反应(9.7)和反应(9.8)。图 9.4(b) 中 1615℃的数据表明熔体中不存在反应(9.8)，没有亚硫酸盐存在。在含有 CaO 的熔体中，硫酸根主要与钙离子结合，反应为

$$CaO + SO_2 + 1/2O_2 =\!\!=\!\!= CaSO_4 \qquad (9.9)$$

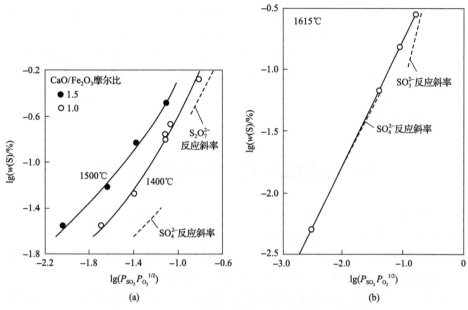

图 9.4 CaO-Fe$_2$O$_3$ 熔体硫酸盐和亚硫酸盐反应[1,11]

硫容量(C_S)主要取决于金属氧化物的作用以及金属硫化物的相对稳定性。图 9.5 表示在 1500℃下 CaO-FeO-SiO$_2$ 系实验和计算的 lgC_S 曲线。图中曲线表明在 CaO-FeO-SiO$_2$ 系中，C_S 几乎沿着固定 CaO/SiO$_2$（质量比），随 FeO 增加而增加。结果说明 CaO 和 FeO 在脱硫反应方面存在竞争，熔体 Fe^{2+} 参与脱硫反应。

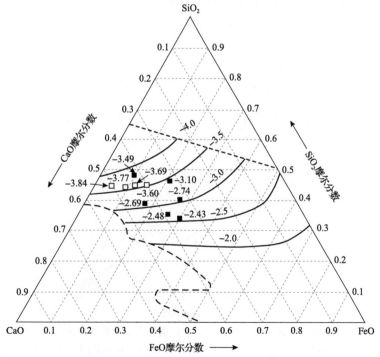

图 9.5 在 1500℃下 CaO-FeO-SiO$_2$ 系实验和计算的 lg C_S 曲线[17-19]

不同压力下硫在 CaMgSi$_2$O$_6$(透辉石)和 NaAlSi$_3$O$_8$(钠长石)熔体中溶解的研究表明[20]，对于 CaMgSi$_2$O$_6$ 与 Cu 和 Cu$_2$S 共存，1650℃下，在 15kbar 时，硫的溶解度约为0.7%，在 30kbar 时，硫的溶解度增加到 1%～2%，比与 Pt 和 PtS 共存时高 0.2%。而与Pt 和 PtS 共存时硫分压(P_{S_2})比与 Cu 和 Cu$_2$S 共存时高四个数量级。对于相同氧活度的熔体与不同的金属-金属硫化物的混合物反应，即使混合物的硫势相差大，在高压力下平衡的熔体硫含量没有大的区别。

9.3 冰铜品位对渣中硫溶解的影响

铜冶炼普遍应用的铁橄榄石渣是离子熔体，以酸性阴离子(SiO$_4^{2-}$)、氧阴离子、二价铁和三价铁阳离子居多。铜被认为以一价阳离子存在于渣中。渣中的硫不以硫化铜存在，而是作为硫化阴离子存在，溶解在熔渣中的硫可能占据氧阴离子的位置。鉴于硫与铜相比，硫与铁的亲和力更高，在铁离子附近发现硫阴离子的概率更大。

图 9.6 表示与铁或铜饱和及未饱和熔体平衡时,硫在石英饱和硅酸铁渣中的溶解度。由图可知，渣中的硫含量随着冰铜品位升高而降低，至白冰铜时，渣中硫含量接近零。铜或铁饱和渣的硫含量低于金属未饱和渣，工业渣硫含量低于实验室数据。尖晶石和鳞石英饱和渣与冰铜平衡时渣中硫含量与冰铜品位关系如图 9.7 所示，图中数据较分散，但趋势基本一致，渣中的硫含量随着冰铜品位的升高而降低。尖晶石饱和渣的硫含量明显高于鳞石英饱和渣中硫含量，随着冰铜品位升高，两者之间的差逐步减少，尖晶石饱和渣的硫含量随冰铜品位升高而降低的速率比鳞石英快。

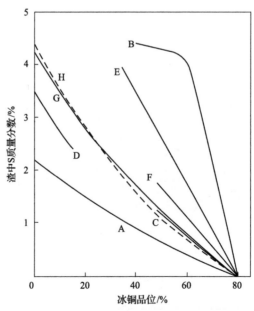

图 9.6 与冰铜平衡时石英饱和铁橄榄石渣的硫溶解度[21-28]

A-工业渣；B-1200℃，P_{SO_2}=0.01～0.1atm；C-1250℃，Cu 饱和；D-1200℃，Fe 饱和；E-1150～1300℃，P_{SO_2}=0.1～1atm；F-1250℃；G-1250℃，Cu 或 Fe 饱和；H-1200℃，Cu 或 Fe 饱和

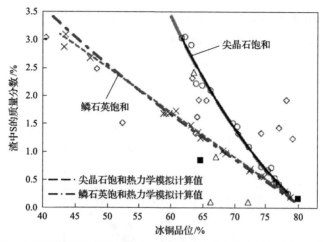

图 9.7 1250℃，尖晶石和鳞石英饱和渣与冰铜平衡时渣中硫含量与冰铜品位的关系[25,29-35]

图 9.8 总结了实验测量及计算的硫在硅酸铁渣中的溶解度。图中数据比较分散主要是由于熔渣中有夹带的冰铜。在实验中 S_2 和 SO_2 的分压都得到控制的条件下，一些数据呈规律性，不同研究的实验数据具有一定的重复性。图中计算出的曲线与实验数据基本吻合，代表渣中硫含量随冰铜品位变化的趋势。通常铜熔炼操作的冰铜品位在 50%～75%，渣中硫质量分数在 0.5%～1.0%的范围。

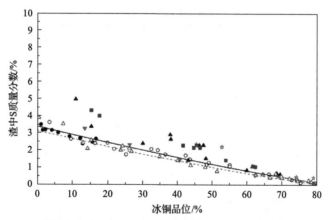

图 9.8 不同研究实验测量及计算的 S 在硅酸铁渣中的溶解度[24,25,27,28,36-39]

工业熔炼渣硫含量与冰铜铁含量的关系如图 9.9 所示。图 9.9 中渣的硫含量从相应工厂报告中的渣硫含量减去了夹带硫，反映了硫在渣中的实际溶解度。图 9.9 中的实线表示 1250℃下用实验得到的硫化物容量数据计算的平衡硫含量[40,41]，该曲线与铜冶炼中硫含量的工厂数据一致，可以代表铜冶炼渣中的平衡硫含量。图 9.9 中虚线表示实验研究数据[28]，实验室测试结果具有较高的硫含量，比工业数据的硫含量高，主要原因是实验研究中的氧势较低。

在 1240℃下铁硅酸盐渣与冰铜平衡状态下渣中 Cu 和 S 的溶解度与冰铜铁含量的关系如图 9.10 所示。渣中铜溶解度随着冰铜中 Fe 含量的降低而急剧增加，而渣中 S 含量随着冰铜中的 Fe 含量增加而线性增加，当冰铜的组成接近白冰铜(Cu_2S)时，渣中硫溶解度达到最低。图9.10中实验数据与模拟计算结果尽管存在差异,但是趋势相同。从图9.10中曲线推断,硫化铁在渣中优先硫化铜溶解。

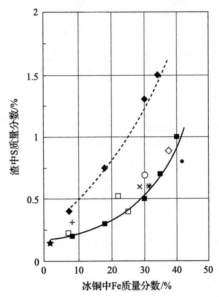

图 9.9　工业熔炼渣含硫量与冰铜铁含量的关系[28,40,41]

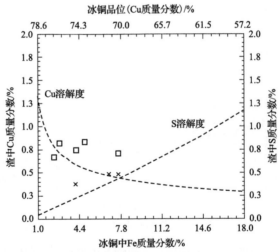

图 9.10　1240℃下与冰铜平衡时渣中可溶性 Cu 和 S 与冰铜铁含量的关系[42]
渣组成：Fe/SiO$_2$=1.5, 6.7% Al$_2$O$_3$, 0.8% MgO, 1.8% CaO, 1.1% Na$_2$O, 0.8% K$_2$O

　　图 9.11 表示 SiO$_2$ 饱和硅酸铁渣中的硫活度与冰铜品位的关系。渣中硫的活度随着冰铜品位升高而降低。与低品位冰铜平衡时渣的纯铁硅渣中硫的活度高于工业渣中的硫活度,随着冰铜品位升高,两者的活度趋于相同。

　　图 9.12 表示尖晶石和鳞石英饱和渣与冰铜平衡时渣中硫容量($\lg C_S$)与冰铜品位的关系,与渣中硫含量相类似,尖晶石饱和渣的硫容量明显高于鳞石英饱和渣中的硫容量。随着冰铜品位的升高,尖晶石饱和渣的硫容量降低,但冰铜品位对鳞石英饱和渣中硫容

量的影响不明显，接近白冰铜时，渣中硫容量增加。

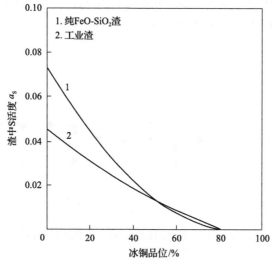

图 9.11　二氧化硅饱和渣中的硫活度与冰铜品位的关系[28]

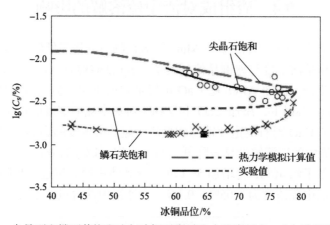

图 9.12　1250℃，尖晶石和鳞石英饱和渣与冰铜平衡时渣中硫容量($\lg C_S$)与冰铜品位的关系[29,33,34]

图 9.13 表示了 SiO_2 饱和渣在 1250℃与冰铜平衡时的硫容量。从图可看出，SiO_2 饱和渣的硫容量 $\lg C_S$ 在 $-3 \sim -2$，随着硫势（P_{S_2}）的升高，硫容量呈降低趋势。1200℃下不

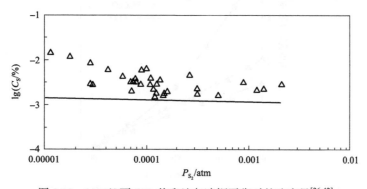

图 9.13　1250℃下 SiO_2 饱和渣与冰铜平衡时的硫容量[26,42]

含 Cu 的体系中 SiO₂ 饱和渣的硫容量如图 9.14 所示，图中数据表明渣的硫容量 $\lg C_S$ 低于 −3.5，并且与氧势/硫势比关系不明显。和图 9.13 中与冰铜平衡的数据比较，不含 Cu 的 SiO₂ 饱和渣的硫容量低于冰铜平衡渣的硫容量。

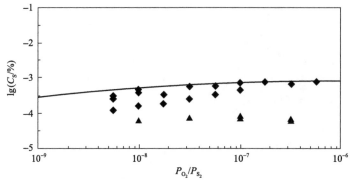

图 9.14　1200℃下无 Cu 体系的 SiO₂ 饱和渣的硫容量[43-45]

9.4　渣组成对渣中硫溶解的影响

在铁橄榄石渣中，CaO、Al₂O₃ 或 MgO 等氧化物组分将降低硫的溶解度。图 9.15 表明了不同成分渣中硫溶解度与冰铜品位的关系，与纯铁橄榄石渣比较，添加 CaO 和 Al₂O₃ 使渣中硫溶解度降低，添加 Al₂O₃ 比 CaO 的降低幅度更大；但当冰铜品位高于 60% 时，渣硫含量降低到 0.5% 以下，添加 CaO 和 Al₂O₃ 对渣中硫溶解度的作用不明显。图 9.16 表示添加 Al₂O₃ 和 CaO 对石英饱和铁硅酸盐渣中硫的溶解度的影响，少量添加 Al₂O₃ 和 CaO，使硅酸盐渣中的硫溶解度显著降低。与不添加 Al₂O₃ 的渣相比，增加 5%Al₂O₃ 使渣中硫溶解度降低了约 40%，再增加 5%CaO，导致渣中溶解硫进一步降低。外推到冰铜铁含量为零时，渣中硫浓度为 0.05%～0.1%。在冰铜中铁含量低于约 15% 时，渣的硫溶

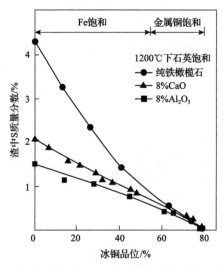

图 9.15　不同渣成分铁橄榄石渣中硫溶解度与冰铜品位的关系[28]

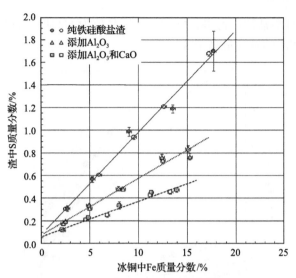

图 9.16　P_{SO_2}=0.1atm，添加氧化铝和石灰对石英饱和铁硅酸盐渣中硫的溶解度的影响[46]

解度和冰铜的铁浓度之间基本上呈线性关系。

硫在冰铜-铁硅酸盐渣之间的分配系数（$L_S^{m/s}$）与冰铜品位的关系如图 9.17 所示，硫的分配系数随着冰铜品位增加呈上升趋势[42]。冰铜和纯 FeO_x-SiO_2 渣之间的硫分配系数在 65%冰铜品位时约为 25，添加 Al_2O_3 和（Al_2O_3+CaO），其值分别增加到约 60 和 150。

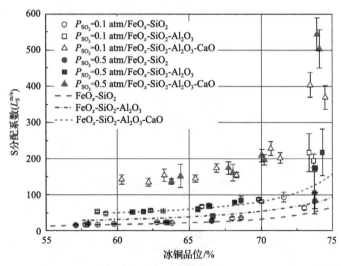

图 9.17　硫在冰铜-铁硅酸盐渣之间的分配系数与冰铜品位的关系[46,47]

钙铁氧体渣和铁硅酸盐渣与金属铜和冰铜平衡时渣中硫溶解度与冰铜品位的关系如图 9.18 所示。渣中的硫含量与冰铜品位成反比。在冰铜品位约 80%时，硫在钙铁氧体渣中的溶解度很低，但是，随着冰铜品位的降低，渣中硫溶解度增加比铁硅酸盐渣的增长快得多。冰铜-渣平衡体系渣中硫含量升高到一定值时，冰铜和钙铁氧体渣成为一个混溶熔体，对于金属铜-冰铜-炉渣体系，在冰铜品位 50%以下，也可观察到类似的结果。因此，可以认为 CaO 对于冰铜-渣分离作用不如 SiO_2 效果好。相同的冰铜品位下，钙铁氧体渣的硫含量比铁硅酸盐渣高得多，例如，冰铜品位为 60% 时，铁硅酸盐渣的硫含量低于 1%，而钙铁氧体渣的硫含量高于 8%。

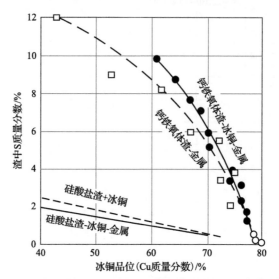

图 9.18　不同类型渣中硫溶解度与冰铜品位的关系[48,49]

在 1300℃、$P_{O_2}=10^{-8}$atm 和 $P_{SO_2}=0.1$atm 条件下，"FeO"-SiO$_2$-CaO 系液相区和硫质量分数如图 9.19 所示。图中数据表明，液相渣中硫的含量在给定的 CaO/SiO$_2$ 或给定的 SiO$_2$/FeO 条件下，分别随着 FeO 和 CaO 含量的增加而增加。图 9.19 中还包括了

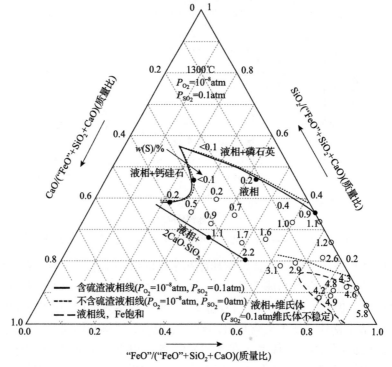

图 9.19　1300℃，$P_{O_2}=10^{-8}$atm，$P_{SO_2}=0.1$atm，Fe-Si-Ca-S-O 系渣中硫含量[50]

P_{SO_2}=0.1 和 P_{O_2}=10⁻⁸atm 条件下 1300℃ 的液相线，以及铁饱和条件下获得的液相线，以评估比较硫对液相区的影响。由图可以清楚地看到硫含量对凝聚相稳定性的影响，熔体中硫含量增加，鳞石英的稳定性增加，而固体氧化铁（维氏体）稳定性降低。计算的1300℃的硫容量如图 9.20 所示，表明了不同 CaO/SiO₂（质量比）的 $\lg C_{S^{2-}}$ 值与 SiO₂/FeO（质量比）的关系，$\lg C_{S^{2-}}$ 值与 SiO₂/FeO 大致存在线性关系，渣的硫容量随着 SiO₂/FeO 增加而降低，但随着 CaO/SiO₂ 增加而升高。

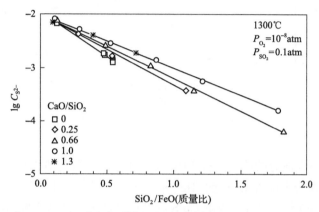

图 9.20　"FeO"-SiO₂-CaO 系渣中不同 CaO/SiO₂（质量比）时 $\lg C_{S^{2-}}$ 与 SiO₂/FeO 的关系[50]

9.5　渣中 Cu₂S 和 FeS 的溶解

在 1200℃ 下硅酸盐熔体中 CuS₀.₅、FeS、Cu 和 S 的溶解度如图 9.21 所示。图 9.21(a) 和 (b) 分别为 SiO₂ 饱和渣与 57% 品位冰铜平衡时 CaO 和 Al₂O₃ 的影响。由图 9.21 中数据可知，熔体中 CuS₀.₅、FeS、Cu 和 S 的溶解度随着渣中 CaO 和 Al₂O₃ 含量的增加而降低。图 9.21(c) 为固体铁饱和铁硅酸盐熔体与 30% 品位冰铜平衡时，渣中 SiO₂ 对 CuS₀.₅ 和 FeS 溶解度的影响。渣中 CuS₀.₅ 和 FeS 溶解度均随着渣中 SiO₂ 含量增加而降低。

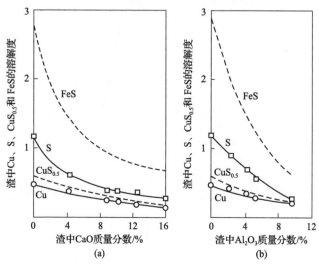

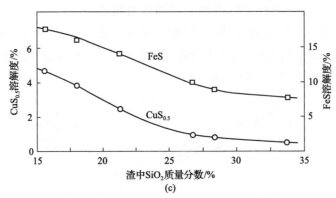

(c)

图 9.21　1200℃下，硅酸盐熔体中 $CuS_{0.5}$、FeS、Cu 和 S 的溶解度[1,48]

(a)和(b)SiO_2 饱和渣与 57%品位冰铜平衡共存；(c)固体铁饱和铁硅酸盐熔体与 30%品位冰铜平衡共存

　　图 9.22 表示不同成分的铁橄榄石渣中 Cu_2S 的活度系数与渣中硫的摩尔分数的关系。由图 9.22 可知，在渣中硫含量较低时($\lg x_s < -2.5$)，渣中 Cu_2S 的活度系数恒定在 10^7 的数量级水平。含 CaO 和 Al_2O_3 的渣中 Cu_2S 的活度系数高于纯铁橄榄石渣中的 Cu_2S 活度系数。当渣中硫摩尔分数高于 $\lg x_s = -2.5$ 时，渣中 Cu_2S 的活度系数显著降低。含 CaO 和 Al_2O_3 的渣中 Cu_2S 的活度系数降低的直线斜率高于纯铁橄榄石渣。在铁饱和 CaO-FeO_x-SiO_2 系渣-铜平衡状态下，渣中 $CuS_{0.5}$ 活度系数与硫含量的关系如图 9.23 所示。由图 9.23 可知，$CuS_{0.5}$ 活度系数随渣硫含量升高而降低，铜熔炼渣硫含量通常低于 1%，$CuS_{0.5}$ 活度系数大于 100，说明渣中 $CuS_{0.5}$ 的溶解度很低，图中右下角是渣-冰铜-铜平衡时冰铜硫含量。

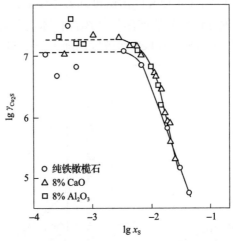

图 9.22　不同成分铁橄榄石渣中 Cu_2S 的活度系数与渣中硫含量的关系[28]

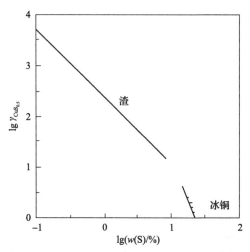

图 9.23 1300℃，在铁饱和 CaO-FeO$_x$-SiO$_2$ 系渣中 CuS$_{0.5}$ 活度系数与渣中硫含量的关系[51]

参 考 文 献

[1] Turkdogan E T. Physicochemical properties of molten slags and glasses. London: The Metal Society, 1983: 313.

[2] Haughton D R, Roeder P L, Skinner B J. Solubility of sulfur in mafic magmas. Economic Geology, 1974, 69: 451.

[3] Hilty D C, Crafts W. Liquidus surface of the Fe-S-O system. Journal of Metals, 1952, 4: 1307-1312.

[4] Bog S, Rosenqvist T. A high-temperature manometer and the decomposition pressure of pyrite. Transactions of the Faraday Society, 55, 1959: 1656.

[5] Dewing E W, Rchardson F D. Thermodynamics of mixtures of ferrous sulphide and oxide. The Journal of the Iron and Steel Institute, 1960, 194: 446-450.

[6] Nagamori M, Kameda M. Equilibria between Fe-S-O system melts and CO-CO$_2$-SO$_2$ gas mixtures at 1200℃. Transactions of the Japan Institute of Metals, 1965, 6: 21-30.

[7] Shima H, Naldrett A J. Solubility of sulfur in an ultramafic melt and the relevance of the system Fe-S-O. Economic Geology, 1975, 70(5): 960-967.

[8] Fincham C J B, Richardson F D. The behaviour of sulphur in silicate and aluminate melts//Proceedings of the Royal Society, London, Ser. A223, 1954: 40-62.

[9] Pierre G R S T, Chipman J. Sulfur equilibria between gases and slags containing FeO. Journal of Metals, 1956, 8: 1474-1483.

[10] Turkdogan E T, Darken L S. Sulfur equilibria between gases and calcium ferrite melts. Transactions of the Metallurgical Society of AIME, 1961, 221:464-474.

[11] Turkdogan E T, Grieveson P. Transfer of sulfur or oxygen from a low to a high chemical potential through an ionic membrane. Transactions of the Metallurgical Society of AIME, 1962, 224: 316.

[12] Abraham K P, Davies M W, Richardson F D. Sulphide capacities of silicate melts. The Journal of the Iron and Steel Institute, 1960, 196: 309-312.

[13] Abraham K P, Richardson F D. Sulphide capacities of silicate melts. The Journal of the Iron and Steel Institute, 1960, 196: 313-317.

[14] Sharma R A, Richardson F D. Solubility of calcium sulphide and activities in lime-silica melts. Transactions of the Metallurgical Society of AIME, 1965, 233: 1586-1592.

[15] Carter P T, Macfarlane T G. Thermodynamics of slag systems. The Journal of the Iron and Steel Institute, 1957, 185: 54-66.

[16] Nagashima S, Katsura T. The solubility of sulfur in Na$_2$O-SiO$_2$ melts under various oxygen partial pressures at 1100℃, 1250℃, and 1300℃. Bulletin of the Chemical Society of Japan, 1973, 46(10): 3099-3103.

[17] Romero-serrano A. López-rodríguez J, Hernandez A, et al. Thermodynamic modelling of sulphide capacity of ternary silicate slags. ISIJ International, 2021, 61 (6): 1768-1774.

[18] Nzotta M M, Sichen D, Seetharaman S. A study of the sulfide capacities of iron-oxide containing slags. Metallurgical and Materials Transactions, 1999, 30B: 909-920.

[19] Bronson A, Pierre G R. The sulfide capacities of CaO-SiO$_2$ melts containing MgO, FeO, TiO$_2$, and Al$_2$O$_3$. Metallurgical Transactions, 1981, 12B: 729-731.

[20] Mysen B O, Popp R K, Influence of pressure on solubility of sulphur is still controversial. American Journal of Science, 1980, 280: 78.

[21] Spira P, Themelis N J. The solubility of copper in slags. Journal of Metals, 1969, 21 (4): 35-42.

[22] Sehnalek F, Imris I, in Advance in Extractive of metallurgy and refining. London: Institution of Mining and Metallurgy, 1972: 39-62.

[23] Geveci A, Rosenqvist T. Equilibrium relations between liquid Cu, Fe-Cu matte and Fe silicate slag at 1250℃. Transactions of the Institution of Mining and Metallurgy (Section C), 1973, 82: C193-C201.

[24] Nagamori M. Metal loss to slag: Part I. Sulfidic and oxidic dissolution of copper in fayalite slag from low grade matte. Metallurgical Transactions, 1974, 5B: 531-538.

[25] Trvera F J, Davenport W G. Equilibrations of copper matte and fayalite slag under controlled partial pressures of SO$_2$. Metallurgical Transactions, 1979, 10B: 237-241.

[26] Jalkanen H. Copper and sulphur solubilities in silica saturated iron silicate slags from copper mattes. Scandinavian Journal of Metallurgy, 1981, 10 (4): 177-184.

[27] Yazawa A, Nakazawa S, Takeda Y. Distribution behaviour of various elements in copper smelting systems//Advances in Sulfide Smelting, AIME, San Francisco, 1983: 99-117.

[28] Shimpo R, Goto S, Ogawa O, et al. A study on the equilibrium between copper matte and slag. Canadian Metallurgical Quarterly, 1986, 25: 113-121.

[29] Hidayat T, Fallah-mehrjardi A, Hayes P C, et al. The influence of temperature on the gas/slag/matte/spinel equilibria in the Cu-Fe-O-S-Si system at fixed $P_{(SO_2)}$ = 0.25atm. Metallurgical and Materials Transactions, 2020, 51B: 963-972.

[30] Shishin D, Decterov S A, Jak E. Thermodynamic assessment of slag-matte-metal equilibria in the Cu-Fe-O-S-Si system. Journal of Phase Equilibria and Diffusion, 2018, 39 (5): 456-475.

[31] Korakas N. Magnetite formation during copper matte converting. Transactions of the Institution of Mining and Metallurgy, 1962-1963, 72: 35-53.

[32] Johannsen F, Knahlm H. Solubility of oxygen in copper matte. Z. Erzbergbau Metallhuettenwes, 1963, 16: 611-621.

[33] Korakas N. Etude thermodynamique de l'equilibre entre scories ferro-siliceuses et mattes de cuivre. Liège: Universitède Liège, 1964.

[34] Henao H M, Hayes P C, Jak E. Australian Research Council Linkage Program report: Experimental study of slag-matte equilibria in the Ca-Cu-Fe-O-S-Si system at fixed $P_{(SO_2)}$ and $P_{(O_2)}$. Brisbane: The University of Queensland, 2013.

[35] Hidayat T, Hayes P C, Jak E. Experimental investigation of gas/matte/spinel equilibria in the Cu-Fe-O-S system at 1473K (1200℃) and $P_{(SO_2)}$=0.25atm. Journal of Phase Equilibria and Diffusion, 2018, 39 (2): 138-151.

[36] Chen C, Zhang L, Jahanshahi S. Application of MPE model to direct-to-blister flash smelting and deportment of minor elements//Proceeding of Copper 2013, Santiago, 2013: 858-871.

[37] Takeda Y. Copper solubility in matte smelting slag//5th International Conference on Molten Slags, Fluxes and Salts, ISS, Sydney, 1997: 329-339.

[38] Roghani G, Takeda Y, Itagaki K. Phase equilibrium and minor element distribution between FeO$_x$-SiO$_2$-MgO-based slag and Cu$_2$S-FeS matte at 1573 K under high partial pressures of SO$_2$. Metallurgical and Materials Transactions, 2000, 31B: 705-712.

[39] Kaiura G H, Watanabe K, Yazawa A. The behaviour of lead in silica-saturated, copper smelting systems. Canadian Metallurgical Quarterly, 1980, 19: 191-200.

[40] Sridhar R, Toguri J M, Simeonov S. Copper losses and thermodynamic considerations in copper smelting. Metallurgical and Materials Transactions, 1997, 28B: 191-200.

[41] Simeonov S, Sridhar R, Toguri J M. Sulfide capacities of fayalite-base slags//Proceeding Symposium on Recent Developments in Non-Ferrous Pyrometallurgy, CIM, Montreal, 1994.

[42] Cardona N. Contribución al análisis fisicoquímico de las pérdidas de cobre en scoria. Concepción: Universidad de Concepción, 2011.

[43] Degterov S A, Pelton A D. A thermodynamic database for copper smelting and converting. Metallurgical and Materials Transactions, 1999, 30B: 661-669.

[44] Li H, Rankin W J. Thermodynamics and phase relations of the Fe-O-S-Si(sat) system at 1200℃ and the effect of copper. Metallurgical and Materials Transactions, 1994, 25B: 79-89.

[45] Simeonov S, Sridhar R, Toguri J M. Sulfide capacities of fayalite base slag's. Metallurgical and Materials Transactions, 1995, 26B: 325-334.

[46] Sukhomlinov D, Klemettinen L, O'Brien H, et al. Behavior of Ga, In, Sn, and Te in copper matte smelting. Metallurgical and Materials Transactions, 2019, 50B: 2723-2732.

[47] Chen M, Avarmaa K, Klemettinen L, et al. Equilibrium of copper matte and silica-saturated iron silicate slags at 1300℃ and P_{SO_2} of 0.5atm. Metallurgical and Materials Transactions, 2020, 51B: 2107-2117.

[48] Yazawa A. Fundamental studies on copper smelting(6): Effects of siag compositions on solubilities of constituents of matte into slag. Journal of the Mining and Metallurgical Institute of Japan, 1960, 76: 559.

[49] Park M G, Takeda Y, Yazawa A. Equilibrium relations between liquid copper, matte and calcium ferrite slag at 1523K. Transactions of the Japan Institute of Metals, 1984, 25(10): 710-715.

[50] Henao H M, Hayes P C, Jak E. Sulphur capacity of the "FeO"-CaO-SiO₂ slag of interest to the copper smelting process// Copper 2010, Hamburg, Vol II: 731-748.

[51] Takeda Y. Copper solubility SiO₂-CaO-FeOₓ slag equilibrated with matte. Morioka: Iwate University, 1997.

第10章

渣中磁性铁行为

铜冶炼炉渣在低温下磁性铁容易析出，并夹于冰铜与熔渣之间或者沉积于炉底，使炉况变差，导致操作不顺畅，但适当的磁性铁在炉壁沉淀，形成炉壁保护层，有利于延长炉寿命。

10.1　铜冶炼炉渣中磁性铁(Fe_3O_4)的活度

铜熔炼过程中磁性铁的行为，可以用反应(10.1)表示：

$$\{FeS\}+(3Fe_3O_4) =\!=\!=(10FeO)+SO_2(g) \tag{10.1}$$

反应平衡常数为

$$K_1=(a_{FeO}^{10}\ \ P_{SO_2})/(a_{FeS}\ \ a_{Fe_3O_4}^3) \tag{10.2}$$

$$a_{Fe_3O_4}=[\ (a_{FeO}^{10}\ \ P_{SO_2})/(a_{FeS}\ K_1)\ ]^{1/3} \tag{10.3}$$

从式(10.3)可知，影响磁性铁活度的因素包括温度(K_1)、体系的 SO_2 分压(P_{SO_2})、炉渣组成(a_{FeO})、冰铜品位(a_{FeS})。对于在石英饱和与磁性铁饱和之间的铁硅酸盐渣，a_{FeO} 为 0.35~0.6，FeS 的活度在冰铜品位为 55%时为 0.3，随着冰铜品位升高而降低，a_{FeS} 与冰铜品位 $w(Cu)$ 经验关系[1]：

$$a_{FeS}=2\times10^{-5}w(Cu)^2-0.0108w(Cu)+0.7844 \tag{10.4}$$

冰铜中 FeS 活度(a_{FeS})与硅酸铁渣中 Fe_3O_4 活度($a_{Fe_3O_4}$)的关系如图 10.1 所示。由图可看出，渣中 Fe_3O_4 活度随着冰铜中 FeS 活度升高而降低，即随冰铜品位升高而升高；降低渣中 FeO 的活度，即渣中添加更多的 SiO_2，可以降低 Fe_3O_4 活度；温度升高有利于降低 Fe_3O_4 的活度；在 1200℃和 FeO 活度等于 0.4 的情况下，渣中磁性铁饱和($a_{Fe_3O_4}=1$)的冰铜品位约 75%。图 10.2 表示不同温度下铁硅酸盐渣中磁性铁(Fe_3O_4)的活度与冰铜品位的关系。图中关系表明，Fe_3O_4 的活度随着冰铜品位升高而升高，提高操作温度使渣中 Fe_3O_4 活度降低。1200℃时，在冰铜品位 68%，Fe_3O_4 的活度为 0.9，接近饱和析出。当冰铜品位达到 75%或更高时，即使升高温度到 1250℃，磁性铁的析出也难以避免。图 10.3 表示在不同 P_{SO_2} 下，铁硅酸盐渣中 Fe_3O_4 的活度与冰铜品位的关系，类似于温度的影响，但 Fe_3O_4 的活度随着 SO_2 分压升高而升高。

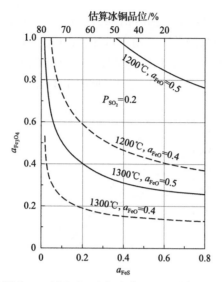

图 10.1　冰铜中 FeS 活度 (a_{FeS}) 与渣中 Fe_3O_4 活度 $(a_{Fe_3O_4})$ 的关系[1]

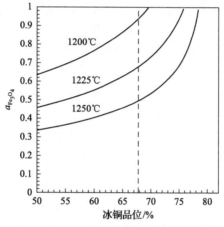

图 10.2　P_{SO_2}=0.2atm，不同温度下 Cu-Fe-S-O-SiO$_2$ 系 Fe_3O_4 的活度与冰铜品位的关系[1]

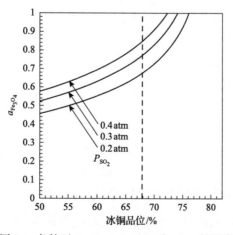

图 10.3　1225℃，不同 P_{SO_2} 条件下 Cu-Fe-S-O-SiO$_2$ 系 Fe_3O_4 的活度与冰铜品位的关系[1]

图 10.4 表示 1300℃下与 68%品位冰铜共存时，$FeO-Fe_2O_3-SiO_2$ 系中 FeO 和 Fe_3O_4 的活度与渣中 SiO_2 质量分数的关系。由图可知，FeO 和 Fe_3O_4 的活度随着熔体中 SiO_2 浓度的升高而降低。在石英饱和区，FeO 的活度约为 0.3，Fe_3O_4 的活度最低，其值约 0.18。当 SiO_2 降低到 15%时，Fe_3O_4 的活度接近 1，此时 FeO 活度约为 0.6。

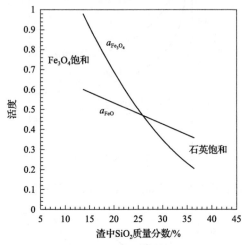

图 10.4　1300℃下，与 68%品位冰铜平衡时，$FeO-Fe_2O_3-SiO_2$ 系中
FeO 和 Fe_3O_4 的活度与渣中 SiO_2 质量分数的关系[1]

　　渣-铜平衡时钙铁氧体渣中磁性铁(Fe_3O_4)的活度与渣中 Cu_2O 质量分数的关系如图 10.5 所示。由图可看出，在渣中含 13%Cu_2O 时，Fe_3O_4 的活度存在最大值，低于和高于 13%Cu_2O，Fe_3O_4 的活度随着渣中 Cu_2O 质量分数升高和降低。降低 Fe/CaO(质量比)有利于降低 Fe_3O_4 的活度。Fe/CaO=2.6 时，其最大值接近 1，即接近饱和。

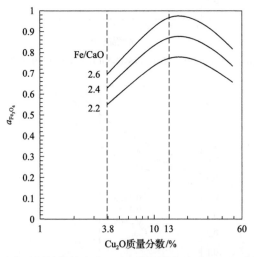

图 10.5　渣-铜平衡时钙铁氧体渣中 Fe_3O_4 的活度与渣中 Cu_2O 质量分数的关系[1]

　　图 10.6 表明 PS 转炉吹炼过程中熔池温度对磁性铁活度的影响，磁性铁活度随温度升高而降低，温度在 1150℃左右时，磁性铁活度接近 1，即磁性铁接近饱和。因此，转

炉吹炼操作温度最低应控制在 1150℃以上。

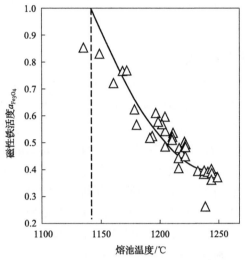

图 10.6　PS 转炉吹炼熔池温度对磁性铁活度的影响[2]

10.2　磁性铁在冰铜和渣中溶解度

10.2.1　磁性铁在冰铜中溶解

通常将冰铜中的氧全部结合成 Fe_3O_4 来估算磁性铁在冰铜中的含量，这种方法并非以热力学为基础。固体磁性铁溶解于冰铜，形成 Fe^{3+} 和 Fe^{2+}，失去了磁性铁的表征，而溶解于冰铜中的 Fe^{3+}/Fe^{2+} 难以确定，因此上述依据冰铜中氧含量估算的方法普遍在实际中采用。其估算值称为表观磁性铁浓度。

图 10.7 为 P_{SO_2}=0.2atm 时，磁性铁（Fe_3O_4）在冰铜中的溶解度与冰铜品位的关系。图

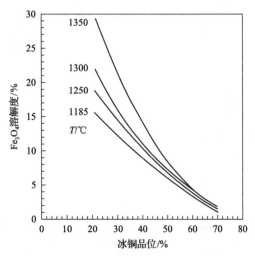

图 10.7　P_{SO_2}=0.2atm，Cu-Fe-S-O 系冰铜中 Fe_3O_4 的溶解度与冰铜品位的关系[1]

中 Fe_3O_4 的溶解度随着冰铜品位的升高而降低，冰铜品位在 80%时溶解度为 0。实际上，纯 Cu_2S 熔体能够溶解约 0.1%的氧。温度升高有利于增加 Fe_3O_4 的溶解度，随着冰铜品位的升高，温度的作用越来越小。

10.2.2 磁性铁在硅酸盐渣中溶解

硅酸盐渣中的磁性铁含量通常将渣中所有 Fe^{3+} 结合成 Fe_3O_4，以经验公式来估算。图 10.8 表示渣-冰铜平衡共存时硅酸盐渣中的 Fe_3O_4 溶解度，图中包括渣中 Fe_3O_4 饱和浓度与温度的关系。由图 10.8 可知，Fe_3O_4 在渣中的饱和浓度随着温度升高而增加，与冰铜平衡共存时，溶解度则随着温度升高而降低。两者之间的浓度差为与冰铜共存渣中固体磁性铁溶解动力学的驱动力。该浓度差随着温度的降低而减少；同时，随着冰铜品位升高而有所减少，故温度升高和冰铜品位降低有利于固体磁性铁在与冰铜共存渣中的溶解。Fe_3O_4 在铁橄榄石渣中溶解度如图 10.9 所示，Fe_3O_4 溶解度随着温度升高而增加，在 1200℃时，溶解度近 20%，温度达到 1300℃时，溶解度增加到近 30%。

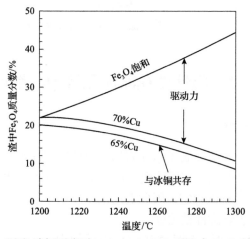

图 10.8　P_{SO_2}=0.2atm 下渣-冰铜平衡时 $FeO\text{-}Fe_2O_3\text{-}SiO_2$ 系渣中 Fe_3O_4 溶解度与温度的关系[1]

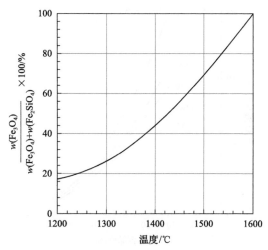

图 10.9　Fe_3O_4 在铁橄榄石渣中溶解度[3]

铁硅酸盐渣的液相线与 Fe/SiO_2（质量比）的关系示于图 10.10。由图可知，渣-冰铜平衡状态下尖晶石初相区的渣液相温度，随着 Fe/SiO_2 的增加而增加，液相线的低温点在尖晶石初始相区向鳞石英初始相转换的 Fe/SiO_2 为 1.6～1.75。冰铜品位降低能够降低尖晶石初相区的渣液相温度。图 10.11(a)、(b)表示 Fe/SiO_2（质量比）和冰铜中铁含量对特尼恩特转炉熔炼渣中形成的固体尖晶石（磁性铁）的影响。如图 10.11(a)所示，当 Fe/SiO_2 高于 1.3 时，渣中的固体尖晶石在 1180℃时生成。在操作温度为 1220℃时，固体尖晶石生成的 Fe/SiO_2 约为 1.5，而在 1250℃时，Fe/SiO_2 达到 1.8，渣完全呈液态。在后一种情况下，将没有形成磁性铁为主的保护性耐火层。由图 10.11(b)可知，冰铜中 Fe 含量的较小的变化对于渣中固体尖晶石析出有着显著影响。在 Fe/SiO_2 等于 1.7 时，冰铜中的 Fe 含量从 5%降低到 0.5%，渣中尖晶石固体从 6%增加到 12%。图 10.11 中五角星标明特尼恩特转炉熔炼操作温度和 Fe/SiO_2 比。

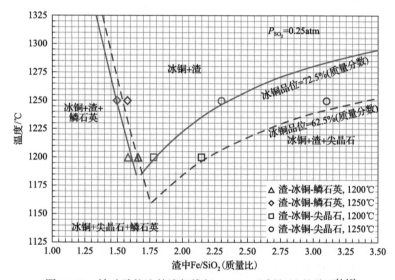

图 10.10　铁硅酸盐渣的液相线与 Fe/SiO_2（质量比）的关系[4-10]

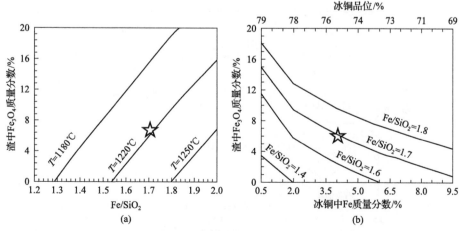

图 10.11　Fe/SiO_2 和冰铜中铁含量对特尼恩特转炉熔炼渣中固体尖晶石形成的影响[11,12]

P_{SO_2}=0.25atm，炉渣成分：4.0%Al_2O_3，2.1% ZnO，0.8%MgO，0.8%CaO，Fe/SiO_2=1.7，(a)冰铜含 5.4% Fe，(b)1220℃

图 10.12 表示计算的不含硫橄榄石渣中 Fe₃O₄ 含量与铜含量的关系,渣中 Fe₃O₄ 随着铜含量增加而增加, 1200℃和1270℃的 Fe₃O₄ 饱和浓度分别约为22%和27%,Fe₃O₄ 饱和渣中铜浓度分别为 2%和 5%。金属铁饱和渣中的 Fe₃O₄ 质量分数约为 4%,铜质量分数为 0.3%~0.7%。

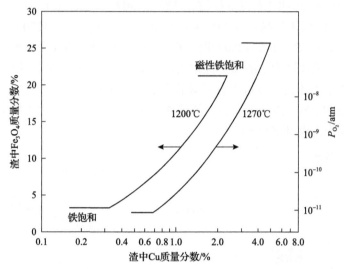

图 10.12 计算的不含硫橄榄石渣中铜溶解度与磁性铁的关系[13]

10.2.3 渣中 CaO、Al₂O₃ 和 MgO 含量对磁性铁溶解度的影响

硅酸盐渣中的 CaO 不仅可以改进熔渣的流动性,同时可以改变 Fe₃O₄ 的饱和度限制,从 CaO-FeO-Fe₂O₃-SiO₂ 系的液相线可以看出这些变化。图 10.13 表明氧势 $P_{O_2}=10^{-8}$atm 时 CaO-FeO-Fe₂O₃-SiO₂ 系的液相线,图中曲线为液相温度(单位为℃),即饱和或活度为 1 的边界线。图 10.13 中磁性铁(Fe₃O₄)标为尖晶石,尖晶石是一种具有立方晶体结构的氧化矿物,包括 Fe₃O₄ 及其中铁被其他金属代替的矿物,如 MgFe₂O₄、FeAl₂O₄、FeCr₂O₄

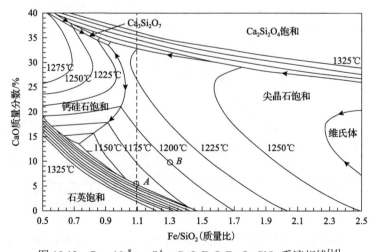

图 10.13 $P_{O_2}=10^{-8}$atm 时,CaO-FeO-Fe₂O₃-SiO₂ 系液相线[14]

等。从图 10.13 中数据可知，在渣的 Fe/SiO$_2$（质量比）一定（如 Fe/SiO$_2$=1.1）时，渣中 CaO 质量分数从 0 开始增加，石英饱和区的液相线温度急剧降低，直到 6%CaO（图中 A 点）。然后，随着 CaO 质量分数的增加，在尖晶石饱和区的液相线温度开始升高。最低温度液相线为 Fe$_3$O$_4$ 和钙硅石双饱和线，即共晶线。随着渣中 CaO 含量的增加，液相区沿着共晶线朝 Fe/SiO$_2$ 降低的方向移动，1200℃的尖晶石饱和的渣组成为 10%CaO 和 Fe/SiO$_2$ 等于 1.3（图中 B 点）。

渣中添加 Al$_2$O$_3$ 使熔渣的黏度增加，添加 MgO 导致渣的熔点升高，同时增加熔渣黏度。图 10.14 表示 P_{O_2}=10^{-8}atm 时 CaO-FeO-Fe$_2$O$_3$-SiO$_2$-5%Al$_2$O$_3$-1%MgO-1%Cu$_2$O 系的液相线。比较图 10.13 中数据可知，添加 Al$_2$O$_3$、MgO 和 Cu$_2$O 使尖晶石饱和区向低 Fe/SiO$_2$ 移动。A 点和 B 点分别从 1150℃和 1220℃升高到 1200℃和接近 1250℃。炉渣组分对磁性铁溶解及饱和析出在第 5 章"铜冶炼炉渣相图及组元活度"中做了更详细的介绍，具有更多的参考数据。

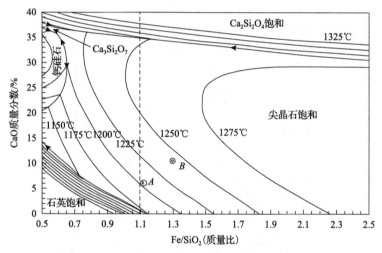

图 10.14　P_{O_2}=10^{-8}atm 时，CaO-FeO-Fe$_2$O$_3$-SiO$_2$-5%Al$_2$O$_3$-1%MgO-1%Cu$_2$O 系液相线[14]

10.3　转炉吹炼工艺中磁性铁的行为

图 10.15 和图 10.16 分别表示转炉第 1 周期和第 2 周期吹炼渣 Fe/SiO$_2$（质量比）对渣中固体磁性铁形成的影响。如图 10.15 所示，温度在 1180℃和 1200℃之间，Fe/SiO$_2$ 为 1.8～2.0，第一周期渣中固体磁性铁水平介于 0%～15%。图 10.16 表明温度在 1200～1220℃，Fe/SiO$_2$ 为 1.6～1.8，第二周期渣中固体磁性铁水平在 5%～15%范围；如果保持第二周期渣的固体磁性铁在 15%以下，要求温度高于 1200℃，Fe/SiO$_2$ 低于 1.8。渣中的固体如果控制得当，可以帮助在炉内耐火衬上形成保护层。但是过量的固体生成会增加熔渣黏度，妨碍冰铜-渣分离，增加渣中夹带的冰铜量。

SiO$_2$ 对 PS 转炉吹炼渣中磁性铁含量的影响如图 10.17 所示。图中表示与冰铜平衡时渣中 Fe$_3$O$_4$ 含量与 SiO$_2$ 含量的关系。吹炼过程中为了将冰铜品位从 70%升高到 78%，渣中 Fe₃O₄ 从 8%升高到 20%，渣的 SiO₂ 含量需从在 25%增加到 32%。转炉吹炼操作周期中，初始 25%SiO₂ 渣与 70%Cu 冰铜平衡，吹炼终点冰铜品位达到 78.8%，与其平衡的渣含 32%SiO₂。

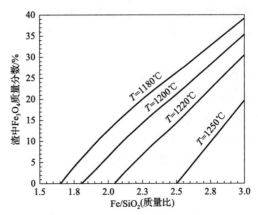

图 10.15　计算的 PS 转炉吹炼第 1 周期渣中固体磁性铁与 Fe/SiO₂（质量比）的关系[12]

P_{SO_2}=0.16atm，冰铜成分：5.5%Fe，71.0%Cu；炉渣成分：0.8%Al₂O₃，0.4%CaO，0.5%Na₂O+K₂O，0.2%MgO，0.6%ZnO

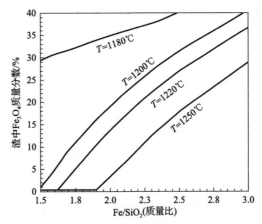

图 10.16　计算的 PS 转炉吹炼第 2 周期渣中固体磁性铁与 Fe/SiO₂（质量比）的关系[12]

P_{SO_2}=0.16atm，冰铜成分：0.7%Fe，79.0%Cu；炉渣成分：0.9%Al₂O₃，0.3%CaO，0.6%Na₂O+K₂O，0.4%MgO，0.5%ZnO

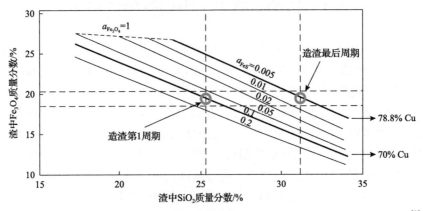

图 10.17　1270℃，计算的 PS 转炉吹炼渣中磁性铁（Fe₃O₄）含量与 SiO₂ 含量关系[2]

　　基于工业数据的 PS 转炉吹炼渣中的磁性铁含量与冰铜中 Fe/Cu(质量比)的关系如图 10.18 所示，渣中的磁性铁含量随冰铜中 Fe/Cu 降低而增加，PS 转炉吹炼造渣期是冰铜 Fe/Cu 不断降低的过程，随着吹炼进行，接近造渣期终点，Fe/Cu 低于 0.05 时，渣中的磁性铁急速增加。渣中 SiO_2 的增加有利于降低渣中磁性铁的生成。吹炼造渣期终点的工业数据比较分散，趋势线表明渣中磁性铁在 18% 左右。图 10.19 表示 PS 转炉吹炼周期的冰铜中 Cu 的质量分数，渣中 SiO_2 和 Fe_3O_4 质量分数的变化，图中的工业数据分散，但是趋势线显示了变化的规律。操作分三个周期进行，渣中 SiO_2 质量分数和冰铜中 Cu 质量分数随着吹炼的进行增加，冰铜品位从初始品位 64% 提升到吹炼终点的 78%，冰铜中 Cu 质量分数在第 1 周期和第 3 周期增加明显，吹炼过程中渣的 SiO_2 质量分数在 25%～26% 变化，增加不明显。渣中磁性铁变化范围广，在第 1 周期和第 2 周期降低，而在第 3 周期则显著增加。吹炼终点渣中 Fe_3O_4 质量分数在 20% 左右。

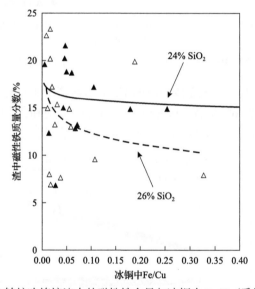

图 10.18　PS 转炉吹炼熔渣中的磁性铁含量与冰铜中 Fe/Cu(质量比)的关系[2]

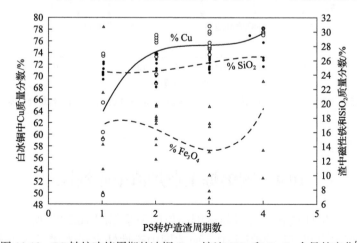

图 10.19　PS 转炉吹炼周期的冰铜 Cu、熔渣 SiO_2 和 Fe_3O_4 含量的变化[2]

图 10.20 表示炉转炉吹炼熔渣流动性与温度和 Fe_3O_4 含量的关系。图中数据表明渣中 Fe_3O_4 质量分数为 25%～40%，无论是吹炼第 1 周期还是第 2 周期，当温度高于 1300℃时，熔渣具有良好的流动性。

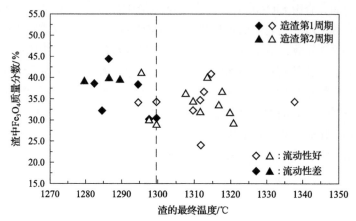

图 10.20　PS 转炉吹炼熔渣流动性与温度和 Fe_3O_4 的关系[15]

图 10.21 表示诺兰达连续吹炼转炉渣的 Fe/SiO_2 对渣中 Fe_3O_4 和 Cu_2O 含量的影响，由图可见，炉渣铜含量在 6%左右。从 SiO_2 饱和至 Fe_3O_4 饱和，渣中 Fe_3O_4 从 16%增加到 25%。含钙渣 SiO_2 饱和至 Fe_3O_4 饱和的 Fe/SiO_2 低于不含钙渣。

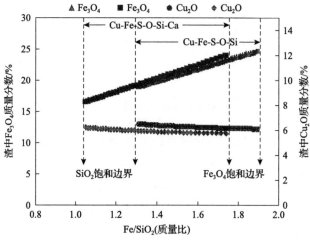

图 10.21　诺兰达连续吹炼转炉渣中 Fe/SiO_2 对渣中 Fe_3O_4 和 Cu_2O 成分的影响[16]

$P_{O_2}=10^{-7}atm$，1250℃

10.4　铜熔炼工业炉渣中磁性铁

铜熔炼渣中的磁性铁和铜含量与冰铜品位的关系如图 10.22[17]所示。渣中的磁性铁和铜含量的数据来自奥托昆普闪速炉，而冰铜中磁性铁含量为诺兰达工艺和三菱工艺数据[18-20]。由图可看出，渣中 Fe_3O_4 和铜含量随着冰铜品位的升高而增加，而冰铜中的 Fe_3O_4 则随着冰铜品位升高而降低。冰铜品位为 70% 时，渣中 Fe_3O_4 达到 25%，铜含量在 3% 左右，冰铜中的 Fe_3O_4 约 2%。渣中的铜 40% 是以氧化铜为主的溶解铜，其余为机械夹带冰铜[16]。当铜精矿一步直接炼铜时，渣含铜 9%～12%，大约一半的铜是溶解的氧化物，其余部分是夹带冰铜和金属铜[21]。

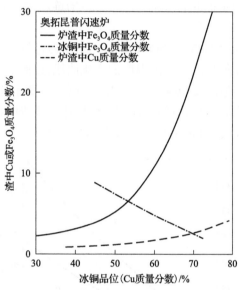

图 10.22　铜熔炼渣中的磁性铁和铜含量与冰铜品位的关系[17]

　　熔炼渣中磁性铁含量与氧势的关系如图 10.23 所示，数据来自不同的冶炼厂，包括水淬渣和常温冷却渣，以及实验室的测量数据。图中数据表明，渣中的磁性铁含量随着氧势的升高而增加。需说明的是选择工厂数据与平衡实验数据进行比较，因为工厂数据

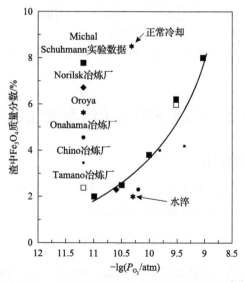

图 10.23　熔炼渣中磁性铁含量与氧势的关系[22]

中的磁性铁水平取决于熔渣采样方法和转炉渣返回的程度，后者导致冶炼厂熔炼渣中存在未反应的磁性铁，高于平衡值。图 10.23 中无转炉渣返回的反射炉水淬渣含有 2.1%的磁铁矿，而在采用常温度冷却同一熔渣样中，磁性铁含量为 8.8%[23]。这是因为在常温度冷却熔渣采样中，磁铁矿在冷却过程中会沉淀析出。水淬渣的磁铁矿水平与实验室测量值基本一致。图 10.23 中 Norilsk 冶炼厂熔渣中报道的磁铁矿含量从熔渣中使用离心去除固体未反应的磁性铁，而 Onahama、Chino 和 Tamano 冶炼厂在大范围的冰铜品位下运行，与实验室研究得出的值基本一致。

诺兰达铜冶炼工艺 $FeO\text{-}FeO_{1.33}\text{-}SiO_2\text{-}CuO_{0.5}$ 系渣中磁性铁与温度的关系如图 10.24 所示。图 10.24 中为 Fe_3O_4 活度为 1 和 0.7 随温度的变化曲线，以此活度曲线转换成渣中 Fe_3O_4 含量和 Fe_2O_3 含量，可见渣中 Fe_3O_4 随着温度升高而增加。两个圆形区域代表诺兰达铜冶炼工艺的冰铜熔炼模式和直接炼铜模式，冰铜熔炼操作模式渣中 Fe_3O_4 质量分数在 15%～25%，直接炼铜操作模式渣中 Fe_3O_4 质量分数在 20%～30%。

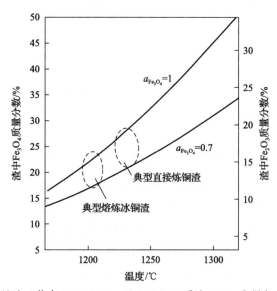

图 10.24 诺兰达工艺中 $FeO\text{-}FeO_{1.33}\text{-}SiO_2\text{-}CuO_{0.5}$ 系渣 Fe_3O_4 含量与温度的关系[24]

10.5 高温下阳离子价态变化反应

10.5.1 高温下铁离子价态变化

熔体中过渡金属阳离子以两个或者多个价态操作，不同价态阳离子比取决于体系的温度、压力、组成和氧势，氧化还原反应可以表示为

$$2/n\,M^{v+} + 1/2O_2 = 2/n\,M^{(v+n)+} + O^{2-}$$

式中，M^{v+} 和 $M^{(v+n)+}$ 代表离子的还原态和氧化态，价数差为 n。因为离子的活度系数难估算，上式在恒温恒压条件下的平衡关系，根据阳离子浓度比可表示为

$$K_m = (M^{(v+n)+}/M^{v+})^{2/n} P_{O_2}^{-1/2}$$

式中，K_m 是聚合熔体成分、温度及压力的函数。

实验表明，三价氧化铁在 1100~1650℃ 和 0.027~1.013bar 氧压下分解成氧和低价氧化物。在 1550℃ 下，$CaO\text{-}FeO\text{-}Fe_2O_3$ 系熔体与空气-CO_2 和 $CO\text{-}CO_2$ 混合气体平衡研究结果如图 10.25 所示。图中表明了铁的氧化状态与 P_{CO_2}/P_{CO}（氧势）和 CaO 摩尔分数的关系。$Fe^{3+}/(Fe^{3+}+Fe^{2+})$ 随着 P_{CO_2}/P_{CO}（氧势）和 CaO 摩尔分数增加而升高，熔体 CaO 摩尔分数等于 20%，在氧势为 $10^{-8}\sim10^{-6}$atm 时，$Fe^{3+}/(Fe^{3+}+Fe^{2+})$ 为 0.2~0.4。

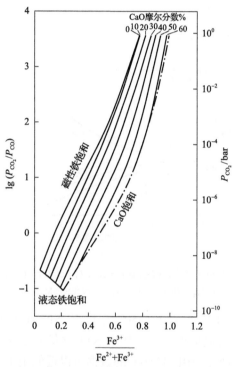

图 10.25　在 1550℃ 温度下，$CaO\text{-}FeO\text{-}Fe_2O_3$ 系铁的氧化状态[25,26]

在 1200~1600℃ 和渣含 10%~35%CaO 条件下，$CaO\text{-}FeO\text{-}Fe_2O_3$ 系平衡数据归纳为以下经验公式[26]：

$$\lg(Fe^{3+}/Fe^{2+}) = 0.170\lg P_{O_2} + 0.018\,w(CaO) + 5500/T - 2.52$$

图 10.26 是温度 1600℃ 下，金属铁饱和渣成分对熔体中 Fe^{3+}/Fe^{2+} 的影响。图 10.26(a) 中标明了熔体中 FeO 的含量，图中数据表明 Fe^{3+}/Fe^{2+} 随着熔体中 FeO 质量分数的降低和 $(CaO+MgO)/SiO_2$ 的增加而增加。图 10.26(b) 表明 Fe^{3+}/Fe^{2+} 随着 FeO 摩尔分数升高而降低，δ-固体铁饱和熔体降低速率比液体铁饱和熔体的降低速率高。图 10.26(c) 数据表明，Fe^{3+}/Fe^{2+} 随着碱性氧化物添加而升高，而添加酸性氧化物使 Fe^{3+}/Fe^{2+} 降低。

对于 $FeO\text{-}SiO_2$ 系，在石英饱和熔体，Fe^{3+}/Fe^{2+} 随着气相氧势（P_{CO_2}/P_{CO}）增加而增加。在 1200~1600℃ 温度范围，Fe^{3+}/Fe^{2+} 与温度无关。类似于氧化铁熔体和 $CaO\text{-}FeO\text{-}Fe_2O_3$

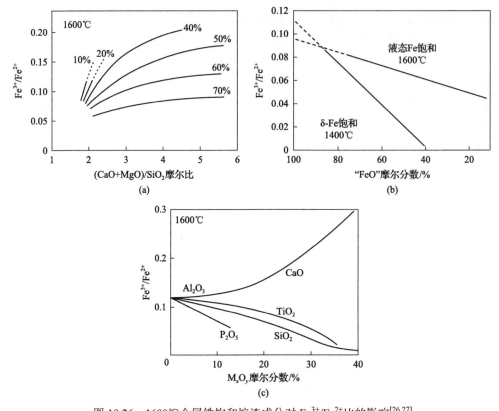

图 10.26 1600℃金属铁饱和熔渣成分对 Fe^{3+}/Fe^{2+} 比的影响[26,27]

(a) CaO-MgO-SiO₂-"FeO"系熔体; (b) MgO-SiO₂-"FeO"系熔体; (c) "FeO"-M_xY_y系熔体。"FeO"代表熔体中总氧化铁

系熔体观察到的行为。图 10.27 表示在 1550℃温度下，SiO_2-FeO-Fe_2O_3 系铁的氧化状态，$Fe^{3+}/(Fe^{3+}+Fe^{2+})$ 随着氧势升高而增加，熔体中 SiO_2 含量的增加使 $Fe^{3+}/(Fe^{3+}+Fe^{2+})$ 降低。由于温度对 Fe^{3+}/Fe^{2+} 影响小，图中 1550℃的数据可以近似用于其他温度。Fe^{3+}/Fe^{2+} 对温度不敏感，是因为两个因素相反作用的结果：一方面平衡状态下氧势随温度升高而升高，Fe^{3+}/Fe^{2+} 增加；另一方面，Fe^{3+}/Fe^{2+} 随着温度升高而降低，两者作用相互抵消。石英饱和熔体的实验测量数据表明，$lg(P_{CO_2}/P_{CO})$ 几乎是 $lg(Fe^{3+}/Fe^{2+})$ 线性函数[28]，斜率为 2。从而，推测氧化还原反应为

$$CO_2 + (2Fe^{2+}) \rule[0.5ex]{3em}{0.4pt} (2Fe^{3+}) + (O^{2-}) + CO$$

恒温恒压时，关系式可以表示为

$$lg(P_{CO_2}/P_{CO}) = 2lg(Fe^{3+}/Fe^{2+}) + 2lg(\gamma_{Fe^{3+}}/\gamma_{Fe^{2+}}) + lg a_{O^{2-}} - lg K$$

式中，K 是平衡常数。$lg(P_{CO_2}/P_{CO})$ 与 $lg(Fe^{3+}/Fe^{2+})$ 是斜率为 2 的线性关系，表明 $\gamma_{Fe^{3+}}/\gamma_{Fe^{2+}}$ 和 $a_{O^{2-}}$ 这些项之和在硅饱和时为常数。在硅酸铁熔体中，三价铁不与 Si-O 阴离子团共聚合，保持 Fe^{3+} 状态。

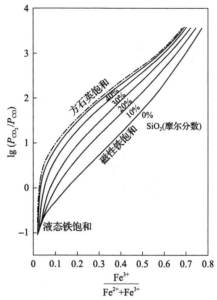

图 10.27 在 1550℃温度下，SiO_2-FeO-Fe_2O_3 系铁的氧化状态[25,26]

10.5.2 铜冶炼渣的铁离子价态变化

高温熔渣中磁性铁(Fe_3O_4)主要以 Fe^{3+} 形式存在，体系的氧势可以作为炉渣的氧化程度量度，而更加直接的量度是熔渣中的 Fe^{3+}/Fe^{2+}，渣中 Fe^{3+}/Fe^{2+} 高表明渣的氧化程度高，硅酸铁渣更靠近磁性铁饱和。

图 10.28 表示热力学模拟计算的渣-冰铜平衡状态下硅酸铁渣中 Fe^{3+}/Fe^{2+} 与冰铜品位的关系。由图可见，尖晶石初相区渣中 $Fe^{3+}/Fe_{总}$ 明显高于鳞石英初相区渣。冰铜品位低于 75%，尖晶石初相区渣中 $Fe^{3+}/Fe_{总}$ 随着冰铜品位的增加而降低，从 0.26 降低到约 0.21。而鳞石英渣的 $Fe^{3+}/Fe_{总}$ 缓慢增加，其值在 0.13～0.15 范围。当冰铜品位高于 75%，两者的 $Fe^{3+}/Fe_{总}$ 随着冰铜品位增加快速升高。氧势对钙铁氧体渣 Fe^{3+}/Fe^{2+} 的影响如图 10.29 所示，图中数据表明 Fe^{3+}/Fe^{2+} 随着氧势升高而增加，渣中 CaO 含量增加使 Fe^{3+}/Fe^{2+}

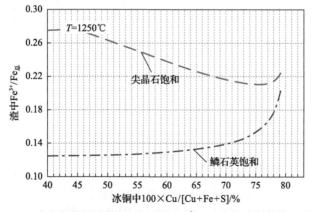

图 10.28 热力学模拟计算的硅酸铁渣 $Fe^{3+}/Fe_{总}$ 比与冰铜品位的关系[4]

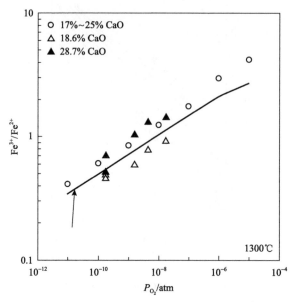

图 10.29　氧势对钙铁氧体渣 Fe^{3+}/Fe^{2+} 的影响[28-30]

升高。氧势等于 $10^{-8}atm$，Fe^{3+}/Fe^{2+} 的值在 1 左右，氧势升高到 $10^{-6}atm$，其值约为 2。

　　图 10.30 表示在 1300℃和氧势 $2.95 \times 10^{-7}atm$ 条件下含 2%CoO 的钙铁氧体渣的 Fe^{3+}/Fe^{2+} 与渣中 CaO 含量的关系。可以看出，虽然数据趋势线的斜率与无 Co 渣非常接近，但含 Co 渣中的 Fe^{3+}/Fe^{2+} 高于无 Co 渣，原因是渣中含 CoO 和 Fe_2O_3 之间相互作用形成钴铁氧体。1300℃和氧势 $2.95 \times 10^{-7}atm$ 条件下含 3%CaO 的铁钙硅渣 Fe^{3+}/Fe^{2+} 与渣中 SiO_2 含量的关系如图 10.31 所示，$lg(Fe^{3+}/Fe^{2+})$ 值随着渣中 SiO_2 的含量增加而急剧降低，即渣碱性的降低导致 Fe^{3+}/Fe^{2+} 下降。

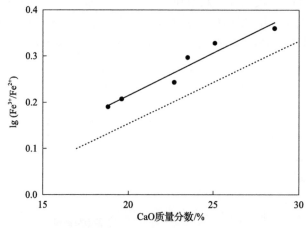

图 10.30　在 1300℃和氧势 $2.95 \times 10^{-7}atm$ 条件下含 2%CoO 的钙铁氧体渣的
Fe^{3+}/Fe^{2+} 与渣中 CaO 含量的关系[31,32]
无 Co 钙铁氧体渣的 Fe^{3+}/Fe^{2+} 如虚线表示[4]

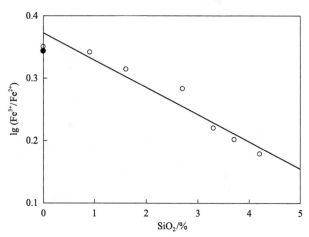

图 10.31　在 1300℃和氧势 2.95×10⁻⁷atm 条件下含 3%CaO 的铁钙硅渣中
Fe³⁺/Fe²⁺与渣中 SiO₂ 含量的关系[31]

硅酸铁和钙铁氧体渣 Fe^{3+}/Fe^{2+} 与氧势的关系如图 10.32 所示。从图 10.32 可知，Fe^{3+}/Fe^{2+} 随着氧势升高而增加。钙铁氧体渣的 Fe^{3+}/Fe^{2+} 高于硅酸铁渣，两者随氧势升高的直线斜率近似。在 $10^{-9} \sim 10^{-6}$ atm 的氧势区间，硅酸铁和钙铁氧体渣的 Fe^{3+}/Fe^{2+} 分别在 0.1～0.4 和 0.8～2 范围。图 10.33 表示添加 CaO、Al_2O_3 和 MgO 对硅饱和铁硅酸盐渣中 Fe^{3+}/Fe^{2+} 的影响，观察到渣中 Fe^{3+}/Fe^{2+} 随着添加剂加入而下降，但效果随着氧势的降低而降低，氧势低于 10^{-9} atm 时，添加剂的作用不明显。渣中二氧化硅的增加有利于增强添加剂对 Fe^{3+}/Fe^{2+} 的作用，使 Fe^{3+}/Fe^{2+} 降低。

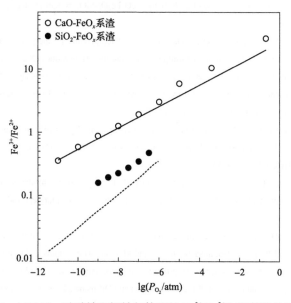

图 10.32　1300℃，硅酸铁和钙铁氧体渣的 Fe^{3+}/Fe^{2+} 与氧势的关系[28,33,34]

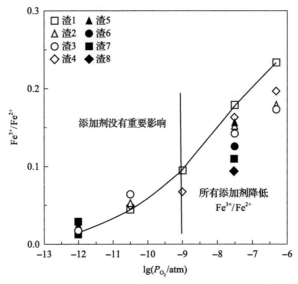

图 10.33　添加剂对硅饱和铁硅酸盐渣中 Fe^{3+}/Fe^{2+} 的影响[35]

渣 1-无添加纯铁硅酸盐渣；渣 2-添加 3.5%～4.5%CaO；渣 3-添加 3.5%～4.5%Al_2O_3；渣 4-添加 3.5%～4.5%MgO；
渣 5-添加 11.9%CaO；渣 6-添加 8.7% Al_2O_3；渣 7-添加 3.5%～4.5%CaO+ 3.5%～4.5% Al_2O_3；
渣 8-添加 3.5%～4.5%CaO+3.5%～4.5% Al_2O_3 +2.0%MgO

参 考 文 献

[1] Goto M, Hayashi M. Mitsubishi Continuous Process. 2nd ed. Tokyo: Mitsubishi Materials Cooperation, 2002.

[2] Morales C, Palacios J, Sanchez M. Magnetite behaviour in Peirce Smith converters slag at Ilo copper smelter plant//VII International Conference on Molten Slags, Fluxes and Salts, The South African Institute of Mining and Metallurgy, Johannesburg, 2004: 551-556.

[3] Schuhmann R, Powell R G, Michal E J. Constitution of the FeO-Fe_2O_3-SiO_2 system at slag making temperature. Journal of Metals, 1953, 5(9): 1097-1104.

[4] Hidayat T, Fallah-MehrjardI A, Hayes P C, et al. The Influence of temperature on the gas/slag/matte/spinel equilibria in the Cu-Fe-O-S-Si system at fixed $P_{(SO_2)}$ = 0.25atm. Metallurgical and Materials Transactions, 2020, 51B: 963-972.

[5] Fallah-Mehrjardi A, Hidayat T, Hayes P C, et al. Experimental investigation of gas/slag/matte/tridymite equilibria in the Cu-Fe-O-S-Si system in controlled gas atmospheres: Experimental results at 1473 K(1200℃) and $P(SO_2)$=0.25atm. Metallurgical and Materials Transactions, 2017, 48B: 3017-3026.

[6] Fallah-Mehrjardi A, Hidayat T, Hayes P C, et al. Experimental investigation of gas/slag/matte/tridymite equilibria in the Cu-Fe-O-S-Si system in controlled gas atmosphere: Experimental results at 1523K(1250℃) and $P(SO_2)$=0.25atm. Metallurgical and Materials Transactions, 2018, 49B: 1732-1739.

[7] Fallah-Mehrjardi A, Hidayat T, Hayes P C, et al. Experimental investigation of gas/slag/matte/tridymite equilibria in the Cu-Fe-O-S-Si system in controlled atmospheres: Development of technique. Metallurgical and Materials Transactions, 2017, 48B: 3002-3016.

[8] Fallah-Mehrjardi A, Hayes P C, Jak E. The effect of CaO on gas/slag/matte/tridymite equilibria in fayalite-based copper smelting slags at 1473 K(1200℃) and $P_{(SO_2)}$ = 0.25atm. Metallurgical and Materials Transactions, 2018, 49B: 602-609.

[9] Hidayat T, Hayes P C, Jak E. Experimental investigation of gas/matte/spinel equilibria in the Cu-Fe-O-S system at 1473K(1200℃) and $P_{(SO_2)}$ = 0.25atm. Journal of Phase Equilibria and Diffusion, 2018, 39(2): 138-151.

[10] Shishin D, Jak E, Decterov S A. Thermodynamic assessment of slag-matte-metal equilibria in the Cu-Fe-O-S-Si system.

Journal of Phase Equilibria and Diffusion, 2018, 39: 456-475.

[11] Cardona N, Coursol P, Mackey P J, et al. Physical chemistry of copper smelting slags and copper losses at the Paipote smelter part 1–Thermodynamic modeling. Canadian Metallurgical Quarterly, 2011, 50 (4): 318-329.

[12] Valencia N C, Mackey P J, Coursol P, et al. Optimizing Peirce-Smith converters using thermodynamic modeling and plant sampling. Journal of Metals, 2012, 64 (5): 546-550.

[13] Floyd J, Mackey P. Developments in the pyrometallurgical treatment of slags: A review of current technology and physical chemistry. Mineral Processing and Extractive Metallurgy (IMM Transactions Section C), 1981, 90 (4): 345-371.

[14] Kongoli F. Liquidus surface of ferrous calcium silicate slag. Tokyo: Technical Report to Mitsutishi Materials Corp., 1999.

[15] Suzuki Y, Hoshi M. Recent operation of the flash smelting furnace at Saganoseki smelter//The Tenth International Flash Smelting Congress, Espoo, 2002: 23-29.

[16] Zamalloa M, Carissimi E. Slag chemistry of the new Noranda continuous converter//Copper-COBRE 99, Phoenix, 1999: 123-136.

[17] Mackey P J. The physical chemistry of copper smelting slags-a review. Canadian Metallurgical Quarterly, 1982, 21 (3): 221-260.

[18] Bailey J B W, Storey A G. The Noranda process after six years of operation//The 18th Annual Conference of Metallurgists, Sudbury, 1980, 73: 142.

[19] Outokumpu O. Export Division, Finland, Flash Smelting Symposium, New York, 1980: 14-15.

[20] Nagano T, Suzuki T. Commercial operation of Mitsubishi continuous copper smelting and converting process//Extractive Metallurgy of Copper, New York, 1976: 439.

[21] Nagamori M, Mackey P J. Thermodynamics of copper matte converting: Part I. Fundamentals of the noranda process. Metallurgical Transaction, 1978, 9B: 255-265.

[22] Sridhar R, Toguri J M, Simeonov S. Copper losses and thermodynamic considerations in copper smelting. Metallurgical and Materials Transactions, 1997, 28B: 191-200.

[23] Barker I L, Jacobi J S, Wadia B H. Some notes on oroya copper slags. Journal of Metals, 1957, 9: 774-780.

[24] Nagamori M, Mackey P J. Thermodynamics of copper matte converting: Part I: Fundamentals of Noranda process. Metallurgical Transactions, 1978, 9B: 255-265.

[25] Larso H, Chioman J. Oxygen activity in iron oxide slags. Journal of Metals, 1953, 5: 1089-1096.

[26] Turkdogan E T. Physicochemical properties of molten slags and glasses. London: The Metal Society, 1983: 243.

[27] Turkdogan E T, Bills P M. A thermodynamic study of $FeO\text{-}Fe_2O_3\text{-}SiO_2$, $FeO\text{-}Fe_2O_3\text{-}P_2O_5$ and $FeO\text{-}Fe_2O_3\text{-}SiO_2\text{-}P_2O_5$ molten systems. The Journal of the Iron and Steel Institution, 1957, 186: 329-339.

[28] Takeda Y, Nakazawa S, Yazawa A. Thermodynamics of calcium ferrite slags at 1200℃ and 1300℃. Canadian Metallurgical Quarterly, 1980, 19 (3): 297-305.

[29] Sun S, Sasaki Y, Belton G R. On the interfacial rate of reaction of CO_2 with a calcium ferrite melt. Metallurgical Transactions, 1988, 1B: 959-965.

[30] Somerville M, Sun S, Jahanshahi S. Copper solubility and redox equilibria in magnesia saturated $CaO\text{-}CuO_x\text{-}FeO_x$ slags. Metallurgical and Materials Transactions, 2014, 45B: 2072-2079.

[31] Teague K C, Swinbourne D R, Jahanshahi S. A thermodynamic study on cobalt containing calcium ferrite and calcium iron silicate slags at 1573 K. Metallurgical and Materials Transactions, 2001, 32B: 47-54.

[32] Yazawa A, Takeda Y, Waseda Y. Thermodynamic properties and structure of ferrite slags and their process implications. Canadian Metallurgical Quarterly, 1981, 20 (2): 129-134.

[33] Chen C, Jahanshahi S. Thermodynamics of arsenic in $FeO_x\text{-}CaO\text{-}SiO_2$ slags. Metallurgical and Materials Transactions, 2010, 41B: 1166-1174.

[34] Michal E J, Schuhmann R. Thermodynamics of iron-silicate slags: Slags saturated with solid silica. Journal of Metals, 1952, 4: 723-728.

[35] Kim H G, Sohn H Y. Effects of CaO, Al_2O_3 and MgO additives on the copper solubility, ferric/ferrous ratio, and minor element behavior of iron-silicate slags. Materials and Metallurgical Transactions, 1998, 29B: 411-418.

第11章

铜冶炼工艺中微量元素分布

11.1 概　　述

铜冶炼过程中微量元素的分布不仅影响铜产品的质量，还有关于有价元素的回收利用。铜冶炼工程师常言"炼铜是一项微量元素控制技术，微量元素控制好了，优质铜就炼成了"。挑战是保证铜产品质量的同时有效回收有价微量元素，而渣组成是影响微量元素分布的主要因素。渣型选择及渣成分调整除了实现铜在渣中损失最小化之外，还须考虑优化微量元素分布走向，保证铜质量，实现有价元素的回收最大化。影响微量元素分布的因素很多，工艺中微量元素分布比主元素 Cu、Fe 和 S 的分布复杂。

铜冶炼工艺主要关心的微量元素可以分为以下几类。

(1) 贵金属元素：Au、Ag、Pt、Pd、Rh、Ir、Ru 等。这类元素与硫化铜矿共生，浮选过程中富集于铜精矿中。此外，二次资源如电子废料等贵金属元素的含量高。冶炼过程中尽可能回收这类元素。

(2) 杂质元素：Ni、Co、Mo、Pb、Zn、As、Sb、Bi、Cd、Sn 等。这类元素与硫化铜矿伴生，选矿工艺中难以完全除去，有的富集于铜精矿，如 Ni 和 Co，多数元素部分地留在铜精矿中。二次铜资源中也不同程度地含这类元素，如 Sn 主要存在于二次铜资源中。杂质元素影响铜产品性能，冶炼过程中这类元素作为杂质尽量在工艺中去除，以保证铜产品的质量，同时，某些杂质元素也对环境有害，需要进行无害化处置。其中一些元素如 Ni、Co、Mo、Pb、Zn、Sn、Bi 等具有回收利用价值。尤其是比铜价值高的金属，如 Ni、Co 和 Mo，需要在冶炼过程中回收。

(3) 稀散及稀有(稀土)金属元素如 Se、Te、Ga、In、Ge 等，一些与铜伴生的元素如 Se、Te、In 等，在选矿过程中部分富集于铜精矿，多数稀散及稀有(稀土)元素主要来自电子废料等二次资源。这类元素具有回收利用价值，冶炼工艺中脱除这些元素的同时需考虑回收。

铜精矿中的微量元素通常作为硫化物存在。表 11.1 中列出了铜精矿中通常存在的

表 11.1　铜精矿中常见 As、Sb、Bi、Pb 和 Ni 的矿物[1,2]

As	Sb	Bi	Pb	Ni
$FeAsS$	$(Cu,Fe)_{12}Sb_4S_{13}$	Cu_3BiS_3		
Cu_3AsS_4	Cu_3SbS_4	$CuBiS_2$		
$(Cu,Fe)_{12}As_4S_{13}$	$CuSbS_2$	$PbCuBiS_3$	PbS	$(Fe,Ni)_9S_8$
$(Ag,Cu)_{16}As_2S_{11}$	$(Ag,Cu)_{16}Sb_2S_{11}$	Bi_2S_3	$Pb_{14}As_6S_{23}$	Ni_3S_2
$CuAsS$	Sb_2S_3	Bi_2Te_2S	$Pb_2Bi_2S_5$	NiS
$CoAsS$	Ag_3SbS_3			

As、Sb、Bi、Pb 和 Ni 等矿物。除这些主要矿物之外,在精矿或二次资源物料中,微量元素也可以元素形式或各种氧化物存在。

高温化学过程元素分配主要基于热力学平衡,即体系热力学自由能最低状态。热力学平衡实验及计算结果与实际操作过程操作存在差别,主要是实际过程未达到平衡状态,尤其是对于一些微量元素,难以达到平衡状态,主要原因如下:

(1)存在固溶体或溶体化合物。

(2)传质传热限制,尤其是高温多相反应,反应速率通常由传质控制。

(3)相分离不完全。

(4)条件改变引起逆反应。

(5)炉内温度及物料布置均匀性差。

(6)生产超负荷等操作因素。

20 世纪 60 年代以来,就微量元素在渣相中的分配做过大量的研究工作,表 11.2 总结列出主要研究的平衡体系及实验条件。杂质的分配行为很大程度取决于液相组成和氧势。总体来说,增加氧势导致杂质元素在渣相中的分配增加。但是杂质在铜与冰铜之间的分配,氧势作用不明显。当熔融铜-冰铜-渣共存时,金属铜相的存在影响元素在冰铜与渣相之间的分配。

表 11.2 微量元素在铜冶炼渣分配主要研究工作及实验条件

平衡体系	渣系	氧势 P_{O_2}/atm	温度/℃	元素	参考文献
铁硅酸盐系渣					
渣-铜合金	FeO_x-SiO_2	$10^{-12}\sim10^{-6}$	1250	Ag, Sn, Pb, As, Sb, Bi, Co	[3]～[6]
渣-铜合金	FeO_x-Fe_2O_3-SiO_2-Al_2O_3	$10^{-12}\sim10^{-6}$	1200/1300	Sn, Te, Se, Bi, As, Pb, Sb, Co	[7]～[11]
渣-铜合金	FeO_x-SiO_2-(CaO,MgO,Al_2O_3)	$10^{-12}\sim10^{-6}$	1200	Pb, Bi, As, Sb	[12]、[13]
渣-铜合金	FeO_x-Fe_2O_3-SiO_2-Al_2O_3	$10^{-10}\sim10^{-8}$	1350	Co	[10]
渣-铜合金	FeO_x-SiO_2-MgO	$10^{-11}\sim10^{-6}$	1300	As	[14]
渣-铜合金	FeO_x-SiO_2	$10^{-9}\sim10^{-5}$	1300	Pt, Pd	[15]、[16]
渣-铜冰铜	FeO_x-SiO_2	$10^{-11.5}$	1250/1300	Ag, Sn ,Pb, Bi, Sb	[17]～[20]
渣-铜冰铜	FeO_x-SiO_2	$10^{-8.4}\sim10^{-7.3}$	1250/1350	Au, Ag, Pt, Pd, Rh	[21]
渣-铜冰铜	FeO_x-SiO_2-MgO		1250	Co	[22]、[23]
铜合金-铜冰铜			1150/1250	Ag, Au, Pd, Pt	[24]
钙铁氧系渣					
渣-铜合金	CaO-FeO_x	$10^{-12}\sim10^{-6}$	1250	Ag, Sn, Pb, As, Sb, Bi, Co	[3]～[6]
渣-铜合金	CaO-FeO-Fe_2O_3-MgO	$10^{-12}\sim10^{-6.8}$	1185/1250	Se, Te	[25]、[26]
渣-铜合金	FeO_x-CaO-MgO	$10^{-11}\sim10^{-6}$	1300	As	[27]
渣-铜冰铜	CaO-FeO_x		1250	Ag, Pb, Bi,Sb	[28]

平衡体系	渣系	氧势 P_{O_2}/atm	温度/℃	元素	参考文献
铁钙硅系渣					
渣-铜合金	FeO_x-CaO-SiO$_2$	$10^{-6} \sim 10^{-8}$	1300	Sn, In	[29]、[30]
渣-铜合金	FeO_x-CaO-SiO$_2$	10^{-6}	1300	Sb, Bi, Pb	[31]
渣-银合金	FeO_x-CaO-SiO$_2$-MgO	$10^{-11} \sim 10^{-6}$	1300	As	[14]
其他渣系					
渣-铜合金	CaF_2-CaO-MgO-SiO$_2$		1227	Sn, Sb	[32]
渣-铜合金	CaO-SiO$_2$-Al$_2$O$_3$		1350	Pb	[13]、[33]
渣-铜合金	Cu$_2$O-CoO-SiO$_2$		1200/300	Co	[34]
渣-铜合金	Na$_2$O$_3$-Na$_2$O-SiO$_2$		1250	As, Sb	[35]

微量元素可以不同形式溶解于炉渣中，主要包括以下形式。

(1)氧化物：在冶炼操作气氛和温度等条件下熔渣中元素的氧化物或者氧化聚合物状态稳定。

(2)硫化物：溶解于熔渣中的硫，会结合渣中的某一些元素形成稳定硫化物。

(3)单原子：元素的氧化物和硫化物在冶炼条件下均不稳定时，将以单原子溶解于渣中。

元素的渣中溶解及存在形式，取决于元素性质和工艺操作条件。一般来说，金和铂族贵金属及一些稀散稀有金属在渣中主要以原子形式溶解，其他元素多数以氧化物形式存在于渣中，氧化物及硫化物在渣中的溶解可能以离子或分子形式存在。铜冶炼中元素在铁硅酸盐渣的溶解形式总结于表 11.3。微量元素在铜、冰铜和铁橄榄石渣之间分配的热力学评估可以简化地分为三类：第一类是以单体原子溶解的元素，如 Au、Ag、Bi、Sb、As 等，元素的分配取决于温度；第二类是以氧化物形式溶解的元素，分配随着温度、氧势和硫势而变化，包括 Pb、Zn、Ni、Co、Sn 等，第三类如 Te 和 Se 等，它们的分配取决于温度和氧势。微量元素氧化物的酸碱性质，可以帮助了解熔渣中微量元素的氧化物行为。例如，Pb 分配至酸性渣会比碱性渣的量高，因为 Pb(PbO) 的氧化物表现出碱性。

表 11.3 铜冶炼中元素在铁硅酸盐渣的溶解形式[2,11]

渣中溶解形式	熔炼/吹炼渣	火法精炼/阳极炉渣
氧化物	Pb, Zn, Ni, Co, Sn, In, Cu, As, Sb, Bi	As, Sb, Bi
硫化物	Cu, Pb, Ni, Co	
分子	S, Se, Te,	
单体原子*	Au, Ag, Pt, As, Sb, Bi, Se, Te,	

*在高氧势下，贵金属可能以离子状态存在。

11.2　杂质元素的挥发性

通过金属、硫化物或氧化物的挥发可以将微量元素转移到气相。金属及化合物的挥发可以用热力学来判断，元素及化合物在气相中分压与它们在熔体中的活度和纯物质的蒸气压成正比：

$$P_i = a_i P_i^0 = \gamma_i x_i P_i^0 \tag{11.1}$$

式中，i 是金属、硫化物或氧化物形式存在的微量元素；a_i 是元素 i 金属或化合物的活度；γ_i 是元素 i 金属或化合物在熔体中拉乌尔活度系数；x_i 是元素 i 金属或化合物的摩尔分数；P_i^0 是元素 i 的纯金属或化合物的蒸气压。

假设气相服从理想气体定律，气体相中元素 i 金属或化合物浓度（mol/m³）可以用下式表示：

$$c_i(g) = (\gamma_i x_i P_i^0)/(RT) \tag{11.2}$$

从式（11.2）可知，微量元素挥发的"驱动力"不仅与纯物质蒸气压力有关，还取决于元素在熔体中的活度系数。

纯固体和液体的蒸气压取决于温度。冰铜品位影响微量元素的活度系数。对于原子和单质分子形式挥发的金属，其分压不受冰铜品位变化的影响。氧化物和硫化物挥发反应将受到体系中硫和氧分压变化的影响，因为氧化物和硫化物的蒸气压取决于氧势和硫势。因此，元素以氧化物和硫化物挥发，与冰铜品位有关。图 11.1 为底吹熔炼工艺模拟计算的气相杂质元素 Pb、Zn、As、Sb、Bi 分布，在冰铜品位低于 60%时，80%以上的 As 和 Bi 进入气相，当冰铜品位高于 60%时，其挥发率随着冰铜品位的升高而急速降低。Pb、Zn 和 Sb 的挥发率低于 20%，冰铜品位对这些杂质挥发的影响小。

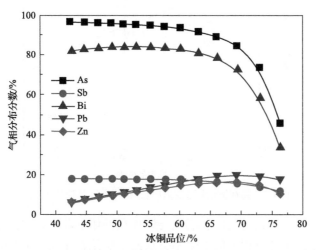

图 11.1　铜底吹熔炼工艺模拟计算的气体中的杂质元素分布[36]

冶炼工艺中微量元素的挥发很大程度上取决于通过熔体的气体体积，气体体积的增加降低气相中元素的分压并增加了反应及传输界面，对挥发热力学和动力学均有利。通过熔体的气体称为"洗涤气体"，它们可以帮助熔体中元素的挥发。冶炼工艺中富氧浓度增加，减少非反应气体体积（如 N_2）和燃料燃烧气体的体积（如 CO 和 CO_2），因此富氧浓度增加，微量元素在气相中分布降低。连续吹炼的操作减少了"洗涤气体"，此外熔池连续吹炼（如诺兰达连续吹炼）存在铜-冰铜-渣三相共存，还会影响元素在熔体中的活度系数。杂质元素在吹炼过程中的挥发率列于表 11.4。表 11.4 中数据表明，As 在 PS 转炉吹炼的造渣期的挥发率高于造铜期。诺兰达连续吹炼和闪速吹炼的元素挥发率低于 PS 转炉吹炼。

表 11.4　杂质元素在吹炼过程中挥发率[37]

挥发率	Pb	Zn	As	Sb	Bi	Cd
PS 转炉造渣期/%	30	5	50	25	30	
PS 转炉造铜期/%	31	2	24	27	35	
诺兰达连续吹炼/%	7.8		4.5	1.0	17	
闪速吹炼/%	10		6		13	82

图 11.2 表明了铜熔炼系统平衡模型计算的锡在铜熔炼工艺中的分布与冰铜品位的关系，气相中的分布率为 20%～30%，随着冰铜品位的从 40% 升高到 75%，进入渣中的锡从 10% 增加到 50%，剩余部分留在冰铜中。

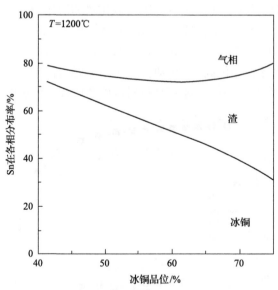

图 11.2　锡在铜熔炼工艺中的分布与冰铜品位的关系[38]

冶炼炉类型对微量元素行为的影响主要体现在操作参数，如冰铜品位、渣成分和富氧浓度等，炉型影响工艺过程中的烟尘率，从而影响元素在气相中的分布。鉴于熔炼工艺的不同，原料性质有差异，工艺条件也不尽相同，致使各个铜冶炼厂具有挥发性的元素气相分布规律不尽相同。图 11.3 表示不同工艺 As 的分布走向。由图 11.3 可以看出，熔池熔炼工艺与闪速熔炼工艺中 As 在气相的分布差异较大,主要原因是熔池熔炼通过熔体的气体体积高于闪速熔炼。

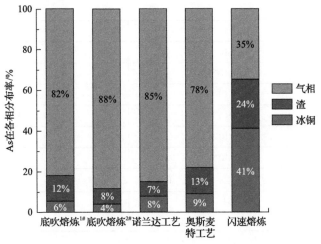

图 11.3 各熔炼工艺 As 元素于各相间分布[39]

11.3 微量元素在铜-渣-气相的分配

铜冶炼过程中微量元素的总体走向,除进入粗铜中之外,就是溶解于渣中及挥发进入气相。最终在粗铜中的分配比例,取决于熔炼、吹炼及精炼各个步骤的操作,以及冶炼厂中间物料(如烟尘等)的处理方法。优化微量元素的走向分布,实现有价金属最高回收率(如 Cu、Ni、Co、贵金属等)及杂质元素(如 Pb、Zn、Sn、As、Sb、Bi)在熔渣中的最大去除率,是冶炼厂运行的目标。以下是铜吹炼过程中的微量元素分布热力学分析。

杂质在液态铜与渣相之间的反应,可用反应(11.3)来表示:

$$(Cu_2O) + [M] \Longrightarrow [2Cu] + (MO) \tag{11.3}$$

反应平衡常数为

$$K_3 = [a_{Cu}]^2 (a_{MO}) / ((a_{Cu_2O})[a_M]) \tag{11.4}$$

反应平衡常数(K_3)及元素 M 在液态铜中的活度系数列于表 11.5。表中列出的元素可以分为三组。第一组元素具有很小的反应平衡常数,代表不容易氧化去除,仍然保留在粗铜中,这些元素多数是贵金属,在粗铜电解精炼中从阳极泥中回收。第三组元素的反应平衡常数值大,表明容易氧化溶解进入熔渣被去除。第二组元素氧化溶解进入熔渣的程度,取决于热力学条件,包括氧势和元素或化合物在熔渣和金属铜等各相中的活度。在实际工艺操作中的主要影响因素包括熔渣组分及温度等。图 11.4 表示铜转炉吹炼操作不同相的金属分布。从图 11.4 可知,挥发进入气相的元素包括 Hg、Cd 和部分 Zn、Pb 及 Bi,贵金属元素富集于金属相,其他元素基本上进入炉渣相。

表 11.5　1200℃式(11.3)反应平衡常数及液体铜中微量元素活度系数[40,41]

元素	反应平衡常数 K	熔融铜中活度系数 γ_M^o
第一组		
Au	1.2×10^{-7}	0.34
Hg	2.5×10^{-5}	
Ag	3.5×10^{-5}	4.8
Pt	5.2×10^{-5}	0.03
Pd	6.2×10^{-4}	0.06
Se	5.6×10^{-4}	$\ll1$
Te	7.7×10^{-2}	0.01
第二组		
Bi	0.64	2.7
Cu		1
Pb	3.8	5.7
Ni	25	2.8
Cd	31	0.73
Sb	50	0.013
Ar	50	0.0005
Co	1.4×10^2	10
Ge	3.2×10^2	
Sn	4.4×10^2	0.11
In	8.2×10^2	0.32
第三组		
Fe	4.5×10^3	15
Zn	4.7×10^4	0.11
Na	1.1×10^5	
Cr	5.2×10^6	
Mn	3.5×10^7	0.80
Si	5.6×10^8	0.1
Ti	5.8×10^9	
Al	8.8×10^{11}	0.008
Ba	3.3×10^{12}	
Mg	1.4×10^{13}	0.067
Be	5.4×10^{13}	
Ca	4.3×10^{14}	

注：第一组元代表稳定性元素；第二组元素能被氧化溶解于熔渣，但受限制；第三组元代表容易氧化溶解于熔渣去除元素。

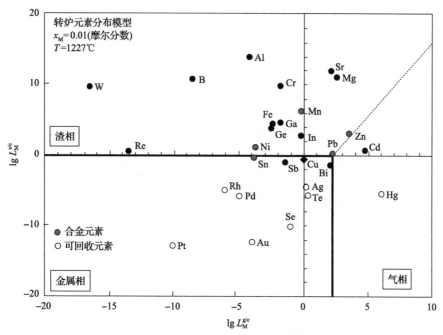

图 11.4 一定操作条件下铜转炉吹炼工艺不同相的金属分配[42]

11.4 微量元素在铜冶炼工艺凝聚相的分配系数

铜冶炼工艺各凝聚相之间的元素分配，包括铜-渣、冰铜-渣和铜-冰铜之间的分配，可以用两相之间的分配系数来分析评估。分配系数表示如下。

铜-渣之间分配系数：

$$L_M^{c/s} = w(M_c) / w(M_s) \tag{11.5}$$

铜-冰铜之间分配系数：

$$L_M^{c/m} = w(M_c) / w(M_m) \tag{11.6}$$

冰铜-渣之间分配系数：

$$L_M^{m/s} = L_M^{c/s} / L_M^{c/m} = w(M_m) / w(M_s) \tag{11.7}$$

式中，$w(M_c)$，$w(M_m)$ 和 $w(M_s)$ 分别表示微量元素 M 在铜、冰铜和渣中的质量分数。为了使用方便，有的文献资料中分配系数以式(11.5)~式(11.7)的倒数式表示，如 $L_M^{s/m} = w(M_s) / w(M_m)$，两种表示式意义相同。在一个确定体系中，分配系数可以根据热力学数据计算得出。

如果元素在熔渣中以氧化物形式溶解，具 $2v$ 价态的元素 M 在液态金属铜和熔渣之间反应可以表示为

$$[M] + v/2 \, O_2 \Longrightarrow (MO_v) \tag{11.8}$$

上述反应的平衡常数 K_8 表示如下：

$$K_8 = (a_{MO_v}) / ([a_M] P_{O_2}^{v/2}) \tag{11.9}$$

式中，a_{MO_v} 和 a_M 分别为氧化物 MO_v 在熔渣中的活度和元素 M 在液态金属铜的活度；P_{O_2} 为平衡氧分压（氧势）。分配系数可以通过下式计算：

$$L_M^{c/s} = ([n_T] (\gamma_{MO_v})) / (K_8 (n_T) [\gamma_M] P_{O_2}^{v/2}) \tag{11.10}$$

式中，K_8 是反应（11.8）的平衡常数；n_T 是各相中组元的摩尔总数（Σn_i）；γ_{MO_v} 和 γ_M 分别为氧化物 MO_v 在熔渣中的活度系数和元素 M 在液态金属铜的活度系数。

如果元素 M 在冰铜中以金属状态存在，冰铜与熔渣之间氧化反应，类似于反应式（11.8）表示。

$$\{M\} + v/2\ O_2 \Longrightarrow (MO_v) \tag{11.11}$$

分配系数为

$$L_M^{m/s} = (\{n_T\} (\gamma_{MO_v})) / (K_{11} (n_T) \{\gamma_M\} P_{O_2}^{v/2}) \tag{11.12}$$

式中，K_{11} 为式（11.11）的反应平衡常数。

如果元素在冰铜中以硫化物形式溶解，具有 $2v$ 价态的元素 M 在液态金属铜和冰铜之间反应可以表示为

$$[M] + v/2\ S_2 \Longrightarrow \{MS_v\} \tag{11.13}$$

反应平衡常数为

$$K_{13} = \{a_{MS_v}\} / ([a_M] P_{S_2}^{v/2}) \tag{11.14}$$

式中，a_{MS_v} 和 a_M 分别为硫化物 MS_v 在冰铜中的活度和元素 M 在液态金属铜的活度；P_{S_2} 为平衡硫分压（硫势）。分配系数计算式为

$$L_M^{c/m} = w(M_c)/w(M_m) = ([n_T] \{\gamma_{MS_v}\}) / (K_{13} \{n_T\} [\gamma_M] P_{S_2}^{v/2}) \tag{11.5}$$

式中，K_{13} 是反应（11.13）的平衡常数；n_T 是各相中组元的摩尔总数；γ_{MS_v} 和 γ_M 分别为硫化物 MS_v 在冰铜中的活度系数和元素 M 在液态金属铜的活度系数。

根据 $L_M^{m/s} = L_M^{c/s} / L_M^{c/m}$，以硫化物存在于冰铜的元素 M 在冰铜-渣之间分配系数为

$$L_M^{m/s} = w(M_m)/w(M_s) = [(K_8 \{n_T\} (\gamma_{MO_v})) / (K_{13} (n_T) \{\gamma_{MS_v}\})] (P_{S_2}^{v/2} / P_{O_2}^{v/2}) \tag{11.16}$$

式（11.16）显示 $L_M^{m/s}$ 取决于熔渣中的氧化物和冰铜中硫化物的活度系数，以及硫和氧的分压（硫势和氧势）和温度。体系中硫势和氧势相关于气体-渣-冰铜体系中各相之间铁的平衡反应可以表示为

$$\{FeS\} + 1/2\ O_2(g) \Longrightarrow (FeO) + 1/2\ S_2(g) \tag{11.17}$$

平衡常数为

$$K_{17} = ((a_{FeO})/\{a_{FeS}\})(Ps_2^{1/2}/P_{O_2}^{1/2}) \tag{11.18}$$

对于 SiO_2 饱和铁橄榄石渣,1300℃的 FeO 活度接近 0.3。1300℃时含有 55%～60% Cu 的冰铜的 FeS 活度接近 0.3[40],考虑铜冶炼渣在实际操作中很少 SiO_2 饱和,因此氧化铁(二价)的活度为 0.40～0.45。

表 11.6 总结了上述情况的平衡反应及分配系数表达式,从分配系数计算式可知,除反应平衡常数之外,需要知道体系中氧分压(氧势)或硫分压(硫势),元素 M 的金属、氧化物及硫化物在熔渣和冰铜或液态铜中的活度系数,以及各相组分的摩尔总数。

表 11.6　铜/冰铜-渣平衡反应及分配系数表达式

平衡反应	分配系数表达式
$[M]+v/2\,O_2 \Longrightarrow (MO_v)$	$L_M^{c/s} = ([n_T](\gamma_{MO_v}))/(K_8(n_T)[\gamma_M]P_{O_2}^{v/2})$
$\{M\}+v/2\,O_2 \Longrightarrow (MO_v)$	$L_M^{m/s} = (\{n_T\}(\gamma_{MO_v}))/(K_{11}(n_T)\{\gamma_M\}P_{O_2}^{v/2})$
$[M]+v/2\,S_2 \Longrightarrow \{MS_v\}$	$L_M^{c/s} = ([n_T]\{\gamma_{MS_v}\})/(K_{13}\{n_T\}[\gamma_M]P_{O_2}^{v/2})$
$\{MS_v\}+v/2\,O_2\,(g) \Longrightarrow (MO_v)+v/2\,S_2\,(g)$	$L_M^{m/s} = [(K_8\{n_T\}(\gamma_{MO_v}))/(K_{13}(n_T)\{\gamma_{MS_v}\})](P_{S_2}/P_{O_2})^{v/2}$

大多数氧化物在熔渣中为离子状态,离子的标准状态不存在,因此无法定义或测量离子的热力学数据,如活度及活度系数,可使用分子表达式。虽然化合物通常以多阳离子的整数形式表示,如 Fe_3O_4、Cu_2O 等,但单阳离子形式(FeO、$FeO_{1.33}$、$CuO_{0.5}$ 等)表示从理论和实践两个角度都比较合理方便。主要优点包括:

(1)单离子形式表达化合物可以简化从质量分数到摩尔分数的转换。此外,当一个相中的所有组分都以单离子形式表示时,100g 熔渣、冰铜或铜的摩尔总数(n_T)大致保持不变,可进一步简化数学计算。作为冰铜品位的函数,100g 渣、冰铜和铜各相中组分的摩尔总数(n_T)如图 11.5 所示。图中数据表明各相中在熔炼操作的冰铜品位范围的摩尔总数(n_T)基本恒定。渣、冰铜和铜中的 n_T 值分别近似地等于 1.48、1.22 和 1.54。

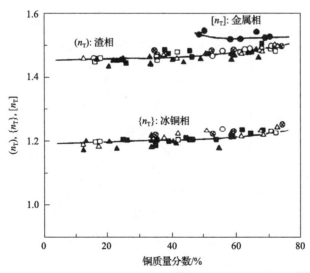

图 11.5　100g 渣、冰铜和铜各相中组分摩尔总数[43]

（2）化合物的单离子表达时，它们的活度系数在大范围内成分几乎保持不变。图 11.6 表示有关元素在渣中的活度系数与摩尔分数的关系。由图可知，以单阳离子形式表示时活度系数保持不变；而以多阳离子形式表示时，则随成分变化。

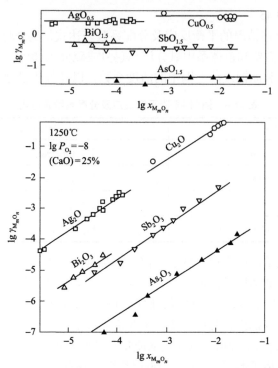

图 11.6　1250℃元素氧化物在钙铁氧体渣中的活度系数与摩尔分数的关系[4,5]

（3）对于液态硫化物，当使用组分单阳离子表达时，几乎是理想的溶液，而当以正常整数形式表达时，将表现出与理想的明显负偏差。图 11.7 表示了 Cu$_2$S-FeS 系组分活度

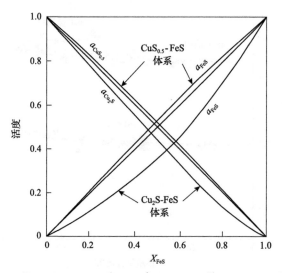

图 11.7　在 1300℃ Cu$_2$S、CuS$_{0.5}$ 和 FeS 在 Cu$_2$S-FeS 及 CuS$_{0.5}$-FeS 系中的活度[40]

与理想溶液的负偏差，而 $CuS_{0.5}$-FeS 系单离子活度几乎与理想溶液吻合。

在无限稀释溶液中，液态金属中的溶质元素及其熔渣中的氧化物的活度系数没有显著变化，有时可以假定为恒定。假设铜合金中的金属和熔渣中的氧化物遵循亨利行为，活度系数是恒定的；此外，由于浓度低，微量元素之间的相互作用可以忽略。因此，在一定温度下，分配系数计算式只是氧势的函数，式(11.10)或式(11.12)可以表示为

$$\lg L_M^{c/s} = \lg B_1 - v/2 \lg P_{O_2} \tag{11.19}$$

或者

$$\lg L_M^{m/s} = \lg B_2 - v/2 \lg P_{O_2} \tag{11.20}$$

式中，B_1、B_2 为常数，B_1 可表示为

$$B_1 = (\gamma_{MO_v})[n_T]/(K_8[\gamma_M](n_T))$$

从 $\lg L_M^{c/s}$（或 $\lg L_M^{m/s}$）与 $\lg P_{O_2}$ 的线性关系斜率中，可以确定熔渣中溶解元素 $v/2$ 价态的氧化程度，即氧化物的价态。

11.5　微量元素在铜冶炼渣中分配的工业(或工业试验)数据

图 11.8 为诺兰达一步直接炼铜工艺中铜的各元素在铜-渣之间的分配系数（$L_M^{c/s}$）。由图可知，Ni、Co、Mo、Sn、Pb、In 和 Zn 等元素的分配系数小于 1，趋于进入炉渣中，而 Au、Ag、As、Se、Te、Sb 和 Bi 等元素的分配系数大于 1，倾向于分配在粗铜中。表 11.7 列出了 1250℃诺兰达一步直接炼铜工艺中磁性铁饱和铁橄榄石渣与液态铜共存时，杂质元素的分配系数（$L_M^{c/s}$）。表 11.7 中数据表明，Pb 和 Zn 进入渣中，AS、Sb 和 Bi 富集于金属铜。实验实际观察值低于热力学计算预测值，原因是实验过程中液态铜在熔渣中机械夹带。表 11.8 表示诺兰达冰铜熔炼工艺过程中元素的分配系数，表中数据说明大部分 Zn 进入渣中，Pb 和 Sb 趋于渣，而 As 和 Bi 则富集于冰铜。与表 11.7 中数据比较，熔炼冰铜时渣中的 Pb 和 Zn 减少，而进入渣的 As、Sb 和 Bi 增加。对于处理 As、Sb 和 Bi 的原料，一步熔池熔炼铜，这类杂质富集于粗铜是该工艺工业应用的问题，因为需要在后续精炼工艺去除，操作成本增加。

三菱工艺吹炼和闪速吹炼使用钙铁氧体渣，诺兰达连续吹炼采用铁硅酸盐。表 11.9[45,46] 列出了连续吹炼杂质元素在渣-铜之间的分配系数。从表中数据可知，由于渣型不同，分配系数存在显著差异，As、Sb 和 Bi 在钙铁氧体渣中的分配系数明显高于铁硅酸盐渣，而 Pb 的分配系数则低于铁硅酸盐渣。钙铁氧体渣有利于从吹炼操作中去除 As、Sb 和 Bi，而铁硅酸盐渣对 Pb 的去除具有优势。这些可以通过渣的酸碱性来解释，在碱性钙铁氧体渣中，As_2O_3 和 Sb_2O_3 活度系数低，稳定性更高。而 PbO 在硅酸盐渣中活度系数低，在酸性硅酸盐渣中的稳定性高。智利 Chuquicamata[47] 和墨西哥 La Caridad[48] 冶炼厂实验

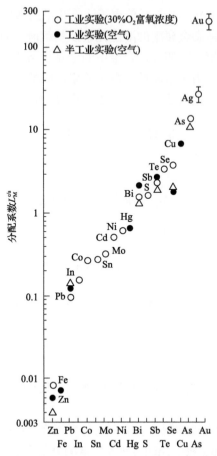

图 11.8 诺兰达一步炼铜工艺中各元素的分配系数（$L_M^{c/s}$）[44]

渣成分：12% Cu, 23% SiO$_2$, 38% Fe, 2% S, 25% Fe$_3$O$_4$, 5% Al$_2$O$_3$, 1.5% CaO, 1.5% MgO 和 5% Zn

表 11.7　1250℃诺兰达一步直接炼铜工艺中磁性铁饱和铁橄榄石渣与液态铜共存时，杂质元素分配系数 $L_M^{c/s}$ [2]

分配系数	Pb	Zn	As	Sb	Bi
热力学计算值	0.013	$6.33×10^{-4}$	30	15	15
实际观察值	0.11	$6.0×10^{-3}$	15	2.5	2

表 11.8　诺兰达冰铜熔炼工艺中元素分配系数（$L_M^{m/s}$）[2]

分配系数	Pb	Zn	As	Sb	Bi
预测	0.5	0.17	22	0.9	3.4
实际	0.7	0.13	16	0.9	5.3

表 11.9　连续吹炼杂质元素在渣-铜之间的分配系数[1,45,46]

工艺	渣型	$L_{As}^{s/c}$	$L_{Sb}^{s/c}$	$L_{Bi}^{s/c}$	$L_{Pb}^{s/c}$	数据来源
三菱法吹炼炉	钙铁氧体渣	1.9	1.9	0.71	2.7	日本 Naoshima 冶炼厂
闪速吹炼	钙铁氧体渣	2.0		0.59	4.4	美国 Kennecott 冶炼厂
诺兰达连续吹炼	铁硅酸盐渣	0.02	0.4	0.12	10	加拿大 Horne 冶炼厂

过在 PS 转炉造铜期应用钙铁渣除 As。Chuquicamata 冶炼厂在实际操作中将 PS 转炉除 As 与碱性火法精炼结合。La Caridad 实验成功后，实际操作中只在吹炼高 As 冰铜时使用。在 Dowa-Kosaka 冶炼厂，类似的工艺(同类型的渣)结合造铜期的过吹操作以提高吹炼工艺中 As 和 Sb 的去除率。

图 11.9 表示冰铜品位对奥托昆普闪速熔炼工艺中冰铜-渣之间的元素分配系数（$L_M^{m/s}$）的影响。由图可知，随着冰铜品位的升高，除 Se 之外，均趋向于进入渣中，尤其是元素 Mo、Zn、Co、Sb、Ni 和 Bi 等的分配系数，随着冰铜品位的升高而显著降低。Au 和 Ag 富集于冰铜，其分配系数比较恒定，Ag 在接近白冰铜时，分配系数降低。冰铜品位为 60%，Bi、Ni、Se 和 As 的分配系数大于 1，即富集于冰铜，其他元素低于 1，趋于富集于渣中。

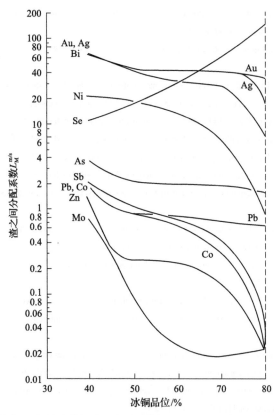

图 11.9 冰铜品位对奥托昆普闪熔工艺中冰铜-渣之间的元素分配系数（$L_M^{m/s}$）影响[49]

渣分析成分：26.6% SiO_2，44.4% Fe，1.5% Cu，0.05% Ni，10% Fe_3O_4

参 考 文 献

[1] Larouche P. Minor elements in copper smelting and electrorefining fluxing in anode furnace. Montreal: McGill University, 2001.

[2] Mackey P J. The physical chemistry of copper smelting slags–A review. Canadian Metallurgical Quarterly, 1982, 21(3): 221-260.

[3] Nakazawa S, Takeda Y. Distribution behaviour of various elements in copper smelting systems//Advances in Sulfide Smelting, TMS Fall Extractive Meeting, San Francisco, 1983.

[4] Takeda Y, Ishiwata S, Yazawa A. Distribution equilibria of minor elements between liquid copper and calcium ferrite slag.Transactions of the Japan Institute of Metals, 1983, 24: 518-528.

[5] Yazawa A, Takeda Y, Nakazawa S. Distribution behaviours of various elements in copper smelting system//Copper 68-Copre 68,International Conference, Santiago, 1968.

[6] Yazawa A, Takeda Y, Nakazawa S. Ferrous calcium silicate slag to be used for copper smelting and converting//Copper99-Copre 99, Phoenix, 1999: 587-597.

[7] Nagamori M, Mackey P J, Tarassoff P. Copper solubility in $FeO-Fe_2O_3-SiO_2-Al_2O_3$ slag and distribution equilibria of Pb, Bi, Sb and As between slag and metallic copper. Metallurgical Transactions B, 1975, 6: 295-301.

[8] Nagamori M, Mackey P J, Tarassoff P. The distribution of As, Sb, Bi, Se, and Te between molten copper and white metal. Metallurgical Transactions B, 1975, 6: 197-198.

[9] Nagamori M, Mackey P J. Distribution equilibria of Sn, Se and Te between $FeO-Fe_2O_3-SiO_2-Al_2O_3-CuO_{0.5}$ slag and metallic copper. Metallurgical Transactions B, 1977, 8: 39-46.

[10] Derin B, Yücel O. The distribution of cobalt between Co-Cu alloys and $Al_2O_3-FeO-Fe_2O_3-SiO_2$ slags. Scandinavian Journal of Metallurgy, 2002, 31: 12-19.

[11] Nagamori M, Mackey P J. Thermodynamics of copper matte converting: Part II, distribution of Au, Ag, Pb, Zn, Ni, Se, Te, Bi, Sb and As between copper, matte and slag in the noranda process. Metallurgical Transactions B, 1978, 9: 567-579.

[12] Kim H G, Sohn H Y. Effects of CaO, Al_2O_3 and MgO additions on the copper solubility, ferric/ferrous ratio, andminor-element behaviour of iron-silicate slags. Metallurgical and Material Transactions, 1998, 29B: 583-590.

[13] Heo J H, Park S S, Park J H. Effect of slag composition on the distribution behaviour of Pb between Fe_tO-SiO_2 (-CaO, Al_2O_3) slag and molten copper. Metallurgical and Material Transactions, 2012, 43B: 1098-1105.

[14] Chen C, Jahanshahi S. Thermodynamics of arsenic in $FeO_x-CaO-SiO_2$ slags. Metallurgical and Material Transactions, 2010, 41B: 1166-1174.

[15] Henao H M, Yamaguchi K, Ueda S. Distribution precious metals between copper metal and iron silicate slag at 1573K//TMS Fall Extraction & Processing: Sohn International Symposium, San Diego, 2006: 723-729.

[16] Yamaguchi K. Distribution ratios of platinum and palladium between iron oxide slags and molten copper//Proceedings of Copper 2013, Chile, 2013: 775-784.

[17] Roghani G, Hino M, Itagaki K. Phase equilibrium and minor element distribution between $SiO_2-CaO-FeO_x-MgO$ and copper matte under high partial pressures of SO_2//Proceedings of 5th International Conference on Molten Slags, Fluxes and Salts, Sydney, 1997.

[18] Roghani G, Hino M, Itagaki K. Phase equilibrium and minor elements distribution between $SiO_2-CaO-FeO_x-MgO$ slag and copper matte at 1573K under high partial pressures of SO_2. Materials Transactions, JIM, 1997, 38: 707-713.

[19] Takeda Y, Roghani G. Distribution equilibrium of silver in copper smelting system//First International Conference on Processing Materials for Properties, Hawaii, 1993: 357-360.

[20] Kashima M, Eguchi M, Yazawa A. Distribution of impurities between crude copper, white metal and silica-saturated slag. Transactions of the Japan Institute of Metals, 1978, 19: 152-158.

[21] Avarmaa K, O'Brien H, Johto H, et al. Equilibrium distribution of precious metals between slag and copper matte at 1250℃-1350℃. Journal of Sustainable Metallurgy, 2015, 1: 216-228.

[22] Choi N, Cho W D. Distribution behaviour of cobalt, selenium, and tellurium between nickel-copper-iron matte and silica-saturated iron silicate slag. Metallurgical and Material Transactions, 1997, 28B: 429-438.

[23] Kho T, Swinbourne D, Lehner T. Cobalt distribution during copper matte smelting, Metallurgical and Material Transactions, 2006, 37B: 209-214.

[24] Schlitt W, Richards K. The distribution of silver, gold, platinum and palladium in metal-matte systems. Metallurgical Transactions B, 1975, 6: 237-243.

[25] Johnston M D, Jahanshahi S, Lincoln F J. Thermodynamics of selenium and tellurium in calcium ferrite slags, Metallurgical and Material Transactions, 2007, 38B: 433-442.

[26] Johnston M, Jahanshahi S, Zhang L, et al. Effect of slag basicity on phase equilibria and selenium and tellurium distribution in magnesia-saturated calcium iron silicate slags. Metallurgical and Material Transactions, 2011, 41B: 625-635.

[27] Acuna C, Yazawa A. Behaviours of arsenic, antimony and lead in phase-equilibria among copper, matte and calcium or barium ferrite slag. Transactions of the Japan Institute of Metals, 1987, 28: 498-506.

[28] Roghani G, Font J C, Hino M, et al. Distribution of minor elements between calcium ferrite slag and copper matte at 1523K under high partial pressure of SO_2. Materials Transactions, JIM, 1996, 37: 1574-1579.

[29] Anindya A, Swinbourne D R, Reuter M A, et al. Distribution of elements between copper and FeO_x-CaO-SiO_2 slags during pyrometallurgical processing of WEEE: Part 1- tin. Mineral Processing and Extractive Metallurgy, 2013, 122: 165-173.

[30] Anindya A, Swinbourne D R, Reuter M A, et al. Distribution of elements between copper and FeO_x-CaO-SiO_2 slags during pyroprocessing of WEEE: Part 2-indium. Mineral Processing and Extractive Metallurgy, 2014, 123: 43-52.

[31] Kaur R, Swinbourne D, Nexhip C. Nickel, lead and antimony distributions between ferrous calcium silicate slag and copper at 1300℃. Mineral Processing and Extractive Metallurgy, 2009, 118: 65-72.

[32] Gortais J, Hodaj F, Allibert M, et al. Equilibrium distribution of Fe, Ni, Sb, and Sn between liquid Cu and a CaO-rich slag. Metallurgical and Material Transactions, 1994, 25B: 645-651.

[33] Matsuzaki K, Ishikawa T, Tsukada T, et al. Distribution equilibria of Pb and Cu between CaO-SiO_2-Al_2O_3 melts and liquid copper. Metallurgical and Material Transactions, 2000, 31B: 1261-1266.

[34] Reddy R G, Healy G W. The solubility of cobalt in Cu_2O-CoO-SiO_2 slags in equilibrium with liquid Cu-Co alloys. Canadian Metallurgical Quarterly, 1981, 20: 135-143.

[35] Riveros G, Park Y J, Takeda Y, et al. Distribution equilibria of arsenic and antimony between Na_2CO_3-Na_2O-SiO_2 melts and liquid copper. Transactions of the Japan Institute of Metals, 1987, 28: 749-756.

[36] Wang Q, Guo X, Tian Q, et al. Effects of matte grade on the distribution of minor elements (Pb, Zn, As, Sb, and Bi) in the bottom blown copper smelting process. Metals, 2017, 7: 502.

[37] Swinbourne D R, Kho T S. Computational thermodynamics modeling of minor element distributions during copper flash converting. Metallurgical and Materials Transactions, 2012, 43B: 823-829.

[38] Chen C. Deportment behaviour of tin in copper smelting//Copper 2019, Vancouver, 2019.

[39] Wang Q, Guo X, Tian Q, et al. Reaction mechanism and distribution behavior of arsenic in the bottom blown copper smelting process. Metals, 2017, 7: 302.

[40] Yazawa A. Thermodynamic considerations of copper smelting. Canadian Metallurgical Quarterly, 1974, 13: 443-453.

[41] Yazawa A, Azakami T. Thermodynamics of removing impurities during copper smelting. Canadian Metallurgical Quarterly, 1969, 8: 257-261.

[42] Nakajima K, Takeda O, Miki T, et al. Thermodynamic analysis for the controllability of elements in the recycling process of metals. Environmental Science and Technology, 2011, 45: 4929-4936.

[43] Yazawa A, Takeda Y. Equilibrium relations between liquid copper and calcium ferrite slag. Transactions of the Japan Institute of Metals, 1982, 23: 328-333.

[44] Mackey P J, McKerrow G C, Tarassoff P. Minor elements in the Noranda process//TMS-AIME Paper Selection A AIME, San Francisco, 1975: 75-81.

[45] Ajima S, Hayashi M, Hasegawa N, et al. The distribution of minor elements at Naoshima//Proceedings of Co-Products and Minor Elements in Non-Ferrous Smelting, Warrendale, 1995: 13-26.

[46] Levac C, Mackey P J, Harris C, et al. Continuous converting of matte in the Noranda converter: Part II: Pilot testing and plant evaluation//Proceedings of Copper'95, Santiago, Vol. IV, 1995: 351-366.

[47] Acuna C M, Zuniga J, Guibout C, et al. Arsenic slagging of high matte grade converting by limestone flux//Proceedings of Copper'99, Phoenix, Vol.V, 1999: 477-489.

[48] Fernandez A. Improvement of the converters operation at mexicana de cobre smelter//Proceedings of Converting. Fire Refining and Casting, San Francisco, 1994: 203-214.

[49] Harkki S U, Juusela J T. New developments in Outokumpu flash smelting method//The AIME Annual, Meeting, Dallas, 1974.

第 12 章
贵金属元素渣中溶解及分配

铜及冰铜是金、银等贵金属最好的捕收剂之一。在铜冶炼过程中，尽可能地将贵金属元素收入粗铜，从后续电解精炼的阳极泥中回收。贵金属在冶炼渣中的损失包括渣中化学溶解和物理夹带。化学溶解取决于热力学平衡状态下铜-渣和冰铜-渣相间贵金属元素的分配，主要影响因素包括体系的氧势(P_{O_2})、熔渣组分及温度等。物理夹带主要受炉渣物理化学性质，如密度、黏度、表面及界面张力的影响。测量渣中贵金属溶解的热力学平衡实验操作过程尽量排除物理夹带，但是数据的分散性说明实验中难以完全排除物理夹带因素的影响。

12.1 铜-渣平衡状态下贵金属元素溶解及分配

液态铜-熔渣或者液态铜-冰铜-熔渣两个或三个凝聚相共存于一步直接炼铜和连续吹炼（如闪速吹炼和三菱法吹炼等），以及二次铜资源回收的黑铜冶炼和火法精炼工艺过程中，结合工业操作的铜-渣平衡状态下贵金属元素溶解及分配缺少系统性研究。表 12.1 总结了文献中铜-渣平衡状态下贵金属元素在渣溶解及两相之间分配系数的研究结果。表中数据比较分散，只是表明了 Au 等贵金属在渣中的溶解度及铜-渣相间分配系数的数量级。除 Ag 之外，贵金属在渣中溶解度很小，在 ppmw（质量百万分之一）级别；铜-渣相间分配系数从 10^2 高至 10^6。

表 12.1 文献中铜-渣平衡时贵金属元素溶解度及相之间分配系数总结

分配系数 $L_M^{c/s}$ 及溶解度				实验条件
Au	Ag	Pt	Pd	
$10^{6.0}\sim10^{4.2}$	$1000\sim30$	$10^{6.5}\sim10^{5.5}$	$10^{5.7}\sim10^{4.2}$	1300℃，P_{O_2}：$10^{-8}\sim10^{-4}$atm，Fe-O-SiO$_2$ 系[1]
250	30	>200	100	1250℃，P_{O_2}：0.21~0.3atm，Fe/SiO$_2$：1.4~1.9，半工业试验[2-4]
		1000	1000	1300℃，P_{O_2}：$10^{-9}\sim10^{-5}$atm，Fe-O-CaO 系[5]
		$2500\sim100$	$2500\sim300$	1450℃，P_{O_2}：$10^{-10}\sim10^{-5}$atm Al$_2$O$_3$-CaO-SiO$_2$-Cu-O 系[6]
	70			1300℃，P_{O_2}：0.007~0.1atm，铜-白冰铜-渣平衡体系[7]
80 (ppmw)				1300~1450℃，P_{O_2}：$10^{-13}\sim10^{-5}$atm，不同的 Fe/SiO$_2$[8]
100~400 (ppmw)				1300℃，P_{O_2}：$10^{-9}\sim10^{-7}$atm，Fe-O-SiO$_2$ 系[9]
80 (ppmw)				1224~1286℃，Fe-O-SiO$_2$ 系[10]
400~150 (ppmw)				1250~1350℃，P_{O_2}：$10^{-8}\sim10^{-7}$atm，Fe-O-SiO$_2$ 系[11]

分配系数 $L_M^{c/s}$ 及溶解度				实验条件
Au	Ag	Pt	Pd	
	300~20			1300℃，P_{O_2}: 10^{-8}~10^{-4}atm，Fe-O-CaO-SiO$_2$ 系不同的 CaO/SiO$_2$，Fe-O-CaO 系是 Fe-O-SiO$_2$ 系分布系数的 1/5[12]
	800~150			1250℃，P_{O_2}: 10^{-9}~10^{-7}atm，Fe-O-SiO$_2$ 系[13]
		3~7(ppmw)		1300℃，P_{O_2}: 10^{-9}~10^{-6}atm，Fe-O-SiO$_2$ 系[14]
			100~1000	1200~1350℃，P_{O_2}: 10^{-9}~10^{-7}atm，FeO-CaO-SiO$_2$ 系，CaO 5%~20%[15]

注：表中分配系数和溶解度数据对应实验条件，如 Ag 分配系数 1000~30，对应实验条件 P_{O_2}: 10^{-8}~10^{-4}，表明分配系数随 P_{O_2} 增加而降低。表中未标 ppmw 的数据均为分配系数。

12.1.1　氧势对贵金属元素溶解及分配的影响

在铜冶炼操作中，冰铜品位、富氧浓度、温度等因素对 Au 元素的走向及行为影响不大。Au 等贵金属在铜冶炼过程中的分布行为大体一致。熔炼过程中 Au 富集在冰铜相中，只有极其少量溶解于渣相；而吹炼过程中，Au 基本以金属形态进入粗铜相，只有少量随铜夹带于炉渣中。无论是熔炼过程还是吹炼过程，贵金属元素 Au 总与 Cu 相伴生在一起。其主要原因包括：①Au 的化学性质稳定，在空气中从常温到高温一般均不氧化，Au 的电离势高，难以失去外层电子成正离子，也不易接受电子成阴离子，与大部分元素的亲和力微弱；②Au 具有一定的亲硫性，常与硫化物密切共生，且易与亲 S 的 Cu 等元素形成互溶体；③Au 在元素周期表中占据着亲 Cu 和亲 Fe 元素之间的边缘位置，与 Cu 属于同一副族，Au 具有一定的亲铜性，易与 Cu 形成金属互溶体。应用热力学软件计算的 Cu-Au 二元系相图如图 12.1 所示，温度超过 420℃时，Cu 与 Au 易形成结构为面心立方的 Cu-Au 固溶体；温度超过 900℃时，Cu 与 Au 共熔极易形成铜金合金。因为熔炼过

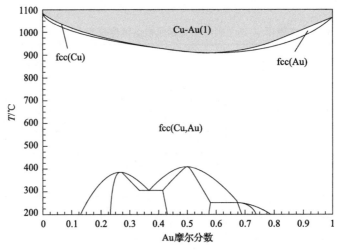

图 12.1　Cu-Au 系二元相图

程中 Cu 主要以冰铜相赋存，吹炼过程 Cu 主要以粗铜相赋存，所以 Cu 冶炼过程中，Au 等贵金属富集于冰铜和粗铜中。

图 12.2 为 1300℃温度下金属 Au 与铁硅渣和钙铁渣平衡时，Au 在渣中的溶解度与氧势的关系。从图中数据可知，Au 的溶解度随着氧势升高而增加，在 $10^{-10}\sim10^{-7}$ 的氧势 (P_{O_2}) 范围，Au 的溶解度从 $10^{1.5}$ppmw 增加至 $10^{2.6}$ppmw。Au 溶解度较强烈地依赖于氧势，表明 Au 在熔渣中不完全以中性金属原子存在，图 12.2 中最佳拟合直线的斜率约为 0.35，表明 Au 可能作为 Au^0 原子和 Au^{3+} 在渣中同时存在。Au 在铁硅渣和钙铁渣中的溶解度无显著差异，意味着 Au 与这些熔渣中的其他组分相互作用微弱，熔渣中其他组分的性质对于 Au 的溶解影响小。Mg 饱和的 CaO-SiO_2-Al_2O_3-MgO 渣中，Au 以 AuO^- 或 AuO_2^{3-} 的形式溶解于渣中。增加氧势和 CaO 的活度，Au 在熔渣中的溶解度增加。

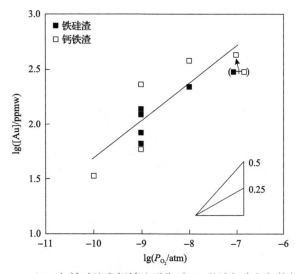

图 12.2 1300℃，与铁硅渣和钙铁渣平衡时 Au 的溶解度与氧势的关系[13]

铜冶炼工艺无论是熔炼还是吹炼过程，贵金属元素 Ag 总与 Cu 相伴在一起。Ag 化学性质稳定，在常温下不易被氧化，但较其他贵金属元素化学性质相对活泼，高温下可以和氧气反应生成棕黑色的氧化银，Ag 具有很强的亲硫亲铜性，易与 S 反应生成黑色的硫化银，它在元素周期表中，占据着亲 Cu 和亲 Fe 元素之间的边缘位置，易与亲 S 的 Cu 等元素形成金属互溶体。并且 Ag 能与任何比例的 Au 或 Cu 形成合金，与 Cu 共熔时极易形成合金。因此，Cu、Ag 多富集于硫化物相内。图 12.3 为应用热力学软件计算的 Cu-Ag 二元系相图。由图可知，低温下 Cu 与 Ag 易形成结构为面心立方的铜银固溶体；温度超过 800℃时，Cu 与 Ag 共熔形成铜银合金。因此，在熔炼过程中银多集中于冰铜相，吹炼过程中集中于粗铜相中。

图 12.4 为 Cu-Fe-O-Si-(Ag) 系中，熔渣和液态铜平衡状态下 Ag 在铁硅酸盐渣和铜之间的分配系数 ($L_{Ag}^{s/c}$) 与氧势的关系。图中数据表明，Ag 在渣-铜之间的分配系数随着氧势升高而增加。添加 Al_2O_3 提高了 Ag 在渣中的溶解度，分配系数增加。图 12.4 中趋势线的斜率表明熔渣中 Ag 以 Ag^+ 和 Ag^{2+} 的形式存在。

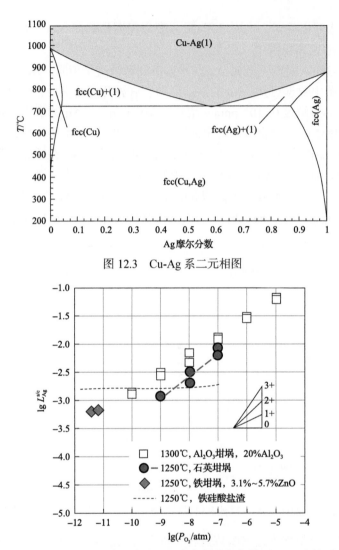

图 12.3　Cu-Ag 系二元相图

图 12.4　Cu-Fe-O-Si-(Ag)系中，在熔渣和液态铜平衡条件下，Ag 在铁硅酸盐渣和
铜之间的分配系数与氧势的关系[16-20]

图 12.5 和图 12.6 分别表示铜合金与 SiO_2 饱和 Fe-O-SiO_2 系渣平衡状态下，合金-渣之间 Au/Ag 分配系数和 Pt/Pd 分配系数与氧势的关系。实验采用的铜合金含 Cu 为 94%，含 Au、Ag、Pt 和 Pd 各 1%，还含有 Ni 和 Co。图 12.5 中数据表明，在 $P_{O_2}=10^{-8}$atm 时，渣中 Ag 含量是铜金属中的 1/200～1/100，其分配系数($L_{Ag}^{c/s}$)随着温度的上升而稍有增加，但是不明显。1300℃时分配系数($\lg L_{Ag}^{c/s}$)作为氧势($\lg P_{O_2}$)的函数，趋势线斜率约为 0.3。实验中存在 Ag 的挥发，其挥发率随着温度和氧势的升高而增加。Au 的分配系数在 P_{O_2} <10^{-6}atm 条件下其值在 10^6 水平；当 $P_{O_2}>10^{-6}$atm 时，Au 分配系数($L_{Au}^{c/s}$)随着氧势增加而降低，趋势线斜率在 0.5 和 0.75 之间。图 12.6 中 Pt 和 Pd 显示了与 Au 类似的趋势。在 $P_{O_2}<10^{-6}$atm 条件下，Pd 的分配系数值低于 10^6，而 Pt 的分配系数值大于 10^6。当 P_{O_2} >10^{-6}atm 时，$L_{Pt}^{c/s}$ 和 $L_{Pd}^{c/s}$ 随着氧势升高而降低，对 P_{O_2} 作图的趋势线斜率接近 0.5。图 12.5

和图 12.6 中数据表明温度对 Au 等贵金属分配系数的影响不明显。

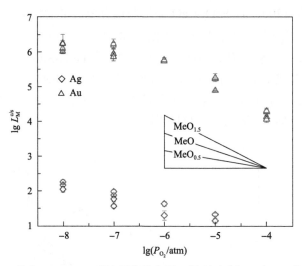

图 12.5 铜合金与 SiO₂ 饱和 Fe-O-SiO₂ 系渣平衡状态下，铜-渣之间 Ag 和 Au 分配系数与氧势的关系
(温度 1250～1350℃)[1]

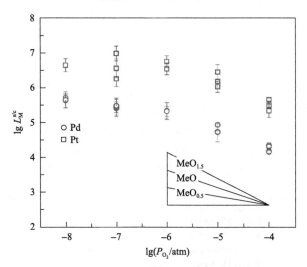

图 12.6 铜合金与 SiO₂ 饱和 Fe-O-SiO₂ 系渣平衡状态下，铜-渣之间 Pd 和 Pt 分配系数与氧势的关系
(1250～1350℃)[1]

在图 12.5 和图 12.6 中的贵金属，Ag 的分配系数最低，最有可能作为 $AgO_{0.5}$ 溶解在渣中。对 Au、Pd 和 Pt 溶解机理的认识仍有限，在 SiO₂ 饱和的 Fe-O-SiO₂ 系渣中测量的溶解度和氧化条件下确定的分配系数排除了 Au、Pt 和 Pd 在熔渣中主要以金属存在的可能性。分配系数对氧势(P_{O_2})的趋势线斜率，表示 Pt 和 Pd 在渣中以 PtO 和 PdO 氧化物形式溶解，Au 以 AuO 和 $AuO_{1.5}$ 形式溶解。贵金属在铜-渣之间分配系数排列顺序为 Pt＞Au＞Pd＞Ag。在 $P_{O_2}=10^{-8}$atm 和 1300℃条件下，一些实验测定的铜合金和 SiO₂ 饱和 Fe-O-SiO₂ 渣平衡状态下 Au、Pt 和 Pd 在渣中化学溶解度约 0.01ppmw[1]，低于表 12.1 及图 12.2 中的 Au 在渣中的化学溶解度数据。图 12.4 和图 12.5 中 Ag 的分配系数存在差

别，原因是 Ag 的挥发，溶解度和分配系数难以测量，数据重复性较差。

图 12.7 表示在 1300℃时 FeO_x-CaO 系渣与铜合金的平衡状态下，渣-铜合金之间的 Pt 和 Pd 分配系数（$L_M^{s/c}$）与氧势的关系。由图可知，FeO_x-CaO 系渣-液态铜合金之间的 Pt 和 Pd 的分配系数随着氧势的升高而增加，与图 12.6 中 Fe-O-SiO_2 系的分配系数和氧势的关系数据相同，随着氧势的升高，Pt 和 Pd 趋于进入渣中。FeO_x-CaO 系渣的 Pt 和 Pd 分配系数总体低于 Fe-O-SiO_2 系渣。在吹炼条件下（氧势 $P_{O_2}=10^{-6}$atm 左右），Fe-O-SiO_2 系的分配系数比 FeO_x-CaO 系渣高 3 个数量级以上。

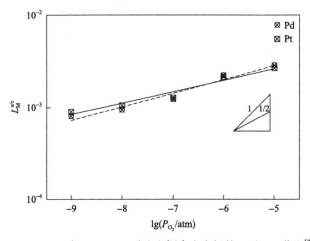

图 12.7　1300℃时 FeO_x-CaO 系渣和铜合金之间的 Pt 和 Pd 分配[21,22]

在 1250℃下钙铁氧体渣(25% CaO)与铜银合金平衡状态下，Cu 和 Ag 在渣-铜合金之间的分配系数如图 12.8 所示。图中数据显示，Ag 和 Cu 的分配系数取决于氧势，Ag 在钙铁氧体渣中的溶解显示与低银合金(1%和5%Ag)中银含量无关，高银合金(99%Ag)的分配系数低于低银合金。Cu 的分配系数比 Ag 的分配系数高约 3 个数量级，与氧势的

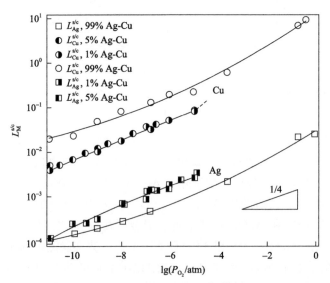

图 12.8　在 1250℃下钙铁氧体渣-铜银合金平衡状态下，渣-合金之间的 Cu 和 Ag 分配系数与氧势的关系[23,24]

变化趋势类似于 Ag，高铜合金的分配系数高于低铜合金的分配系数。Ag 在高氧势下以氧化物溶解，如 $AgO_{0.5}$，Cu 以 $CuO_{0.5}$ 形式溶解。

二次铜资源中贵金属可以通过黑铜冶炼工艺回收。特别是 Au、Pt 和 Pd 在铜-渣之间分配系数大于 10^5，说明能非常有效地从黑铜中富集回收。Ag 的行为取决于氧势（P_{O_2}），在还原阶段，Ag 能在铜相中得到回收。因为 Al 是二次铜资源的主要成分，黑铜冶炼渣的 Al 含量高，贵金属在 Cu 和含 Al_2O_3 熔渣之间的分配系数高于冰铜和铁硅酸盐熔渣之间的分配系数[25]，但银分配系数近似，说明贵金属（Au、Pd 和 Pt）在黑色铜冶炼中的回收率可能更高。贵金属在铜冶炼渣中损失主要是由于机械夹带及其他操作原因。熔渣中的尖晶石等固体存在使金属夹带增加[26,27]。因此，在铜冶炼操作中，应避免尖晶石和其他固相形成，以最大限度地提高 Cu 和贵金属进入铜相。

图 12.9～图 12.12 分别表示 1300℃下含 Al_2O_3 铁硅渣的铜-渣之间 Ag、Au、Pt 和 Pd 的分配系数（$L_{Me}^{c/s}$）与氧势的关系。图 12.9 中 Ag 的分配系数随着氧势的降低线性增加，直线斜率约为 1/3，这表明 Ag 以 Ag_3O_2 的形式溶解，渣添加 CaO 使分配系数小幅度提高。

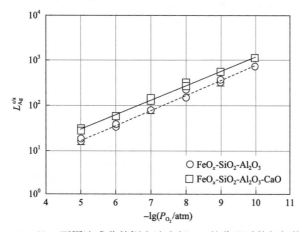

图 12.9　1300℃，不同渣成分的铜和渣之间 Ag 的分配系数与氧势关系[28]

渣的组成：17%～20%Al_2O_3，4.6%～6%CaO

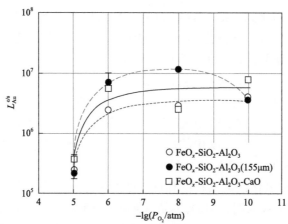

图 12.10　1300℃，不同渣成分的铜和渣之间的 Au 分配系数与氧势的关系[28]

渣的组成：17%～20%Al_2O_3，4.6%～6%CaO

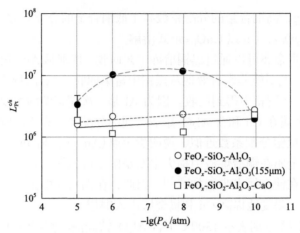

图 12.11　1300℃，不同渣成分的铜和渣之间 Pt 的分配系数与氧势的关系[28]
渣的组成：17%～20%Al_2O_3，4.6%～6%CaO

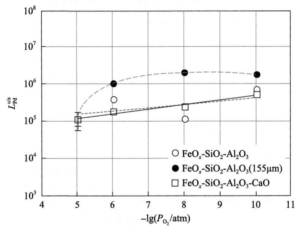

图 12.12　1300℃，不同渣成分的铜和渣之间 Pd 的分配系数与氧势关系[28]
渣的组成：17%～20%Al_2O_3，4.6%～6%CaO

从图 12.10 中可知，对于无 CaO 和含 CaO 渣，Au 的分配系数在高氧势下（$P_{O_2}=10^{-5}$atm）分别为 2.5×10^5 和 4×10^5。在氧势为 10^{-6}～10^{-5}atm 时，分配系数随着氧势降低而增加，增加斜率约为 1，意味着金渣中以 Au^{4+}（AuO_2）溶解。但是，激光点 155μm 检测数据的斜率为 1.87。在较低的氧势下，Au 的分配系数在 10^6～10^7 数量级。添加石灰可提高 Au 在金属 Cu 中的分配系数。在激光点尺寸为 110μm 和 155μm 时检测的 Pt 在铜-渣之间的分配系数如图 12.11 所示，分配系数随着氧势降低而增加，分配系数为 10^6～10^7。含 CaO 渣的分配系数稍有降低。图 12.12 中的数据表明，随着氧势的降低，Pd 分配系数从约 10^5 增加到 10^6。无 CaO 和含 CaO 渣的分配系数几乎相同。

固体铁铂合金与氧化铝尖晶石饱和铁硅酸盐渣平衡状态下测量的渣中 Pt 含量如图 12.13 所示。图中数据表明，Al_2O_3 尖晶石饱和铁硅酸盐渣中的 Pt 含量非常低，尽管其值随氧势升高而增加，而即使在高氧势下（$P_{O_2}=10^{-5}$atm），浓度低于（80±6）ppbw（表示质量的十亿分之一），在还原条件下（$P_{O_2}=10^{-10}$atm），其值为（6±3）ppbw。

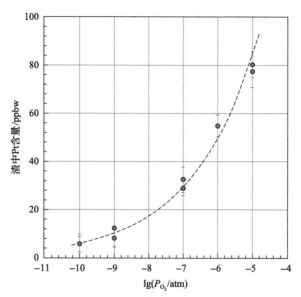

图 12.13　1300℃下铁铂合金与氧化铝尖晶石饱和铁硅酸盐平衡的状态下，渣中 Pt 含量与氧势的关系[29]

测量为三个 Pt 同位素的均值

图 12.14 表示铁铂合金与氧化铝尖晶石饱和铁硅酸盐渣之间热力学平衡的 Pt 分配系数与氧势的关系，在氧势 $P_{O_2}=10^{-7}$atm 左右形成分配系数最大值，低于和高于 10^{-7}atm，分配系数随氧势升高而增加和降低，说明铂在铁硅酸盐渣中在低氧势下以阴离子存在，在高氧势下以阳离子存在。溶解反应可写成

$$[Pt] +1/4O_2(g) === (PtO_{0.5})$$

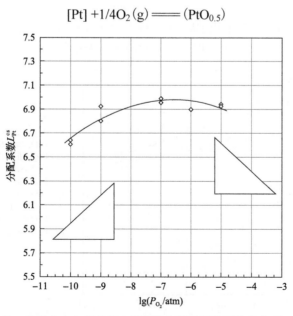

图 12.14　1300℃，铁铂合金与氧化铝尖晶石饱和铁硅酸盐平衡状态下，合金-渣之间 Pt
分配系数与氧势的关系[29]

图中三角形表示+1/4 和-1/4 的斜率

氧化物 $PtO_{0.5}$ 或 Pt_2O 是不稳定的铂氧化物。还原条件下阴离子溶解可以写成

$$1/2\,(FeO) + [Pt] \Longrightarrow 1/2\,(FePt_2) + 1/4\,O_2\,(g)$$

因此，如果 Fe-Pt 合金中形成富铂金属间化合物，那么两种溶解机制导致 $\lg(L_{Pt}^{c/s})$ 与 $\lg P_{O_2}$ 关系的斜率为 1/4 和 –1/4。

图 12.15 表示 1300℃氧化铝尖晶石饱和铁硅酸盐渣与固体铁钯合金平衡状态下，渣中 Pd 的溶解度与氧势的关系。由图可知，Pd 在渣中的溶解度随氧势急剧增加，Pd 被认为在铁硅酸盐渣中以氧化物溶解，在高氧势下的硅酸铁渣中 Pd 含量(约 100ppmw)，这

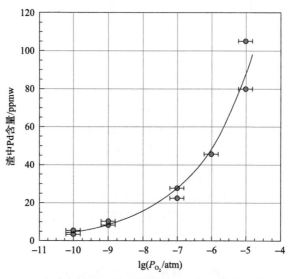

图 12.15　1300℃，氧化铝尖晶石饱和铁硅酸盐渣与固体铁钯合金平衡状态下，
渣中 Pd 的溶解度与氧势的关系[29]

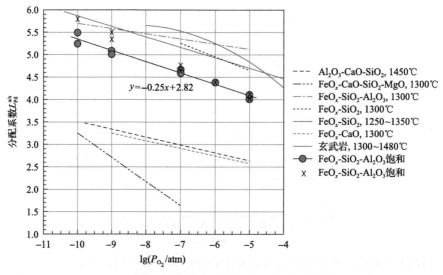

图 12.16　1300℃，氧化铝尖晶石饱和铁硅酸盐渣与固体铁钯合金平衡状态下，
合金-渣之间 Pd 的分配系数($L_{Pd}^{a/s}$)与氧势的关系[6,28,30-35]

部分 Pd 可以在还原气氛下的渣贫化工艺中回收。图 12.16 为 1300℃氧化铝尖晶石饱和铁硅酸盐渣与固体铁钯合金平衡状态下,合金-渣之间分配系数($L_{Pd}^{a/s}$)与氧势的关系,图 12.16 中包括不同渣组成和不同温度的研究结果。图 12.16 中数据表明,分配系数总体上随着氧势的升高而降低。铁硅酸盐渣(包括玄武岩)的分配系数比钙铁氧体渣的分配系数高 2 个数量级,铁硅渣添加 CaO 和 MgO 使分配系数降低 3 个数量级,但 Al_2O_3 对分配系数的作用小。

Ag 在 Na_2O-B_2O_3、CaO-B_2O_3 和 BaO-B_2O_3 渣中的溶解度[36,37],随着渣中碱性氧化物含量的增加而降低,MO-B_2O_3(MO = CaO、Na_2O、BaO)中 Ag 在高氧势下的离子反应表示为以下反应[36]:

$$[Ag]+1/2\ O_2\,(g)+(O^{2-}) \Longrightarrow (AgO_2^{2-})$$

Pt 在 CaO-Al_2O_3 系[38]、Au 在 CaO-SiO_2-Al_2O_3-MgO 饱和系[39]和 Rh 在 CaO-SiO_2 系渣中[40]的溶解表示为以下反应式:

$$Pt\,(s)+1/2\ O_2\,(g)+(O^{2-}) \Longrightarrow (PtO_2^{2-})$$
$$Rh\,(s)+3/4\ O_2\,(g)+(1/2\ O^{2-}) \Longrightarrow (RhO_2^{-})$$
$$Au\,(s)+1/4\ O_2\,(g)+(1/2\ O^{2-}) \Longrightarrow (AuO_2^{-})$$
$$Au\,(s)+1/4\ O_2\,(g)+(3/2\ O^{2-}) \Longrightarrow (AuO_2^{3-})$$

12.1.2　渣组成对贵金属元素溶解及分配的影响

在 1450℃及氧化气氛下测量的硅酸盐渣系的 Au 溶解度如图 12.17~图 12.19 所示。通过 CaO/SiO_2(C/S,表示摩尔比)来量化渣碱性与 Au 溶解度的关系,图 12.17 和图 12.18 中数据表明渣中 Au 溶解度随着渣碱度的增加而增加。对于无 CaO 渣,Au 溶解度对数值($\lg w$(Au))在-3 左右,而 CaO/SiO_2=2 时,其值大于-2.5。Au 在 PbO-SiO_2 系渣溶解度具有更高的值,当 PbO/SiO_2=4 时,Au 的溶解度达到 0.1%。然而,从图 12.18 和图 12.19

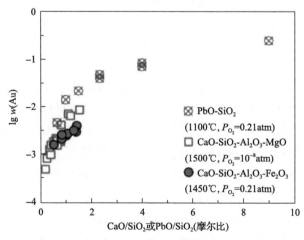

图 12.17　CaO-SiO_2-Al_2O_3-Fe_2O_3 和 CaO-SiO_2-Al_2O_3-MgO 系渣中 Au 溶解度与 CaO/SiO_2 关系[41]
图中包括 PbO-SiO_2 渣中 Au 溶解度的数据

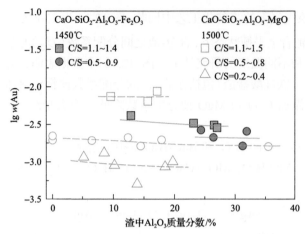

图 12.18　CaO-SiO$_2$-Al$_2$O$_3$-Fe$_2$O$_3$ 和 CaO-SiO$_2$-Al$_2$O$_3$-MgO 系渣中 Au 溶解度与渣中 Al$_2$O$_3$ 含量的关系[41]

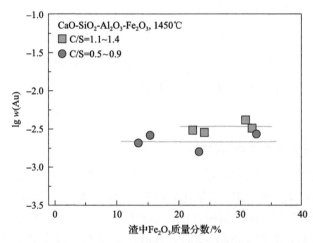

图 12.19　CaO-SiO$_2$-Al$_2$O$_3$-Fe$_2$O$_3$ 系渣中 Au 溶解度与渣中 Fe$_2$O$_3$ 含量的关系[41]

可以看出，渣中 Fe$_2$O$_3$ 和 Al$_2$O$_3$ 对 Au 溶解性的影响甚微。降低渣中 CaO 含量可降低渣中 Au 的溶解度，提高 Au 的回收率。但是，由于渣的黏度随着 CaO 含量降低而增加，因此需要考虑熔渣的物理化学特性，处理含金电子废物火法冶金工艺，应综合考虑各种因素，选择最佳渣的操作窗口。

渣组成对 Pd 的分配系数（$L_{Pd}^{s/c}$）起着重要作用，图 12.20 表示在 1300℃，P_{O_2}=10^{-8}atm，和 Fe/SiO$_2$=1 的条件下（CaO+MgO）/SiO$_2$（质量比）对 FeO$_x$-CaO-SiO$_2$-MgO 系渣-铜之间 Pd 分配系数的影响，从图可知，进入铜相中的 Pd 随着（CaO+MgO）/SiO$_2$ 的增加而增加，（CaO+MgO）/SiO$_2$ 从 0.3 增加到 0.9，分配系数（$L_{Pd}^{s/c}$）降低至 1/5，这表明 PdO 在渣中呈碱性，渣的碱性增加使 Pd 在渣中溶解度降低。在 1300℃和 P_{O_2}=10^{-8}atm，Fe/SiO$_2$ 对 FeO$_x$-10%CaO-SiO$_2$-MgO 渣-铜之间 Pd 分配系数（$L_{Pd}^{s/c}$）的影响如图 12.21 所示。分配系数（$L_{Pd}^{s/c}$）最初随着 Fe/SiO$_2$（质量比）的增加而降低，Fe/SiO$_2$ 达到 1，则不再降低，其值几乎恒定。结果表明，操作中保持高 Fe/SiO$_2$ 对于 Pd 富集于铜相很重要。但是高 Fe/SiO$_2$ 会导致渣中磁性铁形成，影响渣的流动性。

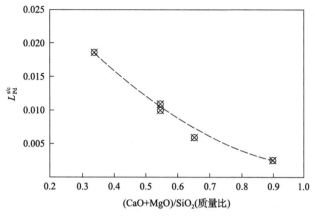

图 12.20 在 1300℃，$P_{O_2}=10^{-8}atm$ 和 Fe/SiO₂=1 的条件下，(CaO+MgO)/SiO₂(质量比) 对 FeO_x-CaO-SiO₂-MgO 渣-铜之间 Pd 分配系数的影响[42]

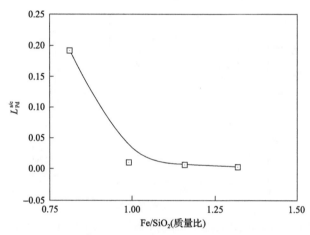

图 12.21 在 1300℃和 $P_{O_2}=10^{-8}atm$ 条件下，Fe/SiO₂(质量比)对 FeO_x-10% CaO-SiO₂-MgO 渣-铜之间 Pd 分配系数的影响[42](渣含 10% CaO)

12.2 冰铜-渣平衡状态下贵金属元素溶解及分配

12.2.1 铁硅酸盐渣贵金属元素的溶解及分配

在铜冶炼工艺操作中，铜精矿熔炼和转炉吹炼造渣期均存在冰铜-熔渣两凝聚相。相对于金属铜-渣共存体系，贵金属元素在冰铜-渣共存体系的分配研究报道更多。Ag 是文献报道中研究最广泛的贵金属。虽然较早的 Ag 在渣中溶解度的实验数据存在差别，溶解机理也存在不同的解释，但近来由于实验方法及检测技术的改进，实验数据趋于一致。渣-冰铜在 1250～1350℃平衡条件下，测得的 Ag、Au、Pd、Pt 和 Rh 在硅饱和铁硅酸盐渣中的溶解度与冰铜品位的关系分别如图 12.22～图 12.26 所示。冰铜初始贵金属浓度 1%，图 12.22～图 12.26 中给出了由于 LA-ICP-MS 测量的不确定性带来的标准偏差(±1σ)。从图中数据可知，与冰铜平衡的硅饱和铁硅酸盐渣中贵金属溶解度总体随着冰铜品位升高而降低,溶解度在 1～20ppmw 范围,Ag 是一个例外,溶解度明显高于其他贵金属元素,但低于 100ppmw。图 12.22～图 12.26 中数据显示铂族元素(PGE)的溶解度明显低于 Au 的溶解度。铑(Rh)在渣中的溶解度最低,在70%冰铜品位时最低浓度为0.7～0.8ppmw。除 Ag 之外,贵金属溶解度与温度的关系不明显,对温度的依赖性小。然而,从图 12.22 中的 1250℃和 1350℃趋势线可以看出,温度对渣中 Ag 溶解度的影响较大,原因是高温下 Ag 的高挥发性,系统地降低高温下冰铜中的 Ag 含量[6]。图 12.22～图 12.26 中数据表明,当冰铜品位升高时,所有贵金属在熔渣中的溶解度系统地降低,但 Ag 溶解度随冰铜的变化没有其他贵金属明显。冰铜品位约为 50%时渣中的 Au 溶解度比接近铜饱和的白冰铜时渣中溶解度高近一个数量级(图 12.23),冰铜品位对铂族元素(PGE)渣中溶解

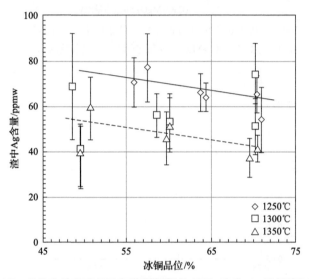

图 12.22　1250～1350℃,硅饱和铁硅酸盐渣与冰铜平衡状态下,渣中 Ag 溶解度与冰铜品位的关系[25,43]
实线为 1250℃趋势线,点划线为 1350℃趋势线;误差条为测量值的标准偏差

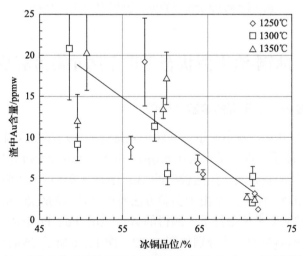

图 12.23　1250～1350℃,硅饱和铁硅酸盐渣与冰铜平衡状态下,渣中 Au 溶解度与冰铜品位的关系[25,43]
误差条为测量值的标准偏差

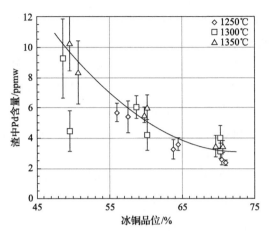

图 12.24　1250~1350℃，硅饱和铁硅酸盐渣与冰铜平衡状态下，渣中 Pd 溶解度与冰铜品位的关系[25,43]
误差条为测量值的标准偏差

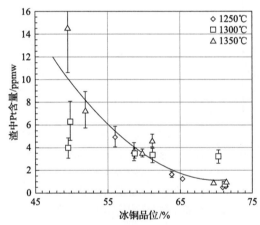

图 12.25　1250~1350℃，硅饱和铁硅酸盐渣与冰铜平衡状态下，渣中 Pt 溶解度与冰铜品位的关系[25,43]
误差条为测量值的标准偏差

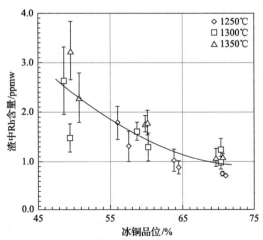

图 12.26　1250~1350℃，硅饱和铁硅酸盐渣与冰铜平衡状态下，渣中 Rh 溶解度与冰铜品位的关系[25,43]
误差条为测量值的标准偏差

度的影响与 Au 近似(图 12.24~图 12.26),Pt 溶解度随冰铜品位的变化幅度与 Au 近似,而 Pd 和 Rh 的变化幅度低于 Au。

图 12.27 为 1250~1350℃和 P_{SO_2}=0.1atm,冰铜与硅饱和铁硅酸盐渣平衡状态下,冰铜-渣之间 Ag、Au、Pd 和 Pt 的分配系数($L_M^{m/s}$)与冰铜品位的关系。图中的数据表明,在 50%~70%的冰铜品位范围内,Ag 分配系数为 100~200。冰铜品位为 65%时贵金属元素分配系数为金 1500、钯 3000 和铂 6000,分配系数($L_M^{m/s}$)随着冰铜品位升高而增加,即贵金属元素趋向富集于高品位冰铜。如前所述,贵金属元素在渣中溶解度随着冰铜品位升高而降低。图 12.28 为相同平衡状态下,冰铜-渣之间 Rh 的分配系数与冰铜品位的

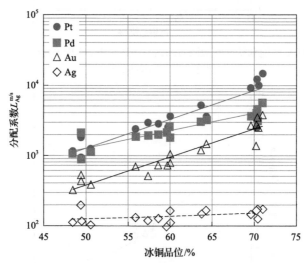

图 12.27 1250~1350℃,冰铜和铁硅酸盐渣平衡状态下,冰铜-渣之间的贵金属分布系数与冰铜品位的关系[6,34,44,45]

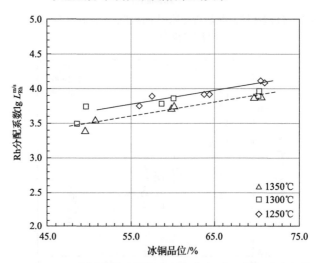

图 12.28 1250~1350℃,冰铜和铁硅酸盐渣平衡状态下,冰铜-渣之间的 Rh 分布系数与冰铜品位的关系[25,43]

实线和点划线分别为 1250℃和 1350℃时的趋势线

关系，分配系数（$L_M^{m/s}$）随着冰铜品位和温度的升高而增加，在冰铜品位为 65% 时 Rh 的分配系数接近 10000。另有研究结果表明，铁硅酸盐渣与品位为 65% 冰铜平衡时，Ag 的分配系数（$L_{Ag}^{m/s}$）为 150～250，然后在更高的冰铜品位其值急剧下降，与品位为 50% 冰铜平衡，铁硅酸盐渣的银分配系数为 120±40[11,46,47]。模拟闪速熔炼渣-冰铜平衡，在 40%～70% 的冰铜品位和一定 SO_2 分压（0.1atm）下，Au、Pd 和 Pt 的分配系数为 1000，Rh 的分配系数为 100，数据具有相对较大的分散性。但趋势表明，在冰铜品位 40%～65% 中分配系数是恒定的，之后随着冰铜品位的升高，分配系数呈下降趋势[44]。

热力学分析表明，通常情况下冰铜品位升高致使体系氧势增加，而元素氧化溶解则随着氧势的升高而增加[48,49]，因而当冰铜品位升高时，元素在冰铜-渣之间的分配系数 $L_M^{m/s}$ 降低，即贵金属元素趋向于熔渣。一些研究结果表明，贵金属分配系数随着冰铜品位升高而降低，Au 在渣中溶解度则随着氧势的升高而增加[8,13,14,50]。贵金属分配系数 $L_M^{m/s}$ 随着冰铜品位升高而增加的实验研究结果，其推断不是由于熔渣的特性及溶解机理变化，而是由于冰铜的状态变化、冰铜中铁和硫含量以及硫与金属的比例的下降。随着冰铜品位的提高（即铁减少），冰铜中硫缺失增加。当体系中氧势增加时，渣相更高的贵金属氧化溶解能力[24,41]被冰铜的热力学特性变化补偿甚至取代。由此导致相对于硅饱和铁硅酸盐渣，贵金属趋向于进入冰铜。

基于实验研究数据，无论冰铜品位或氧势对贵金属在冰铜-渣之间的影响是正还是负，均可以认为在铜熔炼工艺中，贵金属在熔渣中的溶解度很低，渣中贵金属的损失主要为渣中冰铜夹带的机械损失，而非化学溶解。表 12.2 列出了包括与不包括物理夹带及工业试验的 Au 和 Ag 在冰铜-渣之间的分配系数。表中数据说明，考虑物理夹带及工业试验得到的分配系数远低于不包括物理夹带的值。工业操作中冰铜澄清分离是影响贵金属回收率的关键因素。冰铜-渣的热力学平衡因素的影响很小。

表 12.2　包括和不包括物理夹带 Au、Ag 在冰铜-渣之间的分配系数 $L_M^{m/s}$ [51]

元素	不包括物理夹带	包括物理夹带	工业数据	操作条件
Au	1500	16	22	冰铜品位 75%；温度 1200℃；渣 $a_{Fe_3O_4}$=0.7～1.0
Ag	400	15	16	

图 12.29 为在渣-冰铜和渣-冰铜-铜平衡状态下，Cu-Fe-O-S-Si-（Ag）系中 Ag 在铁硅酸盐渣和冰铜之间的分配系数（$L_{Ag}^{s/m}$）与冰铜品位的关系，图中数据来自不同研究。由图 12.29 可知，尽管不同研究的实验条件有差异，但数据基本一致，在冰铜品位低于 75% 时，Ag 分配系数几乎不受冰铜品位的影响，而高于 75% 接近白冰铜时，分配系数升高。图 12.29 中分配系数数据与图 12.27 中的数据基本一致。

12.2.2　渣组成对贵金属元素溶解及分配的影响

铁硅酸盐渣中通常含 CaO 和 Al_2O_3，尤其是接受铜二次资源的冶炼操作，渣中难免含 Al_2O_3。不同渣组分的 Au、Ag、Pt 和 Pd 的溶解度与冰铜品位的关系分别如图 12.30～

图 12.33 所示，图中虚线为基于实验数据的计算值。从图中数据可知，渣中 Au、Pt 和 Pd 的溶解度随着冰铜品位的升高而降低，在相同的冰铜品位下，铁硅酸盐渣添加 Al₂O₃ 和 CaO 使渣中 Au、Pt 和 Pd 的溶解度降低。冰铜品位等于 60% 时，纯铁硅酸盐渣中 Au、Pt 和 Pd 的溶解度分别约为 8ppmw、4ppmw 和 6ppmw，添加 Al₂O₃ 的渣中 Au 溶解度低于 2ppmw，Pt 和 Pd 的溶解度低于 1ppmw。但氧化铝和石灰的添加使溶解度随冰铜品位降低的速率减小，冰铜品位对溶解度的影响降低，在含 Al₂O₃ 和石灰的渣中 Pt 和 Pd 溶解度几乎不随冰铜品位变化，保持恒定值。Ag 在纯硅酸铁渣中的溶解，当冰铜品位从 58% 增加到 65% 左右时，保持大致恒定，之后在较高的冰铜品位，其含量显著下降。在含有 Al₂O₃ 和 CaO 的渣中，Ag 的溶解度随着冰铜品位的升高而增加，含 Al₂O₃ 和石灰渣中的 Ag 溶解度低于纯铁硅酸盐渣中的 Ag 溶解度。Al₂O₃ 和石灰的添加能够抑制熔渣中 Au、Pt、Pd 和 Ag 的化学溶解。

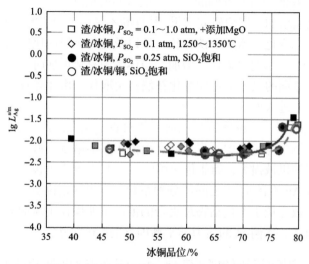

图 12.29　在渣-冰铜和渣-冰铜-铜平衡状态下，Cu-Fe-O-S-Si-(Ag) 系的 Ag 在铁硅酸盐渣和冰铜之间的分配系数与冰铜品位的关系[16,25,52-54]

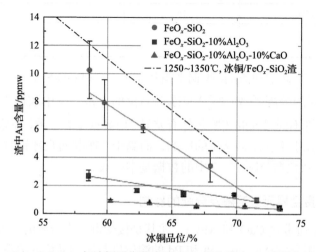

图 12.30　1300℃，P_{SO_2}=0.1atm，与冰铜平衡状态下 SiO₂ 饱和渣中 Au 含量与冰铜品位的关系[25,55]

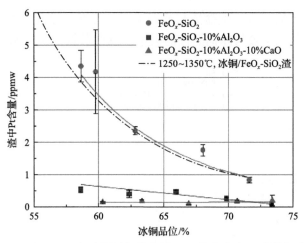

图 12.31　1300℃，P_{SO_2}=0.1atm，与冰铜平衡状态下 SiO$_2$ 饱和渣中 Pt 含量与冰铜品位的关系[25,55]

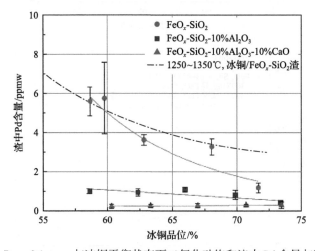

图 12.32　1300℃，P_{SO_2}=0.1atm，与冰铜平衡状态下二氧化硅饱和渣中 Pd 含量与冰铜品位的关系[25,55]

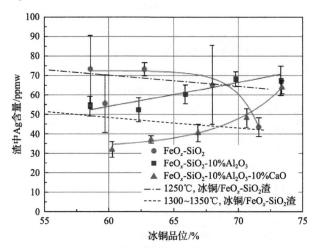

图 12.33　1300℃，P_{SO_2}=0.1atm，与冰铜平衡状态下二氧化硅饱和渣中 Ag 含量与冰铜品位的关系[25,55]

    图 12.34 表示不同组分硅酸盐渣与冰铜平衡状态下，冰铜-渣之间 Au、Ag、Pt 和 Pd 在冰铜-渣之间分配系数与冰铜品位的关系。图中数据说明，添加 Al_2O_3 和 CaO 对

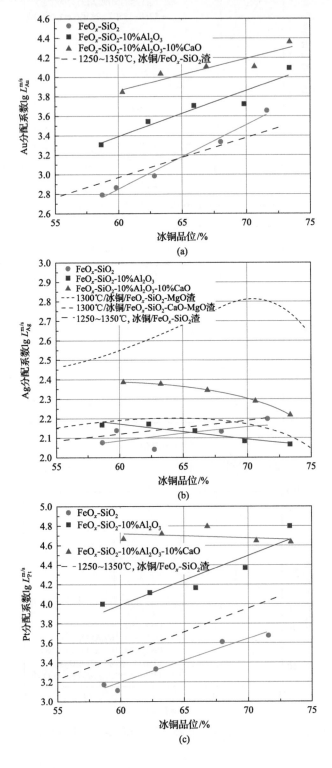

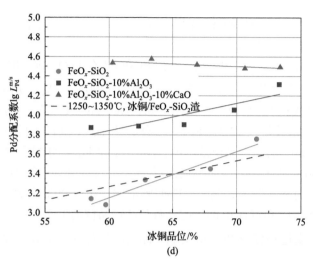

图 12.34 1300℃，P_{SO_2}=0.1atm，不同渣成分的冰铜-渣之间分配系数与冰铜品位的关系[25,54,55,56]

(a) Au；(b) Ag；(c) Pt；(d) Pd。图中虚线为基于实验数据的计算值

贵金属的分配系数有不同的影响。Au 的分配系数（$L_{Au}^{m/s}$）随着冰铜品位的增加而增加（图 12.34(a)），尽管一些研究[46]呈相反的趋势，渣中添加 Al_2O_3 和石灰不同程度地提高了 Au 的分配系数，与纯硅酸铁渣相比，添加 10%Al_2O_3，Au 的分配系数升高 1.5 个数量级，添加 10%Al_2O_3+10%CaO，分配系数增加约 2.0 个数量级。铜熔炼工艺中可以通过提高冰铜品位和在铁硅酸盐渣中添加碱性氧化物来改善冶炼工艺中金的回收[22]。

冰铜-纯 FeO_x-SiO_2 渣之间 Ag 分配系数（$L_{Ag}^{m/s}$）的趋势线表明（图 12.34(b)），随着冰铜品位的升高 Ag 倾向于分配在冰铜中。然而，在冰铜与含 Al_2O_3 的渣和石灰+氧化铝的渣平衡体系中，随着冰铜品位的提高，呈相反趋势，Ag 趋于进入渣中。冰铜与含氧化铝+石灰渣之间的分配系数比冰铜-纯硅酸铁渣及含 Al_2O_3 渣之间的分配系数高约 0.2 对数单位，而对比含 Al_2O_3 渣与纯硅酸铁渣，Ag 分配系数（$L_{Ag}^{m/s}$）没有明显变化，表明添加石灰能改善 Ag 在冰铜中的分配，Al_2O_3 对于分配系数的作用微小。在铜-渣平衡体系可观察到类似的情况[49]。对于冰铜与 FeO_x-CaO[51]、FeO_x-SiO_2-MgO[54] 和 FeO_x-SiO_2-MgO-CaO[56] 渣平衡体系，Ag 的分配系数随着冰铜品位逐渐增加，直到冰铜品位为 65%～75%，之后在更高的冰铜品位突然下降。Ag 的分配系数低于其他三种贵金属，因为 Ag 对氧的亲和力高于其他贵金属，导致更多的 Ag 被氧化进入熔渣相，在较低的冰铜品位和较低的温度下驱使 Ag 进入冰铜相。可以认为，在低氧势下 Ag 作为金属 Ag 存在于渣中，但在高氧势条件下以 $AgO_{0.5}$ 的氧化物溶解到渣中。

冰铜-纯硅酸铁渣之间 Pt 和 Pd 的分配系数随着冰铜品位升高呈类似 Au 的增长趋势（图 12.34(c)，(d)），从低冰铜品位的初始 $L_{Pt}^{m/s}$ 和 $L_{Pd}^{m/s}$ 对数值 3.1 增加到较高品位的 3.8 左右。冰铜-含氧化铝渣之间 Pt 和 Pd 的分配系数，随着冰铜品位的提高而逐渐增加，但 Pt 的上升趋势更为显著。冰铜-含氧化铝+石灰渣之间分配系数，$L_{Pt}^{m/s}$ 和 $L_{Pd}^{m/s}$ 对数值分别保持在 4.7 和 4.5 左右，不受冰铜品位的影响。在 MgO 饱和渣中，冰铜品位在 40%～65% 的范围，Pt 和 Pd 的分配系数 $L_{Pt}^{m/s}$ 和 $L_{Pd}^{m/s}$ 对数值在 3 左右[57]。然而，当冰铜品位高于 65%

时，分配系数下降[53]。可能是渣和冰铜没有完全分离，以及渣中微小冰铜液滴的物理夹带，导致测量的分配系数下降。

图 12.35 和图 12.36 分别表示 Au、Ag、Pt 和 Pd 在 FeO_x-SiO_2-8%MgO 系渣-冰铜之间的分配系数（$L_M^{s/m}$）与冰铜品位的关系，实验温度 1300℃，P_{SO_2}=0.1atm。图 12.35 中包括不同研究得到的 Ag 分配系数[45]。由图可知，Au、Ag、Pt 和 Pd 的分配系数为 $10^{-3}\sim$ 10^{-2}。Au 和 Ag 分配系数与图 12.27 在同一个数量级，而 Pt 和 Pd 的分配系数低于图 12.27 的数据。在 40%～60% 的冰铜品位范围内，Au、Pt 和 Pd 的分配系数没有明显差异。然而，当品位超过 60%～65% 时，分配系数随着冰铜品位的升高而增加。Ag 的分配系数在冰铜品位低于 73% 时稍有降低，高于 73% 时则增加。在 1300℃ 和 P_{SO_2}=0.1atm 条件下，渣与冰铜之间的铑（Rh）和钌（Ru）的分配系数与冰铜品位的关系如图 12.37 所示，图中数据表明，分配系数变化趋势与 Pt、Pd 类似，冰铜品位对分配系数（$L_M^{s/m}$）的影响较小，其

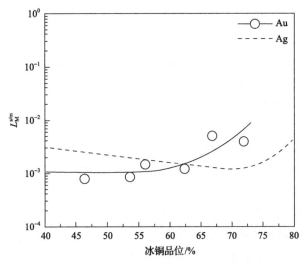

图 12.35　在 1300℃ 和 P_{SO_2}=0.1atm 条件下，FeO_x-SiO_2-8% MgO 系渣-冰铜之间 Au、Ag 的分配系数[22,54]

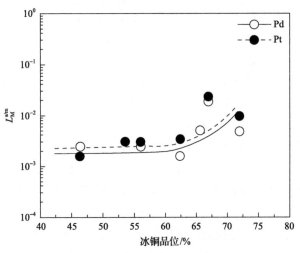

图 12.36　在 1300℃ 和 P_{SO_2}=0.1atm 下，FeO_x-SiO_2-8% MgO 系渣-冰铜之间 Pt、Pd 分配系数[22]

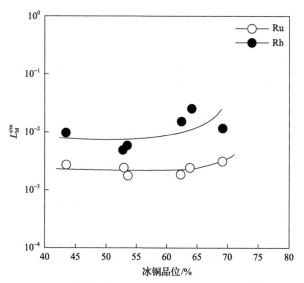

图 12.37 在 1300℃和 P_{SO_2}=0.1atm 条件下，FeO_x-SiO_2-8% MgO 渣与冰铜之间的 Rd 和 Ru 的分配系数与冰铜品位的关系[22,46]

值为 $10^{-3}\sim10^{-2}$。Ru 的分配系数低于 Rh 分配系数。图 12.37 中 Rh 分配系数比图 12.28 中的数据低约 2 个数量级。

图 12.38 为温度 1300℃时冰铜-铁硅酸盐渣之间铱(Ir)分配系数（$L_{Ir}^{m/s}$）与冰铜品位的关系。在 55%～75%的冰铜品位范围和 SiO_2 饱和渣之间的 Ir 分配系数非常高，为 1000～20000。表明 Ir 在熔渣中的化学溶解度非常小。冰铜与铁硅酸盐渣平衡状态下，Ir 的分配系数随着冰铜品位呈上升趋势，其值在冰铜品位为 55%时约为 1000，在冰铜品位为 75%时增加到约 10000，估算溶解度数据在 250～350ppmw。熔渣中添加氧化铝和石灰，Ir 的分配系数稍有增加，在冰铜品位高于 70%时，其作用不明显。

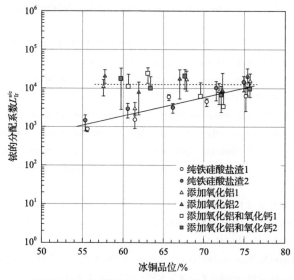

图 12.38 1300℃时冰铜-铁硅酸盐渣之间 Ir 的分配系数与冰铜品位的关系[58]

参 考 文 献

[1] Sukhomlinov D, Klemettinen L, Avarmaa K, et al. Distribution of Ni, Co, precious, and platinum group metals in copper making process. Metallurgical and Materials Transactions, 2019, 50B: 1752-1765.

[2] Nagamori M, Mackey P J. Thermodynamics of copper matte converting: Part II. Distribution of Au, Ag, Pb, Zn, Ni, Se, Te, Bi, Sb and As between copper, matte and slag in the noranda process. Metallurgical Transactions B, 1978, 9 (4): 567-579.

[3] Mackey P J, McKerrow G, Tarassoff P. Minor elements in the noranda process//104th AIME Annual Meeting, New York, 1975: 75-81.

[4] Mackey P J. The physical chemistry of copper smelting slags—A review. Canadian Metallurgical Quarterly, 1982, 21 (3): 221-260.

[5] Yamaguchi K. Distribution of platinum and palladium in iron oxide slags equilibrated with molten copper at 1573 K//Proceedings EMC 2011, vol.1, Aachen, 2011: 171-179.

[6] Nishijima W, Yamaguchi K. Effects of slag composition and oxygen potential on distribution ratios of platinum group metals between Al_2O_3-CaO-SiO_2-Cu_2O slag system and molten. Journal of the Japan Institute of Metals and Materials, 2014, 78 (7): 267-273.

[7] Kashima M, Eguchi M, Yazawa A. Distribution of impurities between crude copper, white metal and silica-saturated slag. Transactions JIM, 1978, 19 (3): 152-158.

[8] Taylor J, Jeffes J. Activity of cuprous oxide in iron silicate slags of various compositions. Transactions of the Institution of Mining and Metallurgy (Section C), 1975, 84 (1): C18-C24.

[9] Altman R, Kellogg H H. Thermodynamics of FeO-MnO-TiO zmelts saturated with iron at 1475℃. Transactions of the Institution of Mining and Metallurgy (Section C), 1972, 81: C163-C175.

[10] Toguri J M, Santander N H. Distribution of copper between Cu-Au alloys and silica-saturated fayalite slags. Metallurgical Transactions B, 1972, 3 (2): 590-592.

[11] Takeda Y, Roghani G. Distribution equilibrium of silver in copper smelting system//Proceedings of First International Conference on Processing Materials for Properties, Warrendale, 1993: 357-360.

[12] Hidayat T, Fallah-Mehrjardi A, Chen J, et al. Experimental study of metal-slag and matte-slag equilibria in controlled gas atmospheres//Proceeding of Copper 2016, Tokyo, 2016: 1332-1345.

[13] Swinbourne D R, Yan S, Salim S. The solubility of gold in metallurgical slags. Mineral Processing and Extractive Metallurgy Review, 2005, 114 (1): 23-29.

[14] Baba K, Yamaguchi K. The solubility of platinum in the FeO_x-SiO_2 slag at 1573 K. Journal of MMIJ, 2013, 129 (5): 208-212.

[15] Shuva M A H, Rhamdhani M A, Brooks G A, et al. Structural analysis of germanium (Ge)-containing ferrous calcium silicate magnesia slag for applications of black copper smelting//8th International Symposium on High-Temperature Metallurgical Processing, TMS, San Diego, 2017: 419-427.

[16] Hidayat T, Hayes P C, Jak E. Experimental investigation on the distributions of minor elements between slag/metal and slag/matte in equilibrium with tridymite in the Cu-Fe-O-S-Si-Al-Ca system//Copper 2019, Vancouver, 2019.

[17] Avarmaa K, O'Brien H, Taskinen P. Equilibria of gold and silver between molten copper and FeO_x-SiO_2-Al_2O_3 slag in WEEE smelting at 1300℃//Proceedings of The 10th International Conference on Molten Slags, Fluxes and Salts (MOLTEN16), Seattle, 2016: 193-202.

[18] Hidayat T, Chen J, Hayes P C, et al. Distributions of Ag, Bi, and Sb as minor elements between iron-silicate slag and copper in equilibrium with tridymite in the Cu-Fe-O-Si system at T=1250℃ and 1300℃ (1523K and 1573K). Metallurgical and Materials Transactions, 2018, 50B: 229-241.

[19] Surapunt S, Takeda Y, Itagaki K. Phase equilibria and distribution of minor elements between liquid Cu-Zn-Fe (iron-saturation) alloy and CaO-SiO_2-FeO_x slag. Metallurgical Review fo MMIJ, 1996, 13 (1): 3-21.

[20] Yazawa A. Extractive metallurgical chemistry with special reference to copper smelting//Proceedings of the 28th Congress of IUPAC, Vancouver, 1981: 1-21.

[21] Yamaguchi K. Distribution ratios of platinum and palladium between Iron oxide slags and molten copper//Proceedings of Copper 2013, Chile, 2013: 775-784.

[22] Yamaguchi K. Distribution of precious metals between matte and slag and precious metal solubility in slag//Proceedings of Copper 2010, Hamburg, 2010: 1287-1295.

[23] Takeda Y, Ishiwata S, Yazawa A. Distribution equilibriums of minor elements between liquid copper and calcium ferrite slag. Transactions of the Japan Institute of Metals, 1983, 24(7): 518-528.

[24] Kashima M, Eguchi M, Yazawa A. Distribution of impurities between crude copper, white metal and silica-saturated slag. Transactions of the Japan Institute of Metals, 1978, 19(3): 152-158.

[25] Avarmaa K, O'Brien H, Johto H, et al. Equilibrium distribution of precious metals between slag and copper matte at 1250℃-1350℃. Journal of Sustainable Metallurgy, 2015, 1: 216-228.

[26] Wilde E, Bellemans I, Campforts M, et al. Study of the effect of spinel composition on metallic copper losses in slags. Journal of Sustainable Metallurgy, 2017, 3(2): 416-427.

[27] Wilde E, Bellemans I, Campforts M, et al. Origin and sedimentation characteristics of sticking copper droplets to spinel solids in pyrometallurgical slags. Materials Science and Technology, 2016, 32(18): 1911-1924.

[28] Avarmaa K, O'Brien H, Klemettinen L, et al. Precious metal recoveries in secondary copper smelting with high-alumina slags. Journal of Material Cycles and Waste Management, 2020, 22: 642-655.

[29] Klemettinen L, Avarmaa K, O'Brien H, et al. Control of platinum loss in WEEE smelting. Journal of Metals, 2020, 72(7): 2770-2777.

[30] Avarmaa K, Klemettinen L, O'Brien H, et al. Taskinen, solubility of palladium in alumina-iron silicate melts. Journal of Metals, 2021, 73(4): 1871-1877.

[31] Shuva M, Rhamdhani M, Brooks G, et al. Thermodynamics of palladium(Pd) and tantalum(Ta) relevant to secondary copper smelting. Metallurgical and Material Transactions, 2017, 48B: 317-327.

[32] Avarmaa K, Klemettinen L, O'Brien H, et al. Urban mining of precious metals via oxidizing copper smelting. Mineral Engineering, 2019, 133 (3): 95-102.

[33] Sukhomlinov D, Taskinen P. Distribution of Ni, Co, precious, and platinum group metals in copper making process//Proceedings EMC 2017, Leipzig, 2017: 1029-1038.

[34] Yamaguchi K. Distribution of platinum and palladium in iron oxide slags equilibrated with molten copper at 1573K//Proceedings of the 2011 European Metallurgical Conference, 1, GDMB, Clausthal-Zellerfeld, 2011: 171-179.

[35] Laurenz V, Fonseca R, Ballhaus C, et al. Solubility of palladium in picritic melts 1: The effect of iron. Geochimica et Cosmochimica Acta, 2010, 74(10): 2989-2998.

[36] Park J H, Min D J. Quantitative analysis of the relative basicity of CaO and BaO by silver solubility in slags. Metallurgical and Material Transactions, 1999, 30B: 689-694.

[37] Park J H, Min D J. Solubility of silver in MO(M$_2$O)-B$_2$O$_3$ (M= Ca, Ba and Na) slags. Material Transactions, JIM, 2000, 41: 425-428.

[38] Nakamura S, Sano N. Solubility of platinum in molten fluxes as a measure of basicity. Metallurgical and Material Transactions, 1997, 28B: 103-108.

[39] Han Y S, Swinbourne D R, Park J H. Thermodynamics of gold dissolution behaviour in CaO-SiO$_2$-Al$_2$O$_3$-MgOsat slag system. Metallurgical and Material Transactions, 2015, 46B: 2449-2457.

[40] Wiraseranee C, Okabe T H, Morita K. Dissolution behaviour of rhodium in the Na$_2$O-SiO$_2$ and CaO-SiO$_2$ slags. Metallurgical and Material Transactions, 2013, 44B: 584-592.

[41] Yang J G, Park J H, Kang J Y, et al. Gold solubility in CaO-SiO$_2$-Al$_2$O$_3$-Fe$_2$O$_3$ slags. Journal of Metals, 2021, 73: 688-693.

[42] Shuva M A H. Analysis of thermodynamic behaviour of valuable elements and slag structure during e-waste processing through copper smelting. Melbourne: Swinburne University of Technology, 2017.

[43] Avarmaa1 K, O'Brien H, Johto H, et al. Distribution of precious metals (Ag, Au, Pd, Pt, and Rh) between copper matte and iron silicate slag. Metallurgical and Materials Transactions, 2016, 47B: 244-255.

[44] Henao H M, Yamaguchi K, Ueda S. Distribution of precious metals (Au, Pt, Pd, Rh and Ru) between copper matte and iron-silicate slag at 1573 K//Proceedings of Sohn International Symposium, vol. 1. TMS, San Diego, 2006: 723-729.

[45] Avarmaa K. Thermodynamic properties of WEEE-based minor elements in copper smelting processes. Espoo: Aalto University, 2019.

[46] Roghani G, Takeda Y, Itagaki K. Phase equilibrium and minor element distribution between FeO_x-SiO_2-MgO-based slag and Cu_2S-FeS matte at 1573 K under high partial pressures of SO_2. Metallurgical and Materials Transactions, 2000, 31B:705-712.

[47] Roghani G, Hino M, Itagaki K. Phase equilibrium and minor element distribution between slag and copper matte under high partial pressures of SO_2//Proceedings of 5th International Conference on Molten Slags, Fluxes and Salts, Sydney, 1997:693-703.

[48] Mungall J E, Brenan J M. Partitioning of platinum-group elements and Au between sulfide liquid and basalt and the origins of mantle-crust fractionation of the chalcophile elements. Geochimica et Cosmochimica Acta, 2014, 125(1): 265-289.

[49] Borisov A, Palme H. Experimental determination of the solubility of platinum in silicate melts. Geochimica et Cosmochimica Acta, 1997, 61(20): 4349-4357.

[50] Roghani G, Font J C, Hino M, et al. Distribution of minor elements between calcium ferrite slag and copper matte at 1523K under high partial pressure of SO_2. Materials Transactions JIM, 1996, 37(10): 1574-1579.

[51] Nagamori M, Mackey P J. Thermodynamics of copper matte converting: Part II distribution of Au, Ag, Pb, Zn, Ni, Se, Te, Bi, Sb and As between copper, matte and slag in the Noranda process. Metallurgical Transaction,1978, 9B: 567-579.

[52] Chen J, Hayes P C, Jak E. Distributions of Ag and As as minor elements between slag, matte and metal in equilibrium with tridymite in the Cu-Fe-O-S-Si System: Experimental results at T=1200, 1250 and 1300℃ (Pyromet, Innovation Centre internal report) Brisbane: The University of Queensland, 2018.

[53] Shishin D, Hidayat T, Chen J, et al. Experimental investigation and thermodynamic modelling of the distributions of Ag and Au between slag, matte and metal in the Cu-Fe-O-S-Si system. Journal of Sustainable Metallurgy, 2019, 5(2): 240-249.

[54] Roghani G, Takeda Y, Itagaki K. Phase equilibrium and minor element distribution between FeO_x-SiO_2-MgO-based slag and Cu_2S-FeS matte at 1573 K under high partial pressures of SO_2. Metallurgical and Materials Transactions, 2000, 31B: 705-712.

[55] Chen M, Avarmaa K, Klemettinen L, et al. Recovery of precious metals (Au, Ag, Pt, and Pd) from urban mining through copper smelting. Metallurgical and Materials Transactions, 2020, 51B: 1495-1508.

[56] Roghani G, Hino M, Itagaki K. Phase equilibrium and minor elements distribution between SiO_2-CaO-FeO_x–MgO slag and copper matte at 1573 K under high partial pressures of SO_2. Materials Transactions JIM, 1997, 38(8): 707-713.

[57] Yamaguchi K. Thermodynamic study of the equilibrium distribution of platinum group metals between slag and molten metals and slag and copper matte//Extraction 2018, Ottawa, 2018: 797-804.

[58] Sukhomlinov D, Klemettinen L, Taskinen P, et al. Behaviour of Mo and Ir//Copper 2019, Vancouver, 2019.

第 13 章

杂质元素渣中溶解及分配

　　铜冶炼操作对杂质元素的控制，不仅关系到铜产品的质量，还关系到有价元素的回收利用。主要杂质元素包括 Ni、Co、Mo、Pb、Zn、As、Sb、Bi、Cd、Sn 等。这些杂质元素与硫化铜矿伴生，随铜精矿进入冶炼厂。二次铜资源中也不同程度地含有杂质元素。铜火法冶炼过程中，易挥发杂质元素主要进入气相，从烟尘中收集，其他杂质元素主要分布在渣和铜或冰铜相。影响杂质元素分布的因素很多且复杂，渣组成是影响杂质元素分布的主要因素。

13.1　铜-渣平衡状态下杂质元素溶解及分配

13.1.1　杂质元素的分配系数及其氧化物的活度系数

　　渣与液态铜平衡状态下锌 (Zn) 和铅 (Pb) 的分配系数 ($L_M^{s/c}$) 与氧势的关系如图 13.1 所示。图中包括钙铁氧体和硅酸盐渣与铜平衡时的分配系数。因为硅酸盐渣在氧势达到

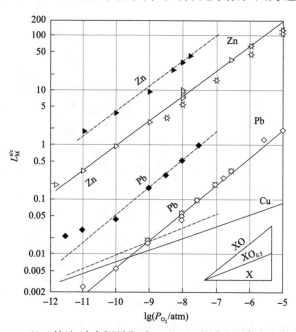

图 13.1　1250℃，熔渣-液态铜平衡时 Pb 和 Zn 的分配系数与氧势的关系[1]

空心标记和实线: 钙铁氧体渣；实心标记和虚线:硅酸盐渣

$P_{O_2}=10^{-7}$atm 左右时有固体磁铁矿析出,故图中虚线被限制在 lgP_{O_2}=-7。由图可知,Zn 主要溶解于渣相,但 Pb 溶解在渣及铜两相中。硅酸盐渣中的 Zn 和 Pb 的分配系数比钙铁氧体渣的分配系数要大得多。作为参考,Cu 的分配系数表示在图 13.1 中,类似于 Cu、Zn 和 Pb 的分配系数($L_M^{s/c}$)随着氧势升高而增加。从图 13.1 中趋势线的斜率来看,Zn 和 Pb 在渣中被认为存在价态为+2,形式为 ZnO 和 PbO。

  图 13.2 表示在渣-液态铜平衡状态下 Sn、As 和 Sb 的分配系数($L_M^{s/c}$)与氧势的关系。与 Pb 和 Zn 不同,Sn、As 和 Sb 更易溶解于钙铁氧体渣,其分配系数比硅酸盐渣分配系数要大,钙铁氧体渣有利于从液态铜中去除这些元素。可以理解,酸性氧化物趋于溶解碱性钙铁氧体渣,而碱性氧化物(如 Pb 或 Zn 氧化物)优于溶解酸性硅酸盐渣。图中的 As、Sb 和 Sn 的渣-铜之间分配系数值低,尤其是在低氧势下,其值很低,因此即使选择钙铁氧体渣,从铜中去除这些元素并非易事。As 和 Sb 趋势线斜率在 XO 和 XO$_{1.5}$之间,可以认为这些元素主要以三价氧化物形式溶解,即 AsO$_{1.5}$ 和 SbO$_{1.5}$。在通常条件下,渣中 Sn 以两价氧化物 SnO 为主,但可能存在四价 SnO$_2$。图 13.3 表明,渣-液态铜平衡状态下 Ni、Co 和 Bi 的分配系数($L_M^{s/c}$)与氧势的关系。由图可知,Bi 在钙铁氧体渣-铜之间和硅酸盐渣-铜之间的分配系数没有明显的差异,分配系数低于 As 和 Sb 在钙铁氧体渣-铜体系中的分配系数(图 13.2)。类似于 As 和 Sb,Bi 在渣中主要以 BiO$_{1.5}$ 存在。钙铁氧体渣和硅酸盐渣中 Ni 和 Co 分配系数差异较小,在吹炼的氧势条件下($P_{O_2}=10^{-6}$atm),Co 溶解于吹炼渣中,Ni 在铜和渣中各半分配。

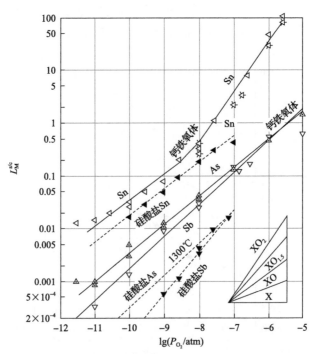

图 13.2 1250℃,熔渣-液态铜平衡时 Sn、As 和 Sb 的分配系数与氧势的关系[1]

空心标记和实线:钙铁氧体渣;实心标记和虚线:硅酸盐渣

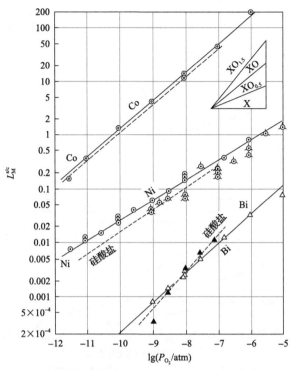

图 13.3　1250℃，熔渣-液态铜平衡时 Ni、Co 和 Bi 的分配系数与氧势的关系[1]

空心标记和实线：钙铁氧体渣；实心标记和虚线：硅酸盐渣

在固定氧势和 1250℃下，钙铁氧体渣中 CaO 含量对渣-铜之间分配系数（$L_M^{s/c}$）影响如图 13.4 所示，Ni 的分配系数没有显示随 CaO 含量明显变化。容易形成酸性氧化物的 As 和 Sb 的分配系数，随着渣中 CaO 含量增加而增加。这些氧化物的活度系数与渣中 CaO 含量的关系如图 13.5 所示，随着渣 CaO 含量增加，As 和 Sb 氧化物的活度系数降低，而 PbO 的活度系数增加，NiO 的活度系数没有明显变化。

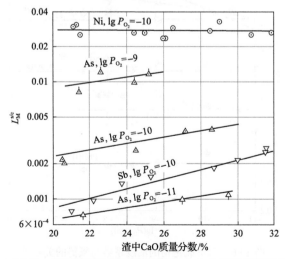

图 13.4　1250℃，与铜平衡的钙铁氧体渣中 CaO 含量对分配系数的影响[1]

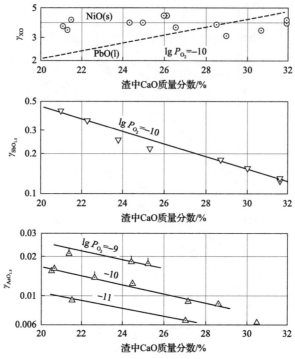

图 13.5 1250℃，钙铁氧体渣-铜平衡状态下渣中 CaO 含量对杂质元素氧化物活度系数的影响[1]

图 13.6 和图 13.7 分别表示二价和三价杂质元素在渣中的活度系数与氧势的关系。图 13.6 表明，二价 Ni 和 Zn 的活度系数随着氧势升高而增加，其他元素的活度系数几乎不随氧势变化；图 13.7 中数据比较分散，钙铁氧体渣中三价 As、Sb、Bi 活度系数随着

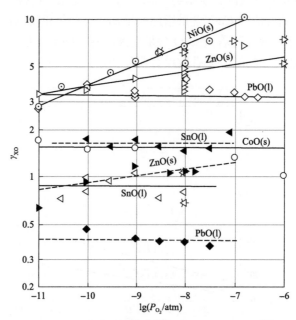

图 13.6 二价氧化物的活度系数与氧势的关系[1]
空心标记和实线：钙铁氧体渣，实心标记和虚线：硅酸盐渣

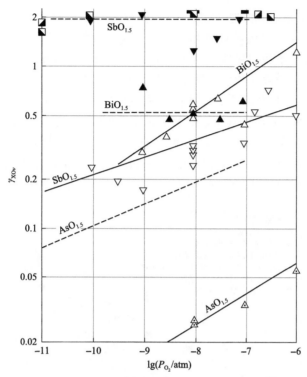

图 13.7　三价氧化物的活度系数与氧势的关系[1]

空心标记和实线：铁氧体钙渣；实心标记和虚线：硅酸盐渣

氧势升高而增加；在铁硅酸盐渣中，三价 As 随着氧势的升高而增加，而三价 Sb 和 Bi 的活度系数受氧势的影响不明显。

表 13.1 列出了钙铁氧体渣和铁硅酸盐渣的 As、Sb、Bi 和 Pb 分配系数的比值（$L_M^{s/c}$（钙铁氧体渣）/$L_M^{s/c}$（铁硅酸盐渣）），其值分别为 9、8、1 和 0.1。说明在熔渣-液态铜平衡状态下，As 和 Sb 在钙铁氧体渣中溶解度高于铁硅酸盐渣的溶解度，铜连续吹炼选择钙铁氧体渣有利于脱除 As 和 Sb。Pb 则相反，在铁硅酸盐渣的溶解度更高。渣型对 Bi 没有明显影响。

表 13.1　钙铁氧体渣和铁硅酸盐渣的 As、Sb、Bi 和 Pb 分配系数的比值[1]

元素	$L_M^{s/c}$（钙铁氧体渣）/$L_M^{s/c}$（铁硅酸盐渣）
As	9
Sb	8
Bi	1
Pb	0.1

13.1.2　Pb 在渣中溶解及分配

铜-渣平衡共存体系 Pb 在渣中溶解及分配做过不少研究工作[1-9]，图 13.8 总结了不同渣型的渣-铜之间铅分配系数（$L_{Pb}^{s/c}$）与氧势的关系。图中数据包括铁硅酸盐渣、钙铁氧体渣、CaO-SiO$_2$-Al$_2$O$_3$系渣和添加 Al$_2$O$_3$、CaO 和 MgO 的铁橄榄石渣。从图 13.8 可知，渣-铜之间 Pb 分配系数主要依赖氧势和渣型，分配系数随着氧势升高而增加。铁硅酸盐 (FeO$_x$-SiO$_2$) 渣的分配系数明显高于钙铁氧体 (FeO$_x$-CaO) 渣的分配系数，CaO-SiO$_2$-Al$_2$O$_3$ 系渣的分配系数稍低于铁硅酸盐。铁橄榄石渣中添加 Al$_2$O$_3$、CaO、MgO 对 Pb 的分配系数没有显著影响，分配系数稍微有降低[5]。有的研究表明在温度 1200℃和氧势 10^{-10}atm 条件下，熔融铜与 Fe$_x$O-SiO$_2$-(CaO, Al$_2$O$_3$) 系渣平衡状态下，Pb 在渣中的分配会随着渣中 CaO 和 Al$_2$O$_3$ 含量的增加而减少[7]。此外有报道，铁硅酸盐渣 (FeO$_x$-SiO$_2$) Pb 的分配率最高，其次是钡铁氧体 (FeO$_x$-BaO) 和钙铁氧体 (FeO$_x$-CaO) 渣[9]。在 1300℃和氧势为 10^{-6}atm 条件下与铜平衡，FeO$_x$-CaO-SiO$_2$ 系渣铅分配系数为 0.93，低于铁橄榄石渣[6]。

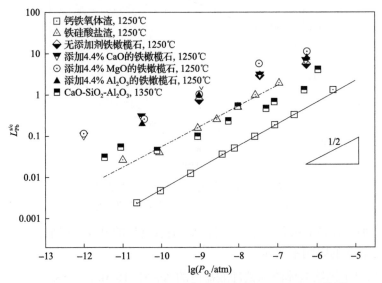

图 13.8　不同渣型的渣-铜之间铅分配系数与氧势的关系[1,4,5]

在金属-渣平衡状态下测量的 Pb 在硅酸盐渣中的溶解度如图 13.9 所示。图中的数据表明，在不同碱度 (Q) 及 FeO$_n$ 成分 (R) 下氧势对 Pb 溶解度的影响，Pb 溶解度随着氧势增加而增加，并随着碱度 (Q) 的增加而降低。渣中 FeO$_n$(R) 的增加不利于 Pb 的溶解，溶解度对 lgP_{O_2} 作图的直线斜率约 1/2，可认为 Pb 以二价态溶解。

PbO 是碱性氧化物，在渣中添加 Ca^{2+}、Mg^{2+} 或者 Al^{3+} 将代替 Pb^{2+}，使渣中 Pb 溶解度降低。但是 Pb^{2+} 半径与 Ca^{2+}、Mg^{2+} 和 Al^{3+} 半径存在较大差别，因此添加 CaO、MgO、Al$_2$O$_3$ 或者它们的混合物对于 Pb 在渣中的溶解度作用受限制，影响 Pb 在渣中溶解度和渣-铜之间分配系数的主要因素是氧势 (P_{O_2})。另一个影响 Pb 在渣中溶解度及分配系数的因素是渣的 SiO$_2$ 含量或 FeO$_n$/SiO$_2$，PbO 与 SiO$_2$ 的亲和力大，生成硅酸铅，渣中 Pb 的溶解度随着 SiO$_2$ 含量增加或 FeO$_n$/SiO$_2$ 降低而升高。

图 13.10 表示在 1200℃和 lgP_{O_2}=−10 条件下，Fe/SiO$_2$ 对 Pb 在 Fe$_t$O-SiO$_2$-(CaO, Al$_2$O$_3$) 系渣-铜之间分配系数 ($L_{Pb}^{s/c}$) 的影响，图中数据表明，Pb 分配系数 ($L_{Pb}^{s/c}$) 随着 Fe/SiO$_2$ 的增加而持续降低。一定的 Fe/SiO$_2$ 条件下，添加 CaO 和 Al$_2$O$_3$ 使分配系数有所降低，但

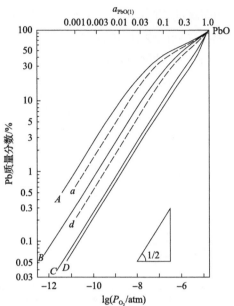

	A	B	C	D	a	d
Q	0~0.2	0.35~0.46	0.49~0.57	1.0	0~0.33	0
R	0.40~0.55	0.12~0.19	0.18~0.22	0.67~0.72	0.77~0.85	0.82~0.86

注：$Q=(CaO+MgO)/(CaO+MgO+2SiO_2)$（摩尔比）；$R=nFeO_n/(CaO+MgO+2SiO_2+nFeO_n)$（摩尔比）。

图 13.9 1300℃，氧势对 Pb 在渣中溶解度的影响[10]

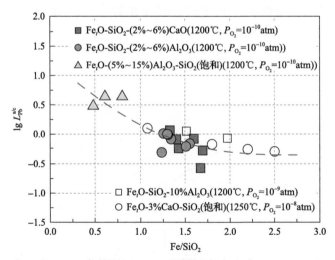

图 13.10 在 1200℃和 $\lg P_{O_2}=-10$ 条件下，Fe/SiO_2（质量比）对 Pb 在 Fe_tO-SiO_2-（CaO, Al_2O_3）系渣-铜之间分配系数（$L_{Pb}^{s/c}$）的影响[2,7,8]

是作用不明显。Fe/SiO_2 是影响 Pb 分配系数的主要因素。在 $Fe/SiO_2<1.0$ 的条件下，添加 5%~15%Al_2O_3 到硅饱和硅酸铁渣，Pb 分配系数显示出最高值。Pb 在 Fe_tO-SiO_2-（CaO, Al_2O_3）系渣-铜之间分配系数（$L_{Pb}^{s/c}$）与 Fe^{3+}/Fe^{2+} 的关系如图 13.11 所示。图中数据表明 Pb

分配系数随着 Fe^{3+}/Fe^{2+} 增加而降低，拟定的直线关系斜率为–0.44，比理论预期–0.67 低。这可能源于 Pb^{2+} 和铁复合离子之间的吸引力随着 Fe^{3+}/Fe^{2+} 不断增加，形成稳定的铅铁氧体化合物（如 $Pb_2Fe_2O_5$、$PbFe_4O_7$ 和 $PbFe_{12}O_{19}$）[11,12]。

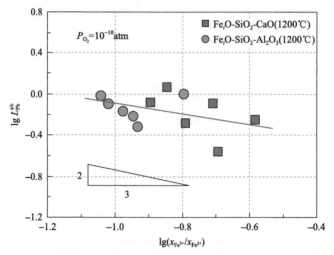

图 13.11　在 1200℃ 和 $\lg P_{O_2}=-10$ 条件下，Pb 在 Fe_tO-SiO_2-(CaO, Al_2O_3) 系渣-铜之间分配系数 $L_{Pb}^{s/c}$ 与 Fe^{3+}/Fe^{2+} 的关系[7]

图 13.12 表示 FeO-SiO_2-CaO 系中 PbO 的活度系数。由图可知，PbO 的活度系数随着 CaO 的含量升高而增加，铁硅渣的 PbO 的活度系数约为 0.3，当时渣 CaO 质量分数升高到 35%，PbO 的活动系数达到 4。PbO 的活度系数受 FeO_x 和 SiO_2 影响小，图中未反映 FeO_x/SiO_2 对活度系数的影响。

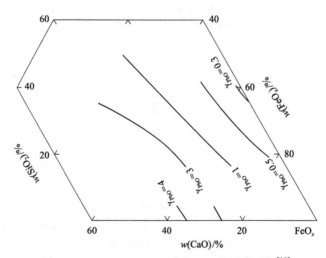

图 13.12　FeO-SiO_2-CaO 系中 PbO 的活度系数[10]

图 13.13 表示一步炼铜试验测量的不同渣型的渣-铜之间的 Pb 分配系数（$L_{Pb}^{s/c}$）与泡铜中硫的关系。泡铜中硫含量越低，渣的氧势越高，Pb 的分配系数增加。给定的 Fe/SiO_2，渣的 CaO/SiO_2 增加，Pb 的分配系数下降。铁钙硅渣和泡铜之间的 Pb 分配系数低于铁硅

酸盐渣。图中还给出钙铁氧体渣与泡铜之间的 Pb 分布系数,与钙铁氧体渣分配系数相比,铁钙硅渣和泡铜之间 Pb 的分配系数在相同氧势下几乎相同,图中数据明显高于平衡状态下的分配系数,原因是渣中存在铜或者冰铜夹带。

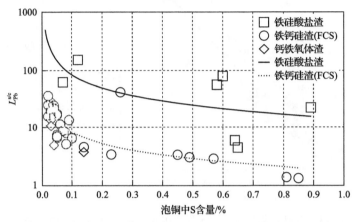

图 13.13　一步炼铜试验测量的不同渣型 Pb 的分配系数与泡铜含硫的关系[13]

在铜吹炼及一步炼铜的操作条件下,当 Pb 的分配系数($\lg L_{Pb}^{s/c}$)为 0.1～1,采用铁硅酸盐渣的分配系数接近 1,而采用钙铁渣的分配系数接近 0.1。渣在低氧势下如炉渣贫化工艺条件下,Pb 的分配系数($\lg L_{Pb}^{s/c}$)在 0.1 左右。PbO 在铜冶炼炉渣中表现为碱性氧化物,Pb 在渣中分配可以通过调节 Fe/SiO_2 和添加石灰或氧化铝调整渣的酸碱性来控制。

13.1.3　Sb、Bi 在渣中溶解及分配

图 13.14[1, 2, 5, 14-17]和图 13.15[1, 2, 5, 6, 14, 15, 18]分别表示不同组成的铁硅酸盐渣-铜平衡状态下 Bi 和 Sb 的分配系数($L_M^{s/c}$)与氧势的关系。图中的数据比较分散,但趋势线表明 Bi 和 Sb 的分配系数($L_M^{s/c}$)随着氧势的升高而增加。渣中添加 Al_2O_3 的数据显示氧势对 Bi 分配系数的影响不明显,在相同的氧势下,高于未添加 Al_2O_3 渣的值。添加少量的 CaO,对 Bi 的分配系数影响不显著。高 Fe/SiO_2(质量比)渣具有较高的 Bi 分配系数。石英坩埚测量的数据趋势线表明 Bi 以三价态溶解,而添加 Al_2O_3 的渣则可能以原子状态溶解。渣中添加 Al_2O_3 和 CaO,使 Sb 的分配系数升高,但添加 Al_2O_3 和 CaO 降低了氧势对 Sb 分配系数的影响。石英坩埚测量的数据趋势表明,Sb 以三价态溶解,而添加 CaO 和 Al_2O_3 的渣 Sb 以二价态和原子溶解。Bi 和 Sb 的分配系数均小于 1,氧势低于 $10^{-7.5}$atm,Bi 和 Sb 的分配系数分别低于 0.1,说明 Bi 和 Sb 主要富集在铜相。

Bi 在 FeO_x-CaO-SiO_2 系渣中的分配主要受到渣中 CaO 含量的影响,但与 Fe/SiO_2 关系不明显,渣中 Bi 以 $BiO_{1.5}$ 状态溶解[1,19,20]。在高氧势条件下,FeO_x-CaO-SiO_2 系渣中的 Sb 以 $SbO_{1.5}$ 状态存在[21]。1250℃下 Na_2CO_3-Na_2O-SiO_2 系渣和熔融铜之间的 Sb 分配系数随着氧势和渣碱性的增加,较高的价态化合物更加稳定[22]。

表 13.2 列出了铁硅酸盐渣中 Bi 和 Sb 的活度系数。表中数据说明,少量(4.4%)添加

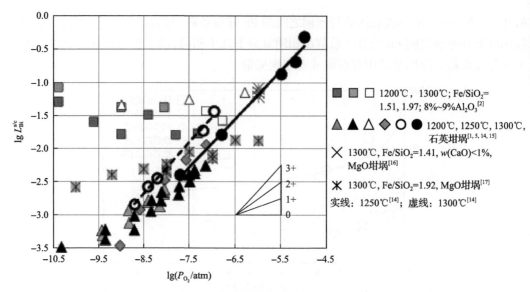

图 13.14 不同组成渣-铜平衡状态下 Bi 的分配系数($L_{Bi}^{s/c}$)与氧势的关系

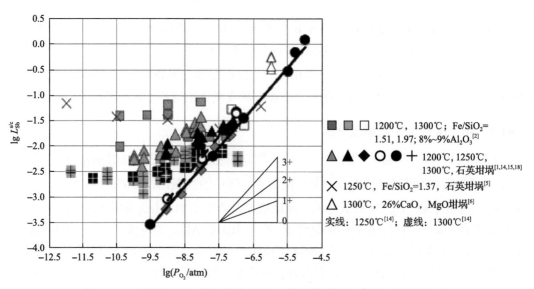

图 13.15 不同组成渣-铜平衡状态下 Sb 的分配系数($L_{Sb}^{s/c}$)与氧势的关系

表 13.2 1250℃铁硅酸盐渣中 Bi 和 Sb 的活度系数[5]

渣中添加剂	γ_{Bi}	γ_{Sb}	其他数据
0	43	0.44	γ_{Bi}=106[14]
4.4% CaO	78	0.76	
11.9% CaO	75	0.68	
4.4% Al$_2$O$_3$	84	0.77	*γ_{Bi}=80,γ_{Sb}=0.7[2]
8.2% Al$_2$O$_3$	70	0.53	

续表

渣中添加剂	γ_{Bi}	γ_{Sb}	其他数据
4.4% MgO	69	0.81	
4.1%CaO +4.1% Al$_2$O$_3$	60	0.48	
3.9%CaO +3.9% Al$_2$O$_3$ +2.%MgO	60	0.57	

*条件：2%～11% Al$_2$O$_3$，1200℃和1300℃。

CaO、MgO、Al$_2$O$_3$ 或者它们的混合物，Bi 和 Sb 在渣中的活度系数增加，但更多的添加，活度系数的增加不明显。Bi 的活度系数明显高于 Sb 的活度系数。

13.1.4 As 在渣中溶解及分配

铜冶炼过程中 As 分布于气相、金属和渣相。As 不仅影响铜产品质量，还应更多考虑其对环境的危害。冶炼厂运行操作尽可能将其固定在冶炼炉渣中。铜冶炼不同渣型与铜及银平衡状态下渣-金属之间 As 的分配系数（$L_{As}^{s/c}$）如图 13.16 所示，图中包括渣-铜和渣-银平衡状态下的数据。由图 13.16 可知，As 的分配系数随着氧势的升高而增加，钙铁氧体渣的分配系数高于铁硅酸盐渣的分配系数，炉渣添加 MgO 有利于提高 As 的分配系数。在铜吹炼的氧势条件下，不考虑 MgO 组分的影响，As 的分配系数为 0.01～1，As 主要留在铜相中。

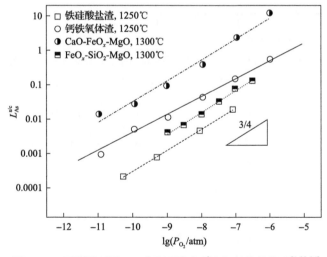

图 13.16 不同渣型的 As 分配系数（$L_{As}^{s/c}$）与氧势的关系[1,23,24]

在铁硅酸盐渣和液态铜平衡状态下，渣-铜之间 As 的分配系数与氧势的关系如图 13.17 所示。图中的数据比较分散，实验数据之间存在相当大的差异，但是趋势是 As 分配系数（$L_{As}^{s/c}$）随着氧势升高而增加。尽管分析不同的实验数据，渣中 As 氧化状态会有不同结果，而根据图中的趋势线的斜率，As 在渣中以三价态（As^{3+}）溶解。实验数据分散性的影响因素比较复杂，除实验方法、测试手段及分析误差等因素之外，主要因素包括铜在熔渣相悬浮/乳化等夹带及溶解于渣中铜氧化物与渣中 As 的相互作用等。为了克服这些不利因素，研究人员利用含 As 液态银与熔渣平衡，测量铁硅酸盐渣(24%SiO_2)和钙铁氧体渣(22%CaO)平衡时的砷分配系数，数据包括在图 13.16 中[23]，钙铁氧体渣与液态银平衡的 As 分配系数比铁硅酸盐渣高约一个数量级。As 分配系数($L_{As}^{s/c}$)和氧势关系的趋势线表明，渣中砷的氧化状态主要有 As^{3+}或 $AsO_{1.5}$。图 13.18 表明在 1300℃和 P_{O_2}=10^{-7}atm条件下，渣与液态银平衡状态下 As 的分配系数($L_{As}^{s/c}$)与 SiO_2/(SiO_2+CaO)(质量比)的关系。熔渣中 SiO_2 浓度的增加导致 As 分配系数降低，当 SiO_2/(SiO_2+CaO)大于 0.6 时，SiO_2 增加对分配系数的影响不明显。纯钙铁氧体渣的分配系数约为 2.5，而纯硅酸铁的分配系数大致为 0.1。

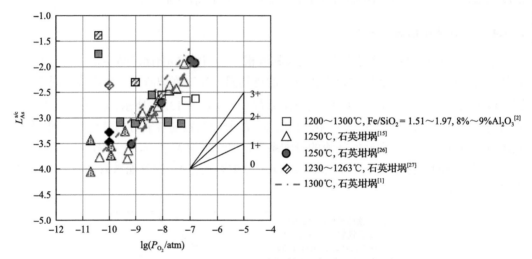

图 13.17　铁硅酸盐渣和液态铜平衡状态下，Cu-Fe-O-Si-(As)系中 As 在渣-铜之间的分配系数与氧势的关系[25]

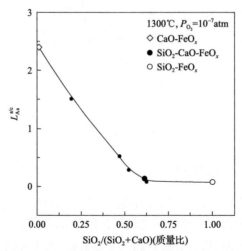

图 13.18　在 1300℃，P_{O_2}=10^{-7}atm 下，渣与液态银平衡状态下 As 的分配系数($L_{As}^{s/c}$)与 SiO_2/(SiO_2+CaO)(质量比)的关系[24]

图 13.19 和图 13.20 表示在平衡状态下测量的金属和渣中的 As 含量，推导出了渣中

$AsO_{1.5}$ 的活度系数。图 13.19 中数据表明，铁硅酸盐渣 $AsO_{1.5}$ 活度系数随着氧势的升高而升高，在同一氧势下，SiO_2 饱和渣的活度系数明显降低。图 13.20 显示 $AsO_{1.5}$ 的活度系数随着渣中 SiO_2 含量的增加而急剧增加，纯钙铁氧体渣的活度系数（$SiO_2/(SiO_2+CaO)=0$）比纯铁硅酸盐渣的活度系数（$SiO_2/(SiO_2+CaO)=1$）低 1 个数量级。

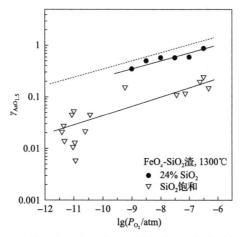

图 13.19　铁硅酸盐渣中 $AsO_{1.5}$ 的活度系数与氧势的关系[1,24,28]

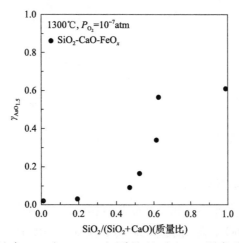

图 13.20　渣中 $SiO_2/(SiO_2+CaO)$（质量比）对 $AsO_{1.5}$ 活度系数的影响[24]

图 13.21 表示渣中 $AsO_{1.5}$ 活度系数与含 MgO 的钙铁氧体渣和铁硅酸盐渣中的 Fe^{3+}/Fe^{2+} 的关系，渣的氧化状态（Fe^{3+}/Fe^{2+}）影响 $AsO_{1.5}$ 活度系数，其值随着氧化程度的升高而增加，表明 FeO 与 $AsO_{1.5}$ 的相互作用比 $FeO_{1.5}$ 强。渣型对 $AsO_{1.5}$ 活度系数的作用表现在其活度系数在钙铁氧体渣中的值比铁硅酸盐渣要低得多。

图 13.22 表示一步炼铜试验的铁钙硅渣和铁硅酸盐渣-泡铜之间 As 分配系数（$L_{As}^{s/c}$）与渣含铜的关系。图中数据表明，分配系数随着渣铜含量升高而增加，铁钙硅渣与泡铜的 As 分配系数远高于铁硅酸盐渣的 As 分配系数，当渣的 CaO/SiO_2（质量比）（给定的 Fe/SiO_2（质量比））增加时，As 的分配系数增加。铁钙硅渣的 As 分配系数为 1~10，说明 As 主要富集在渣相，而铁硅酸盐渣的 As 的分配系数小于 1，即 As 富集于铜相。

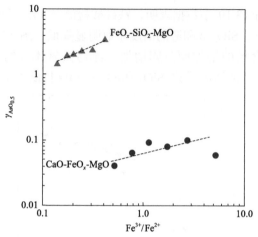

图 13.21　1300℃，MgO 饱和 FeO$_x$-24%SiO$_2$ 和 22%CaO-FeO$_x$ 渣中，AsO$_{1.5}$ 活度系数与 Fe^{3+}/Fe^{2+} 的关系[29]

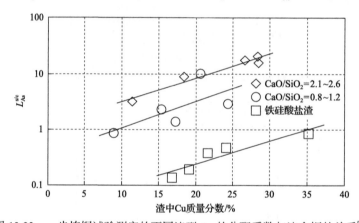

图 13.22　一步炼铜试验测定的不同渣型 As 的分配系数与渣含铜的关系[30]

13.1.5　Sn 在渣中溶解及分配

　　铜冶炼工艺中 Sn 可分布在气相、金属和渣相中。在 $10^{-9}\sim10^{-6}$ atm 的氧势下，工艺中 Sn 主要为不挥发的 SnO$_2$，随着氧势的降低，例如，当添加焦炭时，SnO$_2$ 会还原为挥发性的 SnO。在渣-金属平衡状态下，不同碱度（Q）及 FeO$_n$ 成分（R）渣中 Sn 溶解度与氧势的关系如图 13.23 所示。尽管图中的实验数据比较凌乱，但可看出，Sn 溶解度随着氧势升高而增加，在低氧势下，温度升高溶解度降低。总体上碱度（Q）的增加，溶解度提高。渣中 FeO$_n$ 成分（R）的增加不利于 Sn 的溶解。溶解度对 lgP_{O_2} 作图的直线斜率约 1/2，可认为 Sn 以二价态溶解。

　　Sn 在铜冶炼不同类型渣-铜之间的分配系数（$L_{Sn}^{s/c}$）如图 13.24[10,20,31,32] 所示。由图可知，钙铁氧体渣的分配系数高于其他渣型，比铁硅酸盐渣的分配系数高约 2 倍。高钙 FeO$_x$-CaO-SiO$_2$ 三元系渣的分配系数较其他渣低。在高氧势下，Sn 在钙铁氧体（CaO-FeO$_x$）渣中以四价存在[1,3]。然而，在硅酸铁（FeO$_x$-SiO$_2$）渣中并没有观察到四价锡存在，氧势在 $P_{O_2}=10^{-11}\sim10^{-6}$ atm 范围内，观察到渣中 Sn 的溶解度随着 $P_{O_2}^{1/2}$ 呈线性增加，推导 Sn 以

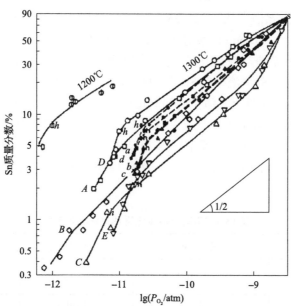

	A□	B◇	C△	D○	E▽	a■	b◆	c▲	d●
Q	0~0.2	0.35~0.46	0.49~0.57	1.0	0.44~0.54	0~0.33	0.33~0.48	0.49~0.62	0
R	0.40~0.55	0.12~0.19	0.18~0.22	0.67~0.72	0.27~0.35	0.77~0.85	0.58~0.71	0.56~0.65	0.82~0.86

注：$Q=(CaO+MgO)/(CaO+MgO+2SiO_2)$（摩尔比）；$R=nFeO_n/(CaO+MgO+2SiO_2+nFeO_n)$（摩尔比）。

图 13.23　1200℃和 1300℃，氧势对 Sn 在渣中溶解度的影响[10]

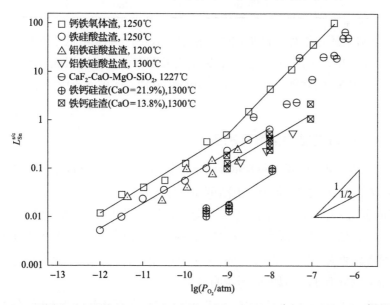

图 13.24　不同渣系和温度的 Sn 在渣-铜之间的分配系数（$L_{Sn}^{s/c}$）与氧势的关系[10,20,31,32]

SnO 或 Sn^{2+}的形式存在于渣中[31]。在 1200℃和 1300℃下与铜平衡的含 Al_2O_3 硅酸盐（$FeO\text{-}Fe_2O_3\text{-}SiO_2\text{-}Al_2O_3$）渣 Sn 的分配系数与不含 Al_2O_3 的铁硅酸盐渣的分配系数近似，说明 Al_2O_3 对 Sn 分配系数的影响小。氧势低于 10^{-8}atm 时，Sn 以 SnO 形式溶解于

FeO-Fe$_2$O$_3$-SiO$_2$-Al$_2$O$_3$ 系渣[1,31]，在高氧势下渣中 Sn 为 SnO$_2$[20]。对于 FeO$_x$-CaO-SiO$_2$ 系渣，在 1300℃和 10^{-12}～10^{-9}atm 的氧势下，渣中 Sn 以 SnO 存在[33]。在 1227℃的温度下，CaF$_2$-CaO-MgO- SiO$_2$ 系渣与纯铜或铜基合金铜平衡，证实 Sn 在高氧势下以 SnO$_2$ 存在[32]。在 1600℃下 CaO-Al$_2$O$_3$-SiO$_2$ 渣中的 Sn 溶解度在低氧势下（P_{O_2}=10$^{-19.5}$～10$^{-15.5}$atm）与氧势无关。然而，在高氧势条件下，渣中的锡氧化物溶解，随着氧势的升高而增加[34]。

SnO 在不同组成的渣中活度系数总结列于表 13.3。钙铁氧体渣和铁硅酸盐渣具有相近的活度系数，FeO$_x$-CaO-SiO$_2$ 系渣中 SnO 活度系数明显低于钙铁氧体渣和铁硅酸盐渣[33]，且随着 CaO 含量的增加而增加[31]。这是 FeO$_x$-CaO-SiO$_2$ 系渣的 Sn 分配系数低于其他渣的主要原因。

表 13.3　不同渣型氧化锡（SnO）活度系数

渣型	氧势 P_{O_2}/atm	温度/℃	活度系数 γ_{SnO}
铁硅酸盐渣	10^{-11}～10^{-6}	1200, 1300	1.9±0.3[31] 0.8±0.1[31]
	10^{-9}	1250	1.5[1]
	10^{-12}～10^{-9}	1300	1.8[11]
铁钙硅渣	10^{-9}	1250	0.9[1]
	10^{-12}～10^{-9}	1300	1.2[11]
钙铁氧体渣	10^{-12}～10^{-9}	1300	5～6.2[33]
	10^{-12}～10$^{-8.5}$	1300	0.9～3[32]

Sn 在低氧势下还原熔炼，富集在金属相中，渣-铜分配系数低于 0.1。而在氧化条件下，如铜吹炼工艺中，分配系数大于 1，锡主要分配在渣中。渣组成对 Sn 的分配系数影响较大，钙铁渣中 Sn 的溶解度高于铁硅渣和铁钙硅渣，铁钙硅渣中溶解度低于前面两种渣型。

13.1.6　Ni、Co 和 Cr 在渣中溶解及分配

金属铜合金与 SiO$_2$ 饱和 Fe-O-SiO$_2$ 渣平衡状态下，铜-渣之间的 Fe、Ni、Co 和 Cu 的分配系数（$L_M^{c/s}$）如图 13.25 所示。由图可知，分配系数随着氧势的升高而降低，即氧势升高使更多的金属溶解于渣。Ni 的分配系数与 Cu 呈类似趋势，在氧势为 P_{O_2}=10^{-8}～10^{-6}atm 时其值在 10～1。Co 的分配系数与 Fe 类似，在 P_{O_2}>10^{-8}atm 时，其值低于 0.1。在相同氧势下，分配系数的大小次序是 Cu>Ni>Co>Fe。温度升高有利于提高分配系数（$L_M^{c/s}$），尤其是对于 Ni、Co 和 Fe，温度的影响明显。

图 13.26 表示 CaO-"Cu$_2$O"- "Fe$_2$O$_3$"-SiO$_2$ 渣和铜平衡状态下 Ni 的分配系数（$L_{Ni}^{s/c}$）与氧势（P_{O_2}）的关系，数据来自不同实验室。图中数据表明，铁硅酸盐渣中的 CaO 含量对 Ni 的分配系数影响不明显。数据以 lg $L_{Ni}^{s/c}$ 对 lgP_{O_2} 作图，表现出斜率为 0.5 的线性关系，从而确认 Ni 氧化为 NiO 溶解于渣中。图 13.26 中的 Ni 的分配系数与图 13.25 中的数据

基本一致。Ni 的分配系数（$L_M^{s/c}$）小于 1，在吹炼或熔炼过程中，Ni 主要富集在铜相中。

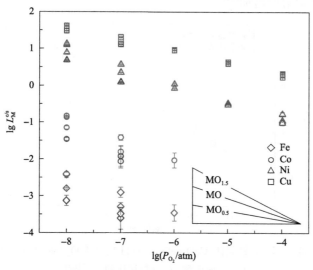

图 13.25　不同温度下金属铜合金和二氧化硅饱和 Fe-O-SiO$_2$ 渣平衡状态下，铜-渣之间的 Fe、Co、Ni 和 Cu 的分配系数（$L_M^{c/s}$）与氧势的关系[35]（1250～1350℃）

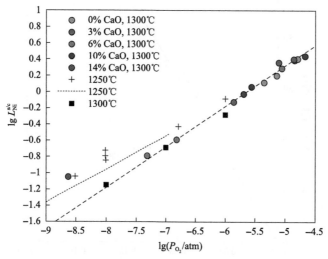

图 13.26　铜和 CaO-"Cu$_2$O"-"Fe$_2$O$_3$"-SiO$_2$ 渣平衡状态下，镍分配系数（$L_{Ni}^{s/c}$）与氧势（P_{O_2}）的关系[1,36-38]

液态铜与钙铁氧体（CaO-FeO$_x$）渣或铁硅酸盐（SiO$_2$-FeO$_x$）渣平衡状态下，渣-铜之间的 Co 分配系数（$L_{Co}^{s/c}$）如图 13.27 所示，Co 的分配系数随着氧势升高而增加，氧势等于 10^{-8}atm 时，Co 的分配系数约为 10，大部分 Co 进入渣中。渣型对 Co 分配系数的影响不明显。图 13.28[39] 表明在 1250℃下铜钴合金与 Cu$_2$O-SiO$_2$ 渣平衡状态下 Co 的溶解度，合金中 Co 溶解度在 0.04%～0.10%范围，对应渣中的溶解度在 10%～40%，分配系数 $L_{Co}^{s/c}$ 等于 400±50；明显高于铁硅酸盐及其他含铁的渣系。温度在 1200～1300℃，铜钴合金与

Cu₂O-CoO-SiO₂ 渣平衡状态下 Co 的分配系数随着温度的降低而增加，渣中 Cu_2O/SiO_2 比增加也导致渣中钴溶解度增加[40]。

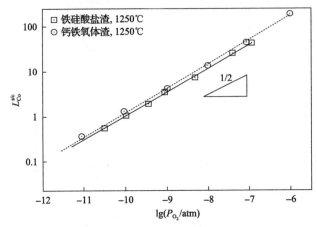

图 13.27 液态铜与钙铁氧体(CaO-FeOₓ)或铁硅酸盐(SiO₂-FeOₓ)渣平衡状态下，
Co 分配系数($L_{Co}^{s/c}$)与氧势的关系[1,3]

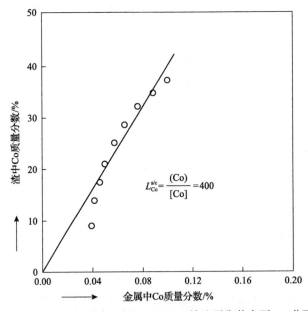

图 13.28 1250℃铜钴合金与 Cu₂O-SiO₂ 熔渣平衡状态下 Co 分配[39]

在温度 1350℃和氧势 $10^{-10} \sim 10^{-8}$atm 条件下，铜钴合金与 Al₂O₃-FeO-Fe₂O₃-SiO₂ 平衡时渣中氧化钴的活度系数(γ_{CoO})随着氧势的降低或钴溶解度的增加而增加[41]。SiO₂ 饱和橄榄石渣中氧化钴活度系数与钴溶解度关系如下式所示[42]：

$$\gamma_{CoO} = 1.94 + 0.123w(Co) \tag{13.1}$$

在 1200℃和 $10^{-10} \sim 10^{-9}$atm 的氧势下，铁硅酸盐渣(FeOₓ-SiO₂)中氧化钴的活度系数(γ_{CoO})

随着渣中 SiO_2 含量的增加而降低,添加氧化铝、氧化镁和氧化钙使氧化钴活度系数升高[43]。钙铁氧体渣中添加 SiO_2,由于 CaO 和 SiO_2 之间的相互作用,从而降低 CoO 和 CaO 之间的相互作用,导致渣中 CoO 活度系数(γ_{CoO})降低[44,45]。

图 13.29 为 1300℃和 $P_{O_2}=2.95\times10^{-7}$atm 条件下铁钙硅渣中 CoO、FeO 和 Fe_2O_3 活度与渣中 SiO_2 含量的关系,渣 CoO 质量分数约为 2.5%。图中数据表明渣中 FeO 和 Fe_2O_3 的活度随着 SiO_2 的增加明显升高,在 SiO_2 含量大于 4%时,FeO 和 Fe_2O_3 活度分别在 0.42 和 0.17 左右,渣中 SiO_2 含量对 CoO 活度的影响很小,CoO 的活度在 0.06 左右。

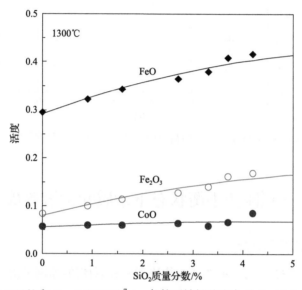

图 13.29 在 1300℃和 $P_{O_2}=2.95\times10^{-7}$atm 条件下铁钙硅渣中 CoO、FeO 和 Fe_2O_3 活度与渣 SiO_2 含量的关系[29,45]

标准状态是纯固体 CoO、FeO 和 Fe_2O_3

上述分析表明,Co 在渣中的溶解主要取决于体系的氧势,炉渣组成的作用不明显。Co 在铜吹炼条件下基本富集于炉渣中,只能从炉渣贫化中通过还原回收。

图 13.30 表示 1300℃下铁硅酸盐渣中 Cr 的溶解度与氧势的关系。铁硅酸盐渣中 Cr 的溶解度显然与氧势有关,高氧势下溶解度约为 0.15%,在 1300℃还原条件下($P_{O_2}=10^{-10}$atm),溶解度增加到约 0.3%。添加石灰,Cr 的溶解度略有增加。图 13.30 包括 1bar、1300℃时富二氧化硅、贫铁玄武岩的实验数据[47](图中暗色三角),天然无硫玄武岩含有 10%~15%的氧化铝和 6%~16%的氧化镁,$Fe/SiO_2\approx0.2$,玄武岩中 Cr 的溶解度在高氧势下,稍低于铁硅酸盐渣中的溶解度,在低氧势下,两者数据接近相同。

铁硅酸盐渣中 Cr 溶解度表明,铜资源二次回收工艺需限制使用富 Cr 不锈钢原料。当熔渣中 Cr 质量分数超过 0.1%~0.3%时,将产生固体铬铁尖晶石沉淀。固体铬铁尖晶石沉淀物的密度比熔渣高,但密度小于金属(或硫化物冰铜),会其在炉内积聚,导致熔池有效体积减小。尤其是在渣/金属之间生成隔层,阻碍渣/金属澄清分离。

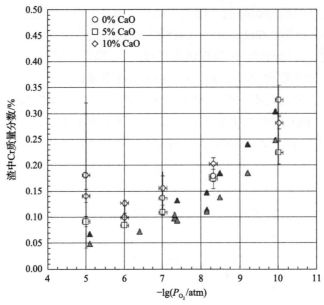

图 13.30　1300℃，铁硅酸盐渣中 Cr 的溶解度与氧势的关系[46,47]

13.2　冰铜-渣平衡状态下杂质元素溶解及分配

13.2.1　As 在渣中溶解及分配

图 13.31 和图 13.32 分别表示铁硅酸盐渣和钙铁氧体渣-冰铜平衡状态下 As 的分配系

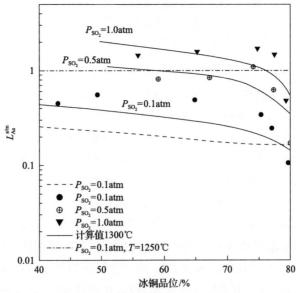

图 13.31　1250℃和 1300℃，铁硅酸盐渣与冰铜平衡状态下，As 的分配系数（$L_{As}^{s/m}$）与冰铜品位的关系[48-51]

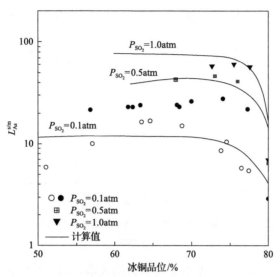

图 13.32　1250℃钙铁氧体渣与冰铜平衡状态下，As 的分配系数（$L_{As}^{s/m}$）与冰铜品位的关系[48-50]

数（$L_{As}^{s/m}$）与冰铜品位的关系，数据来自不同实验室。由图可知，总体上 As 的分配系数（$L_{As}^{s/m}$）随着冰铜品位的升高而降低，对于铁硅酸盐渣，冰铜品位低于 70%，其变化不显著，冰铜品位高于 70%，As 分配系数明显降低；对于钙铁氧体渣，冰铜品位在 75%以下，分配系数基本保持恒定，高于 75%时分配系数显著降低。总体上 As 趋于进入高品位冰铜，原因如下：其一，随着冰铜品位升高，As 在冰铜中的活度系数降低；其二，高品位冰铜对 As 有较高的亲和力。钙铁氧体渣的分配系数比铁硅酸盐渣高 1～2 数量级，原因是钙铁氧体渣的 As 活度系数比硅酸盐渣低。两种渣型情况下 As 分配系数随着 SO₂ 分压（P_{SO_2}）和温度的升高而增加。

图 13.33 为铁硅酸盐渣和冰铜之间的 As 分配系数（$L_{As}^{s/m}$）与氧势的关系，$\lg L_{As}^{s/m}$ -$\lg P_{O_2}$ 的关系直线斜率大约为 3/4，表示 As 在渣中溶解发生在 As³⁺状态。图 13.34 为不同 P_{SO_2} 下钙铁氧体渣-冰铜之间 As 分配系数（$L_{As}^{s/m}$）与渣中 CaO 成分的关系，分配系数随着渣中 CaO 含量的增加而增加，P_{SO_2} 升高使分配系数提高。

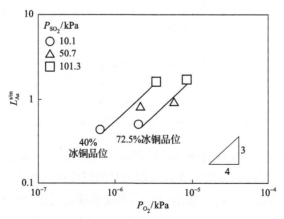

图 13.33　1330℃铁硅酸盐渣和冰铜之间的 As 分配系数与氧势的关系[49]

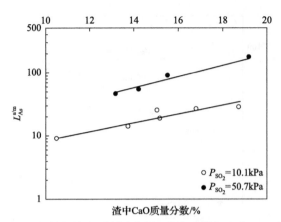

图 13.34　1250℃，钙铁氧体渣-冰铜之间 As 分配系数与渣中 CaO 成分的关系[52]
70%冰铜品位

图 13.35 表示渣中 $AsO_{1.5}$ 活度系数与氧势的关系。图中数据表明，渣中 $AsO_{1.5}$ 活度系数（$\gamma_{AsO_{1.5}}$）随着氧势的升高而增加。钙铁氧体渣的 As 活度系数比硅酸盐渣低一个数量级，钙铁氧体渣有利于 As 在渣中的溶解。$AsO_{1.5}$ 被认为是一种酸性氧化物，因此与酸性 SiO_2 饱和硅酸盐渣有微弱的相互作用。添加石灰会使渣的酸性降低，SiO_2 和 $AsO_{1.5}$ 的相互作用更强，从而降低渣中 $AsO_{1.5}$ 的活度系数。渣中 CaO 成分的增加可以提高熔炼渣中 As 的去除率。

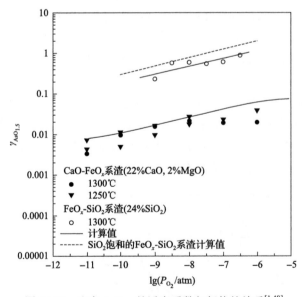

图 13.35　渣中 $AsO_{1.5}$ 的活度系数与氧势的关系[1,48]

图 13.36 总结了熔池冶炼和闪速熔炼过程中 As 在炉渣和冰铜之间的分配系数（$L_{As}^{s/m}$）与冰铜品位的关系。工厂数据分散包含着冰铜和炉渣反应中一些影响 As 分配的过程变量的变化，以及在测定低砷含量时可能出现的误差或不确定因素。图 13.36[52-57]中曲线代表诺兰达工艺熔炼过程（FeO_x-25%SiO_2，P_{SO_2}=0.2atm，1250℃）下的计算平衡状态下 As 分

配系数($L_{As}^{s/m}$)。从图中可以看出，工厂数据大多低于平衡曲线，说明工艺过程冰铜相和炉渣相接近但未达到平衡。值得注意的是，奥托昆普闪速熔炼工艺的分配系数数据低于熔池熔炼工艺。原因是在冶炼过程中，由于过程动力学的原因，气相-冰铜-渣反应存在一定的平衡偏离；此外，As 在冰铜和炉渣中的行为工厂数据是根据炉渣/冰铜体积和 As含量计算的，对冰铜和炉渣中 As 含量的低估主要是气体中 As 的含量被高估。As 在气相中的去除率随熔炼最终冰铜品位的提高而下降，工业报告证实了这一趋势。低氧势及冰铜品位的反射炉具有比较高的分配系数，其值为 1~2，PS 转炉吹炼造渣期的分配系数明显低于熔炼工艺，其值在 0.3 左右[53,55,57]。

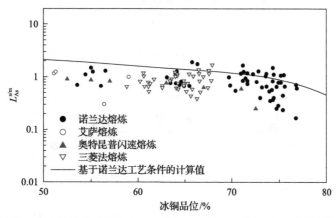

图 13.36　铜冶炼过程中炉渣和冰铜之间 As 的分配系数工业数据及预测计算结果的比较[52-57]

渣的 As 容量($C_{AsO_4^{3-}}$)定义为

$$(C_{AsO_4^{3-}}) = w(AsO_4^{3-})/(\{a_{As}\}\,P_{O_2}^{5/4}) \tag{13.2}$$

式中，$w(AsO_4^{3-})$ 为渣中 AsO_4^{3-} 质量分数；a_{As} 为 As 在冰铜中的活度；P_{O_2} 为氧势。分配系数($L_{As}^{s/m}$)与 As 容量($C_{AsO_4^{3-}}$)之间关系表达式为

$$(C_{AsO_4^{3-}}) = (L_{As}^{s/m}\,M_{AsO_4^{3-}}\,\{n_T\})/(\gamma_{As}\,P_{O_2}^{5/4}) \tag{13.3}$$

式中，γ_{As} 为 As 在冰铜中的活度系数；$M_{AsO_4^{3-}}$ 为 AsO_4^{3-} 的离子质量；n_T 为 100g 冰铜总摩尔数。

　　图 13.37 表示 1300℃时 FeO-FeO$_{1.5}$-CuO$_{0.5}$-MgO-SiO$_2$ 系渣的砷酸盐容量与渣中 FeO摩尔分数的关系，砷酸盐容量随着渣中 FeO 含量增加而增加。同样，渣系的砷酸盐容量与冰铜品位关系如图 13.38 所示，类似于分配系数($L_{As}^{s/m}$)，在冰铜品位低于 70%的条件下，冰铜品位的作用不明显，冰铜品位高于 70%时，砷酸盐容量随着冰铜品位增加而降低。

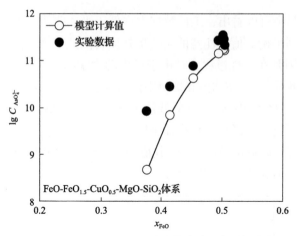

图 13.37　1300℃下，FeO-FeO$_{1.5}$-CuO$_{0.5}$-MgO-SiO$_2$ 系渣的砷酸盐容量与渣中 FeO 的摩尔分数的关系[58]
渣中 x_{MgO}=0.08

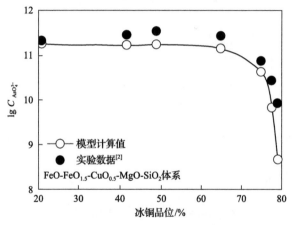

图 13.38　1300℃，FeO-FeO$_{1.5}$-CuO$_{0.5}$-MgO-SiO$_2$ 系渣的砷酸盐容量与冰铜品位的关系[58]
渣中 x_{MgO}=0.08

13.2.2　Sb 在渣中溶解及分配

图 13.39 表示不同品位的冰铜与硅饱和铁硅酸盐渣平衡状态下 Sb 分配系数（$L_{Sb}^{m/s}$）与氧势的关系。从图中数据观察到，尽管数据有一些分散，而在低氧势（lgP_{O_2}= −11.5～ −10）下，分配系数几乎为常数，平均值约为 50。氧势高于 10^{-10}atm，Sb 分配系数（$L_{Sb}^{m/s}$）随着氧势的升高而降低。高氧势下图中趋势线的斜率约为 0.5，说明 Sb 以 SbO 溶解在渣中，然而，化合物形成的吉布斯自由能表明，SbO 只作为气体存在，最稳定化合物为 SbO$_{1.5}$，即 Sb^{3+}。

图 13.40 表示在 1300℃的铁硅酸盐渣和冰铜平衡状态下 Sb 的分配系数（$L_{Sb}^{m/s}$）与冰铜品位的关系。图中数据比较分散，但可以看出分配系数随冰铜品位变化的趋势。冰铜品位低于 70%，对分配系数的影响较小，其值稍有升高，几乎为常数。冰铜品位高于 70%，分配系数随着冰铜品位升高明显降低。分配系数从 70% 冰铜品位的 0.4 下降到 80% 冰铜

品位的 0.1。分配系数随着 SO_2 分压的升高而增加，这是因为在冰铜品位一定的情况下，增加 SO_2 分压导致氧势增加，致使更多 Sb 被氧化进入渣相。

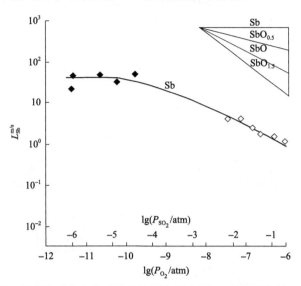

图 13.39　在 1300℃，冰铜与硅饱和铁硅酸盐渣平衡状态下 Sb 分配系数（$L_{Sb}^{m/s}$）与氧势的关系[59]

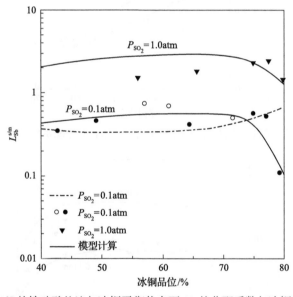

图 13.40　在 1300℃的铁硅酸盐渣与冰铜平衡状态下 Sb 的分配系数与冰铜品位的关系[49,60-63]

添加剂对冰铜与 SiO_2 饱和铁硅酸盐渣之间的 Sb 分配系数（$L_{Sb}^{m/s}$）的影响如图 13.41 所示。图中数据分散，但趋势线表明渣中添加 Al_2O_3 和 MaO 可以降低 Sb 的分配系数，尤其是在低品位冰铜情况下，其作用更加明显。然而，添加 CaO 的作用不明显。图 13.42 表示在 1300℃钙铁氧体渣与冰铜平衡状态下 Sb 的分配系数（$L_{Sb}^{m/s}$）与冰铜品位的关系，变化趋势类似于铁硅酸盐渣，冰铜品位低于约 75% 时，分配分配系数随着冰铜品位升高稍有增加，但变化范围小；品位高于 70% 时，分配系数随着冰铜品位升高明显降低。钙

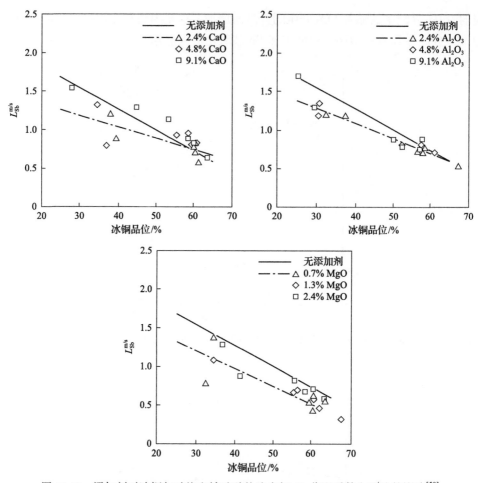

图 13.41   添加剂对冰铜与硅饱和铁硅酸盐渣之间 Sb 分配系数（$L_{Sb}^{m/s}$）的影响[59]

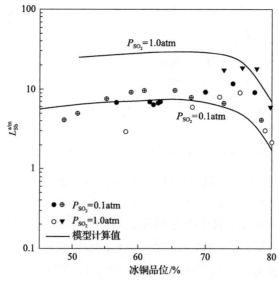

图 13.42   在 1300℃钙铁氧体渣与冰铜平衡状态下 Sb 的分配系数与冰铜品位的关系[9,50,51,62,63]

铁氧体渣的分配系数比铁硅酸盐渣高约一个数量级。在冰铜品位一定的情况下，分配系数随着 SO$_2$ 分压升高而增加。图 13.43 为钙铁氧体渣-冰铜之间 Sb 分配系数与渣中 CaO 成分的关系[51]，在图中的 CaO 含量范围内，Sb 分配系数随着渣中 CaO 增加而增加。

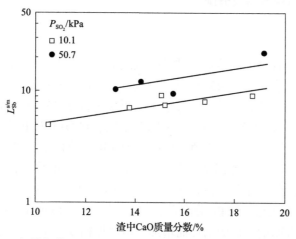

图 13.43　钙铁氧体渣-冰铜之间 Sb 分配系数与渣中 CaO 成分的关系[52]

1250℃，70%冰铜品位

图 13.44 总结了熔池冶炼工艺和闪速冶炼工艺中渣-冰铜之间 Sb 分配系数的工业数据。图中曲线是根据诺兰达熔炼工艺运行条件得到的计算值。点状曲线是三菱吹炼工艺运行条件下含 17.8%CaO 钙铁渣的计算结果。工厂数据分散是由于实际操作条件变化，以及冰铜或渣中 Sb 含量的分析误差及取样的不确定性。三菱熔炼工艺产出高品位冰铜，分配系数高于其他工艺，其值高于 1；三菱熔炼工艺渣分配系数略高于诺兰达工艺，艾萨熔炼渣的分配系数与诺兰达熔炼渣相近，其值在 1 左右。反射炉生产低品位冰铜，其

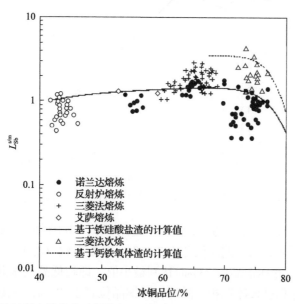

图 13.44　铜冶炼过程中炉渣和冰铜之间 Sb 的分配系数、工业数据及预测比较[53,54,56,61,63]

分配系数低于 1。三菱吹炼操作的分配系数明显高于熔炼工艺，最高值达到 3。闪速炉渣的分配系数在 1 左右[53,55]。

13.2.3 Pb、Bi 在渣中溶解及分配

1. Pb 在渣中溶解及分配

低氧势的铁和铜合金饱和冰铜与铁硅酸盐渣平衡状态下，冰铜-渣之间 Pb 的分配系数（$L_{Pb}^{m/s}$）与氧势的关系如图 13.45 所示[64,65]，金属饱和度下冰铜和渣之间的 Pb 分配系数在冰铜品位为 45% 时呈现最大值，约等于 15，低于和高于 45% 的冰铜品位，分配系数随着冰铜品位的升高增加和降低。Pb 在渣中以氧化物（PbO）和硫化物（PbS）溶解，以此解释 $L_{Pb}^{m/s}$ 与冰铜品位关系中存在最大值，可以认为冰铜品位低于 45% 时 $L_{Pb}^{m/s}$ 的上升趋势归因于渣中的硫化溶解减少，冰铜品位为 45%～80% 时分配系数（$L_{Pb}^{m/s}$）的降低为是由于渣中氧化溶解的增加。在相对高氧势下（10^{-6}～10^{-5}kPa），冰铜与含 5%～10%MgO 二氧化硅饱和铁硅酸盐渣平衡状态下的 Pb 分配系数（$L_{Pb}^{m/s}$）如图 13.46 所示。图中数据表明，分配系数（$L_{Pb}^{m/s}$）的值随着冰铜品位的增加而增加，但增加幅度较小，尤其是在高 P_{SO_2} 下冰铜品位的影响更小。在给定冰铜品位下，分配系数（$L_{Pb}^{m/s}$）值随 P_{SO_2} 的增加而降低。Pb 的分配系数在 2～5 的范围，表明 Pb 在冰铜品位低于 60% 的情况下主要富集在冰铜。在 1180℃，$P_{O_2}=10^{-8.65}$atm 和 $P_{SO_2}=0.28$atm（对应约 60% 的冰铜品位），铁硅酸盐渣-冰铜之间 Pb 分配系数（$L_{Pb}^{s/m}$）为 0.4，$\lg L_{Pb}^{m/s}$ 与 $\lg P_{O_2}$ 之间关系线斜率可以推测铅氧化物在渣中价态，表明渣中 Pb 主要以 PbO 形式存在[66]。

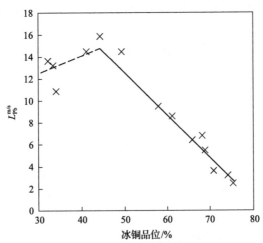

图 13.45　1300℃冰铜和 SiO₂ 饱和硅酸铁渣平衡状态下的 Pb 分配系数（$L_{Pb}^{m/s}$）与冰铜品位的关系[64,65]

1250℃及不同 P_{SO_2} 条件下钙铁氧体渣-冰铜平衡时 Pb 的分配系数（$L_{Pb}^{s/m}$）与冰铜品位的关系如图 13.47 所示，当冰铜品位低于 73% 时，分配系数（$L_{Pb}^{s/m}$）小于 0.1 且随冰铜品位的升高呈下降趋势，在冰铜品位 73% 时达到最小值，即较低品位冰铜条件下，杂质元素 Pb 随冰铜品位的升高进入冰铜相。随后，冰铜品位高于 73%，分配系数急剧升高，即 Pb 由冰铜相开始向渣相转移。当冰铜品位升高至 80%，分配系数（$L_{Pb}^{s/m}$）达到 1 时，Pb 在

渣-冰铜两相间的分配大致相等。Pb 在渣-冰铜相间的分配受 P_{SO_2} 影响，高 P_{SO_2} 促进 Pb 分配于渣相中，此影响趋势在高冰铜品位条件下更为明显。

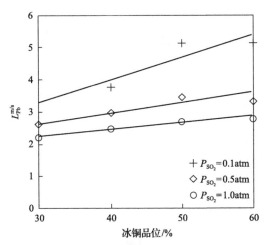

图 13.46　1300℃，不同二氧化硫分压力下，Pb 在冰铜-铁硅酸盐渣之间分配系数（$L_{Pb}^{m/s}$）与冰铜品位的关系[49,52]

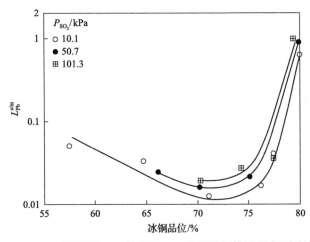

图 13.47　1250℃及不同 P_{SO_2} 条件下，Pb 在钙铁氧体渣-冰铜平衡状态下分配系数（$L_{Pb}^{s/m}$）与冰铜品位的关系[52]

2. Bi 在渣中溶解及分配

图 13.48 表示 1300℃，不同 P_{SO_2} 的冰铜-铁硅酸盐渣平衡状态下 Bi 的分配系数（$L_{Bi}^{m/s}$）与冰铜品位的关系。由图可知，冰铜品位对 Bi 的分配系数影响较小，其值随冰铜品位稍有增加，分配系数随 P_{SO_2} 升高而降低。在图中的冰铜品位范围，分配系数为 1.5~3.0，说明 Bi 主要富集在冰铜相。图 13.49 为在 1300℃下硅酸盐渣和冰铜之间 Bi 的分配系数（$L_{Bi}^{s/m}$）与氧势的关系，图中 $\lg L_{Bi}^{s/m}$-$\lg P_{O_2}$ 的斜率约为 0.4。渣中 Bi 溶解状态得出了两个可能的结论，考虑到实验误差，斜率接近 1/2 表明 Bi 以 BiO 的形式溶解于渣中，斜率 0.4 表示以

金属和二价氧化状态溶解。化合物形成的自由能量表明，在 1300℃，Bi 可以 Bi^{2+} 和 Bi^{3+} 状态存在，而 Bi^{3+} 状态稍稳定。渣中氧化物主要存在于 Bi^{3+} 状态。

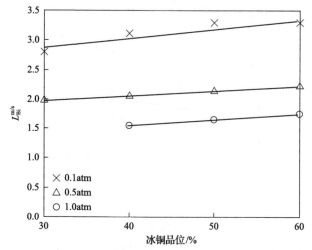

图 13.48　1300℃，不同 P_{SO_2} 时，冰铜和铁硅酸盐渣之间的 Bi 分配系数与冰铜品位的关系[49,52]

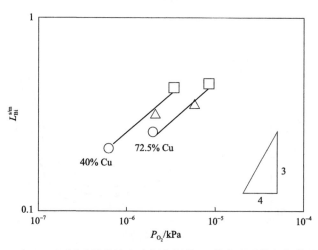

图 13.49　在 1300℃下硅酸盐渣和冰铜之间的 Bi 的分配系数与氧势的关系[49]

　　1250℃和不同 P_{SO_2} 条件下，钙铁氧体渣-冰铜平衡状态下 Bi 的分配系数 ($L_{Bi}^{s/m}$) 与冰铜品位的关系如图 13.50 所示。当冰铜品位低于约 75%时，分配系数小于 0.1，且分配系数随冰铜品位有少许降低，即低品位冰铜条件下，Bi 在渣-冰铜之间的分配保持稳定；随后，更高的冰铜品位使 Bi 的分配系数显著升高，当冰铜品位升高至 80%时，$L_{Bi}^{s/m}$ 增大为 0.5。图 13.51 为钙铁氧体渣-冰铜平衡状态下 Bi 分配系数与渣中 CaO 成分的关系。图中数据表明，渣中的 CaO 含量对分配系数几乎没有影响。

　　虽然 Bi 与 As、Sb 均处于元素周期表的 Vb 族，但其分配行为却大为不同。Bi 分配不同于 As、Sb。Bi 在铜冶炼工艺中行为更类似于 Pb。

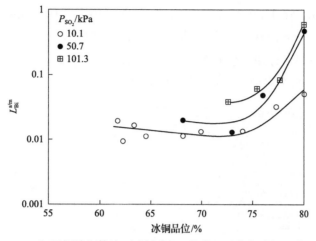

图 13.50　1250℃下钙铁氧体渣-冰铜之间 Bi 的分配系数与冰铜品位的关系[52]

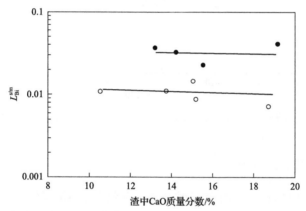

图 13.51　钙铁氧体渣-冰铜平衡状态下 Bi 分配系数与渣中 CaO 成分的关系[52]

1250℃，P_{SO_2}=10.1～50.7kPa，冰铜品位 70%

13.2.4　Cd、Zn 在渣中溶解及分配

迄今为止，还没有针对铜冶炼工艺中 Cd 的分配行为开展过实验研究。在奥托昆普闪速熔炼操作条件下（1230℃，P_{SO_2}=0.29atm 和 65%冰铜品位），观测的 Cd 分配系数（$L_{Cd}^{m/s}$）的值为 3.4[64]，须注意 Cd 是一种易挥发的金属，大部分 Cd 进入气相。与 Cd 类似，Zn 是一种挥发性金属，铜冶炼操作条件下主要分布于气相。Zn 在冰铜-渣之间分配不被关注，工业数据表明分配系数（$L_{Zn}^{m/s}$）在 0.08～0.3[64]，主要分配于炉渣中。在奥托昆普闪炉熔炼操作条件下（1230℃，P_{SO_2}=0.29atm 和 65%冰铜品位），Zn 的分配系数（$L_{Zn}^{m/s}$）是 0.3[64,65]。在诺兰达工艺中（1200℃，75%冰铜品位），Zn 的分配系数（$L_{Zn}^{m/s}$）值为 0.08[66]，低于奥托昆普闪速炉的 4 倍，即工艺中 Zn 进入渣中。

图 13.52 表示不同条件下渣与冰铜或金属之间 Zn 的分配系数（$L_{Zn}^{s/m}$）与氧分压的关系，总体上分配系数随着氧势的升高而增加。氧势（P_{O_2}）在 10^{-12}～10^{-5}atm 范围，渣-铜金属分

配系数为 0.5~100。在 1180℃、P_{SO_2}=0.2atm 和 P_{O_2}=10⁻⁸·⁷~10⁻⁸·⁶atm 平衡状态下，对应约 60%的冰铜品位，Zn 在铁硅酸盐渣-冰铜之间分配系数为 2~10[67]，图中包括艾萨(Isa)熔炼工艺的工业数据，分配系数值在 3 左右。分配系数随温度的降低而增加。lg $L_{Zn}^{s/m}$ 与 lgP_{O_2} 之间关系线的斜率对应于 Zn 的氧化状态为 ZnO。

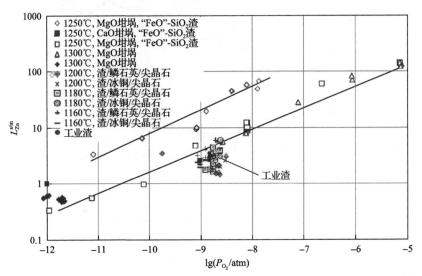

图 13.52 不同条件下渣与冰铜或金属之间 Zn 的分配系数与氧分压的关系[1,64,67,68]

13.2.5 Sn 在渣中溶解及分配

图 13.53 表示 1250℃下冰铜-铁硅酸盐渣平衡状态下 Sn 的分配系数($L_{Sn}^{m/s}$)与冰铜品位的关系。可以看出，Sn 的分配系数明显随着冰铜品位的升高而降低。升高 P_{SO_2} 可降低分配系数，基于趋势线的观察，P_{SO_2}=0.05atm 和 0.2atm，分配系数相差约 0.3，当冰铜品位低于 50%时，分配系数大于 1。图 13.54 表示 1300℃下冰铜和不同成分铁硅酸盐渣之

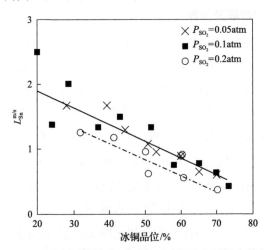

图 13.53 1250℃下，冰铜-铁硅酸盐渣之间的 Sn 的分配系数与冰铜品位的关系[69]

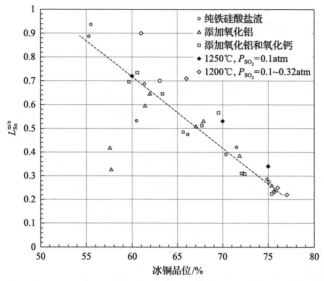

图 13.54 1300℃下，冰铜和不同成分铁硅酸盐渣之间的 Sn 分配系数与冰铜品位的关系[70-74]

间 Sn 的分配系数（$L_{Sn}^{m/s}$）与冰铜品位的关系。图中数据分散，趋势表明分配系数随着冰铜品位升高而降低，冰铜品位为 55%时，分配系数（$L_{Sn}^{m/s}$）略低于 1，但在冰铜品位为 75%时，其值约为 0.3。炉渣成分对 Sn 的分配系数影响不明显。

图 13.55 为热力学模拟计算的 1300℃时渣-冰铜之间 Sn 的分配系数（$L_{Sn}^{m/s}$）与冰铜的品位关系，图中包括铁硅酸盐渣和钙铁氧体渣的数据，钙铁氧体渣的 Sn 分配系数比铁硅酸盐渣高 2～6 倍，两者差别随着冰铜品位的升高而降低，计算的分配系数（$L_{Sn}^{m/s}$）低于图 13.52 和图 13.53 的实验测量数据。

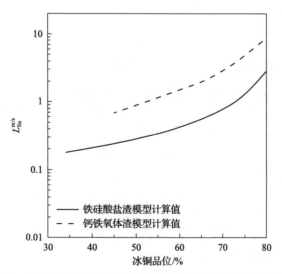

图 13.55 1300℃时渣-冰铜之间 Sn 的分配系数与冰铜品位关系[72,73]

13.2.6 Ni、Co 在渣中溶解及分配

1. Ni 在渣中溶解及分配

图 13.56 表示 1300℃下冰铜-硅饱和硅酸铁渣平衡状态下 Ni 的分配系数($L_{Ni}^{m/s}$)与氧势的关系，图中填充的数据点表示低氧势的实验数据，未填充的数据点为对应于图中不同氧势的二氧化硫分压下的实验数据。图中数据表明 Ni 的分配系数随着氧势的提高而线性下降，其值从低氧势 $\lg P_{O_2}=-11$ 的约 100 降低到 $\lg P_{O_2}=-7$ 的 1 左右。$\lg L_{Ni}^{m/s}$-$\lg P_{O_2}$ 的趋势线在高氧势下显示的斜率约为 0.5，表示渣中 Ni 以 Ni^{2+} 状态溶解。冰铜和渣之间的 Ni 分配系数($L_{Ni}^{m/s}$)工业数据列于表 13.4，在强化熔池熔炼工艺中(诺兰达和艾萨)，分配系数随着冰铜品位的升高而降低。反射炉的分配系数与冰铜品位的关系不明显。由于工业实际操作可能未达到平衡状态，工业数据与平衡状态的数据存在差距。图 13.57 为诺兰达熔炼冰铜工艺条件下，模拟计算温度和冰铜品位对冰铜-渣之间 Ni 分配系数($L_{Ni}^{m/s}$)的影响，分配系数随着冰铜品位升高而降低，温度升高使分配系数降低。冰铜品位从 60% 升高 75%，分配系数从约 23 降低至 8，显然高于表 13.4 中的数据。

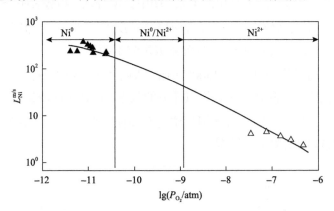

图 13.56 1300℃，冰铜-硅饱和硅酸铁渣平衡时 Ni 分配系数($L_{Ni}^{m/s}$)与氧势的关系[75]

表 13.4 冰铜和渣之间的 Ni 分配系数工业数据[75,76]

工艺	冰铜品位/%	$L_{Ni}^{m/s}$
诺兰达	75	1.0
	70	4.5
艾萨(ISA)	56.9	14.6
反射炉	52	8.9
	41	2.6

2. Co 在渣中溶解及分配

Co 在镍铜冰铜和渣之间的分配为冰铜品位、渣组成、温度和氧势的函数。图 13.58 为 1300℃下冰铜-硅饱和硅酸铁渣平衡状态下的 Co 分配系数($L_{Co}^{m/s}$)与氧势的关系，填充点

为低氧势下的数据，未填充点为对应于高氧势的不同 SO_2 分压测试的数据。如图 13.58 所示，Co 的分配系数随着氧势的升高而降低，即冰铜中更多 Co 氧化进入渣中。低氧势下的数据与高氧势下数据拟合的趋势线表明 Co 在渣中以单一氧化状态溶解。$\lg L_{Co}^{m/s}$-$\lg P_{O_2}$ 趋势线斜率度为 0.5，可以认为 Co 溶解的形式为 Co^{2+}。比较图 13.56 中的 Ni 的分配系数，Co 的分配系数低于 1 个数量级，在熔炼操作条件下，Ni 大部分留在冰铜，而 Co 则基本上进入炉渣。

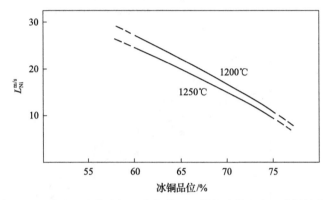

图 13.57　诺兰达熔炼冰铜工艺条件下，模拟计算温度和冰铜品位对
冰铜-渣之间的 Ni 分配系数（$L_{Ni}^{m/s}$）的影响[77]

渣成分：25%Cu，30%Fe，30SiO_2，5%Zn，1% Pb

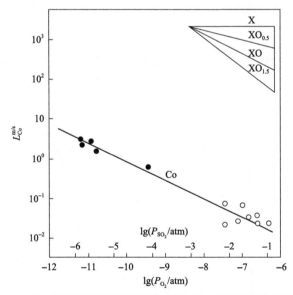

图 13.58　1300℃，冰铜-硅饱和硅酸铁渣平衡时 Co 分配系数与氧势的关系[75]

1250℃和 1300℃平衡状态下，冰铜与不同成分的 SiO_2 饱和铁硅酸盐渣之间的 Co 分配系数（$L_{Co}^{m/s}$）与冰铜品位的关系如图 13.59 所示，图中包括单独添加 8%CaO、10%Al_2O_3 和 6%MgO 的数据。数据表明，Co 分配系数（$L_{Co}^{m/s}$）随着冰铜品位升高几乎线性降低。添

加 CaO，分配系数大幅度增加，添加 Al_2O_3 和 MgO 也有利于提高分配系数，但增加幅度没有添加 CaO 明显。添加这些碱性氧化物降低了渣中 Co 的溶解度，是由于硅酸铁熔体中加入碱氧化物，导致 SiO_2 网络结构解离。因此，碱氧化物的添加会引入 Co^{2+} 和 Ca^{2+}、Mg^{2+} 或 Al^{3+} 之间对熔渣结构内位置的竞争，从而降低渣中 Co 的溶解度。温度的升高有利于提高分配系数。

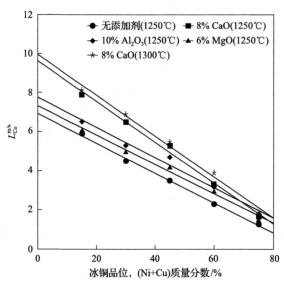

图 13.59 1250℃和 1300℃平衡状态下，冰铜-不同成分 SiO_2 饱和铁硅酸盐渣之间 Co 分配系数与冰铜品位的关系[78]

图 13.60 表示在 1250℃和 $P_{O_2}=10^{-8}$ atm 条件下冰铜-钙铁氧体渣平衡时 Co 的分配系

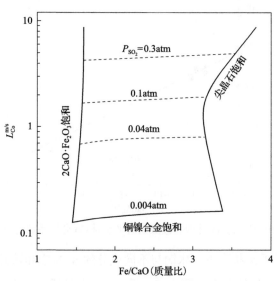

图 13.60 在 1250℃、$P_{O_2}=10^{-8}$ atm 条件下计算的冰铜-钙铁氧体渣之间 Co 的分配系数（$L_{Co}^{m/s}$）与 Fe/CaO（质量比）的关系[79]

虚线为 SO_2 等压线

数($L_{Co}^{m/s}$)与渣中 Fe/CaO 的关系,图中的温度和氧势介于铜镍冶炼和吹炼过程中通常的温度和氧势。在低和高的 Fe/CaO 下,冰铜-渣两相平衡分别受到 CaO 铁氧体和尖晶石饱和度的限制。Co 分配系数随着熔渣中 Fe/CaO 的增加而略有增加。图 13.60 中还显示了饱和相之间 P_{SO_2} 等压线,Co 分配系数强烈依赖 P_{SO_2},随着 P_{SO_2} 下降而降低,熔体达到铜镍合金饱和时,其值为 0.1 左右。表明在冰铜冶炼工艺中,Co 在渣中的损失是不可避免的。

在固定氧势和冰铜品位条件下,Co 的分配系数随着温度的升高而降低。钙铁氧体渣中单独添加 SiO$_2$ 或 Al$_2$O$_3$,Co 的分配系数增加[79]。这可能是由于 SiO$_2$-CaO、SiO$_2$-FeO$_x$、Al$_2$O$_3$-CaO 和 Al$_2$O$_3$-FeO$_x$ 的相互作用,减少了 CaO-CoO 和 FeO$_x$-CoO 的相互作用,并导致 CoO 活度增加,从而降低渣中 Co 的溶解度。通过少量添加 SiO$_2$ 和 Al$_2$O$_3$ 来调整渣成分可能是从冰铜回收 Co 的策略之一。

图 13.61 为冰铜-渣之间 Co 的分配系数($L_{Co}^{m/s}$)的工厂数据。图中数据表明,分配系数随着冰铜品位的升高而降低,尤其是冰铜品位高于 50% 时,分配系数迅速降低,在 50% 冰铜品位,其值约为 5,当冰铜品位升高到 65% 时,分配系数低于 1。保持 Co 富集于冰铜,工艺操作需要低品位冰铜。从炉渣中回收 Co,工艺需要低冰铜品位运行,冰铜品位应低于 50%。

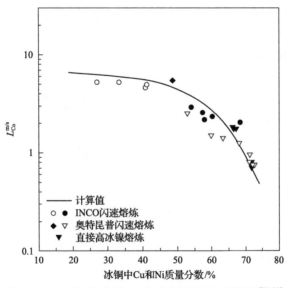

图 13.61 冰铜-渣之间 Co 的分配系数的工厂数据[80-83]

13.2.7 Mo 在渣中溶解及分配

在 1300℃ 和不同 P_{SO_2} 条件下,SiO$_2$ 饱和硅酸盐渣和冰铜平衡时 Mo 的分配系数($L_{Mo}^{s/m}$)与冰铜品位的关系如图 13.62 所示,分配系数随着冰铜品位的升高而增加,不同的 P_{SO_2} 两组数据集之间的分配系数近似。对于 60% 品位的冰铜,P_{SO_2} 等于 0.01atm 和 0.1atm 的

Mo 分配系数（$L_{Mo}^{s/m}$）分别约为 9 和 11。冰铜品位低于 30% 时 Mo 的分配系数小于 1，意味着低品位冰铜有利于 Mo 在冰铜中的富集[84]。

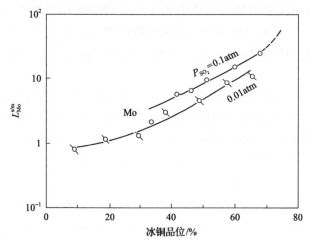

图 13.62　在 1300℃ 和不同 P_{SO_2} 条件下，SiO_2 饱和硅酸盐渣和冰铜平衡时 Mo 的分配系数与冰铜品位的关系[84]

在 1300℃ 和 P_{SO_2}=0.1atm 条件下，冰铜-铁硅酸盐渣平衡状态下 Mo 的分配系数（$L_{Mo}^{s/m}$）与冰铜品位的关系如图 13.63 所示。图中数据表明，纯铁硅酸盐渣的分配系数较低，添加 Al_2O_3 和 CaO 的熔渣的分布值提高约 50%。SiO_2 饱和硅酸盐渣中添加碱性氧化物增加了熔渣中 MoO 的活度系数，降低了 Mo 在渣中的溶解度。

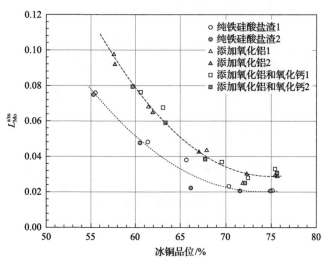

图 13.63　在 1300℃ 和 P_{SO_2}=0.1atm 条件下，冰铜-铁硅酸盐渣之间 Mo 的分配系数与冰铜品位的关系[85]

参 考 文 献

[1] Takeda Y, Ishiwata S, Yazawa A. Distribution equilibria of minor elements between liquid copper and calcium ferrite slag. Transactions of Japan Institute of Metals, 1983, 24(7): 518-528.

[2] Nagamori M, Mackey P J, Tarassoff P. Copper solubility in FeO- Fe$_2$O$_3$-SiO$_2$-Al$_2$O$_3$ slag and distribution equilibria of Pb, Bi, Sb and As between slag and metallic copper. Metallurgical Transactions B, 1975, 6: 295-301.

[3] Yazawa A, Takeda Y, Nakazawa S. Distribution behaviours of various elements in copper smelting system//Copper 68-Copre 68 International Conference, New York, 1968.

[4] Matsuzaki K, Ishikawa T, Tsukada T, et al. Distribution equilibria of Pb and Cu between CaO-SiO$_2$-Al$_2$O$_3$ melts and liquid copper. Metallurgical and Material Transactions, 2000, 31B: 1261-1266.

[5] Kim H G, Sohn H Y. Effects of CaO, Al$_2$O$_3$, and MgO additions on the copper solubility, ferric/ferrous ratio, and minor element behaviour of iron-silicate slags. Metallurgical and Material Transactions, 1998, 29B: 583-590.

[6] Kaur R, Swinbourne D, Nexhip C. Nickel, lead and antimony distributions between ferrous calcium silicate slag and copper at 1300°C. Mineral Processing and Extractive Metallurgy, 2009, 118: 65-72.

[7] Heo J H, Park S S, Park J H. Effect of slag composition on the distribution behaviour of Pb between Fe$_t$O-SiO$_2$ (-CaO, Al$_2$O$_3$) slag and molten copper. Metallurgical and Material Transactions, 2012, 43B: 1098-1105.

[8] Degterov S A, Pelton A D. Thermodynamic modeling of lead distribution among matte, slag, and liquid copper. Metallurgical and Material Transactions, 1999, 30B: 1033-1044.

[9] Acuna C, Yazawa A. Behaviours of arsenic, antimony and lead in phase-equilibria among copper, matte and calcium or barium ferrite slag. Transactions of the Japan Institute of Metals, 1987, 28: 498-506.

[10] Takeda Y, Yazawa A. Dissolution loss of copper, tin and lead in FeO$_n$-SiO$_2$-CaO slag//Productivity and Technology in the Metallurgical Industries. Las Vagos: TMS, 1989: 227-240.

[11] Nevriva M, Fischer K. Contribution to the binary phase diagram of the system PbO-Fe$_2$O$_3$. Materials Research Bulletin, 1986, 21: 1285-1290.

[12] Mountvala A J, Ravitz S F. Phase relations and structures in the system PbO-Fe$_2$O$_3$. Journal of the American Ceramic Society, 1962, 45: 285-288.

[13] Vartiainenl A, Kojo I V, Rojas C. Ferrous calcium silicate slags in direct-to-blister flash smelting//Yazawa International Symposium, Metallurgical and Materials Processing, Vol.1. San Diego: TMS, 2003: 277-290.

[14] Hidayat T, Chen J, Peter C, et al. Distributions of Ag, Bi, and Sb as minor elements between iron-silicate slag and copper in equilibrium with tridymite in the Cu-Fe-O-Si system at T=1250°C and 1300°C (1523 K and 1573 K). Metallurgical and Materials Transactions, 2019, 50B:229-241

[15] Jimbo I, Goto S, Ogawa O. Equilibria between silica-saturated iron silicate slags and molten Cu-As, Cu-Sb, and Cu-Bi Alloys. Metallurgical Transactions, 1984, 15B: 535-541.

[16] Paulina L. Distribution of bismuth between copper and FCS slags. Melbourne: RMIT University: 2012.

[17] Chen C, Wright S. Distribution of Bi between slags and liquid copper. Metallurgical and Materials Transactions, 2016, 47B: 1681-1689.

[18] Goto S, Ogawa O, Inoue Y, et al. On the equilibria between Cu-Sb alloys and silica-saturated iron silicate slags-behavior of impurities in copper smelting. Journal of the Mining and Metallurgical Institute of Japan, 1979, 95: 205-211.

[19] Maracherm S C, Lynch D C. Evaluation of the activity and molecular form of Bi in Cu smelting slags: Part I. Ternary silicate slags. Metallurgical Transactions, 1988, 19B: 627-641.

[20] Paulina L, Swinbourne D, Kho T. Distribution of bismuth between copper and FeOx-CaO-SiO$_2$ slags under copper converting conditions. Mineral Processing and Extractive Metallurgy, 2013, 122: 79-86.

[21] Gortais J, Hodaj F, Allibert M, et al. Equilibrium distribution of Fe, Ni, Sb, and Sn between liquid Cu and a CaO-rich slag. Metallurgical and Materials Transactions, 1994, 25B: 645-651.

[22] Riveros G, Park Y J, Takeda Y, et al. Distribution equilibria of arsenic and antimony between Na$_2$CO$_3$-Na$_2$O-SiO$_2$ melts and liquid copper. Transactions of the Japan Institute of Metals, 1987, 28: 749-756.

[23] Nagamori M, Mackey P J, Tarassoff P. The distribution of As, Sb, Bi, Se, and Te between molten copper and white metal. Metallurgical Transactions B, 1975, 6: 197-198.

[24] Chen C, Jahanshahi S. Thermodynamics of arsenic in FeO$_x$-CaO-SiO$_2$ slags. Metallurgical and Materials Transactions, 2010, 41B: 1166-1174.

[25] Hidayat T, Chen J, Hayes P C, et al. Distributions of As, Pb, Sn, and Zn as minor elements between iron-silicate slag and copper in equilibrium with tridymite in the Cu-Fe-O-Si system. International Journal of Materials Research, 2021, 112(3):178-188.

[26] Hidayat T. Experimental investigation on the distributions of minor elements between slag/metal and slag/matte inequilibrium with tridymite in the Cu-Fe-O-S-Si-Al-Ca system//Copper 2019, Vancouver, 2019.

[27] Lynch D C, Schwartze K W. Analysis of the activity of arsenic in ferrous oxide-ferric oxide-silicon dioxide slag and the distribution of arsenic between slag and molten copper. Canadian Metallurgical Quarterly, 1981, 20(3): 269-278.

[28] Kashima M, Nishikawa Y, Eguchi M, et al. Distribution of minor elements among liquid copper. White metal and silica-saturated slag. Journal of the Japan Institute of Metals, 1980, 96: 907-911.

[29] Jahanshahi S, Sun S. Some aspects of calcium ferrite slags//Yazawa International Symposium Metallurgical and Materials Processing. San Diego: TMS, 2003.

[30] Vartiainen A, Eerola H, Kojo I, et al. Slag chemistry in direct to blister flash smelting//The Tenth International Flash Smelting Congress, Epsoo, 2002.

[31] Nagamori M, Mackey P J. Distribution equilibria of Sn, Se and Te between FeO-Fe$_2$O$_3$-SiO$_2$-Al$_2$O$_3$-CuO$_{0.5}$ slag and metallic copper. Metallurgical Transactions B, 1977, 8: 39-46.

[32] Anindya A, Swinbourne D R, Reuter M A, et al. Distribution of elements between copper and FeO$_x$-CaO-SiO$_2$ slags during pyrometallurgical processing of WEEE: Part 1- Tin. Mineral Processing and Extractive Metallurgy, 2013, 122: 165-173.

[33] Yazawa A, Takeda Y, Nakazawa S. Ferrous calcium silicate slag to be used for copper smelting and converting//Copper99-Copre 99 International Conference, Phoenix, 1999: 587-597.

[34] Street S J, Coley K S, Irons G A. Tin solubility in CaO-bearing slags. Scandinavian Journal of Metallurgy, 2001, 30: 358-363.

[35] Sukhomlinov D, Klemettinen L, Avarmaa K, et al. Distribution of Ni, Co, precious, and platinum group metals in copper making process. Metallurgical and Materials Transactions, 2019, 50B: 1752-1765.

[36] Bulck A, Guo M, Malfliet A, et al. The distribution of Ni between slag and copper metal in copper fire refining conditions//Copper 2019, Vancouver, 2019.

[37] Wang S, Kurtis A, Toguri J. Distribution of copper-nickel and copper-cobalt between copper-nickel and copper-cobalt alloys and silica saturated fayalite slags. Canadian Metallurgical Quarterly, 1973, 12(4): 383-390.

[38] Yazawa A. Extractive metallurgical chemistry with special reference to copper smelting//28th Congress of IUPAC, Vancouver, 1981.

[39] Reddy R G, Healy G W. The solubility of cobalt in Cu$_2$O-CoO-SiO$_2$ slags in equilibrium with liquid Cu-Co alloys. Canadian Metallurgical Quarterly, 1981, 20: 135-143.

[40] Grimsey E, Toguri J. Cobalt in silica saturated fayalite slags. Canadian Metallurgical Quarterly, 1988, 27: 331-333.

[41] Derin B, Yücel O. The distribution of cobalt between Co-Cu alloys and Al$_2$O$_3$-FeO-Fe$_2$O$_3$-SiO$_2$ slags. Scandinavian Journal of Metallurgy, 2002, 31: 12-19.

[42] Grimsey E J, Liu X. The effect of silica, alumina calcia and magnesia on the activity coefficient of cobalt oxide in iron silicate slags//Molten Slags, Fluxes & Salts Conference(Molten1997), Sydney, 1997: 709-718.

[43] Chen C, Zhang L, Jahanshahi S. Review and thermodynamic modelling of CoO in iron silicate-based slags and calcium ferrite-based slags//Proceedings of the 7th International Conference on Molten Slags, Fluxes and Salts, Johannesburg, 2004: 509-515.

[44] Reddy R G, Healy G W. Distribution of cobalt between liquid copper and copper silicate slag at 1523K. Metallurgical Transactions, 1981, 12B: 509-516.

[45] Teague K C, Swinbourne D R, Jahanshahi S. A thermodynamic study on cobalt containing calcium ferrite and calcium iron silicate slags at 1573 K. Metallurgical Transactions, 2001, 32B: 47-54.

[46] Sukhomlinov D, Avarmaa K, Virtanen O, et al. Slag-copper equilibria of selected trace elements in black copper smelting. Part I. Properties of the slag and chromium solubility. Mineral Processing and Extractive Metallurgy Review, 2019, 41 (3): 1-9

[47] Roeder P L, Reynolds I. Crystallization of chromite and chromium stability in Basaltic Melts. Journal of Petrol, 1991, 32 (5): 909-934.

[48] Chen C, Zhang L, Jahanshahi S. Thermodynamic modeling of arsenic in copper smelting processes. Metallurgical and Materials Transactions, 2010, 41B: 1175-1185.

[49] Roghani G, Takeda Y, Itagaki K. Phase equilibrium and minor element distribution between FeO_x-SiO_2-MgO-based slag and Cu_2S-FeS matte at 1573 K under high partial pressures of SO_2. Metallurgical and Materials Transactions, 2000, 31B:705-712

[50] Yazawa A, Nakazawa S, Takeda Y. Distribution behaviour of various elements in copper smelting systems, advances in sulfide smelting, vol. 1//Basic Principles. San Francisco: TMS-AIME, 1983: 99-117.

[51] Johnson E A, Oden L L, Sanker P E, et al. Bureau of mines report of investigations, No. 8874. Washington, D. C.: U.S. Department of the Interior, Bureau of Mines, 1984: 1-9.

[52] Roghani G, Font J, Hino M, et al. Distribution of minor elements between calcium ferrite slag and copper matte at 1523K under high P_{SO_2}. Materials Transactions JIM, 1996, 37 (10): 1574-1579.

[53] Ohshima E, Hayashi M. Impurity behaviour in the mitsubishi continuous process. Metallurgical Review of MMIJ, 1986, 3: 113-129.

[54] Persson H, Iwanic M, El-Barnachawy S, et al. The Noranda process and different matte grades. Journal of Metals, 1986, 38 (9): 34-37.

[55] Mackey P J, Mckerrow G C, Tarassoff P. Minor elements in the Noranda process//104th AIME Annual Meeting, New York,1975.

[56] Fountain C R, Coulter M D, Edwards J S. Minor element distribution in the copper Isasmelt process//Copper 91-Cobre 91 International Conference Volume IV, Ottawa, 1991: 360-371.

[57] Taskinen P, Seppala K, Laulumaa J, et al. Oxygen pressure in the outokumpo flash smelting furnace-Part 1: Copper flash smelting settler. Transactions of the Institution of Mining and Metallurgy (Section C), 2001, 110: C94-C100.

[58] Reddy R G, Font J M. Arsenic capacities of copper smelting slags, Metallurgical and Materials Transactions B, 2003, 34B: 565-571.

[59] Yazawa A. Nonferrous extractive metallurgy. Sendai: Japan Institute of Metals, 1980: 315-321.

[60] Johnson E A, Sanker P E, Oden L L, et al. Copper losses and the distribution of impurity elements between matte and silica-saturated iron silicate slags at 1250℃, 8655. Washington, D. C.: United States Department of the Interior, Bureau of Mines, 1982.

[61] Johnson E A, Oden L L, Sanker P E, et al. Minor elements interactions in copper matte smelting. Metallurgical Review of MMIJ, 1986, 3 (3): 113-129.

[62] Nikolov S, Jalkanen H, Kyto M. Distribution of some impurity elements between high grade copper matte and calcium ferrite slag//4th International Symposium on Metallurgical Slags and Fluxes, Sendai, 1992: 560-565.

[63] Chen C, Zhang L, Wright S, et al. Thermodynamic modelling of minor elements in copper smelting processes//Sohn International Symposium Advanced Processing of Metals and Materials, Vol.1. San Diego: TMS, 2006: 335-348.

[64] Kaiura G H, Watanabe K, Yazawa A. The behavior of lead in silica-saturated copper smelting systems. Canadian Metallurgical Quarterly, 1980, 19 (2): 191-200.

[65] Tan P, Zhang C. Modeling of accessory element distribution in copper Smelting Process. Scandinavian Journal of Metallurgy, 1997, 26: 115-122.

[66] Mackey P J. The physical chemistry of copper smelting slags-A review. Canadian Metallurgical Quarterly, 1982, 21 (3): 221-260.

[67] Henao H M, Ushkov L A, Jak E. Thermodynamic predictions and experimental investigation of slag liquidus and minor element partitioning between slag and matte in support of the copper Isasmelt smelting process commissioning and

optimisation at Kazzinc//The 9th International Conference on Molten Slags, Fluxes and Salts, Beijing, 2012: 78.

[68] Surapunt S, Takeda Y, Itagaki K. Phase equilibria and distribution of minor elements between liquid Cu-Zn-Fe(iron saturation) alloy and CaO-SiO$_2$-FeO$_x$ slag. Metallurgical Review of MMIJ, 1996, 13: 3-21.

[69] Koike K, Yazawa A. Thermodynamic studies of the molten Cu$_2$S-FeS-SnS systems. Journal of Mineral and Materials Process Institute Japan, 1994, 110(1): 43-47.

[70] Park M, Nakazawa S, Yazawa A. Distribution behavior of molybdenum, tin and other elements in copper smelting systems. Bulletin of the Research Institute of Mineral Dressing and Metallurgy, 1982, 38(1): 21-28.

[71] Eerola H, Jylha K, Taskinen P. Thermodynamics of impurities in calcium ferrite slags in copper fire-refining conditions. Transactions of the Institution of Mining and Metallurgy, Section C, 1984, 93: C194-C199.

[72] Sukhomlinov D, Klemettinen L, O'Brien H, et al. Behavior of Ga, In, Sn, and Te in copper matte smelting. Metallurgical and Materials Transactions, 2019, 50B: 2723-2732.

[73] Chen C. Deportment behaviour of tin in copper smelting//Copper 2019, Vancouver, 2019.

[74] Shishin D, Hidayat T, Chen J, et al. Combined experimental and thermodynamic modelling investigation of the distribution of antimony and tin between phases in the Cu-Fe-O-S-Si system. Calphad, 2019, 65: 16-24.

[75] Yazawa A. Distribution of various elements between copper, matte and slag. Erzmetall, 1980, 33(7/8): 377-382.

[76] Larouche P. Minor element in copper smelting and electrorefining. Montreal: McGill University, 2001.

[77] Nagamori M, Mackey P J. Thermodynamics of copper matte converting: Part II. Distribution of Au, Ag, Pb, Zn, Ni, Se,Te, Bi, Sb and As between copper, matte and slag in the Noranda process. Metallurgical Transactions B, 1978, 9(4): 567-579.

[78] Choi N, Cho W D. Distribution behavior of cobalt, selenium, and tellurium between nickel-copper-iron matte and silica-saturated iron silicate slag. Metallurgical and Materials Transactions, 1997, 28B: 429-438.

[79] Chen C, Zhang L, Jahanshahi S. Review and thermodynamic modelling of CoO in iron silicate-based slags and calcium ferrite-based slags//VII International Conference on Molten Slags Fluxes and Salts, vol.1. Johannesburg: The South African Institute of Mining and Metallurgy, 2004: 509-515.

[80] Solar M Y, Neal R J, Antonioni T N, et al. Smelting nickel concentrates in INCO's oxygen flash furnace. Journal of Metals, 1979, 31(1): 26-31.

[81] Kyllo A K. A kinetic model of the Peirce-Smith converter. Vancouver: University of British Columbia, 1989

[82] Taskinen P, Seppala K, Laulumaa J, et al. Oxygen pressure in the Outokumpo flash smelting furnace-Part 1: Copper flash smelting settler. Transactions of the Institution of Mining and Metallurgy(Section C), 2001, 110: C94-C100.

[83] Taskinen P, Seppala K, Laulumaa J, et al. Oxygen pressure in the Outokumpo flash smelting furnace-Part 2: Copper flash smelting settler. Transactions of the Institution of Mining and Metallurgy(Section C), 2001, 110: C101-C108.

[84] Westland A D, Webster A H. Distribution of molybdenum between slag, copper matte and copper metal at 1300℃. Canadian Metallurgical Quarterly, 1990, 29(3): 217-225.

[85] Sukhomlinov D, Klemettinen L, Taskinen P, et al. Behaviour of Mo and Ir in copper matte smelting//Copper 2019, Vancouver, 2019.

第14章

稀散及稀有(稀土)金属元素渣中溶解及分配

铜精矿含有某些与铜伴生的稀散及稀有(稀土)金属元素，如 Se、Te、In 等，更多的稀散及稀有(稀土)元素主要来自电子废料等二次资源。这些元素在铜冶炼工艺中分布在气相、铜或冰铜和渣相。对于铜伴生的元素硒(Se)和碲(Te)在铜冶炼工艺的行为，做了一些研究工作，而其他元素所做的研究工作甚少。

14.1 铜-渣平衡稀散及稀有(稀土)金属元素在渣中溶解及分配

14.1.1 Se、Te 在渣中溶解及分配

在 1200℃和 1300℃及氧势 $10^{-11}\sim 10^{-6}$atm 平衡条件下，含氧化铝铁硅酸盐渣与金属铜之间 Se 和 Te 的分配系数与氧势的关系分别如图 14.1 和图 14.2 所示。图中数据表明，含氧化铝铁橄榄石渣(FeO-Fe$_2$O$_3$-SiO$_2$-Al$_2$O$_3$)中 Se 的分配系数($L_{Se}^{s/c}$)在低氧势下随着氧势提高而降低，而当氧势高于 $10^{-7.7}$atm 时，其值几乎保持不变。氧势等于 $10^{-7.7}$atm 时，1200℃和 1300℃下 Se 分配系数($L_{Se}^{s/c}$)分别为 0.018 和 0.036。Te 在渣中的分配类似于 Se，低氧势下分配系数($L_{Se}^{s/c}$)随氧势升高而降低，氧势高于 $10^{-8.2}$atm，基本为常数，1200℃和 1300℃下分配系数分别为 0.026 和 0.032。氧化条件下 Na$_2$CO$_3$ 渣的 Se 和 Te 的分配系数

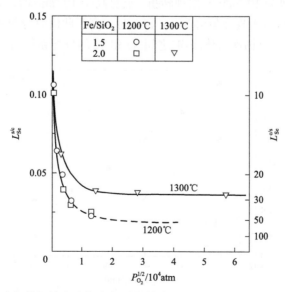

图 14.1 含氧化铝铁硅酸盐渣-铜平衡状态下 Se 的分配系数与氧势的关系[1]

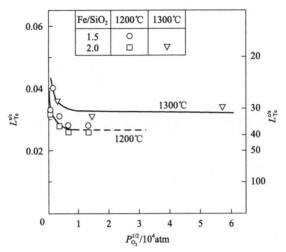

图 14.2　含氧化铝铁硅酸盐渣-铜平衡状态下 Te 的分配系数与氧势的关系[1]

随着氧势的升高而下降[2]。Te 和 Se 可以元素(Se，Te)和分子(SeO，SeO$_2$，FeSe，TeO，TeO$_2$，FeTe)的形式溶解。低氧势下除了原子溶解，还存在稳定的硒化铁和碲化铁。

　　在 1300℃下钙铁氧体渣-铜平衡状态下 Se 和 Te 的分配系数($L_M^{s/c}$)与氧势的关系如图 14.3 所示。需要说明的是，渣含 3%～6%MgO，图中数据表明 Se 和 Te 的分配系数随着氧势的升高而降低，氧势升高有利于 Se 和 Te 富集于冰铜。Se 的分配系数明显高于 Te 的分配系数，Se 更加青睐进入渣中，在氧势等于 10^{-9}atm 时，Se 和 Te 的分配系数分别为 0.32 和 0.032。进行与银合金平衡类似的实验，Ag 不容易氧化，银合金不会像 Cu 那样进入渣中改变渣的成分，故可以将实验扩大到更高氧势区域。图 14.4 表示 1300℃下钙铁氧体渣-银平衡状态下 Se 和 Te 的分配系数与氧势的关系，在低氧势还原条件下，Te 在渣中的分配始终低于 Se。当氧势升高超过一定值时，Se 和 Te 的分配行为存在区别，Se 的分配系数在氧势为 10^{-4}atm 时出现转折，氧势高于 10^{-4}atm 时，呈随氧势升高而增加的趋势；而 Te 的转折点出现在氧势为 10^{-6}atm 时，高于此值时分配系数随着氧势的升高而增加。渣中 CaO 含量对钙铁氧体渣-铜之间 Se 和 Te 的分配系数的影响如图 14.5 所示。

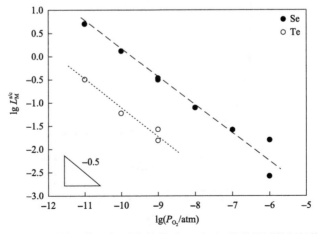

图 14.3　1300℃下钙铁氧体渣-铜平衡状态下 Se 和 Te 的分配系数与氧势的关系[3]

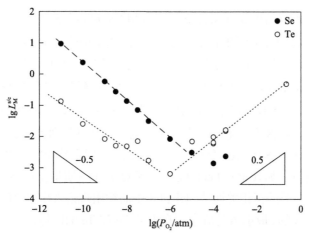

图 14.4　1300℃下钙铁氧体渣-银平衡状态下 Se 和 Te 的分配系数与氧势的关系[3]

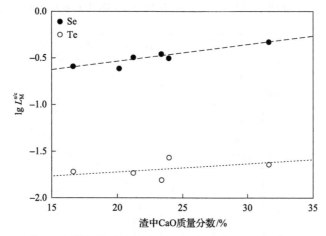

图 14.5　1300℃，$P_{O_2}=10^{-9}$atm，钙铁氧体渣-铜之间 Se 和 Te 的分配系数（$L_M^{s/m}$）与渣中 CaO 含量的关系[3]

CaO 对 Se 和 Te 具有类似的影响，分配系数均随渣中 CaO 含量增加而升高。渣中 CaO 从 15%增加到 35%，Se 分配系数增加 0.8 倍左右，而 Te 的分配系数增加了 0.2 倍。

钙铁氧体渣中 Se 和 Te 的分配系数高于氧化铝硅酸铁渣，主要是由于 Se 和 Te 在含 Mg 钙铁氧体渣中的活度较高，而且随着温度的升高而增加。据报道，Se 和 Te 在渣中形成 Ca 的复合物（$CaSeO_2$ 和 $CaTeO_2$），其热力学更稳定[2,3]。

在 1185℃和 1250℃下硅酸铁（FeO_x-SiO_2）渣与 Cu-Se 合金在 N_2 中平衡[4]，发现 Se 的溶解度在很大程度上受到 Fe^{2+}/Fe^{3+} 的影响，在极低的 Fe^{2+}/Fe^{3+} 下溶解度几乎为零。Se 和 Te 在 CaO-FeO-Fe_2O_3-MgO 渣中溶解反应如下式表示：

$$Se\ (s) + \frac{1}{2} O_2\ (g) = Se^{2+} + (O^{2-})$$

$$Te\ (s) + \frac{1}{2} O_2\ (g) = Te^{2+} + (O^{2-})$$

Se 和 Te 的分配系数随着温度的升高而增加[5]。高熔炼温度和低氧势更适合在阳极炉中除 Te。在 1300℃下，使用碳化钙和碳酸钠可以还原熔铜中的碲碳酸钙[6]。

在 1300℃和氧势为 10^{-9}atm 条件下，镁饱和 CaO-FeO$_x$-SiO$_2$ 渣-铜平衡状态下测量的 Se 和 Te 的分配系数（$L_M^{s/c}$）如图 14.6 所示。图中数据表明，分配系数与渣碱性（Q=CaO/(CaO+SiO$_2$)（质量比））存在非线性关系，在 Q 约为 0.2 和 1 时，分配系数达到最大值，而在 Q 约为 0.5 时出现最低值。Se 和 Te 的分配系数变化趋势相同，在 Q=0.2（约 18% SiO$_2$）附近出现最高值，Se 和 Te 的 log $L_M^{s/m}$ 值分别为–1.1 和–2.0；然后在 Q=0.5（约 9% SiO$_2$）具有最低值，分别为–1.8 和–2.6；Q 等于 1 时的 lg $L_M^{s/c}$ 值分别为–0.5 和–1.8。由于 Se 和 Te 被认为在渣中以离子 Se^{2-}、Te^{2-} 存在[6]，Se 和 Te 的分配系数应随着碱性的增加而增加。使用其他渣碱性指数，如(CaO+ FeO+Fe$_2$O$_3$+MgO)/SiO$_2$（质量比），测量的 Se 和 Te 的分配系数变化仅显示微弱的正相关性[7]。图 14.6 中曲线出现最大/最小值，认为是 Q 在 0~1 渣液相组成变化造成的，最小值是渣中存在不含 Se 和 Te 的固体沉淀。排除图中最小值，随着 Q 从 0 增加到 1，Se 和 Te 的分配系数 lg $L_M^{s/c}$ 分别从约–1.5 和–2.2 增加到–0.5 和–1.8。液体渣 Se 含量，主要取决于渣的酸性，随着 SiO$_2$ 增加和 CaO 降低而急剧下降[4]。

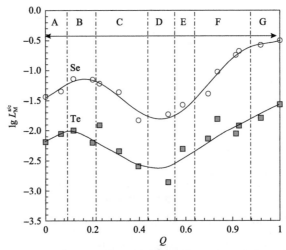

图 14.6 1300℃和氧势 10^{-9}atm 条件下，镁饱和 CaO-FeO$_x$-SiO$_2$ 渣-铜平衡状态下 Se 和 Te 的分配系数（$L_M^{s/c}$）与碱性（Q=CaO/(CaO+SiO$_2$)（质量比））的关系[4]

14.1.2 Ga、In、Ge、Ta 在渣中溶解和分配

图 14.7 为镓（Ga）在铜-尖晶石饱和铁硅酸盐渣之间的分配系数（$L_{Ga}^{c/s}$）与氧势的关系。图中包括镍铁合金和硅酸盐玻璃体之间的分配数据[10,11]。分配系数总体上随着氧势升高而降低，图中直线表示 Ga^{3+} 形态氧化物 GaO$_{1.5}$ 的趋势线。氧势高于 10^{-7}atm 的数据与氧势低于 10^{-8}atm 的数据[10]相比，分散性高，具有更大的不确定性。地质研究和尖晶石饱和的数据表明 Ga^{3+}（GaO$_{1.5}$）存在于硅酸盐熔体中。在冶炼条件下（lgP_{O_2}>–9），Ga 的分配系数低于 0.1，Ga 趋于进入渣相。因此，其回收工作应该通过处理熔炼和吹炼熔渣来实现。添加 CaO 和 Al$_2$O$_3$ 对 Ga 的分配系数影响不明显。

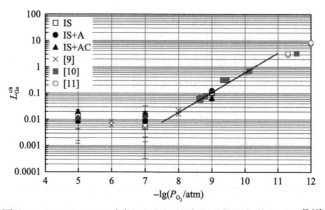

图 14.7　1300℃，Ga 在铜-渣之间的分配系数与氧势的关系[8-11]

黑色趋势线表示 Ga^{3+}($GaO_{1.5}$)的氧化状态；IS:Fe_2O_3-SiO_2；IS+A: Fe_2O_3-SiO_2-10%Al_2O_3；IS+AC: Fe_2O_3-SiO_2-10%Al_2O_3-5%CaO

关于 In 在铜-渣之间分配的研究非常有限。当体系的气氛发生变化时，In 溶解发生了根本性的变化，即在还原气氛下 In 作为金属溶解于铜，在氧化条件下以氧化物溶解于渣。图 14.8 表示 1300℃下铜与不同成分渣平衡时 In 的分配系数（$L_{In}^{c/s}$）与氧势的关系。由图可知，In 的分配系数高度依赖氧势，随氧势升高而显著降低，分配系数从 P_{O_2}=10^{-10}atm 的 50 降低至 P_{O_2}=10^{-5}atm 的 0.05；在 P_{O_2}=10^{-7}atm 时，分配系数约等于 1，即 In 在铜和渣之间均匀地分配。当将 65%Cu 的冰铜吹炼成泡铜时，如果忽视其挥发性，在吹炼过程中约 50%的初始冰铜中的铟分配于泡铜。图中趋势线的斜率判断 In 在渣中以二价或三价氧化物（InO，$InO_{1.5}$）形式存在，渣中 InO 的不稳定，主要以 $InO_{1.5}$ 存在。在 1300℃温度和 10^{-8}～10^{-6}atm 的氧势下，含 6.5%MgO 的 FeO_x-CaO-SiO_2 渣与铜平衡状态下 In 的分配系数（$L_{In}^{s/c}$）随着氧势的增加而升高，大致在 1～10 变化。

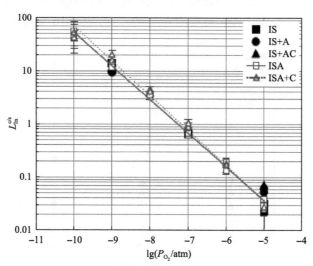

图 14.8　在 1300℃铜-渣平衡状态下 In 的分配系数与氧势的关系[12]

IS：Fe_2O_3-SiO_2；IS+A：Fe_2O_3-SiO_2-10%Al_2O_3；IS+AC：Fe_2O_3-SiO_2-10%Al_2O_3-5%CaO；
ISA：Fe_2O_3-SiO_2，氧化铝坩埚；ISA+C：Fe_2O_3-SiO_2-5%CaO，氧化铝坩埚

酸性渣比碱性渣对 In 在渣中分配影响大，渣中添加 Al_2O_3 的影响甚微，在石灰的存在下，In 趋向分配于金属，随着渣中 SiO_2 含量的增加，渣中 In 溶解度增加[13,14]。铜吹炼或直接炼铜操作条件下，In 主要富集于渣中，可以从炉渣火法贫化操作中回收。在黑铜冶炼工艺高温还原操作中，采用低 SiO_2 含钙铝硅酸盐渣，有利于提高铟在黑铜中的回收率[15]。实验室实验和工业铜冶炼[16-18]中存在 In 蒸发，包括 Ga 和 Ge 也存在蒸发。In、Ga 和 Ge 回收可以采用挥发工艺路线[19,20]。

图 14.9 是根据 LA-ICP-MS 分析不同成分渣中的 Ge 浓度，包括尖晶石饱和铁硅酸盐渣数据。SiO_2 饱和渣中 Ge 含量在 1ppmw 左右，与氧势 (P_{O_2}) 关系不明显。氧化铝饱和渣，在氧势等于 10^{-5}atm 时，Ge 的含量在 500ppmw 左右。图 14.10 表示 1300℃下 FeO_x-CaO-SiO_2-MgO 渣和金属铜（铅）平衡状态下 Ge 分配系数 ($L_{Ge}^{s/c}$) 与氧势的关系，图中渣组成 Fe/SiO_2（质量比）=0.96，CaO 和 MgO 含量分别为 14.5%和 7.8%，氧势在 10^{-10}~10^{-7}atm 范围。为了比较，图 14.10 中还介绍了铅冶炼系统的 Ge 在渣-铅的分配数据，以及对类似的渣和合金成分的热力学模拟计算预测数据。图中数据表明，热力学模拟计算的预测结果与实验结果的趋势相同，氧势对 Ge 的分配系数有显著影响，分配系数 ($L_{Ge}^{s/c}$) 随着氧势的升高显著增加，即更多的锗溶解于渣中。实验数据拟合直线的斜率为 0.93。铅冶炼系统的氧势在 $10^{-12.5}$~10^{-10}atm 范围，分配系数比渣-铜体系高 3 个数量级。渣-铅平衡数据拟合的直线斜率为 0.57，比渣-铜平衡体系低。类型的研究结果的分配系数与氧势关系直线的斜率为 0.60[21]，认为 Ge 在渣中呈四价氧化状态。

图 14.11 表示温度对 FeO_x-CaO-SiO_2-MgO 渣-铜之间 Ge 分配系数 ($L_{Ge}^{s/c}$) 的影响。在一定氧势下，温度对 Ge 分配系数影响明显，分配系数随着温度升高而降低。渣的 (CaO+MgO)/SiO_2（质量比）变化对 Ge 分配系数的影响如图 14.12 所示，分配系数随着 (CaO+MgO)/SiO_2（质量比）增加而升高，FeO_x-CaO-SiO_2-MgO 渣中添加石灰，分配系数 ($L_{Ge}^{s/c}$) 增加，分配至金属铜中 Ge 减少。在 1300℃和 P_{O_2}=10^{-8}atm 时条件下，当 (CaO+

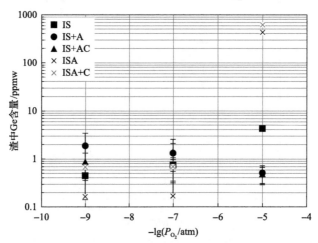

图 14.9　1300℃不同成分的硅酸铁渣中的 Ge 含量与氧势的关系[8-10]

IS：Fe_2O_3-SiO_2；IS+A：Fe_2O_3-SiO_2-10%Al_2O_3；IS+AC：Fe_2O_3-SiO_2-10%Al_2O_3-5%CaO；
ISA：Fe_2O_3-SiO_2，氧化铝坩埚；ISA+C：Fe_2O_3-SiO_2-5%CaO，氧化铝坩埚

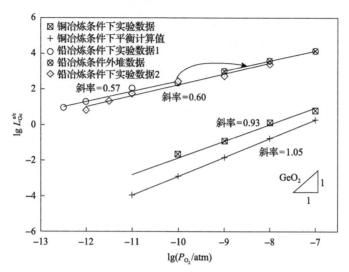

图 14.10 1300℃下 FeO$_x$-CaO-SiO$_2$-MgO 渣和金属铜(铅)平衡状态下 Ge 分配系数与氧势的关系[21-23]

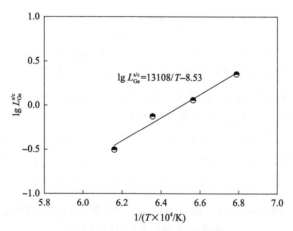

图 14.11 温度对 FeO$_x$-CaO-SiO$_2$-MgO 渣与铜之间 Ge 分配系数的影响[23]

P_{O_2}=10^{-8}atm，渣成分：Fe/SiO$_2$=0.99，9.8%CaO

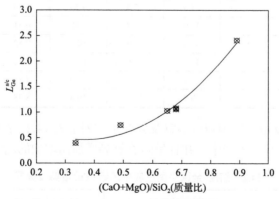

图 14.12 在 1300℃和 P_{O_2}=10^{-8}atm 条件下(CaO+MgO)/SiO$_2$(质量比)对 FeO$_x$-CaO-SiO$_2$-MgO 系渣-铜之间 Ge 分配系数的影响[23]

MgO)/SiO$_2$ 从 0.34 增加到 0.89 时，分配系数（$L_{Ge}^{s/c}$）增加 4 倍，由 0.5 增加到 2.5。原因是 GeO$_2$ 在渣中表现为酸性氧化物，渣中的石灰含量增加，碱性增加导致更多的 Ge 溶解于渣。图 14.13 表示 Ge 分配系数（$L_{Ge}^{s/c}$）与 Fe/SiO$_2$ 的关系，Ge 分配系数（$L_{Ge}^{s/c}$）随着 Fe/SiO$_2$ 升高而增加，但当 Fe/SiO$_2$（质量比）高于 1.16 时，几乎没有影响。

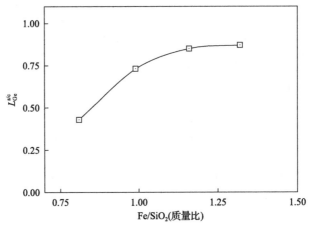

图 14.13　在 1300℃和 P_{O_2}=10^{-8}atm 条件下 Fe/SiO$_2$（质量比）对 FeO$_x$-CaO-SiO$_2$-MgO 系渣-铜之间 Ge 分配系数的影响[23]

　　Ge 在 FeO$_x$-CaO-SiO$_2$-MgO 渣中主要以四价 Ge^{4+}（GeO$_2$）存在，渣中的 GeO$_2$ 活度系数计算值为 0.24～1.50。实际操作中采用低碱性渣（高 SiO$_2$ 含量）和较高温度，在低氧势还原气氛下操作，可以减少 Ge 分配进入渣中。因此，高 SiO$_2$ 含量的 FeO$_x$-CaO-SiO$_2$-MgO 渣可用于 Cu 中 Ge 的回收。在 1300℃和 P_{O_2}=10^{-8}atm 条件下，FeO$_x$-SiO$_2$-CaO-MgO 系渣中 GeO$_2$ 的活度系数（γ_{GeO_2}），以及 Ge 的渣-铜分配系数（$L_{Ge}^{s/c}$）总结于表 14.1。

表 14.1　1300℃和 P_{O_2}=10^{-8}atm，FeO$_x$-SiO$_2$-CaO-MgO 系渣中 GeO$_2$ 的计算活度系数（γ_{GeO_2}），以及 Ge 在渣-铜之间分配系数（$L_{Ge}^{s/c}$）[24]

(CaO+MgO)/SiO$_2$（质量比）	Fe$_{Total}$/%	SiO$_2$/%	CaO/%	MgO/%	$L_{Ge}^{s/c}$	γ_{GeO_2}
0.34	37.3	35.3	5.59	6.30	0.39	1.50
0.49	37.9	32.8	9.80	6.51	0.75	0.80
0.65	33.4	33.6	14.5	7.52	1.03	0.55
0.68	31.1	32.6	14.5	7.83	1.06	0.55
0.68	31.1	32.6	14.5	7.83	1.08	0.54
0.89	30.7	31.3	19.4	8.78	2.41	0.24

　　熔渣-金属平衡反应中的钽（Ta）溶解及分配系数列于表 14.2，表中数据表明在低氧势条件下钽（Ta）几乎全部进入渣中，并且呈随着氧势增加而增加的趋势。

表 14.2　熔渣-金属平衡反应中的钽（Ta）溶解及分配[24]

T/℃	P_{O_2}/atm	铜相中的浓度/%	渣相中的浓度/%	$L_{Ta}^{s/c}$
1400	10^{-12}	0.005	99.995	19999
1400	10^{-14}	0.005	99.995	19999

续表

$T/℃$	P_{O_2}/atm	铜相中的浓度/%	渣相中的浓度/%	$L_{Ta}^{s/c}$
1400	10^{-16}	0.005	99.995	19999
1400	10^{-16}	0.05	99.95	1999

注：熔渣成分为 Fe/SiO₂(质量比)=1.16，CaO 质量分数为 9.8%和 MgO 质量分数为 6.51%。

14.2 冰铜-渣共存稀有(稀土)金属元素渣中溶解及分配

14.2.1 Se、Te 在渣中溶解及分配

图 14.14 和图 14.15 分别表示冰铜-硅饱和铁硅酸盐渣平衡状态下 Se 和 Te 的分配系数与冰铜品位的关系。图 14.14 中数据表明 Se 的分配系数($L_{Se}^{m/s}$)随着冰铜品位升高而增大，渣中添加 MgO 和 CaO 有利于促进 Se 进入冰铜，分配系数增大，温度升高也有利于提高分配系数。从图 14.15 可知 Te 分配系数呈与 Se 的分配系数类似的变化，分配系数随着冰铜品位升高而增大，渣中添加 CaO、MgO 和 Al₂O₃ 及升高温度，分配系数增大。

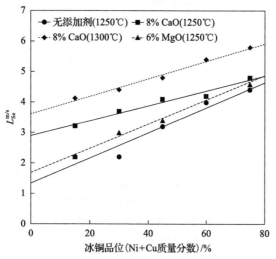

图 14.14 在 1250℃和 1300℃及惰性气氛下，渣中添加 CaO 和 MgO，冰铜-硅饱和铁硅酸盐渣平衡状态下 Se 分配系数与冰铜品位的关系[25]

渣中 Se 和 Te 的溶解可以用单体原子溶解或分子溶解来解释[1,26,27]，在较高的氧势下，Se 和 Te 在铁硅酸盐渣中以单体原子形式存在。在较低的氧势下，与铁形成 FeSe 和 FeTe 等稳定的化合物，则以分子形式存在。对于分子溶解，熔渣中元素的溶解性取决于氧势，以单体原子溶解则与氧势无关。图 14.16 和图 14.17 分别表示不同氧势的 Se 和 Te 的分配系数($L_M^{m/s}$)与冰铜品位的关系。由图可以看出，Se 和 Te 的分配系数均随氧势升高而增大。这些结果表明，在考虑的氧势范围内，熔渣中 Se 和 Te 可能都以分子形式存在。

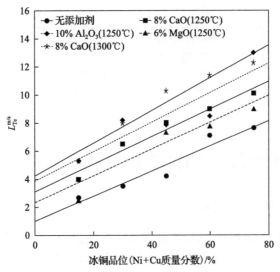

图 14.15　在 1250℃ 和 1300℃ 及惰性气氛下，添加 CaO、Al$_2$O$_3$ 和 MgO，冰铜-硅饱和铁硅酸盐渣平衡状态下 Te 分配系数与冰铜品位的关系[25]

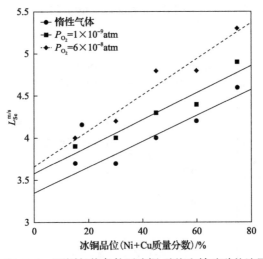

图 14.16　在 1250℃ 添加 8% CaO，不同氧势条件下冰铜-硅饱和铁硅酸盐渣平衡状态下 Se 的分配系数（$L_{Se}^{m/s}$）与冰铜品位的关系[25]

14.2.2　Ga、In 在渣中溶解和分配

图 14.18 表示冰铜与不同成分的二氧化硅饱和渣平衡状态下 Ga 分配系数（$L_{Ga}^{m/s}$）与冰铜品位的关系。从图 14.18 可知，总体上 Ga 分配系数（$L_{Ga}^{m/s}$）随着冰铜品位的升高而减小。渣成分对分配系数的影响不明显。添加石灰和氧化铝对 Ga 分配系数影响小。当冰铜接近白冰铜时，不同成分渣的分配系数差异更小。冰铜品位在 55%~75% 的范围，Ga 的分配系数在 0.02~0.002 变化。Ga 几乎完全溶解于铁硅酸盐渣，随着氧势和冰铜品位升高，这种趋势增加。

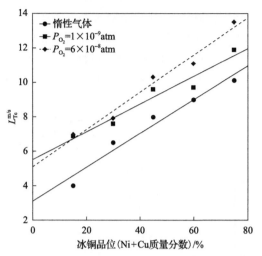

图 14.17　在 1250℃添加 8% CaO，不同氧势条件下冰铜-硅饱和铁硅酸盐渣平衡状态下 Te 的分配系数（$L_{Te}^{m/s}$）与冰铜品位的关系[25]

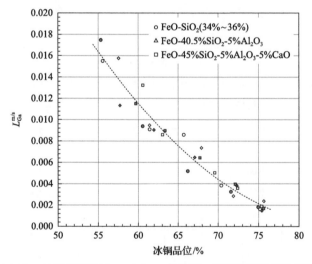

图 14.18　在 1300℃和 P_{SO_2}=0.1atm 条件下，冰铜和铁硅酸盐渣平衡状态下 Ga 的分配系数（$L_{Ga}^{m/s}$）与冰铜品位的关系[28]

　　冰铜与 SiO_2 饱和渣平衡状态下 In 分配系数（$L_{In}^{m/s}$）与冰铜品位的关系如图 14.19 所示，图中包括添加 CaO 和 Al_2O_3 的不同成分渣的数据。图中数据表明，在冰铜品位在 55%~65% 时，分配系数大于 1，In 在一定程度进入冰铜，高于这个范围，更多的 In 分配于铁硅酸盐渣。渣中添加氧化铝和石灰分配系数提高，In 更多地进入冰铜中，无氧化铝和石灰添加渣的分配系数比含氧化铝和氧化钙渣低近 50%。在氧势等于 $10^{-8.0}$atm 条件下，冰铜品位约为 60%，纯铁硅酸盐渣中分配系数为 1.3 左右，含氧化铝和氧化钙渣的分配系数约为 2.4。

14.2.3　稀有及稀土元素在渣中溶解及分配

　　图 14.20 为 W 在冰铜-硅酸铁渣之间分配系数（$L_W^{m/s}$）与渣中 W 含量的关系。由图可

知，W 的分配系数为 0.045±0.005，W 几乎全部溶解于渣相。热力学模型预测 W 的分配系数在活度系数假定为 1 时为 0.01，与图中实验值相近非常吻合。表 14.3 列出模型预测元素分配系数，以及应用工业电炉的冰铜及炉渣试样进行平衡实验得到各种微量元素分配数据。除 Ba 之外，试验数据与模型预测的趋势一致。这些元素主要分配于炉渣中。

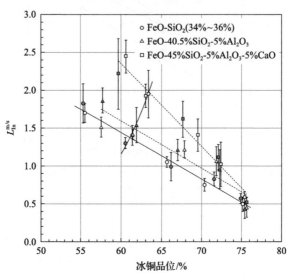

图 14.19　在 1300℃和 $P_{O_2}=10^{-8}$atm 条件下，冰铜和铁硅酸盐渣平衡状态下 In 的分配系数（$L_{In}^{m/s}$）与冰铜品位的关系[28]

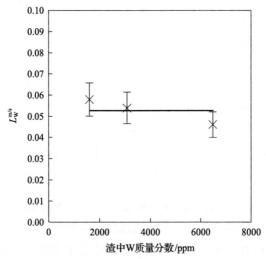

图 14.20　W 在冰铜-硅酸铁渣之间的分配系数（$L_W^{m/s}$）与渣中 W 含量的关系[29]

表 14.3　模型预测分配系数与实验数据的比较[29,30]

元素	$L_M^{m/s}$ 模型预测	$L_M^{m/s}$ 工业冰铜或实验数据
钡(Ba)	88.7	<0.18
钪(Sc)	$1.3×10^{-5}$	<0.11

续表

元素	$L_M^{m/s}$ 模型预测	$L_M^{m/s}$ 工业冰铜或实验数据
铪(Hf)	5.0×10^{-9}	<0.27
铈(Ce)	6.6×10^{-5}	<0.20
钍(Th)	1.2×10^{-3}	<0.35
钨(W)	0.01	<0.08

La 和 Nd 在冰铜-铁硅酸盐之间的分配系数($L_M^{m/s}$)如图 14.21(a) 和(b)所示，图中包括空气和氩气气氛下的实验数据，空气气氛下实验的冰铜品位从实验初始 30% 增加到终点 40%，氩气气氛下实验的冰铜品位恒定在 32% 左右，渣的 Fe/SiO_2 等于 1.88。图 14.21 中分配系数随着时间的延长而降低，即元素越来越多地分配于熔渣中，空气气氛下比氩气

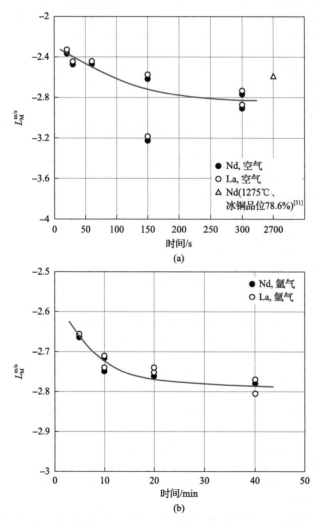

图 14.21 在空气和氩气气氛下 La 和 Nd 在冰铜-铁硅酸盐渣之间的分配系数($L_M^{m/s}$)[31]

气氛下达到平衡的时间短。达到分配系数 $L_M^{m/s} = -0.28$ 的时间，空气气氛下为 3~4min，氩气气氛下需要 40min。在温度达到 1300℃和空气气氛下，即使 20s 的接触时间，分配系数的值约为 0.004，这意味着超过 99%的 La 和 Nd 几乎立即分配进入渣相。图 14.21 包括 1275℃和冰铜品位 78.6%的条件下，冰铜和硅酸铁渣之间的 Nd 的分配系数[31]，其值高于图中 2700s 平衡时间的值。基于实验研究结果，稀土元素在铜熔炼过程中趋于进入熔炼渣。在冰铜熔炼条件下，元素进入熔渣相几乎立即发生，一定时间后，冰铜中元素浓度与熔渣中的浓度相比可以忽略不计。

参 考 文 献

[1] Nagamori M, Mackey P J. Distribution equilibria of Sn, Se and Te between FeO-Fe₂O₃-SiO₂-Al₂O₃-CuO₀.₅ slag and metallic copper. Metallurgical Transactions B, 1977, 8B: 39-46.

[2] Johnston M, Jahanshahi S, Zhang L, et al. Effect of slag basicity on phase equilibria and selenium and tellurium distribution in magnesia-saturated calcium iron silicate slags. Metallurgical and Materials Transactions, 2010, 41B: 625-635.

[3] Johnston M D, Jahanshahi S, Lincoln F J. Thermodynamics of selenium and tellurium in calcium ferrite slags. Metallurgical and Materials Transactions, 2007, 38B: 433-442.

[4] Fang L, Lynch D. Evaluation of the behaviour of selenium in silicate slag. Metallurgical Transactions, 1987, 18B: 181-187.

[5] Swinbourne D, Barbante G, Sheeran A. Tellurium distribution in copper anode slimes smelting. Metallurgical and Materials Transactions, 1998, 29B: 555-562.

[6] Zhao Y, Irons G. The kinetics of selenium removal from molten copper by powder injection. Metallurgical and Materials Transactions, 1997, 28B: 1039-1051.

[7] Liu S H, Fruehan R J, Morales A, et al. Measurement of FeO activity and solubility of MgO in smelting slags. Metallurgical and Materials Transactions, 2001, 32B: 31-36.

[8] Avarmaa K, Klemettinen L, O'Brien H, et al. Critical metals Ga, Ge and In, experimental evidence for smelter recovery improvements. Minerals, 2019, 9(6): 367.

[9] Avarmaa K, Yliaho S, Taskinen P. Recoveries of rare elements Ga, Ge, In and Sn from waste electric and electronic equipment through secondary copper smelting. Waste Management, 2017, 71: 400-410.

[10] Capobianco C J, Drake M J, DeAro J. Siderophile geochemistry of Ga, Ge, and Sn: Cationic oxidation states in silicate melts and the effect of composition in iron-nickel alloys. Geochimica et Cosmochimica Acta, 1999, 63: 2667-2677.

[11] Schmitt W, Palme H, Wänke H. Experimental determination of metal/silicate partition coefficients for P, Co, Ni, Cu, Ga, Ge, Mo, and W and some implications for the early evolution of the Earth. Geochimica et Cosmochimica Acta, 1989, 53: 173-185.

[12] Avarmaa K. Thermodynamic properties of WEEE-based minor elements in copper smelting processes. Epsoo: Aalto University, 2019.

[13] Ko K Y, Park J H. Dissolution behaviour of indium in CaO-SiO₂-Al₂O₃ slag. Metallurgical and Materials Transactions, 2011, 42B: 1224-1230.

[14] Ko K Y, Park J H. Dissolution mechanism of indium in CaO-Al₂O₃-SiO₂ slag at low silica region. Metallurgical and Materials Transactions, 2012, 43B: 440-442.

[15] Anindya A, Swinbourne D R, Reuter M A, et al. Distribution of elements between copper and FeOₓ-CaO-SiO₂ slags during pyroprocessing of WEEE: Part 2-indium. Mineral Processing and Extractive Metallurgy, 2014, 123: 43-52.

[16] Germani M S, Small M, Zoller W H, et al. Fractionation of elements during copper smelting. Environmental Science & Technology, 1981, 15: 299-305.

[17] Ke J J, Qiu R, Chen C Y. Recovery of metal values from copper smelter flue dust. Hydrometallurgy, 1984, 12: 217-224.

[18] Makipirtti S A. Process for the refining of sulfidic complex and mixed ores or concentrates: US, 4169725, 1979.

[19] Rick C E. Production of group IV-A metals: US, 2773787, 1956.

[20] Lisowyj B, Hitchcock D C, Epstein H. Process for the recovery of gallium and germanium from coal fly ash: US, 4678647, 1987.

[21] Henao H, Hayes P, Jak E. Research on indium and germanium distributions between lead bullion and slag at selected process conditions//Lead-Zinc 2010, TMS, Vancouver, 2010: 1145-1160.

[22] Yan S, Swinbourne D. Distribution of germanium under lead smelting conditions. Mineral Processing and Extractive Metallurgy, 2003, 112: 75-80.

[23] Shuva M H, Rhamdhani M A, Brooks G A, et al. Thermodynamics behavior of germanium during equilibrium reactions between FeO_x-CaO-SiO_2-MgO slag and molten copper. Metallurgical and Materials Transactions, 2016, 47B: 2889-2903.

[24] Shuva M H. Analysis of thermodynamic behaviour of valuable elements and slag structure during E-waste processing through copper smelting. Melbourne: Swinburne University of Technology, 2017.

[25] Choi N, Cho W D. Distribution behavior of cobalt, selenium, and tellurium between nickel-copper-iron matte and silica-saturated iron silicate slag. Metallurgical and Materials Transactions, 1997, 28B: 429-438.

[26] Nagamori M, Mackey P J. Thermodynamics of copper matte converting: Part II. Distribution of Au, Ag, Pb, Zn, Ni, Se,Te, Bi, Sb and As between copper, matte and slag in the Noranda process. Metallurgical Transactions B, 1978, 9(4): 567-579.

[27] Fang L, Lynch D C. Evaluation of the behavior of selenium in silicate slag. Metallurgical Transaction, 1987, 18B: 181-187.

[28] Sukhomlinov D, Klemettinen L, O'Brien H, et al. Behavior of Ga, In, Sn, and Te in copper matte smelting, behavior of Ga, In, Sn, and Te in copper matte smelting. Metallurgical and Materials Transactions, 2019, 50B: 2723-2732.

[29] Hons T S K. Microelement distribution during matte smelting. Melbourne: RMIT University, 2006.

[30] Klemettinen L, Aromaa R, Danczak A, et al. Distribution kinetics of rare earth elements in copper smelting. Sustainability, 2020, 12: 208.

[31] Tirronen T, Sukhomlinov D, O'Brien H, et al. Distributions of lithium-ion and nickel-metal hydride battery elements in copper converting. Journal of Cleaner Production, 2017, 168: 399-409.

第 15 章

铜火法冶金的速率现象

冶金工艺可以两组参数来表示特性,即热力学和动力学。通过热力学平衡实验和计算可以预测多相共存或均相的平衡组成,包括产品的纯度和金属回收率等,但是热力学不考虑系统达到平衡的路径和所需的时间。达到平衡状态的途径和速率所涉及的问题需要应用动力学来解决。

15.1 化学反应动力学

化学反应可分为均相反应和多相反应。在均相反应中,所有反应物及生成物都存在于单一相,如气体、液体或固体;如果是催化反应,那么催化剂也必须存在于同一相中。表 15.1 列出均相反应速率方程。

表 15.1 均相反应速率方程

反应级数	速率方程	反应式
一级反应	$t = (1/k)\ln(x_0/(x_0-x))$	A→P
二反应	$t = (1/k)\{x/[x_0(x_0-x)]\}$	2A→P
n 级反应	$t = \{1/[(n-1)k]\}[1/(x_0-x)^{n-1}-1/x_0^{n-1}]$	nA→P

注:x 是时间 t 单位体积中反应物 A 的含量;x_0 是 A 的初始含量;P 是产物;k 是速率常数。

多相反应发生在相与相之间,因此速率现象比均相反应复杂,由于反应过程中传热和传质方法的不同,具有各种不同的反应机理,包括流体中质量传输(扩散、迁移、对流等)、热传输、通过产品层或者反应层及其界面扩散、反应界面吸附、化学反应和脱附等机理。如果反应物状态或条件发生变化,这些机理可能会改变。因此,速率方程表达式除了通常的化学动力学之外,还包括传质传热方程。而不同类型的多相系统的传质传热过程存在差异,意味着没有普遍适用性的单一速率方程表达式。此外,多相反应速率与多相系统的接触模式有关。即使对于两相体系,也可能是多种不同接触模式组合,速率方程建立须针对特定接触模式。表 15.2 列出了与多相反应有关的质量、动量和热传输方程。高温冶金过程中的反应,基本上都是非催化多相反应,主要反应类型如表 15.3 所示。

表 15.2　质量，动量和热传输方程

传输类型	方程	备注
动量传输	$\tau_{zx} = (\eta/\rho)\,[\mathrm{d}(\rho v_x)/\mathrm{d}z]$	动量/m³
质量传输	$J_{az} = -D_{ab}(\mathrm{d}C_a/\mathrm{d}z)$	kg·mol/m³，菲克定律
热(能量)传输	$q_z/A = -\alpha[\mathrm{d}(\rho C_p T)/\mathrm{d}z]$	J/m³，傅里叶定律

注：公式的左边是单位时间单位面积的通量；τ_{zx} 表示 x 方向的动量流；J_{az} 表示 a 组元在 z 方向的摩尔流；q_z/A 表示通过单位面积的 z 方向热流；ρ 表示密度；η 表示黏度；C_p 表示热容量；C_a 表示 a 组元浓度；v_x 表示速度；D_{ab} 表示 a 组元分子扩散系数；α 表示传热系数。η/ρ、D_{ab} 和 α 具有相同的单位 m²/s。

表 15.3　化学冶金中的非催化多相反应类型

反应	类型	反应实例
气-固反应	$S + G_1 \longrightarrow G_2$	$C + 0.5\,O_2 \longrightarrow CO$
	$G_1 \longrightarrow S + G_2$	$Ni(CO)_4 \longrightarrow Ni + 4\,CO$
	$S_1 + G \longrightarrow S_2$	$2\,Fe_3O_4 + 0.5\,O_2 \longrightarrow 3\,Fe_2O_3$
	$S_1 \longrightarrow S_2 + G$	$CaCO_3 \longrightarrow CaO + CO_2$
	$S_1 + G_1 \longrightarrow S_1 + G_2$	$Cu_2S + O_2 \longrightarrow Cu_2O + SO_2$
固-液反应	$S \longrightarrow L$	熔化
	$S + L_1 \longleftrightarrow L_2$	溶解-结晶
	$S + L_1 \longrightarrow L_2$	$2FeO(l) + SiO_2 \Longrightarrow Fe_2SiO_4(l)$ (熔炼造渣)
	$S_1 + L_1 \longrightarrow S_2 + L_2$	$Cu + ZnSO_4 \longrightarrow CuSO_4 + Zn$
气-液反应	$L \longleftrightarrow G$	蒸馏-冷凝
	$L_1 + G_1 \longrightarrow L_2 + G_2$	$Cu_2S(l) + O_2 \longrightarrow 2Cu(l) + SO_2$ (吹炼造铜)
	$L_1 + G \longrightarrow L_2$	气体溶解
固-固反应	$S_1 \longrightarrow S_2$	相变
	$S_1 + S_2 \longrightarrow S_3 + G$	$CaO + 3\,C \longrightarrow CaC_2 + CO$
	$S_1 + S_2 \longrightarrow S_3 + S_4$	$Cr_2O_3 + 2\,Al \longrightarrow Al_2O_3 + Cr$
	$S_1 + S_2 \longrightarrow G_1 + G_2$	$ZnO + C \longrightarrow Zn(g) + CO_2/CO$ (锌还原蒸馏)
液-液反应	$L_1 \longleftrightarrow L_2$	熔剂萃取
		冰铜-熔渣之间反应

冶金动力学是比较新的领域，20 世纪 60 年代才重视流体与表面之间(或者两不互溶流体之间)的反应速率。界面反应如图 15.1 所示，通常动力学表达式为

$$\text{速率} = k_{ov}(C_a - C_{aeq})$$

式中，C_a 为反应物 a 的浓度；C_{aeq} 为反应物 a 的平衡浓度；k_{ov} 为总速率常数，并非传统意义的具有 Arrhenius 温度关系的化学反应速率常数，该常数体现化学反应及质量传输各

步骤对反应速率总的影响。

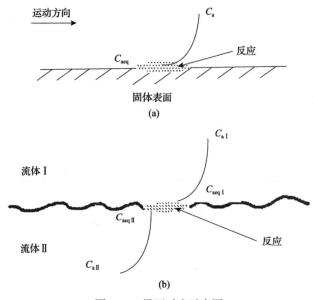

图 15.1　界面反应示意图
(a)流体-固体之间；(b)两流体之间[1]

　　多数气-液和液-液反应的速率由质量传输控制，因此速率主要取决于质量传输与界面化学之间状态。流体-固体反应涉及以下单个步骤的组合[2]：

　　(1)反应物和产品在流体和反应界面之间传输。

　　(2)如果固体含有开放孔隙，则反应物和产品在固体孔隙内扩散。

　　(3)界面上化学反应。

　　(4)固体内反应热传输。

　　(5)通过对流和辐射在固体外部表面热传输。

　　(6)化学反应引起固体结构变化。

　　如果反应界面存在产物层或形成了高浓度梯度的膜层，反应物及产物需要通过反应界面产物层和膜层传输。速率控制步骤根据反应条件而变化，因此在一组给定条件下获得的速率信息可能不适用于另一组条件。此外，可能没有单一的速率控制步骤，因为几个步骤对确定总速率有可比影响[2]。这些步骤的相对重要性也可能在反应过程中发生变化。

　　应用于动力学分析方法可分为积分、微分、参考温度下复合传热速率等方法[3-8]。无论何种情况，任何单一方法都难说是优于所有其他方法的。当从实际角度分析反应动力学时，先基于假设建立反应模型，动力学模型作为多个单反应步骤的组合，单个反应步骤可以从化学和/或物理方面进行解释[3,4,6]。正确推断动力学模型预测，须在不同温度下或以不同加热速率进行动态测量，以覆盖所有可接近时间/温度场[7]。从动力学找到问题的答案包括：①总反应速率是多少；②如何提高该速率；③反应的限制因素是什么。表 15.4 列出了不同反应类型示例和反应速率的相应反应方程。

表 15.4　不同反应类型示例和反应速率的相应反应方程[5,6,9,10]

方程 $f(x, 1-x)$	反应类型	备注
x	一级反应	均相反应
x^2	二级反应	
x^n	n 级反应	
$2x^{1/2}$	二维相边界反应	
$3x^{2/3}$	三维相边界反应	
$1/[2(1-x)]$	一维扩散	
$-1/\ln x$	二维扩散	
$3x^{1/3}(x^{-1/3}-1)/2$	三维扩散	Jander's 类型
$3/\dfrac{1}{2}(x^{-1/3}-1)$	三维扩散	Ginstling-Brounstein 类型
$x(1-x)$	简单 Prout-Tompkins 方程	
$x^n(1-x)^a$	扩展 Prout-Tompkins 方程	
$2x(-\ln x)^{1/2}$	二维成核	
$3x(-\ln x)^{2/3}$	三维成核	
$nx(-\ln x)^{(n-1)/n}$	n 维成核/核生长	
$X[1+k_{cat}(1-x)]$	一级自催化反应，	反应物自催化
$x^n[1+k_{cat}(1-x)]$	n 级自催化反应	

注：速率方程式：$dx/dt = -A\exp[-E_a/(RT)]f(x, 1-x)$。

15.2　多相反应界面现象

多相反应均具有反应界面，尽管界面现象对于金属（冰铜）-渣-气相之间的热力学平衡没有影响，但是对于涉及这些相的界面反应速率则具有较大的影响。界面现象也影响金属液滴在渣中凝聚、泡沫渣的形成和金属中气体成核。阻碍接近化学平衡的界面反应速率主要因素包括：

(1) 界面与主熔体中的反应物浓度差。

(2) 相与相之间的反应界面面积。

(3) 化学反应速率。

(4) 界面的质量传输（主要由流体流动状态控制）。

(5) 反应器的几何形状及大小。

为了取得高的反应速率，提高工艺效率，需要增加单位反应器体积的反应界面，提高相界面的质量传输有效速率。流体中传输过程除与反应物及产物的传输性质有关，还取决于流体特性及流体流动状态。此外，界面活性剂影响界面反应。非反应界面活性剂趋于保持低活性的反应物离开界面，从而防止反应及反应物的质量传输，阻碍界面的更新。然而，表面活性溶质参与反应，可以加快界面的更新，在反应区域引起涡流，使反应加速。界面的阻塞使速率降低至几百分之一。在一个搅拌系统，表面更新能够使速率加速 5~10 倍或者延迟 $\frac{1}{10}$~$\frac{1}{5}$。图 15.2 表示没有和有界面活性剂的界面旋涡。

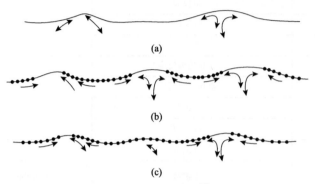

图 15.2　界面旋涡[1]

(a)没有表面活性剂存在；(b)表面活性剂存在表面强更新；(c)表面活性剂存在表面弱更新

　　熔渣的表面张力研究少于金属的表面张力研究，其值比金属的表面张力值低得多，为 300~600mJ/m², 而高温下金属熔体则在 800~1800mJ/m²[11]。许多溶质具有渣的表面活性，图 15.3 表明了氧化铁与其他氧化物二元系的表面张力。SiO₂ 能够降低多数氧化物的表面张力，但作用不是非常强。三价铁具有活性作用，五价磷有强的活性，硫也具有活性作用，硫在渣中的活性为硫在金属中活性的 1/5[11]。

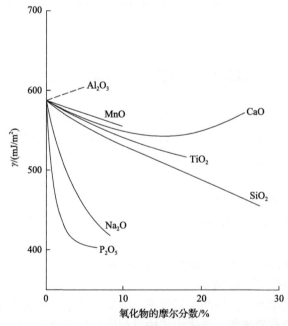

图 15.3　1400~1420℃氧化铁与其他氧化物二元系的表面张力[11]

　　液-固反应界面不仅与固体尺寸大小有关，还与固体和液体的密度差，即沉没深度有关。有效的反应界面还取决于液体在固体界面的润湿度。熔渣-焦炭界面示意图如图 15.4

所示，图中包括金属在焦炭界面成核长大及液滴离开界面。反应物向界面的质量传输、界面上的化学反应、金属液滴及气泡成核和生长均有可能控制还原动力学。

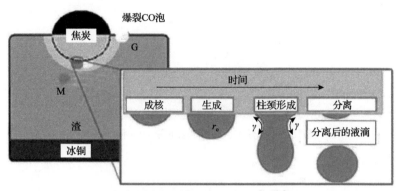

图 15.4　渣焦界面及金属在焦界面成核长大及液滴离开界面的示意图[12]
M-金属液滴；G-气泡

图 15.4 表明，由于焦炭的密度小于熔渣，焦炭只是部分淹没。根据阿基米德原理可以估算反应表面积，影响反应表面积的因素包括渣密度和焦炭粒的大小，在焦炭半径小于 2.5cm 时，对于反应表面积影响小，主要影响因素是熔渣密度。表 15.5 列出了估算结果。例如电炉中炉渣火法贫化涉及使用焦炭还原液体渣，反应速率与暴露在熔渣的焦炭的表面积成正比。熔渣物理接触焦炭的表面区域和在界面上润湿，直接或间接地取决于熔渣化学性质和温度。

表 15.5　每平方米渣面的球形焦炭的累计反应表面积[12]

渣密度/(g/cm³)	2.8	3.0	3.2	3.4	3.6
反应表面积/m²	1.42	1.36	1.31	1.26	1.22

注：固定焦炭密度为 0.95g/cm³；焦炭半径为 1.0～2.5cm。

反应界面润湿主要与界面张力有关，界面上的化学反应产生的能量降低液-固界面张力，从而改善润湿[13]。接触角 θ 是固体表面液滴润湿性的度量[12,13]。没有化学反应的体系，表面张力的平衡如图 15.5 所示，Young 方程为

$$Y_{sg} - Y_{sl} = Y_{lg}\cos\theta \tag{15.1}$$

式中，Y_{sg}、Y_{sl} 和 Y_{lg} 分别是气-固、固-液和液-气界面张力。$Y_{lg}\cos\theta$ 为湿润性度量，在 $0° < \theta < 90°$ 范围，表示系统可以湿润[12,13]。当界面发生反应时，每单位面积的自由能量变化也会改变湿润。在这种情况下，Young 方程需要更正。反应系统中可能的最小接触角由式(15.2)给出[12,13]：

$$\cos\theta_{\min} = \cos\theta_0 - \Delta Y_r / Y_{lg} - \Delta G_r / Y_{lg} \tag{15.2}$$

式中，θ_0 是无反应条件下基材上液体的接触角；ΔY_r 是考虑界面反应带来的界面能量变化；ΔG_r 是反应在液体基板界面单位面积自由能量的变化，是影响反应系统湿润的主要因素之一。温度对润湿性的影响在于温度升高可提高反应速率，降低熔渣的表面张力。

346 | 铜火法冶金炉渣化学及其应用

焦炭的润湿性受到渣酸碱性的影响，渣中 SiO₂ 使渣的润湿性增强。

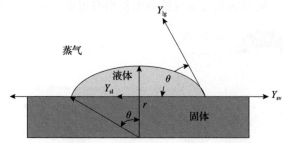

图 15.5　没有化学反系统表面张力的平衡[12,13]

15.3　熔体中质量传输

多相之间的反应动力学，化学反应主要是界面上化合物的键断裂和生成，但速率限制环节可能是反应物至反应界面和产物离开反应界面的传输。质量传输是多相反应中最重要的步骤。对火法冶金多相反应的化学动力学的了解仍然不足，假定气体均相反应动力学活化能的原理同样适用于熔体之间的反应[14]，根据 Arrhenius 方程，已知均相气体反应速率随温度呈指数级增长，而铜冶炼在高温下进行，化合物之间的反应非常迅速，反应的总体速率很少受到化学反应控制[14]。大多数多相火法冶金反应的速率由反应物和产物在流体与反应界面之间质量传输控制。物质的扩散在熔体质量传输中扮演重要角色。

在稳态的单相系统中，菲克第一定律给出一种扩散物质在单位面积平面上的通量，垂直于扩散方向：

$$J = -D\nabla C \tag{15.3}$$

式中，J 是通量；∇C 是沿扩散方向的浓度梯度；D 是物质在介质中的扩散系数(cm^2/s)。由 Arrhenius 方程给出扩散-温度关系。

$$D = D_0\, e^{-E_a/(RT)} \tag{15.4}$$

式中，E_a 是扩散的活化能。大多数火法冶金系统处于非稳态，流体湍流流动占主导地位，湍流有利于相混合，但是如果界面发生的反应由质量传输控制，则在界面和相之间浓度梯度成为影响速率的主要因素。在这种情况下，反应物或产物在界面和相之间的通量由以下方式给出：

$$n = k_m A (C_2 - C_1) \tag{15.5}$$

式中，n 是通量；A 是相应界面的面积；C_1 和 C_2 分别是相和界面的相应浓度；k_m 是质量传输系数[14]。质量传输系数的值主要取决于反应物或产物的扩散系数。当质量传输通过界面的流体停滞膜发生时，质量传输系数和扩散系数之间直接成正比。由于湍流存在停滞膜不断更新的情况，两者的关系更复杂。随着对流过程越来越活跃，湍流程度越高，其在质量传输现象中起作用越大，扩散系数对 k_m 的影响也减少了。k_m 可以通过无量纲准数计算：

$$Sh = k_m Re^m Sc^{m+r} \tag{15.6}$$

式中，$Sh = k_m d/D$，为舍伍德(Sherwood)准数；$Re = du\rho/\eta$，为雷诺(Reynolds)准数，其中，d 为直径或长度，u 为流动线速度，ρ 为流体密度；$Sc = \eta/(D\rho)$ 为施密特(Schmidt)准数，其中，η 为流体黏度，D 为流体组元扩散系数。对于平板层流，有

$$Sh = 0.66 Re^{1/2} Sc^{1/3} \tag{15.7}$$

对于球体周围的强制对流，有

$$Sh = 2 + 0.6 Re^{1/2} Sc^{1/3} \tag{15.8}$$

反应物或者产物状态的变化对多组元体系中扩散过程的影响比较复杂，尤其是离子和聚合体更为复杂。根据菲克定律，定义单个组元化学扩散为

$$D_i = -J_i(\partial c_i/\partial z) \tag{15.9}$$

式中，J_i 表示组元的通量。对于非理想溶液扩散：

$$D_i = D_i^*(\partial \ln\alpha_i/\partial \ln c_i) = D_i^*(1 + \partial \ln\gamma_i/\partial \ln c_i) \tag{15.10}$$

式中，α_i、γ_i 分别为扩散组元活度和活度系数；D_i^* 为自扩散系数：

$$D_i^* = \kappa_B T B_i \tag{15.11}$$

其中，κ_B 为玻尔兹曼常数；B_i 为组元的流动性(mobility)；T 为温度。对于理想溶液或无限稀溶液，$D_i = D_i^*$。

离子传质是纯随机跳跃过程，对于有限自由和随机迁移的情况，离子组元 i 的电导率 κ_i 与自扩散有关，其关系可以用 Nerest-Einstein 关系式表示：

$$D_i^* = \frac{\kappa_B T}{Ne^2 Z_i^2 c_i}\kappa_i \tag{15.12}$$

式中，N 为阿伏伽德罗常数，6.0225×10^{23}；e、Z_i、c_i 分别为组元 i 的电荷、价态和摩尔浓度(mol/cm³)；基于 Faraday 常数，即 $F=96500\text{C/mol}$ 和气体常数，即 $N\kappa_B=R=8.314\text{ J/(mol·T)}$，故

$$D_i^* = \frac{RT}{F^2 Z_i^2 c_i}\kappa_i \tag{15.13}$$

在没有电子电导的情况下，电导 κ_i 称为特殊电导，单位为 S/cm，是由阴阳离子形成的电导。在聚合熔体中，主要是阳离子的迁移。组元当量电导率定义为

$$\Gamma_i = \frac{\kappa_i}{Z_i c_i}, \quad (cm^2/(\Omega \cdot gew)) \tag{15.14}$$

总当量

$$\Gamma = \sum \Gamma_i \tag{15.15}$$

化学扩散系数与离子扩散系数是同义的，由于离子扩散系数通过 Nerest-Einstein 关系式由离子电导率决定，$t_i = \kappa_i / \kappa$，即组元 i 的电导率与总电导率之比。

$$D_i = \left(\frac{RT}{F^2}\right)\left(\frac{t_i \kappa}{Z^2 c_i}\right)\left(\frac{\partial \ln \alpha_i}{\partial \ln c_i}\right) \tag{15.16}$$

15.4　铜冶炼过程中气-固反应

气-固反应主要存在冶金工艺中氧化或者还原焙烧。铜冶炼过程中闪速熔炼和吹炼或其他悬浮的反应塔内的反应也属于气-固反应。图 15.6 表示四类精矿典型悬浮氧化反应曲线。由图可以看出，悬浮氧化反应速率的顺序是黄铁矿、黄铜矿、方铅矿和闪锌矿。黄铁矿在 700℃可于 0.2s 内完成脱硫，而黄铁矿在 700℃只能脱除 80%的硫，方铅矿和闪锌矿即使升高温度至 800℃和 1000℃，硫的脱除率只有 50%和 30%。图 15.7 为温度对四类精矿反应速率的影响。图中曲线表明，0.1s 时间内，黄铁矿在 800℃能够完成脱硫，黄铜矿需在 1200℃完成脱硫，方铅矿和闪锌矿完成脱硫则需要更高的温度或更长的时间。

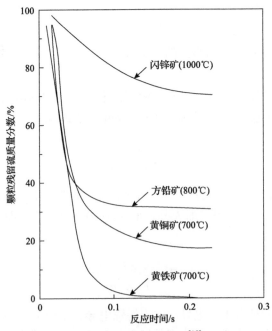

图 15.6　四类精矿典型悬浮氧化反应曲线[15](37～53μm，空气)

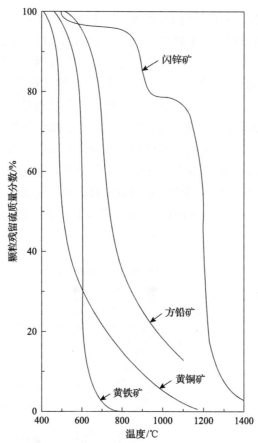

图 15.7 温度对四类精矿反应速率的影响[15] (37～53μm，反应时间 0.1s，空气)

铜闪速熔炼大致可以分为图 15.8 所示的六个步骤。前面三步在反应塔进行，后面三步在熔池中进行。取决于氧料比，在没有过剩氧气的情况下，过程在步骤 4 停止，在有

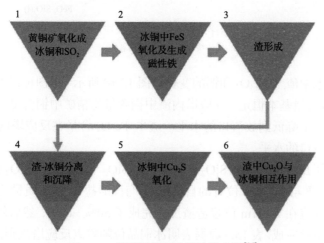

图 15.8 悬浮氧化的冰铜熔炼步骤[16]

过量氧气的条件下，过程一直持续到步骤 6。步骤 3 是熔炼的速率限制步骤。冶炼中铁硅酸盐渣的形成主要通过石英、磁性铁和氧化铁之间的反应。造渣比过程中的其他步骤慢，熔体中传质限制了熔渣形成反应，因此传质是熔炼过程的限制因素。

图 15.9 为悬浮熔炼铜精矿颗粒反应示意图，悬浮硫化矿精矿的氧化存在两条途径：一是硫化物迅速氧化产生的热将硫化矿自身熔化，并与脉石及熔剂颗粒碰撞，开始形成冰铜和渣；二是氧化缓慢导致未熔化硫化物落入熔池，继续氧化造渣。熔化的硫化物进入熔池，与气相及熔渣的接触界面面积增加。然而，从反应塔取得的水淬渣样表面多数反应产物没有被渣覆盖，这种现象是由于暴露在气相的表面张力和液相之间的界面张力比颗粒质量要大得多。相与相的界面存在的浓度梯度可以使表面及界面张力升高，该表面和界面张力导致马兰戈尼(Marangoni)对流，促进了质量传输。这是闪速熔炼观察的氧化速率高的原因。

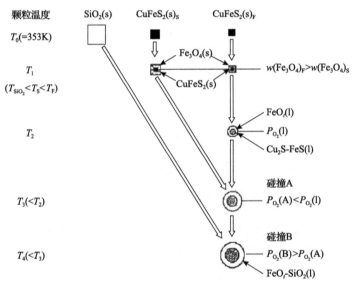

图 15.9 悬浮熔炼铜精矿颗粒反应示意图[17,18]

S-缓慢氧化；F-快速氧化

反应塔及熔池中渣含 Fe_3O_4 和铜的变化如图 15.10 所示。由图可以看出，熔池中试验样的 Cu 和 Fe_3O_4 含量基本恒定，反应塔内渣中铜含量比精矿中铜含量稍高一些，但是当渣落入熔池，铜含量降低到放渣口的水平。渣中 Fe_3O_4 含量在反应塔内升高，渣落入熔池后则降低到放渣口的水平。

表 15.6 列出了反应塔内渣样 SiO_2 含量及自由 SiO_2 与硅酸盐中 SiO_2 总含量的质量比，反应塔 5.491m 位置与 8.504m 位置的自由 SiO_2 与硅酸盐中 SiO_2 质量比几乎相同，说明反应塔中的造渣反应在 5.491m 位置造渣反应完成了 50%~60%，然后停止反应，造渣反应只能在熔池中继续完成。表 15.6 数据表明冰铜品位随着离反应塔顶距离的增加而增加，即反应塔中的氧化反应没有停止。表 15.7 为沉淀区熔渣化学分析，表中数据说明熔池中

渣成分基本上均匀一致。

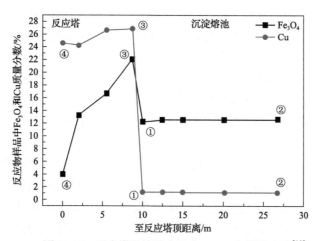

图 15.10　反应塔及熔池中渣含 Fe₃O₄ 和铜的变化[19]

①反应塔下熔池表面样；②放渣孔渣；③距离反应塔顶 8.5m，即入熔池之前样；④精矿样

表 15.6　反应塔内渣样 SiO₂ 含量和自由 SiO₂ 与硅酸盐中 SiO₂ 质量比及冰铜品位[19]

取样位置离反应塔顶距离/m	自由 SiO₂ 质量分数/%	硅酸盐中 SiO₂ 质量分数/%	总 SiO₂ 质量分数/%	自由 SiO₂ 与硅酸盐中 SiO₂ 总含量的质量比	冰铜品位/%
2.001	13.46	6.76	20.22	66.57	46.71
5.491	10.67	8.66	19.33	55.2	54.57
8.504	11.86	10.06	21.92	54.11	63.48

表 15.7　沉淀区熔渣化学分析（质量分数）[19]　　　　　　（单位：%）

取样位置	Fe	Fe₃O₄	SiO₂	Cu	S
反应塔下面熔池	41.32	16.1	26.18	1.22	0.43
熔池中间	40.74	16.55	28.06	1.27	0.37
放渣口	40.00	16.65	28.39	1.17	0.37

黄铁矿的氧化燃烧反应取决于氧浓度，具有三类行为。在 10%～40%氧浓度(体积分数)范围，黄铁矿颗粒最高温度随着氧浓度的增加线性增加，加热速率同时上升。气层膨胀发生在最高粒子温度下，磁铁壳的冻结是在颗粒的突然膨胀之后，与粒子的突然膨胀没关系。在 40%～80%氧浓度范围，黄铁矿颗粒最高温度与氧浓度无关，维持在 3000～3400K 温度范围，但加热速率仍在变化，粒子膨胀形成气层，但破裂的趋势增加。在 80%氧浓度及更高氧浓度，加热速率更高，但是黄铁矿颗粒最高温度限制在 3200～3500K。反应的终止与产物或颗粒分解是一致的，而不是与气层膨胀一致。反应速率整体上由氧在气相传输控制。图 15.11 给出不同氧浓度的硫化铁氧化燃烧反应机制的示意图。硫化铁颗粒最初加热迅速，对于密度大的磁黄铁矿，氧化甚少，而对于黄铁矿，发生热分解

产生多孔磁黄铁矿和不稳定硫(阶段 1a)，熔化开始(阶段 1b)。由于新表面的形成，其氧化及熔化比磁黄铁矿快。两种铁硫化物最终形成一个 Fe-S 熔体(阶段 2)，之后的反应两种矿物没有区别。在气相的氧质量传输控制条件下，Fe-S 液滴氧化反应非常迅速，形成互溶 Fe-S-O 熔体和二氧化硫。在氧气浓度小于 80% 的条件下，颗粒温度迅速升高，氧化铁相增加(阶段 3a)，最终成核并从缺硫的熔体分离出。氧化物表面层开始分布颗粒，氧通过氧化物层，在氧化物层和硫化物界面附近，发生二价与三价的铁氧体电化学反应，导致氧化层和硫化物核(阶段 4a)之间的气泡成核。然后颗粒迅速发生膨胀(阶段 5a)。在低氧气浓度(<40%)时，颗粒在氧化物形成和发生膨胀之前，其温度向最高温度升高。达到最高温度后，膨胀颗粒迅速冷却，反应停止。在冷却过程中，少量熔体进一步燃烧(阶段 6a)。在中等氧浓度(40%~80%)，反应过程机理类似，但颗粒达到的最高温度超过 3000K，铁挥发可能涉及颗粒中气泡成核。在 80% 或更高氧浓度时，颗粒反应更快(阶段 2)，达到温度超过 3300K。由于 Fe-S-O 熔体的过热，通过铁矿物的汽化，(阶段 3b)气体在颗粒内部产生，导致大量物质浅散或颗粒解散，然后进行快速燃烧(阶段 4b)。

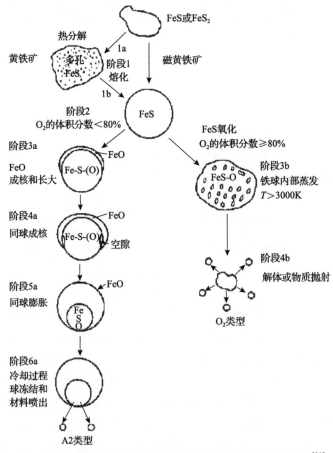

图 15.11　不同氧浓度的硫化铁氧化燃烧反应机制的示意图[20]

图 15.12 表示冰铜品位对黄铜矿精矿反应的影响。由图可知，控制冰铜品位，影响反应塔中的脱硫率，对于气相成分几乎没有影响。氧浓度对黄铜矿精矿反应的影响如图 15.13 所示，氧浓度影响气相中的 SO_2 浓度，对反应塔中脱硫率没有影响。图 15.14

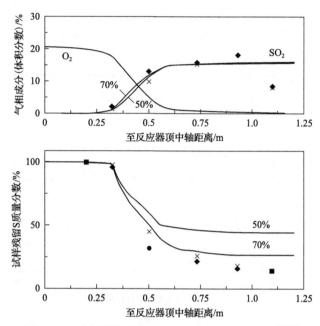

图 15.12 冰铜品位对黄铜矿精矿氧化反应的影响[21,22]

测量数据：◆冰铜品位 70%, 21%O_2(体积分数)；×冰铜品位 50%, 21%O_2(体积分数)；实线为预测

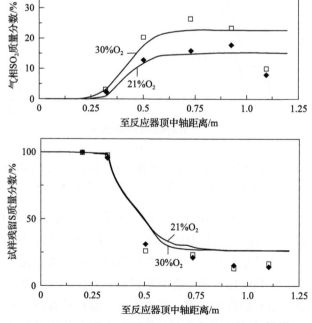

图 15.13 氧浓度对黄铜矿精矿氧化反应的影响[21,22]

测量数据：◆21% O_2(体积分数), 70%冰铜品位；□30% O_2(体积分数), 70%冰铜品位；实线为预测

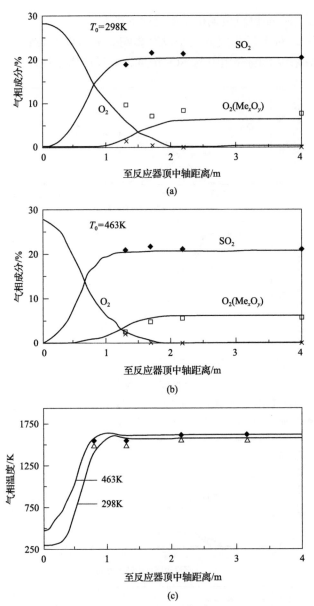

图 15.14　精矿不同预热温度的气相温度和组成的预测与测量结果的比较[21,22]

(a)预热温度 298K 实验；(b)预热 463K 实验；(c)气相温度：T_g=298K（△），463K（◆）；◆△□×为测量值；实线为预测值

　　表示精矿不同预热温度对气相温度和组成预测与测量结果的比较，精矿预热温度提高，主要影响反应塔内的气相温度，预热温度提高，反应塔内的气相温度升高。

　　图 15.15 为闪速炉中黄铜矿精矿的燃烧颗粒温度。图中曲线表明，黄铜矿颗粒燃烧温度在 0.02s 内可以达到 1800K 以上。终时冰铜品位升高，颗粒燃烧温度在升温时没有区别，但达到最高温度后开始降温过程，高冰铜品位颗粒具有稍高的温度。黄铜矿着火温度为 960K，SO_2 是颗粒表面的重要产品。图 15.16 表示颗粒大小对闪速炉中黄铜矿精

矿的燃烧颗粒温度的影响。由图可知，细颗粒的升温速率高于粗颗粒的升温速率，但颗粒达到的最高燃烧温度相同，粗颗粒需要更长的时间达到最高温度。氧浓度对闪速炉中黄铜矿精矿的燃烧颗粒温度影响如图 15.17 所示。氧浓度增加，升温速率及颗粒燃烧的最高温度均升高，低氧浓度需要更长的时间达到最高温度。

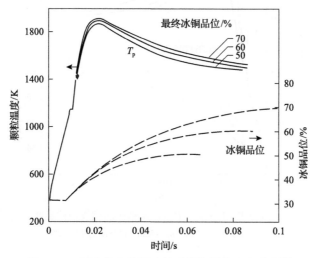

图 15.15　闪速炉中黄铜矿精矿燃烧颗粒温度影响[23]

炉壁温度 T_w=1523K，O_2 体积分数为 21%，精矿粒径 d_p=45μm

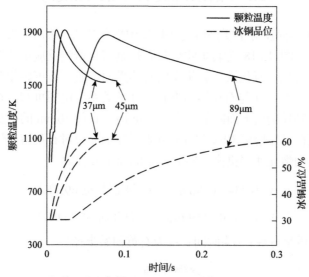

图 15.16　颗粒大小对闪速炉中黄铜矿精矿的燃烧颗粒温度影响[23]

炉壁温度 T_w=1523K，O_2 体积分数为 21%，最终冰铜品位 60%

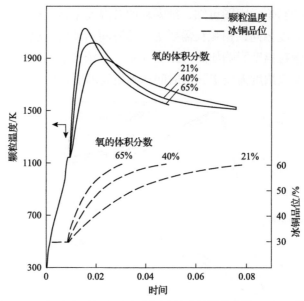

图 15.17　氧浓度对闪速炉中黄铜矿精矿的燃烧颗粒温度影响[23]

炉壁温度 T_w=1523K，d_p=45μm，最终冰铜品位 60%

15.5　铜冶炼过程中液-固反应

铜冶炼工艺中液-固反应主要是熔剂在炉渣中熔化造渣。熔剂在吹炼过程中熔化是影响造渣的关键因素，图 15.18 为转炉吹炼过程熔剂熔化造渣反应示意图，主要步骤包括冰铜中的硫化铁氧化生产氧化铁，氧化铁向石英界面传质，石英熔化及与氧化铁反应造渣。图 15.19 表示石英熔化与石英熔剂颗粒尺寸的关系。由图可知，在给定时间内，熔剂熔化百分比随着颗粒的增大而降低。在 17min 内，直径 10mm 的石英可以全部熔化，而直径 40mm 的颗粒只能熔化 10%。图 15.20 表示冰铜品位对石英熔剂熔化速率的影响，冰铜品位低，熔剂的熔化速率更高。实验得到的速率方程为

$$X=1-(1-0.0206\ t/r_0)^3 \quad (冰铜品位\ 69.7\%) \tag{15.17}$$

$$X=1-(1-0.0169\ t/r_0)^3 \quad (冰铜品位\ 75.0\%) \tag{15.18}$$

式中，X 为熔化的质量分数；t 为时间；r_0 为石英初始半径。

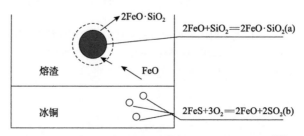

图 15.18　转炉吹炼过程熔剂熔化造渣反应示意图[24]

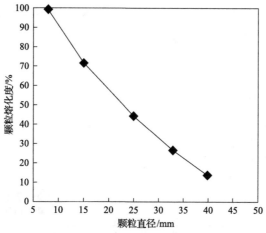

图 15.19 熔化度与石英熔剂颗粒尺寸的关系[24]
冰铜品位 69.7%，反应时间 17min

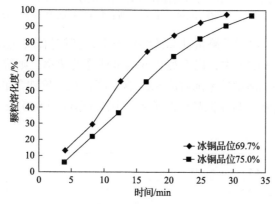

图 15.20 不同冰铜品位的石英熔剂的熔化速率[24]

图 15.21 和图 15.22 表示不同渣成分和沉没时间对石英棒在熔渣中溶解速率的影

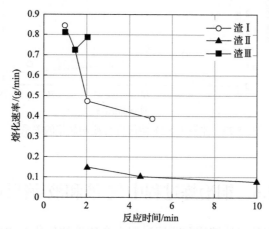

图 15.21 渣成分和沉没时间对石英棒在熔渣中溶解的影响(以损重测量计算)[25]

渣Ⅰ：63.81%FeO, 8.01 %Fe₂O₃, 17.60% SiO₂, 10.50% Al₂O₃；渣Ⅱ：50.56%FeO, 9.44 %Fe₂O₃, 32.00% SiO₂, 12.10% Al₂O₃；
渣Ⅲ：55.45%FeO, 21.59 %Fe₂O₃, 16.00% SiO₂, 2.10% Al₂O₃

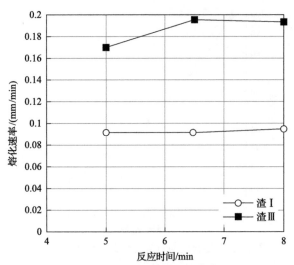

图 15.22　渣成分和沉没时间对石英棒在熔渣中溶解的影响(以石英长度测量计算)[25]

渣 Ⅰ：63.81%FeO, 8.01 %Fe$_2$O$_3$, 17.60% SiO$_2$, 10.50% Al$_2$O$_3$. 渣Ⅲ：55.45%FeO, 21.59 %Fe$_2$O$_3$, 16.00% SiO$_2$, 2.10% Al$_2$O$_3$

响。由图 15.21 可知，以损重测量计算的溶解速率，其初值高，随着沉没时间的延长，溶解速率降低。而图 15.22 中，以石英长度测量计算的速率，则溶解速率几乎不随反应时间变化。石英在渣中的溶解速率随着渣 SiO$_2$ 含量降低和三价铁含量增加而升高。图 15.23 表明了冰铜中 SiO$_2$ 溶解度与冰铜品位的关系，图中数据说明 SiO$_2$ 在冰铜中溶解度随着冰铜品位升高而降低。

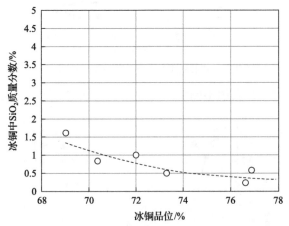

图 15.23　冰铜中 SiO$_2$ 溶解度与冰铜品位的关系[25]

15.6　铜冶炼过程中气-液和液-液反应

气-液和液-液反应是熔池熔炼和吹炼过程中含硫熔体氧化的主要反应。图 15.24 为熔池中硫含量与氧含量的关系，表明了熔融硫化铜的氧化途径。由图 15.24 可以看出，熔融 Cu₂S 氧化存在两个清晰的阶段，在初始阶段（图中 *a-b* 线），熔体的硫含量降低，氧含量增加，即熔体部分脱硫，氧溶解于硫化熔体中。当熔体中氧达到饱和时，第二阶段开始反应生成 Cu 和 SO₂（图中 *b-c* 线），熔体硫和氧含量降低，反应在熔体表面开始呈电化学机理进行。熔融 Cu₂S 氧化动力学由氧从气相至熔体表面的质量扩散控制。

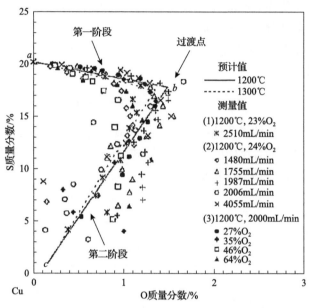

图 15.24　熔池中硫含量与氧含量的关系[26]

Cu₂S-FeS-SiO₂-CaO 系熔体氧化动力学研究表明，熔体中 FeS 优先 Cu₂S 氧化，硫的氧化速率对氧分压 P_{O_2} 为一级反应，对于 FeS 活度 a_{FeS} 为零级反应。反应表观活化能为 55.7kcal/mol。反应初期硫的氧化速率高于 Fe^{2+} 的氧化速率。随着反应的继续进行，Fe^{2+} 的氧化速率增加。图 15.25 表示添加 CaO 对于脱硫速率和 Fe₃O₄ 生成的影响[27]。由图可知，在低的 CaO 浓度时，脱硫速率和 Fe₃O₄ 的含量随着 CaO 浓度增加而升高，而在高的 CaO 浓度范围，脱硫速率和 Fe₃O₄ 含量不再增加。氧通过渣相的传输为速率控制步骤。

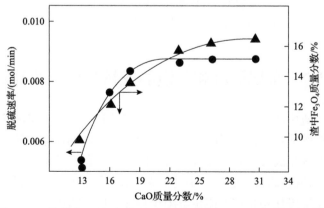

图 15.25　熔体中 CaO 含量对于脱硫速率和渣 Fe₃O₄ 含量的影响[27]

1300℃，富氧浓度 40%

图 15.26 描绘了冶炼过程中氧的传递,包括气相和渣相的传输、渣-金属界面的反应,以及产物在渣相中的传输。氧的传递及作用机制可分为两类:一类是以分子形式传输,气相中的氧直接被熔渣及冰铜吸附,吸附着的氧与硫作用。另一类是以离子形式传输,气相的氧与熔渣中 Fe^{2+} 等组分作用,产生自由氧离子 O^{2-},O^{2-} 的形态向冰铜传递并与硫作用。氧在熔体中的传输机制取决于熔渣特性,特别是电导率,对于低电导率的熔渣,氧传输通过物理溶解和分子扩散,而高电导率熔渣,氧在熔渣中存在化学溶解和离子扩散。1300℃下 FeO-SiO_2 系渣具有较高的电导率,氧在渣中以化学溶解及离子传输为主。氧的化学溶解主要反应为

$$1/2\ O_2 + 2\ Fe^{2+} = 2\ Fe^{3+} + O^{2-} \tag{15.19}$$

在氧化反应初期,硫的氧化速率高于 Fe^{2+} 的氧化速率,说明熔体中物理溶解的氧与熔体中硫的直接氧化。随着反应的进行,氧以式(15.19)反应溶解,硫间接氧化。熔体中添加 CaO,促进氧的化学溶解和传输。

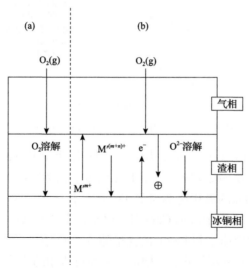

图 15.26 氧通过渣相传输示意图[28]

(a)分子传输; (b)离子传输

15.7 金属液滴和气泡的成核与生长及升降

通过还原从熔渣中回收金属涉及新金属相的成核和生长。金属液滴成核并在给予它们低吉布斯自由能的地点生长。因此,渣中 Cu_2O 或 FeO 的还原,液滴和气泡将优先生长在焦炭表面,即异相成核。异相核可以为任何形状,它们经常填补裂缝或划痕区域。

图 15.27[29,30]为成核总自由能与核半径关系,显示异质和同质核的能量屏障。由图可知,异相核的能量屏障比均相核的能量屏障少得多。应当指出,图中均相和异相核的临界半径 r^* 是相同的,而形状因子可能使异相成核的临界核体积更小,具体取决于润湿角

θ。如果产品与渣的界面能量远高于产品的表面能，新相的成核和生长反应可以控制。铁表面能量约为 1.95J/m$^{2[31]}$，在硅酸盐熔体的界面能量约为 1.2J/m$^{2[31]}$。铜的表面能量约为 1.25J/m$^{2[32]}$，橄榄石渣中的界面能量约为 0.741J/m$^{2[33]}$。因此，铁和铜的表面能量大于与熔渣的界面能，对上述两种反应的成核和生长控制的可能性较小。如果成核和生长在控制中，则随着产品面积或周长的增加，还原率将增加，直到另一个控制反应发生$^{[31]}$。

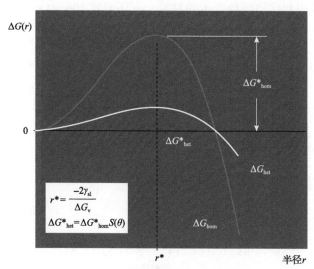

图 15.27　总自由能与核半径图$^{[29,30]}$

ΔG^*_{hom} 为均相自由能；ΔG^*_{het} 为异相自由能；显示异质和同质核的能量屏障

如果主流体的动态黏度远高于夹带物的黏度，修改斯托克斯(Stokes)定律方程，可以估计熔渣中的气泡上升和金属液滴沉降速度$^{[34]}$，分别如式(15.20)和式(15.21)所示：

$$F_D = 3\pi \, d_{b/d} \, v_{b/d} \, \eta_s \frac{1 + 2\eta_s/(3\eta_{b/d})}{1 + \eta_s/\eta_{b/d}} \tag{15.20}$$

$$F_B = \frac{4}{3}\pi \, (d_{b/d}{}^3/8) \, \Delta\rho_{b/d} \, g \tag{15.21}$$

式中，g 为重力加速度；$\Delta\rho_{b/d}$ 是熔渣-气泡密度或熔渣-液滴密度差(kg/m^3)的绝对值；F_D 和 F_B 是阻力和浮力；$v_{b/d}$ 是气泡上升或液滴下降速度(m/s)；η_s 和 $\eta_{b/d}$ 是熔渣和气泡或液滴的黏度(kg/(m·s))；$d_{b/d}$ 是气泡或液滴的直径(m)。气泡的黏度为 6×10^{-5}Pa·s$^{[32]}$，若忽略了气泡的黏度，则基于式(15.20)和式(15.21)，熔融熔渣中气泡上升的速度和熔融渣中液滴的沉积速度分别可以表示为

$$v_b = \frac{d_b{}^2 \Delta\rho_b g}{12\eta_s} \tag{15.22}$$

$$v_d = \frac{d_d{}^2 \Delta\rho_d g}{18\eta_s} \frac{1 + \eta_s/\eta_d}{1 + 2\eta_s/3\eta_d} \tag{15.23}$$

式(15.23)不同于斯托克斯定律方程，因为它考虑了夹带物的相对黏度。使用1300℃下闪速熔渣黏度和熔渣与铜液滴之间的界面张力，气泡上升的平均速度约为0.4m/s，该速度与熔渣黏度的变化如图15.28所示。假定分离液滴临界半径为15μm，熔渣和液滴的黏度分别为0.3kg/(m·s)和0.005kg/(m·s)，根据式(15.23)，铜液滴从熔渣中沉降的速度约为3μm/s。图15.29描述了沉降速率与液滴大小的关系。如果没有液滴碰撞及随后凝聚，由于炉内的电流感应引起熔渣搅拌产生的对流，下降需要100～150h才能沉落到冰铜，即熔渣顶部层以下1～1.45m。

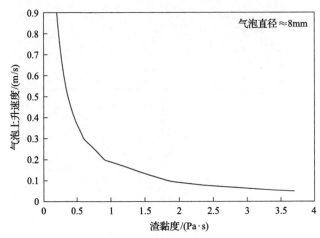

图 15.28 气泡上升速度与熔渣黏度的关系[35]

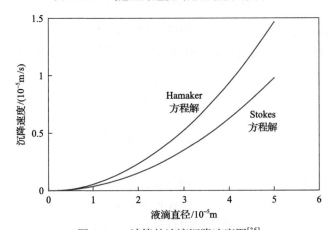

图 15.29 计算的液滴沉降速度图[35]

为了进行比较，显示了使用斯托克斯定律方程(将液滴视为固体颗粒)计算的液滴速度

参 考 文 献

[1] Rihardson F D. Interfacial phenomena and metallurgical processes. Canadian Metallurgical Quarterly, 1982, 21(2): 111-115.

[2] Sohn H Y, Korean J. Chemical reaction engineering in the chemical processing of metals and inorganic materials. Part I. Advances in fluid-solid reaction analysis. Chemical Engineering Journal, 2003, 20(2): 185-199.

[3] Brown M E, Dollimore D, Galway A K. Reactions in solid state. Comprehensive Chemical Kinetics, Vol. 22, Amsterdam, 1980.

[4] Flammersheim H J, Eckardt N, Opfermann J. The step growth polymerization of dithiols and diisocyanates: Part 1. DSC and spectroscopic investigations regarding the mechanism. Thermochemistry Acta, 1993, 229: 281-287.

[5] Malek J, Sausestak J, Rouquerol F, et al. Possibilities of two non-isothermal procedures (temperature-or rate-controlled) for kinetical studies. Journal of Thermal Analysis, 1992, 38(1): 71-87.

[6] Gasik M. Pelkistysprosessien kinetiikka ja kokeelliset menetelmät (kinetics and experimental methods of reducing processes). POHTO-sarja B (POHTO Series B), 2001.

[7] Opfermann J, Wilke G, Ludwig W, et al. Thermische analyseverfahren in industrie und forschung, VI. Herbstschule meisdorf. Jena: Friedrich-Schiller-Universität, 1991.

[8] Brown M E. Introduction to Thermal Analysis, Techniques and Applications. London: Chapman & Hall, 1989.

[9] Gasik M. Metallurgisten prosessien kinetiikka, reaktioiden kinetiikka ja mekanismit (kinetics of metallurgical processes, kinetics and mechanisms of reactions). POHTO. Oulu, 2005.

[10] Laitinen R, Toivonen J. Yleinen ja epäorgaaninen kemia (inorganic chemistry), Kemian perusteet (basics of chemistry)1-2, Otakustantamo, 477, Espoo, 1984.

[11] Rihardson F D. The Physical Chemistry of Melts in Metallurgy, Vol.2. NewYork: Academic Press, 1974: 428-461.

[12] Siddiqi N, Bhoi B, Paramguru R K, et al. Slag-graphite wettability and reaction kinetics. Part 2. Wettability influenced by reduction kinetics. Ironmaking & Steelmaking, 2000, 27(6): 437-441.

[13] Bhoi B, Ray H S, Sahajwalla V. Influence of different parameters on wettability of graphite by CaO-SiO$_2$-FeO molten slag. Journal of the Institution of Engineers (India), Part MM: Metallurgy and Material Science Division, 2008, 89: 3-8.

[14] Carlos D. Thermodynamic properties of copper-slag systems. INCRA Series on the Metallurgy of Copper, 1974.

[15] Jorgenson F R A. Combustion of chalcopyrite, pyrite, galena and sphalerite under simulated suspension smelting conditions// Austrlia Japan Extractive Metallurgy Symposium, Sydney, 1980: 41-51.

[16] Guntoro P I, Jokilaakso A, Hellstén N, et al. Copper matte-slag reaction sequence and separation in matte smelting. Journal of Mining and Metallurgy Section B: Metallurgy, 2018, 54(3): 301-311.

[17] Nakamura T, Toguri J M. Interfacial phenomena in copper smelting process//Proceedings of the Copper 91-Cobre 91, Ottawa, 1991: 537-551.

[18] Kimura T, Ojima Y, Mori Y, et al. Reaction mechanism in a flash smelting reaction shaft//The Reinhardt Schuhmann International Symposium, TMS-AIME, Colorado: Colorado Springs, 1986: 403-418.

[19] Zhou J, Chen Z, Zhou J. Mechanism of slag and matte formation in copper flash smelting//Copper 2019, Vancouver, 2019.

[20] Tuffery N E, Ricards G G, Brimacombe J K. Two-wavelenth pyrometry study of the combustion of sulfide minerals: Part III. The influence of oxygen concentration on pyrite combustion. Metallurgical and Materials Transaction, 1995, 26B: 959-970.

[21] Hahn Y B, Sohn H Y. Mathematical modeling of sulfide flash smelting process: Part I. Model development and verification with laboratory and pilot plant measurements for chalcopyrite concentrate smelting. Metallurgical Transactions, 1990, 21B: 945-958.

[22] Sohn H Y, Chaubal P C. Intrinsic kinetics of the oxidation of chalcopyrite particles under isothermal and nonisothermal conditions. Metallurgical Transactions, 1986, 17B: 51-60.

[23] Sohn H Y, Chaubal P C. The ignition and combustion of chalcopyrite concentrate particles under suspension smelting conditions. Metallurgical Transaction, 1993, 24B: 975-985.

[24] Guo X J. Melting behaviors of silica flux in copper convertor//EPD Congress. San Diego: TMS, 1996.

[25] Fagerlund K, Palmu I, Jalkanen H. Experimental study on the reaction and dissolution behavious of silica flux in copper smelting//Sulphide Smelting'98. San Antonio: TMS, 1998: 375.

[26] Alyaser A H, Brimacombe J K. Oxidation kinetics of molten copper sulfide. Metallurgical and Materials Transaction, 1995, 26B: 25-40.

[27] Guo X J. Selection of the process parameters for bath autogenous smelting of copper. Transaction of NFsoc, 1993, 3(1): 27-31.

[28] Guo X J, Li R, Harris R. Kinetics of oxygen transfer through molten silver cupellation slag. Canadian Metallurgical Quarterly, 1999, 38 (1): 33-41.

[29] Gleixne S. Heterogeneous nucleation. Solid state kinetics. Sàn José: San Jose State University, 1997.

[30] Nucleation in metals and alloy. Liverpool: University of Liverpool. [2022-10-11]. http://www.matter.org.uk/matscicdrom/manual/nu.html.

[31] Utigard T. Surface and interfacial tensions of iron based systems. ISIJ International, 1994, 34: 951-959.

[32] Timothy V J. The kinetics of reduction of iron from silicate melts by carbon-monoxide–carbon dioxide gas mixtures at 1300℃. Boston: Massachusetts Institute of Technology, 1987.

[33] Ip S W, Toguri J M. Entrainment behavior of copper and copper matte in copper smelting operations. Metallurgical and Materials Transactions, 1992, 23B: 303-311.

[34] White F M. Viscous Fluid Flow. 3rd edition. Kingston: University of Rhode Island, 2006: 629.

[35] Firdu F T. Kinetics of copper reduction from molten slags. Helsinki: Helsinki University of Technology, 2009.

第16章

铜在冶炼渣中损失

铜火法冶金产生熔炼炉渣通常含 1%～2%的铜[1]，铜含量随着冰铜品位的升高而增加。吹炼转炉渣通常含铜 4%～8%[1]，其值随着吹炼的进行而增加。一步直接炼铜渣铜含量在 10%～20%[1]。将渣铜含量乘以渣量为损失于渣中的铜。这些渣中铜的价值高，不能简单地弃去，需要贫化回收。因此，冶炼工艺中减少铜损失的主要策略包括：

(1)降低渣中铜的含量。

(2)减少冶炼过程中产生的渣量。

(3)选择有效炉渣贫化工艺，尽可能回收渣中铜。

炉渣铜含量主要与冶炼工艺各体系的热力学和炉渣物理化学性质有关，学者做过大量的研究工作，包括前面几章介绍的多元系的热力学平衡、炉渣相图及性质和反应过程动力学等。冶炼过程中产生的渣量主要取决于精矿原料的性质，一般来说，冶炼处理高品位精矿产渣量少，但选矿厂生产高品位精矿，可能会损失铜及其他有价金属的选矿回收率。根据精矿原料性质，优化冶炼过程中熔剂添加量及熔剂类型，是降低铜冶炼渣量的有效途径。工业上应用的渣贫化工艺可分为两种类型：一是在电炉或燃料炉中进行熔渣热还原和沉降，铜以冰铜或铜合金形式回收。二是通过矿物加工工艺回收铜，包括熔渣缓冷、破磨和浮选等操作，铜以精矿形式回收。

冶炼厂运行过程中应尽量降低渣含铜和渣量，减少渣中铜损失，以提高冶炼工艺铜的直收率，实现炉渣贫化工艺和铜厂内循环的最低化运行。

渣中铜的损失主要影响因素包括冰铜组成(品位及氧含量等)、粗铜成分(硫含量等)、熔渣的组成(如 Fe/SiO$_2$、Fe$_3$O$_4$、CaO、Al$_2$O$_3$ 和 MgO 等)、体系的氧势和温度，以及熔渣的物理化学性质，如熔点、黏度、密度和表面张力等。其他重要因素与操作实践有关，如渣/铜或冰铜比和炉内熔体的流动特性。

16.1 渣中铜的存在形式

铜在冶炼渣中的损失包括铜在渣中化学溶解和物理(机械)夹带。渣中溶解铜以离子形式(Cu$^+$)存在，物理夹带则以金属或冰铜颗粒形式(Cu^0 或 Cu$_2$S)存在。铜在渣中溶解主要取决于渣-铜或冰铜体系热力学平衡，与其体系中的氧势、硫势、冰铜品位、渣组成，以及凝聚相组分的活度系数等有关，溶解的 Cu$^+$ 与 O^{2-}(即 Cu$_2$O)或与 S^{2-}(Cu$_2$S)相关。炉渣物理化学性质影响渣中铜的物理夹带。通过延长澄清分离时间，以及改变熔渣性质，如熔渣黏度及冰铜或铜的界面张力等，可以降低渣中物理夹带的铜。

　　日本 Tamano 冶炼厂闪速熔炼工艺中铜在渣中的存在形式如图 16.1 所示。图中数据表明，铜在渣中化学溶解包括氧化物溶解和硫化物溶解，氧化物溶解随着冰铜品位升高而增加，硫化物溶解则随着冰铜品位升高而减少。物理夹带铜随着冰铜品位升高而增加，夹带的铜占渣中总铜含量40%以上。

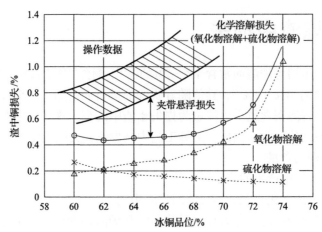

图 16.1　日本 Tamano 冶炼厂闪速熔炼渣中铜的存在形式与冰铜品位的关系[2]

　　诺兰达工艺中直接炼铜和冰铜熔炼的各相之间相互夹带指数的估算值列于表 16.1。由表中数据可知，直接炼铜渣中夹带 5%冰铜和 2%熔融铜，熔融铜中夹带 0.5%冰铜和0.5%渣，冰铜中夹带3%渣和3%铜。冰铜熔炼渣夹带6%冰铜，冰铜夹带渣4%。

表 16.1　估算的诺兰达工艺中各相的夹带指数

工艺	主体相	夹带相		
		熔渣	冰铜	熔融铜
直接炼铜	渣		$S_m^s=5$	$S_{Cu}^s=2$
	冰铜	$S_s^m=3$		$S_{Cu}^m=3$
	铜	$S_s^{Cu}=0.5$	$S_m^{Cu}=1.0$	
熔炼冰铜	渣		$S_m^s=6$	
	冰铜	$S_s^m=4$		

　　注：指数 S_i^j，i 代表夹带相，j 代表主体相。表中数值为夹带相在主体相的质量分数(%)。s-渣相；m-冰铜相；Cu-熔融铜相[3]。

　　铜熔炼工艺渣含铜与冰铜中铁含量的关系如图 16.2 所示，图 16.2 采用冰铜中铁含量作为冰铜品位的指标，主要有以下几个原因：①不同操作中的冰铜含有不同量的其他元素，如镍、钴，铅、锌等，它们稀释了冰铜中的铜；②冰铜中的铁含量反映了铁氧化进入铁硅渣中的程度；③冰铜中的铁含量更准确地代表氧势，氧势是影响渣铜含量的主要因素。从图 16.2 中可以看出，渣中铜含量的工厂数据分散性大，一定的冰铜铁含量、不同工厂甚至相同工厂渣铜含量数据差别大。如前所述，铜熔炼渣中含有化学溶解和物理夹带铜，图 16.2 中实线为热力学平衡状态下推导炉渣铜含量。推导及工厂数据表明，渣铜含量呈随着冰铜铁含量的增加而降低。在冰铜高铁含量，即低氧势情况下，工厂数据与热力学推导更接近。将工厂数据与热力学推导数据进行比较，通过从工厂数据减去图 16.2 实线所示的炉渣铜含量，可以大致估算不同工艺操作渣中物理夹带铜。不同工艺操作的熔渣-冰铜的实际平衡状态不明确，因此夹带铜的程度难以确定。但是可以看出，鼓风炉渣的冰铜夹带低，闪速炉渣中夹带的铜占渣铜含量的 40%～50%。

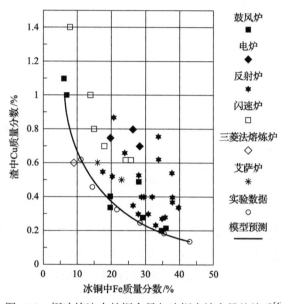

图 16.2　铜冶炼渣中的铜含量与冰铜中铁含量的关系[4]

16.2　铜精矿熔炼铁硅酸盐渣中铜溶解及损失

　　关于铜在冶炼渣的溶解，前面几章做了详细的讨论，影响因素较多，但主要受体系氧势，即冰铜品位的影响。多数人认为铜在渣中存在氧化物溶解(Cu_2O)和硫化物溶解(Cu_2S)[5-9]，渣中的总溶解铜是硫化物和硫化物溶解的总和。对此有一些人提出了质疑[4,10]，认为氧势是决定渣中铜溶解的主要因素，铜在渣中溶解以氧化溶解为主。应该指出，熔渣中发生的铜氧化或硫化溶解，需与熔渣的离子性质联系起来，如果铜以离子形式存在，则不可能区分铜的氧化物和硫化物。铜冶炼渣被认为是一种离子熔体，包含硅酸阴离子(SiO_4^{4-})、氧阴离子、铁离子和其他金属阳离子。当铜在冰铜-熔渣界面溶解时，形成亚铜离子 Cu^+ 存在于熔渣中[11-13]。炉渣中溶解的氧化铜以亚铜离子(Cu^+)和氧阴离子(O^{2-})存在，而不是分子化合物。同样，硫不可能以硫化铜的形式存在，而是以硫阴离子(S^{2-})的形式存在。鉴于硫对铁的亲和力比铜高，所以硫离子接近铁离子的可能性更大。

　　图 16.3 总结了与冰铜平衡状态下渣中铜的溶解度，由于实验条件不同，铜溶解度数据分散，差异较大，特别是在冰铜品位低于 50% 的区域。在低品位冰铜区，炉渣中铜含量较高的原因可能是炉渣中存在溶解态的硫化铜。但是渣中铜含量高的实验数据，尤其是在冰铜品位低于 50% 时，有可能是熔渣中有夹带的冰铜液滴所致。试样淬火速度对炉

渣中铜含量的影响较大。在慢速冷却过程中，渣中的 Cu_2O 会转化为 Cu，若在样品分离过程中被去除，则导致渣中铜含量被低估。模型计算值与实验测量值总体的趋势一致，渣中铜含量随着冰铜品位的升高而增加。接近白冰铜时，渣中铜含量急剧增加。

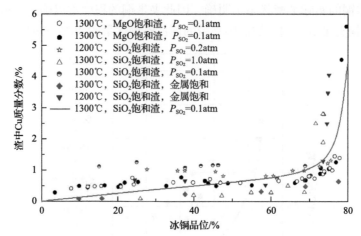

图 16.3 模型计算与实验测量的硅酸铁渣中铜溶解度与冰铜品位的关系[14-20]

温度升高可以降低渣中铜溶解度，但是有人声称温度升高有相反的效果。后一种情况可能仅适于高品位冰铜熔炼的情况。有人认为渣中磁性铁含量随着温度的升高而减少[21]，从而提高渣的流动性，有利于降低物理夹带的冰铜，渣中铜含量降低，并非化学溶解铜降低。

图 16.4 表明氧化铝和石灰对铜在铁硅酸盐渣中溶解度的影响，渣中铜溶解度随着氧势升高而增大，碱氧化物的添加降低了熔渣中溶解的铜，氧化铝对抑制铜溶解的作用较弱，随着氧势的升高它的作用降低及消失。在图中的氧势范围，渣中同时添加氧化铝和石灰，

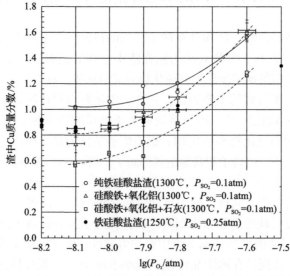

图 16.4 氧化铝和石灰对铜在铁硅酸盐渣中溶解度的影响[20,22,23]

渣中铜溶解度降低约 0.4%。图 16.4 中数据显示，温度对降低渣中铜溶解度有明显影响。

渣的 CaO 含量增加可以降低熔渣中的黏度，CaO 还能提升冰铜-渣之间的界面张力。而渣中 Al_2O_3 含量增加会使渣的黏度升高，Al_2O_3 对渣中铜含量的影响取决于 Al_2O_3 替代的其他渣成分。渣中少量添加 MgO，其行为与 CaO 相同[24]。CaO 是降低铜溶解度最有效的添加剂，其次是 MgO 和 Al_2O_3，此顺序与这些添加剂的碱性相对应。

渣中 Al_2O_3、MgO、CaO 或 SiO_2 的增加可减少冰铜和渣的相互溶解，因此渣中的溶解硫化物含量和冰铜中的溶解氧化物含量减少[25]。渣中添加 CaO、MgO 和 Al_2O_3，除了使铜溶解率下降外，也可降低渣的 Fe^{3+}/Fe^{2+}，但这种效应在低的氧势条件下不明显[26]。

转炉吹炼在高氧势条件下操作，渣中铜溶解度比熔炼渣高，转炉中磁性铁(Fe_3O_4)含量也高，使渣中物理夹带的铜增加。在闪速熔炼或其他强化熔炼工艺中，富氧对铜熔渣溶解的影响小[15]。图 16.5 表示闪速炉熔炼炉料中配煤和不配煤的渣含铜与渣的 Fe/SiO_2 的关系。由图可以看出，渣含铜随着 Fe/SiO_2 增加而升高，炉料中配煤有利于降低渣中铜含量。相同的 Fe/SiO_2 条件下，炉料配煤可以降低渣中铜含量 0.1%～0.2%。

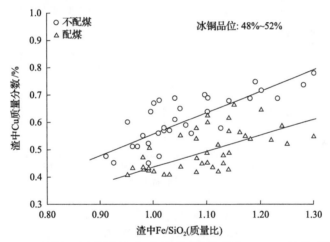

图 16.5　配煤与不配煤情况下，闪速炉渣铜含量与 Fe/SiO_2 的关系[27-29]

智利丘基卡马塔冶炼厂进行过连续处理低黄铁矿(18% FeS_2，传统平均在 27%)和高脉石成分的精矿(14%的脉石，传统平均约 9%)的工业试验[30]。传统冶炼工艺使用铁橄榄石渣，熔渣黏度上升导致渣铜含量高、泡沫渣等操作问题。为了改变熔渣性质，以石灰石熔剂部分替代 SiO_2，渣中 CaO 水平达到 2.5%～5%，能够有效地处理低黄铁矿和高脉石的精矿。结果表明，炉渣的 CaO 含量约为 2.5%，渣的平均铜含量低于 1.5%，保持在较低的水平。石灰石的添加达到高于 3%CaO 的水平，As 在冰铜相的分布显著减少。因此，对于低黄铁矿、高脉石成分的精矿，添加石灰石熔剂是有效的选择。

图 16.6(a) 和(b)分别表示在无石灰石添加和添加石灰石运行期间，冰铜品位与熔渣铜含量的关系。比较两个图中的数据，添加石灰石期间的渣含铜低于不添加石灰石运行期间的渣含铜。这一行为归因于添加石灰石的熔渣中对磁性铁溶解度较高，从而改善了冰铜的聚合和沉降，减少了渣中物理夹带的铜。

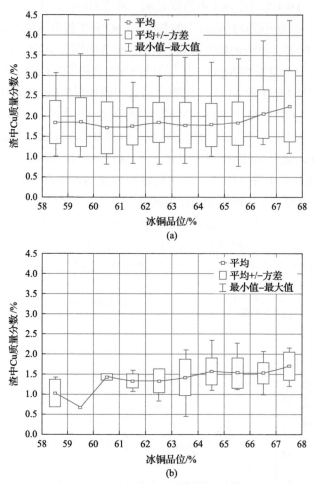

图 16.6　冰铜品位对渣含铜的影响[30]

(a)不添加石灰石；(b)添加石灰石

　　为了说明渣中 CaO 含量对渣含铜和磁性铁的影响，图 16.7(a) 和 (b) 分别表示运行期间的试验结果。在这两组数字中，渣中 CaO 含量低于 1%，运行中没有添加石灰石，熔渣中数据分散性高，并且磁性铁含量高。相比之下，CaO 含量在 1.5%～3.5%(测试期)的熔渣中，Cu 含量和 Fe$_3$O$_4$ 含量较低。渣含铜与渣中磁性铁含量相对应，即渣中磁性铁含量低，渣中铜含量相应低，反之亦然。

　　图 16.8 在 FeO-Fe$_2$O$_3$-SiO$_2$ 三元相图上表示冶炼厂的炉渣成分，图中 A、B、C 分别表示年平均渣成分，处理低黄铁矿高脉石铜精矿月平均渣成分和试验期间平均渣成分。传统的精矿生产的闪速炉渣组成如图 16.8 中 A 点所示，在 1300℃时，处于铁橄榄石稳定区，氧势范围较宽。而低黄铁矿高脉石精矿生产的炉渣组成明显位于渣中的 SiO$_2$ 饱和区，如图中 B 点。在渣中添加 CaO 至约 3%，渣成分移至图中 C 点，避免了三元图上鳞石英的饱和沉淀。与图 16.8 中 B 点和 C 点的相同组成表示在 FeO-CaO-SiO$_2$ 相图中，如图 16.9

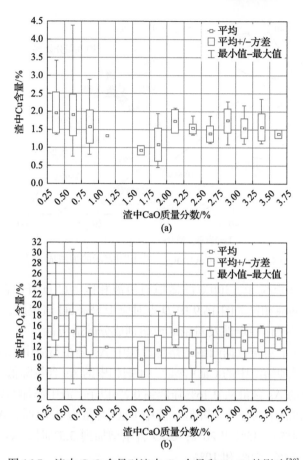

图 16.7　渣中 CaO 含量对渣中 Cu 含量和 Fe₃O₄ 的影响[30]

(a)渣中 Cu 含量；(b)渣中 Fe₃O₄ 含量

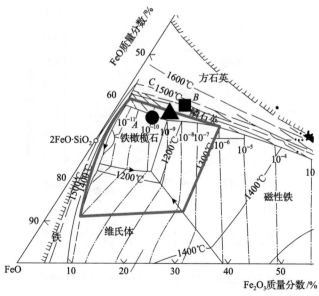

图 16.8　FeO-Fe₂O₃-SiO₂ 三元相图表示的炉渣成分[30]

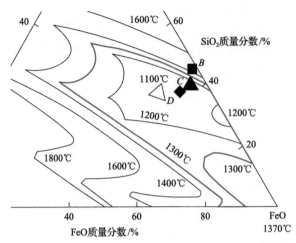

图 16.9　FeO-CaO-SiO₂ 三元相图表示的炉渣成分[30]

所示。由图可知，B 点位于 1300℃的橄榄石渣液相区。C 点渣中含 3%CaO，则处于 1200℃的橄榄石渣的液相区。图 16.9 中 D 点对应于 5%CaO 渣组成，更加靠近液相区的中心，意味着提高了操作稳定性及对精矿或熔剂成分的适应性。

图 16.10 表示基于实验数据归纳的熔炼过程中 As 分布与渣中 CaO 含量的关系。图中数据表明，通过增加熔渣中的 CaO 含量，冰铜相中的 As 含量降低，CaO 含量从 0.5% 增加到 3.5%，冰铜的 As 含量从 0.46%降低到 0.2%以下。渣中添加 CaO 使分布至气相中的 As 增加，冰铜和渣中的分布率降低。渣中 CaO 含量为 0.5%时，As 在气相、冰铜和渣的分布率分别为 45%、35%和 20%；CaO 含量增加到 3.5%时，As 在气相、冰铜和渣中的分布率分别为 70%、20%和 10%。

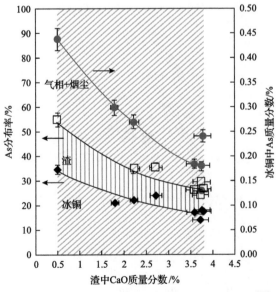

图 16.10　CaO 含量对熔炼过程中 As 分布的影响[30]

16.3   高品位冰铜连续吹炼钙铁氧体渣中铜溶解及损失

高品位冰铜吹炼要求在高氧势下操作,采用铁硅渣,会产生磁性铁含量高的黏性渣,导致渣含铜高。钙铁氧体渣液相区宽,磁性铁在渣中溶解度高,因此能降低渣含铜。另外,与橄榄石型铁硅渣相比,钙铁氧体渣能富集酸性元素,如 As、Sb 等。三菱炼铜工艺转炉吹炼高品位冰铜(65%~70%),采用石灰熔剂造钙铁氧体渣,闪速吹炼也用于钙铁氧体渣。日本 Naoshima 冶炼厂三菱炼铜工艺吹炼炉渣化学分析列于表 16.2。从表中数据可知,三菱炼铜工艺吹炼炉渣的铜含量及 Fe^{3+}/Fe^{2+} 高于 PS 转炉吹炼炉渣高。

表 16.2   日本 Naoshima 冶炼厂三菱炼铜工艺吹炼炉渣化学分析[31]

组分	Cu	Fe	CaO	SiO$_2$	Al$_2$O$_3$	MgO
质量分数/%	13.84	42.8	17.11	0.39	0.19	0.23

注:泡铜氧含量 1000~2000ppmw;渣中铜包括 11%金属铜、88%氧化铜、1%硫化铜;渣中 Fe^{3+}/Fe^{2+} 比等于 2.5。

闪速吹炼渣主要成分范围: Cu 为 18%~20%、S 为 0.2%~0.3%、SiO$_2$ 为 1.5%~2.5%、Fe 为 35%~42%、CaO 为 16%~18%、Fe$_3$O$_4$ 为 24%~36%、CaO/Fe 为 0.32~0.42[1]。工厂经验表明,当 CaO/Fe>0.45 时,沉淀池表面形成 CaSO$_4$ 壳。研究发现[32],闪速吹炼操作温度下,随着 SO$_2$ 分压或 CaO 含量的增加,渣中 CaSO$_4$ 增加。而 CaO/Fe<0.3,排放粗铜时,出现夹带的磁性铁在溜槽中凝结。

含 As 冰铜(70%~75%Cu,0.6%~0.8%As)半工业及工业连续吹炼试验结果如图 16.11~图 16.14 所示。连续吹炼试验采用钙铁渣。图 16.11 为泡铜中溶解氧和渣含铜的关系,渣含铜随着泡铜中氧含量增加而增加。图 16.12 表示渣中铜总含量和以氧化铜存在的铜,图中数据说明渣中铜以氧化铜存在为主,占渣中铜总含量的 80%以上。图 16.13 表明渣中铜含量随着 CaO 增加而减少。泡铜中溶解的氧对 As 在金属-渣之间分配的影响如图 16.14 所示。图中数据表明,泡铜中氧溶解的增加导致泡铜中 As 降低和渣中 As 升高,泡铜中溶解氧在约 4000ppmw 时,As 在渣-铜之间分配系数($L_{As}^{s/c}$)等于 1,泡铜氧含量高于此值,分配系数随着泡铜氧含量的增加急剧增加,泡铜的氧含量为 6800ppmw,其分配系数大于 10。渣中

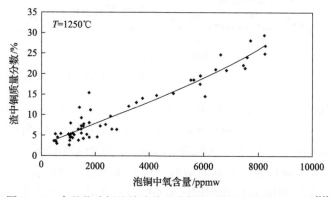

图 16.11   高品位冰铜连续吹炼渣含铜与泡铜中溶解氧的关系[33]

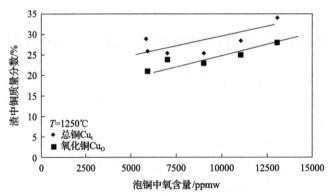

图 16.12　高品位冰铜连续吹炼渣中铜总含量和以氧化铜存在的铜与泡铜氧含量的关系[33]

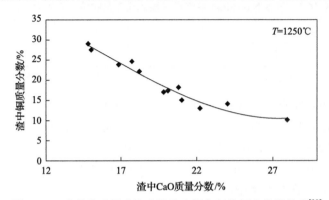

图 16.13　高品位冰铜连续吹炼渣含铜与氧化钙含量的关系[33]

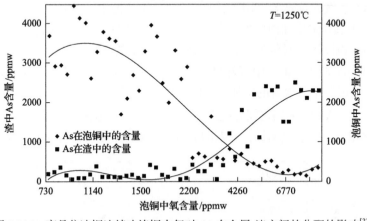

图 16.14　高品位冰铜连续吹炼铜中氧对 As 在金属-渣之间的分配的影响[33]

以氧化铜存在的铜的质量分数、As 在渣-铜之间的分配系数（$L_{As}^{s/c}$）与渣碱性系数（$K_s=w(CaO)/(w(FeO)+w(Fe_2O_3)+w(SiO_2)+w(Cu_2O))$）的关系如图 16.15 所示。在泡铜的氧溶解度为 5800~7100ppmw 时，渣中氧化铜随着渣碱性系数增加而降低。而 As 在渣-铜之间分配系数（$L_{As}^{s/c}$）则随着碱性系数增加而增加。对于 $K_s=0.3$，数据表明渣中氧化铜质量分数为 10%，$L_{As}^{s/c}$ 为 5.7，因此可以观察到增加渣中石灰含量，导致渣中氧化铜的降低和 As 的增加。

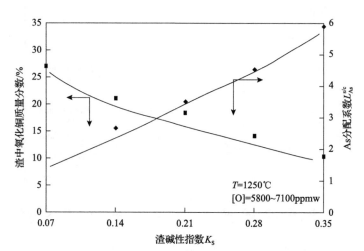

图 16.15　高品位冰铜连续吹炼渣中氧化铜及砷分配系数与渣碱性系数的关系[33]

　　连续吹炼工艺氧势条件下，铁硅酸盐液相温度如图 16.16 所示。由图可知，液相温度随着 Fe/SiO$_2$ 的增加而升高。氧势升高使液相线向 Fe/SiO$_2$（质量比）增加方向平移。模拟计算的连续吹炼液相线介于氧势 10^{-6}~$10^{-5.75}$atm。在 1250~1300℃的操作温度，Fe/SiO$_2$ 为 1.4~2.0。图 16.17 表示连续吹炼氧势条件下铁硅酸盐渣含 Cu$_2$O 与温度的关系，图中数据表明，渣含铜随温度升高而降低，但影响不显著，渣含铜从 1250℃的 12.5%降低 1300℃的 11%左右。氧势对渣中铜含量的影响显著，1280℃下，氧势从 10^{-6}atm 升高到 10^{-5}atm，渣的 Cu$_2$O 质量分数从 10%增加到 25%左右。

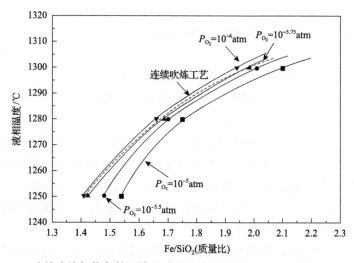

图 16.16　连续吹炼氧势条件下铁硅酸盐渣液相温度与 Fe/SiO$_2$（质量比）关系[34]

P_{SO_2}=0.4atm；虚线为连续吹炼模拟计算结果

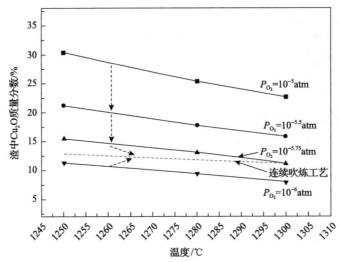

图 16.17　连续吹炼氧势条件下铁硅酸盐渣含 Cu_2O 与温度关系[34]

P_{SO_2}=0.4atm；虚线为连续吹炼模拟计算结果

16.4　铜在熔渣中物理（机械）夹带

　　铜在熔渣中物理夹带的影响因素主要是炉渣物理化学性质，包括密度、黏度、表面及界面张力等，这些因素影响冰铜在熔渣中悬浮、聚合和沉降。为了实现冰铜与渣的良好分离，熔渣应该具有高的表面张力和低密度，以及适当的黏度，以保证渣的流动性，但是黏度过低，对炉衬的侵蚀大。

　　炉渣中物理夹带的冰铜主要来源于以下方面[35]：

　　（1）原料中的硫化物。

　　（2）温度梯度较大的熔池区沉淀的冰铜分散于渣中。

　　（3）通过熔渣冰铜界面上升的气泡将冰铜颗粒带入熔渣。

　　（4）返料（如转炉渣）中的冰铜相。

　　硫化物主要来自未熔化的炉料[36]并通过混合分散于渣中，以及放渣过程中从熔池下部带出的冰铜。熔池下部的冰铜由于熔渣与冰铜之间存在剪应力，排渣时将冰铜向上拉到熔渣层[37]。熔渣中冰铜的物理分散可能通过湍流、气体喷射以及熔渣-冰铜界面混合而发生。由于放渣期间大多数夹带的冰铜来自下部的冰铜层，操作规程中规定放渣操作需要在冰铜层上面保持一定的熔渣深度。

　　熔渣中夹带的冰铜可以附着在磁性铁或尖晶石颗粒上。渣中高磁性铁含量增加冰铜夹带[38-41]。事实上，固体磁性铁和/或含铬的尖晶石（来自高铬原料）的存在会加重熔渣中的冰铜夹带。冰铜既浮附于固体磁性铁/尖晶石上通过冰铜-渣界面进入渣中，同时存在于渣层下部的尖晶石能"捕获"冰铜。

16.4.1　渣中冰铜沉降

渣中冰铜的沉降受熔渣和冰铜特性(如组分、黏度、密度、界面张力)以及搅拌、冰铜液滴大小和熔渣深度的影响[42,43]。冰铜液滴的沉降速率很大程度取决于液滴大小。在静止熔池条件下，细冰铜液滴可能需要很长的沉降时间。实验证实，小于 2μm 液滴难以沉降。从熔渣中清除冰铜是一个复杂过程，包括几个同时发生的步骤，如化学及溶解反应、液滴表面和熔渣之间的质量传输，包括扩散等。夹带金属颗粒的沉降速率可基于 Stokes 定律进行估算。根据 Stokes 定律，小金属颗粒的沉降相当缓慢，Stokes 定律计算公式如下：

$$v = \frac{2}{9}\frac{g(\rho_D - \rho_S)r_D^2}{\eta_S} \tag{16.1}$$

式中，v 为沉降速率(m/s)；g 为重力加速度；ρ_D 和 ρ_S 为夹带冰铜液滴和熔渣密度；r_D 为夹带冰铜液滴半径；η_S 为熔渣黏度。

试图开发模型模拟刚性球体通过液-液界面落体的行为[44]，预测球体无法通过界面的临界半径。然而，在熔渣中沉降冰铜液滴的行为用液-液模型模拟更加接近实际。球形冰铜液滴的沉降速率(v_s)可用以下方程预测[43]：

$$\frac{4}{3}\pi r^3 \rho_m g = \frac{4}{3}\pi r^3 \rho_s g + 6\pi\eta r v_s \tag{16.2}$$

或者

$$v_s = \frac{2gr^2\Delta\rho}{9\eta_S} \tag{16.3}$$

式中，r 为液滴半径(m)；$\Delta\rho$ 为冰铜密度与渣密度的差；η_S 为熔渣黏度(Pa·s)。

应该指出，较大的冰铜液滴实际上不会是球形的。只有当熔渣中的冰铜液滴 Reynolds 数小于 1 时，熔渣中的冰铜滴才遵守 Stokes 定律，相当于直径小于 0.5mm。研究人员就上述方程进行修改[45]，如 Hadamard-Rybczynski 公式，该公式考虑了补偿在下降中发生的液滴循环反复。

Hadamard-Rybczynski 公式[46]适用于刚性或流体球形颗粒,该颗粒相对于无限的流体移动，速度稳定。有趣的是该理论预测流体球体的终端速度可以比相同尺寸和密度的刚性球体高 50%。公式可以写成

$$v_T = \frac{2gr^2\Delta\rho}{\eta_S\left(1 + \frac{k}{2} + 3k\right)} \tag{16.4}$$

式中，v_T 为终端速度；η_S 为熔渣黏度；k 为黏度比 η_p/η_S(η_p 为液滴黏度)。

表 16.3 列出了冰铜液滴的沉降速率。除液滴大小外，对沉降速率影响最大的是温度和熔渣 SiO$_2$ 含量。较高的温度和较低的 SiO$_2$ 水平可降低熔渣黏度，提高沉降速率。还原

条件下，通过降低渣的 Fe_3O_4 含量，有利于冰铜液滴的沉降。此外，冰铜品位对沉降率有影响。低品位冰铜的密度低于高品位冰铜，因此沉降速率较慢[43]。

表 16.3　冰铜液滴沉降速率($\rho_D-\rho_S$=1g/cm³) [40]

熔渣黏度/(Pa·s)	不同冰铜液滴半径下的沉降速率/(mm/h)		
	2μm	20μm	40μm
0.05	0.157	15.690	62.578
0.08	0.098	9.806	39.224
0.1	0.078	7.845	31.379
0.12	0.065	6.537	26.149

16.4.2　渣中冰铜悬浮

通过附着气泡，可将冰铜或铜液滴浮入熔渣层或在熔渣内悬浮。所涉及的气体主要是 SO_2 和 CO。在熔炼或吹炼中，SO_2 气泡对冰铜悬浮起主要作用。如果转炉渣返回熔炼炉中，SO_2 可能来自磁性铁(Fe_3O_4)与冰铜的反应[38]。在炉渣贫化炉中，碳电极尖端或渣贫化炉中焦炭的反应产生的 CO 是熔渣中主要的悬浮冰铜或铜液滴的气体，熔渣中冰铜的悬浮行为取决于界面张力(冰铜-渣)和表面张力(渣-气体、冰铜-气体)[47]。上升的气泡和冰铜液滴之间的相互作用如图 16.18 所示[39,47]。液滴是否在气泡周围形成薄膜，附着或不附着气泡，取决于界面张力和表面张力。

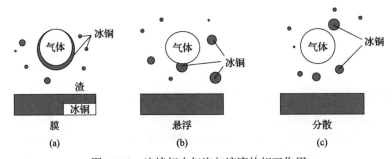

图 16.18　连续相中气泡与液滴的相互作用

(a)液滴在气泡上形成薄膜；(b)接触时液滴附着在气泡上；(c)薄膜解散或者液滴脱离气泡，在熔渣中分散

定义悬浮系数(Δ)和分散系数(ϕ)表达式如下：

$$\Delta=Y_{s/g}-Y_{m/g}+Y_{m/s} \tag{16.5}$$

$$\phi=Y_{s/g}-Y_{m/g}-Y_{m/s} \tag{16.6}$$

式中，$Y_{s/g}$ 为渣表面张力；$Y_{m/g}$ 为冰铜表面张力；$Y_{m/s}$ 为冰铜-渣界面张力。

形成图 16.18 中各情形的条件如下：

(1)如果分散系数大于零，那么液滴将在气泡上形成膜，气泡上金属或者冰铜膜在渣中稳定，如图 16.18(a)所示。

(2)当分散系数为负，悬浮系数大于零，则液膜解散形成液滴凝聚黏附在气泡表面，如图 16.18(b)所示。

(3)当分散系数和悬浮系数均为负时，液膜解散形成液滴落入熔体中，如图 16.18(c)所示。

熔渣中气泡对冰铜液滴的夹带研究结果表明[39,48]，冰铜在气泡上成膜，其品位需低于 32%。冰铜品位升高不能避免熔炼过程中气泡造成的夹带，只是对夹带冰铜的悬浮行为影响更小。

熔渣中夹带冰铜的悬浮行为可以用三元界面能量图表示[39, 49]。作用于流体界面上的液滴的界面和表面张力如图 16.19 所示，基于表面张力和界面张力的平衡，可获得以下方程：

$$Y_{s/g} = Y_{m/g}\cos\theta + Y_{m/s}\cos\varphi \tag{16.7}$$

$$1 - x - y = y\cos\theta + x\cos\varphi \tag{16.8}$$

$$Y_{m/g}\sin\theta = Y_{m/s}\sin\varphi \tag{16.9}$$

$$y\sin\theta = x\sin\varphi \tag{16.10}$$

式中

$$x = Y_{m/s} / \Sigma Y \tag{16.11}$$

$$y = Y_{m/g} / \Sigma Y \tag{16.12}$$

$$z = Y_{s/g} / \Sigma Y \tag{16.13}$$

$$\Sigma Y = Y_{s/g} + Y_{m/g} + Y_{m/s} \tag{16.14}$$

$$x + y + z = 1 \tag{16.15}$$

x、y 和 z 的值可以绘制在三元图上，如图 16.20 所示[49]，图中分为四个区域，即成膜区、液滴附着悬浮及接触区、分散区和液滴非接触区。图中数据表明，冰铜-渣-气体系随着冰铜品位或氧势的升高从成膜转移到液滴附着悬浮区。铜-渣-气体系处于悬浮区和分散区边界，氧势升高，朝悬浮区移动。铜-冰铜-气体系位于分散区。铜-渣-冰铜体系处于液滴非接触区。

基于模型计算和实验研究，渣中冰铜悬浮主要的推论如下：

(1)在冰铜-渣体系中冰铜倾向于液滴悬浮。

(2)石英饱和熔渣抑制气泡上冰铜薄膜稳定性，减少冰铜传输进入熔渣。

(3)熔渣中添加 CaO，改变渣的表面张力和界面张力，使气泡上冰铜薄膜更稳定，因此增加冰铜传输进入熔渣。

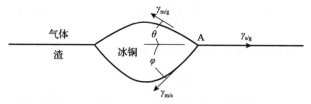

图 16.19　作用于流体界面上的液滴的界面和表面张力示意图

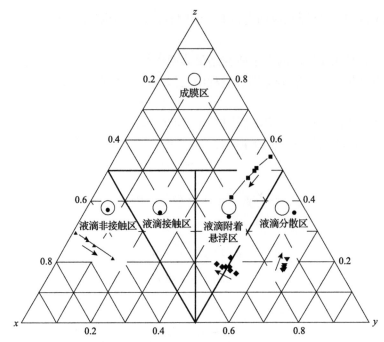

图 16.20 1200℃时，冰铜-渣-气、铜-渣-气和铜-渣-冰铜系三元界面能量图

箭头的方向表示冰铜品位或氧势的升高。不同的符号表示冰铜-渣-气（■）、铜-渣-气（◆）、

铜-冰铜-气（▼）和铜-渣-冰铜（▲）系

（4）冰铜 FeS 组分增加可以增加气泡上冰铜薄膜稳定性，而 Cu_2S 增加降低了薄膜稳定性。冰铜品位升高导致冰铜在熔渣中分散，降低冰铜液滴悬浮。

（5）铜金属与渣的界面张力高于 Cu_2S 与渣的界面张力，渣中气泡上难以形成金属铜薄膜，组分 S 可降低熔体的界面张力。

（6）熔体温度升高可以降低气泡上冰铜薄膜的稳定性。

16.4.3 渣中冰铜聚合

炉渣中小的冰铜液滴除非它们能聚合形成更大液滴，否则难以沉降。通过搅拌，直流炉中电磁场或者重力场，可以增加液滴聚合的机会。熔渣中随上升气泡悬浮的冰铜液滴之间的聚合，与液滴悬浮行为有关[50]，液滴聚合所需的时间主要是冰铜薄膜破裂从冰铜膜排出所需的时间，聚合则能瞬时完成。重力诱发的聚合随着液滴尺寸和液滴之间尺寸比的降低，其聚合的概率降低。随着熔渣运动黏度（黏度/熔渣密度）的增加，悬浮液滴的碰撞频率降低[51]。熔渣中液滴浓度过低影响聚合（特别是在渣池上层），为了提高聚合效率，渣中须有足够的冰铜液滴。形成泡沫的搅动可以促进聚集[50]。

16.4.4 炉渣性质等因素对渣中冰铜沉降的影响

图 16.21 表示冰铜液滴直径与沉降时间的关系。由图可知，在熔渣黏度一定的条件下，熔渣中冰铜液滴沉降的时间（即沉降速度）主要取决于液滴的大小。而当冰铜颗粒的直径一定时，影响沉降速度的主要因素是熔渣黏度[52-54]。冰铜品位主要影响冰铜液滴的

密度，从而影响沉降速率。在冰铜-渣界面上，SO_2 气泡悬浮的冰铜液滴与冰铜密度无关。如前面分析，冰铜品位对于悬浮的冰铜液滴的影响主要在于冰铜的表面张力及界面张力。渣中低品位冰铜的分离和沉降速率低于高品位冰铜[43]。铁橄榄石渣中冰铜的沉降速率取决于熔渣成分，其中增加的 SiO_2（较高的黏度）会降低冰铜沉降速率[54]。

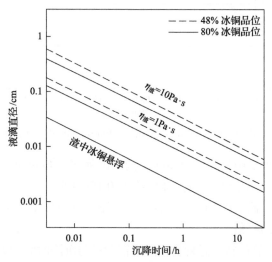

图 16.21　液滴直径对通过 300 毫米厚熔渣层的沉降时间的影响[52]

ρ_s=3.5g/cm³，图中的最低线表示熔渣颗粒在冰铜中上升

铁硅酸盐渣中添加 CaO、Al_2O_3 和 MgO 对渣物理性质的实验测量结果表明，表面张力和密度随着添加 CaO、MgO 和 Al_2O_3 次序而增加，而黏度随着添加 CaO 而降低，少量添加 MgO 和 Al_2O_3（3%～4%）可以降低黏度，但是，更多添加（6%～8%），黏度则急剧增加[55]。

计算机模拟冰铜液滴沉降研究结果表明，改变熔渣黏度和密度差，在涉及非常小的液滴（例如 2μm）时，对冰铜与熔渣的沉降分离影响有限，但可以显著提高较大液滴冰铜与熔渣沉降的分离效率。为了提高冰铜-熔渣分离效率，需要考虑如何使冰铜液滴聚合最大化。熔渣-冰铜密度差异和熔渣黏度对冰铜液滴沉降速率的影响如图 16.22 和图 16.23 所示。

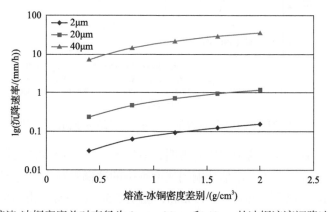

图 16.22　熔渣-冰铜密度差对直径为 2μm、20μm 和 40μm 的冰铜液滴沉降速度的影响[40]

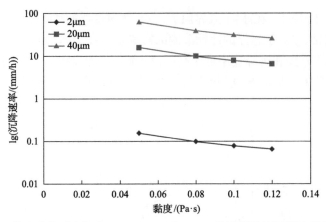

图 16.23　熔渣黏度对直径为 2μm、20μm 和 40μm 的冰铜液滴沉降速率的影响[40]

图 16.22 中渣黏度 0.102Pa·s，40μm 液滴的沉降速率约为 40mm/h，20μm 液滴的沉降速率约为 1mm/h，2μm 液滴的沉降速度约为 0.15mm/h。冰铜液滴沉降速率随着熔渣-冰铜密度差的增加而升高。图 16.23 中熔渣-冰铜密度差为 1.0g/cm³，冰铜液滴沉降速率随着炉渣黏度的增加而降低。

图 16.24 为模拟计算的特尼恩特贫化渣中铜含量与沉降时间的关系，图中模拟了渣中不同的磁性铁含量及相应的渣黏度，磁性铁含量为 6% 的渣，渣黏度 0.185Pa·s，降低渣含铜至 0.79% 的沉降时间为 3600s；对于含 10% 磁性铁的渣，其黏度为 0.263Pa·s，沉降时间需要 5310；而 14.6% 磁性铁含量的渣，渣黏度为 0.4Pa·s，沉降时间为 7710s。渣中磁性铁含量的增加，导致渣黏度增加，从而使达到目标渣铜含量的沉降时间延长。

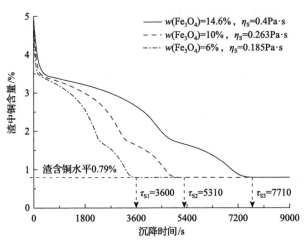

图 16.24　渣中磁性铁含量和渣黏度对沉降时间的影响[56]

渣层厚度对渣中铜含量的影响研究表明，渣层越厚，冰铜液滴沉降时间越长，放渣带走铜越多。采用斯托克斯定律估计铜闪速冶炼中的冰铜颗粒大小与沉降时间之间的关系如图 16.25 所示。计算中炉渣厚度 450mm，黏度 5.5g/(cm·s)。由图可知，冰铜颗粒越小，沉降时间越长。夹带的大液滴冰铜很容易沉降下来，而细小的液滴将不可避免地被夹在熔渣相，直径大于 0.2mm 的液滴，在 2h 之内可以完成沉降，而 0.1mm 的液滴，沉降需要 10h。与其他实验和估算的沉降速率数据相比，图 16.25 中的沉降速率偏低。

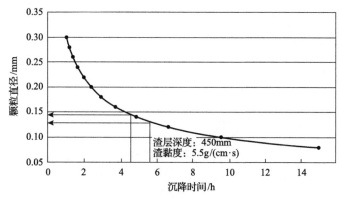

图 16.25　铜闪速冶炼中的冰铜颗粒大小与沉降时间之间的关系[57]

图 16.26 表明了艾萨炼铜工艺中旋转分离炉(RHF)渣的沉降曲线。从熔渣分离冰铜可分为三个阶段：①前 10～15min，由于冰铜和渣之间的密度差异，从熔渣快速分离和沉降，RHF 渣中的铜质量分数迅速从 4%下降到 1%。②分离速率突然降低，此阶段炉渣物理特性，如黏度或表面张力，成为沉降分离决定因素，小的冰铜液滴需要形成足够大的颗粒，才能从熔渣沉降，在第二阶段，铜含量从 1%缓慢下降至 0.5%，需要 15～20min。③RHF 熔渣中的铜含量接近熔渣的最大溶解度，渣中小部分铜仍未沉降，此时，熔渣中的铜含量下降非常缓慢，最终渣中铜质量分数在 0.5%左右。RHF 熔渣中的化学溶解铜约为 0.2%。

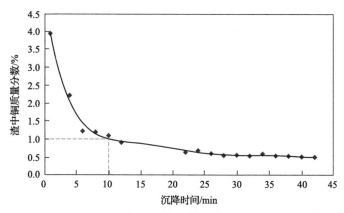

图 16.26　RHF 熔渣中铜质量分数与沉降时间的关系[58]

图 16.27 为来自不同冶炼厂的工业渣在 30cm 渣厚度条件下，沉降时间与液滴半径的关系。由图可知，尽管不同冶炼厂渣的沉降曲线有区别，但是趋势相同，大多数冶炼厂渣的沉降非常接近。当液滴半径大于 0.02mm 时，沉降时间为 50～100min，小于 0.02mm 时，沉降时间急剧增加。

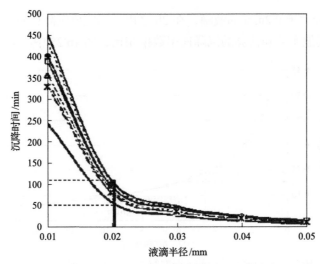

图 16.27　30cm 厚度工业渣中冰铜液滴沉降时间与液滴半径的关系[43]

图中曲线来自不同的冶炼厂

参 考 文 献

[1] Davenport W G. Extractive Metallurgy of Copper. Fifth Edition. Oxford: Elsevier Science Ltd, 2011.

[2] Maruyama T, Furui N, Hamamoto M, et al. The copper loss in slag of flash smelting furnace in Tamano Smelter//Yazawa International Symposium, 2. San Diego: TMS, 2003: 337-347.

[3] Nagamori M, Mackey P J. Thermodynamics of copper matte converting. Part 1. Fundamentals of the Noranda process. Metallurgical Transaction, 1978, 9B: 255-265.

[4] Sridhar R, Toguri J M, Simeonov S. Copper losses and thermodynamic considerations in copper smelting. Metallurgical and Materials Transactions, 1997, 28B: 1997: 191-200.

[5] Andrews L. Base metal losses to furnace slag during processing of platinum-bearing concentrates. Pretoria: University of Pretoria, 2008.

[6] Richardson F D, Billington J C. Copper and silver in silicate slags. Transactions of the Institution of Mining and Metallurgy, 1956, 65: 273-297.

[7] Sehnàlek F, Imris I. Slags from continuous copper production//Proceeding of IMM 1972 Advance in Extractive Metallurgy and Refining, London, 1972: 39-62.

[8] Nagamori M. Metal loss to slag, 1, sulfidic and oxidic dissolution of copper in fayalite slag from low-grade matte. Metallurgical Transaction B, 1974, 5: 531-538.

[9] Shimpo R, Goto S, Ogawa O, et al. A study on the equilibrium between copper matte and slag. Canadian Metallurgical Quarterly, 1986, 25(2): 113-121.

[10] Gaskell D, Palacois J, Somsiri C. The physical chemistry of copper mattes//Proceedings of the Elliott Symposium on Chemical Process Metallurgy, TMS-AIME, Cambridge, 1990: 161-172.

[11] Davey T R A, Willis G M. Metal, matte and slag solution thermodynamics, physical chemistry of extractive metallurgy// Proceedings of an International Symposium, AIME, New York, 1985: 23-39.

[12] Barnett S C C. The methods and economics of slag cleaning. Mining Magazine, 1979, 140-141: 408-417.

[13] Rajamani V, Naldrett A J. Partitioning of Fe, Co, Ni and Cu between sulfide liquid and basaltic melts and the composition of Ni-Cu sulfide deposits. Economic Geology, 1978, 73: 82-93.

[14] Chen C, Zhang L, Jahanshahi S. Application of MPE model to direct-to-blister flash smelting and deportment of minor

elements//Proceeding of Copper 2013, Santiago, 2013: 857-871.

[15] Yazawa A, Nakazawa S, Takeda Y. Distribution behaviour of various elements in copper smelting systems//Advances in Sulfide Smelting, AIME, TMS Fall Extractive Meeting, San Francisco, 1983: 99-117.

[16] Takeda Y. Copper solubility in matte smelting slag//5th International Conference on Molten Slags, Fluxes and Salts, ISS, Sydney, 1997: 329-339.

[17] Roghani G, Takeda Y, Itagaki K. Phase equilibrium and minor element distribution between FeO_x-SiO_2-MgO-based slag and Cu_2S-FeS matte at 1573K under high partial pressures of SO_2. Metallurgical and Materials Transactions, 31B, 2000: 705-712.

[18] Sun Z, Jak E. Copper solubility in iron silicate slags equilibrated with matte at controlled atmosphere//5th Annual High Temperature Processing Symposium, Melbourne, 2013.

[19] Tavera F J, Davenport W G. Equilibrations of copper matte and fayalite slag under controlled partial pressures of SO_2. Metallurgical Transaction, 1979, 10B: 237-241.

[20] Sukhomlinov D, Klemettinen L, O'Brien H, et al. Behavior of Ga, In, Sn, and Te in copper matte smelting. Metallurgical and Materials Transactions, 2019, 50B: 2723-2731.

[21] Tan P, Neuschutz D. A thermodynamic model of nickel smelting and direct high-grade nickel matte smelting processes, part I, model development and validation. Metallurgical and Materials Transactions, 2001, 32B: 341-351.

[22] Fallah-Mehrjardi A, Hidayat T, Hayes P, et al. Experimental investigation of gas/slag/matte/tridymite equilibria in the Cu-Fe-O-S-Si system in controlled gas atmosphere: Experimental results at 1523K (1250℃) and P_{SO_2}= 0.25atm. Metallurgical and Materials Transactions, 2018, 49B: 1732-1739.

[23] Takeda Y, Yazawa A. Dissolution loss of copper, tin and lead in FeO_n-SiO_2-CaO slag//Productivity and Technology in the Metallurgical Industries. Las Vegas: TMS, 1989: 227-240.

[24] Yannopoulos J. Control of copper losses in reverberatory slags-A literature review. Canadian Metallurgical Quarterly, 1970, 10: 291-307.

[25] Yazawa A. Thermodynamic considerations of copper smelting. Canadian Metallurgical Quarterly, 1974, 13: 443-453.

[26] Kim H G, Sohn H Y. Effects of CaO, Al_2O_3, and MgO additions on the copper solubility, ferric/ferrous ratio, and minor-element behavior of iron-silicate slags. Metallurgical and Materials Transactions, 1998, 29B: 583-590.

[27] Espeleta A K, Hino J, Yazawa A. The effect of solid carbonaceous fuel on the chemistry of copper flash smelting//Proceedings of the Copper 91-Cobre 91, IV, Ottawa, 1991: 110-124.

[28] Espeleta A K. Three years operating experience at the PASAR smelter. Metallurgical Review of MMIJ, 1986, 3(3): 101-112.

[29] Shibata T. Energy recovery and substitute fuel technology in the flash smelting furnace with Electrodes at Tamano Smelter. Metallurgical Review of MMIJ, 1990, 7(2): 1-23.

[30] Pizarro C, Wastavino G, Moyano A, et al. Copper losses control in flash smelting slag at chuquicamata smelter//Copper 2013, Santiago, 2013.

[31] Goto M. Mitsubishi Continuous Process. 2nd ed. Tokyo: Mitsubishi Materials Cooperation, 2002: 93.

[32] Yamaguchi K, Ueda S, Yazawa A. The formation of $CaSO_4$ in the CaO-FeO_x-Cu_2O slags at 1250℃ under high partial pressure of SO_2//EMC 2007, Vol 1, Qingdao, 2007: 227-237.

[33] Acuna C M, Zunina J, Guibout C, et al. Arsenic slagging of high matte grade converting by limestone flux//Copper 99, V. Phoenix: TMS, 1999: 477-489.

[34] Sun Y, Chen M, Cui Z, et al. Equilibria of iron silicate slags for continuous converting copper-making process based on phase transformations. Metallurgical and Materials Transactions, 2020, 51B: 2039-2045.

[35] Barnett S C C, Jeffes J H E. Recovery of nickel from Thompson Smelter electric furnace slag. Transactions of the Institution of Mining and Metallurgy (Section C), 1977, 86: C155-C157.

[36] Snelgrove W R N, Taylo R J C. The recovery of values from non-ferrous smelter slags. Canadian Metallurgical Quarterly, 1981, 20(2): 231-240.

[37] Liow J L, Juusela M, Gray N B, et al. Entrainment of a two-layer liquid through a taphole. Metallurgical and Materials

Transactions, 2003, 34B: 821-832.

[38] Imris I. Copper losses in copper smelting slags//Yazawa International Symposium on Metallurgical and Materials Processing, 1. San Diego: TMS, 2003: 359-373.

[39] Ip S W, Toguri J M. Entrainment behaviour of copper and copper matte in copper smelting operations. Metallurgical. Transaction, 1992, 23B: 303-311.

[40] Ip S W, Toguri J M. Entrainment of matte in smelting and converting operations//J.M. Toguri Symposium, Fundamentals of Metallurgical Processing, Ottowa, 2000: 291-302.

[41] Altman R, Schlein W, Silva C. The influence of spinel formation on copper loss in smelter slags//International Symposium Copper Extraction, Proceedings of Extractive Metallurgy of Copper 1, AIME, New York, 1976: 276-316.

[42] Floyd J M, Mackey P J. Developments in the pyrometallurgical treatment of slag: A review of current technology and physical chemistry//Proceedings of Extraction Metallurgy 81, IMM, London, 1981: 345-371.

[43] Fagerlund K O, Jalkanen H. Some aspects on matte settling in copper smelting//Proceedings of Copper 99, VI, Phoenix, 1999: 539-551.

[44] Maru H C, Wasan D T, Kintner R C. Behaviour of a rigid sphere at a liquid-liquid interface. Chemical Engineering Science, 1971, 26: 1615-1628.

[45] Nelson L R, Stober F, Ndlovu J, et al. Role of technical innovation on production delivery at the Polokwane smelter//Nickel and Cobalt 2005-Challenges in Extraction and Production, CIM, Calgary, 2005: 91-116.

[46] Clift R, Grace J R, Weber M E. Bubbles, Drops and Particles. London: Academic Press, 1978: 30-46.

[47] Minto R, Davenport W G. Entrapment and flotation of matte in molten slags. Transactions of the Institution of Mining and Metallurgy Transaction, Section C, 1972, 81: C36-C41.

[48] Ip S W, Toguri J M. Surface and interfacial tension of the Ni-Fe-S, Ni-Cu-S and fayalite slag systems. Metallurgical Transaction, 1993, 24B: 657-668.

[49] Conochie D S, Robertson D G C. Ternary interfacial energy diagram. Transactions of the Institution of Mining and Metallurgy (Section C), 1980, 89: C61-C64.

[50] Shahrokhi H, Shaw J M. Fine drop recovery in batch gas-agitated liquid-liquid systems. Chemical Engineering Science, 2000, 55: 4719-4735.

[51] Saffman P G, Turner J S. On the collision of drops in turbulent clouds. Journal of Fluid Mechanics, 1956, 1: 16-30.

[52] Yazawa A. Thermodynamic evaluations of extractive metallurgical processes. Metallurgical Transaction, 1979, 10B: 307-321.

[53] Mackey P J. The physical chemistry of copper smelting slags-A review. Canadian Metallurgical Quarterly, 1982, 21 (3): 221-260.

[54] Fagerlund K O, Jalkanen H. Microscale simulation of settler processes in copper matte smelting. Metallurgical and Materials Transactions, 2000, 31B: 439-451.

[55] Herrera E, Mariscal L. Changes in the ISASMELT™ slag chemistry at Southern Peru Ilo Smelter//Copper 2010, Vol.II, Hamburg, 2010: 749-759.

[56] Tan P. Modeling and control of copper loss in smelting slag. Journal of Metals, 2011, 63 (12): 51-57.

[57] Goñi C, Sánchez M. Modelling of copper content variation during "El Teniente" slag cleaning process//Nonferrous Pyrometallurgy (MOLTEN 2009), Santiago, 2009: 1203-1210.

[58] Maruyama T, Furui N, Hamamoto M, et al. The copper loss in slag of flash smelting furnace in Tamano Smelter//Yazawa International Symposium on Metallurgical and Materials Processing, 2. San Diego: TMS, 2003: 337-347.

第 17 章

一步直接炼铜的渣型

17.1　一步直接炼铜工艺简述

从硫化物精矿制取粗铜需要两个主要步骤：熔炼和吹炼。熔炼和吹炼是同一化学过程，即 Cu-Fe-S 相中铁和硫的氧化。长期以来，冶金工程师的目标是将这两个步骤结合成连续操作过程，称为连续炼铜工艺，工业应用的三菱炼铜工艺和近年来在中国推广应用的熔池熔炼-连续吹炼基本上实现了工艺操作连续化。但是，在单一反应器中冶炼出粗铜是铜冶金学家半个多世纪以来的追求，理想的直接炼铜工艺过程输入的是精矿、氧气、空气、熔剂和循环物料，产出液态铜、低铜熔渣和高浓度 SO_2 尾气。20 世纪 60~70 年代，一步直接炼铜工艺从实验室到半工业试验做过大量研究，典型的包括诺兰达熔池熔炼直接炼铜工艺和奥托昆普闪速熔炼直接炼铜工艺。然而，只有奥托昆普闪速直接炼铜工艺应用于工业实践。

一步直接炼铜工艺主要优点如下：

(1) 单一连续高浓度 SO_2 的排放，更有利于制备硫酸。

(2) 可以实现能耗最低化。

(3) 流程短，建设成本和运营成本低。

主要缺点是溶解在炉渣中的铜含量高，铜的直收率低。回收渣中铜的操作成本限制了一步直接炼铜工艺在处理产渣量大的高铁黄铜矿精矿的应用，目前仅应用于处理产渣量少的低铁辉铜矿和斑铜矿精矿。

熔池熔炼一步直接炼铜工艺未能在工业上推广应用，主要原因除铜的直收率低和炉寿命短之外，操作上还存在泡沫渣及粗铜含硫控制等问题。一步炼铜为了防止泡沫渣的产生，应尽量避免形成冰铜(Cu_2S)层。熔融冰铜(Cu_2S)层一旦在熔融铜和熔渣之间形成，就有可能与熔渣发生反应，在熔渣层下方产生 SO_2，形成泡沫渣。此外，炉内熔融冰铜与粗铜共存，粗铜硫含量高，阳极炉脱硫时间需要延长。闪速熔炼工艺精矿在悬浮状态氧化，通过调整氧气/精矿比，可以控制冰铜(Cu_2S)层形成。熔池熔炼氧鼓入熔体，氧化反应主要发生在熔体中，熔池熔炼控制冰铜(Cu_2S)层形成，比闪速熔炼困难，需要安排半连续间断作业。因此，熔池熔炼直接炼铜工艺保持熔渣的稳定需要具备的主要条件包括以下方面：

(1) 氧在熔渣中良好地传递。

(2) 在工艺要求的氧势(P_{O_2})和硫势(P_{S_2})条件下保持熔融状态。

(3) 渣的液相区具有容忍铜精矿中存在的各种氧化物引起渣成分变化。

钙铁氧体渣在三菱工艺吹炼炉中的应用表明，钙铁氧体渣是一种优良的氧载体，磁性铁(Fe_3O_4)在渣中的溶解度高，在粗铜生产的条件下操作稳定。然而，应用于熔池直接炼铜则存在问题，主要是因为与冰铜吹炼相比，直接炼铜的精矿中含 SiO_2，精矿中高硅和低铁限制了钙铁氧体渣的应用，而需要使用铁钙硅三系渣来代替，这类型渣在高于 $10^{-6}atm$ 的氧势下操作，容易产生泡沫渣，给工艺操作及控制带来困难。这是熔池熔炼一步直接炼铜操作关注的主要问题，也是熔池熔炼一步直接炼铜工艺工业应用的障碍。

17.1.1 闪速炉一步直接炼铜工艺开发历史

奥托昆普闪速炉一步直接炼铜工艺的历史可以追溯到 20 世纪 60 年代，通过中试，验证了闪速熔炼对直接炼铜的技术适宜性，了解到不同工艺条件、不同原料、不同炉渣组成下粗铜与炉渣之间铜及杂质元素的分布。对黄铜矿精矿和富辉铜矿/斑铜矿精矿进行的试验研究结果表明，所有铜精矿类型在冶金技术上都适合直接炼铜工艺，主要差别是产生的渣量。随着精矿品位的降低，渣量增大，铜的直收率低，渣处理量和铜在冶炼厂内循环增加。因此，回收渣中铜是一步直接炼铜经济可行性的决定因素。实践表明，高品位精矿一步直接炼铜冶炼是一种经济可行的选择，品位较低的黄铜矿精矿实现直接炼铜，需要开发更有效的炉渣贫化方法。

奥托昆普直接炼铜工艺流程如图 17.1 所示。

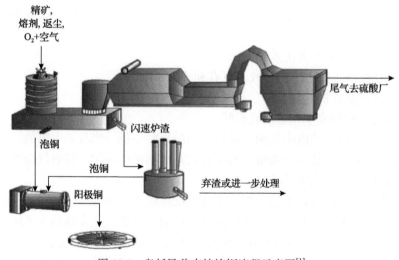

图 17.1　奥托昆普直接炼铜流程示意图[1]

自 20 世纪 80 年代开始,奥托昆普和肯尼科特合作研发闪速直接炼铜新的应用技术。该技术处理的物料以固态铜锍取代了铜精矿，即闪速吹炼技术。由于这两种工艺基础相近，操作具有的相似性，闪速吹炼技术可以借鉴直接闪速炼铜工艺。实际操作闪速吹炼比直接炼铜更简单，因为铜锍中的大部分杂质和脉石基本已在闪速熔炼阶段被去除，而且铜锍质量比精矿质量稳定得多。肯尼科特于 1992 年决定采用闪速熔炼和闪速吹炼技术扩建冶炼厂。产能 280000t/a 铜的新厂于 1995 年投产，闪速吹炼自从投产后一直运行得非常顺利，并证明能够迅速达到设计产能。闪速吹炼工艺已经得到推广应用，为优化直接炼铜工艺及工程设计，提供了基础数据。以下是闪速直接炼铜的重要里程碑：

(1) 1969 年，首次直接炼铜(DB)工艺半工业试验成功。

(2) 1974 年，应用波兰 KGHM 的精矿直接炼铜半工业试验成功。

(3) 1978 年，波兰 Glogow 第二冶炼厂直接炼铜工艺投产。

(4) 1984 年，开发闪速吹炼工艺。

(5) 1988 年，澳大利亚奥林匹克大坝冶炼厂直接炼铜工艺投产。

(6) 1995 年，美国厂肯内科特冶炼厂闪速吹炼工艺投产。

(7) 2008 年，赞比亚 KCM 冶炼厂直接炼铜工艺投产。

迄今使用奥托昆普闪速炉一步直接炼铜工艺的三家冶炼厂包括：

(1) 波兰 Glogow 冶炼厂。

(2) 澳大利亚 Olympic Dam 冶炼厂。

(3) 赞比亚 Chingola 冶炼厂。

奥托昆普闪速一步直接炼铜技术于 1978 年在波兰的 Glogow 第二冶炼厂首次应用于处理低铁高铜精矿，建成投产后冶炼厂铜的生产能力已由 65000t/a，增加到 200000t/a。第二家工业规模应用是在澳大利亚的 Olympic Dam 冶炼厂，该厂于 1988 年投产，当时铜产能 55000t/a，90 年代后期 Olympic Dam 再建一个全新的直接炼铜厂，于 1999 年建成投产，铜产能增加到 200000t/a。2008 年 KCM 在赞比亚 Chingola 冶炼厂的闪速炉直接炼铜工艺投产，处理高品位铜精矿。采用闪速炉一步直接炼铜的三个冶炼厂，总体来说都运行良好，从而证明闪速炉一步炼铜工艺已经是一个成熟的工艺。

刚果(金)的卡莫阿冶炼厂拟采用一步闪速炼铜工艺处理以辉铜矿为主的铜精矿，设计年产铜 50 万 t。由于精矿低铁低硫高铜高硅，渣型的选择是工艺操作的主要问题及挑战。

17.1.2　一步直接炼铜工艺及投资成本简单分析

直接炼铜的主要障碍之一是渣中的铜含量高。基于热力学分析，假设精矿中除铜与铁的比例之外，其他成分(硫、硅和其他氧化物)保持不变，简单的闪速炉一步直接炼铜物料平衡计算结果如图 17.2 所示。图中的数据表明，铜的直收率随着 Cu/Fe(质量比)增

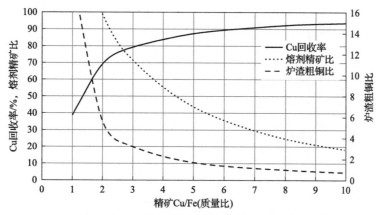

图 17.2　精矿中 Cu/Fe 对熔剂量、铜回收率和炉渣粗铜比的影响[2]

炉渣成分(质量比)：$CaO/(SiO_2+CaO) = 0.50 \sim 0.55$；$FeO/(FeO+SiO_2+CaO) = 0.20 \sim 0.24$

加而升高，而熔剂精矿比和炉渣粗铜比则随着 Cu/Fe 增加而降低。当 Cu/Fe 为 3 时，铜的直收率为 80%，熔剂精矿比和炉渣粗铜比分别为 0.7 和 3，当 Cu/Fe 达到 8 时，铜的回收率为 93%左右，熔剂精矿比和炉渣粗铜比分别为 0.25 和 1。当时 Cu/Fe 低于 3 时，保持最低的渣含铜的熔渣组成，需要的熔剂急剧增加，渣量增加。虽然渣中的铜含量较低，但炉渣中的铜总量高，冶炼直接回收率较差，当熔渣量超过泡铜量三倍时，熔渣处理成本就太高了。

图 17.3 表示根据热力学模拟工艺参数计算的氧精矿比的直接炼铜过程中产物的物相组成的关系。计算的基础是 1000kg 的精矿，炉渣 Fe/SiO$_2$（质量比）为 2，富氧浓度为 70%，温度为 1300℃。从图 17.3 可以清楚地看到氧化过程中各阶段所存在的相，例如，对于斑铜矿精矿：

(1)氧精矿比低于 130kg/t，铜锍和炉渣共存。

(2)氧精矿比在 130～293kg/t，熔融 CuS$_{0.5}$ 与熔融铜、熔渣共存。

(3)氧精矿比高于 293kg/t，液态铜与炉渣共存。

当氧精矿比为 340kg/t 时，渣中 CuO$_{0.5}$ 饱和。对于黄铜矿精矿，存在同样的氧精矿比与物相关系，由于精矿中存在大量的 Fe 和 S 需要更高的氧精矿比，产生金属铜相的氧精矿比约为 370kg/t。通过调节入闪速炉的氧精矿比，可以控制炉内的不同状态。铜的最

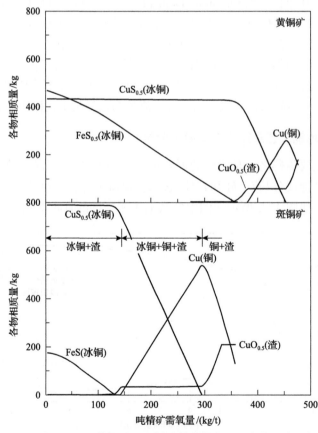

图 17.3 1300℃下，1000kg 黄铜矿和斑铜矿精矿氧化过程产物组成与氧量的关系[3]

上图为处理 1000kg 黄铜矿精矿，下图为处理 1000kg 斑铜矿精矿

大回收率在熔融 $CuS_{0.5}$ 相消失点，如果氧精矿比低于这个点的值，由于 $CuS_{0.5}$ 未完全氧化，形成冰铜层，除影响回收率之外，冰铜层的存在可能在炉内形成起泡渣。如果氧精矿比高于这个点的值，那么 Cu 会被氧化成 $CuO_{0.5}$ 溶解在渣中，铜回收率降低。

在 1300℃时粗铜中 $CuS_{0.5}$ 饱和，炉渣 Fe/SiO_2（质量比）为 2 条件下，1000kg 精矿的耗氧量、炉渣质量和粗铜质量与精矿 Cu/S（质量比）的关系如图 17.4 所示，由图可以看出冶炼斑铜矿和黄铜矿精矿的区别，处理 1000kg 黄铜矿精矿，需要 $450Nm^3$（标立方米）的氧，生产 270kg 左右粗铜，产生 650kg 的渣。处理 1000kg 斑铜矿精矿，需要 $200Nm^3$ 的氧，生产 600kg 左右粗铜，产生 240kg 的渣。冶炼斑铜矿与黄铜矿的区别主要体现在铜的回收率上，图 17.5 表示一步直接炼铜铜的回收率与 Cu/S（质量比）的关系，图中表明热力学平衡条件下回收率和包含物理夹带情况的铜回收率。由图可知，铜回收率

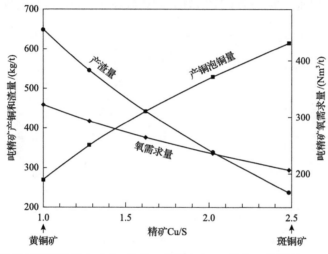

图 17.4　在 1300℃时粗铜中 $CuS_{0.5}$ 饱和，炉渣 Fe/SiO_2 比为 2 条件下，1000kg 精矿的耗氧量、炉渣质量和粗铜质量与精矿 Cu/S 的关系[3]

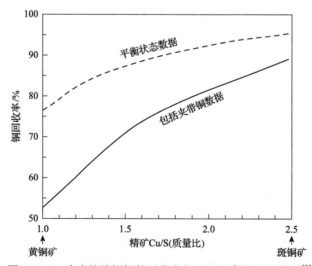

图 17.5　一步直接炼铜铜的回收率与 Cu/S（质量比）的关系[3]

随着 Cu/S 升高而增加,黄铜矿的平衡条件下回收率和包含物理夹带的回收率分别为 76% 和 53%,斑铜矿的数据则为 95% 和 85%。需要说明,用 Cu/S 来确定精矿矿物是一种传统的方法,但只有当精矿只含有黄铜矿和斑铜矿时才有效。若存在既不含铜又不含铁的硫化物矿物,或存在铜或铁氧化物,则只有精矿的 Cu/Fe 直接关系到铜的回收率。

图 17.6 为一步炼铜处理黄铜矿类型精矿,铜进入铜及冰铜的回收率和硫进入尾气与冰铜品位/泡铜成分的关系。由图可知,若工艺中存在冰铜层面,只能生产泡铜 1(图 17.6 中①),硫进入气相回收率约 98%,铜进入泡铜和冰铜的回收率约 79%。工艺中不存在冰铜层,可以生产泡铜 2(图 17.6 中②),硫进入气相和铜进入泡铜的回收率分别为 99.5% 和 53%。冰铜层的存在可以抑制铜在渣中的分配,有利于提高铜的回收率,但泡铜的硫含量高。

图 17.7 表示闪速一步直接炼铜与双闪(闪速熔炼+闪速吹炼)投资成本的比较。以双

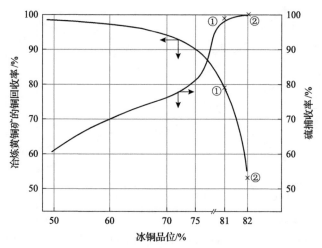

图 17.6　一步炼铜处理黄铜矿类型精矿,铜进入铜及冰铜的回收率和
硫进入尾气与冰铜品位/泡铜成分的关系[4]
①有冰铜层;②没有冰铜层

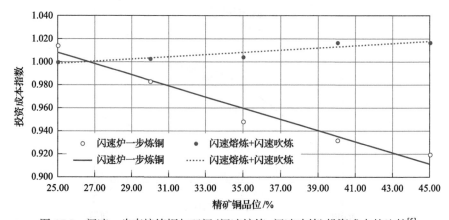

图 17.7　闪速一步直接炼铜与双闪(闪速熔炼+闪速吹炼)投资成本的比较[5]

闪工艺处理 25%铜品位的铜精矿的投资成本因子为 1，当精矿铜品位高于 27%时，一步直接炼铜工艺的投资低于双闪工艺，精矿铜品位为 43%时，一步直接炼铜工艺投资成本因子为 0.92。

17.1.3 一步直接炼铜工业应用渣型

波兰 Glogow 冶炼厂、澳大利亚 Olympic Dam 冶炼厂和赞比亚 Chingola 冶炼厂处理的精矿成分列于表 17.1。精矿的矿物组成主要包括辉铜矿（Cu_2S）和斑铜矿（Cu_5FeS_4），以及少量的黄铁矿（FeS_2）、黄铜矿（$CuFeS_2$）和二氧化硅（SiO_2）。因此，精矿铁含量低，铜含量相对较高。为确保一步直接炼铜工艺的操作平稳，需要根据精矿成分选用和设计合适的冶炼渣组成，基于精矿中各自的脉石成分，一步直接炼铜工艺三家冶炼厂选用铁硅酸盐渣和铁钙硅渣两类渣型。炉渣组成列于表 17.2。由表可知，澳大利亚 Olympic Dam 冶炼厂采用高铁低硅的铁硅酸盐渣，Fe/SiO_2 高于 1.8。波兰 Glogow 冶炼厂和赞比亚 Chingola 冶炼厂则为铁钙硅渣，两者炉渣的基本区别是它们的氧化铁含量。Glogow 冶炼厂利用脉石矿物的成分制造高铝高钙低铁渣；而赞比亚 Chingola 冶炼厂的原料中铁含量较高，添加石灰作为熔剂，渣中铁氧化物含量与传统的铜冶炼渣相似。铜精矿中的脉石成分，如 Al_2O_3、CaO、MgO 和金属氧化物进入渣中，实际操作中，铜冶炼炉渣是组成复杂的多元系。

表 17.1 用于直接炼铜工艺的铜精矿组成（质量分数）[6]

冶炼厂	精矿成分/%						
	Cu	Fe	S	SiO_2	Al_2O_3	CaO	MgO
Olympic Dam	44	20	25	5	—	—	—
Glogow	28	2.7	9.3	20	5.2	7.3	3.9
Chingola	39	8	19	18	10	2	2

表 17.2 直接炼铜工艺炉渣组成（质量分数）[6]

冶炼厂	炉渣成分/%						
	Cu	Fe	SiO_2	CaO	MgO	Al_2O_3	Fe/SiO_2
Olympic Dam	25	33	18	0	0	3.5	1.83
Glogow	14.4	6	31	14	6	9	0.19
Chingola	19.5	22.5	25.7	5.9	25	3.9	0.88

钙铁氧体渣在冶炼温度下液相范围宽，但 SiO_2 是铜精矿常见成分，因此在精矿熔炼渣中 SiO_2 难以避免，一步直接炼铜不可能采用钙铁氧体渣。闪速吹炼中钙铁氧体渣的主要成分为 16%CaO、20%Cu、42%Fe、2%SiO_2。

表 17.1 中数据表明，Olympic Dam 冶炼厂精矿的铁含量高，需添加 SiO_2 熔剂，为了减少渣量，选择高 Fe/SiO_2 操作，渣铜比约为 1.4，渣中铜损失为炉料中铜的 34%[1]。Glogow 冶炼厂精矿含铁低，脉石成分高，如 SiO_2、CaO、MgO、Al_2O_3 等，熔炼时不添加熔剂，渣的 Fe/SiO_2 低，渣量主要取决于精矿成分，高脉石组成有利于提高渣中 Cu_2O 活度系

数，降低氧化铜在熔渣中的溶解，虽然渣铜比达 2.5 左右，但渣中铜的损失为炉料铜的 28%左右[1,7]。与传统的铜精矿比，Chingola 冶炼厂精矿含铁及硫低，SiO$_2$ 和 MgO 含量相对较高，为了降低渣相温度，须加入一定量的氧化钙，从而使渣的组成及渣量介于 Olympic Dam 冶炼厂和 Glogow 冶炼厂之间，渣铜比为 1.4～1.6，渣中铜损失为炉料铜的 28%～43%[8]。

实际上直接炼铜渣为 SiO$_2$-CaO-FeO$_x$-Cu$_2$O 系，1300℃和 10^{-6}atm 的氧势下，无铜和铜饱和条件下炉渣的液相线区如图 17.8 所示。炉渣中 Cu$_2$O 的存在大大增加了液相区。所选择的炉渣成分必须是在不超过 1300℃的条件下完全呈熔融状态，并且具有足够低的黏度。黏度一般随渣中 SiO$_2$ 含量的降低和 CaO 含量的增加而降低。渣中氧化铁的量取决于精矿的铁含量，添加 SiO$_2$ 和 CaO 熔剂会增加给定精矿的渣量。图 17.8 中数据表明，一步直接炼铜应用高铁含铜渣时，Fe/SiO$_2$ 限制在小于 2，当 Fe/SiO$_2$ 达到 2 时，渣接近尖晶石饱和，那么在渣-耐火材料界面温度降低冷却，尖晶石会沉淀析出，采用低铁渣时（低 Fe/SiO$_2$）需要添加 CaO 熔剂。炉渣成分选择（添加 SiO$_2$ 和 CaO 熔剂）在渣含铜含量和熔渣量之间找到平衡最佳点。

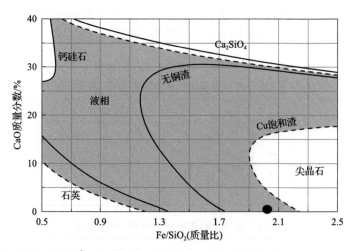

图 17.8 1300℃和 10^{-6}atm 氧势下，无铜和铜饱和条件下，SiO$_2$-FeO$_x$-CaO-Cu$_2$O 系渣 CaO 含量和 Fe/SiO$_2$ 对液相区的影响[9]

17.2 一步直接炼铜渣含铜与泡铜含硫的关系

一步直接炼铜 Cu-Fe-S-O-SiO$_2$ 系氧-硫势图的区域如图 17.9 所示，典型的直接炼铜过程可以用图 17.9 中的 P_{SO_2}=0.7atm 等压线表示。沿 SO$_2$ 等压线，铜液中 Cu$_2$S 的活度与炉渣中 Cu$_2$O 的活度呈反比关系，铜液中 Cu$_2$S 活度降低，而渣中 Cu$_2$O 的活度则升高。铜中硫含量与渣中铜含量的平衡关系取决于铜中 Cu$_2$S 和炉渣中 Cu$_2$O 的活度系数，而活度系数又取决于炉渣的组成。铜的含硫量（铜的质量指标）和炉渣含铜（铜的回收率指标）与 Cu$_2$S 和 Cu$_2$O 的活度正相关，因而铜的硫含量与炉渣含铜呈反比关系。

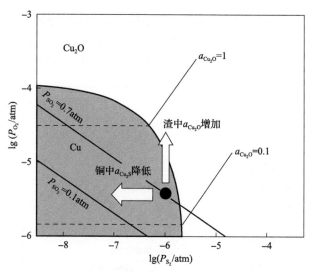

图 17.9 1300℃的 Cu-Fe-S-O-SiO$_2$ 系氧-硫势图的扩展区[3]

Olympic Dam 冶炼厂高铜低铁型精矿的脉石中氧化铝含量较高，使冶炼渣的氧化铝含量达到 3%～4%。图 17.10 表示了含硫 1%和含氧化铝 3.5%的渣中铜含量与粗铜硫含量的关系，渣含铜随着泡铜硫含量的降低而增加。渣中 SiO$_2$ 含量为 17.5%～22.5%，粗铜硫含量为 1%，渣中铜含量为 16%～18%，而粗铜中硫含量降低到 0.5%时，渣含铜增加到 22%～24%。

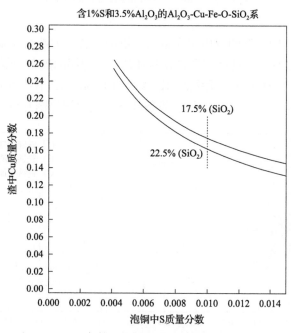

图 17.10 1300℃和 P_{SO_2}≈1atm 条件下含氧化铝的硅酸铁渣铜含量与泡铜含硫的关系[1]

不同炉料的渣中铜溶解损失与泡铜中硫含量的关系如图 17.11 所示。由图可知，炉料中黄铁矿的增加导致渣铜含量升高。波兰 Glogow 冶炼厂处理辉铜矿类精矿，操作中泡铜硫含量为 0.5%，铜在炉渣中的损失低于 15%(图中圆点)。而 Chingola 冶炼厂生产的泡铜硫含量约 0.3%，导致炉渣中铜的含量升高(图中垂线)，渣含铜近 20%。

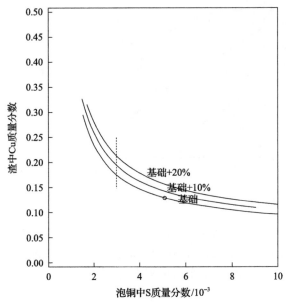

图 17.11　1300℃下不同炉料的渣中铜溶解损失与泡铜中硫含量的关系[1]

基础：典型的辉铜矿精矿；基础+10%：辉铜矿精矿添加 10%的黄铜矿精矿；基础+20%：
辉铜矿精矿添加 20%的黄铜矿精矿

图 17.12 表示不同渣型的渣中铜含量与泡铜中硫含量关系的实验数据。由图可知，铁硅酸盐渣含铜明显高于铁钙硅渣和钙铁氧体渣。当粗铜的硫含量低于 0.3%时，铁硅酸盐渣含铜达到 20%，而铁钙硅三元系渣的铜含量约 13%，钙铁氧体渣的铜含量与铁钙硅三元系渣相近，泡铜含硫小于 0.1%的强氧势条件下，渣含铜急剧升高。

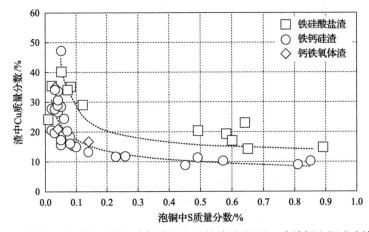

图 17.12　不同渣型渣中铜含量与泡铜中硫含量的关系(闪速一步炼铜和闪速吹炼数据)[2]

图 17.13 为 1300℃下炉渣铜含量与铜含硫的关系，包括实验室测量数据、半工业试

验和 Olympic Dam 冶炼厂闪速炉实际操作数据，以及热力学模型计算结果。由图可知，不同数据总体趋势是渣含铜随泡铜的硫含量降低而增加，实验室测量的渣中铜含量整体低于半工业试验和工业操作的渣铜含量，半工业试验渣铜含量低于工业操作数据，原因是工业操作数据中包含物理夹带的铜。$P_{SO_2}=0.3atm$ 条件下的模型计算结果与实验室数据基本吻合，稍低于实验室数据。工业操作数据的铜中硫含量集中在 0.5%～0.9% 的范围，渣含铜 24%～26%。而平衡条件下，相同铜含硫范围的渣中铜含量在 13%～18%，表明物理夹带的铜约为渣中铜总含量的 40%。

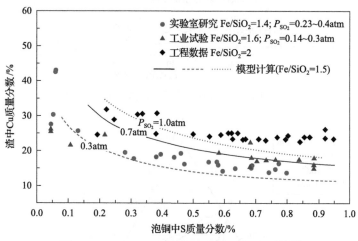

图 17.13　1300℃下渣含铜与铜含硫的关系[10-15]

17.3　一步直接炼铜的铁钙硅渣

　　铁钙硅渣在一步直接炼铜的开发应用，做了很多工作，选择的渣组成范围的专利如图 17.14 所示。但是实际应用渣组成(表 17.2 数据)并没有在这些专利范围。根据精矿成分来选用和设计合适的冶炼渣系具有重要的意义。目前三个直接炼铜的冶炼厂，澳大利亚的 Olympic Dam 冶炼厂、波兰的 Gloglow 冶炼厂和赞比亚的 Chingola 冶炼厂，均是基于精矿中各自的脉石成分选用渣组成。主要基于铁硅酸盐(IRS)渣和铁钙硅(FCS)渣两类渣型。这两类渣特性各异，与 IRS 渣相比，FCS 渣具有液相区宽、黏度较低、渣中铜溶解度低的优点[3]。另外，考虑到固有的脉石成分，如精矿或熔剂 CaO 含量高，在某些情况下无法避免使用 FCS 渣。因此，FCS 渣在一步直接炼铜工艺的相平衡研究，无论现存操作还是工艺设计，都具有特殊的意义。

　　图 17.15 介绍了 SiO_2-CaO-FeO_x + (Al_2O_3+MgO+Cu_2O) 系相图。1200℃渣液区域近似呈三角形，图中 45% SiO_2 和 15% CaO 位于 1200℃时液相区。随着温度升高，渣液区向 CaO-FeO_x 边界扩展。当熔炼含有黄铜矿($CuFeS_2$)和斑铜矿(Cu_5FeS_4)的高硅精矿时，不添加熔剂将产生成分接近 42% SiO_2 和 1.5% CaO 的炉渣 A；当添加含铁熔剂时，炉渣组成移动到组成 B；当选择使用石灰石熔剂时，炉渣成分将转移到 C 点。

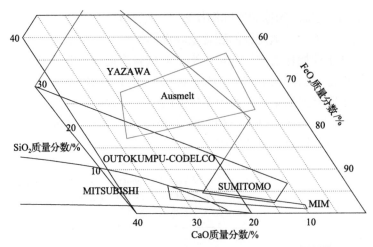

图 17.14 铜冶炼申请专利的铁钙硅渣的组成范围[1,16-19]

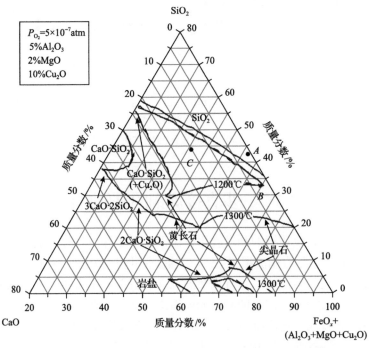

图 17.15 SiO_2-CaO-FeO_x+(Al_2O_3+MgO+Cu_2O) 系相图[6]

在一步直接炼铜的工艺中，一个需要控制的因素是避免 Cu_2S 层形成以阻止泡沫渣现象。因此，氧势(P_{O_2})应控制在高水平(P_{O_2}=10^{-5}atm)，以确保铜已完全转化为泡铜。然而，高氧势可能会导致 Cu 过氧化生成 Cu_2O 进入渣中。这将增加渣中铜损失，从而增加下一步熔渣贫化的成本[20-23]。高氧势条件下熔渣位于尖晶石相初始相区，在 CaO-SiO_2-FeO_x 三元系渣与尖晶石平衡方面做了不少研究[20,23-27]，包括氧势和渣成分对液相温度及渣含铜的影响等。

"FeO"-15%CaO-SiO_2 三元系渣与铜平衡的液相温度及与 Fe/SiO_2(质量比)的关系如

图 17.16 所示。由图可以观察到，随着 Fe/SiO₂ 的降低，渣的液相温度急剧降低，Fe/SiO₂ 从 1.5 降低到 1.2，液相温度从 1310℃降低到 1250℃。在尖晶石相初相区，熔剂 SiO₂ 的关键作用是降低渣的液相温度。较低的 Fe/SiO₂（或较高的 SiO₂ 含量）能使渣的液相温度快速降低。从操作方面来说，增加 SiO₂ 熔剂是控制渣的液相温度的重要手段。然而，SiO₂ 熔剂的增加可能会带来其他变化，如熔渣体积增加及黏度增加等，因此渣中铜损失增加。

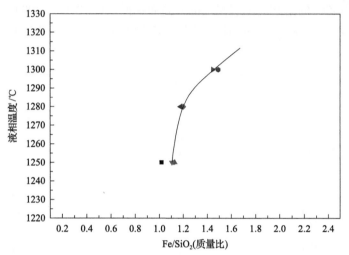

图 17.16 "FeO"-15%CaO-SiO₂ 三元系渣与铜平衡时液相温度及与 Fe/SiO₂（质量比）的关系[20]

图 17.17 表示了与铜平衡的 "FeO"-15%CaO-SiO₂ 三元系渣 "Cu₂O" 含量与液相温度的关系。由图可知，随着温度的升高，液相中的平衡 "Cu₂O" 含量逐渐降低，温度从 1240℃升高 1300℃，渣中铜含量从 19%降低到 13%。从操作方面看，较高的温度会降低液相中的 "Cu₂O" 含量，减少渣中 Cu 损失，从而可以降低熔渣贫化的成本，然而，温度升高可能会增加能耗和耐火材料的侵蚀。反过来，渣中 "Cu₂O" 含量增加可以降低渣的液相温度，改进渣的流动性。与铜平衡的 "FeO"-15% CaO-SiO₂ 三元系渣 "Cu₂O" 含

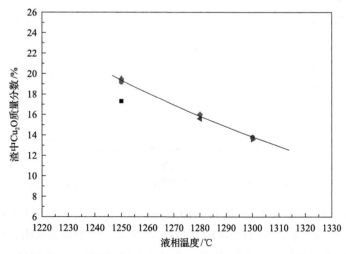

图 17.17 "FeO"-15%CaO-SiO₂ 三元系渣与铜平衡时 "Cu₂O" 含量与液相温度的关系[20]

量与 Fe/SiO$_2$（质量比）关系如图 17.18 所示，液相渣 "Cu$_2$O" 含量随着液相的 Fe/SiO$_2$ 的增加而持续减少，从氧化物的网络作用方面解释，"FeO" 和 "Cu$_2$O" 都充当渣网络结构的修正化合物，即碱氧化物，而 SiO$_2$ 则充当网络中的构造化合物，即酸性氧化物。"FeO" 可以替代渣网中的 "Cu$_2$O" 点；熔渣的 Fe/SiO$_2$ 增加，致使 "Cu$_2$O" 含量下降。在 P_{SO_2}=0.4atm 和 P_{O_2}=10^{-5}atm 下，尖晶石中 "Cu$_2$O" 的溶解与温度关系如图 17.19 所示，图中数据表明尖晶石相中 "Cu$_2$O" 的溶解度随着温度的升高而降低，在 1240～1300℃温度区间，尖晶石中铜的溶解度在 2.3%～1.2% 范围。与图 17.17 液态渣中的平衡 "Cu$_2$O" 含量变化趋势一致。

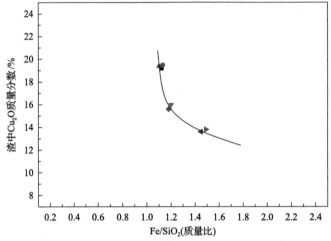

图 17.18 "FeO"-15%CaO-SiO$_2$ 三元系渣与铜平衡时 "Cu$_2$O" 含量与 Fe/SiO$_2$（质量比）的关系[20]

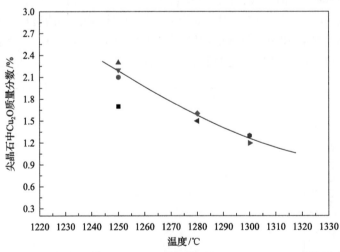

图 17.19 在 P_{SO_2}=0.4atm 和 P_{O_2}=10^{-5}atm 下，与铜平衡的尖晶石中 "Cu$_2$O" 的溶解度与温度的关系[20]

图 17.20 表示在 P_{SO_2}=0.4atm 和 P_{O_2}=10^{-5}atm 下，热力学模型计算（FactSage 计算）与铜平衡的液相中 Cu$_2$O 含量与 CaO/SiO$_2$（质量比）的关系。模型预测表明，在计算的氧势条件下，液相中的 "Cu$_2$O" 含量不随着 CaO/SiO$_2$ 的变化而变化，在温度 1250～1300℃范

围，"Cu_2O"含量为 25%～32%。然而，实验测量的平衡"Cu_2O"含量比 FactSage 预测要小得多，在相同的温度，渣中铜含量低至 12%。其原因可能是模型建立过程中，"Cu_2O"的活度系数被低估，因此平衡的"Cu_2O"含量被高估。

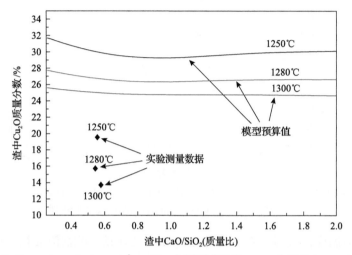

图 17.20　在 P_{SO_2}=0.4atm 和 P_{O_2}=10^{-5}atm 下，与铜平衡的渣 Cu_2O 含量与 CaO/SiO_2 的关系[20]

　　图 17.21 表示了（"FeO"+CaO)-SiO_2-"Cu_2O"三元系的液相温度，图中包括模型(FactSage)预测的等温线以进行比较。渣中的 CaO 含量固定为 15%。从图可以更清楚地观察到液相温度的变化，以及液态渣中的平衡"Cu_2O"含量与 SiO_2 和"FeO"含量之间的关系。图中数据表明，渣的液相温度主要取决于渣中 Cu_2O 成分，液相温度随着 Cu_2O 的增加而降低。渣中 SiO_2 对液相温度作用小。渣中 FeO 的降低有利于降低液相温度，但是不利于降低渣中的 Cu_2O 含量。在 P_{SO_2}=0.4atm 和 P_{O_2}=10^{-5}atm 下，与铜平衡的铁钙硅(FCS)渣和铁硅酸盐(IRS)渣液相温度与 Fe/SiO_2(质量比)关系如图 17.22 所示，铁钙硅渣和铁硅酸盐渣液相温度在尖晶石饱和条件下随着 Fe/SiO_2(质量比)的增加而增加。此外，

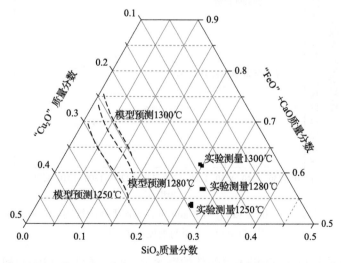

图 17.21　在 P_{SO_2}=0.4atm 和 P_{O_2}=10^{-5}atm 下，（"FeO"+CaO)-SiO_2-"Cu_2O"系液相温度[20,28-30]

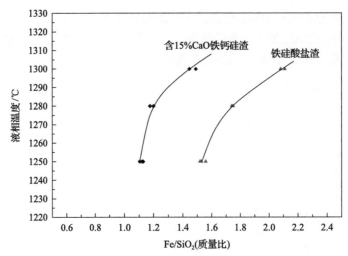

图 17.22　在 P_{SO_2}=0.4atm 和 P_{O_2}=10^{-5}atm 下，与铜平衡的铁钙硅渣和
铁硅酸盐渣液相温度与 Fe/SiO$_2$（质量比）关系[20,28-30]

对于相同的熔渣温度，铁钙硅渣中液相的 Fe/SiO$_2$ 要比铁硅酸盐渣液相中小得多。例如，在 1280℃时，铁硅酸盐渣的平衡 Fe/SiO$_2$ 约为 1.7，而对于 15% CaO 的铁钙硅渣，则降低至约 1.2。

　　图 17.23 表示在 P_{SO_2}=0.4atm 和 P_{O_2}=10^{-5}atm 下，与铜平衡的铁钙硅渣和铁硅酸盐渣中"Cu$_2$O"含量与温度的关系，对于铁钙硅渣和铁硅酸盐渣，渣液相中的平衡"Cu$_2$O"含量随着温度的升高而逐渐减少。同时可以观察到，对于 15%CaO 的铁钙硅渣，Cu$_2$O 在渣液相中的含量比铁硅酸盐渣大大降低。在 1250℃时，15%CaO 的铁钙硅渣平衡"Cu$_2$O"含量约为 19%，而铁硅酸盐渣在 31%左右。

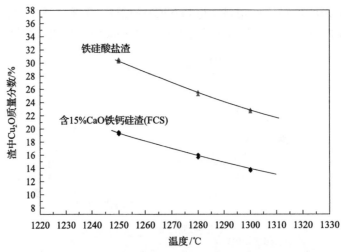

图 17.23　在 P_{SO_2}=0.4atm 和 P_{O_2}=10^{-5}atm 下，与铜平衡的铁钙硅渣和铁硅酸盐渣
中"Cu$_2$O"含量与温度的关系[20,28-30]

　　图 17.24 表示 FeO$_x$-CaO-SiO$_2$ 系熔渣的铜含量，操作条件为 1300℃和 P_{O_2}=$10^{-4.5}$atm，

由图可知采用 FeO_x-CaO-SiO_2 系铜渣操作时，当 CaO/SiO_2（质量比）高于 1.5 和 CaO 质量分数高于 20%时，渣的铜含量大多数为 10%～20%。

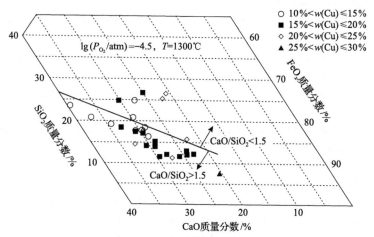

图 17.24　渣中铜含量与渣成分的关系[2,15]

参 考 文 献

[1] Taskinen P, Kojo I. Fluxing options in the direct-to-blister copper smelting//Nonferrous Pyrometallurgy(MOLTEN 2009), Santiago, 2009: 1139-1151.

[2] Vartiainen A, Eerola H, Kojo I, et al. Slag chemistry in direct to blister flash smelting//The Tenth International Flash smelting Congress, Epsoo, 2002.

[3] Swinbourne D R, West R C, Reed M E, et al. Computational thermodynamic modelling of direct to blister copper smelting. Mineral Processing and Extractive Metallurgy: Transactions of the Institutions of Mining and Metallurgy: Section C, 2011, 120(1): C1-C9.

[4] Makinen J K, Jafs G A. Production of matte, white matte and blister copper by flash furnace. Journal of Metals, 1982, 34(6): 54-59.

[5] West R C, Kho T S, Reed M E, et al. When to chose direct to blister smelting process//Copper 2019, Vancourve, 2019.

[6] Somerville M, Chen C, Alvear G R F F, et al. Fluxing strategies for the direct to blister smelting of high silica and low iron copper concentrates//Proceedings of the 10th International Conference on Molten Slags, Fluxes and Salts(MOLTEN 2016), Washington D.C., 2016: 667-675.

[7] Smieszek Z, Sedzik S, Grabowski W, et al. Glogow 2 copper smelter-seven years of operational experience//Extraction Metallurgy'85, IMM, London, 1985: 1049-1056.

[8] Chikashi H M. Influence of slag composition on reduction control and operations of the slag-cleaning furnace at KCM Zambia// Southern Africa Pyrometallurgy 2011, SAIMM, Johannesburg, 2011: 185-198.

[9] Yazawa A, Kongoli F. Liquidus surface of newly defined ferrous calcium silicate slag and its metallurgical implications. High Temperature Material Processes, 2001, 20: 201-207.

[10] Hunt A G, Day S K, Shaw R G, et al. Developments in direct-to-blister smelting at Olympic Dam//Copper 99–Cobre 99. Phoenix: TMS, 1999: 239-253.

[11] Hunt A G, Montgomerie D H, Ong C J, et al. Operation of the #2 direct-to blister flash furnace at Olympic Dam//The Tenth International Flash Smelting Congress, Espoo, 2002.

[12] Jorgensen F R A, Collins D N. Single-stage blister copper production-Olympic Dam metal/slag equilibrium//Copper 95-Cobre

95, IV, TMS, 1, Santiago, Chile, 1995: 515-529.

[13] Asteljoki J A, Muller H B. Direct smelting of blister copper-Pilot plant flash smelting tests of Olympic Dam concentrate// Pyrometallurgy 87, IMM, London, 1987: 19-52.

[14] Chen C, Zhang L, Jahanshahi S. Application of mpe model to direct-to-blister flash smelting and deportment of minor elements// Proceeding of Copper 2013, Santiago, 2013: 859-871.

[15] Vartiainen A, Eerola H, Kojo I, et al. Ferrous calcium silicate slags in direct-to-blister flash smelting//Yazawa International Symposium. San Diego: TMS, 2003: 277-290.

[16] Takeda Y, Yazawa A. Dissolution loss of copper, tin and lead in FeO_n-SiO_2-CaO slag//Productivity and Technology in the Metallurgical Industries. Cologne: TMS, 1989: 227-240.

[17] Takeda Y. Miscibility gap in the CaO-SiO_2-Cu_2O-Fe_3O_4 system under copper saturation and distribution of impurities. Materials Transactions JIM, 1993, 19 (10): 937-945.

[18] Scott E, Jahanshahi S. Copper converting: WO9600802. 1996-01-11.

[19] Hughes S, Matusewicz R, McClelland R, et al. Process for copper converting: WO2005098059. 2005-10-20.

[20] Sun Y, Chen M, Cui Z, et al. Development of Ferrous-calcium silicate slag for the direct to blister copper-making process and the equilibria investigation. Metallurgical and Materials Transactions, 2020, 51B: 973-984.

[21] Jansson J, Taskinen P, Kaskiala M. Microstructure characterisation of freeze linings formed in a copper slag cleaning slag. Journal of Mining and Metallurgy (Section B), 2015, 51: 41-48.

[22] Madej P, Kucharski M. Influence of temperature on the rate of copper recovery from the slag of the flash direct-to-blister process by a solid carbon reducer. Archives of Metallurgy and Materials, 2015, 60: 1663-1672.

[23] Kimura H, Endo S, Yajima K, et al. Effect of oxygen partial pressure on liquidus for the CaO-SiO_2-FeO_x system at 1573K. ISIJ International, 2004, 44: 2040-2045.

[24] Henao H M, Kongoli F, Itagaki K. High temperature phase relations in FeO_X (X =1 and 1.33)-CaO-SiO_2 systems under various oxygen partial pressure. Materials Transactions, 2005, 46: 812-819.

[25] Nikolic S, Hayes P C, Jak E. Phase equilibria in ferrous calcium silicate slags: Part I. Intermediate oxygen partial pressures in the temperature range 1200℃ to 1350℃. Metallurgical and Materials Transactions, 2008, 39B: 179-188.

[26] Nikolic S, Hayes P C, Jak E. Phase equilibria in ferrous calcium silicate slags: Part III. Copper-saturated slag at 1250℃ and 1300℃ at an oxygen partial pressure of 10^{-6} atm. Metallurgical and Materials Transactions, 2008, 39B: 200-209.

[27] Nikolic S, Hayes P C, Jak E. Equilibria in ferrous calcium silicate slags: Part IV. liquidus temperatures and solubility of copper in "Cu_2O"-FeO-Fe_2O_3-CaO-SiO_2 slags at 1250℃ and 1300℃ at an oxygen partial pressure of 10^{-6} atm. Metallurgical and Materials Transactions, 2008, 39B: 210-217.

[28] Sun Y, Chen M, Cui Z, et al. Phase equilibrium studies of iron silicate slag under direct to blister copper-making condition. Metallurgical and Materials Transactions, 2020, 51B: 1-5.

[29] Sun Y, Chen M, Cui Z, et al. Phase equilibria of ferrous-calcium silicate slags in the liquid/spinel/white metal/gas system for the copper converting process. Metallurgical and Materials Transactions, 2020, 51B: 2012-2020.

[30] Sun Y, Chen M, Cui Z, et al. Equilibria of iron silicate slags for continuous converting copper-making process based on phase transformations. Metallurgical and Materials Transactions, 2020, 51B: 2039-2045.

第 18 章

铜火法精炼渣及熔剂

18.1 概　　述

火法精炼的目的主要是脱除粗铜中的硫和杂质，调整粗铜中氧成分，以满足电解精炼对阳极铜的质量要求。来自 PS 转炉的粗铜含有约 0.02%S 和 0.3%O，熔池连续吹炼的铜含有高达 1%S 和 0.2%~0.4%O。这些溶解的硫及氧若未脱除，在浇铸凝固过程中形成 SO_2 的气泡，使阳极变得脆弱和凹凸不平。

火法精炼通过空气将硫氧化成 $SO_{2(g)}$，硫降至 0.003%；然后应用碳氢化合物还原，将氧以 $CO_{(g)}$ 和 $H_2O_{(g)}$ 的形式去除，氧降至 0.16%。几乎所有火法精炼的铜送至电解精炼，电解精炼中粗铜(阳极铜)在阳极溶解和在阴极结晶析出纯铜(>99.99%Cu)。铜电解精炼工艺的主要指标包括电解槽能力(约为 0.03t/m³)和单位铜产量能耗(约为 0.4kWh/kgCu)。因此，为了提高工艺经济效率，须尽可能优化这两个运行指标。增加电流密度可以提高槽能率及降低能耗，但存在阳极钝化阻碍阳极电化学溶解的问题，可以几乎使阳极溶解停止[1,2]，导致能耗增加，同时造成大量残余阳极返回阳极炉重新熔化。阳极钝化行为很大程度上取决于阳极化学成分，如元素 As、Bi、Sb、Pb 和 Ni 等。在火法精炼中需脱除调整这一类杂质，控制其在阳极中的含量低于一定水平。因此，火法精炼操作中，杂质元素在金属与渣之间的反应和行为，以及挥发条件等备受关注，因为这些直接关系到阳极铜成分，影响铜电解工艺效率和电解铜质量，以及阳极泥的成分。

在火法精炼工艺中，杂质元素及部分铜被氧化，因此产生含各种杂质元素和氧化铜的精炼渣。精炼渣的液相形成和熔渣黏度等性质受精炼渣的组分，尤其是氧化铜含量，以及精炼工艺的氧势等因素的影响，从而影响渣中反应能否顺利进行[3]。多数冶炼厂将精炼渣返回吹炼转炉，根据冶炼厂杂质分布的实际情况，为了避免杂质元素在冶炼工艺中循环积累，精炼渣也可以开路处理。

18.2　铜火法精炼化学及熔剂

火法精炼涉及两个化学体系：①脱硫体系 Cu-O-S 系；②除氧体系 Cu-C-H-O 系。从熔融铜中脱硫通常选择空气作为氧化剂。在 1200℃，从熔融铜中除硫反应为

$$[S]+O_2 \ (g) = SO_2 \ (g) \tag{18.1}$$

而氧气通过反应溶解在铜中,有

$$O_2(g) = [2O^-] \tag{18.2}$$

反应式(18.1)在 1200℃时平衡常数约等于 10^6。此平衡常数的值表示即使在脱硫结束时,即 0.003%S 和 P_{O_2}=0.21bar 条件下,$P_{SO_2}>1$bar,说明过程中 S 仍继续被氧化形成 SO_2。同时,氧气仍在继续溶解。

脱硫后熔融铜中的氧浓度约为 0.3%,大多数溶解的氧在铸造过程中会沉淀为固体 Cu_2O 夹带物,因此必须将其降至更低水平。通过注入气体或液态碳氢化合物可从熔融铜中去除大部分氧。应用于除氧的碳氢化合物主要包括天然气、重油、液化石油气和丙烷/丁烷等。气体和液体碳氢化合物通过管道喷射注入熔融铜中。天然气直接被喷吹至熔融铜中(有时结合用蒸汽)。液化石油气、丙烷和丁烷在蒸发后喷吹。重油被雾化结合蒸汽喷吹。假设反应的产品是 CO 和 H_2O,还原剂的量大约是化学计量的两倍。

铜脱氧速率与熔体中还原剂添加速率成正比。这一结果并不一定意味着该工艺是气相质量传输控制,但说明还原反应速率足够高,无论哪个步骤限制还原速率,还原率与气体还原剂喷射流速成正比。固体碳还原液态铜的动力学研究表明,固体碳表面 CO 的产生大大加快了还原速度。图 18.1 为 1150℃下,添加不同蒸汽量的还原速率曲线。由图可以看出,3h 时间熔融铜中的氧可以降低到 0.03%水平。图 18.2 为不同熔体温度下铜中氧含量,图中数据表明温度对于除氧的作用不明显。

冶炼厂原料中的杂质,有相当一部分进入粗铜中。火法精炼工艺如果不添加熔剂造渣,难以在较大程度上去除这些杂质,继续留在阳极铜中。对于杂质含量较高的粗铜,在火法精炼过程中脱除杂质需要在氧化阶段添加适当的熔剂,以保证阳极铜的杂质水平降低到满足电解精炼的要求。熔剂可以通过精炼炉鼓风口喷吹或者使用喷枪加入,也可以在粗铜入炉之前从炉口添加。采用碱性熔剂,如 Na_2CO_3、$CaCO_3$、Na_2O 和 CaO,可以有效地从熔融铜中脱除 As 和 Sb。添加酸性 SiO_2 熔剂可脱除 Pb。碱性熔剂从阳极炉的熔

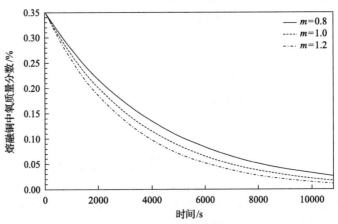

图 18.1　1150℃,添加不同蒸汽量的天然气还原速率曲线[4]

m=实际使用蒸汽量/理论计算蒸汽量

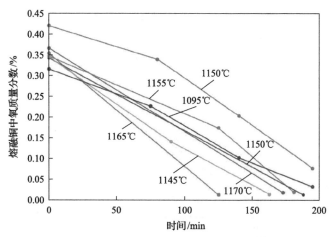

图 18.2　不同熔体温度下铜中氧含量[4]

融铜中脱除 As 和 Sb，几十年来一直在铜工业中使用[5,6]。石英熔剂从 Cu 中除 Pb 也有工业应用。应当指出，目前还没有脱除 Bi 的熔剂应用于工业。火法精炼除 As、Sb 和 Pb 反应式可以表示如下：

$$[2M(As,Sb)] + [xO] + 3Na_2CO_3(s) = (3Na_2O \cdot M_2O_x) + 3CO_2(g) \qquad (18.3)$$

$$[2M(As,Sb)] + [xO] + 3CaO(s) = (3CaO \cdot M_2O_x) \qquad (18.4)$$

$$[Pb] + [O] + SiO_2(s) = (PbO \cdot SiO_2) \qquad (18.5)$$

18.3　砷和锑在火法精炼渣中分配

As 和 Sb 在火法精炼中分配于精炼渣和阳极铜，少量进入气相。操作尽可能将其富集进入渣相。影响 As 和 Sb 在精炼渣-熔融铜之间分配系数的主要因素是渣组成和体系的氧势，与给定冰铜品位的熔炼或铜连续吹炼不同，熔炼和吹炼的氧势是基本固定的，在火法精炼过程中，氧势（P_{O_2}）是一个变量。氧势对杂质元素在铜与渣之间的分配有显著影响。

图 18.3 和图 18.4 分别表明在碳酸钠渣与铜平衡状态下 As 和 Sb 的分配系数（$L_M^{s/c}$）。由图可知，随着氧分压的升高，进入渣中 As 和 Sb 显著增加。通过氧化去除熔融铜中其他杂质元素具有类似的趋势。虽然分配系数（$L_M^{s/c}$）的绝对值对于不同组成的渣会有所不同，但预期随着 P_{O_2} 升高而增加。图中数据说明，氧势高于 10^{-7} bar 和 10^{-8} bar 时，As 和 Sb 的分配系数大于 1，渣中 As 和 Sb 的含量才高于铜中的含量。通常提高氧势以实现杂质去除率最大，铜熔体的氧含量接近、达到或略高于饱和值。在氧势高于 10^{-5} atm 时，As 和 Sb 的分配系数的对数值分别大于 3 和 5。

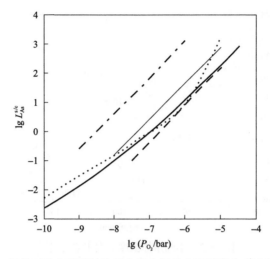

图 18.3　氧势对砷在碳酸钠渣系和铜之间的分配系数（$L_{As}^{s/c}$）的影响[7,8]

图中为不同工厂的数据和实验数据得到的趋势线

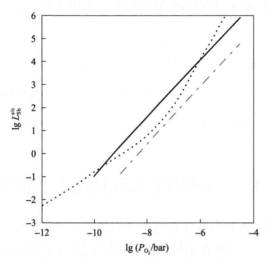

图 18.4　氧势对锑在碳酸钠渣系和铜之间的分配系数（$L_{Sb}^{s/c}$）的影响[7,8]

图中为不同工厂的数据和实验数据得到的趋势线

　　图 18.5 和图 18.6 分别为 $(Na_2CO_3+Na_2O)$-SiO_2-Cu_2O 系中 As 和 Sb 在渣-铜之间的分配系数。由图可知，$(Na_2CO_3+Na_2O)$-SiO_2-Cu_2O 存在两个不相溶区。一个以硅酸盐为主，另一个以碳酸盐为主。以碳酸盐为主的区中 As 和 Sb 的分配系数高于硅酸盐区的分配系数。从图中的等分配系数线可知，苏打和氧化亚铜含量对于 As 分配系数的影响大于对 Sb 分配系数的影响。

　　图 18.7 表示 1250℃下 Na_2O-Cu_2O 和 SiO_2-Cu_2O 二元渣系与液态铜之间 As 和 Sb 的分配系数。在 SiO_2 和 Na_2X 含量为零的情况下，Cu_2O-Cu 系中，As 和 Sb 的分配系数对数值分别等于 0.3 和 0.6。SiO_2 添加至 Cu_2O 熔体中，分配系数少许增加。而 Cu_2O 熔体中添加 Na_2X，分配系数呈数量级增加，尤其是 As 增加非常明显，渣中 Na_2X 浓度增加到 10%，砷和锑的分配系数分别增加至 4.0 和 2.5。

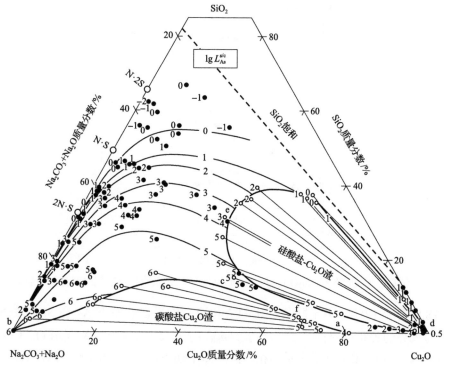

图 18.5　1250℃下 (Na₂CO₃+Na₂O)-SiO₂-Cu₂O 系中 As 的分配系数 lg $L_{As}^{s/c}$ [9]

N 为 Na₂X，S 为 SiO₂

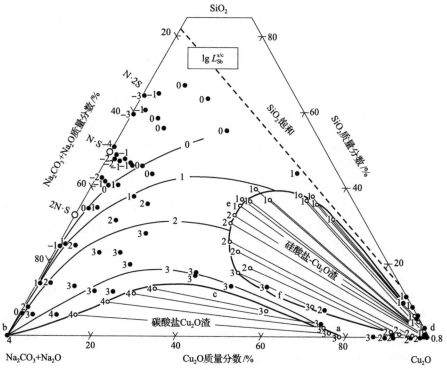

图 18.6　1250℃下 (Na₂CO₃+Na₂O)-SiO₂-Cu₂O 系中 Sb 的分配系数 lg $L_{Sb}^{s/c}$ [9]

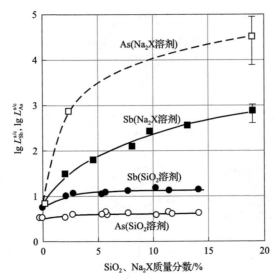

图 18.7 1250℃，As 和 Sb 在 Na₂O-Cu₂O 和 SiO₂-Cu₂O 二元系渣与液态铜之间分配系数 lg $L_M^{s/c}$ [9]

图 18.8 表示 1250℃下不同苏打比的渣和液态铜平衡状态下 As 和 Sb 的分配系数（lg $L_M^{s/c}$）与氧势的关系（苏打比=$n_{Na_2X}/(n_{Na_2X}+n_{SiO_2})$，$n$ 表示摩尔数，X 表示 O、CO₃）。图中右上角 abc 三角区和 def 线表示不相溶区。图中还表示了 As 和 Sb 在钙铁氧体渣和铁硅酸盐渣与液态铜之间的分配系数。由图 18.8 可知：

（1）As 和 Sb 的分配系数（$L_{As}^{s/c}$ 和 $L_{Sb}^{s/c}$）随着氧势升高而增加。在低氧势下，As 和 Sb 主要富集在液态铜相中，而在高氧势下，则集中在渣相中。

（2）低中苏打比以硅酸钠为主的渣，苏打比增加（碱性增加），As 和 Sb 的分配系数增加，而对于高苏打比的碳酸钠渣，苏打比对分配系数影响小，在苏打比接近 1 时，即接近纯苏打渣（碳酸钠）时，反而降低。

（3）在相同氧势和苏打比条件下，As 的分配系数比 Sb 高 1～2 数量级，As 更容易从液态铜中除去。碱性渣甚至在低氧势下能够除去这些杂质元素，但酸性渣则难以去除。

（4）在钙铁氧体渣与液态铜之间 As 和 Sb 的分配系数，其值在类似于苏打比为 0.33 的渣水平，铁硅酸盐渣的分配系数更低。

根据图 18.8 直线的斜率可以估计金属在渣中溶解的价态，尽管 As 和 Sb 在渣中以+3 价为主，随着氧势和苏打比的增加，价态增加。As 的 +5 价比 Sb 的 +5 价稳定。Sb 在+3 价状态时，在苏打比 0.33～0.5 范围内，分配系数的区别不大。As 在低氧势+3 价状态时，苏打比在 0.33～0.4 范围内，分配系数相近，但在高氧势+5 价状态，则区别明显，可能归因于高价氧化物更具酸性。苏打比对 As 分配系数的影响大于 Sb，即 As 氧化物比 Sb 氧化物更具酸性。图中曲线在高氧势区趋于平坦，是因为渣溶解相当数量的氧化亚铜，更高的氧势条件下氧化亚铜形成不互溶单独相。图 18.8 中 abc 三角区和 def 线表示不相溶区形成。在低的氧势下，曲线也趋于平坦，分配系数几乎没有变化，在 Fe 含量低于 20%的硅酸钠渣中，lgP_{O_2}=-16.8，As 和 Sb 的分配系数分别为 10^{-3} 和 10^{-4}。

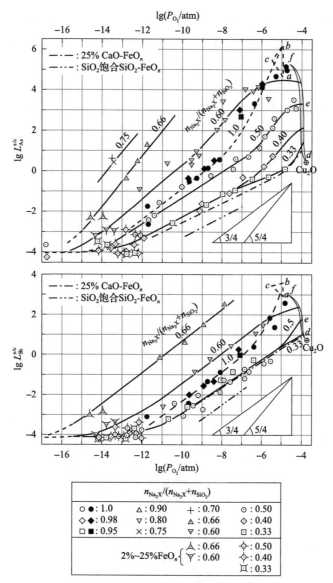

图 18.8　1250℃，不同苏打比下渣和液态铜之间 As 和 Sb 的分配系数（lg $L_M^{s/c}$）与氧势的关系[9]

　　图 18.9 表示 1250℃下不同苏打比的渣和液态铜之间 As 和 Sb 的分配系数与渣中铜含量的关系，与图 18.8 相同，图中右上角 *abc* 三角区和 *def* 线表示不相溶区。图 18.9 中数据表明 As 和 Sb 的分配系数（$L_{As}^{s/c}$ 和 $L_{Sb}^{s/c}$）随着渣中铜含量升高而增加，渣中苏打比增加，有利于提高分配系数，即使在渣中铜含量低的条件下，也可以增加 As 和 Sb 的脱除率。纯碳酸钠熔体更有利于在渣中铜含量低时脱除 As 和 Sb。根据不同组成渣与液态铜之间 As 和 Sb 的分配系数，从液态铜高效脱除 As 和 Sb，中等氧势条件下（lgP_{O_2}<–6），选择碱性硅酸钠渣；在高氧势下，可以选择碳酸钠渣或者含 20%Na$_2$X 的 Cu$_2$O 渣。

　　通常金属氧化物很少溶解于碳酸盐熔体中，图 18.10 表示 1250℃下 As 和 Sb 在碳酸钠熔体-Cu$_2$O 渣之间、碳酸钠熔体-熔融铜之间和 Cu$_2$O 渣-熔融铜之间的分配系数（$L_{As}^{s/c}$ 和

$L_{Sb}^{s/c}$）与碳酸盐熔体中苏打比的关系，图 18.10 是碳酸盐-Cu_2O 不互溶区的 As 和 Sb 的分配系数（$L_{As}^{s/c}$ 和 $L_{Sb}^{s/c}$）的总结。由图可知，As 和 Sb 在碳酸钠熔体与 Cu_2O 渣之间的分配系数随着苏打比增加而升高，As 在碳酸钠熔体-熔融铜的分配系数随着苏打比的升高而升高，但是 Sb 的分配系数基本保持不变。而在 Cu_2O 渣与熔融铜之间 As 和 Sb 的分配系数有所降低。说明 As 和 Sb 的氧化物可以在碳酸盐熔体中富集，而不是在氧化铜渣熔体中富集，并且随着碳酸盐熔体中苏打比提高，渣中富集度升高。在碳酸钠渣-氧化铜渣-熔融铜三相平衡体系 As 和 Sb 可以彻底去除。

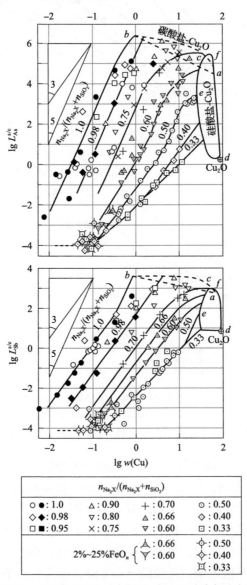

$n_{Na_2X}/(n_{Na_2X}+n_{SiO_2})$			
○ ● : 1.0	△ : 0.90	+ : 0.70	⊙ : 0.50
◇ ◆ : 0.98	▽ : 0.80	⊿ : 0.66	◈ : 0.40
□ ■ : 0.95	× : 0.75	⊿ : 0.60	⊡ : 0.33
2%~25%FeO$_n$ {		⊿ : 0.66	◇ : 0.50
		▽ : 0.60	◇ : 0.40
			⊠ : 0.33

图 18.9　1250℃，不同苏打比的 As 和 Sb 在渣和液态铜之间 As 和 Sb 的
分配系数（$\lg L_M^{s/c}$）与渣中铜含量的关系[9]

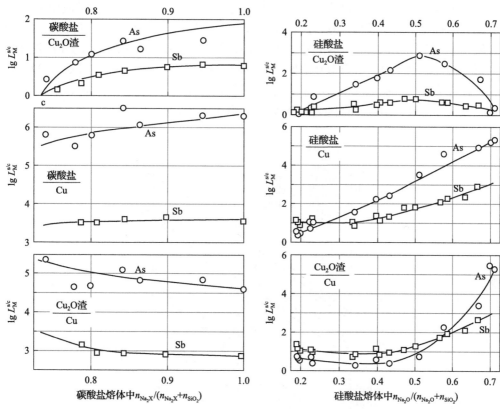

图 18.10　1250℃，As 和 Sb 在碳酸钠熔体-Cu₂O 渣之间（上图）、碳酸钠熔体-熔融铜之间（中图）和 Cu₂O 渣-熔融铜之间（下图）的分配系数与碳酸盐熔体中苏打比的关系[9]

图 18.11　1250℃，As 和 Sb 在硅酸钠熔体-Cu₂O 渣之间（上图）、硅酸钠熔体-熔融铜之间（中图）和 Cu₂O 渣-熔融铜之间（下图）的分配系数与硅酸盐熔体中苏打比的关系[9]

　　图 18.11 总结了硅酸盐-Cu₂O 不互溶区的 As 和 Sb 的分配系数（$L_{As}^{s/c}$ 和 $L_{Sb}^{s/c}$）。上图中数据表明，As 和 Sb 在硅酸钠渣的溶解度高于 Cu₂O 渣，尤其是在中度苏打比的条件下，As 和 Sb 的分配系数达到最大值。中图的硅酸钠渣-熔融铜之间分配系数随苏打比增加而升高，而下图中 Cu₂O 渣-熔融铜之间分配系数在低苏打比时，分配系数受苏打比的影响小，但在高苏打比时其作用增加。

　　渣组成对杂质分配的作用主要表现对渣中氧化物活度系数（γ_{MO}）的影响。熔融铜添加熔剂形成熔渣，目的是使熔渣中活度系数（γ_{MO}）尽可能降低。渣组成对活度系数的影响可以用酸/碱性理论来解释。碱性熔剂可以降低酸性氧化物，如 As 和 Sb 的氧化物的活度系数。另外，酸性熔剂可以降低碱性氧化物，如氧化铅的活度系数。

18.4　铜在火法精炼渣中溶解

　　铜在硅酸钠渣和碳酸钠渣中溶解度与氧势的关系如图 18.12 所示。由图可知，Cu 在渣中的溶解度随着氧势的升高而增加。在苏打比为 0.30～0.75 时，硅酸钠渣中 Cu 的溶解度随着苏打比增加而增加。但对苏打比接近于 1 的碳酸盐渣，Cu 的溶解度随其比例增加降低。需要指出的是，Cu 在硅酸盐渣中的溶解度是在碳酸盐渣中的一百多倍。图 18.12 中高氧势的 abc 区和 def 区为不互溶区。图 18.13 表示了在 1250℃和不同 CO_2 分压下，氧势对碱性渣和熔融铜之间的 Cu 分配系数（$L_{Cu}^{s/c}$）的影响。如图 18.13 所示，铜的分配系数随着氧势的提高而增加，但随着 CO_2 分压升高而降低。

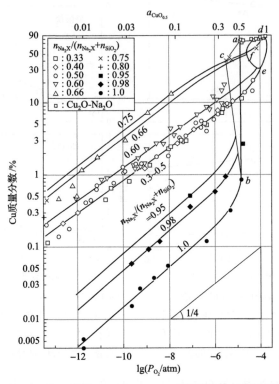

图 18.12 1250℃，不同 $n_{Na_2X}/(n_{Na_2X}+n_{SiO_2})$ 的硅酸钠渣和碳酸钠渣中
Cu 溶解度与氧势的关系[10]

图 18.14 表示 1250℃下，Cu_2O-SiO_2-Na_2X 系的 $CuO_{0.5}$ 的活度系数与氧势的关系，在氧势低于 10^{-6}atm 时，氧势对于渣中 $CuO_{0.5}$ 的活度系数影响小。在硅酸盐渣中 $CuO_{0.5}$ 的活度系数随着苏打比的增加而降低。而在苏打比接近于 1 的碳酸盐渣中则随着其比例的增加而升高。

1250℃下硅酸盐渣-Cu_2O-Cu 共存时氧势和 $CuO_{0.5}$ 的活度系数与渣中 $Na_2O/(Na_2O+SiO_2)$ 的关系如图 18.15 所示。图中数据表明，三相平衡的氧势和 $CuO_{0.5}$ 活度随着硅酸盐渣中 Na_2O 增加逐步降低。Cu_2O 液相的 $CuO_{0.5}$ 活度系数不随硅酸盐渣中 Na_2O 含量而变化，但硅酸盐渣的 $CuO_{0.5}$ 活度系数随着 Na_2O 先增加然后降低，在 $Na_2O/(Na_2O+SiO_2)$ 比为 0.4～0.5 时，出现最大值。图 18.16 表示 1250℃不同二元系中的 $CuO_{0.5}$ 的活度。由图可知，SiO_2-$CuO_{0.5}$ 系与理想溶液相比，呈正偏差，而 $NaO_{0.5}$-$CuO_{0.5}$ 和 $PO_{2.5}$-$CuO_{0.5}$ 则呈负偏差。

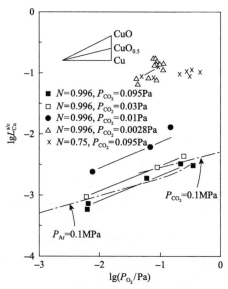

图 18.13　1250℃和不同 CO_2 分压下，氧势对碱性渣和熔融铜之间的 Cu 分配系数的影响[11-14]

$$N = n_{Na_2O} / (n_{Na_2O} + n_{Sb_2O_3})$$

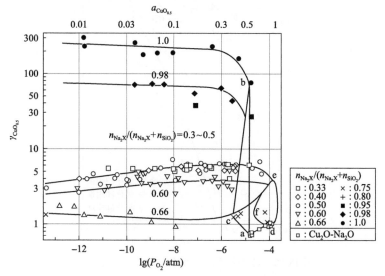

图 18.14　1250℃下，$Cu_2O\text{-}SiO_2\text{-}Na_2X$ 系的 $CuO_{0.5}$ 活度系数与氧势的关系[10]

a～f 表示相关区域

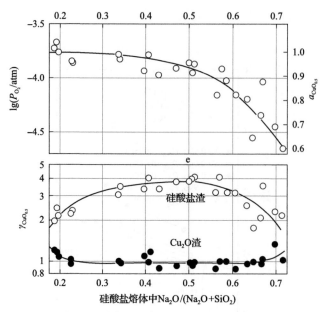

图 18.15　1250℃下硅酸盐渣-Cu₂O-Cu 共存时的氧势/CuO₀.₅ 活度（上图）和 CuO₀.₅ 的活度系数（下图）与渣中 Na₂O/(Na₂O+SiO₂)（摩尔比）的关系[10]

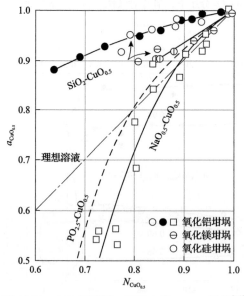

图 18.16　1250℃不同二元系中的 CuO₀.₅ 活度[10]

18.5　火法精炼除砷、锑、铅

18.5.1　火法精炼除 As、Sb

碱性熔剂（Na₂CO₃、CaCO₃、CaO、Li₂CO₃、K₂CO₃）能够降低渣中 As 和 Sb 的活度

系数，从而使 As 和 Sb 更多溶解于精炼渣。Na_2CO_3-CaO/Na_2O 系是工业操作常用的铜精炼渣。该渣系在氧势(P_{O_2})大于 10^{-6}atm 的平衡条件下，As 和 Sb 的分配系数($L_M^{s/c}$)分别在 $10^3 \sim 10^4$ 和 $10 \sim 100$ 的水平。一般来说，如果熔渣的碱性降低(例如，渣中存在 SiO_2)，As 和 Sb 的分配系数将降低。

需要指出的是，Cu_2O-(Na_2CO_3-CaO/Na_2O) 系存在不互溶区，导致出现两个渣相[15,16]，即存在 As 和 Sb 含量高的富 Na_2O-CaO 渣相和 As 和 Sb 含量低的富 Cu_2O 渣相。其他用于 As 和 Sb 脱除的碱性熔剂由于各种原因尚未在工业中使用，如 CaO-CaF_2-SiO_2、CaF_2-CaO-MgO-SiO_2[13]、FeO-Fe_2O_3-CaO、Na_2CO_3-CaO-Fe_2O_3、Na_2CO_3-CaO-Al_2O_3、Na_2CO_3-Cu_2O-CaO-Al_2O_3、Cu_2O-CaO[17]。碱性精炼通常结合与阳极炉周期操作，包括以下步骤：

(1)泡铜注入阳极炉。

(2)氧化脱硫，同时将熔融铜氧含量提高至接近或达到氧饱和水平。

(3)碱性熔剂添加(喷吹)。

(4)排含 As 和 Sb 精炼渣。

(5)还原脱氧。

日本 Hibi 冶炼厂[18,19]曾经使用碱性熔剂 $CaCO_3$-Na_2CO_3 除 As 和 Sb，熔剂通过一个沉没的风口分为两步喷吹注入，第一步注入造渣后进行排渣，然后进行下一步熔剂喷吹。后来该冶炼厂原料 As 和 Sb 的含量较低，因此不再使用碱性熔剂除 As 和 Sb 的操作。

碱性精炼在智利 CODELCO 的 Chuquicamata 和 Caletones 两个冶炼厂使用。在 Caletones 冶炼厂，采用碱性熔剂 Na_2CO_3-$CaCO_3$ 生产 As 和 Sb 含量约 30ppmw 火法精炼铜。Chuquicamata 矿的 As 含量高(精矿 As 含量高达 1%)，迫使利用碱性熔剂生产 As 含量满足电解精炼要求的阳极。这两个工厂的运行情况相似。熔剂混合物(Na_2CO_3-$CaCO_3$)通过沉没的风口，使用气体输送喷射加入。Chuquicamata 冶炼厂的 Na_2CO_3 与 $CaCO_3$ 的质量比为 1：1，Caletones 冶炼厂为 1：1.5。含 As 高的精炼渣返回特尼恩特(Teniente)转炉熔炼。

加拿大 Horne 冶炼厂应用碱性熔剂除 As 和 Sb[20]。碱性熔剂 Na_2CO_3-CaO 由气体输送通过喷枪加入，产生的渣返回到诺兰达熔炼炉。表 18.1 总结了 Hibi、CODELCO 和诺兰达的操作数据。表 18.1 使用碱性熔剂，As 的脱除率为 91%～98%，Sb 的脱除率为 53%～86%。除砷率高于除锑率，是因为 As 在 Na_2CO_3-CaO 渣中的活度比 Sb 低，在渣中稳定性更高。

表 18.1 碱性精炼的工业操作数据

冶炼厂		Hibi			CODELCO				诺兰达	
		1	2	3						
铜质量/t		63	65	59	200	271	270	260	290	300
温度/℃		1150	1150	1150	1180	1180	1200	1200	1200	1160
铜氧含量/%		0.6	0.6	0.6	0.73	0.70	0.71	0.75		
熔剂	$CaCO_3$ 质量分数 (CaO 质量分数)/%	100	70	50	(63)	(70)	(50)	(50)	20	20
	Na_2CO_3 质量分数/%		30	50	37	30	50	50	80	80

冶炼厂	Hibi			CODELCO				诺兰达	
	1	2	3						
熔剂加入速率/(kg/min)	25～27	25～27	25～27	140	47.4	80	44		
吨铜熔剂量/(kg/t)	6.34	6.15	6.78	13	6.7	6.5	6.9	21	12
除As效率/%	93	92	91	98	96	91	96	95	93
除Sb效率/%	86	77	59	57	53	61	62	83	62
渣中铜质量分数/%				38.5	31.5	27.0	38.2	9.2	8.2
加入方式	风口	风口	风口	喷枪	风口	风口	风口	喷枪	喷枪

注：此表只选择了一部分工厂数据，完整的表参考文献[19]。

表18.2 总结了通过喷枪和风口加入熔剂工业数据的比较。从表18.2 可以看到，风口喷射的特点是喷吹管直径大、压力低、风口浸没深。这导致空气流动速度低，风口喷射速度更低，因此尽管加入的熔剂量约为喷枪加入量的一半，但喷射时间更长。然而，使用风口喷吹不需要必要的反应时间，取得相近的 As 和 Sb 脱除率，总工艺操作时间是熔剂喷枪加入的 1/5～1/3 不等。因此，使用风口喷吹的操作可减少熔剂使用量和处理时间。通过风口喷射 50%Na_2CO_3 + 50%CaO 组成的熔剂，20～40min 的处理时间大约为 6.5kg/t 铜的熔剂消耗量，可以脱除 91%～96%As 和 61%～62%Sb。喷枪加入熔剂时，其熔剂消耗量增加 1 倍，喷枪加入熔剂操作需优化。

表18.2 通过喷枪和风口的加入熔剂工业数据比较[21]

参数		喷枪加入熔剂	风口加入熔剂		
铜质量/t		200	271	270	260
风口/喷枪内径/cm		2.54	3.81	3.81	3.81
浸没深度/cm		50	70	70	70
熔池温度/℃		1180	1180	1200	1200
喷吹压力/(kg/cm^2)		5.2	3.9	4.1	4.1
喷吹速度/(m/s)		170	65	55	80
空气流量/(Nm^3/min)		5	4.2	3.7	5.4
熔剂加入速率/(kg/min)		140	47.4	80	44
固气比/(kg/kg)		21.7	8.7	16.8	6.3
Na_2CO_3/CaO		37/63	30/70	50/50	50/50
熔剂/铜/(kg/t)		13	6.7	6.5	6.9
初始浓度/ppmw	As	900	1100	1300	1120
	Sb	70	95	70	145
	O	7300	7000	7050	7500
喷吹时间/min		18	38	22	41

续表

参数		喷枪加入熔剂	风口加入熔剂		
反应时间/min		98			
终点浓度/ppmw	As	20	45	120	40
	Sb	20	45	26	55
去除率/%	As	98	96	91	96
	Sb	57	53	61	62
渣重量/t		13	13	10	
渣成分/%	As	6.1	7.6	6.8	4.5
	Sb	0.12	0.09	0.09	0.21
	总 Cu	35.8	31.5	27.0	38.2
	氧化铜	19.1			

图 18.17 和图 18.18 分别表示使用不同熔剂量时 As 和 Sb 脱除率与运行时间的关系。需要一提的是，这些线并不完全代表杂质去除反应动力学，因为它们只基于氧化和喷吹期的开始和结束时的值。从这些数据可以看到，当熔剂量增加时，As 和 Sb 的脱除速率增加。

图 18.19 表示喷枪和风口加入熔剂测试中的 As 和 Sb 的分配系数与渣中 Na_2O 含量的关系。由图可知，在渣中 CaO 和 Cu_2O 含量一定的条件下，As 和 Sb 分配系数随着渣中 Na_2O 含量的增加而升高。熔剂风口加入的分配系数高于喷枪加入的分配系数。

使用碱性熔剂对耐火材料磨损的影响是操作中关注的主要问题。Na_2CO_3 和 Cu_2O 是对耐火砖腐蚀性极强的化合物。增加渣的 CaO 含量，可以降低熔渣的腐蚀性。使用高氧化铝耐火材料，可以提高对碳酸钠渣的耐腐蚀性[22]。总之，熔剂组分的选择需要考虑去除效率、耐火材料磨损、运营成本、熔渣流动性和其他对工厂工艺有影响的因素，例如，精炼渣返回时，Ca 和 Na 对熔炼或吹炼渣的影响等。

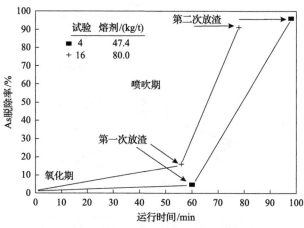

图 18.17　As 脱除率与运行时间关系[21]

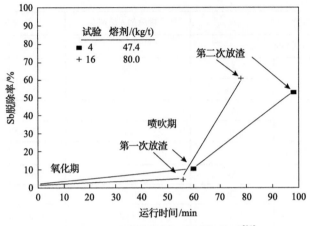

图 18.18　Sb 脱除率与运行时间关系[21]

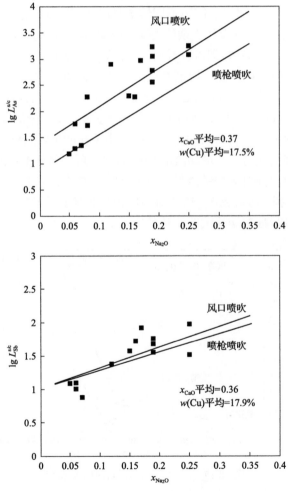

图 18.19　喷枪和风口加入熔剂测试中的 As 和 Sb 的分配系数（$L_M^{s/c}$）与渣 Na$_2$O 含量的关系[21]

As 和 Sb 在碱性精炼渣与铜之间的分配系数很高，表明热力学预测 As 和 Sb 可以通过加入少量熔剂从铜脱除。然而，在工业实践中需要加入比化学计量比高的过量熔剂，原因是反应程度和速率不取决于热力学平衡，而取决于质量传输。熔融铜中的杂质元素扩散是反应的速率控制步骤，相比之下，熔融铜中的氧扩散速率和反应产物在熔渣及气体中的扩散速度相对较快[23]。

在 1250℃，采用 Na_2CO_3 渣，从熔融铜中去除的 As 和 Sb 的速率实验结果表明，熔融中 As 以五价态脱除，其脱除率随着熔融铜初始氧浓度的增加而增加。熔融铜中的 Sb 以三价或五价态脱除，其脱除率也随着熔融铜初始氧浓度的增加而增加，脱除率主要取决于熔渣-金属界面中的氧浓度。熔融铜中的质量传输控制了杂质去除的总速率。根据熔融铜和熔渣相中的 As、Sb 和 O 的质量平衡以及熔渣-金属界面的 As 反应平衡，1250℃时熔融铜中 As 的质量传输系数确定为 $(1.3\pm0.4)\times10^{-4}$m/s，Sb 和 O 的质量传输系数分别为 $(4.0\pm0.9)\times10^{-5}$m/s 和 $(1.3\pm0.4)\times10^{-4}$m/s。取决于熔融铜的初始氧浓度，熔融铜中 As 的脱除速率比 Sb 快，在初始氧浓度相对较低的情况下，As 优先脱除，在相对较高的初始氧浓度下两种元素可以同时脱除。图 18.20 为 1250℃，氮气气氛下，Na_2CO_3 熔剂的除 As 速率实验结果。由图可知，熔剂加入量对于除 As 速率有影响，但是影响较小。

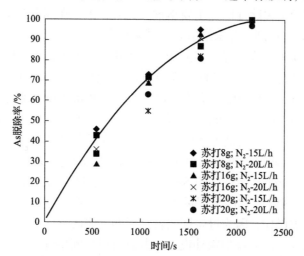

图 18.20 1250℃时 Na_2CO_3 熔剂的除 As 速率实验结果（850g 铜，熔剂 8～20g）[24]

炉型几何形状影响阳极炉的排渣，大型圆柱形阳极炉很难进行高效的熔渣排放。使用碱性熔剂时，良好的排渣操作对于避免后续还原工艺步骤中杂质反溶至关重要。在工业操作中，由于阳极炉排渣不良使阳极铜中 As 和 Sb 的含量增加 25%。可以通过轻微鼓风从炉中将流动性渣排出，排渣效率提高。

碱性熔剂的熔渣 Cu_2O 和夹带的铜及贵金属含量高，需要处理回收其中铜的有价金属。在返回熔炼或吹炼炉之前，可进行单独的湿法冶金处理，以去除渣中的 As 和 Sb[15]。然而，没有工业应用主要是因为湿法冶金处理成本和残留物处置等问题。火法精炼渣通常直接返回熔炼炉中，以最大限度地从熔炼炉渣和烟尘开路去除。此操作可能会对操作现场造成安全问题，因为氧化渣会与硫含量高的冰铜发生剧烈反应，产生 SO_2 气体，由于突然性释放难以捕获，在极端情况下，可能导致喷炉现象，因此精炼渣返回需要严格的操作规程。此外，精炼渣返回对熔炼过程的影响还包括熔炼渣(Na 和 Ca)的化学成分变化导致耐火材料加速腐蚀、粉尘成分变化和渣的稳定性等。

铜冶炼工艺中有时为了改进对其他杂质的去除，会有目的地向铜中掺杂质元素，在阳极或电解质中添加 As 可以改变电精炼过程中其他杂质如 Sb 的行为。As 氧化(As^{3+}至 As^{5+})比 Sb 氧化(Sb^{3+}至 Sb^{5+})更优化、更快速。As 掺杂导致电解质中的 As 优先氧化，有助于保持 Sb 在低价 Sb^{3+} 状态。这将有助于尽量减少 Sb 悬浮物，因为 Sb 悬浮物主要成分为 Sb^{5+}。实验结果表明，当进入电解质的 As/Sb 大于 2 时，阳极即使在高电流密度下也没有显示出与黏液相关的钝化迹象，工艺操作中可以建立阳极中避免形成悬浮物中 As 和 Sb 的关系。Pb 掺杂与 As 类似，阳极中 Pb 的添加会改变阳极电解精炼的电化学。一般来说，阳极中 Pb 浓度的增加有利于 Sb 和 Bi 进入阳极泥。

18.5.2　火法精炼除 Pb

使用 Na_2CO_3 或任何其他碱性渣不适合铜中 Pb 的脱除，因为 PbO 也是碱性氧化物。SiO_2 及 P_2O_5 酸性熔剂能够降低 PbO 在渣中的活度，促进 Pb 进入渣中。在工业中，SiO_2 是通常被用作阳极炉中去除 Pb 的主要熔剂。此外，由于在铜电精炼中能够有效地去除 Pb，因此精矿的 Pb 含量高，并未给冶炼厂带来重大挑战。

在工业实践操作中，为了降低熔剂和熔剂熔化能耗成本，液态的铁橄榄石熔炼渣可以与石英砂共同添加造精炼渣，条件是铁橄榄石熔炼渣 Pb 尚未饱和。在阳极炉中，工业应用或者应用过 SiO_2 熔剂除 Pb 的冶炼厂包括加拿大 Kidd Creek 冶炼厂[25]、美国肯内科特犹他冶炼厂和 Codelco 的 Caletones 冶炼厂[26-28]。这些冶炼厂的主要区别是添加的 SiO_2 熔剂/熔炼炉渣的比例不同。熔剂可从阳极炉炉口加入或者通过风口喷吹加入。Kidd Creek 冶炼厂使用的 SiO_2 熔炼炉渣质量比约 1。犹他冶炼厂 SiO_2 熔炼炉渣质量比根据泡铜中的 Pb 含量调整。Caletones 冶炼厂的 SiO_2 熔炼炉渣质量比约为 0.5。在 Dowa-Kosaka 冶炼厂[29]在 PS 转炉中过吹除 Pb，转炉除 Pb 应用硅基熔剂。虽然操作是在 PS 转炉中进行的，但类似于阳极炉操作，因为过吹期间转炉周期已完成。

熔剂从炉口加入不需要添加额外设备，并且可以搭配熔炼渣作为熔剂，成本低。采用风口喷吹加熔剂，成本增加。除 Pb 工艺的主要缺点是对冶炼厂生产率的影响，以及对额外阳极炉容量的潜在需求。工艺操作时间有时需 2h 以上，这增加了在操作过程中阳极炉加热保温的能源成本。精炼渣需返回熔炼或吹炼炉，以回收渣夹带的铜和贵金属。与碱性熔剂类似，排渣不当时，部分熔渣仍留在炉中，还原阶段 Pb 在铜中出现返溶[25]。

参 考 文 献

[1] Sh G, Jin E, Adnot A. XAES study on the passivation of copper anodes in H_2SO_4-$CuSO_4$ solution//Proceedings of Emerging Separation Technologies for Metals and Fuels. Palm Coast: TMS, 1993: 169-182.

[2] Gumowska W, Sedzimir I. Influence of the lead and oxygen content on the passivation of anodes in the process of copper electro-refining. Hydrometallurgy, 1992, 28: 237-252.

[3] Bach X, Feneau A C, Gongarinoff B. Anoden probleme bei der elektrolytischen kupferraffination. Erzmetall, Beiheft, 1969:

B120-B127.

[4] Mather P E, Krane M J M. A kinetic model of anode copper reduction and comparison with industrial data//Copper 2019, Vancouver, 2019.

[5] Eddy C T. Arsenic elimination in the reverberatory refining of native copper//New York Meeting, New York, 1931.

[6] Hillenbrandi W J, Poull R K, Kenny H C. Removal of arsenic and antimony from copper by furnace-refining methods//New York Meeting, New York, 1934.

[7] Mangwiro J K, Jeffes J H E. Thermodynamics of de-arsenication and de-antimonation of copper and of the reaction products// Proceedings of Molten Slags, Fluxes and Salts Conference, Sydney, 1997: 309-315.

[8] Larouche P. Minor elements in copper smelting and electrorefining fluxing in anode furnace. Montreal: McGill University, 2001.

[9] Riveros G, Park Y J, Takeda Y, et al. Distribution equilibria of arsenic and antimony between Na_2CO_3-Na_2O-SiO_2 melts and liquid copper. Transactions of the Japan Institute of Metals, 1987, 28 (9) : 749-756.

[10] Takeda Y, Riveros G, Park Y J, et al. Equilibria between liquid copper and soda slag. Transactions of the Japan Institute of Metals, 1986, 27 (9) : 608-615.

[11] Yamauchi C, Fulisawa T, Goto S, et al. Determination of the thermodynamic properties controlling the distribution ratio of Sb between sodium oxide-bas slag and molten copper. Japan Institute of Metals, 1989, 53 (4) : 407-414.

[12] Kojo I V, Taskinen P, Lilius K. Thermodynamics of antimony, arsenic and copper in Na_2CO_3-slags at 1463K. Erzmetall, 1984, 37: 21-25.

[13] Tanahashi M, Su Z, Takeda Y, et al. The rate of antimony elimination from molten copper by the use of Na_2CO_3 slag. Metallurgical and Materials Transactions, 2003, 34B: 869-879.

[14] Tanahashi M, Fujinaga T, Su Z, et al. The rate of arsenic and antimony elimination from molten copper by the use of Na_2CO_3 slag. Journal of the Japan Institute of Metals, 2004, 68 (6) : 381-389.

[15] Peacey J G, Kubanek G R, Tarassoff P. Arsenic and antimony removal from copper by blowing and fluxing//Proceedings of the 109th AIME Meeting, Selection A, Las Vegas, 1980: 50-54.

[16] Kozlowski M A, Irons G A. The kinetics of antimony removal from copper by soda injection. Canadian Metallurgical Quarterly, 1990, 29 (1) : 51-65.

[17] Gortais J, Hodaj F, Allibert M, et al. Equilibrium distribution of Fe, Ni, Sb and Sn between liquid Cu and a CaO-rich slag. Metallurgical and Materials Transactions, 1994, 25B: 645-651.

[18] Fujisawa T, Shimizu Y, Fukuyama H, et al. Elimination of impurities from molten copper: Searching for oxide slag systems with high refining ability//Proceedings of the 2nd International Symposium on Quality in Non-Ferrous Pyrometallurgy, Vancouver, 1995: 205-214.

[19] Monden S, Tanaka J, Hisaoka I. Impurity elimination from molten copper by alkaline flux injection//Proceedings Advances in Sulfide Smelting, Extractive and Process Metallurgy Meeting of the Metallurgical Society of AIME, San Francisco, 1983: 901-918.

[20] Baboudjian V, Desroches C, Godbehere P. Treatment of complex feeds at the Noranda copper smelting and refining//The Annual Meeting of CIM'95, Halifax, 1995.

[21] Riveros G A, Salas R I, Zuniga J A, et al. Arsenic removal in anode refining by flux injection. Mining Latin America Minería Latinoamericana, Mexico City, 1994: 391-404.

[22] Nakamura T, Ueda Y, Noguchi F, et al. The removal of group vb elements (As, Sb, Bi) from molten copper using a Na_2CO_3 flux//CIM 23rd Conference, Québec City, 1984: 413-419.

[23] Zhao B, Themelis N J. Kinetics of As and Sb removal from molten copper by Na_2CO_3 fluxing//Proceedings of EPD Congress'96, San Diego, 1996: 515-526.

[24] Marian K. Arsenic removal from blister copper by soda injection into melts. Scandinavian Journal of Metallurgy, 2002, 31 (4) : 246-250.

[25] Chenier J, Morin G, Verhelsh D. Minor element behaviour in the Kidd creek copper smelter//Non Ferrous Pyrometallurgy: Trace

Metals, Furnace Practices and Energy Efficiency, CIM, Edmonton, Alberta, 1992: 27-44.

[26] Riveros G A. Curso pirometalurgia del cobre-refinaciona fuego de cobre//CIM'85, Montreal, 1985.

[27] Riveros G A, Luraschi A. Advances in the copper fire refining process in chile//Proceedings of Converting, Fire Refining and Casting, TMS, San Francisco, 1994: 237-253.

[28] Rojas U C, Gomez J C. Fire refining by reagents injection//Proceedings of the Howard Worner International Symposium on Injection in Pyrometallurgy. Melbourne: TMS, 1996: 275-286.

[29] Tenmaya Y, Inoue H, Matsumoto M, et al. Current operation of converter and anode furnace in kosaka smelter//Proceedings of Converting, Fire Refining and Casting. San Francisco: TMS, 1994: 363-370.

第 19 章

铜冶炼渣贫化

19.1 概　　述

从铜冶炼炉渣中回收铜等金属有三条主要途径：湿法冶金、火法冶金和选矿[1]。铜炉渣采用湿法冶金处理，尽管铜的回收率相对较高[1]，但挑战是需要进一步处理浸出渣，经济上可行性程度低，几乎没有工业应用。火法冶金工艺是铜炉渣贫化的有效方法，通过冰铜或铜在渣贫化炉中沉降，可以回收物理(机械)夹带铜，溶解的铜可以通过还原沉降得到回收。通常采用电炉进行铜炉渣贫化，电炉的优势还体现在可以处理冶炼厂的中间物料和含铜杂料以回收铜。许多冶炼厂采用炉渣缓冷/凝固-破碎/研磨-浮选从铜炉渣中回收铜，浮选只能有效回收渣中金属和金属硫化物，对金属氧化物的回收效果差，工艺中铜回收率主要取决于炉渣的氧化程度和冷却速率。

19.2　铜冶炼渣的火法贫化

铜炉渣的火法冶金贫化方法是将液态渣置于贫化炉中停留足够的时间，使夹带的冰铜或铜液滴得到沉降。加入还原剂保持炉内的还原气氛，以控制渣中磁性铁水平和还原渣中氧化铜，从而增强沉降能力和提高铜的回收率。贫化炉型有不同的选择，从类似于 PS 转炉或阳极型炉的圆柱形反应器，到不同形状的电炉[2,3]。还原剂可以使用煤、油、天然气或硅铁(FeSi)等。另外的渣贫化方法是将熔渣放入大渣包中沉降，然后再对底部固体渣进行处理，以回收金属/冰铜。单使用沉降方法只能从熔渣中回收被包裹夹带的铜[3]，不能回收溶解的氧化铜。只有在熔渣中添加还原剂，才能回收以氧化铜形态存在的铜。因此，工艺操作的目标是以最快的还原速率达到最大还原度。

工业实际操作主要注重对夹带的硫化物或金属液滴的沉降回收。还原剂的应用仅限于将熔渣中的磁性铁水平保持最低，以提高沉降速率和沉降度。专注通过还原熔渣中溶解的铜氧化物进行铜回收，在工业实际操作中应用较少。

19.2.1　铜冶炼渣还原过程中铜及铁的行为

在铜炉渣还原过程中，存在铁与铜的共还原。实际操作中应尽量避免铁的还原，尤其是避免可能形成的富铁固体合金。图 19.1 表示熔渣中铜含量和金属铜中铁含量与氧势的关系[4]，由图可知，在 1300℃和还原条件下，氧势等于 10^{-10}atm，渣中铜含量可以降低到 0.5%左右，铜合金中的铁高于约 0.3%；氧势等于 10^{-11}atm 时，熔渣中的铜含量可降低到 0.3%，而生成的合金中的铁含量约为 1%。这些数据由直接炼铜渣贫化工业数据得到证实。渣含铜高、含铁相对低的直接炼铜工业炉渣，主要成分为 4%Fe、16%Cu、31%SiO$_2$、10%CaO、10%Al$_2$O$_3$ 和 6%MgO，熔渣还原过程中合金铁含量与熔渣铜含量的关系如图 19.2 所示[5,6]。图中数据说明，在渣中的铜含量降至小于 0.6%之前，未发生大量氧化铁的还原，铜合金中的铁含量低于 0.3%。

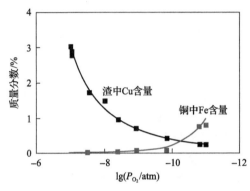

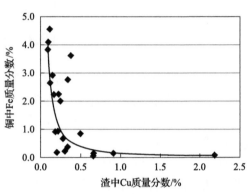

图 19.1　1300℃，炉渣贫化工艺渣中铜含量和铜中铁含量与氧势的关系[4]　　图 19.2　一步直接炼铜渣贫化工艺铜中 Fe 含量与熔渣中 Cu 含量的关系[5,6]

　　铜炉渣还原过程中的主要障碍是生成以铁为主要组成的面心立方固相，限制了铜的进一步还原。面心立方固相形成点实际上是还原过程的终点。在终点之后，增加还原剂不会提高铜回收率，只是还原 FeO 等炉渣中其他氧化物，增加面心立方固相的量。工业铜炉渣还原过程中的相变化如图 19.3 所示。X 轴上渣中 Cu 溶解度可视为氧势的尺度，熔渣中溶解的 Cu 减少，氧势相应降低，还原沿着渣中铜含量降低方向进行。由图 19.3 可以

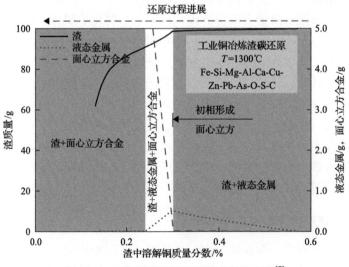

图 19.3　工业铜炉渣还原过程中的相变化[7]

看出，随着还原反应的进行，熔渣中液态金属相增加。当渣中铜还原量降低到 0.31% 时，以铁为主要组成的面心立方固相形成，进一步还原，面心立方相数增加，由于渣中 Fe^{2+} 还原成 Fe^0，熔渣量相应减少。再进一步还原，富 Cu 金属液相消失，更低的氧势下只有固体面心立方和液体渣存在。

当面心立方颗粒分散在液态金属和熔渣相中时，熔体黏度增加，导致金属和渣在贫化炉内沉积。面心立方固相生成取决于铁在液态铜中的溶解，图 19.4 表示 Fe-Cu-C 系中铜、铁和碳的溶解行为，如图 19.4(a) 所示。在碳过剩的情况下，铜和铁形成 Fe-Cu-C 合金，富铜(L_2)和富铁(L_1)熔体之间存在不互溶区。富铁(L_1)的熔体溶解有铜和碳，铜的溶解度随着碳含量的增加而降低。富铜(L_2)熔体中碳的溶解可以忽略不计，铁的溶解度则随着富铁(L_1)熔体中碳的降低，从 5% 增加到 22% 左右。降低体系中熔体的碳含量，有利于增加富铜合金中铁溶解度。温度对碳饱和铁熔体中铜溶解度的影响如图 19.4(b) 所示，铜浓度随着温度升高而增加，在 1550℃ 温度时高达 9% 左右。

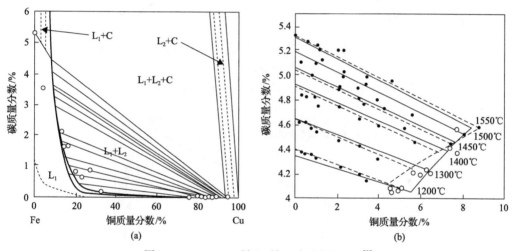

图 19.4　Fe-Cu-C 系铜、铁、碳的溶解行为[8]

提高铜合金中铁的溶解度可以避免面心立方形成，其溶解度随着液态铜中其他元素如砷含量的提高而增高。图 19.5 为 Fe-Cu-As 相图。如图所示，铁在液态铜中的溶解度受铜中砷含量的影响，液态金属相中砷的存在可以提高铁在液态铜中的溶解度，在没有砷的情况下，只有 10% Fe 可溶于液态铜。此限制随合金中砷含量的增加而增加。当合金中砷超过 15% 时，在 Fe/Cu 的整个范围，铜和铁在合金液体互溶。铜合金中砷含量为 11% 时，面心立方固相生成的铜合金成分为 50%Cu 和 39%Fe。

图 19.6 表示渣中添加不同 CaO 量和不同温度下，形成面心立方的熔渣中临界铜含量与氧势的关系。由图可知，形成面心立方的熔渣中临界铜含量随着氧势的升高而增加，温度随之升高。在所有给定氧势条件下，随着 CaO 的添加，形成面心立方熔渣中临界铜含量降低，温度相应降低。在氧势为 10^{-11} atm 时，未添加 CaO 的渣相比添加渣质量 16% 的 CaO，形成面心立方的熔渣中临界铜含量从 0.33% 降低到 0.17%，相应温度降低 20℃ 左右。实际操作提高渣中 CaO 含量和降低氧势可以降低形成面心立方渣中的临界

铜含量。

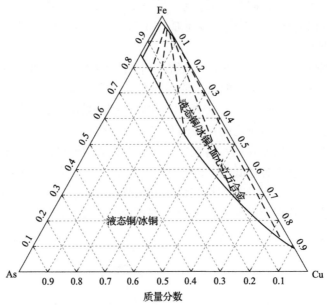

图 19.5　在 1300℃下计算的 Fe-Cu-As 相图（1300℃，1atm）[7]

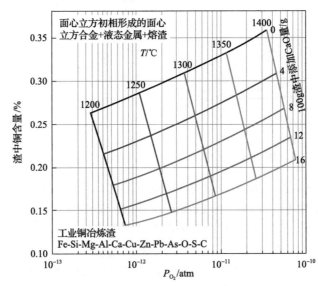

图 19.6　添加不同量 CaO 和不同温度下，面心立方开始形成时熔渣中铜含量和氧势的关系[7]

　　图 19.7 为渣中添加不同量 MgO 和不同温度下，面心立方形成时熔渣中临界铜含量与氧势的关系。图 19.7 显示添加 MgO 与添加 CaO 的情况类似，随着熔渣添加 MgO，形成面心立方的熔渣中临界铜含量降低，温度升高则相反，熔渣中临界铜含量增加。添加 MgO 比添加 CaO 的作用小。此外，渣中添加 MgO 受到固体橄榄石形成的限制，如图 19.8 所示，在 1200℃下添加 MgO 将导致固体橄榄石的形成。添加渣质量 2% 的 MgO，渣中将形成 14% 橄榄石。随着温度的升高，MgO 在熔渣中的溶解度得到提高，在 1300℃

下，添加渣质量 6%的 MgO 不会导致固体形成。实际操作中 MgO 的添加量非常有限。

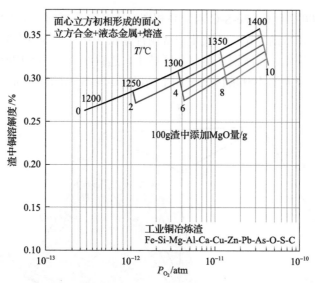

图 19.7　添加不同量 MgO 和不同温度下，面心立方开始形成时熔渣铜含量和氧势[7]

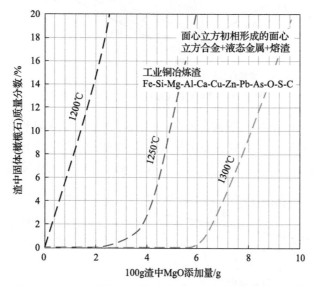

图 19.8　渣的固体质量分数与温度、MgO 添加量的关系[7]

19.2.2　火法贫化工艺中渣-冰铜平衡

在铜冶炼炉渣夹带冰铜液滴，在贫化炉内形成冰铜相，渣中溶解的 Cu_2O 与 FeS 也会发生反应，形成 Cu_2S，如反应(19.1)。如果渣中的硫不足以形成 FeS，那么 Cu_2O 可与 FeO 反应，形成金属铜，如反应(19.2)。

$$(Cu_2O)+(FeS) =\!=\!= \{Cu_2S\} + (FeO) \tag{19.1}$$

$$(Cu_2O)+(3FeO) \Longrightarrow Fe_3O_4(s)+[2Cu] \tag{19.2}$$

图 19.9 为 1200℃下 Cu-Fe-S-C 四元系相图。从图中观察到三个不同的区域。区域 I 是富铁合金相(L_2)和冰铜平衡，区域 II 是富铜合金相(L_1)及富铁合金相(L_2)和冰铜平衡。区域 III 是富铜合金相(L_1)和冰铜平衡。在区域 I，连接线随着体系中碳增加向铁侧移动，区域 II 观察到一个很大的不互溶区，三相平衡的 Cu-Fe-S 系的冰铜品位约为 63%。

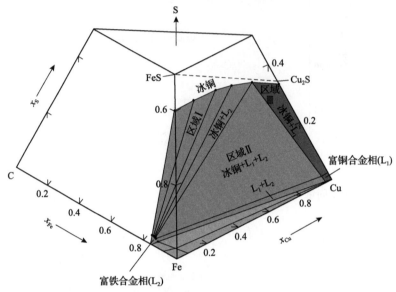

图 19.9　1200℃的 Cu-Fe-S-C 四元系相图[9]

图 19.10 表示 Cu-Fe-S 相图的富铜区。由图可以分析与冰铜平衡状态下金属铜中的硫和铁水平。由图可知，随着铁含量的增加，金属铜的硫含量基本不变，但冰铜中的硫含量增加，"铜液体 + 冰铜"区金属铜与冰铜组成以 A 到 E 的连接线表示，向铁含量增

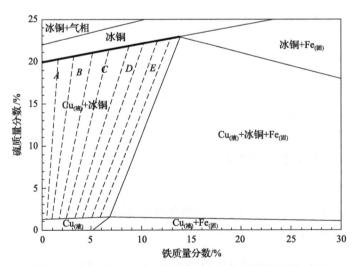

图 19.10　在 1200℃下，计算的 Cu-Fe-S 相图的富铜区[10]

加的方向移动。当金属铜的铁质量分数达到 5%时，出现金属铁相。在铁质量分数高于 7%和硫含量高于约 1.5%时，体系处于冰铜、铜及铁三相共存，硫低于 1.5%，铜铁两相共存。图 19.11 为冰铜中铁含量与铜中铁含量的关系，在金属铜(a_{Cu}=1)和冰铜 Cu_2S(a_{Cu_2S}=1)共存时，金属铜中铁活度和冰铜中 FeS 的活度之比是一个常数，其值会共同增加或减少，熔融冰铜和金属铜之间的铁分配率不变，如图 19.11 中的直线所示。

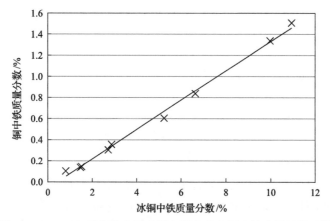

图 19.11　1200℃平衡状态下冰铜中铁含量与铜中铁含量的关系[10]

需要指出的是，与铁橄榄石渣平衡的冰铜和铜，氧势(P_{O_2})对金属铜中的铁含量相当敏感。例如，当 P_{O_2} 预计从 10^{-10}atm 下降到 10^{-12}atm 时，铜中的铁质量分数将从 0.2%上升到 2%，从而为还原熔渣中的氧化铜和磁铁矿提供更好的条件。在渣贫化炉操作中，因为冰铜中的铁含量与熔融铜中的铁含量直接相关，可以将冰铜中的铁含量作为关键控制参数，以保持贫化炉内存在浅薄的熔融铜层，控制渣的铜含量。但如果产生较厚熔融铜层，则微量元素如 Bi、Pb、As、Sb 和 Ni 等优先分配到熔融铜中，从而带来铜中微量元素的去除问题。

在 1200℃和铜冶炼渣贫化操作的氧势条件下，典型铜渣中的磁性铁溶解度上限在 8%左右(此值也在某种程度上取决于熔渣中的 Fe/SiO_2(质量比))，对应于金属铜中铁含量接近 0.3%。然而，通过使用浅层金属铜，其中铁质量分数超过 0.6%，则冰铜铁质量分数超过 5%，在这些条件下，渣中的磁性铁(Fe_3O_4)质量分数在 3%～6%，可以确保熔渣中几乎没有悬浮磁性铁。保持在冰铜中的 Fe 质量分数超过 5.0%和炉内浅薄的熔融铜层，适当调整炉周期，可以使渣中 Fe_3O_4 水平低 6%。控制适当的还原气氛，加上足够的沉降时间，是提高渣火法贫化金属回收率的有效措施。

冰铜品位在一定范围内，渣中铜可能存在硫化溶解。因此，进一步降低冰铜品位并不一定会降低渣铜含量，甚至可能对熔渣中的铜损失产生不利影响。图 19.12 表示冰铜中铁含量与渣中硫含量之间的关系，可以视为近似线性关系。在金属饱和条件下，冰铜中 Fe 质量分数为 5%，渣中的硫质量分数不超过 0.5%。

冰铜中铁含量恒定时，渣的低 Fe/SiO_2 对应渣中硫含量较低。图 19.12 中两个 Fe/SiO_2(质量比)的数据表明了这一趋势。贫化炉在较低的 Fe/SiO_2 运行，可以降低渣中铜含量。但是由此需要更多 SiO_2 熔剂，增加了渣重量，并需要更多的热熔化熔剂。因此，降低

Fe/SiO$_2$需要全面地考虑经济效益。

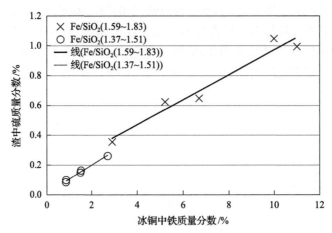

图 19.12　1200℃，金属铜饱和平衡状态下，渣中硫含量与冰铜中铁含量的关系[10]

　　图 19.13 为 1200℃，金属铜饱和条件下，渣中铜溶解度与冰铜中铁质量分数的关系。根据图 19.13 中数据，冰铜中铁质量分数应保持在 6%～9%水平，渣的 Fe/SiO$_2$（质量比）介于 1.2～1.4，渣中铜平均溶解度在 0.50%～0.55%。据指出，这仅代表可溶性铜，没有考虑到物理夹带的冰铜或铜。目前，工业上电炉贫化渣铜质量分数为 0.55%～0.75%。电炉贫化实际操作中，为了降低炉渣的铜含量，在一定温度下，可以通过控制冰铜中的铁，调节渣中 Fe/SiO$_2$ 和 CaO 成分来实现，在炉内保持一小层熔融铜，有利于减少渣中溶解铜。

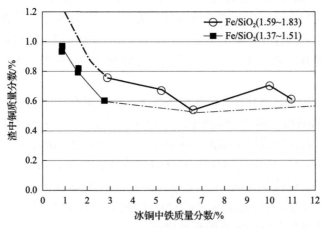

图 19.13　1200℃，金属铜饱和平衡状态下，渣中铜溶解度与冰铜中铁含量的关系[10]

19.3　铜冶炼渣还原反应机理及动力学

19.3.1　铜冶炼渣还原反应机理

　　在许多冶金工艺中，以焦炭或煤为形式的固体碳用于控制熔渣的氧势，并回收熔渣中的金属。炉渣中金属碳还原可能机理如下[3]。

(1)直接还原：

$$C(s) + (MO) \Longrightarrow CO(g) + [M] \tag{19.3}$$

(2)间接还原：

$$CO(g) + (MO) \Longrightarrow CO_2(g) + [M] \tag{19.4}$$

$$CO_2(g) + C(s) \Longrightarrow 2CO(g) \text{（布多尔反应）} \tag{19.5}$$

(3)经由 Fe：

$$C(s) \text{ 或 } CO(g) + (FeO) \Longrightarrow CO(g) \text{ 或 } CO_2(g) + [Fe] \tag{19.6}$$

$$[Fe] + (MO) \Longrightarrow (FeO) + [M] \tag{19.7}$$

(4)经由二价铁氧化物：

$$C(s) \text{ 或 } CO(g) + 2FeO_{1.5} \Longrightarrow CO(g) \text{ 或 } CO_2(g) + 2FeO \tag{19.8}$$

$$(2FeO) + (MO) \Longrightarrow (2FeO_{1.5}) + [M] \tag{19.9}$$

式中，M 代表金属。直接还原四个相共存，间接还原三相共存。间接还原过程中，如果气化反应与气-渣反应相比速度快，则产生的气体接近碳-气反应平衡的气体[11,12]。

渣-金属反应的动力学一般由质量传输决定。存在两方面因素：一是由搅拌引起的质量传输，二是由氧和硫等界面活性元素导致的界面对流引起的质量传输[13]。在含有铁或其他可能存在于多价氧化状态的矿渣中，涉及这些反应物的电化学反应可以起到重要的作用[12]，如下列反应：

$$(O^{2-}) + CO(g) \Longrightarrow CO_2(g) + 2e^- \tag{19.10}$$

$$(2Fe^{3+}) + 2e^- \Longrightarrow (2Fe^{2+}) \tag{19.11}$$

$$(2Fe^{2+}) + (M^{2+}) \Longrightarrow (2Fe^{3+}) + [M^0] \tag{19.12}$$

在没有任何添加试剂的情况下，渣池中还原反应可以用金属回收率来判断及解释。1300℃炉渣中 Cu_2O 的还原程度如图 19.14 所示[14]。图中数据表明，未添加碳的铜回收率，远远低于添加碳的回收率。未添加碳的熔渣中 Cu_2O 的还原可能通过以下反应进行：

$$(Cu_2O) + (2FeO) \Longrightarrow [2Cu] + (Fe_2O_3) \tag{19.13}$$

$$(Cu_2O) + (3FeO) \Longrightarrow [2Cu] + (Fe_3O_4) \tag{19.14}$$

$$Fe(s) + (Cu_2O) \Longrightarrow [2Cu] + (FeO) \tag{19.15}$$

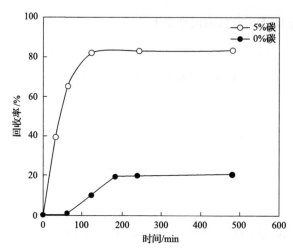

图 19.14　在 1300℃，添加和不添加碳，渣中铜回收率与时间的关系[14]

炉渣成分：1.24% Cu，1.76% Zn，32.1% FeO，27.8% SiO₂，14.6% CaO，8.5%Al₂O₃，2.2%MgO

炉渣贫化操作中各相内部及相之间的质量传输过程中包括气体、碳和氧化物及硫化物等。贫化炉的类型及操作方法决定了气-液-固相的混合及接触，从而决定还原反应的速率及限制环节和控制步骤。反应的控制步骤可能是渣相中的化学扩散，界面包括吸附和解吸的交换反应和气相中扩散。气相、液相及固相的成核及生长也可能成为速率的限制环节。在 1100～400℃高温条件下的炉渣贫化操作，化学本征反应动力学不可能成为限制步骤。

19.3.2　FeOₓ的还原速率

关于氧化铁还原速率的化学动力学研究大部分基于二元高碱性（B=CaO/SiO₂）的炼钢渣。这些渣中氧化铁的还原速率难以用来优化低碱性渣（铜冶炼渣）氧化铁的还原速率，至少反应的活化能量存在差异。在 1250～1400℃的温度范围内不同的 Fe/Si、Cu₂O 和 CaO 含量，测量石墨从橄榄石渣中还原氧化铁的速率[14]。实验结果表明，当熔渣与还原剂接触时，碳热还原反应立即开始，将三价氧化铁（Fe³⁺）还原至二价氧化铁（Fe²⁺）。图 19.15

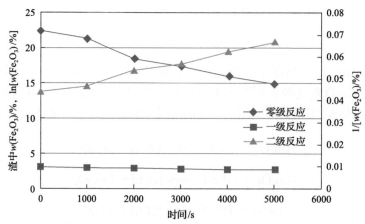

图 19.15　碳还原渣中氧化铁（Fe₂O₃）的浓度、自然对数和倒数值与时间的关系[15]

1300℃，10.32% CaO，2% Cu₂O，Fe/Si（质量比）=3.08

表示渣中氧化铁(Fe_2O_3)的瞬时浓度、自然对数和倒数值。由图可知,只有 $\ln w(Fe_2O_3)$ 与时间曲线是线性的,这意味着三价铁氧化物的碳还原是一级反应。

磁铁矿的还原速率一级反应表示式如下[16-18]:

$$\frac{dw(Fe_3O_4)}{dt} = \frac{8.0 \times 10^3 e^{-232000/(RT)} A_r \rho_s}{m_s w(Fe_3O_4)} \tag{19.16}$$

式中, ρ_s 和 m_s 分别是熔渣的密度(kg/m^3)和质量(kg); A_r 是反应表面面积(m^2)。磁性铁还原通过间接还原反应和布多尔反应进行,速率限制步骤是布多尔反应。FeO 的还原速率可以表示为[19]

$$dw(FeO)/dt = 1.67 \times 10^{-7} w(FeO)^{1.26} \tag{19.17}$$

将氧化铁还原成 Fe^0 的速率控制步骤随着熔体中 FeO 浓度而变化,将从低 FeO 浓度(<5%FeO)渣的质量传输控制改变为高 FeO 浓度反应界面的化学反应控制[16,19]。

图 19.16 表示不同 FeO 初始浓度各还原阶段熔渣 FeO 浓度,图中数据的温度远超出铜冶炼渣贫化过程中的温度范围。图中阶段 I:产生气体的成核和生长孵化期;阶段 II:与气体反应的稳定期;阶段 III:气体-渣界面反应物解离期[18]。从铜炉渣贫化碳还原速率可以认为,在较低温下熔渣的铜还原时, Fe^{2+} 还原成 Fe^0 没有进行,至少在 Cu^+ 显著还原之前未进行。

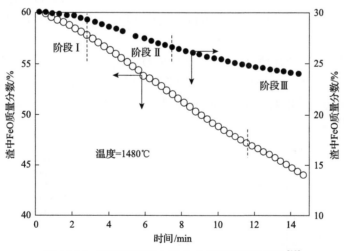

图 19.16　炉渣还原渣中 FeO 含量随时间的变化[18]

图 19.17 表示渣中磁性铁含量与还原时间的关系,包括工业电炉数据和实验室坩埚测量数据。工业电炉的磁性铁含量明显高于实验室坩埚测量的数据。实验室坩埚测量的渣的磁性铁含量在 100min 内从 15%下降到 3%左右,而工业电炉中磁性铁从 15%降低到 10%需要 250min。

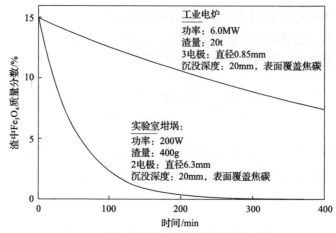

图 19.17　渣中磁性铁含量与还原时间的比较[16]

19.3.3　Cu₂O 的还原速率

渣中溶解氧化亚铜与石墨反应的实验结果表明，熔渣中的氧化亚铜含量迅速下降，还原进行 2h 后，铜的浓度从最初的 1.24%下降到约 0.2%[2]。还原速率随着温度的升高而增加[14]。渣中 Cu₂O 的还原速率的表示式如下[21]：

$$d(Cu_2O)/dt = -k_0 e^{-E_d/(RT)}(Cu_2O)(1+k_{cat}[Cu]) \qquad (19.18)$$

还原反应为自催化反应。式中，k_{cat}是自动催化系数；$(Cu_2O)=(Cu_2O)_t/(Cu_2O)_0$ 和[Cu]=1-(Cu_2O)，[Cu]为 Cu 含量，$(Cu_2O)_t$ 为时间 t 的铜含量，$(Cu_2O)_0$ 为初始铜含量，$(Cu_2O)_0$ 值被定义为 1。

图 19.18 为根据碳热还原反应估算渣中 Cu₂O 含量与时间的关系。如图所示，温度对反应速率有强烈的影响，还原率随着温度升高而增大。铜炉渣含 1.63%Cu 和 8%Cu 的炉渣还原实验表明初始浓度对氧化亚铜的还原动力学影响小，速率常数基本上与初始 Cu₂O 浓度无关[16,20,21]。

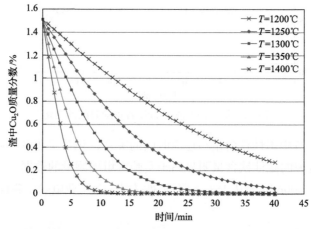

图 19.18　根据碳热还原反应估算渣中瞬时 Cu₂O 质量分数与时间的关系[20,22]

19.3.4　FeO_x 和 Cu_2O 的同时还原速率

渣中 Fe_2O_3 和 Cu_2O 在碳热还原反应的开始阶段，Fe_2O_3 被还原，直到达到铜饱和条件，Cu_2O 开始还原。然后，Cu_2O 与三价 Fe_2O_3 同时还原。Fe_2O_3 的还原是一级反应，动力学方程可表示为

$$dw(Fe_2O_3)/dt = k\,(T, w(CaO), Fe/Si, w(Cu_2O))\,w(Fe_3O_4) \qquad (19.19)$$

式中，还原反应速率常数 k 随成分和温度变化，如式(19.20)表示，式中的有关参数由实验获得：

$$k(T, w(CaO), Fe/Si, w(Cu_2O)) = -k_0\,e^{-E_d/(RT)} \qquad (19.20)$$

图 19.19 为应用式(19.19)和式(19.20)计算的同一碱性熔渣的两种氧化物的还原速率。图中表示还原初始 Fe_2O_3 和 Cu_2O 含量。由图可知，Cu_2O 的还原比 Fe^{3+} 还原要快速，在 30min 内，90%的 Cu_2O 被还原，而 Fe_2O_3 的还原率低于 20%。炉渣还原过程估算的碳热反应的活化能列于表 19.1。活化能在 150～252kJ/mol 范围。

在 1450℃下利用石墨棒作为还原剂，在 CaO-SiO_2-FeO 系渣中氧化铜和磁铁矿的还原动力学如图 19.20 所示。图 19.20 表明还原初始渣中铜含量迅速下降，而铁含量在同一时期几乎保持不变，铜和铁可以进行选择性还原。铜质量分数在 15min 内从 2.3%下降至 0.5%，最终渣铜质量分数为 0.3%。氧化铁还原在 15min 后开始，此时大部分氧化铜被还原。在 25min，渣中铁质量分数从 40%降低到 27%，然后保持不变。这意味着在还原过程的第一阶段有选择地进行。Cu_2O 还原速率可分为三个不同的阶段：①快速期；②减速期；③平缓期，平缓期只有很小的含量下降。

表 19.2 列出反应时间 50min 时，按还原磁铁矿、铁硅酸盐和氧化铜所需的化学计量的碳，添加 75%、100%、130%和 150%焦炭的实验结果。从表中数据可知，最终渣中铜质量分数随着焦炭量增加而降低，从 0.24%降低至 0.06%，相应的合金中的铜和铁质量分

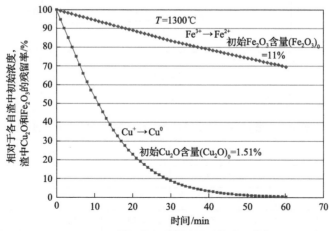

图 19.19　使用速率方程计算的两种金属氧化物相对于其各自渣中初始浓度变化与时间关系[22]

炉渣成分 33.97%FeO, 29.5%SiO_2, 18%CaO, 8.94%Al_2O_3

表 19.1 在熔渣贫化过程中一些重要反应的活化能[21]

反应式	活化能/(kJ/mol)	温度/K	炉渣成分
$(Cu_2O)+C(s)$ ══ $[2Cu]+CO(g)$	188.4	1513~1598	1.63%$CuO_{0.5}$, 33.97%FeO, 6.34%Fe_2O_3, 29.5%SiO_2, 18%CaO, 8.94%Al_2O_3[1]
$CO_2(g)+C$ ══ $2CO(g)$	246.8	973~1673	[19]
$(Cu_2O)+C$ ══ $[2Cu]+CO(g)$	175	1513~1613	1.24%Cu; 1.76%Zn, 1.23%Ni/Cr/Pb/Sn, 32.1%FeO, 27.8%SiO_2, 14.6%CaO, 8.5%Al_2O_3, 2.2%MgO[13]
$(Fe_3O_4)+CO(g)$ ══ $(FeO)+CO_2(g)$	232		35%~42%Fe, 6%~10%Cu(0.5%~3%溶解 Cu), 1.5%~2.5%S, 17%~22% Fe_3O_4, 26%~28% SiO_2, 1%~1.5% CaO[17]
	230	1523	35%~42%Fe, 6%~10%Cu(0.5%~3%溶解 Cu), 1.5%~2.5% S, 17%~22% Fe_3O_4, 26%~28% SiO_2, 1%~1.5% CaO[15]
$(Cu_2O)+C(s)$ ══ $[2Cu]+CO(g)$	206.2±10	1513~1598	1.63%$CuO_{0.5}$, 33.97%FeO, 6.34%Fe_2O_3, 29.5%SiO_2, 18%CaO, 8.94%Al_2O_3[20]
$(2Fe_2O_3)+CO(g)$ ══ $(2FeO)+CO_2(g)$	154.4	1523~1673	Fe/Si= 4~4.4[14]
	234.78	1523~1573	Fe/Si=3.33, 5%CaO, 2%Cu_2O[14]
$(FeO)+C$ ══ $[Fe]+CO(g)$	251.05	1730~1800	1%~70% FeO, 5%Fe_2O_3-Al_2O_3, CaO/SiO_2=1.15[18]

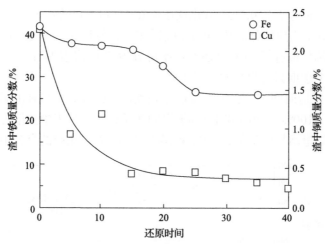

图 19.20 熔渣中铜和铁含量与还原时间的关系[23]

表 19.2 添加不同焦炭量的合金和还原终渣的化学成分[24]   (单位：%)

焦炭量(质量分数)	铁铜合金		还原终渣			
	Cu	Fe	Cu	Fe	S	As
75	13.18	82.2	0.24	28.53	0.13	0.03
100	6.6	92.9	0.15	15.94	0.13	0.03
130	7.4	92.2	0.09	9.94	0.17	0.02
150	6.2	93.2	0.06	7.11	0.36	0.02

数分别在 6.2%～13.18%和 82.2%～93.2%范围。渣中大部分铜进入合金。铁和铜之间的相互溶解性有限，会形成富铜合金和富铁合金两相。为了降低铁铜合金中的铜含量，操作中可以分为两个步骤。第一步是降低熔渣中的铜含量，获得富铜合金；第二步是还原氧化铁，形成含有低铜的富铁合金。

图 19.21 表示 1250～1300℃镍转炉渣固体碳还原速率。由图可知，碳热还原初期只有 Zn、Pb、Sn 和 Fe^{3+}被还原，约 20min 后，Ni、Cu 和 Co 开始被还原。Ni 的还原比 Cu 和 Co 快，Cu 和 Co 的还原速率相近，Zn 的还原速率低于 Pb、Sn 和 Fe^{3+}。

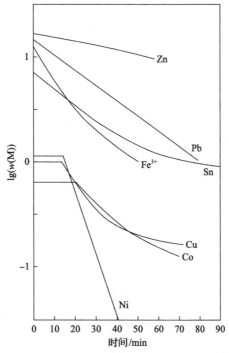

图 19.21　1250～1300℃镍转炉渣固体碳还原速率[3]

$w(M)$为某种金属的质量分数

图 19.22 为炉渣甲烷还原过程气体和渣成分的变化。由图可知，首先是 Fe^{3+}和 Cu_2O 同时还原，产生 FeO 和 Cu，渣中 FeO 含量增加。Fe^{3+}的还原完成后，FeO 开始还原成 Fe，此刻渣中 Cu_2O 含量降低到 0.15%。气相中 CO 含量高于 CO_2 含量。炉渣甲烷还原测定的还原速率为 0.020 mol/$(m^2 \cdot s)$ 级别，高于 FeO 还原速率，在 Cu_2O 和 FeO 的还原速率之间。Cu_2O 的 CH_4 还原速率比用石墨还原速率低。在 Cu_2O 含量较高的渣中，CO 的还原速率高于 CH_4 的还原速率。

计算和实验观察到应用甲烷-空气混合物还原含不同碱性氧化物的渣，磁性铁还原速率如图 19.23 所示。起始渣的铜质量分数和硫质量分数为 12%和 2%，最终铜质量分数约为 0.65%。由图可知，计算结果与实验数据的趋势相同。碱性氧化物含量高的渣，磁性铁的还原速率低于碱性氧化物含量低的渣。对于碱性氧化物含量低的渣，渣中磁性铁在约 60min 内可以从 25%降低到 5%，而碱性氧化物含量高的渣，则需要 120min。

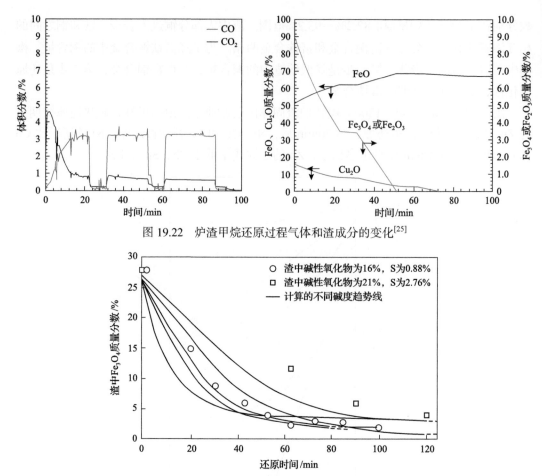

图 19.22　炉渣甲烷还原过程气体和渣成分的变化[25]

图 19.23　计算和实验观察到的渣中磁铁矿的甲烷-空气混合物还原速率[26]

计算中假设：渣中碱性氧化物不影响渣中其他组分的活度，渣中超过 0.5% 的硫以 Cu_2S 存在，并在还原过程中进入气相

图 19.24 表示特尼恩特熔炼渣贫化炉中铜及磁性铁的垂直和纵向动态组成。图中数据

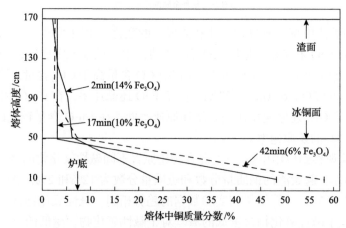

图 19.24　特尼恩特熔炼渣贫化炉中的垂直和纵向熔体中铜和磁性铁成分的动态变化[28,29]

表明，初始渣中铜质量分数约 5%，随着还原沉降时间延长，熔池冰铜中的铜品位增加，渣中磁性铁浓度降低。还原沉降时间 2min，冰铜品位 25%，渣磁性铁质量分数为 14%，而还原沉降时间增加到 42min，冰铜品位增加到近 50%，渣中磁性铁降低到 6%。如果贫化炉还原条件较强，熔体成为铁饱和，并且沉降时间足以使冰铜-渣分离，渣的铜质量分数为 0.79%[27]。

19.4 铜冶炼渣冷却结晶及凝固过程中相变化

19.4.1 铜冶炼渣冷却结晶

铜炉渣浮选工艺，铜回收受到熔渣冷却速率影响。冷却速率是影响渣中的冰铜/铜的结晶颗粒分布及结构的主要因素。图 19.25 为典型的炉渣时间-温度-相变(TTT)图。当熔渣在不同的冷却路径下冷却时，其结晶行为不同。晶体区和玻璃区对应于不同的冷却路径。例如，通过玻璃区域的路径 1 快速冷却，预期会导致形成玻璃微结构，这几乎与水淬无定形熔渣中形成的结构相同。通过等温变换曲线的路径 2 冷却，可以预期会沉淀晶体相。通过缓冷的路径 3 同样可以沉淀晶体相。冷却结晶的种类和形态取决于冷却过程中时间和温度的变化。图 19.26 为铜炉渣冷却的连续冷却相变图(CCT 图)，表示冷却速率与晶体结晶率的关系。当冷却速率为 0.05℃/s 时，凝固的炉渣 100%为晶体。而以接近水淬的 100℃/s 冷却速率凝固，则炉渣没有晶体相，均为玻璃体，5℃/s 冷却速率凝固得到 80%为晶体的炉渣。图 19.27 表示铜炉渣冷却的时间-温度-相变(TTT)图。由图可知，炉渣的主要晶体相是铁橄榄石，并且在高温下随着保温时间的延长而增加。图中的结果说明，在维氏体稳定的气氛下，铜炉渣的热处理对晶体结构的变化没有影响，但改变玻璃体氧铁橄榄石的比例。

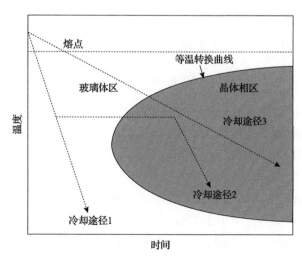

图 19.25 典型炉渣的 TTT 图[30]

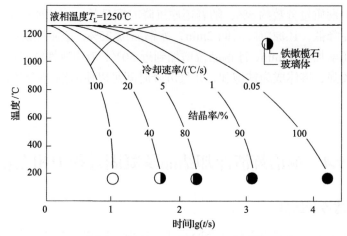

图 19.26　铜炉渣冷却的 CCT 图[31]

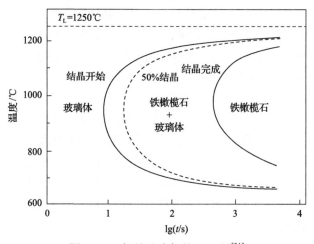

图 19.27　铜炉渣冷却的 TTT 图[31]

铜冶炼炉渣在缓速冷却时，大多数溶解的氧化铜通过反应还原到金属铜：

$$Cu_2O + 3FeO \xlongequal{\hspace{1cm}} 2Cu + Fe_3O_4 \tag{19.21}$$

图 19.28(a)、(b)表示在 1000～1300℃的温度范围内，冷却速率对冰铜颗粒大小分布的影响，以及冰铜/铜液滴直径与熔渣冷却速率关系。如图 19.28(a)所示，高冷却速率的小颗粒冰铜质量分数比低冷却速率的高。例如，在 0.5℃/min 的冷却速率下，直径小于 5μm 的冰铜颗粒占 55%，冷却速率为 7℃/min 时约为 72%。同样，在 7℃/min 的冷却速率下，直径小于 15μm 的冰铜颗粒接近 100%，这意味着几乎所有颗粒直径都小于 15μm，而在 0.5℃/min 的冷却速率下，小于 15μm 的颗粒约占 90%。图 19.28(b)中的条形图将冰铜颗粒直径分为 1～2μm、2～3μm、3～4μm、4～5μm、5～10μm、10～20μm 和 20～50μm 多个等级。直径超过 50μm 的冰铜颗粒很少。对于前三组，随着冷却速率降低，百分比系统地下降，而后三组，则呈相反的趋势，说明熔渣在低冷却速率下产生较大的冰铜/铜

颗粒。在图 19.28(c)中，实线表示平均冰铜颗粒大小与冷却速率的关系，虚线则为不同冷却速率下的最大颗粒尺寸。平均颗粒大小随着冷却速率增加而降低。当冷却速率低于 3℃/min 时，铜/冰铜相的平均颗粒直径为 4～5.8μm。当冷却速率高于 3℃/min 时，则为 3.6～4μm。因此，控制冷却速率低于 3℃/min，对大颗粒生长效果更为明显。

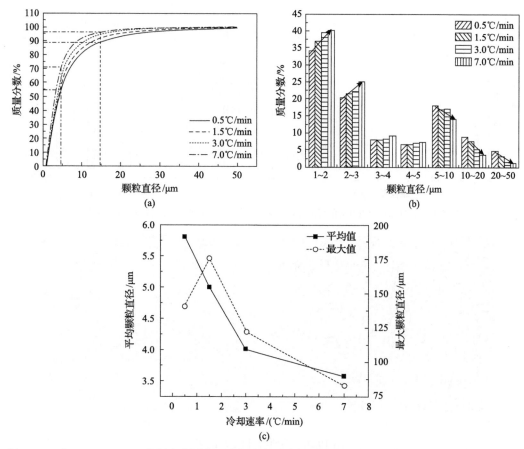

图 19.28　在 1000～1300℃的温度范围内，冷却速率对冰铜颗粒大小分布影响(a)，冰铜/铜液滴直径与熔渣冷却速率的关系(b)，平均及最大冰铜颗粒直径与冷却速率的关系(c)[32]

图 19.29 表明，渣中添加剂对冰铜颗粒尺寸的影响不显著。大于 12μm 的颗粒等级中含有添加剂的百分数较大。渣中添加石灰和碳使炉内富铜相增加，即使添加 1%CaO，对渣中富铜相的影响也明显，对于不加 CaO 的渣，铜/冰铜相主要由铜和硫组成，而加 CaO 熔渣中，富铜相含有相当一部分铁，即一定比例的铁从熔渣溶解在富铜相中。在 1000～1300℃的温度范围内，冷却速率的降低能增加熔渣中富铜相颗粒的平均尺寸，有利于在随后的熔渣贫化中通过浮选回收铜。

在足够低的冷却速率条件下，熔渣中硫在熔渣冷却和凝固过程中形成冰铜液滴，对铜的回收起积极的作用。图 19.30(a)显示了快速冷却渣样品的微观结构，其中硫化物脱硫导致一种称为铜雾的现象。在铜雾形成过程中，小硫化物颗粒夹在橄榄石和玻璃体之间(熔渣最终凝固成玻璃体),很难通过磨矿和浮选来回收。相反,当熔渣在受控的缓慢冷却速率下凝固时,正如冶炼厂所实践的,会导致更粗糙的微观结构和液滴生长(即聚合现象)。因此,可以提高铜回收率。图 19.30(b)显示了在缓慢冷却渣中形成的冰铜液滴的微观结构,附着大冰铜液滴及金属硫化物,浮选可以取得高铜回收率。

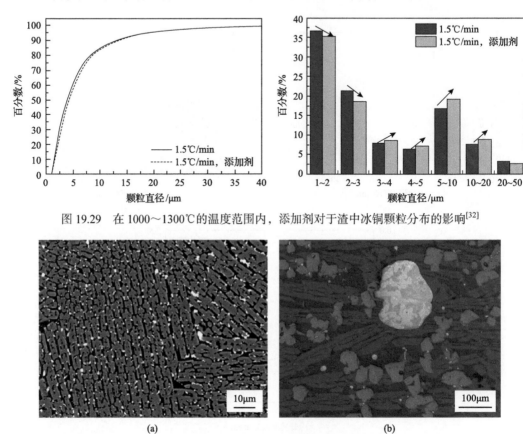

图 19.29　在 1000～1300℃的温度范围内,添加剂对于渣中冰铜颗粒分布的影响[32]

图 19.30　熔渣冷却微观结构[33]

(a)快速冷却渣显示"铜雾"(亮点)的细微观结构;(b)通过缓慢冷却熔渣获得的微观结构,明亮相为 Cu₂S 和 Cu-Fe 硫化物,灰色柱状晶体为橄榄石,夹于橄榄石之间深灰色相为玻璃体,中间灰色晶体为磁性铁晶体

19.4.2　铜冶炼渣凝固过程中相变化

智利的 Paipote 冶炼厂特尼恩特转炉(TC)熔炼渣夹带冰铜占铜总含量的 83%～92%,剩余的是溶解铜。冰铜颗粒大小分布从 10μm 到 1000μm 不等,电炉(EF)贫化渣夹带冰铜占铜总含量的 25%,溶解铜占 75%。图 19.31 表示特尼恩特转炉(TC)熔炼渣凝固过程中相(部分)的形成及变化。由图可知,冰铜和尖晶石(磁铁矿Ⅱ型)首先从渣中析出,随着冷却的进行,橄榄石开始沉淀,更多的磁性铁和冰铜析出。在更低的温度下,鳞石英等开始沉淀。凝固过程中形成的橄榄石,中等冷却速率其结晶良好,快速冷却无法清楚地识别晶体,部分熔渣凝固为无定形状态。以中等冷却速率冷却的玻璃体中,分散在熔渣中的细冰铜颗粒小于 15μm,在快速冷却的玻璃体中细冰铜颗粒大小通常小于 5μm。

大冰铜液滴由辉铜矿和蓝辉铜矿混合物组成。冷却过程中，磁性铁可以分为晶体型（Ⅰ型）和氧化铁固溶体型（Ⅱ型）。Ⅰ型的晶体直径大于 30μm，Ⅱ型的尺寸相对小。

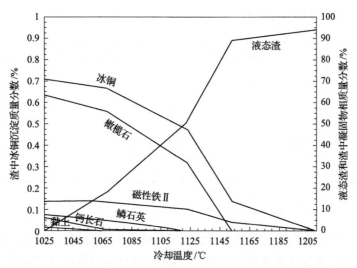

图 19.31　特尼恩特转炉熔炼液态渣凝固过程中相形成及变化[34]

P_{SO_2}=0.25atm；冰铜成分：4%Fe；渣成分：3.4%Al$_2$O$_3$，1.6%CaO，1%MgO，2.3%ZnO，Fe/SiO$_2$=1.6

　　图 19.32 为电炉（EF）贫化液体渣部分凝固过程中相（部分）的形成。电炉贫化渣凝固过程中形成的主要相是铁橄榄石 Fe$_2$SiO$_4$，橄榄石固溶体中富铁硅酸盐。在中等冷却速率，铁橄榄石相结晶良好。在冷却过程中，冰铜与渣的 Cu$_2$O 还原产生铜合金聚合。电炉渣中的磁性铁Ⅰ型含量相当低（约 0.1%），鳞石英等组分低于特尼恩特转炉熔炼渣。图 19.32 中数据表明，冷却过程中起始从液体渣中沉淀出冰铜和橄榄石。当温度降低，达到磁性铁饱和度时，磁性铁与冰铜和橄榄石一起沉淀。随着冷却的进行，理论上鳞石英（SiO$_2$）应

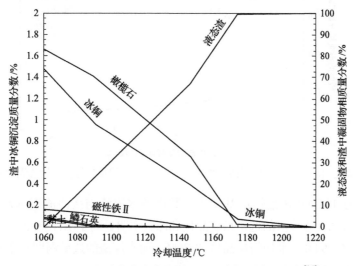

图 19.32　电炉贫化液态渣凝固过程中相形成及变化[34]

P_{SO_2}=0.25atm；冰铜成分：72.2.% Cu，6%Fe，21.3.%S；渣成分：3% Al$_2$O$_3$，0.8% CaO，0.8% MgO，2.3% ZnO，Fe/SiO$_2$=1.6

饱和，但在电炉实际操作中，熔渣凝固太快且终点凝固玻璃状态，因此很少达到鳞石英饱和。计算表明，电炉渣应在 1060℃完全凝固。特尼恩特转炉熔炼渣和电炉贫化渣冷却凝固渣样中的相分布列于表 19.3。

表 19.3 在特尼恩特转炉熔炼渣和电炉贫化渣样中相分布[34]

渣	冷却方式	夹带冰铜/%	磁性铁 I 型/%	铁橄榄石+磁性铁 II 型/%	玻璃体/%
特尼恩特转炉熔炼渣	中等速率冷却*	3.3～10.2	8.0～10.4	46.6～54	32.5～36.9
	快速冷却**	3.7～5.9	5.7～6.0	88.2～90.6	
电炉贫化渣	中等速率冷却	0.4～0.7	0.0～0.1	68.0～76.6	23.0～31.2
	快速冷却	0.1～0.2	0.0～0.1	99.8～99.9	

* 中等速率冷却：熔渣倒入 500cm³ 钢勺，在环境空气中冷却。

** 快速冷却：熔渣在扁平钢板铺开 1cm 厚，在环境空气中冷却。

在 1250～1270℃下含氧化铝硅酸盐渣(15% Al_2O_3)与高品位冰铜(75%～80%)和金属铜平衡，凝固后硅酸盐渣溶解残留的铜(<1μm(直径)金属颗粒)与渣中初始总铜含量的关系如图 19.33 所示。溶解在熔渣中的铜的即使水淬也大部分以金属铜颗粒从熔渣中析出，渣中残留的铜不仅是氧化铜，主要是金属颗粒的细沉淀物。图 19.33 中的数据表明，无论是冰铜-渣平衡还是铜-渣平衡体系，缓冷渣中细颗粒残留铜比水淬渣低。水淬渣的细颗粒残留铜含量随着渣总铜含量的增加而增加，在 0.2%～0.8%变化。而缓冷渣则稍有降低，保持在 0.1%～0.2%。

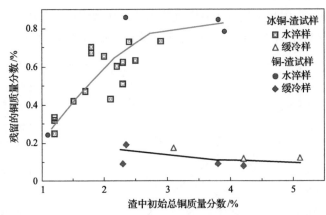

图 19.33 含氧化铝硅酸盐渣凝固后渣残留的铜(<1μm 金属颗粒)与渣初始总铜含量的关系[35-38]

图 19.34 为 TSUMEB 冶炼厂基于工厂数据的水淬渣与缓冷渣铜选矿品位与回收率的关系。由图可知，缓冷渣的选矿精矿品位和回收率明显高于水淬急冷渣。缓冷渣的选矿铜回收率在 82%～94%，平均精矿品位约 30%，而水淬渣的选矿铜回收率在 68%～80%，精矿品位在 25%～28%。

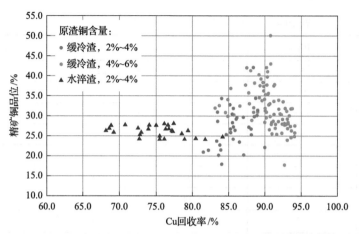

图 19.34　水淬与缓冷渣(SC)铜选矿品位与回收率的关系[39]

19.4.3　铜冶炼渣中铁的回收

从铜冶炼渣回收铁的研究工作主要集中在炉渣中的铁还原回收。但是相对于铁矿石，铜冶炼炉渣中铁含量较低，渣中大部分以铁橄榄石存在，并且含少量的铜。还原回收经济上可行性低，故难以工业应用。通过控制熔渣的冷却条件，促进渣中磁性铁晶体沉淀，从铜渣中磁选分离沉淀磁性铁(Fe_3O_4)晶体，是从铜冶炼渣回收铁的另一种途径。

从炉渣的 TTT 图(图 19.25)可知，熔渣快速凝固，如水淬，生成无定形渣，最常见的铜渣是含有溶解金属(Cu、Zn、Pb 等)的不纯铁硅酸盐玻璃体，夹带微细铜冰铜颗粒。当熔渣缓慢冷却时，铜冶炼渣中橄榄石渣相($2FeO\cdot SiO_2$)形成一种致密的晶体，而在氧化条件下控制熔渣冷却，熔融的橄榄石渣可以转化为磁铁矿。转化反应可以简单表示为

$$3Fe_2SiO_4(s) + O_2(g) \Longrightarrow 2Fe_3O_4(s) + 3SiO_2(s)$$

图 19.35 为铜渣的 SEM 图像和 EDS 元素图。SEM 图像中每个相的元素分析结果列于表 19.4。圆形明亮的冰铜颗粒、灰色块状的磁性铁及大针状沉淀的铁橄榄石随机分散在玻璃体中，玻璃体硅酸盐主要组成为$[(Fe,Ca,Al,Mg)_xSiO_y]$。EDS 点分析表明，金属如

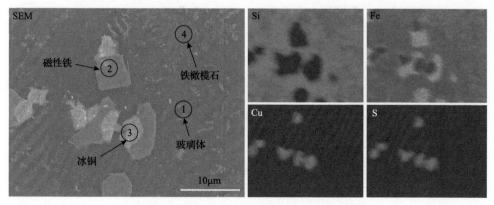

图 19.35　铜熔炼渣 SEM 图像和 EDS 元素图[30]

表 19.4　凝固渣中各相元素分析(质量分数)[30]　　　　　　　　　(单位：%)

元素	玻璃体	磁性铁	冰铜	铁橄榄石
Fe	32.8	40.6	22.9	40.6
Si	19.2	0.2	0.2	16.1
O	39.8	33.6	18.8	39.9
Ca	2.1	0.6	0.2	0.6
Al	2.5	2.4	1.2	2.7
Mg	1.0	0.3	0.3	0.6
Cu	2.4	<0.1	34.2	<0.1
S	0.5	<0.1	12.0	0.6
Cr	<0.1	3.3	1.1	<0.1
As	0.1	0.5	0.8	<0.1
Zn	0.7	1.6	1.3	0.7

Cr、Zn 和 As 在磁性铁中存在的可能性较高，而 Cu 则表现出相反的行为，在磁性铁中存在的可能性低。图 19.36 为恒温转化的橄榄石渣中磁性铁含量与时间的关系。由图可了解，磁性铁(Fe_3O_4)开始转化的时间随着转化温度的降低而延长，在 1220℃下转化发生在保温 3s，而 720℃时转化在保温 14s 才开始。高温下渣中磁性铁转化的浓度高于低温，1220℃下橄榄石渣中磁性铁质量分数从转化前的 5% 增加到转化后的 22%，而在 720℃转化后的渣中磁性铁含量仅 15%。在等温转化过程中，当熔渣与空气接触时，O_2 致使硅酸盐阴离子的键断裂、SiO_2 与橄榄石的分离，以及橄榄石中的铁转变为磁性铁(Fe_3O_4)沉淀。随着氧化过程的持续，赤铁矿从磁性铁中沉淀。磁性铁优先于赤铁矿沉淀，可以实现选择性沉淀。

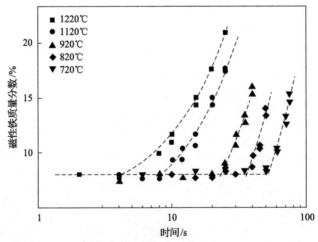

图 19.36　恒温转化橄榄石渣中磁性铁含量与时间的关系[30]

19.5　铜贫化炉内固体沉积

铜冶炼渣电炉贫化基于渣中磁性铁及氧化铜的还原和渣中冰铜/铜的沉降。铜的回收率主要取决于熔渣温度、磁铁矿及氧化铜还原程度和炉内渣的停留时间。炉内固体沉积导致炉容量和炉渣停留时间减少,影响铜的回收率。固体沉积包括冰铜中的磁性铁饱和沉淀、金属铜的沉淀和凝固,以及炉底-冰铜界面上冰铜的凝固。炉内固体沉积在铜渣贫化炉频繁发生[40-43]。沉积物主要由磁性铁组成,厚度为 100~300mm 不等。智利铜业公司的 Norte 冶炼厂电炉固体沉积曾经达到 1m 多,电炉的容量减少 50%。

炉膛耐火材料带/不带渗透铜的炉中心垂直剖面的温度如图 19.37 所示,图中温度曲线表明,渗透铜层的厚度约为 0.5m,渗透铜耐火材料层的温度低于没有渗透铜的温度,而熔池中冰铜和渣的温度几乎相同。图 19.38 表示存在炉结的炉膛耐火材料带/不带渗透

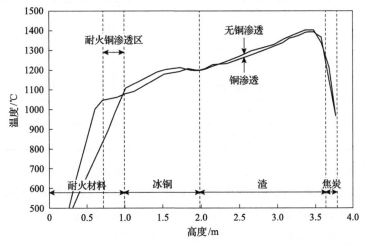

图 19.37　炉膛耐火材料带/不带渗透铜,炉中心垂直剖面的温度[40]

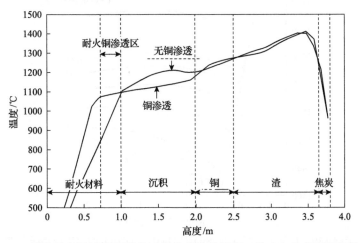

图 19.38　炉膛耐火材料带/不带渗透铜并有炉结沉积,炉中心垂直剖面的温度[40]

铜的炉中心垂直剖面的温度，图中表明渗透铜耐火和炉结沉积厚度 1m 的炉子，耐火材料层的温度高于没有渗透铜的温度，但是耐火材料层有渗透铜的炉结层温度低于耐火材料层没有渗透铜的温度，铜或冰铜-固体炉结界面等温在 1100℃。

　　表 19.5 列出了炉底部沉积主要矿物。沉积的相主要是尖晶石和橄榄石型固溶体，以及冰铜和金属相。氧化铝和富镁尖晶石相在靠近墙壁而不是沉积中心，镁和氧化铝可能来自耐火材料的溶解。锌和富铁的尖晶石相分布更为广泛，表明它们来自炉料，或者来自转炉渣或者返料。这些尖晶石相可以作为种子，促进较大尖晶石颗粒的生长沉淀，助长沉积形成。

表 19.5　炉底部沉积矿物学[44]

物相	化学性质	形态学
铬尖晶石	含 Fe、Zn、Al、Mg 的铬尖晶石	单晶体或聚合物
铁尖晶石	含 Cr、Zn、Al 的铁尖晶石	单晶体或聚合物
橄榄石	含 Zn、Ca、Cr、Mn、Mg 的铁橄榄石	凝固渣
铜	高铜合金	颗粒
辉石	含 Al、Ca、Mg、Zn 的辉石	夹于尖晶石和铁橄榄石之间
冰铜	含 Fe、Zn 的硫化铜	Cu 和 Zn 硫化物之间带状
黄渣	含 As、Sb、Sn、Ni 的富铜合金	颗粒或薄片

　　耐火材料中的 Cr 在渣中的溶解，影响熔渣的液相温度，图 19.39 为计算的不同的 Fe/SiO_2 和 Cr_2O_3 的熔渣液相线。图中数据表明，熔渣中的 Cr 含量对液体温度有显著影响。当 Fe/SiO_2 低于 0.65 时，主要沉淀为鳞石英，当 Fe/SiO_2 高于约 0.65 时，沉淀为橄榄石和尖晶石。熔体的液相温度随着 Cr_2O_3 含量增加而显著增加。但是在 Fe/SiO_2 低于约

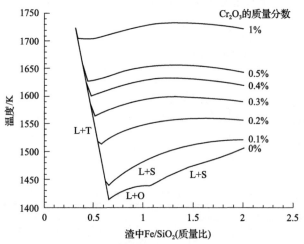

图 19.39　计算的不同的 Fe/SiO_2（质量比）和 Cr_2O_3 的熔渣液相线[44-46]

L-液体；T-鳞石英；S-尖晶石；O-橄榄石

0.65 时，液相温度与渣中 Cr_2O_3 含量无关，仅随着 Fe/SiO_2 升高而降低。铬尖晶石是炉内主要的沉积矿物之一。

19.6　稀贵金属在铜(铜合金)与贫化渣之间分配

金属元素 M 在金属(合金)与渣的热力学平衡及分配前面章节已比较详细地论述[47,48]。这里主要讨论铜炉渣贫化低氧势还原条件下铁硅酸盐渣的稀贵金属的分配。图 19.40 和图 19.41 分别表示在铜合金与铁饱和硅酸盐渣平衡状态下银和金的分配系数($L_M^{c/s}$)与渣中 SiO_2 含量的关系。由图可知，银和金的分配系数分别在 $10^2 \sim 10^3$ 和 $10^3 \sim 10^6$ 数量级，几乎全部进入铜中。提高渣的 SiO_2 含量有利于提高金的分配系数，但对银的分配系数影响不明显。数据显示，在渣中 SiO_2 质量分数在 20%~30%区间出现最大值，银和金的分配系数对温度依赖性低。图 19.40 中银的分配系数明显高于其他文献发表的值[47,49,50]。

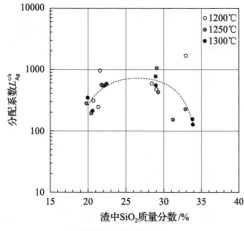

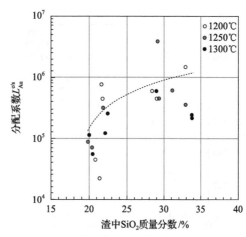

图 19.40　银在铜合金与铁饱和硅酸盐渣平衡时的分配系数与渣中 SiO_2 含量的关系[51]　　图 19.41　金在铜合金与铁饱和硅酸盐渣平衡时的分配系数与渣中 SiO_2 含量的关系[51]

铜合金与铁饱和硅酸盐渣平衡状态下镓和铟的分配系数($L_M^{c/s}$)与渣中 SiO_2 含量的关系如图 19.42 和图 19.43 所示。镓和铟的分配系数分别在 1.0~5.0 和 50~150。镓的分配系数明显依赖 Fe/SiO_2(质量比)，即分配系数随着渣中 SiO_2 含量升高而增加。但铟对 Fe/SiO_2 依赖性较小，随着渣中 SiO_2 含量的升高，分配系数稍有降低。温度升高，有利于镓在铜合金中富集，分配系数提高，而温度对铟的分配系数影响小，总体分配系数随着温度的升高而降低。

图 19.44 和图 19.45 分别表示锗和锑在铜合金与铁饱和硅酸盐渣平衡状态下的分配系数($L_M^{c/s}$)与渣中 SiO_2 含量的关系。这两种元素主要分布在铜合金中，分配系数分别高达 150~600 和 1000~10000。Fe/SiO_2 对两种元素分配系数的影响较大，分配系数随着渣中 SiO_2 浓度的升高明显增加，但是温度的作用不明显。图 19.45 中锑的分配系数比文献[52]大，与文献[53]相近。

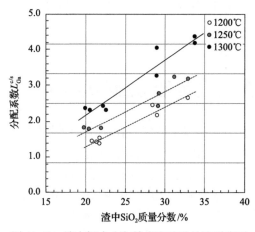

图 19.42 镓在铜合金与铁饱和硅酸盐渣平衡时
的分配系数与渣中 SiO_2 含量的关系[51]

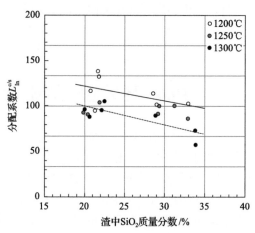

图 19.43 铟在铜合金与铁饱和硅酸盐渣平衡时
的分配系数与渣中 SiO_2 含量的关系[51]

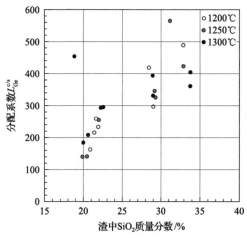

图 19.44 锗在铜合金与铁饱和硅酸盐渣平衡时
的分配系数与渣中 SiO_2 含量的关系[51]

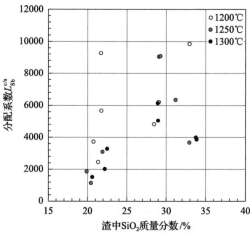

图 19.45 锑在铜合金与铁饱和硅酸盐渣平衡
的分配系数与渣中 SiO_2 含量的关系[51]

硅酸盐溶液是非理想溶液,由于 SiO_2 与碱性氧化物(如 CaO 和 MgO)形成强聚合物,但也与较弱的氧化物(如 CoO、FeO 和 NiO)形成硅酸盐[53]。这意味着在富含 SiO_2 的硅酸盐渣中不存在自由的碱性氧化物或其阳离子,因此,碱性组分的热力学活度系数,在形成硅酸盐的条件下低于 1。在铁饱和时(即高度还原的条件下)获得的分配系数及渣中残留浓度表明,金、银、锗、锑和铟在炉渣贫化工艺中基本上可以完全从熔渣中回收,但在铁饱和渣中的镓浓度仍然高。因此,在不挥发的情况下,镓很难从含铁渣中回收,如难以从锌冶炼中的黄钾铁矾中回收[54]。

铁硅酸盐渣的 Fe/SiO_2 对于贫化终点渣微量元素的残余浓度至关重要。根据铁饱和硅酸盐渣实验数据,通过加入 SiO_2 的熔剂,使渣组成保持高于约 $28\%SiO_2$,以维持适当的 Fe/SiO_2[55]。

参 考 文 献

[1] Shen H, Forssberg E. An overview of recovery of metals from slags. Waste Management, 2003, 23: 933-949.

[2] Demetrio S, Ahumada J, Angel D M, et al. Slag cleaning: The Chilean copper smelter experience. Journal of Metals, 2000, 52(8): 20-25.

[3] Floyd J, Mackey P. Developments in the pyrometallurgical treatment of slags: A review of current technology and physical chemistry//Extraction Metallurgy 81, The Institution of Mining and Metallurgy, London, 1981: 345-371.

[4] Siwiec G, Sozańska M, Blacha L, et al. Behaviour of iron during reduction of slag obtained from copper flash smelting. Metalurgija, 2015, 54(1): 113-115.

[5] Kucharski M. Solubility of copper in outokumpu slags. Metals Technology, 1979, 6(9): 354-356.

[6] Kucharski M. Effect of thermodynamic and physical properties of flash smelting slags on copper losses during slags cleaning in an electric furnace. Archiwum Hutnictwa, 1987, 32(2): 307-323.

[7] Klaffenbach E, Mostaghel S, Guo M, et al. Evaluation of copper slag cleaning potentials//Copper 2019, Vancouver, 2019.

[8] Hino M. Lecture on pyrometallurgical process for chilean copper slags. Agosto: Universidad de Concepción, 2004.

[9] Voisin L A. Distribution of precious metals during the reducing pyrometallurgical processes of complex copper materials. Noble Metals, 2012: 47-70.

[10] Coursol P, Valencia N C, Mackey P, et al. Minimization of copper losses in copper smelting slag during electric furnace treatment. Journal of Metal, 2012, 64: 1305-1313.

[11] Henao H, Hayes P, Jak E, et al. Phase equilibrium of fayalite-based slags for the slag cleaning process in copper production// Molten 2009, Santiago, 2009: 83-91.

[12] Hayes P C, Okongwu D A, Toguri J M. Some observations of the reactions between molten oxides and solid carbon. Canadian Metallurgical Quarterly, 1995, 34(1): 27-36.

[13] Xie H, Schulz M, Oeters F. Kinetics of iron oxide reduction from CaO-MgO- FeO$_n$-SiO$_2$ slags by silicon dissolved in liquid iron. Process Metallurgy, Steel Research, 1996, 67(8): 307-313.

[14] Reddy R G, Prabhu V L, Mantha D. Recovery of copper from copper blast furnace slag. Minerals and Metallurgical Processing. Society for Mining Metallurgy and Exploration, 2006, 23: 97-103.

[15] Vartiainen A. Rautasilikaatikuonan viskositeetin ja hiilipelkistys-reaktioiden vaikutus pyrometallurgiseen kuonapuhdistukseen (Effect of viscosity and carbon reactions of iron slag on pyrometallurgical slag cleaning)//Lisensiaattityö. TKK, Teknillinen Korkeakoulu, Vuoriteolisuusosasto, Espoo, 1983.

[16] Moreno A, Sánchez G, Warczok A, et al. Development of slag cleaning process and operation of electric furnace in Las Ventanas Smelter//Proceedings of the Copper 2003-Cobre 2003 the 5th International Conference, Santiago, 2003: 1-17.

[17] Chen E, Coley K. Gas slag reaction in cleaning of copper slags. Canadian Metallurgical Quarterly, 2006, 45(2): 167-174.

[18] Warczok A, Riveros G, Degel R, et al. Computer simulator of slag cleaning in an electric furnace//The Carlos Diaz Symposium on Pyrometallurgy, Copper 2007, Toronto, 2007: 367-378.

[19] Min D J, Han J W, Chung W S. A study of the reduction rate of FeO in slag by solid carbon. Metallurgical and Materials Transactions, 1999, 30B: 215-221.

[20] Reddy R G, Prabhu V L, Mantha D. Kinetics of reduction of copper oxide from liquid slag using carbon. High Temperature Materials and Processes, 2003, 22(1): 25-33.

[21] Gasik M. Pelkistysprosessien kinetiikka ja kokeelliset menetelmät kinetics and(experimental methods of reducing processes). POHTO-sarja B, 2001, 79: 1-41.

[22] Firdu F T. Kinetics of copper reduction from molten slags. Espoo: Helsinki University of Technology, 2009.

[23] Sanchez M, Sudbury M. Reutilisation of primary metallurgical wastes: Copper slag as a source of copper,molybdenum, and iron-Brief review of testwork and the proposed way forward//3rd International Slag Valorisation Symposium, Leuven, 2013:135-146.

[24] Busolic D, Parada F, Parra R, et al. Recovery of Iron from copper flash smelting slag//Proceedings of VIII International Conference (Molten2009), Santiago, 2009: 621-628.

[25] Davis B, Lebel T, Parada R, et al. Slag reduction kinetics of copper slags from primary copper production//Proceedings of The 10th International Conference on Molten Slags, Fluxes and Salts (MOLTEN16). Seattle: TMS, 2016: 657-665.

[26] Mackey P J, Nagamori M. Unpublished research report. Pointe Claire: Noranda Research Centre, 1970.

[27] Goñi C, Sánchez M. Modelling of copper content variation during "el teniente" slag cleaning process//MOLTEN 2009, Santiago, 2009: 1203-1210.

[28] Imris I, Sanchez M, Achurra G. Copper losses to slags obtained from the El Teniente process//VII International Conference on Molten Slags Fluxes and Salts, The South African Institute of Mining and Metallurgy, Cape Town, 2004: 177-182.

[29] Imris I, Rebolledo S, Sanchez M, et al. The copper losses in the slags from El teniente process. Canadian Metallurgical Quarterly, 2000, 39(3): 281-290.

[30] Fan Y, Shibata E, Iizuka A, et al. Crystallization behaviors of copper smelter slag studied using timetemperature-transformation diagram. Materials Transactions, 2014, 55(6): 958-963.

[31] Kawara Y. Crystallization and dissolution for copper slag. Metallurgical Review of MMIJ, 1994, 11(2): 27-37.

[32] Gao X, Chen Z, Shi J, et al. Effect of cooling rate and slag modification on the copper matte in smelting slag. Metallurgy & Exploration, 2020, 37: 1593-1601.

[33] Coursol P, Mackey P J, Kapusta J P T, et al. Energy consumption in copper smelting: A new Asian horse in the race. Journal of Metals 2015, 67(5): 1066-1074.

[34] Valencia N C, Coursol P, Vargas J, et al. The physical chemistry of copper smelting slags and copper losses at the Paipote smelter part 2 characterisation of industrial slag. Canadian Metallurgical Quarterly, 2011, 50(4): 318-329.

[35] Jalkanen H, Vehviläinen J, Poijärvi J. Copper in solidified copper smelter slags. Scandinavian Journal of Metallurgy, 2003, 32(2): 65-70.

[36] Koskinen P. Investigation on copper solubility in fayalite slag. Espoo: Helsinki University of Technology, 1974.

[37] Koski-Lammi A. Investigation on copper solubility in iron silicate slag. Espoo: Helsinki University of Technology, 1976.

[38] Mäkipää M. Investigation on reactions between metallic copper and slag. Espoo: Helsinki University of Technology, 1975.

[39] Kruger B, Nolte M. Advances in complex copper concentrate smelting at the tsumeb smelter//Copper 2019, Vancouver, 2019.

[40] Warczok A, Font J, Montenegro V, et al. Mechanism of buildup formation in anelectric furnace for copper slag cleaning//MOLTEN 2009, Santiago, 2009: 1211-1219.

[41] DeSantis L, Lubbeck W, Mihm G. Avoiding high bottoms in brick-lined arc furnaces (buildup of contamination in the bottom of electric-arc furnaces can reduce performance). Modern Casting, 1990, 80(10): 32-33.

[42] Donaldson K M, Ham F E, Francki R C, et al. Design of refractories and bindings for modern high productivity pyrometallurgical furnaces. CIM Bulletin, 1993, 86(971): 112-118.

[43] Mostert J C, Roberts P N. Electric smelting at rustenburg platinum mines limited of nickel-copper concentrates containing platinum-group metals. Journal of South African Institute of Mining and Metallurgy, 1973, 73(9): 290-295.

[44] Lennartsson A, Engström F, Björkman B, et al. Characterisation of buildup in an electric furnace for smelting copper concentrate. Canadian Metallurgical Quarterly, 2015, 54(4): 477-484.

[45] Isaksson J, Vikström T, Lennartsson A, et al. Influence of process parameters on copper content in reduced iron silicate slag in a settling furnace. Metals, 2021, 11(6): 992.

[46] Lennartsson A, Engström F, Björkman B, et al. Understanding the bottom buildup in an electric copper smelting furnace by thermodynamic calculations. Canadian Metallurgical Quarterly, 2019, 58(1): 89-95.

[47] Yazawa A. Distribution of various elements between copper, matte and slag. Erzmetall, 1980, 33: 377-382.

[48] Piskunen P, Avarmaa K, O'Brien H, et al. Precious metals distributions in direct nickel matte smelting with low-copper mattes. Metallurgical and Materials Transactions, 2017, 49B: 98-112.

[49] Sukhomlinov D, Taskinen P. Distribution of Ni, Co, Ag, Au, Pt and Pd between copper metal and silica saturated iron silicate

slag//Proceedings of the EMC 2017, Leipzig, 2017: 1029-1038.

[50] Avarmaa K, O'Brien H, Taskinen P. Equilibria of gold and silver between molten copper and FeO_x-SiO_2-Al_2O_3 slag in WEEE smelting at 1300℃. Advances in molten slags, fluxes, and salts//Proceedings of the 10th International Conference on Molten Slags, Fluxes, and Salts (Molten 2016). Pittsburgh: TMS, 2016: 193-202.

[51] Hellstén N, Klemettinen L, Sukhomlinov D, et al. Slag cleaning equilibria in iron silicate slag-copper systems. Journal of Sustainable Metallurgy, 2019, 5: 463-473.

[52] Goto S, Ogawa O, Inoue Y, et al. On the equilibria between Cu-Sb alloys and silica-saturated iron silicate slags. Shigen-to-Sozai, 1979, 95 (4): 205-211.

[53] Klemettinen L, Avarmaa K, O'Brien H, et al. Behavior of tin and antimony in secondary copper smelting process. Minerals, 2019, 9 (1): 39.

[54] Masson C. The thermodynamic properties and structures of slags//Proceedings of the 2nd International Symposium Metallurgical Slags and Fluxes. Lake Tahoe: TMS, 1984: 3-44.

[55] Hellstén N, Taskinen P, Johto H, et al. Trace metal distributions in nickel slag cleaning//Extraction 2018: Proceedings of the First Global Conference on Extractive Metallurgy. Pittsburgh: TMS, 2018: 379-389.

第 20 章

二次铜资源冶炼渣型

20.1 二次铜资源主要类型及组成

从二次铜资源回收的铜占世界铜消耗金属的 1/3，这个比例仍在继续增加。二次铜资源大致可以分为三类：

(1) 含铜高、氧化程度低或杂质少的铜加工废料、电线电缆等，这类物料只需重新熔化，或者加入冶炼厂的阳极炉处理。

(2) 氧化程度高和/或者杂质含量高，如电镀污泥、铅脱铜渣、铜和铜合金熔化渣及烟尘等，这类废料一般熔炼成黑铜，然后精炼生产粗铜；根据废料成分，也可以加入冶炼厂吹炼转炉或者熔炼炉处理。

(3) 含有贵金属的电子废料，这类废料成分复杂，且含有一定的塑料，具有各种不同的处理工艺，包括湿法冶金工艺。最佳方法是与冶炼厂的铜精矿配入熔炼或吹炼炉处理。

电子废料(WEEE)的定义是各种电子电气设备，从冰箱、空调、个人音响和消费电子产品到丢弃的手机和计算机等。除了常见的金属，如 Fe、Cu、Al、Sn、电子废料也含有稀贵金属，如 Au、Ag、铂族金属(PGM)等[1, 2]。澳大利亚统计局数据显示[3,4]，1t 电脑废料中含有的黄金高于 17t 黄金矿石。金属及其含量因电子废料类型而异，也随着技术的变化而变化。表 20.1 列出了 1997～2018 年不同数据来源的电子废料平均成分。表 20.2 为电路板的组成，其中金属占 40%，氧化物及陶瓷占 30%，有机化合物占 30%。

表 20.1　电子废料平均成分[5]

元素	Cu/%	Fe/%	Sn/%	Al/%	Pb/%	Zn/%	Ni/%	Sb/%	Ag/ppmw	Au/ppmw	PGM/ppmw
成分	20.8	5.5	2.7	4.3	2.2	1.5	1.2	0.2	984.1	330.0	114.1

表 20.2　印刷电路板组成[6]

金属(40%)		氧化物及陶瓷(30%)		有机化合物(30%)	
元素	质量分数/%	化合物	质量分数/%	化合物	质量分数/%
Cu	21	SiO_2	15	聚乙烯	9.9
Fe	6	Al_2O_3	6	聚丙烯	4.8
Sn	3	碱性与碱土氧化物	6	聚酯	4.8
Ni	1	云母等	3	环氧树脂	4.8
Pb	2			聚氯乙烯	2.4

续表

金属 (40%)		氧化物及陶瓷 (30%)		有机化合物 (30%)	
元素	质量分数/%	化合物	质量分数/%	化合物	质量分数/%
Al	4			聚四氟乙烯	2.4
Zn	2			尼龙	0.9
Sb	0.2				
Ag	0.01				
Au	0.005				
Pd	0.005				

印刷电路板 (printed-circuit board, PCB) 中元素及化合物的熔点如图 20.1 所示。由图可见，塑料组分的熔点低于 500℃。金属组分熔点在约 1500℃ 以下，陶瓷组分除 SiO_2 之外，其他组分均在 2000℃ 以上。表 20.3～表 20.5 分别总结了印刷电路板金属组分、陶瓷组分和塑料组分常温固态下的密度和热力学性质。表中数据包括金属、陶瓷和塑料估算的密度和热力学性质平均值。

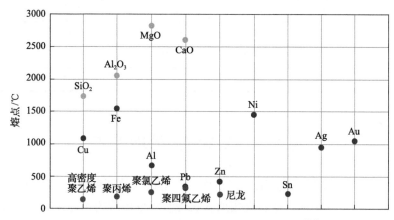

图 20.1　印刷电路板中元素及化合物的熔点[7-9]

表 20.3　印刷电路板中金属组分的密度和热性质 (常温固态) [10-12]

物理性质	密度 ρ /(kg/m³)	质量热容 C_p /(J/(kg·K))	体积热容 /(J/(m³·K))	导热系数 λ /(W/(m·K))	热扩散系数 /(m²/s)
金属总量平均	7742.1	417.4	3.03×10^6	146.7	4.8×10^{-5}
Cu	8933	386	3.45×10^6	401	1.2×10^{-4}
Fe	7870	448	3.53×10^6	80.2	2.3×10^{-5}
Al	2702	900	2.43×10^6	237	9.7×10^{-5}
Pb	11340	129	1.46×10^6	35.3	2.4×10^{-5}
Zn	7140	388	2.77×10^6	116	4.2×10^{-5}
Ni	8900	443	3.94×10^6	90.7	2.3×10^{-5}
Sn	7310	228	1.67×10^6	66.6	4.0×10^{-5}

表 20.4　印刷电路板中陶瓷组分的密度和热性质 (常温固态)[11,13-15]

物理性质	密度 ρ /(kg/m³)	质量热容 C_p /(J/(kg·K))	体积热容 /(J/(m³·K))	导热系数 λ /(W/(m·K))	热扩散系数 /(m²/s)
陶瓷总量平均	3380.0	800.2	2.70×10^6	27.0	1.1×10^{-5}
SiO_2	2650	740	1.96×10^6	1.4	4.2×10^{-6}
Al_2O_3	3970	770	3.06×10^6	39	1.2×10^{-5}
MgO	3560	940	3.35×10^6	37.7	1.3×10^{-5}
CaO	3350	751	2.51×10^6	35.3	1.2×10^{-5}

表 20.5　印刷电路板中塑料组分的密度和热性质 (常温固态)[11,12,16]

物理性质	密度 ρ /(kg/m³)	质量热容 C_p /(J/(kg·K))	体积热容 /(J/(m³·K))	导热系数 λ /(W/(m·K))	热扩散系数 /(m²/s)
塑料总量平均	1412.2	1408.3	1.99×10^6	0.24	1.2×10^{-7}
聚乙烯 (HD)	950	1850	1.76×10^6	0.33	1.9×10^{-7}
聚丙烯	903	1925	1.74×10^6	0.24	1.4×10^{-7}
环氧化物	1900	1000	1.90×10^6	0.23	1.2×10^{-7}
聚氯乙烯	1400	1005	1.41×10^6	0.15	1.1×10^{-7}
聚四氟乙烯	2170	1000	2.17×10^6	0.25	1.2×10^{-7}
尼龙	1150	1670	1.92×10^6	0.25	1.3×10^{-7}

20.2　二次铜资源处理工艺

二次铜资源处理主要包括两条工艺路线，一是进入处理铜精矿的冶炼厂与精矿混合熔炼生成冰铜，吹炼成粗铜，或者直接加入吹炼转炉/阳极炉生产粗铜或阳极铜；二是单独熔炼成黑铜，经精炼生产粗铜。

20.2.1　铜冶炼厂二次资源的处理

二次铜资源基本上不含硫，单独冶炼处理能耗高，与铜精矿冶炼厂配料处理在节省能耗及提高金属回收率方面具有明显优势。二次铜资源处理，除考虑物料本身的特性外，还需要考虑冶炼厂位置和政府法规。若铜废料收集地远离铜冶炼厂，运输成本决定了它是否送现有铜冶炼厂，还是单独建冶炼厂处理。政府对含铜废料征收关税，以及对冶炼厂空气排放的限制影响回收方法的选择。

铜冶炼厂处理二次铜资源物料，根据物料成分可以加入熔炼炉、转炉和阳极炉，最常见的是加入转炉。废料或废物颗粒难以小到通过闪速炉精矿烧嘴，因此，闪速炉中很少加入废料，一般选择加入熔池熔炼工艺处理。铜转炉通常需要冷料来平衡吹炼产生的热，二次铜物料可以作为转炉的冷料，取决于入炉冰铜品位、鼓风富氧浓度和冷料的成分，转炉入炉冷料在 0%～35%范围或更高。

加拿大魁北克省的 Horne 冶炼厂采用诺兰达铜熔炼工艺处理电子废料，大约 14%的电子废料与铜精矿混合，加入诺兰达熔炼炉，产出的冰铜经转炉吹炼和阳极炉中精炼，生产含贵金属阳极，送电解精炼，贵金属从阳极泥中回收。瑞典的 Rönnskår 冶炼厂[17]通常有两个工艺路线处理二次铜资源，包括电子废料。含铜高的物料直接送入吹炼转炉，而含铜低的物料则被送入卡尔多炉熔炼生产铜合金，然后再送铜转炉吹炼，回收的金属包括 Cu、Ag、Au、Pd、Ni、Se、Zn、Pb、Sb、In 等。

Umicore 公司处理各种工业废物，以及来自有色工业的副产品、催化剂废料、印刷电路板等。在比利时 Hoboken 冶炼厂[18,19]，该公司利用火法、湿法和电冶金等工艺综合回收有色金属和贵金属，以及稀有稀散金属。处理废料工艺是采用艾萨熔炼工艺，熔炼过程中贵金属进入铜合金，而其他金属则富集在熔炼渣中。铜合金采用湿法浸出工艺处理，电积回收铜，贵金属从浸出渣中回收。熔炼渣进一步处理，以回收其中的铟、硒和锑等金属。

日本 Naoshima 冶炼厂三菱工艺中处理废料的流程如图 20.2 所示。颗粒小的废料与精矿混合，并通过旋转喷枪吹入熔炼炉。颗粒较大的废料通过流槽加入熔炼炉和吹炼转炉。含铜高的废料直接送入阳极炉。三菱工艺吹炼转炉的热平衡可以熔化大量废料。

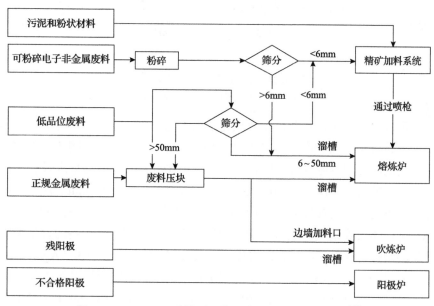

图 20.2 Naoshima 冶炼厂三菱工艺处理废料流程简图[20]

20.2.2 黑铜冶炼工艺

黑铜冶炼可以通过多种工艺路线进行，还原后氧化；反之亦然。主要取决于物料的类型和成分，图 20.3 表示不同的工艺流程。黑铜冶炼工艺的要点如下：

(1)以铜作为贵金属等的捕收剂，回收有价金属，如铟、锡、锗、铅、金、银等。

(2)将挥发性金属从铜/渣凝聚相分离至气相,如锌、铅和其他一些具有较大挥发性的有价金属,通过收尘及烟尘处理回收。

(3)产生可以丢弃或做其他用途的炉渣。

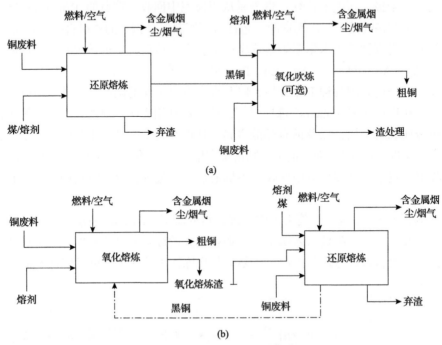

图 20.3 黑铜冶炼工艺流程简图[21]

(a)还原氧化流程;(b)氧化还原流程

对于处理低品位二次铜资源,还原氧化冶炼工艺比较合适。处理电子废料和其他二次铜资源的还原氧化黑铜冶炼流程如图 20.4 所示。首先在生产黑铜的还原炉中对电子废料和其他二次低品位铜资源进行还原处理。一些金属(主要是 Zn)在处理过程中挥发进入气相。还原过程的典型温度为 1250～1300℃,氧势为 10^{-12}～10^{-10} atm。还原炉产出的黑铜在氧化炉中氧化,氧化挥发 Zn、Sn 和 Pb 等杂质[22,23],产出纯度更高的铜。再在阳极炉中精炼,进一步去除杂质。在氧化炉或阳极炉中可以添加铜含量高的合金铜废料。阳极炉中产生的阳极铜送电解精炼,来自废料的贵金属(如电子废物中的 Ag 和 Au)进入电解阳极泥,通过阳极泥处理回收。二次铜资源物料还原炉产物包括以下成分[24]:

(1)熔融黑铜,典型成分:74%～80% Cu,6%～8% Sn,5%～6% Pb,1%～3% Zn,1%～3% Ni 和 5%～8% Fe。

(2)熔融渣,组成包括 FeO、CaO、Al_2O_3、SiO_2,以及 0.6%～1.0% Cu(Cu_2O)、0.5%～0.8% Sn(SnO)、3.5%～4.5% Zn(ZnO)、少量的 PbO 和 NiO。

(3)含有 CO、CO_2、H_2O、N_2 及金属和金属氧化物蒸气的尾气。

尾气烟尘成分为 1%～2% Cu、1%～3% Sn、20%～30% Pb 和 30%～45% Zn,均为金属氧化物,烟尘还含有来自塑料的氯[24]。

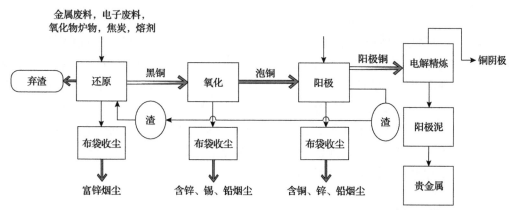

图 20.4　低铜二次资源(如电子废料)处理还原氧化黑铜冶炼工艺简化流程图[25,26]

传统上鼓风炉被用于熔化还原二次铜资源。然而，由于热效率低和需要昂贵的冶金焦炭，鼓风炉子逐步被淘汰。为此，两个类型的熔炼炉被采用。一是卡尔多炉(TBRC，顶吹旋转转炉)，卡尔多炉是间断操作，燃烧天然气或石油，使用氧气或富氧空气以减少热量损失，并可调整氧燃料比控制炉内的氧化还原气氛，卡尔多炉总能耗低于鼓风炉。二是浸没喷枪顶吹炉(TSL)，即奥氏麦特(Ausmelt)和艾萨熔炼炉。该工艺普遍用于处理铜精矿生产冰铜，对于二次铜物料熔化还原处理，该工艺可采用燃烧煤或焦炭作为燃料，也可以采用燃料石油和天然气，工艺可以在还原和氧化气氛下操作，从而不需要另一个氧化炉去除黑铜中的杂质。浸没喷枪顶吹炉在比利时、德国、日本和韩国均应用于二次铜资源的处理。在炉中进行还原氧化生产黑铜，然后通过精炼回收有价金属[21,23]。

黑铜中的杂质可分为两组，即比铜更容易氧化的杂质(铁、铅、锡、锌)和难以或无法通过氧化去除的杂质(镍、银、金、铂族金属)。精炼黑铜的第一步是氧化，鼓风炉或卡尔多炉产出的黑铜通常在 PS 转炉中氧化。浸没喷枪顶吹炉中生产的黑铜氧化精炼作为该炉的第二阶段操作[27]。氧化精炼过程中，空气被鼓入熔融的黑铜氧化铁、铅、锡和锌以及部分镍和铜。

氧化渣含有 10%～30%Cu、5%～15%Sn、5%～15%Pb、3%～6% Zn 和 1%～5% Ni，具体成分取决于转炉进料的成分[18]。氧化渣可以返回还原炉处理，或单独处理回收 Cu、Ni、Pb 和 Sn 等。氧化烟尘成分为 0.5%～1.5%Cu(Cu_2O)、0.5%～1.5%Sn(SnO)、10%～15%Pb(Pb 和 PbO)和 45%～55%Zn(ZnO)，通常还原回收其 Pb 和 Sn 作为焊料[28]。黑铜的氧化产生的热量很少。因此，氧化操作仍然须通过燃烧燃料补热。

德国的 Aurubis 集团应用黑铜多级冶炼回收系统(KRS)处理电子废料回收，包括 Ge 和 Pd 等的稀贵元素，其中浸没喷枪顶吹炉用于进行还原，然后使用卡尔多炉进行氧化[29]。通过调整渣的酸碱性，可以修正工艺操作，以改进"酸性"和"碱性"金属进入铜相以回收。一个多级黑铜冶炼工艺路线包括碱性渣冶炼和酸性渣冶炼操作两个步骤，工艺路线如图 20.5 所示。单个多功能炉可用于碱渣的氧化操作，产出黑铜和碱性渣。操作温度为 1300℃，氧势在约 10^{-10}atm，贵金属和"碱性"金属被分配进入铜相(如 Au、Ag、Pd、In、Sn)，渣中含有一些有价值的"酸性"元素，如 Ge、Se 等。将产生的黑铜放出，碱性渣留在炉内进行重复处理，在相同的操作条件下造酸性渣，将"酸性"金属富集于铜相。然后，在阳极炉中处理"碱性"和"酸性"渣冶炼产出的粗铜，生产阳极铜进行电精炼。黑铜中的贵金属(如 Ag、Pb、Ge、Sn、In 和 Au)从阳极泥回收。需要指出的是，不同类型的渣对炉耐火衬有不同侵蚀。在工业中，单个炉中使用不同炉渣(酸性和碱性)的操作会有困难，因为很难找到合适的耐火材料适合两种渣型，而耐火衬里更换成本很高，使用铜冷却水套面板可以缓解此问题。

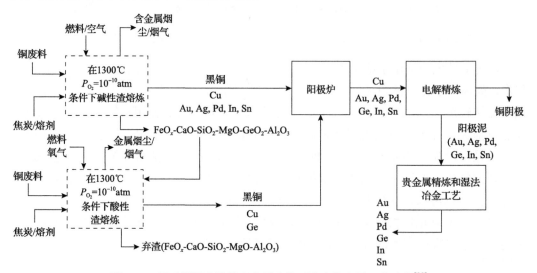

图 20.5   通过黑铜冶炼处理电子废物回收有价金属工艺路线[29]

20.3   二次铜资源冶炼渣组成

二次铜资源冶炼处理的炉渣，与传统铜精矿冶炼渣型相比，由于将以 Al、Cu、Fe 等金属为主的各种废弃电气和电子设备作为原料，除 Fe 和 SiO_2 之外，熔渣中 Al_2O_3 的含量增加。在极端情况下，Al_2O_3 浓度接近饱和水平。实际操作熔渣的 Al_2O_3 高于 10%。渣中还含量其他碱性氧化物，如 CaO 等。

在 1300℃，$P_{O_2} = 10^{-6}$atm 和铜饱和条件下 Cu-Al_2O_3-FeO_x-SiO_2 系平衡相图如图 20.6 所示，图中包括不含 CaO 和含 5%CaO 的数据。图 20.6 表明，鳞石英和尖晶石饱和 SiO_2 浓度随着渣中 Al_2O_3 浓度的升高而增加。在含 CaO 渣中，高 Al_2O_3 浓度下长石形成并且成为液相平衡的初始相。添加 CaO 致使液相区向鳞石英初相区和长石初相区扩展。Al_2O_3 低于 20%的区间，含 CaO 渣(黑线)中 SiO_2 饱和边界与不含石灰的边界几乎平行，添加 5%CaO，鳞石英饱和的 SiO_2 含量增加大于 5%。添加石灰对磁性铁(尖晶石)饱和边界中没有明显的影响。

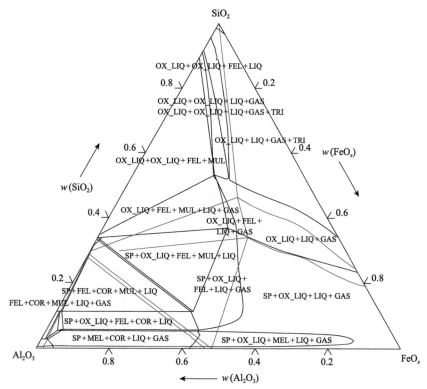

图 20.6　在 1300℃，$P_{O_2} = 10^{-6}$atm 和铜饱和条件下，未添加 CaO（灰线）和
添加 5% CaO（黑线）的 Cu-Al$_2$O$_3$-FeO$_x$-SiO$_2$ 系平衡相图[30,31]

COR-刚玉；FEL-长石；MEL-黄长石；MUL-莫来石；LIQ-熔融 Cu、OX_LIQ-熔融渣；SP-尖晶石；TRI-鳞石英；GAS-气体

图 20.7 表示 1300℃下 SiO$_2$-FeO$_x$-Al$_2$O$_3$-10% CaO 系不同氧势的液相线。由图可以观察到，渣液相区在 Al$_2$O$_3$ 质量分数低于 0.2、FeO$_x$/SiO$_2$（质量比）为 1～2 的区域。氧势的增加对鳞石英和长石初始相的液相线影响不大，主要影响尖晶石初始相的液相线，随着氧势升高，液相线向 Fe/SiO$_2$（质量比）降低的方向移动。

图 20.8 为在 Fe/SiO$_2$（质量比）=1 和 P_{O_2}=10^{-8}atm 条件下 FeO$_x$-SiO$_2$-Al$_2$O$_3$ 和 FeO$_x$-SiO$_2$-Al$_2$O$_3$-8%CaO 系的简化二元状态图，Al$_2$O$_3$ 浓度范围为 0%～20%。如图 20.8（a）所示，FeO$_x$-SiO$_2$-Al$_2$O$_3$ 系与鳞石英的平衡液相温度随着 Al$_2$O$_3$ 含量的增加而下降，Al$_2$O$_3$ 高于 8.5%，与尖晶石平衡的液相温度随 Al$_2$O$_3$ 含量的增加而升高。在 Al$_2$O$_3$ 质量分数等于 8.5% 时，液相-鳞石英-尖晶石三相共存温度约为 1200℃，实际操作的熔炼温度在 1250℃左右，渣中 Al$_2$O$_3$ 的质量分数在 7%～17%范围。在含 8%CaO 渣中（图 20.8（b）），液相-鳞石英-尖晶石三相共存的 Al$_2$O$_3$ 质量分数约为 0.8%，温度约为 1150℃。在 1250℃下的渣中 Al$_2$O$_3$ 质量分数为 0%～13%。

在不同氧势下铜和 SiO$_2$ 饱和渣的 Fe/SiO$_2$ 与 Al$_2$O$_3$ 和 CaO 浓度关系如图 20.9 所示，渣中 Fe/SiO$_2$（质量比）随着 Al$_2$O$_3$ 和 CaO 含量增加而降低，这可视为 SiO$_2$ 饱和时液态熔渣中 SiO$_2$ 浓度的增加。Fe/SiO$_2$ 随氧势的增加整体降低。在低氧势还原条件下（lg（P_{O_2}/atm）= -10），渣中 Al$_2$O$_3$+CaO 质量分数等于 10%，Fe/SiO$_2$ 约为 0.65，而氧势增加到 lg（P_{O_2}/atm）= -6，Fe/SiO$_2$ 约为 0.5。

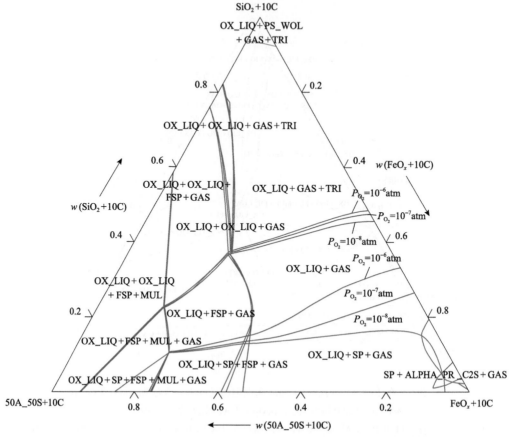

图 20.7　1300℃，不同氧势下 SiO$_2$-FeO$_x$-Al$_2$O$_3$-10% CaO 系液相线[32]

OX_LIQ-熔融渣；TRI-鳞石英；MUL-莫来石；SP-尖晶石；FSP-长石；ALPHA_PR_C2S-α′硅酸二钙；

PS_WOL-伪硅灰石；FeO$_x$-FeO，FeO$_{1.333}$，FeO$_{1.5}$；10C-10% CaO；50A_50S-(50%AlO$_{1.5}$)/(50%SiO$_2$)

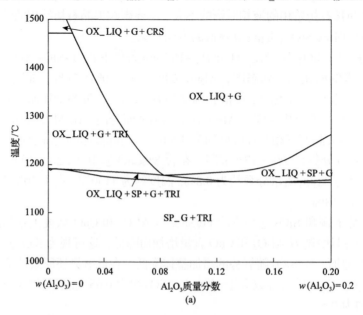

(a)

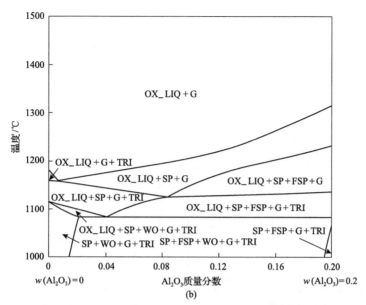

图 20.8　在 Fe/SiO$_2$=1 和 P_{O_2}=10^{-8}atm 条件下，FeO$_x$-SiO$_2$-Al$_2$O$_3$（a）和 FeO$_x$-SiO$_2$-Al$_2$O$_3$-8%CaO（b）系的简化二元状态图[33]

OX_LIQ-熔渣；CRS-方石英；G-气体；TRI-鳞石英，SP-尖晶石；FSP-长石；WO-硅灰石

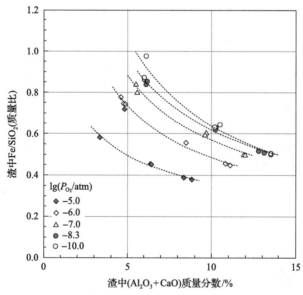

图 20.9　在不同氧势下，铜和 SiO$_2$ 饱和渣中的 Fe/SiO$_2$ 与渣中 Al$_2$O$_3$ 和 CaO 含量的关系[30]

　　如前所述，印刷电路板由大约 40% 的金属、30% 的塑料和 30% 的陶瓷组成。在黑铜熔炼工艺中，大多数金属将被熔化，形成熔融合金，而其容易氧化的金属将被氧化，并与陶瓷相互作用，形成熔渣。各类型印刷电路板中金属和陶瓷的组成不尽相同，根据印刷电路板陶瓷的组成，应设计具有熔点、黏度和低渣体积等适当特性的熔渣，以确保金属和渣的正确分离，以尽量减少熔渣中的金属损失。由于炉料硫含量低，熔炼主要靠燃

料外加热，因此尽量少加熔剂。

熔化印刷电路板的渣组成通常处于 SiO_2-Al_2O_3-CaO-MgO-FeO_x 系中。渣熔点和黏度随渣成分而变化。热力学模拟计算的不同 FeO 含量的熔渣的熔点和黏度如图 20.10 所示。图中显示不同 CaO/SiO_2（质量比）的数据。由图可知，初始相 $CaSiO_3$ 液相温度随着渣中的 Al_2O_3 含量增加而降低，而初始相为 $CaAl_2Si_2O_8$ 或尖晶石的液相温度则随着 Al_2O_3 含

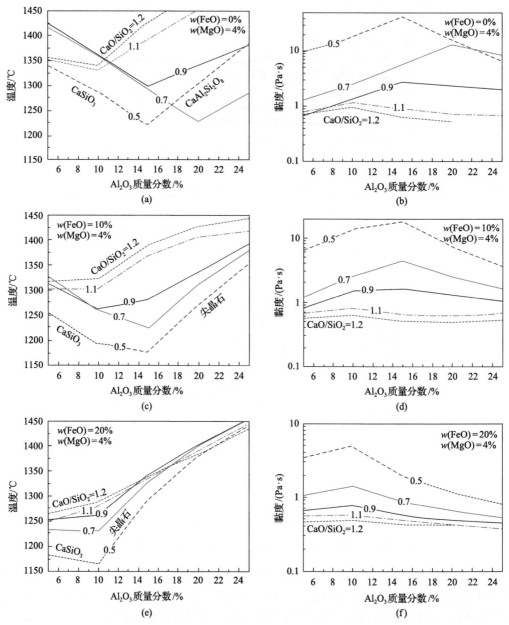

图 20.10　不同氧化铁含量的 SiO_2-Al_2O_3-CaO-MgO-FeO_x 系液相温度和液相温度下的黏度[34]

(a)(b)不含 FeO；(c)(d)含 10% FeO；(e)(f)含 20%FeO

量增加而升高。渣液相温度在初相为 $CaSiO_3$ 与初相为 $CaAl_2Si_2O_8$ 或尖晶石转换点存在最低值。液相温度整体随渣中 FeO 含量的增加和 CaO/SiO_2 的降低而降低。渣中的 FeO 增加使尖晶石 $FeAl_2O_4$ 的稳定性增加,达到渣最低液相温度的渣中 Al_2O_3 含量降低,最低值向 Al_2O_3 浓度降低的方向移动。

渣黏度是决定熔渣流动性、金属-渣分离和工艺平稳运行的重要性质。一般来说,硅酸盐熔体的黏度随着熔体温度的降低和 SiO_2 含量的增加而增加。SiO_2 含量较高的铁硅酸盐渣的黏度高,主要归因于聚合物硅酸盐离子形成了稳定的三维网络,添加碱氧化物可以使网络解离。液态渣的黏度显示在图 20.10(b)、(d)、(f)中。图中数据表明,黏度整体随着 CaO/SiO_2(质量比)的降低而增加,与 CaO/SiO_2(质量比)的降低导致液相温度降低比较,CaO/SiO_2 对熔渣黏度影响敏感性低;黏度随 FeO 的增加有所降低,但其作用不显著。固定 CaO/SiO_2 的黏度随着渣中的 Al_2O_3 含量的增加而达到最大值;黏度最大值随着渣中 FeO 的增加向 Al_2O_3 降低方向移动。

电子废料的铁含量低、Al_2O_3 含量高,因此如果不添加额外的铁,将形成高 Al_2O_3 低 FeO 渣,由图 20.10(a)可知,不含 FeO 的高 Al_2O_3、低 CaO/SiO_2 的渣在 1300℃下完全熔化。然而,图 20.10(b)显示,渣黏度高达约 $10Pa \cdot s$ 或以上时,工艺难以顺利运行。对于 10%FeO、15%Al_2O_3 和 CaO/SiO_2 等于 0.9 的渣,图 20.10(c)、(d)显示渣液相温度约为 1275℃,黏度约为 $1Pa \cdot s$。将 FeO 含量增加到 20%,Al_2O_3 稀释到 11%或以下,CaO/SiO_2 大于 0.9 时,图 20.10(e)、(f)表明渣在 1300℃时完全熔化,黏度低于 $0.8Pa \cdot s$。然而,随着渣中 FeO 含量和 CaO/SiO_2 增加,渣的体积将增加,导致工艺能耗高、金属损失大。

20.4 二次铜资源冶炼工艺中金属(元素)分配

电子废料采用火法冶金工艺处理,配混加入冰铜熔炼炉,是一个非常有效的工艺选择。实验室实验表明[35],电子废料的印刷电路板件在 1350℃下完全熔化所需时间是 2~5min,之后含有 Cu、Pb、Sn、Ni、Au 和 Ag 的熔融合金液滴形成并开始向熔炉底部下降。高温下印刷电路板陶瓷部分熔化与渣混合,高分子聚合物发生热解。实际操作中,需要更多地关注炉料中印刷电路板量增加对工艺的影响,主要关注点包括:

(1)印刷电路板在实验室 5min 足够完全熔化,但沉降过程需要更多的时间。在工业熔炼炉作业中,所需的熔化时间更长。

(2)电子废料加入铜熔炼工艺,金属部分容易熔化,形成液滴通过熔渣层混合到冰铜相中。但是,应结合与精矿的混配比和工艺运行的实际情况,考虑是否需要先去除其陶瓷和塑料组分,尤其是塑料组分。混配比超过一定值时,熔炼工艺中塑料热解可能将改变烟气的成分,而烟气的回收和使用硫酸生产将受到这些有机杂质的影响。

(3)电子废料的陶瓷部分在熔化后进入熔渣相,因此如果加入量较大,渣成分及性质改变,需要考察是否影响有价金属的回收。

铜冶炼过程中金属均被分配到不同的相，即金属或冰铜、熔渣和气体相。当铜冶炼厂处理二次铜资源时，如电子废料，炉料中配入含铜废料会引起炉渣成分的变化，从而改变金属在冶炼过程的分配，影响有价金属的冶炼回收率。元素在铜熔炼及吹炼工艺中的分配在前面章节已叙述，这里主要讨论金属在黑铜冶炼渣中的分配。

黑铜冶炼渣成分取决于炉料成分，渣主要成分为 FeO_x、SiO_2、Al_2O_3 和 CaO。熔炼操作温度一般在 1250～1300℃，还原和氧化熔炼氧势分别在 10^{-12}～10^{-9}atm 和 10^{-8}～10^{-5}atm 范围。

20.4.1 铜、铁和镍的分配

图 20.11 表示 FeO_x-SiO_2-Al_2O_3 系和 FeO_x-SiO_2-Al_2O_3-CaO 系渣的 Fe/SiO_2（质量比）及渣含铜与氧势的关系，渣含 17%～20%Al_2O_3 和 4.6%～6%CaO。Fe/SiO_2 随着氧势的降低而升高，渣中铁的行为主要表现在渣中 Fe/SiO_2 等变化，与渣中尖晶石也有关。随着氧势的降低，渣中尖晶石相中铁含量减少，而铝含量增加[36]，尖晶石结构为 $(Fe^{2+}, Cu^{2+})(Fe^{3+}, Al^{3+})_2O_4$[37]。$Fe^{3+}$ 和 Cu^{2+} 随着氧势的升高而增加，而 Al^{3+} 和 Fe^{2+} 随着氧势的升高而降低。渣中的铜含量依赖于氧势，随着氧势升高，渣中铜含量急剧增加。在还原条件下（$P_{O_2}=10^{-10}$atm），渣中铜质量分数为 0.5%～0.8%；氧化条件为 $P_{O_2}=10^{-5}$atm，渣中铜质量分数接近 20%。添加 CaO 可以降低渣中铜含量[38-42]。此外，尖晶石相中溶解的铜随着氧势的升高而增加[36]。

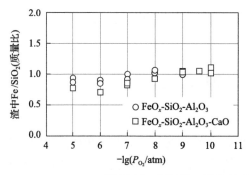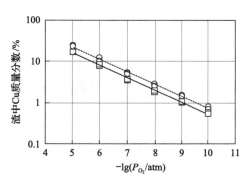

图 20.11　1300℃，渣的 Fe/SiO_2 及渣含铜与氧势的关系[36]

图 20.12 表示铜合金与 FeO_x-SiO_2-Al_2O_3 系和 FeO_x-SiO_2-Al_2O_3-CaO 系渣平衡状态下合金中铜和铁的分析结果。合金中铜质量分数基本保持在 95%～96%，氧势的影响不明显，铁含量随着氧势的增加而降低，即更多铁溶入渣相。渣中添加 CaO 对合金相铜和铁成分没有明显影响。

图 20.13 表示铜与不同 CaO 添加量的含氧化铝（5%Al_2O_3）铁硅酸盐渣平衡状态下，铜分配系数与氧势的关系。由图可知，铜分配系数（$L_{Cu}^{c/s}$）随着氧势的降低而升高，与 $\lg P_{O_2}$ 关系直线斜率受 CaO 添加的影响。在无石灰渣中斜率为 0.31，5%CaO 渣中为 0.29，在 10%CaO 渣中为 0.26。获得的斜率表明，铜以单价氧化物 $CuO_{0.5}$ 溶解在渣中。铜的分配系数在还原条件下约为 100，氧化条件下在 1～10 范围。

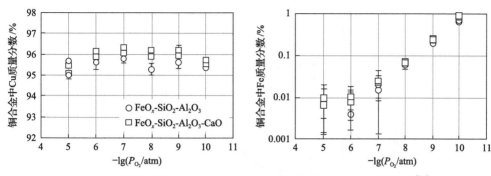

图 20.12　1300℃下，与渣平衡的铜合金中铜和铁含量与氧势的关系[36]

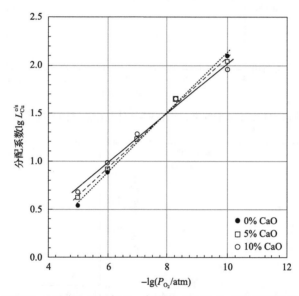

图 20.13　1300℃，不同 CaO 添加量，铜与含 5%Al$_2$O$_3$ 的铁硅酸盐渣平衡状态下
铜分配系数（$L_{Cu}^{c/s}$）与氧势的关系[30]

　　铜-铁硅酸盐渣之间的铁分配系数小于 0.01。1300℃和添加不同 CaO 的铁在铜-渣之间分配系数（$L_{Fe}^{c/s}$）与氧势关系如图 20.14 所示，铁分配系数随着氧势升高而降低，省略最高氧势的数据，图中直线斜率约为 0.4。渣中 CaO 含量对铁分配系数的影响不明显。

　　金属铜-铁铝尖晶石饱和硅酸盐渣（含3%K$_2$O）平衡状态下铜合金和熔渣中的镍含量与氧势的关系如图 20.15 所示，随着氧势的增加，铜合金相中的镍含量降低，渣相的镍含量增加。图 20.16 表示 1300℃铜合金和渣之间的镍分配系数（$L_{Ni}^{c/s}$）与氧势的关系，总体上分配系数随着氧势的增加而降低，无 MgO 和含 MgO 渣的趋势线斜率平均值约为 −0.44，表明镍溶解在渣中为 NiO，与铁硅酸盐渣（FeO$_x$-SiO$_2$）结果吻合[43,44]，结果也与 FeO$_x$-SiO$_2$-Al$_2$O$_3$ 和 FeO$_x$-SiO$_2$-Al$_2$O$_3$-K$_2$O 渣一致[45,46]。由于斜率略低于−0.5（对应于溶解为 NiO），镍可能存在少量的金属 Ni 溶解。通过将硅饱和铁硅酸盐渣的组成转变成铁铝氧化硅饱和渣，可以减少液态渣相的镍损失。在还原条件下，多数镍富集在铜合金相。当氧势增加时，镍开始溶解于渣和尖晶石。

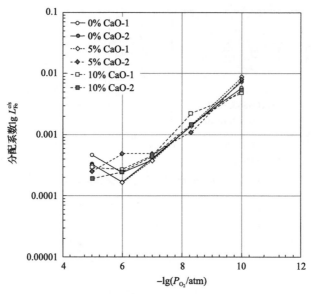

图 20.14　1300℃和不同 CaO 添加量条件下，铁在铜-铁硅酸盐渣之间分配系数（$L_{Fe}^{c/s}$）与氧势的关系[30]

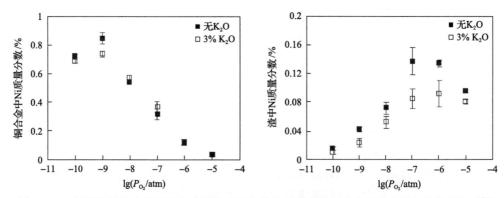

图 20.15　金属铜-铁铝尖晶石饱和硅酸盐渣平衡状态下铜合金和渣中的镍含量与氧势的关系[45]

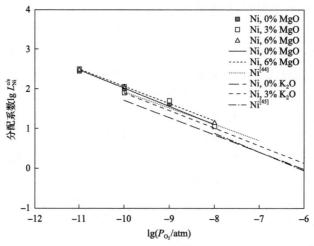

图 20.16　1300℃下铜合金和渣之间的镍分配系数（$L_{Ni}^{c/s}$）与氧势的关系[43-48]

添加 K$_2$O 提高了金属合金和渣之间的镍分配系数。由于 MgO 类似于 K$_2$O，为碱性氧化物，渣中添加 MgO 会对镍的分配系数产生类似的影响，但是根据图 20.16 中数据，MgO 的加入并没有对镍的分配系数产生明显的影响。镍的分配系数从还原条件下约 100 降低至氧化条件下的 1 左右。

20.4.2　锡、铟和锑的分配

锡和铟是电子废料中常见的元素，具有很高的回收价值，在熔炼工艺中，要尽可能富集于黑铜。图 20.17 和图 20.18 分别为不同氧势下，铟和锡的分配系数（$L_M^{c/s}$）与铁硅酸盐渣中 Al$_2$O$_3$ 含量的关系。图中数据表明，渣中 Al$_2$O$_3$ 对铟分配系数的影响不明显，而锡的分配系数随着渣中 Al$_2$O$_3$ 含量的升高而增加。因此，提高入炉料中铝或 Al$_2$O$_3$ 的含量，有利于锡在铜相富集。氧势对两种金属分配具有显著的影响，分配系数随着氧势升高而降低。提高氧势，铟和锡均趋于溶解于熔渣。在低氧势还原条件下（lgP_{O_2}=−9），铟和锡的分配系数（$L_M^{c/s}$）约为 10，即大约 90% 分配在铜相中。而在强氧化条件（lgP_{O_2}=−5）下，锡和铟分配系数分别约为 0.1 和 0.04，90%~95% 的锡和铟分配于渣中。

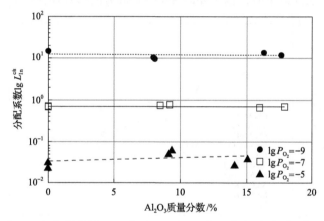

图 20.17　在 1300℃ 和氧势等于 10^{-9}atm、10^{-7}atm 和 10^{-5}atm 条件下，铜-渣之间铟的分配系数（$L_{In}^{c/s}$）与铁硅酸盐渣中氧化铝含量的关系[49]

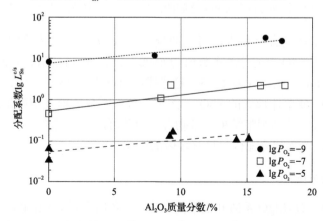

图 20.18　在 1300℃ 和氧势等于 10^{-9}atm、10^{-7}atm 和 10^{-5}atm 条件下，铜-渣之间锡的分配系数（$L_{Sn}^{c/s}$）与铁硅酸盐渣中氧化铝含量的关系[49]

总体而言，在黑铜冶炼过程中，锡和铟分配于液相铜和渣，也可能进入固体鳞石英/尖晶石或气相。实验结果表明，鳞石英中没有溶解的锡和铟[50]，在尖晶石中铟和锡的溶解随着氧势升高而增加，在氧势 $P_{O_2}=10^{-5}$atm 时，铟的溶解度达到 0.4%。在尖晶石饱和条件下（$P_{O_2}=10^{-5}$atm），锡少量挥发。铜废料的铝在黑铜冶炼中不会对铟和锡的回收产生负面影响，锡回收率甚至有所提高。但是铝对渣成分及性质、渣量和固体相形成产生影响。

图 20.19 表示 1300℃铜合金和铁硅酸盐渣之间的锡分配系数（$L_{Sn}^{c/s}$）与氧势的关系。图中包括不同组成渣的数据，锡分配系数随着氧势的升高而降低，在 $P_{O_2}=10^{-6}$atm 时，锡在铜和渣两相之间几乎均匀分布。添加 K_2O、MgO 和 Al_2O_3 有利于锡进入铜相，锡分配系数增加。拟合的趋势线的斜率在–0.53 和–0.51 之间，对应于 Sn^{2+} 的氧化程度，即以 SnO 溶解到渣中。一些研究发现，在氧势为 10^{-8}atm 左右，趋势线的斜率发生变化[51,52]，这与氧化过程中氧化物形式从 SnO 到 SnO_2 的变化相对应。锡在氧势为 $10^{-8}\sim10^{-6}$atm 时，锡主要为不挥发 SnO_2 存在。在低氧势还原条件下，SnO_2 被还原成挥发的 SnO 进入尾气中。在氧势降低到 10^{-8}atm 以下时，锡主要以 SnO 和 SnO_2 的形式存在[53]。

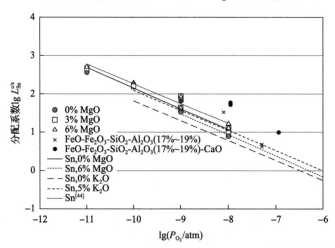

图 20.19　1300℃铜合金和渣之间的锡分配系数与氧势的关系[44,50-52,54-57]

图 20.20 表示在铜合金和渣之间锑的分配系数（$L_{Sb}^{c/s}$）与氧势的关系。在低氧势下（$P_{O_2}=10^{-10}$atm），无 K_2O 渣的分配系数值为 6500；含 5%K_2O 的渣，其值为 11000。在高氧势下（$P_{O_2}=10^{-5}$atm）分配系数为 1～5。趋势线的斜率为–0.76～–0.66，对应于 Sb^{3+} 的氧化状态，以 Sb_2O_3（或单体形式的 $SbO_{1.5}$）溶解。分配系数的值及溶解形式，与钙铁氧体渣[51]和纯铁硅酸盐渣[58]的观察结果非常吻合。因此可以得出结论，在铁硅酸盐渣中加入约 18%的氧化铝，对锑的分配行为只有轻微的影响。

20.4.3　锗和钯的分配

在 FeO_x-CaO-SiO_2-MgO 系渣和铜平衡状态下，各因素对 Ge 和 Pd 分配系数（$L_M^{s/c}$）和回收率的影响如图 20.21 所示。Fe/SiO_2=0.8～1.30 和 w(CaO)=5%～20%，氧势对分配

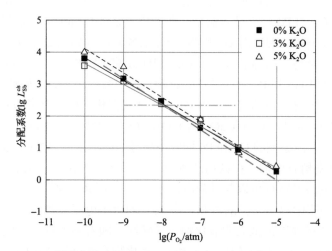

图 20.20　1300℃，锑在铜合金和含 17%~19%Al_2O_3 及不同 K_2O 含量的熔渣之间的
分配系数与氧势的关系[50,52,53]

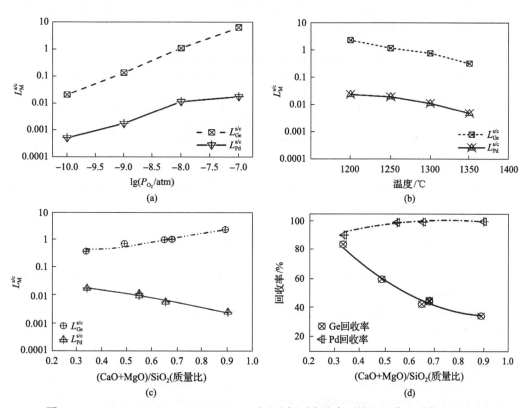

图 20.21　1300℃，FeO_x-CaO-SiO_2-MgO 系渣和铜平衡状态下锗和钯分配系数和回收率

(a) 氧势对锗 (Ge) 和钯 (Pd) 分配系数 ($L_M^{s/c}$) 的影响；(b) P_{O_2}=10^{-8}atm，温度对分配系数 ($L_M^{s/c}$) 影响；(c) 在 1300℃，P_{O_2}=10^{-8}atm，(CaO + MgO)/SiO_2(碱性) 对分配系数 ($L_M^{s/c}$) 的影响；(d) (CaO + MgO)/SiO_2(碱性) 对 Ge 和 Pd 回收率的影响[58,59]

系数的影响从图 20.21(a)可以观察到，随着氧势的增加，Ge 和 Pd 的分配系数增加，低氧势还原条件下 Ge 和 Pd 趋于进入铜相。在氧势 $P_{O_2}=10^{-10}$atm 时，超过 90%的 Ge 和近100%的 Pd 富集在铜相。温度对 Ge 和 Pd 分配系数的影响如图 20.21(b)所示，分配系数随着温度的升高而降低，高温下有利于 Ge 和 Pd 分配至铜相。图 20.21(c)表示渣(CaO + MgO)/SiO$_2$(碱性)对 Ge 和 Pd 分配系数的影响。图中数据说明，渣碱性对 Ge 和 Pd 的分配有不同的影响。随着碱性的提高，更多的 Pd 进入铜相，相反更多的 Ge 进入渣相。Ge 和 Pd 富集于液态铜的回收率与(CaO + MgO)/SiO$_2$(渣碱性)关系如图 20.21(d)所示，使用碱性低的渣，进入液态铜的 Ge 和 Pd 回收率超过 80%。随着碱性的提高，Ge 的回收率降低，Pd 的回收率稍有增加，在铁钙硅渣中 Ge 和 Pd 的氧化物分别显示为酸性和碱性。

金属氧化物的酸碱特征可以与其静电键强度(z/r^2)联系起来[60]，这里 z 为金属离子电荷和 r 金属氧化物阴阳离子半径的总和。表 20.6 列出了电子废物通常存在的氧化物的静电键强度值。静电键强度值低表明氧化物质呈碱性。随着静电键强度值的增加，氧化物行为逐渐从碱性向中性、酸性转变。Ge 和 Pd 氧化物在铁钙硅渣中的行为结果与静电键强度的计算结果相一致。静电键强度的信息有助于了解渣中氧化物的行为，提供黑铜冶炼工艺中渣组成选择。表 20.6 分析表明，碱性渣有利于回收 Ag、Pb、Pd、Co、Sn、Bi、In；而酸性渣适合于回收 Sb、Te、Ga、Ge、Se。

表 20.6　计算的元素氧化物静电键强度(z/r^2) [29,60]

元素	Ag	Pb	Pd	Co	Sn	Bi	In	Sb	Te	Ga	Ge	Se
氧化物	Ag$_2$O	PbO	PdO	CoO	SnO$_2$	Bi$_2$O$_3$	In$_2$O$_3$	Sb$_2$O$_3$	TeO	Ga$_2$O$_3$	GeO$_2$	SeO$_2$
z/r^2	0.15	0.30	0.39	0.43	0.46	0.51	0.62	0.64	0.71	0.74	1.07	1.11
碱性氧化物			中性氧化物								酸性氧化物	
优选碱性渣					优选酸性渣							

参 考 文 献

[1] Cui J, Zhang L. Metallurgical recovery of metals from electronic waste: A review. Journal of Hazardous Materials, 2008, 158: 228-256.

[2] Lehner T. E&HS aspects on metal recovery from electronic scrap. Electronics and the Environment//IEEE International Symposium, Boston, 2003.

[3] Australian Bureau of Statistics. Waste account, Australia, experimental estimates. [2020-8-10]. http://www.abs.gov.au/ausstats/abs@.nsf/mf/4602.0.55.005.

[4] Vidyadhar A. A review of technology of metal recovery from electronic waste//E-Waste in Transition-From Pollution to Resource, 2016: 121-158.

[5] Fellman J. Printed circuit board (PCB) scrap melting and mixing with molten fayalite slag. Helesinky: Aalto University, 2018.

[6] Shuey S A, Taylor P. A review of pyrometallurgical treatment of electronic scrap. Mining Engineering, 2005, 57(4): 67-70.

[7] The Engineering Toolbox. Metals - melting temperatures. [2020-8-9]. www.EngineeringToolBox.com.

[8] Hlavac J. Melting temperatures of refractory oxides part I. Pure and Applied Chemistry, 1982, 54(3): 681-688.

[9] Polymer Properties Database. Melting points of polymers. [2020-8-9]. Polymerdatabase.com.

[10] Incropera F P, Dewitt D P, Bergman T L, et al. Principles of Heat and Mass Transfer. 7th ed. Singapore: John Wiley & Sons, 2013.

[11] Callister W D, Rethwisch D G. Fundamentals of Materials Science and Engineering. 5th edition. Singapore: John Wiley & Sons, 2016.

[12] The Engineering Toolbox. Specific heat of common substances. [2020-8-9]. www. EngineeringToolBox.com.

[13] AZO Materials. Magnesia - Magnesium Oxide (MgO) Properties & Applications, Huntingdon, 1999.

[14] Landolt H, Börnstein R. Calcium Oxide (CaO) Debye Temperature, Heat Capacity, Density, Melting and Boiling Points, Hardness. Group III Condensed Matter Book Series (Vol.41B). Berlin, Heidelberg: Springer, 1999.

[15] Landolt H, Börnstein R. Calcium Oxide (CaO) Electrical and Thermal Transport Properties. Group III Condensed Matter Book Series (Vol.41B). Berlin, Heidelberg: Springer, 1999.

[16] Osswald T A, Menges G. Material Science of Polymers for Engineers. 3rd ed. Munich: Hanser Publishers, 2012.

[17] Lehner T. Integrated recycling of non-ferrous metals at Boliden Ltd. Ronnskar smelter//Proceedings of the 1998 IEEE International Symposium on Electronics and the Environment, Oak Brook, 1998: 42-47.

[18] Hagelüken C. Recycling of electronic scrap at umicore's integrated metals smelter and refinery. World of Metallurgy-ERZMETALL, 2006, 59: 152-161.

[19] Hagelüken C. Improving metal returns and eco-efficiency in electronics recycling//International Symposium on Electronics and the Environment (IEEE), San Francisco, 2006: 218-223.

[20] Oshima E, Igarashi T, Hasegawa N, et al. Recent operation for treatment of secondary materials at Mitsubishi process//Sulfide Smelting'98m TMS, San Antonio, 1998: 597-606.

[21] Worrell E, Reuter M. Handbook of Recycling: State-of-the-Art for Practitioners, Analysts and Scientists. Amsterdam: Elsevier, 2014.

[22] Khaliq A, Rhamdhani M A, Brooks G, et al. Metal extraction processes for electronic waste and existing industrial routes: A review and Australian perspective. Resources, 2014, 3: 152-179.

[23] Wood J, Creedy S, Matusewicz R, et al. Secondary copper processing using Outotec Ausmelt TSL technology//Proceedings of Metallurgy Plant, 2011: 460-467.

[24] Schlesinger M E, King M J, Sole K C, et al. Extractive Metallurgy of Copper. 5th ed. Amsterdam: Elsevier, 2011.

[25] Shuva M A H. Analysis of thermodynamic behaviour of valuable elements and slag structure during e-waste processing through copper smelting. Melbourne: Swinburne University of Technology, 2017.

[26] Hanusch K, Bussmann H. Behavior and removal of associated metals in the secondary metallurgy of copper//Third International Symposium on Recycling of Metals and Engineered Materials. Point Clear: TMS, 1995: 171-188.

[27] Edwards J S, Alvear G R F. Converting using ISASMELT™ technology//The Carlos Diaz Symposium on Pyrometallurgy (Coppe2007), Toronto, 2007: 17-28.

[28] Ayhan M. Das neue HKeverfahren fur die verarbeitung von kupferesekunda rmaterialien//Intensivierung Metallurgische Prozesse, Delft, 2000: 197-207.

[29] Shuva M A H, Rhamdhani M A, Brooks G A, et al. Analysis for optimum conditions for recovery of valuable metals from e-waste through black copper smelting//8th International Symposium on High-Temperature Metallurgical Processing. San Diego: TMS, 2017: 419-427.

[30] Sukhomlinov D, Avarmaa K, Virtanen O, et al. Slag-copper equilibria of selected trace elements in black-copper smelting, part I, Properties of the slag and chromium solubility. Mineral Processing and Extractive Metallurgy Review, 2020, 41 (1): 32-40.

[31] Klemettinen L, Avarmaa K, Taskinen P. Slag chemistry of high-alumina iron silicate slags at 1300℃ in WEEE smelting. Journal of Sustainable Metallurgy, 2017, 3 (4): 772-781.

[32] Chen M, Avarmaa K, Klemettinen L, et al. Recovery of precious metals (Au, Ag, Pt, and Pd) from urban mining through copper smelting. Metallurgical and Materials Transactions, 2020, 51B: 1495-1508.

[33] Chen M, Avarmaa K, Klemettinen L, et al. Experimental study on the phase equilibrium of copper matte and silica saturated FeO_x-SiO_2-based slags in pyrometallurgical WEEE processing. Metallurgical and Materials Transactions 2020, 51B: 1552-1563.

[34] Chen C L. Deportment behaviour of tin in copper smelting//Copper 2019, Vancouver, 2019.

[35] Wan X, Fellman J, Jokilaakso A, et al. Behavior of waste printed circuit board (WPCB) materials in the copper matte smelting process. Metals, 2018, 8: 887.

[36] Avarmaa K, O'Brien H, Klemettinen L, et al. Precious metal recoveries in secondary copper smelting with high-alumina slags. Journal of Material Cycles and Waste Management, 2020, 22: 642-655.

[37] Taylor J R, Dinsdale A T. A thermodynamic assessment of the Cr-Fe-O system. Zeitschrift fur Metallkunde, 1993, 84(5): 335-345.

[38] Avarmaa K, Yliaho S, Taskinen P. Recovery possibilities of rare elements Ga, Ge, In and Sn from WEEE in secondary copper smelting. Waste Management, 2017, 71: 400-410.

[39] Hidayat T, Fallah-Mehrjardi A, Chen J, et al. Experimental study of metal-slag and matte-slag equilibria in controlled gas atmospheres//Proceedings of the 9th International Copper Conference (Copper 2016), Kobe, 2016: 1332-1345.

[40] Nishijima W, Yamaguchi K. Effects of slag composition and oxygen potential on distribution ratios of platinum group metals between Al_2O_3-CaO-SiO$_2$ -Cu$_2$O slag system and molten copper at 1723 K. Journal of the Japan Institute of Metals, 2014, 78(7): 267-273.

[41] Takeda Y, Roghani G. Distribution equilibrium of silver in copper smelting system//Proceedings of the 1st International Conference on Processing Materials for Properties, Hawaii, 1993: 357-360.

[42] Kim H G, Sohn H Y. Effects of CaO, Al_2O_3, and MgO additions on the copper solubility, ferric/ferrous ratio, and minor element behavior of iron-silicate slags. Metallurgical and Materials Transactions, 1998, 29B: 583-590.

[43] Takeda Y. Distribution behaviour of Nickel in Copper Smelting. Proceeding'97 Conference Molten Slags, Fluxes and Salts, Iron & Steel Society, Sydney, 1997: 329-339.

[44] Dańczak A, Klemettinen L, O'Brien H, et al. Slag chemistry and behavior of nickel and tin in black copper smelting with alumina and magnesia-containing slags. Journal of Sustainable Metallurgy, 2021, 7: 1-14.

[45] Klemettinen L, Avarmaa K, O'Brien H, et al. Behavior of nickel as a trace element and time-dependent formation of spinels in WEEE smelting//Extraction 2018. Pittsburgh: TMS, 2018: 1073-1082.

[46] Sukhomlinov D, Klemettinen L, Avarmaa K, et al. Distribution of Ni, Co, precious, and platinum group metals in copper making process. Metallurgical and Materials transactions B, 2019, 50B(4): 1752-1765.

[47] Wang S S, Kurtis A J, Toguri J M. Distribution of copper-nickel and copper-cobalt between copper-nickel and copper-cobalt alloys and silica saturated fayalite slags. Canadian Metallurgical Quarterly, 1973, 12(4): 383-390.

[48] Sukhomlinov D, Avarmaa K, Virtanen O, et al. Slag-copper equilibria of selected trace elements in black-copper smelting, part II: Trace element distributions. Mineral Processing and Extractive Metallurgy Review, 2020, 41(3): 171-177.

[49] Avarmaa K, Taskinen P. The influence of aluminum on indium and tin behaviour during secondary copper smelting//Extraction 2018, Pittsburgh, 2018: 1061-1071.

[50] Klemettinen L, Avarmaa K, O'Brien H, et al. Behavior of tin and antimony in secondary copper smelting process. Minerals, 2019, 9(1): 39.

[51] Avarmaa K, Klemettinen L, O'Brien H, et al. The behavior of tin in black copper smelting conditions with different iron-silicate based slags//Proceedings of the EMC2019, Vol. 2, Dusseldorf, 2019: 497-510.

[52] See J B, Rankin W J. Copper losses and the distribution of impurities in the systems FeO-Fe_2O_3-SiO_2-Al_2O_3-Cu and FeO-Fe_2O_3-SiO_2-Al_2O_3-CaO-Cu at 1300℃. Randburg: National Institute for Metallurgy, Process Development Division, Report No. 2099, 1981.

[53] Hidayat T, Chen J, Hayes P C, et al. Distributions of Ag, Bi, and Sb as minor elements between iron-silicate slag and copper in equilibrium with tridymite in the Cu-Fe-O-Si system at T = 1250℃ and 1300℃ (1523K and 1573K). Metallurgical and Materials Transactions, 2019, 50B: 229-241.

[54] Takeda Y, Ishiwata S, Yazawa A. Distribution equilibria of minor elements between liquid copper and calcium ferrite slag. Transactions of the Japan Institute of Metals, 1983, 24: 518-528.

[55] Gortais J, Hodaj F, Allibert M, et al. Equilibrium distribution of Fe, Ni, Sb, and Sn between liquid Cu and a CaO-rich slag. Metallurgical and Materials Transactions, 1994, 25B: 645-651.

[56] Anindya A, Swinbourne D R, Reuter M, et al. Distribution of elements between copper and FeO_x-CaO-SiO$_2$ slags during pyrometallurgical processing of WEEE: Part 1. Tin. Mineral Processing and Extractive Metallurgy, 2013, 122(3): 165-173.

[57] Anindya A, Swinbourne D, Reuter M, et al. Tin distribution during smelting of WEEE with copper scrap// Proceedings of EMC 2009, GDM, Innsbruck, 2009: 555-567.

[58] Shuva M A H, Rhamdhani M A, Brooks G A, et al. Thermodynamics behaviour of germanium during equilibrium reactions between FeO_x-CaO-SiO$_2$-MgO slag and molten copper. Metallurgical and Materials Transactions, 2016, 47B: 2889-2903.

[59] Shuva M A H, Rhamdhani M A, Brooks G A, et al. Thermodynamics of palladium (Pd) and tantalum (Ta) relevant to secondary copper smelting. Metallurgical and Materials Transactions, 2017, 48B: 317-327.

[60] Gilchrist J D. Extraction Metallurgy. 3rd ed. London: Pergamon Press, 1989: 198-200.

第 21 章

炉渣对耐火材料的影响

化学反应、热和机械应力是引起冶金炉耐火材料内衬损失的主要因素。化学作用主要是渣、冰铜、熔铜和 SO_2/SO_3 气体在耐火材料内部的渗透及其与耐火材料组分的反应，引起耐火材料的结构弱化，导致耐火材料的热表面强度和致密性降低，热侵蚀增加，从而致使耐火材料大面积剥落。热应力作用主要与温度的变化及其持续时间，即热冲击和热疲劳等有关。机械应力作用主要与炉内物料运动，如熔池搅动、加料、放渣和放铜等因素有关。

炉渣对耐火材料既有损害，也有保护作用，主要取决于炉渣成分及运行操作条件。在实际操作中，实现炉内热表面的挂渣，防止炉内熔体及气体在耐火材料中的渗透和反应是关注的重点。

21.1 耐火材料中熔体渗透及其反应

图 21.1 表示 PS 铜转炉中铬镁砖的渗透图。由图可以看出，靠近耐火砖热表面的 I

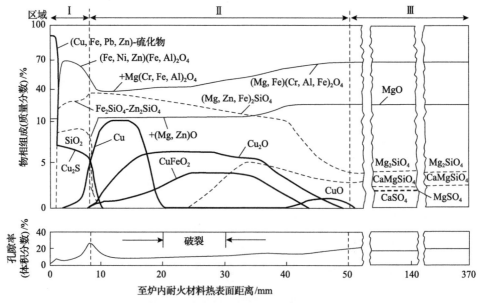

图 21.1 铜转炉中铬镁砖的渗透图[1]

实线-耐火材料氧化物；粗实线-含 Cu 相；虚线-硅酸盐；粗虚线-硫酸盐

区主要是冰铜和渣；在距离热表面 8～50mm 的 Ⅱ 区，存在铜和氧化铜及其他金属氧化物相，渣相的组成在该区的变化较大；在距离热表面 50mm 之后的 Ⅲ 区，耐火砖内氧化铜及其他金属氧化物相消失，仅由稳定的炉渣和耐火材料组成。渗透物的氧化导致结构性剥离是耐火材料腐蚀的主要原因。熔体在耐火材料中的渗透过程复杂。总体来说，随着 Cu_2S 氧化反应进行，铜和氧化铜在耐火材料中的渗透增加，铜的渗透在距离热表面 12～16mm 区间出现最大值。其他金属氧化物及硅酸盐化合物（铁橄榄石）随着熔体中硫化物的氧化，其渗透增加，铁橄榄石渣的渗透可以使耐火砖的微观结构发生退化。图 21.1 中表明，在距离耐火砖热表面 8mm，其微孔隙率出现最大值，裂隙发生在 20～30mm 区间。温度的变化及其持续时间对于腐蚀及渗透过程都有影响。

一般来说，熔渣对耐火材料的腐蚀，特别是铬镁砖的腐蚀，其化学反应主要表现在三个方面[2,3]：

(1)溶解反应即时发生在砖热表面。反应的驱动力是熔渣中 MgO 等氧化物的活度较低。理论上当组分熔渣达到饱和时，溶解反应停止。然而，实践中饱和点永远不会达到，溶解反应继续，直到耐火砖完全被损耗。

(2)耐火材料结构内的溶解反应。耐火材料内部渗透的熔体会与 MgO 发生溶解反应，特别是细颗粒在硅酸盐中的溶解更容易发生，直到液相中 MgO 饱和。耐火材料内部的溶解反应不会直接导致耐火材料热表面腐蚀性损伤，但会令耐火砖块结合力降低，发生热侵蚀。溶解颗粒的大小取决于组元溶解度和随后在粗颗粒表面的沉淀[3]。

(3)熔体渗透动力学取决于熔体黏度、孔径分布和润湿角等几个参数。耐火材料损失率与渗透速度的比率大大小于 1，可以忽略这些动力学因素，对使用过的耐火砖的微观调查表明孔隙渗透中各物相组成在砖的冷端未变化。

图 21.2 和图 21.3 分别为热力学模拟计算的 PS 转炉操作中造渣期和造铜期耐火材料

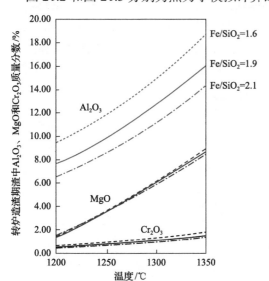

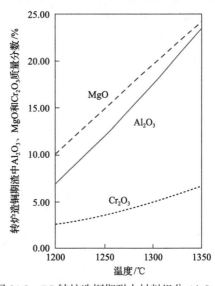

图 21.2　$P_{O_2}=10^{-8}$atm，不同 Fe/SiO$_2$（质量比）条件下，PS 转炉造渣期操作中耐火材料组分 Al$_2$O$_3$、MgO 和 Cr$_2$O$_3$ 的溶解度与温度的关系[4,5]

图 21.3　PS 转炉造铜期耐火材料组分 Al$_2$O$_3$、MgO 和 Cr$_2$O$_3$ 溶解度与温度关系[4,5]
Fe/SiO$_2$（质量比）=1.5，氧势 $P_{O_2}=10^{-6}$atm

组分在渣中溶解[2]。由图 21.2 可知,PS 转炉造渣期,耐火材料组分的溶解度按 $Al_2O_3>$ $MgO>Cr_2O_3$ 顺序降低;MgO 和 Al_2O_3 的溶解度对温度敏感,而 Cr_2O_3 比较稳定,温度对溶解度影响小;Fe/SiO_2(质量比)的变化对 Cr_2O_3 和 MgO 的溶解度影响不明显;Al_2O_3 溶解度随着 Fe/SiO_2 的增加而降低。图 21.3 中数据表明,造铜期 Cr_2O_3、Al_2O_3 和 MgO 均随着温度升高而增加,与造渣期对比,耐火材料组分的溶解度顺序为 $MgO>Al_2O_3>$ Cr_2O_3,MgO 和 Al_2O_3 溶解度之间的差距减小。总体上富 Cu_2O 熔渣对耐火组分 MgO 和 Al_2O_3 的溶解性比造渣期的溶解性更强。此外,与造渣期渣相比,Cr_2O_3 溶解度增加了一倍多。

21.2 熔渣对耐火材料的腐蚀和侵蚀

耐火材料腐蚀是由于化学作用,而侵蚀涉及耐火材料的化学腐蚀及机械磨损。用于炉内衬的耐火材料,主要组分为 MgO、Al_2O_3、Cr_2O_3、CaO 和 ZrO_2 等,通常是化学稳定性极好的氧化物,熔点高,这些元素对氧的化学亲和力大(如 Al—O 等键强度非常高),其他金属难打破 Al—O 这样的键并形成金属氧化物。然而,如前面所述,一部分耐火材料的氧化物组分在熔渣发生溶解。

图 21.4 和图 21.5 分别为由于表面及界面张力的梯度引起的 Marangoni(表面张力驱动流,从低表面张力向高表面张力流动)对流,耐火材料在液相表面及液相界面的腐蚀机理示意图。因为 L_1 在图 21.4(a) 中的 a 点的表面张力大于熔体的表面张力,Marangoni 对流发生在从熔体表面至 a 点。图 21.4(b) 表示相反的情况,Marangoni 对流发生从 b 点至熔体表面。同样的现象在液相界面可以观察到,如图 21.5(b) 所示,当耐火材料组分在熔体 L_1 溶解时 L_1-L_2 的界面张力增加,界面上来自熔渣内部的新渣流向 b 点,图 21.5(a) 的情况则相反。当地熔渣的流动导致耐火材料腐蚀,在冰铜-铁硅酸盐渣体系,界面张力随着 Al_2O_3 成分增加而增加,腐蚀进程如图 21.5(b) 所示。

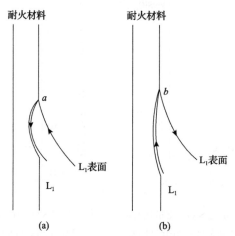

图 21.4　由于 Marangoni 对流耐火材料在液相表面的腐蚀机理示意图[6]

(a)耐火材料组分在熔体 L_1 溶解导致 L_1 的表面张力增加;(b)耐火材料组分在熔体 L_1 溶解导致 L_1 的表面张力降低

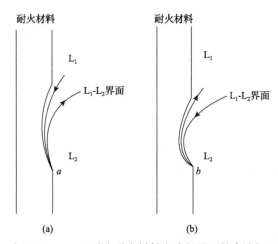

图 21.5　由于 Marangoni 对流耐火材料在液相界面的腐蚀机理示意图[6]

(a)耐火材料组分在熔体 L_1 溶解导致 L_1-L_2 的界面张力降低；(b)耐火材料组分在熔体 L_1 溶解导致 L_1-L_2 的界面张力增加

　　工业炉中使用的耐火材料在熔渣-金属界面和熔渣-气体界面的区域中经常出现一个磨损区域(深槽)，称为渣线侵蚀。图 21.6 显示了石英耐火材料的熔渣-大气界面的熔渣线侵蚀情况；同一机理被认为适用于其他耐火材料。当渣与 SiO_2 接触时，它形成凹面。SiO_2 溶解在凹面的熔渣中，改变了表面张力(如 $Y_{SiO_2} > Y_{PbO}$，但 $Y_{SiO_2} < Y_{FeO}$)，因此对 PbO-SiO_2 系来说，表面张力在凹面顶端比其底部更大。Marangoni 对流导致从低表面张力流向高表面张力，因而形成涡流；这种涡流导致该区域耐火材料的逐渐侵蚀[7-9]。同样的机制也适用于 FeO-SiO_2 熔渣，但渣流向将相反。

　　在 PbO-SiO_2 的情况下，凹面尖顶端的熔渣层厚度高于耐火材料基面及上部熔渣层，Marangoni 对流使熔渣覆盖新的耐火材料，从而导致耐火材料溶解，并产生更高的张力，因此熔渣进一步迁移到耐火材料的新区域；这导致渣向上蠕变，当重力大于向上 Marangoni 对流，它只会在重力下流回，如图 21.7 所示，称为渣蠕变。

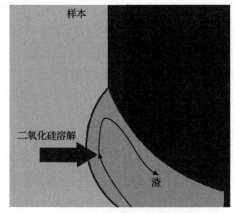

图 21.6　PbO-SiO_2 渣的熔渣线
侵蚀机制的示意图[7-9]

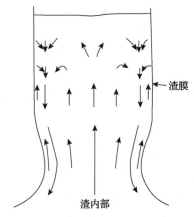

图 21.7　PbO-SiO_2 的耐火材料侵蚀和
蠕变的示意图[7-9]

21.3 防止熔渣对耐火材料的侵蚀

防止熔渣对耐火材料的侵蚀的主要方法包括：

(1)侵蚀速率与熔渣的流速直接相关,因此可以通过增加熔渣黏度或降低熔体的流动以防止熔渣对耐火材料的冲刷侵蚀。

(2)耐火材料组分溶解反应的驱动力在于熔渣中饱和浓度与实际浓度之差($c_{饱和}-c_{实际}$),对含 Mg 或者 Al 的耐火材料来说,增加熔渣中 Mg 或者 Al 浓度可以降低反应驱动力,减少耐火材料的腐蚀。

(3)降低熔渣对耐火材料的润湿以延长耐火材料寿命,可以通过在耐火材料和熔渣之间施加电位来降低渣对耐火材料的润湿[4,6],图 21.8 表示耐火材料与熔渣施加电位对润湿的影响。由图可知,施加电位可以减少熔渣对耐火材料的润湿。

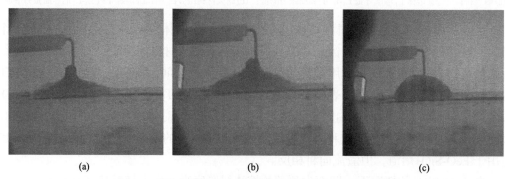

图 21.8 耐火材料与熔渣施加电位对熔渣润湿的影响[4]
(a)0V, (b)1V, (c)2V;时间 2min

(4)在耐火材料热表面建立凝固炉渣衬,通过热表面挂渣以产生一个保护层,这是实践操作采用的主要方法。影响热表面挂渣的主要因素是炉渣成分和冷却凝固速率。

图 21.9[10]表示在 800～1400℃平衡条件下贫化炉渣的凝固路径和稳定相。铜贫化炉渣熔渣在炉内热面凝固的主要相是尖晶石(磁性铁)。由于二价和三价氧化铁平衡及其氧化还原反应[11],熔渣在平衡凝固过程中有金属铜沉淀析出,金属铜和尖晶石在渣中基本稳定。尖晶石之后,熔融相中的下一个平衡凝固相是各种辉石类型的硅酸盐[12]。根据贫化炉渣的凝固平衡,可以明确地认为炉衬冷凝渣层与渣界面上温度低于熔渣内部的温度。

工业上高强度电炉配有金属水冷却件,其金属表面贫化炉渣的冷凝渣层生长速率很高,可在熔渣与冷却件接触后 10～30min 内快速愈合受损的电炉衬里。冷凝渣层形成的第一步,形成厚度约 2mm 的无定形或玻璃层,随后凝固速度减慢,冷凝层厚度在 30～40min 内达到稳定状态值[13]。

在金属冷却件上的冷固渣层快速生长时,SiO_2 含量高的贫化炉渣的凝固未达到热力学平衡。只有尖晶石(磁性铁)结晶沉淀速度足够快时,能够形成直径 5～30μm 的全形枝状晶体,大多数冷却凝固衬里是由无定形或玻璃相组成的,其中 SiO_2 浓度明显高于熔渣测

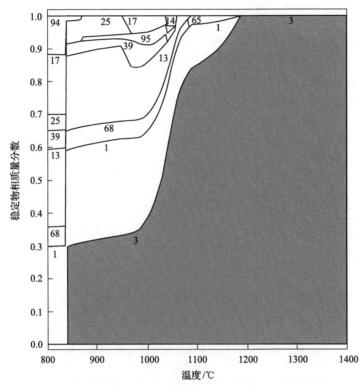

图 21.9　800～1400℃条件下炉渣贫化炉(SCF)渣的凝固路径和稳定相[10]

1-尖晶石；3-液体渣；13/14-斜辉石；17-长石；25-堇青石；39-斜方辉石；65-液体金属；68-Cu(固体)；94/95-SiO$_2$

定平均值，这表明在渣凝固过程中发生快速的 SiO$_2$ 的质量传输。尖晶石晶体未在冷凝衬里形成连续网络，玻璃体和连续富含 SiO$_2$ 的晶体颗粒为凝固衬层提供了强度[13]。在冶炼条件下，凝固衬里的玻璃体随着时间延长部分转变为晶体相。

电炉贫化渣凝固衬厚度与浸没时间的关系如图 21.10 所示，固体渣层生长非常快，探针渣接触 5min 后，凝固衬厚达到约 15mm，在 30～40min 内，凝固衬厚度达到(23±5)mm，然后增长基本停止。

冷却水套已经成为炼铜工艺中广泛使用的技术，如闪速熔炼炉和吹炼炉，冷却水套使凝固渣炉衬快速形成且保持稳定，减轻和抵抗耐火材料受到的热冲击和熔体化学侵蚀。铜饱和下钙铁氧体渣的初始凝固速度较高，与铁硅酸盐渣相同。工业上铜闪速吹炼渣在水冷套接触的最初几分钟内形成薄凝固层。凝固层主要组成是磁性铁、嵌有金属铜和氧化铜的各种混合钙-铜铁氧体，从冷端到与熔渣接触的热面的凝固层为晶体结构。利用水冷却探针技术，对工业闪速吹炼钙铁氧体渣在实验室条件下产生的凝固层的传热特性进行了研究。根据在稳定状态条件下直接测量的数据，形成的冻结衬里测得的热导率为(8.0±1.5)W/(m·K)。比铁硅酸盐渣凝固衬的热导率高 50%～100%，主要原因是在凝固过程中从渣中沉淀的铜填充铁氧体晶体的间隙，铁氧体和金属铜形成高热导率凝固层。

图 21.11 表示转炉造渣期接触风嘴的熔体成分的变化。由图可知，随着吹炼进行，熔体中 Cu 和 S 含量总体降低，而 Fe 和 SiO$_2$ 含量总体增加，磁性铁在第 1 周期稍有增加，

在第 2 周期增加幅度较大，变化范围在 10%～20%。在第 1 周期，Cu 和 Fe 含量的变化出现转折点，表明在吹炼初期接触风嘴的熔体主要是冰铜，后期则以渣为主。第 2 周期吹炼初始接触风嘴的熔体主要是铜，随着吹炼进行熔体以冰铜为主，然后主要是渣。S含量变化在第 2 周期存在明显的转折点，表明接触风嘴的熔体从冰铜转化为渣。转炉风口区熔体成分和温度的不稳定是风口区耐火材料寿命短的主要原因。

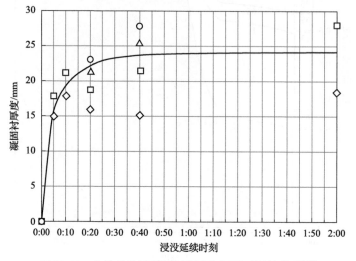

图 21.10　电炉贫化渣凝固衬厚度与浸没时间的关系[10]

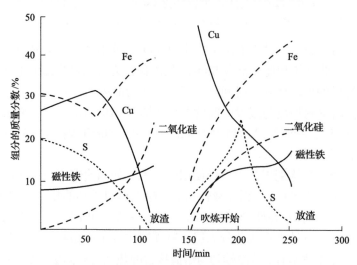

图 21.11　转炉造渣期接触风嘴的熔体成分的变化[14,15]

21.4　镁铬型耐火材料组分在钙铁渣中溶解

使用钙铁氧体渣进行铜吹炼的缺点之一是耐火磨损率较高，正如三菱工艺[16]所经历的那样。关于铁硅酸盐渣与铜熔炼和吹炼中使用的各种耐火材料相互作用的文献[15,17-20]

比较广泛，熔池熔炼工艺使用镁铬铁型耐火材料，可实现比较长的耐火材料寿命。相比之下，关于这种耐火材料与钙铁氧体渣相互作用的研究很少。耐火材料中主要组分为 MgO、Cr_2O_3，$MgCr_2O$，并且含有 FeO_x 和 Al_2O_3。渣与 MgO、Cr_2O_3 和 $MgCr_2O_4$ 之间的反应，即 MgO、Cr_2O_3 和 $MgCr_2O_4$ 在渣中的溶解是影响耐火材料寿命的主要因素。

在 1300℃下，氧势从 10^{-8}atm 增加到 $3.7×10^{-4}$atm，测量的无铜钙铁氧体渣中 MgO 质量分数从 0.9% 增加到 1.6%，推断 MgO 在渣中的活度系数为 15.5±0.4[21]。含 Cu_2O 的钙铁氧体渣的数据存在近似的数据[22]，图 21.12 表示了 1300℃ 下钙铁氧体渣中 MgO 的溶解度和活度系数与渣中的 Cu_2O 含量的关系，图中数据表明渣中的 MgO 溶解度随着渣的 Cu_2O 含量增加而增加，Cu_2O 含量从 0% 增加到 28%，MgO 的溶解度从 0.8% 增加到 2.5%，活度系数从 15 降低到 7 左右。MgO 溶解度低于类似条件下铁硅酸盐渣中测量的 4%～6%[21,22]，表明使用钙铁氧体渣时，MgO 的溶解不可能是耐火损失率高的原因。在高氧势下，钙铁氧体渣接触的含 MgO 的固溶体是镁铁体，这些固溶体层的厚度取决于反应时间，并且随着反应时间的平方根线性增加。

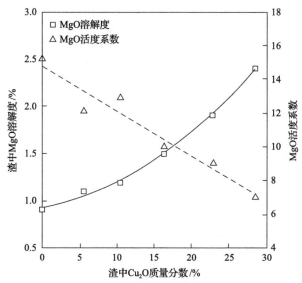

图 21.12　在 1300℃下钙铁氧体渣中 MgO 的溶解度和活度系数与渣中的 Cu_2O 含量的关系[22,23]

在 1300℃下，含有约 20%CaO 的钙铁氧体渣中 Cr_2O_3 溶解度在 0.25%～0.9%。氧势从 $3.7×10^{-4}$atm 降至 10^{-8}atm，无铜钙铁氧体渣中 Cr_2O_3 溶解度从约 0.25% 增加到 0.87%[23]。Cr_2O_3 的溶解度取决于渣的 Cu_2O 含量，图 21.13 表明在 1300℃下钙铁氧体渣中 Cr_2O_3 的溶解度与渣中 Cu_2O 含量的关系，渣中 Cu_2O 从 0% 增加到 9%，Cr_2O_3 的溶解度从 0.25% 增加到 0.77%[24]。$CaO-FeO_x-Cu_2O$ 渣的液相温度随渣的 Cu_2O 含量增加而降低[25]。因此，Cu_2O 对 Cr_2O_3 溶解度的影响可能是由于 Cu_2O 存在时液态温度较低[25-27]。图 21.14 说明 Cr_2O_3 样品的高度(H)变化与反应时间的关系，根据图中的斜率计算溶解速率约为 $3.8×10^{-6}$g/$(cm^2·s)$，其幅度与相同条件下同类型渣中的 MgO 溶解速率相同[28]。

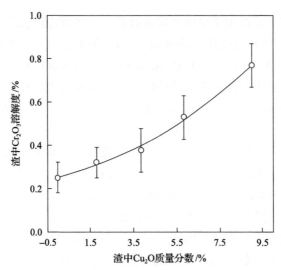

图 21.13　在 1300℃下钙铁氧体渣 Cr_2O_3 的溶解度与渣中的 Cu_2O 含量的关系[24]

氧势 $P_{O_2}=3.7\times10^{-4}atm$

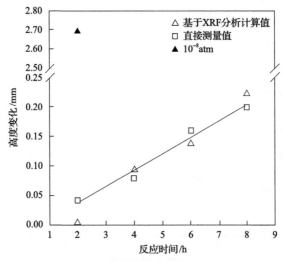

图 21.14　在 1300℃和 $P_{O_2}=10^{-6}atm$ 下，旋转速度为 300r/min，Cr_2O_3 高度与反应时间的关系[24]

当渣接触到耐火材料中的 Cr_2O_3 时，渣-Cr_2O_3 界面形成新相[24]。在 $10^{-6}atm$ 氧势和 1300℃观测到一层富含磁性铁的尖晶石，含约 5.9%Cr_2O_3，该尖晶石层能够防止渣和 Cr_2O_3 耐火材料之间的直接接触，Cr_2O_3 溶解过程取决于氧化铬通过这一层尖晶石的扩散。在较低的氧势（$10^{-8}atm$）下，Cr_2O_3 与渣中 FeO_x 发生反应形成含约 51% Cr_2O_3 的铬铁基尖晶石层，此层往往会从耐火材料-渣界面脱离，原因是 Cr_2O_3 与新形成的铬铁尖晶石之间的体积膨胀和结构差异，Cr_2O_3 与铬铁尖晶石之间的应力积聚，导致颗粒断裂。当反应从 2h 增加到 15h，在 1300℃和氧势 $10^{-8}atm$ 条件下，原始耐火材料和渣相之间的区别完全消失，整个耐火材料形成了多孔结构。多孔材料包括两个新形成的相，树枝状$[Ca_{0.93}Fe_{0.07}]$ $[Cr_{0.62}Fe_{0.38}]_2O_4$ 相和微细状 $Fe[Cr_{0.45}Fe_{0.44}]_2O_4$ 尖晶石结构相。对于 Cr_2O_3 耐火材料与钙铁氧体渣接触时的相变和降解，氧势具有明显作用。在还原条件下，在钙铁氧体渣中 Cr_2O_3 的相变和溶解对耐火材料溶解/侵蚀过程产生重大影响。

在无铜钙铁氧体渣中，$MgCr_2O_4$ 的溶解度随着氧势的降低而增加。在 3.7×10^{-4} atm 的氧势下，渣含有约 0.18%MgO 和 0.29%Cr_2O_3，而在氧势 10^{-8} atm 时约含 0.32%MgO 和 0.78% Cr_2O_3[24]。图 21.15 表明在 1300℃下钙铁氧体渣中 $MgCr_2O_4$ 的溶解度与渣 Cu_2O 含量的关系，$MgCr_2O_4$ 的溶解度随着渣的 Cu_2O 含量增加而增加。无铜和含 Cu_2O 钙铁氧体渣，$MgCr_2O_4$ 饱和时渣中 MgO 和 Cr_2O_3 含量明显低于渣中 MgO 或 Cr_2O_3 饱和的含量。在 10^{-6} atm 氧势下，渣和 $MgCr_2O_4$ 之间形成磁性铁尖晶石层，防止了 $MgCr_2O_4$ 耐火材料和渣之间的直接接触。尖晶石层含有 0.4%MgO 和 3.6% Cr_2O_3。在较低的氧势（如 10^{-8} atm）下，没有发现富磁性铁尖晶石相，熔渣通过破坏耐火材料颗粒之间的黏结，渗透到耐火材料内部，导致耐火材料解体。

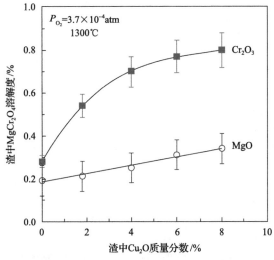

图 21.15　在 1300℃下钙铁氧体渣 $MgCr_2O_4$ 的溶解度与渣中的 Cu_2O 含量的关系[23,29]

高温熔体中耐火氧化物溶解速率通常由液体边界层中的质量转移控制[30,31]。1300℃ 和氧势 10^{-6} atm 条件下，MgO、Cr_2O_3 和 $MgCr_2O_4$ 在钙铁氧体渣中的溶解速率如图 21.16 所示，表示溶解速率与旋转速度平方根的关系。$MgCr_2O_4$ 和 Cr_2O_3 的溶解速率比 MgO 溶解速率高两倍左右。溶解速率对旋转速度依赖性低，虽然在低旋转速度下，渣相中的传质可对溶解速率产生一定影响，但以超过 300r/min 的旋转速度，液态边界层中传质不可能控制速率。在这种情况下，存在于渣与耐火材料之间的固溶体中扩散在控制溶解速率方面起主导作用。

在低氧势（10^{-8} atm）下，渣中 MgO 和 Cr_2O_3 溶解速率比在 10^{-6} atm 的氧化条件下相应值高两个数量级[32]。MgO 溶解速率取决于氧势，表明当尖晶石层形成并将熔渣与耐火材料隔离，通过尖晶石层的扩散控制 MgO 溶解。如果没有这一保护层，溶解速率加快，液相渣中传质则成为影响速率控制的重要因素。

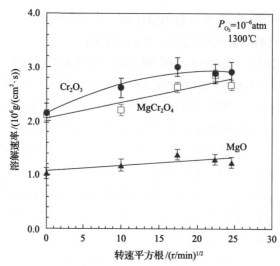

图 21.16　在 1300℃ 和氧势 10^{-6}atm 条件下，钙铁氧体渣中 MgO、Cr_2O_3 和 $MgCr_2O_4$ 的
溶解速率与旋转速度的平方根的关系[19,23,24,29]

参 考 文 献

[1] Buchebner G, Molinari T, Rumpf D. Developing basic high-performance products for furnaces in the nonferrous metals industries. Journal of Metals, 2000, 52(2): 68-72.

[2] Gregurek D, Reinharter K, Majcenovic C, et al. Overview of wear phenomena in lead processing furnaces. Journal of European Ceramic Society, 2015, 35: 1683-1698.

[3] Harmuth H, Vollmann S. Refractory corrosion by dissolution in slags-challenges and trends of present fundamental research. Iron and Steel Review, 2014, 58(4): 157-170.

[4] Gregurek D, Reinharter K, Schmidl J, et al. Typical wear phenomena observed on refractories out of the copper peirce-smith converter and copper anode furnace//Copper 2019, Vancouver, 2019.

[5] Bale C W, Chartrand P, Decterov S A, et al. FactSage thermochemical software and databases. Calphad, 2002, 62: 189-228.

[6] Nakamura T, Toguri J M. Interfacial phenomena in copper smelting process//Proceedings of the Copper 91-Cobre 91, Ottawa, 1991: 537-552.

[7] Mukai K. Marangoni flows and corrosion of refractory walls. Philosophical Transactions Mathematical Physical & Engineering Sciences, 1998, 356: 1015-1026.

[8] Mukai K, Harada T, Nakano T, et al. Slag film motion in a local corrosion zone of solid silica at PbO-SiO2 slag surface. Journal of the Japan Institute of Metals and Materials, 1985, 49(12): 1073-1082.

[9] Hibiya T, Nakamura S, Mukai K, et al. Interfacial phenomena of molten silicon: Marangoni flow and surface tension.Philosophical Transactions Mathematical Physical & Engineering Sciences, 1998, 356: 899-909.

[10] Jansson J, Taskinen P, Kaskiala M. Microstructure, characterisation of freeze linings formed in a copper slag cleaning slag. Journal of Mining and Metallurgy Section B: Metallurgy, 2015, 51(1): 41-48.

[11] Subramanian K N, Themelis N J. Recovery of copper from slags by milling. Journal of Metals, 1972, 24(4): 33-38.

[12] Zhao B, Hayes P, Jak E. Effects of CaO, Al2O3 and MgO on liquidus temperatures of copper smelting and converting slags under controlled oxygen partial pressures. Journal of Mining and Metallurgy Section B: Metallurgy, 2013, 49(1): 153-159.

[13] Jansson J, Taskinen P, Kaskiala freeze lining formation in continuous converting calcium ferrite slags. Canadian Metallurgical Quarterly, 53(1), 2014: 1-10.

[14] Rigby A J. Wear Mechanisms of refractory linings of converters and anode furnaces//Converting, Fire Refining and Casting, TMS Annual Meeting, San Francisco, 1994: 155-168.

[15] Mikaml H M, Sidler A G. Mechanisms of refractory wear in copper converters. Transactions of the Metallurgical Society of AIME, 1963, 227: 1229-1245.

[16] Yamaguchi K, Ogino F, Kimura E. Refractory corrosion by ferrite slag at elevated temperature//EPD Congress 1994. San Francisco: TMS, 1994: 803-812.

[17] Rigby G R. A study of basic brick from various copper smelting furnaces. Transactions of the Metallurgical Society of AIME, 1962, 224: 887-892.

[18] Harris J D, Frechette V D. Basic refractory attack in copper converters. Journal of the Canadian Ceramic Society, 1969, 38: 15-18.

[19] Mäkipää M, Taskinen P. Refractory wear in copper converters: Part II. Copper matte-refractory interactions.Scandinavian Journal of Metallurgy, 1993, 22 (3): 203-212.

[20] Kalliala O, Mkaskial M, Suortti T, et al. Freeze lining formation on water cooled refractory wall. Mineral Processing and Extractive Metallurgy, Section C, 2015, 24 (4): 224-232.

[21] Yan S, Sun S, Jahanshahi S. Reactions of dense MgO with calcium ferrite-based slags at 1573K. Metallurgical and Materials Transactions, 2005, 36B: 651-656.

[22] Yazawa A, Takeda Y. Equilibrium relations between liquid copper and calcium ferrite slag. Transactions of the Japan Institute of Metals, 1982, 23 (6): 328-333.

[23] Jahanshahi S, Sun S. Some aspects of calcium ferrite slags//Yazawa International Symposium, Metallurgical and Materials Processing. San Diego: TMS, 2003: 227-245.

[24] Yan S, Sun S, Jahanshahi S. Solubility and dissolution rate of dense Cr_2O_3 in calcium ferrite based slags at 1300℃//6th World Congress of Chemical Engineering, Melbourne, 2001.

[25] Hino J, Itagaki K, Yazawa A. Phase relationships in the CaO-FeO$_n$-Cu$_2$O and CaO-FeOn-Cu$_2$O-SiO$_2$ systems at 1200℃-1300℃. Journal of the Mining and Materials Processing Institute of Japan, 1989, 105: 315-320.

[26] Goto M, Hayashi M. The mitsubishi continuous process. Tokyo: Mitsubishi Materials Corporation, 1998.

[27] Goto M, Oshima E, Hayashi M. Control aspects of the mitsubishi continuous process. Journal of Metals, 1998, 50 (4): 60-64.

[28] Yan S, Sun S, Jahanshahi S. Solubility and dissolution rate of dense MgO in calcium ferrite based slags//Proceedings of CSIRO, Minerals Conference, Clayton, 2001.

[29] Yan S, Sun S. Solubility and dissolution rate of dense Cr_2O_3 in calcium ferrite based slags at 1300℃//7th UNITECR International Conference, Cancun, 2001: 1553-1562.

[30] Sandhage K H, Yurek G J. Direct and indirect dissolution of sapphire in calcia-magnesia-alumina-silica melts: Dissolution kinetics. Journal of the American Ceramic Society, 1990, 73 (12): 3633-3642.

[31] Zhang P, Seetharaman S. Dissolution of MgO in CaO-"FeO"-CaF$_2$-SiO$_2$ slags under static conditions. Journal of the American Ceramic Society, 1994, 77 (4): 970-976.

[32] Levich V G. Physicochemical Hydrodynamics. New York: Printice-Hall, 1962: 60-72.